高等学校教材
电子信息

Matlab/Simulink通信系统建模与仿真实例分析

邵玉斌 编著

清华大学出版社
北京

内 容 简 介

本书系统地介绍了通信建模仿真方法和模型验证技术，并结合作者近年在教学科研中所设计的大量基础的和较深入的建模仿真实例，重点讨论了建模仿真原理和相关的数值计算方法、模拟通信系统、模数转换、调制与编码、信道模拟、载波与符号同步、信道均衡、跳频系统和直接扩频系统、通信模型正确性评估、仿真数据验证和数据处理技术等内容，并在仿真实例中展示了科学研究论文和报告所需的数据处理和表现技巧。

本书可作为高等院校通信工程、电子信息类专业本科生和研究生系统仿真课程教材或参考书，也可作为相关专业综合性实践教学的指导材料，还可供通信工程专业技术人员、教师等作为解决通信系统设计、评估和建模仿真领域实际问题的参考资料。本书的学习辅导和习题详解已出版。

图书在版编目(CIP)数据

Matlab/Simulink 通信系统建模与仿真实例分析/邵玉斌编著. —北京：清华大学出版社，2008. 6 (2022.1 重印)

(高等学校教材・电子信息)

ISBN 978-7-302-17132-4

Ⅰ. M… Ⅱ. 邵… Ⅲ. ①计算机辅助计算－软件包，Matlab、Simulink－应用－通信系统－系统建模－高等学校－教材 ②计算机辅助计算－软件包，Matlab、Simulink－应用－通信系统－系统仿真－高等学校－教材 Ⅳ. TP391.75 TN914

中国版本图书馆 CIP 数据核字(2008)第 034217 号

责任编辑：魏江江 赵晓宁
责任校对：焦丽丽
责任印制：曹婉颖

出版发行：清华大学出版社
网 址：http://www.tup.com.cn，http://www.wqbook.com
地 址：北京清华大学学研大厦 A 座 **邮 编**：100084
社 总 机：010-62770175 **邮 购**：010-83470235
投稿与读者服务：010-62776969，c-service@tup.tsinghua.edu.cn
质量反馈：010-62772015，zhiliang@tup.tsinghua.edu.cn
课件下载：http://www.tup.com.cn，010-83470236
印 装 者：大厂回族自治县彩虹印刷有限公司
经 销：全国新华书店
开 本：185mm×260mm **印 张**：25 **字 数**：609 千字
版 次：2008 年 6 月第 1 版 **印 次**：2022 年 1 月第13次印刷
印 数：14201 ～ 14700
定 价：39.00 元

产品编号：023456-01

高等学校教材·电子信息

编审委员会成员

出版说明

改革开放以来，特别是党的十五大以来，我国教育事业取得了举世瞩目的辉煌成就，高等教育实现了历史性的跨越，已由精英教育阶段进入国际公认的大众化教育阶段。在质量不断提高的基础上，高等教育规模取得如此快速的发展，创造了世界教育发展史上的奇迹。当前，教育工作既面临着千载难逢的良好机遇，同时也面临着前所未有的严峻挑战。社会不断增长的高等教育需求同教育供给特别是优质教育供给不足的矛盾，是现阶段教育发展面临的基本矛盾。

教育部一直十分重视高等教育质量工作。2001 年 8 月，教育部下发了《关于加强高等学校本科教学工作，提高教学质量的若干意见》，提出了十二条加强本科教学工作提高教学质量的措施和意见。2003 年 6 月和 2004 年 2 月，教育部分别下发了《关于启动高等学校教学质量与教学改革工程精品课程建设工作的通知》和《教育部实施精品课程建设提高高校教学质量和人才培养质量》文件，指出“高等学校教学质量和教学改革工程”是教育部正在制定的《2003—2007 年教育振兴行动计划》的重要组成部分，精品课程建设是“质量工程”的重要内容之一。教育部计划用五年时间(2003—2007 年)建设 1500 门国家级精品课程，利用现代化的教育信息技术手段将精品课程的相关内容上网并免费开放，以实现优质教学资源共享，提高高等学校教学质量和人才培养质量。

为了深入贯彻落实教育部《关于加强高等学校本科教学工作，提高教学质量的若干意见》精神，紧密配合教育部已经启动的“高等学校教学质量与教学改革工程精品课程建设工作”，在有关专家、教授的倡议和有关部门的大力支持下，我们组织并成立了“清华大学出版社教材编审委员会”(以下简称“编委会”)，旨在配合教育部制定精品课程教材的出版规划，讨论并实施精品课程教材的编写与出版工作。“编委会”成员皆来自全国各类高等学校教学与科研第一线的骨干教师，其中许多教师为各校相关院、系主管教学的院长或系主任。

按照教育部的要求，“编委会”一致认为，精品课程的建设工作从开始就要坚持高标准、严要求，处于一个比较高的起点上；精品课程教材应该能够反映各高校教学改革与课程建设的需要，要有特色风格、有创新性(新体系、新内容、新手段、新思路，教材的内容体系有较高的科学创新、技术创新和理念创新的含量)、先进性(对原有的学科体系有实质性的改革和发展，顺应并符合新世纪教学发展的规律，代表并引领课程发展的趋势和方向)、示范性(教材所体现的课程体系具有较广泛的辐射性和示范性)和一定的前瞻性。教材由个人申报或各校推荐(通过所在高校的“编委会”成员推荐),经“编委会”认真评审,最后由清华大学出版社审定出版。

目前,针对计算机类和电子信息类相关专业成立了两个“编委会”,即“清华大学出版社计算机教材编审委员会”和“清华大学出版社电子信息教材编审委员会”。首批推出的特色精品教材包括:

(1) 高等学校教材·计算机应用——高等学校各类专业,特别是非计算机专业的计算机应用类教材。

(2) 高等学校教材·计算机科学与技术——高等学校计算机相关专业的教材。

(3) 高等学校教材·电子信息——高等学校电子信息相关专业的教材。

(4) 高等学校教材·软件工程——高等学校软件工程相关专业的教材。

(5) 高等学校教材·信息管理与信息系统。

(6) 高等学校教材·财经管理与计算机应用。

清华大学出版社经过二十多年的努力,在教材尤其是计算机和电子信息类专业教材出版方面树立了权威品牌,为我国的高等教育事业做出了重要贡献。清华版教材形成了技术准确、内容严谨的独特风格,这种风格将延续并反映在特色精品教材的建设中。

清华大学出版社教材编审委员会

E-mail:dingl@tup.tsinghua.edu.cn

前言

Matlab语言由于其语法的简洁性、代码接近于自然数学描述方式以及具有丰富的专业函数库等诸多优点，吸引了众多科学研究工作者，越来越成为科学研究、数值计算、建模仿真以及学术交流的事实标准。Simulink作为Matlab语言上的一个可视化建模仿真平台，起源于对自动控制系统的仿真需求，它采用方框图建模的形式，更加贴近于工程习惯。目前，Matlab/Simulink的应用已经远远超越了数值计算和控制系统仿真等传统领域，在几乎所有理工学科中形成了为数众多的专业工具库和函数库，日益成为科学研究和工程设计中日常计算和仿真试验的工具。

随着Matlab/Simulink通信、信号处理专业函数库和专业工具箱的成熟，它们逐渐为广大通信技术领域的专家学者和工程师所熟悉，在通信理论研究、算法设计、系统设计、建模仿真和性能分析验证等方面的应用也更加广泛。Simulink可视化仿真工具能够以非常直观的方框图方式形象地对通信系统进行建模，并以“实时”和动画的方式来将模型仿真结果（如波形、频谱、数据曲线等）显示出来，更便于对通信系统的物理概念和运行过程的直观理解，所以近年来在通信工程专业中得到了广大师生的重视和广泛应用，在理论教学、课程实践环节以及理论和技术前沿的研究中发挥了重要作用。

本书以通信原理为主线，从系统建模原理和仿真的数值计算方法入手，详细介绍了Matlab/Simulink在通信系统建模和仿真中的应用原理、内容方法和特点，并结合作者在科研和教学中的应用研究，列举了大量的仿真实例。通过这些实例，以期达到两个目的：其一是通过系统建模过程使读者理解Matlab/Simulink基本建模仿真方法的实质性，以掌握通信系统仿真的思维方法；其二是通过仿真过程和仿真结果分析对基本通信系统原理的理解，并逐渐培养读者系统建模和设计的自主能力和创造力。

本书的特点如下。

(1) 本书重点讨论通信工程相关专业的系统仿真原理和应用，以通信系统构成为主线介绍系统仿真方法，以微分方程的数值求解和概率论为数学基础，注重介绍通信仿真技术中基础性的、本质性的内容，并强调仿真的数学原理和方法，而不作为一本Matlab语言或仿真编程的介绍手册。

理论的学习必须要有实践的支持，理论的检验和验证也必须通过实践。数理基础在通信工程专业中的地位应当得到重视。系统仿真技术是专业理论和系统实验相结合的有效途径之一，学习通信系统仿真不是学习某个系统仿真软件的功能，而是在扎实的数理基础和通信理论基础上以系统仿真软件作为工具平台的实践活动。基于这种认识，本书没有系统介绍 Matlab/Simulink 软件的使用方法和编程函数，而是把 Matlab/Simulink 视为一种方便的仿真软件工具在通信系统建模和仿真中加以应用。因此，掌握本书所介绍的系统仿真思想方法也就意味着可以使用任何计算机语言来进行通信系统的建模仿真实践。

(2) 本书详细讲述了 Matlab/Simulink 的建模仿真原理，把 S 函数作为掌握 Simulink 仿真的根本，并将 Simulink 可视化建模和 Matlab 语言编程统一起来，还通过众多的实例，加强了对仿真手段、思想方法以及系统原理等抽象内容的理解和应用。读者可以通过运行这些实例或改变实例中系统模块的参数来进行实验，甚至可以在这些实例的基础上构建更加复杂的系统模型。

(3) 本书在内容编排上注意由浅入深，逐本求源，由普遍方法论到实际建模实验，由通信单元模块的建模到综合系统仿真，循序渐进，便于阅读和学习。本书以 Matlab/Simulink 作为实验平台，对通信系统建模的数学原理讲述得比较详细，重视数理基础在通信工程中的应用，注重原理的论述，授人以渔，特别注重讲解通信系统建模和仿真理论中根本性的和基础性的内容。

(4) 鉴于通信系统仿真涉及的内容广泛，对数学基础的要求和通信基本理论的理解要求较高，又特别强调矩阵数值计算方法的编程实现能力，因此在每章末尾总结了主要内容并对相关的参考资料进行了综述，以便读者进一步深入学习相关内容时参考。

本书共分 8 章。

第 1 章概述了通信系统仿真的原理和方法，对仿真建模的意义、模型的类型以及仿真的数学方法进行了论述。

第 2 章是本书的基础，主要介绍了 Matlab/Simulink 编程和建模仿真的原理，并通过大量的实例演示了应用 Matlab/Simulink 建模仿真的方法、关键问题和处理技巧。希望通过这些实例和实验使读者对 Matlab/Simulink 的建模和仿真有一个实质性的理解。

第 3 章以通信系统的基本构造为主线，对通信系统基本模块的原理和建模方法进行了讨论，并介绍了 Matlab/Simulink 通信工具箱和信号处理工具箱中的常用模块及其原理和使用方法。以这些基本模块为元素，给出了通信系统中从信源、调制、信道到接收解调、同步等基本单元的仿真实例。

第 4 章简要阐述了通信系统整体构架和层次化建模的思想要点，比较了模拟通信系统和数字通信系统的仿真框架和两者的异同点，并讨论了描述通信系统质量和性能的主要指标。

第 5 章对模拟通信系统的建模和仿真问题进行了详细的讨论，包括对调幅广播波形和频谱、传输、接收机自动增益控制原理和性能、检波和解调、单边带通信机、调频立体声系统以及彩色电视信号和系统的仿真实例。对模拟通信系统运行原理的理解能力可以视为无线电和电子工程师最基本的专业素质的衡量。

第 6 章讨论了模拟信号数字化问题的原理和仿真实例，内容包括采样定理的原理性仿真、A/D 转换、非均匀量化的原理和性能仿真、PCM 编解码过程、自适应 PCM 以及增量调制的原理仿真和性能结果等。

第 7 章以数字通信系统的关键技术和一些较深入的问题为研究对象，讨论了以误码率为性能指标的蒙特卡罗仿真建模方法，基带数据传输的码型设计与仿真，基带带限传输系统、眼图以及信道均衡问题，数字调制的波形和频谱仿真问题等，并以仿真实例介绍了扩频抗干扰系统的原理和性能分析，包括直接序列扩频系统和跳频系统的仿真实例。

第 8 章讨论了通信系统模型评估和仿真结果的正确性验证等问题，较详细地介绍了蒙特卡罗仿真方法的实现要点、随机数的产生、各种随机分布以及它们之间的关系，并讨论了以数理统计方法为主的模型和仿真数据评估方法、插值和拟合等实验数据处理方法等，对蒙特卡罗仿真方法的试验精度等方面进行了性能分析。

全书所有实例的模型文件和程序代码都已在 Matlab(R13)版本下调试通过。另外，本书还提供了一个电子教案。读者需要具有微积分、概率与统计、信号与系统、数字信号处理和通信原理的背景知识。

本书计划学时为 40 学时，课堂重点是讲述通信系统仿真的概念、方法和实例应用，而在教学实践环节可以通过本书的众多实例以及各章思考题来加深对仿真方法的掌握。建议读者在理解仿真原理的基础上，对本书列举的实例给出自己的仿真模型和设计参数，然后与本书的模型和程序结果进行对比，这样比单纯运行、研究实例模型将更能够激发读者的创造力，也更具趣味性和挑战性。本书给出的思考题一般是对实例问题的深化或拓展以及对正文的补充，许多思考题在仿真条件、系统建模上给读者预留了很大的创造空间，解答可以灵活多样。为方便读者学习，本书配套的学习辅导和习题详解辅导教材已由清华大学出版社出版。

感谢澳大利亚新南威尔士大学电子与电气工程学院的 Yuan Jinhong 教授，在我做访问学者期间，他提供了良好的学术研究环境。我在与他以及他的同事的学术交流中得到了许多启迪，促成了本书的完成。

本书在成书过程中得到了许多专家、教授的关心和帮助，特别是在与徐明远教授、姚绍文教授、龙华教授、刘增力副教授等前辈和专家的交流中深受教益。在本书的写作和相关课程教学和辅导工作中还得到了宋耀莲、杨秋萍、朵琳老师的帮助和支持，龙洋、吴熹等研究生也帮助完成了本书部分章节的校阅工作，清华大学出版社的魏江江编辑对本书的策划、编辑和校对付出了辛苦劳动，在此对他们表示衷心的感谢。

最后要感谢我的家人，没有他们的关心和支持，本书是不能完成的。

本书可作为高等院校通信工程、电子信息类专业的本科生和研究生系统仿真课程的教材或进行相关课题研究的参考书，也可作为相关专业课程设计和毕业设计等综合性实践教学的指导材料。

现代通信系统仿真技术不仅仅是对通信理论的验证手段，也日益成为通信新理论研究、新协议、新算法开发和系统总体设计的重要实验研究途径，因此，本书所介绍的系统仿真思想方法对于从事通信系统设计的专业技术人员也具有很高参考价值。

限于笔者水平，书中不妥甚至错误之处，恳请读者批评指正。作者的电子邮件地址是 shaoyubin999@sina. com。

邵玉斌

2008 年 2 月

目 录

第1章

通信系统仿真的原理和方法论

1.1 通信系统仿真的现实意义

随着数字通信技术的发展,特别是与计算机技术的相互融合,通信系统和信号处理技术变得越来越复杂。同时,各种新技术、新器件不断涌现,如廉价高速的数字信号处理芯片(DSP)、超大规模可编程逻辑器件、集成光学器件以及微波单片集成电路和光纤技术的广泛应用,对通信系统的体系结构、信号编码解码、调制解调、信号检测和处理方式都产生了重大的影响。而硬件系统的高度集成化和信号处理的软件化迫使工程设计人员投入更多的时间和精力进行系统性能分析和评估,并对系统设计问题进行研究。强大的计算机辅助分析与设计工具和系统仿真方法,作为将新技术理论成果转换为实际产品的高效且低成本途径越来越受到业界青睐。

近年来,在通信系统建模、分析和仿真评估领域已经发展了大量的计算机辅助技术,这些技术大致可划分为三大类。

(1) 基于理论分析的解析方法,如利用计算机对复杂的系统性能评估公式进行数值计算等。基于理论分析的解析方法往往用于系统设计和性能分析的初期,通过计算了解系统参数和系统性能之间的大致关系。解析分析往往建立在对系统模型大量简化的基础上,对于结构复杂的系统和方案,通过解析方法评估性能往往极为困难,甚至是不可能的,即便存在简化模型下的解析结果,这种结果往往也和实际结果之间存在较大的差别。

(2) 结合通信系统硬件原型和测试设备的计算机辅助仿真方法,通常应用于原型系统实现的中后期和原型系统调试中。例如在通信系统硬件原型和测试设备的支持下,利用计算机模拟信源以及信道环境进行系统的闭环测试等,以验证原型系统是否满足设计要求。基于系统硬件原型和测试设备的方法成本高,时间长,受到技术和设备条件的限制,而且必须在硬件系统原型实现后进行,所以不可能用于系统方案的设计阶段。

(3) 基于纯软件的系统仿真方法,即首先对通信系统进行数学建模,然后通过计算机来模拟系统行为、波形以及信号通过系统的过程,并对系统性能指标进行仿真测试和统计分析的一系列方法。系统仿真方法一方面是验证理论分析和解析结果正确性的重要手段,另一方面,由于通信系统(设备)和通信环境(信道)的复杂性导致传统的解析分析方法不可能使用时,仿真方法将成为惟一有效的对通信系统方案进行性能评估的手段。仿真方法针对通信协议分析、算法和系统设计的核心问题作出评价,如对传输性能(传输信噪比、传输错误率、带宽和传输速率、信道容量等)的评估,对实现复杂度和技术收益(编解码延迟、信号处理的计算量等)的评价等。

利用系统建模和软件仿真技术,几乎可以对所有的设计细节进行分层次的建模和评估,而且模型无需针对解析分析简化,因此得出的评价结果更加精细,也更加接近实际系统的运行情况。通过仿真技术和方法,可以有效地将数学分析模型和经验模型结合起来,并将已有的系统测试结果和经验应用到新系统的分析和设计中,而仿真中得出的波形和参数也可以作为测试信号和指标参照对硬件原型系统进行功能验证。

利用系统仿真方法,可以迅速构建一个通信系统模型,为通信和信号处理系统的设计和分析提供一个便捷、高效和精确的评估平台。可以将软件模型和硬件原型输出的数据以及从真实系统采集的信号相互结合起来,从而使设计过程和评估过程统一起来,协同工作,使设计中的错误得到及时改正,偏差得到及时修正,最终使得设计结果与实际系统运行环境相吻合,保证后期产品化过程顺利进行。

本书将重点讨论科学计算和系统仿真软件 Matlab/Simulink 在通信系统建模仿真和性能评估方面的应用,并通过实例来说明对模拟通信系统和数字通信系统仿真的一般原理和方法。

1.2 计算机仿真的过程

1.2.1 系统仿真的数学基础

仿真也称为模拟,在本质上,系统的计算机仿真就是根据物理系统的运行原理建立相应的数学描述并进行计算机数值求解的过程。根据系统设计的目标问题和相关的系统原理提出相应的系统数学描述,通常可表达为一系列的数学方程以及方程的边界条件。分析得出系统数学描述的过程称为系统建模过程。相应地,把系统的数学描述称为系统数学模型或仿真模型。为了对系统数学模型进行计算机数值分析,还需要将数学模型以某种计算机语言表达出来,然后进行调试、运行,最后得出数值结果。用计算机语言重新表达的数学模型称为系统的计算机仿真模型。对用户而言,由于所使用的仿真软件平台不同,所建立的计算机仿真模型形式也可能不同,可以是字符形式的一系列程序代码,也可以是图形化的一组信号流通图、系统方框图或者状态转移图等。

根据物理模型的不同特点、原理以及不同的系统仿真目标所得出的数学模型和相应求解算法也不尽相同。例如,对于确定系统的波形仿真通常就是代数方程或微分方程的数值求解问题;对于具有随机因素的系统仿真是一个概率与随机过程的试验和统计分析问题;对于以系统参数优化为目标的仿真则是一个数值寻优的问题。对于实际系统建模,特别是对复杂的通信系统的建模问题,往往需要考虑多种因素。系统模型中可能既含有代数方程和微分方程描述的确定系统模块,也有概率模型描述的传输信道和噪声模块,还可能需要考虑如何使传输容量最大化、传输错误和失真最小化等问题。因此,通信系统的计算机仿真过程往往是多种形式数学模型和各种算法综合的数值计算过程。

由于计算机仿真需要大量的数值计算(如微分方程、数值寻优的迭代计算、反复多次的随机试验和统计计算等),对计算机运行速度和存储容量提出了很高的要求。除了硬件性能外，仿真软件平台的选择、所使用的仿真语言等也会影响仿真速度和效率。同时，数值算法本身也是影响仿真速度、精度、稳定性（收敛区域）的关键因素。因此，算法的改进是系统仿真技术的重要研究课题。例如，微分方程的数值求解问题会针对不同类型和条件的微分方程产生若干种不同的数值算法，需要根据具体仿真问题加以选择；针对信号变换域的求解问题也产生了相应的各种快速变换算法；基于矩阵运算和并行运算的现代信号处理算法也都具有相同的情况。

为了提高仿真的效率，在系统数学建模过程中往往需要忽略对系统影响微小的那些因素，并对系统本身以及周边环境作出某些理想化的假设，从而简化系统模型，突出设计所关注的中心问题。需要指出，系统模型的建立和简化是针对仿真和分析中的具体评估指标来进行的。例如，在分析小信号放大器传输特性的模型中，往往可以忽略放大器的非线性特征，从而将传输模型线性化，这样便于数值计算，也便于得出解析结果；但是，如果仿真分析的系统评估指标是该放大器的失真度，那么其非线性特征就不能忽略了，因为非线性正是产生失真的主要因素。总之，在数学建模过程中，既要考虑模型能够尽可能接近物理系统的真实运行情况，又要在仿真评估指标精度允许的情况下对模型进行简化和理想化。

1.2.2　计算机仿真的一般过程

在得出系统数学模型后，进行系统仿真的第一步是建立计算机程序，即编制仿真代码（包括计算程序，或者可视化编程的方框图、信号流图等）。这些程序和框图通常是层次化的，由主程序和相应的子程序（函数）构成，如果是可视化框图，那么通常在主系统框图下，链接着许多子系统框图和功能模块。注意，可视化编程中构造的方框图、信号流图等实际上在计算机中仍然存储为程序代码，可视化只不过是面向用户表现的友好界面而已。可以将系统模型中通用的子函数和功能模块以函数库和模块库的形式保存起来，以便在新的系统计算机编程中能够重新利用，从而简化编程过程，提高效率。这也是层次化建模和编程的显著优点。除了在仿真程序中需要设置仿真系统的设计参数外，在执行仿真程序之前还必须设置好相应的仿真参数，如仿真的时间长度、仿真的步长、信号取样速率、随机数种子、计算精度等。

在仿真执行阶段，仿真程序将产生信号，并处理和存储这些信号。在仿真结束阶段仿真程序则负责根据仿真产生的结果数据进行统计分析，以便对系统性能作出评估。最后，仿真程序还要调用后处理程序进行进一步的数据分析、处理，并将结果显示出来。当然，也可以将仿真程序设计成一边执行仿真计算，一边对仿真的当时输出数据进行处理和显示。例如，仿真中同时显示输出信号的波形变化，这样可以得到一种“实时”的动画显示效果。如果仿真结果不满足要求，可以调整系统结构和参数等，并再次执行仿真，直到找出合适的设计结果为止。

对仿真模型和仿真结果的检验是仿真数据有效性的保证。由于验证仿真结果的正确性往往十分困难，多数情况下甚至是不可能的，所以，通常的验证方法是证伪，而不是证实。例如，对于同一个仿真问题，可以首先建立多个独立的、以不同方式编程的计算机仿真模型，然后通过检验这些模型的仿真运行结果在误差许可的范围内是否一致来判断建模和编程中是否存在错误。显然，如果仿真结果存在显著差别，则说明这些模型中至少有一个模型是错误的。这样,通过模型的相互比较就能够查找出错误根源,进而改进和修正模型。

仿真验证包含以下方面内容:

- 对仿真数学模型有效性的验证。可以通过数学模型求解结果与真实物理系统实验测量数据之间的对比来检验仿真数学模型的有效性,确定在仿真数学建模中的近似和模型简化是否合理,并对模型误差的来源作出分析。
- 对计算机仿真模型(程序)的验证。这是仿真程序调试和检验所必需的步骤,目的是保证仿真程序功能的正确性,即正确地表达了对应的数学模型。如果被仿真的数学模型存在理论解析结果表达,那么可以通过对比仿真数值结果与理论表达式的数值结果来检验。如果模型的解析结果不存在或难以获得,可以在尽量少改动或不改动计算机仿真模型总体结构的情况下适当简化计算机仿真模型。如果简化后的模型有相应的解析结果表达式,则可通过解析结果和仿真结果相互印证来确定仿真程序总体上是否合理。如果简化后的模型是已知数值结果的(例如前人已经进行过数值实验或发表的成果,并经过多人确认的),那么也可用来进行对比检验。例如,如果要仿真数字通信系统在时变衰落信道中的误码性能,那么在建立计算机仿真模型后,可以首先仿真加性高斯噪声信道中该系统的误码性能。这样做是因为加性高斯噪声信道数字通信系统的性能已经有广泛的研究,并为人熟知,大多数情况下还有理论解析结果可以参照。当确认在加性高斯噪声信道环境中系统的仿真结果是正确的之后,再将信道替换为所需要仿真的时变衰落信道。
- 对仿真算法的验证。我们知道,数值计算中存在不同的算法,各种算法的适应条件各不相同,精度和效率也有所区别。有些算法在某些数值区域可能表现良好,但在另外一些区域却可能因为不合适导致计算失败。对于同一个仿真模型,通常需要尝试多种数值计算方法,对比这些算法下的数值结果,并参照物理系统的实验数据和原理来选择最合适的算法。
- 仿真结果置信度分析。在通信系统的误码率仿真中,通常在通信信道中引入噪声,然后通过多次重复实验来统计出误码出现的频度。重复实验的次数越多,所得到的统计结果就越可信。比如,如果需要通过仿真观测到 10^{-4} 数量级的误码率曲线,假设每次仿真实验能够传输一个码元,那么需要重复多少次实验才能够满足要求呢?显然,重复 1000 次实验就进行统计是不够的,因为在这些实验中,误码很可能不出现。统计理论和实际仿真试验都表明,只有当仿真次数达到 $10^5 \sim 10^6$ 时,即仿真试验中统计的误码数达到几十个,统计 10^{-4} 数量级的误码率才具有较高的置信度。置信度的定量分析将在第 8 章中论述。

下面通过对自由落体的仿真试验来说明计算机仿真的过程。

【实例 1.1】 试对空气中在重力作用下不同质量物体的下落过程进行建模和仿真。已知重力加速度 $g=9.8\mathrm{m/s^2}$,在初始时刻 $t_0=0\mathrm{s}$ 时物体由静止开始坠落。空气对落体的影响可以忽略不计。

1) 建立数学模型

首先,根据物理原理建立自由落体的数学模型。在空气阻力可忽略不计时,质量为 m 的物体在自由坠落过程中受到竖直向下的恒定重力作用,由牛顿第二定律可知,重力 F、加速度 a 以及物体质量 m 之间的关系是

$$F = ma \tag{1.1}$$

其中加速度就是重力加速度，即 $a=g$。根据题设，初始时刻为 $t_0=0$，物体的初始速度为 $v(t_0)=0$，并设物体下落的瞬时速度为 $v(t)$。设物体在 t 时刻的位移为 $s(t)$，并设初始位移为零，即 $s(t_0)=0$。根据加速度、速度、位移三者之间的微积分关系，可得到一组数学方程

$$a = \frac{\mathrm{d}v}{\mathrm{d}t} \tag{1.2}$$

$$v = \frac{\mathrm{d}s}{\mathrm{d}t} \tag{1.3}$$

$$F = ma \tag{1.4}$$

以及初始条件（也称为方程的边界条件）

$$v(t_0) = 0 \tag{1.5}$$

$$s(t_0) = 0 \tag{1.6}$$

本例需要得出不同时刻物体的运动状态，即物体的瞬时速度和瞬时位移。至此，我们得到了自由落体的数学描述。

2）数学模型的解析分析

数学模型建立之后，可以尝试对其进行解析求解。解析结果可以帮助读者验证仿真数值结果。对于这个数学模型，其求解十分简单，只要对加速度方程、速度方程进行积分并代入初始条件，就能得到大家熟知的结果

$$v(t) = v(t_0) + \int_{t_0}^{t} a\mathrm{d}t = v(t_0) + a(t - t_0) = at \tag{1.7}$$

以及

$$s(t) = s(t_0) + \int_{t_0}^{t} v(t)\mathrm{d}t = \int_{t_0}^{t} at\mathrm{d}t = \frac{1}{2}at^2 \tag{1.8}$$

3）根据数学模型建立计算机仿真模型（编程）

计算机仿真就是对数学模型的数值求解。下面将微分方程进行形式上的变换以便于数值求解。由公式(1.2)和(1.3)得

$$v(t + \mathrm{d}t) = v(t) + \mathrm{d}v = v(t) + a\mathrm{d}t \tag{1.9}$$

和

$$s(t + \mathrm{d}t) = s(t) + \mathrm{d}s = s(t) + v(t)\mathrm{d}t \tag{1.10}$$

注意，这种变形只是将方程转换为一种在自变量（时间）上的“递推”表达式，并没有进行解析求解。利用公式(1.9)和(1.10)，在已知当前时刻 t 的瞬时位移、瞬时速度和加速度的情况下，就可以推知下一个无限邻近的时刻 $t+\mathrm{d}t$ 上物体新的瞬时位移、瞬时速度和加速度，这也就是微分方程数值求解的基本思想。在数值求解中，无穷小量 $\mathrm{d}t$ 需要用一个很小的数量 Δt 来近似，Δt 称为微分方程的数值求解步长，通常也称为仿真步进。显然，这种微分方程的递推求解总是近似的，求解精度与步长有关。下面就用程序来实现这个求解过程。仿真时间范围设置为 0～2s，为了使仿真计算的误差明显一些，可故意采用较大的仿真步长 $\Delta t=0.1$。读者可以自己修改仿真步长来观察计算精度的变化情况。本例将瞬时位移作为仿真输出变量，并同时通过(1.8)式计算出解析结果以相互对照。

4）执行仿真和结果分析

仿真程序文件代码如下。

【程序代码】 ch1example1prg1.m

```
% ch1example1prg1.m
g = 9.8;     % 重力加速度
v = 0;       % 设定初始速度条件
s = 0;       % 设定初始位移条件
t = 0;       % 设定起始时间
dt = 0.1;    % 设置计算步长
N = 20;      % 设置仿真递推次数,仿真时间等于 N 与 dt 的乘积
for k = 1:N
  v = v + g * dt;                      % 计算新时刻的速度
  s(k + 1) = s(k) + v * dt;            % 新位移
  t(k + 1) = t(k) + dt;                % 时间更新
end
% 理论计算,以便与仿真结果对照
t_theory = 0:0.01:N * dt;              % 设置解析计算的时间点
v_theory = g * t_theory;               % 解析计算的瞬时速度
s_theory = 1/2 * g * t_theory.^2;      % 解析计算的瞬时位移
% 作图:仿真结果与解析结果对比
t = 0:dt:N * dt;
plot(t,s,'o',t_theory,s_theory,'-');
xlabel('时间/s'); ylabel('位移/m');
legend('仿真结果','理论结果');
```

仿真程序编写完成并调试正确之后,运行得到的结果如图 1.1 所示。从图中可知,仿真得出的位移与理论结果之间存在差别,这种差别是由于微分方程数值求解的算法和采用步长较大而引起的。事实上,这里采用的数值求解算法是最简单的矩形积分方法,精度不高,只是为了说明仿真过程而已。现代仿真技术和数值计算方法中已经开发出许多更好的微分方程求解算法,可供直接利用。

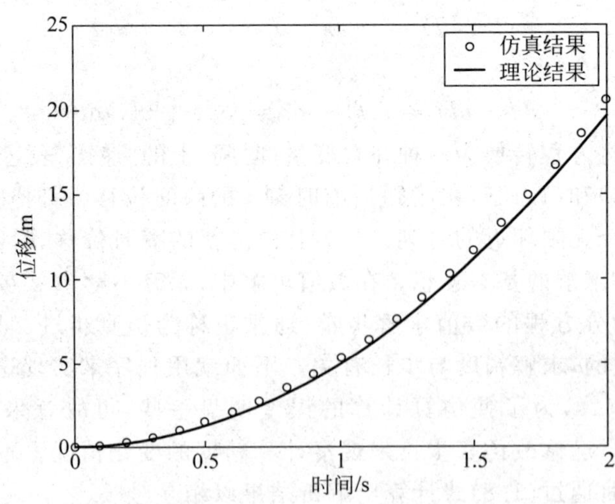

图 1.1 自由落体位移理论曲线与仿真结果对比:减小仿真步长后,仿真误差将随之下降

5）仿真程序的功能扩展

ch1example1prg1.m 的程序代码中采用了循环语句来实现对微分方程的递推求解，每次循环就将计算时刻向前推进一个步长。全部循环执行完毕后，就得到了一系列时刻上物体的瞬时速度和瞬时位移值，最后通过绘图语句将结果数据用曲线表达出来。

如果希望以动态方式来观察物体坠落的过程，可以这样设计仿真程序：使得在数值求解的过程中能将求解结果以图形方式输出出来。这样，在数值求解不断更新的过程中，输出图形也随之同步更新，形成一种"动画"的效果。这种一边计算一边输出可视化结果的方式更加形象直观，更便于展示物理系统的工作过程，同时也方便演示、教学讲解和学术交流。

可以将作图语句放在递推计算循环内，并设置即时作图刷新方式，从而得到这种"动画"仿真的效果。当然，这是以牺牲计算速度为代价的。修改后的程序文件代码如下。

【程序代码】 ch1example1prg2.m

```
% ch1example1prg2.m
g = 9.8;                    % 重力加速度
for L = 1:5                 % 仿真重复 5 次以便于观察
    v = 0;                  % 初始速度
    s = 0;                  % 初始位置
    t = 0;
    dt = 0.01; % 计算步长
    for k = 1:200
        v = v + g * dt;           % 速度
        s = s + v * dt;           % 位移
        t = t + dt;               % 时间
        plot(0, - s,'o');
        axis([ - 2 2  - 20 0]); % 坐标范围固定
        text(0.5, - 1,['当前时间：t = ',num2str(t)]);
        text(0.5, - 2,['当前速度：v = ',num2str(v)]);
        text(0.5, - 3,['当前位置：s = ',num2str(s)]);
        set(gcf,'DoubleBuffer','on'); % 双缓冲避免作图闪烁
        drawnow;                  % 立即作图
    end
end
```

在程序中，将计算步进重新设置为 0.01，并且重复仿真多次以便于演示。在作图语句之后设置了固定的显示坐标范围，并通过 text 语句在图上动态显示当前计算时刻的结果值。语句

```
set(gcf,'DoubleBuffer','on');
```

将显示设备双缓冲开启，以避免屏幕刷新引起的闪烁。而语句

```
drawnow
```

是立即执行绘图指令。在仿真中途可按 Ctrl＋C 键来终止程序执行。程序执行过程中将显示出物体坠落的动画效果，其中的一个帧如图 1.2 所示。

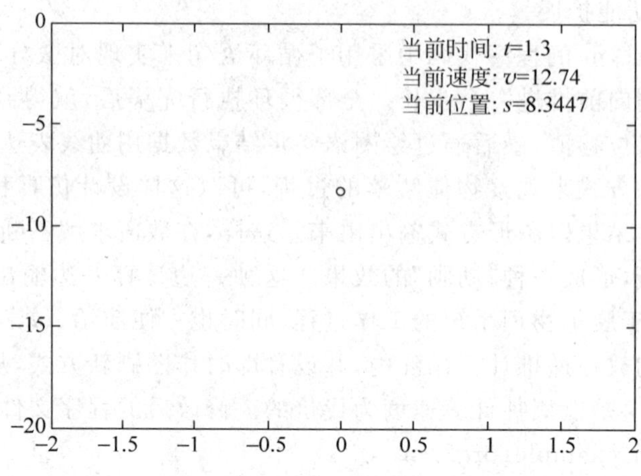

图 1.2 自由落体坠落过程的动画演示,图为其中的一帧

1.3 通信系统模型的分类

1.3.1 按照系统层次分类

广义而言,通信系统可以指一个全球通信网络,也可以指地球同步卫星系统、地面微波传输系统或安装了网卡或调制解调器的个人计算机等。为了清楚地说明通信系统,往往将系统进行分层次描述。通信系统的最高层次描述是对通信网络层次的描述,在网络层次模型上,通信系统由通信节点(信号处理点)以及链接这些节点的通信链路和传输系统组成。在网络层次模型中,信息流量控制和分配成为研究和设计的主要目标,而不关心通信信号具体的处理和传输过程。传输协议的设计、优化和验证是网络层次模型分析和仿真的主要工作。

在网络层次之下,是对通信节点和链路以及传输信号的具体化,称为链路层次模型。通信链路由调制器、编码器、滤波器、放大器、传输信道、解码器、解调器等元素构成。这些元素负责具体的信号处理和传输工作。在链路层次上,研究和考察的对象是信号的传输过程、信号处理的算法对传输质量指标的影响,而不关心算法和传输过程的具体实现方法。编解码算法、调制算法的有效性、传输可靠性、传输容量分析、传输错误率分析等是链路层次模型分析和仿真的主要任务。

现代通信系统中,通信链路中的各元素可以由硬件实现,也可以是具有相同功能的软件实体或软件硬件的混合体,而不再仅仅指传统的电路或纯硬件系统。对链路层次模型中元素的具体化就是电路实现层次的模型。例如用于处理信号的模拟电路、数字电路、植入数字信号处理芯片中的算法等。在电路实现层次的通信模型中,我们关心的是功能的具体实现问题,例如硬件电路的设计、算法的设计和程序设计等,而通信系统性能指标,如传输错误率等则不作为考察对象。

总之,对网络层次通信系统的建模和研究所要解决的是系统规划和通信网全局性能设计问题,具体就是通信协议的设计和研究、如何协调网络流量、信息负载均衡以及网络效益最大化问题，但不关心通信节点之间的具体信号传输方式。对链路层次上的通信系统建模和研究所解决的是节点传输性能问题，具体就是采用什么样的调制解调方式，什么样的编解码方案，能够达到的传输性能指标如何等诸如此类的问题，但不关心信号处理的具体实现方式，也不关心通信网整体性能问题。而在电路层次的通信模型中，研究的对象是信号处理单元的具体实现和优化问题，如采用什么硬件，什么算法，如何优化实现模块的输入输出波形和指标要求等，在电路层次的通信模型中不关心其上层的系统性能指标。

针对不同的层次模型，建模和仿真技术也有所不同。

在网络层次上，一般通过一个事件驱动的仿真器（软件）来仿真消息流或数据包流在网络中的流动过程，并通过仿真来估计诸如网络吞吐量、响应时间、资源利用率等指标，以作为设计节点处理器速度、节点缓冲区大小、链路容量等网络参数的设计依据。通过网络层次的仿真可以对节点信息处理标准、通信协议以及通信链路拓扑结构进行设计和验证工作。

链路层次上研究的是针对不同物理信道中的信息承载波形的传输问题。物理信道包含自由空间、有线信道、光纤信道、无线衰落信道等。对于数字通信系统，仿真评估的系统指标通常是比特错误率、传输速率等。在仿真模型中的模块，如调制器、编码器、滤波器、放大器、信道等仅仅作功能性描述，通过对输入输出波形或符号的仿真，来验证链路设计是否满足由网络层次仿真所要求的链路质量指标。

电路实现层次的仿真器，如模拟电路仿真语言 Spice 和数字系统仿真语言 HDL 等，用来设计和验证电路系统是否达到了链路层次系统所要求的功能指标，在实现层的仿真用于提供支持链路层系统的行为模型。例如，链路层给出了滤波器的带宽、衰减等指标，电路实现层就研究如何实现满足要求的滤波器并通过仿真来验证是否达到设计目标。

本书将重点讨论基于 Matlab/Simulink 平台的链路层通信系统的建模和仿真问题。

1.3.2　按照信号类型分类

通信中的信号是指携带信息的某一物理量，在数学上一般表示为时间 t 的函数 $f(t)$。根据函数类型的不同可以将信号划分为模拟信号、数字信号、时间连续信号、时间离散信号等。如果信号在定义域（时间）上是连续的，称为时间连续信号，反之称为时间离散信号。如果一个时间连续信号的值域也是连续的，则称为模拟信号。而如果一个时间离散信号在值域上也是离散的，则称为数字信号。注意，不同的信号可以用来表达相同的消息，而不同消息也可以用相同的信号来表示，消息到信号的映射关系是通信收发双方事先协调认可的。不同信号类型之间可以相互转化，例如声音通过话筒转换为以电量表示的模拟信号，再通过时间取样转化为时间离散信号，如果再对这个时间离散信号的值域，也就是幅度进行离散化，就得到了数字信号。数字信号可以通过编码表示为二进制序列，这样的二进制序列也是数字信号。而数字调制可将数字信号映射为随时间连续变化的电波形，从波形函数的角度看，调制过程又将数字信号转化成了模拟信号。

按照链路层通信系统仿真模型中流通的信号类型不同，可以将其划分为连续时间系统、离散时间系统、模拟系统、数字系统以及混合系统等。例如，把输入量和输出量都是时间 t 的连续函数的系统称为连续时间系统，而将输入输出都是时间离散信号的系统称为离散时间系统。如果在系统中流通的信号类型不只一种，则该系统称为混合系统。

1.3.3　按照系统特征分类

在链路层通信系统模型中，人们关心的是给定输入的情况下系统的输出是什么，系统输出与输入以及系统本身的参数有什么联系等问题，而不关心系统的内部构造和具体实现。

如果描述系统的参数不随时间的变化而变化，称这类系统为恒参系统；如果系统参数随时间而变化，则称之为变参系统或时变系统。如果系统参数的变化是确知的，即系统参数是时间的确定函数，那么就称这类系统为确定系统；反之，若系统参数是服从某种随机分布的随机过程，则称为随机系统。

在数学上，系统模型一般采用系统输出(响应)、输入(激励)以及系统固有参数之间的函数关系来表达。如果系统当前时刻的输出仅仅取决于当前时刻的系统输入，而与系统以往的输入无关，则这样的系统称为无记忆系统；反之，如果系统的当前输出与输入信号的历史值有关，则称之为有记忆系统或动态系统。无记忆系统的输入 $x(t)$ 与输出 $y(t)$ 之间的关系可以表示为时间 t 的代数函数，即 $y(t)=f(x(t))$。例如增益为 k 的线性放大器是无记忆系统，表示为 $y(t)=kx(t)$。而对于有记忆系统，如果输入输出信号是时间离散的，则系统输入输出关系必须用差分方程来描述，称为离散有记忆系统。如果输入输出是连续时间信号，那么就要用微分方程来描述。系统参数就是所描述的微分或差分方程的系数，如果这些系数是不随时间变化的常数，那么相应的系统就是恒参系统。

系统的输入和输出信号可以是一个，也可以是多个。按照输入输出信号的数目可以将系统划分为单输入单输出的、单输入多输出的、多输入单输出的和多输入多输出的。对于一般的有记忆系统，输入输出信号中还可能既存在连续信号，又存在离散信号，这种情况下，需要联合微分方程组以及差分方程组来刻画系统行为。数学上，通过变量代换，这些刻画系统的微分或差分方程(组)可以用一组一阶微分或差分方程来表示，方程组中的未知变量称为系统的状态。相应地，将以系统状态作为变量的方程组称为系统的状态方程。如果其中微分或差分方程是线性常系数的，则称之为系统的线性状态方程。

为了简化数学表达，可以用一个向量函数来表示多个信号，也可以用矩阵来表达线性状态方程，从而建立起基于矩阵表示的一般线性系统的数学模型。对一般有记忆确定系统的仿真，实质上就是对其状态方程组的数值求解过程。

1.4　通信系统仿真的方法

1.4.1　基于动态系统模型的状态方程求解方法

动态系统，也就是有记忆系统的数学描述是状态方程。所谓系统建模，就是根据研究对象的物理模型找出相应的状态方程的过程。而所谓对动态系统的仿真，就是利用计算机来对所得出的状态方程进行数值求解的过程。在通信系统中，通常人们关心的信号是以时间为自变量的函数，所以相应状态方程中的状态变量、输入变量、输出变量也都是时间的函数。为叙述方便，下文中假定状态方程是基于时间的。

对于确定系统，当给定系统的初始状态和输入信号，其输出信号也是确定的。在连续时间系统中，状态方程是一组微分方程。在当前时刻 t 处的状态向量值（注意高阶系统有可能是多个独立状态，故表示为向量）$\boldsymbol{s}(t)$ 和输入信号向量值 $\boldsymbol{x}(t)$ 已知的条件下，以微分方程组形式的状态方程确定了当前时刻输出信号向量 $\boldsymbol{y}(t)$ 以及"与当前时刻无限接近的下一时刻"$t+\mathrm{d}t$ 的新状态向量 $\boldsymbol{s}(t+\mathrm{d}t)$。如此类推，如果已知当前系统的状态，由状态方程就能给出未来所有时刻上的系统状态值和输出信号值。

在计算机数值求解中，只能以一个微小的时间间隔 Δ 来近似表示当前时刻与下一时刻之间的无穷小时间差 $\mathrm{d}t$，所以数值求解（实质上就是微分方程的数值求解）总是近似的，这个微小的时间间隔 Δ 就称为求解的步长。在给定求解精度要求下，需要根据动态系统的性质以及输入信号的特征来选择求解步长和求解算法。通常，求解步长过小将增加计算量，使仿真速度下降，而求解步长太大会严重影响仿真结果的精度，甚至导致求解递推过程不收敛而使求解失败。

微分方程的求解算法可以划分为两大类：变步长算法和固定步长算法。在变步长算法中，求解步长是自适应变化的，以兼顾求解精度和求解速度。而固定步长算法中的步长需要在仿真之前根据系统特征和信号特征和精度要求进行设置。在通信系统中，流动的信号和相应的处理部件一般是频带受限的，由取样定理给出了保证连续信号离散化过程不失真所要求的最大取样间隔，所以，只要固定步长算法的求解步长设定满足取样定理的要求，一般也就能够保证求解输出的正确性。

对于离散时间系统，状态方程以一组差分方程的形式给出。求解就是要得出在各离散时刻$(0,1,2,\cdots,k,\cdots)$上的系统状态值和输出信号值。当给定当前离散时刻 k 处的状态向量值 $\boldsymbol{s}(k)$ 以及当前输入的时间离散信号取值 $\boldsymbol{x}(k)$，由差分方程组就确定了当前系统输出信号取值 $\boldsymbol{y}(k)$ 以及下一个时刻（$k+1$ 时刻）的新的系统状态取值 $\boldsymbol{s}(k+1)$。如果已知系统的初始状态 $\boldsymbol{s}(0)$ 和输入的离散时间信号 $\boldsymbol{x}(k)$，$k=0,1,2,\cdots$，通过递推，就可以得出未来各个离散时刻的系统状态值和系统输出信号。

如果系统模型中存在数模转换模块（例如取样器、模拟低通滤波器等），那么系统中既存在时间连续信号，又有时间离散信号，其状态方程组中既有微分方程，又有差分方程。对于这种混合系统，在进行数值求解时往往可根据取样定理，采用满足系统最高工作频率不失真要求的固定步长算法，这样易于协调微分方程和差分方程之间的数据交互。

【实例 1.2】 对乒乓球的弹跳过程进行仿真。忽略空气对球的影响，乒乓球垂直下落，落点为光滑的水平面，乒乓球接触落点立即反弹。如果不考虑弹跳中的能量损耗，则反弹前后的瞬时速率不变，但方向相反。如果考虑撞击损耗，则反弹速率有所降低。目的是通过仿真得出乒乓球位移随时间变化的关系曲线，并进行弹跳过程的"实时"动画显示。

1）数学模型

首先对乒乓球弹跳过程进行一些理想化假设。设球是刚性的，质量为 m，垂直下落，碰击面为水平光滑平面。在理想情况下碰击无能量损耗。如果考虑碰击面损耗，则碰击前后速度方向相反，大小按比例系数 K，$0<K\leqslant 1$ 下降。在 t 时刻的速度设为 $v=v(t)$，位移设为 $y=y(t)$，并以碰击点为坐标原点，水平方向为坐标横轴建立直角坐标系。球体的速度以竖直向上方向为正方向。重力加速度为 $g=9.8\mathrm{m/s^2}$。

初始条件假设：设初始时刻 $t_0=0$，球体的初始速度为 $v_0=v(t_0)$，初始位移为 $y_0=y(t_0)$。

受力分析：在空中时小球受重力 $F=mg$ 作用，其中，$g=-\frac{\mathrm{d}v}{\mathrm{d}t}$。则在 $t+\mathrm{d}t$ 时刻小球的速度为(注意，其中负号是考虑了速度的方向)

$$v(t+\mathrm{d}t)=v(t)-g\mathrm{d}t \tag{1.11}$$

在 $t+\mathrm{d}t$ 时刻小球的位移为

$$y(t+\mathrm{d}t)=y(t)+v(t)\mathrm{d}t \tag{1.12}$$

在小球撞击水平面的瞬间，即 $y(t)=0$ 的时刻，它的速度方向改变，大小按比例 K 衰减。当 $K=1$ 时，就是无损耗弹跳情况。因此，小球反弹瞬间($t+\mathrm{d}t$ 时刻)的速度为

$$v(t+\mathrm{d}t)=-Kv(t)-g\mathrm{d}t,\quad 0<K\leqslant 1 \tag{1.13}$$

反弹瞬间的位移为

$$y(t+\mathrm{d}t)=y(t)-Kv(t)\mathrm{d}t=-Kv(t)\mathrm{d}t \tag{1.14}$$

2) 仿真模型设计(程序)

从数学模型中可见，小球在空中自由运动时刻与撞击时刻的动力方程不同。通过小球所处位置(位移)是否为零可判定小球处于何种状态。程序中采用 if 语句来作出判断，以决定使用公式(1.11)还是公式(1.13)来计算。程序文件代码如下。

【程序代码】 ch1example2prg1.m

```
% ch1example2prg1.m
g = 9.8;            % 重力加速度
v0 = 0;             % 初始速度
y0 = 1;             % 初始位置
m = 1;              % 小球质量
t0 = 0;             % 起始时间
K = 0.85;           % 弹跳的损耗系数
N = 5000;           % 仿真的总步进数
dt = 0.001;         % 仿真步长
v = v0;             % 初状态
y = y0;
for k = 1:N
    if (y>0)|(v>0)          % 小球在空中的(含刚刚弹起瞬间)动力方程计算
        v = v - g * dt;
        y = y + v * dt;
    else                    % 碰击瞬间的计算
        y = y - K. * v * dt;
        v = - K. * v - g * dt;
    end
    s(k) = y;               % 将当前位移记录到 s 数组中以便作图
end
t = t0:dt:dt * (N - 1);     % 仿真时间长度
plot(t,s);
xlabel('时间/s');
ylabel('位移 y(t)/m');
axis([0 5 0 1.1]);
```

图 1.3 中分别作出了碰击衰减系数 $K=1$ 和 $K=0.85$ 两种情况下的小球弹跳位移曲线。对程序稍加修改就可以得到显示小球弹跳过程的动画。修改后的程序文件代码如下，读者可运行该程序观察不同的碰击衰减系数下的小球弹跳过程。

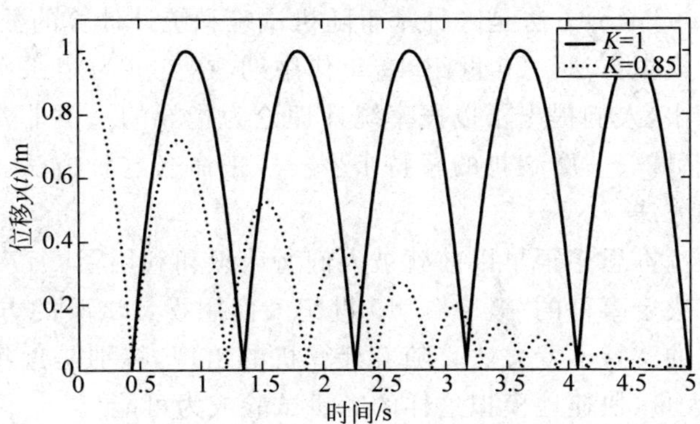

图 1.3　碰击衰减系数 $K=1$ 和 $K=0.85$ 两种情况下的小球弹跳位移

【程序代码】　ch1example2prg2.m

```
% ch1example2prg2.m
g = 9.8;            % 重力加速度
v0 = 0;             % 初始速度
y0 = 1;             % 初始位置
m = 1;              % 小球质量
t0 = 0;             % 起始时间
K = 0.85;           % 弹跳的损耗系数
N = 5000;           % 仿真的总步进数
dt = 0.005;         % 仿真步长
v = v0;             % 初状态
y = y0;
for k = 1:N
    if y >0         % 小球在空中的动力方程计算
        v = v - g * dt;
        y = y + v * dt;
    else            % 碰击瞬间的计算
        y = - K. * v * dt;
        v = - K. * v - g * dt;
    end
    plot(0,y,'o');
    axis([ - 2 2 0 1]);                     % 坐标范围固定
    set(gcf,'DoubleBuffer','on');           % 双缓冲避免作图闪烁
    drawnow;
end
```

1.4.2 基于概率模型的蒙特卡罗方法

蒙特卡罗(Monte Carlo)方法是一种基于随机试验和统计计算的数值方法,也称计算机随机模拟方法或统计模拟方法。20世纪40年代中期,在美国为第二次世界大战而研制原子弹的"曼哈顿计划"中,人们提出了以概率统计理论为指导的一类非常重要的数值计算方法,并用驰名世界的赌城——摩纳哥的蒙特卡罗——来命名这种方法。现代蒙特卡罗方法正是以概率为基础的方法。

蒙特卡罗方法的基本思想很早以前就被人们所认识和利用了。17世纪,人们就知道用事件发生的"频率"来决定事件的"概率"。19世纪人们用投针试验的方法来计算圆周率π,这就是一种手工形式的蒙特卡罗方法。随着计算机的出现,特别是近年来高速计算机的出现,使得在计算机上大量、快速地模拟这样的随机试验成为可能。

蒙特卡罗方法的数学基础是概率论中的大数定理和中心极限定理。大数定理指出,随着独立随机试验次数增加,试验统计事件出现的频率将接近于该统计事件的概率。蒙特卡罗方法的基本思想是,当所求解问题是某种随机事件出现的概率,或者是某个随机变量的期望值时,通过某种"实验"的方法,以这种事件出现的频率来估计该随机事件的概率,或者得出这个随机变量的某些数字特征,并将其作为问题的解。如果所求解的问题不是一个随机事件问题,那么可以通过数学分析方法找出与之等价的随机事件模型,然后再利用蒙特卡罗方法去求解。

下面以一个直观的例子来解释蒙特卡罗方法。假设要计算一个不规则图形的面积,那么图形的不规则程度和解析性计算(比如积分)的复杂程度是成正比的,如果图形足够复杂,将很难甚至不可能得出解析计算的表达式。蒙特卡罗方法是怎么计算的呢?设想有一袋豆子,把豆子均匀地朝这个图形上撒(假定豆子都在一个平面上,相互之间没有重叠),然后数这个图形之中有多少颗豆子,得到的豆子数目就是图形的面积。当豆子越小,撒得越多、越均匀的时候,结果就越精确。以数学语言来描述就是:对于平面上一个边长为1的正方形及其内部一个形状不规则的"图形",如何求出这个"图形"的面积呢?蒙特卡罗方法这么做:向该正方形均匀地随机投掷M个点,如果其中有N个点落于"图形"内,则该"图形"的面积近似为N/M。投掷的点数越多,结果就越精确。

就通信系统而言,由于面临信道、噪声环境以及系统本身的复杂性,使得求解问题的维数(即变量的个数)可能高达数百甚至上千。即使找到了解析结果,用传统的数值方法也难以计算(即使使用速度最快的计算机)。况且在更多情况下,当系统模型考虑了多种因素(即变量的个数)后,往往解析结果是难以得出的。对这类问题,求解的难度将随维数的增加呈指数增长,即导致所谓的"维数的灾难"。蒙特卡罗方法的计算复杂性不再依赖于维数,也不需要知道问题的解析表达形式,因此能够很好地用来对付维数灾难问题和解析结果未知的问题。利用高速计算机,以前这些本来无法计算的问题现在也能够得出数值结果了。

在建模和仿真中,应用蒙特卡罗方法主要有两部分工作。

(1) 用蒙特卡罗方法模拟某一过程时,产生所需要的各种概率分布的随机变量。

(2) 用统计方法把模型的数字特征估计出来,从而得到问题的数值解,即仿真结果。

下面给出一个用来计算圆面积的蒙特卡罗仿真实例。

【实例 1.3】 试用蒙特卡罗方法求出半径为 1 的圆的面积，并与理论值对比。

1）数学模型

设有两个相互独立的随机变量 x, y，服从[0,2]上的均匀分布。那么，由它们所确定的坐标点(x,y)是均匀分布于边长为 2 的一个正方形区域中，该正方形的内接圆的半径为 1，如图 1.4 所示。显然，坐标点(x,y)落入圆中的概率 p 等于该圆面积 S_c 与正方形面积 S 之比，即

$$S_c = pS \tag{1.15}$$

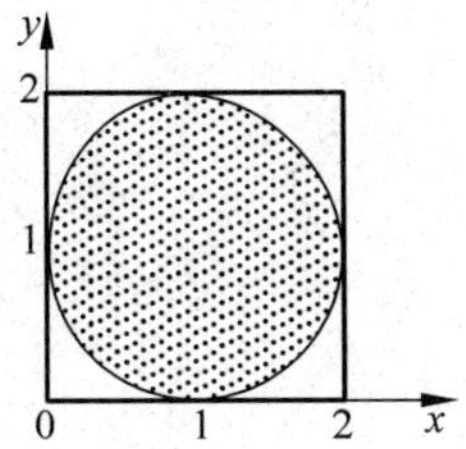

图 1.4 用蒙特卡罗方法求圆面积

因此，只要通过随机试验统计出落入圆中点的频度，即可计算出圆的近似面积来。当随机试验的次数充分大的时候，计算结果就趋近于理论真值。

2）仿真试验

根据数学模型编写的仿真程序代码如下。

【程序代码】 ch1example3prg1.m

```
% ch1example3prg1.m
sita = 0:0.01:2 * pi;
x = sin(sita);
y = cos(sita);    % 计算半径为 1 的圆周上的点，以便作出圆周观察
m = 0;            % 在圆内在落点计数器
x1 = 2 * rand(1000,1) - 1; % 产生均匀分布于[-1,+1]直接的两个独立随机数 x1,y1
y1 = 2 * rand(1000,1) - 1;
N = 1000;         % 设置试验次数
for n = 1:N       % 循环进行重复试验并统计
    p1 = x1(1:n);
    q1 = y1(1:n);
    if (x1(n) * x1(n) + y1(n) * y1(n))<1   % 计算落点到坐标原点的距离，判别落点是否在圆内
    m = m + 1;                             % 如果落入圆中，计数器加 1
    end
    plot(p1,q1,'.',x,y,'-k',[-1 -1 1 1 -1],[-1 1 1 -1 -1],'-k');
    axis equal;               % 坐标纵横比例相同
    axis([-2 2 -2 2]);   % 固定坐标范围
    text(-1,-1.2,['试验总次数 n = ',num2str(n)]); % 显示试验结果
    text(-1,-1.4,['落入圆中数 m = ',num2str(m)]);
    text(-1,-1.6,['近似圆面积 S_c = ',num2str(m/n * 4)]);
    set(gcf,'DoubleBuffer','on');          % 双缓冲避免作图闪烁
    drawnow;                               % 显示结果
end
```

程序执行中，将动态显示随机落点情况和当前的统计计算结果。图 1.5 为重复落点 328 次时的计算结果。随着试验次数增加，计算结果将趋近于半径为 1 的圆面积的真值 π。

动画模式适合于原理演示。但是，如果要提高程序效率，就应该取消仿真过程中的可视化显示，并利用 Matlab 的矩阵运算机制来改造程序。下面的程序将随机试验次数提高到了

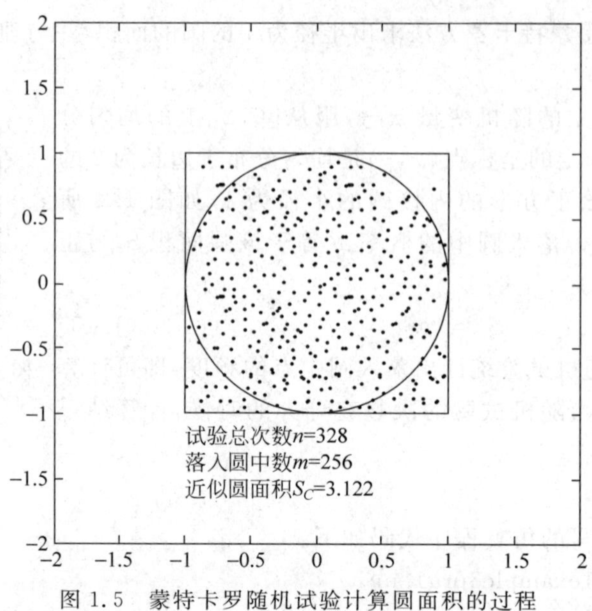

图 1.5 蒙特卡罗随机试验计算圆面积的过程

1000 万次，计算得到的圆面积(也即圆周率)精度提高到了小数点后大约 2 位。程序中同时使用了矩阵运算机制和循环结构来负责完成重复随机试验，其目的是为了兼顾计算速度和程序内存占用量。矩阵运算是一种并行计算机制，计算速度快，但是矩阵越大，内存占用就越多；而循环结构则可重复使用相同的内存区域，尽管速度较慢。这是 Matlab 语言固有的特点，在编程中应当就具体问题作出权衡。

【程序代码】 ch1example3prg2.m

```
% ch1example3prg2.m
tic                                          % 计时器启动
n = 10000;                                   % 每次随机落点 10000 个
for k = 1:1000                               % 重复试验 1000 次
   x1 = 2 * rand(n,1) - 1;
   y1 = 2 * rand(n,1) - 1;                   % 随机落点产生
   m(k) = sum((x1. * x1 + y1. * y1)<1);      % 求落入圆中的点数和
end
S_c = mean(m). * 4./n                        % 计算并显示结果
time = toc                                   % 显示耗时
```

由于是随机试验，重复运行的结果也不完全相同，且不同计算机配置上的运行耗时也不一样，运行结果如下。

```
S_c = 3.1414
time = 1.5310
```

1.4.3 混合方法

在实践中，我们往往首先根据研究目的、系统结构以及所需要得出的系统参数等指标来建立相应的仿真模型。如果系统属于动态系统，在数学上即用状态方程描述，那么对该系统

的仿真过程就是求解该微分方程组的过程。然而，许多时候人们希望考察系统在具有随机性的环境中的表现，例如研究系统的老化过程、热稳定性以及系统对噪声的处理情况等，这时系统模型的参数(例如输入信号、方程系数等)将含有随机成分，那么对系统的仿真就是在具有随机变量条件下的微分方程数值求解问题，这样的仿真方法就称为混合方法，因为仿真同时使用了基于数值计算的状态方程求解方法和基于统计计算的蒙特卡罗方法。由于通信系统是一种工作在随机噪声环境下的动态系统，所以对通信系统的一般仿真方法就是确定方程求解与统计计算相互结合的混合方法。

这里需要指出，并非任何计算数值求解过程都可以看作系统的仿真过程。如果计算是对理论所得出的解析公式的数值计算，那么这种计算就不是仿真。例如，欲求解某动态系统的阶跃响应，可以先建立该系统的状态方程，然后通过数学方法(例如，若是线性时不变系统，可用拉普拉斯变换方法求解)求出系统的阶跃响应的解析表达公式，再通过计算机编程计算得出解析公式的数值结果，并画出曲线，但是这仅仅是对理论解的数值计算而已。如果在建立了系统的状态方程之后，定义输入信号为阶跃函数，然后直接对状态方程作数值计算得出结果，那么这就是一个仿真的过程。又比如，在加性高斯信道条件下，数字通信系统的传输误码率与信噪比之间的关系可以通过概率分析方法得到解析公式，根据误码率解析公式计算得出结果(曲线)的过程仅仅是解析数值计算过程，不是系统仿真的过程。而通过蒙特卡罗方法对传输进行试验并进行误码统计得出结果(曲线)的过程就是仿真过程。

显然，如果解析数值计算和仿真过程都是正确的，那么在误差范围内，两者所得出的结果必然是一致的，这样就可以通过仿真结果与解析结果之间的对比来检验程序的正确性。可见，对系统的仿真只需要建立系统的数学模型，而不需要对模型的理论求解(在实际问题中，往往理论求解是不可能的或不存在的，例如将上述系统的输入信号变为随机噪声，或者将上述系统变为一个时变系统或非线性系统)。因此，当验证了仿真计算过程的正确性之后，可以将之推广到更为复杂或更加接近实际的情况，从而得出通过解析方法难以得到的数值结果。下面就将实例 1.2 推广到更加接近真实物理模型的情况。

【实例 1.4】 实际物理试验中，当一个乒乓球垂直下落到一个完全水平的玻璃板上后，乒乓球不断弹跳，直到能量耗尽。假定空气是静止的，没有风，但弹跳中的乒乓球在玻璃板上的落点仍不会是同一点，这说明在乒乓球运动过程中受到微弱的水平面方向力的作用，产生了水平面方向上的漂移。这些水平力在实例 1.2 中被忽略了，所以那里仿真的结果中小球落点总是在坐标原点处。如果要建立更加接近真实物理环境的弹跳模型，就必须考虑这些被忽视的微小的扰动因素。通过物理实验观察，我们可以做这样的合理假设：水平面方向上对乒乓球的微弱作用力可能来自多种因素的综合，其中各因素对合力的贡献甚小。根据大数定理，在数学上就可以将水平作用力建模为一个高斯随机变量。为简单起见，这里仍然忽略了空气对小球的其他作用因素，如球运动中的阻力、空气的浮力等。

同时，将实例 1.2 推广到三维空间中的情况。

设水平面为 xz 坐标平面，y 轴指向为垂直方向。小球在 x 方向上的受力 $F_x(t)$ 是一个零均值独立高斯随机过程。小球在 z 方向上的受力 $F_z(t)$ 与 $F_x(t)$ 具有相同的分布，但两者相互独立。即

$$F_x(t) \sim \mathcal{N}(0,\sigma^2) \tag{1.16}$$

$$F_z(t) \sim \mathcal{N}(0,\sigma^2) \tag{1.17}$$

x、z方向相应的加速度、速度和位移分别用a_x,a_z,v_x,v_z,s_x,s_z表示,小球的质量为m。由牛顿第二运动定律,可得出以下运动方程

$$a_x(t) = F_x(t)/m \tag{1.18}$$

$$\mathrm{d}v_x(t) = a_x(t)\mathrm{d}t \tag{1.19}$$

$$\mathrm{d}s_x(t) = v_x(t)\mathrm{d}t \tag{1.20}$$

z方向的运动方程类似。据此编写仿真程序代码如下。

【程序代码】 ch1example4prg1.m

```
% ch1example4prg1.m
g=9.8;            % 重力加速度
v0=0;             % 初始速度
y0=1;             % 初始位置
m=0.1;            % 小球质量
t0=0;             % 起始时间
K=0.8;            % 弹跳的损耗系数
N=5000;           % 仿真的总步进数
dt=0.005;         % 仿真步长
v=v0;             % 初状态
y=y0;
vx=0;
vz=0;
sx=0;
sz=0;
for k=1:N
   if y>0           % 小球在空中的动力方程计算
      v=v -g*dt;
      y=y +v*dt;
   else             % 碰击瞬间的计算
      y=-K.*v*dt;
      v=-K.*v-g*dt;
   end
   Fx=randn;                 % x水平方向的随机力,方差为1
   ax=Fx./m;                 % Fx导致的x水平方向的加速度
   vx=vx+ax*dt;              % 小球在x水平方向的瞬时速度
   sx=sx+vx*dt;              % 小球在x水平方向的位移
   Fz=randn;                 % z水平方向的随机力,方差为1
   az=Fz./m;                 % Fz导致的z水平方向的加速度
   vz=vz+az*dt;              % 小球在z水平方向的瞬时速度
   sz=sz+vz*dt;              % 小球在z水平方向的位移
   plot3(sx,sz,y,'.'); grid on; hold on;
   axis([-2 2 -2 2 0 1]);               % 坐标范围固定
   set(gcf,'DoubleBuffer','on');        % 双缓冲避免作图闪烁
   xlabel('水平方向x'); ylabel('水平方向z'); zlabel('垂直方向y');
   drawnow;                             % 作图
end
```

仿真以动画方式进行，以便于观察。图 1.6 是程序运行的结果。图中显示了小球的运动轨迹，弹跳的落点是随机的。修改小球的质量，弹跳落点的概率特性也会发生变化，质量大的球落点相对集中。读者也可将空气阻力考虑到数学模型中，从而仿真出比较真实的弹跳过程。

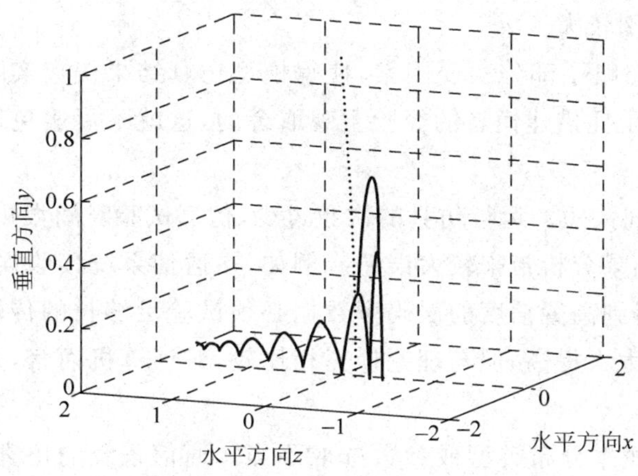

图 1.6　考虑了水平面扰动微力作用后的小球弹跳轨迹

从该例中可以看出，计算机仿真方法可以在不知道解析求解的情况下通过“计算机试验”来研究事物的变化规律，方便人们研究更真实、更复杂的物理系统。往往这些考虑了多种因素的物理系统是很难进行解析分析的，这时，仿真方法几乎就成为了惟一能获得求解的方法。在这个例子中，既用到了确定系统的微分方程求解，也用到了随机统计试验，这就是一种混合的仿真方法。

1.5　通信系统仿真的优点和局限性

计算机仿真具有经济、安全、可靠、试验周期短等优点，在工程领域得到了越来越广泛的应用。通信领域与计算机领域的固有联系使得通信领域的计算机仿真应用更为活跃。

现代通信系统和电子系统通常是复杂的大规模系统，在噪声和各种随机因素的影响下，一般很难通过解析方法求得系统的精确数学描述。即便对于一些相对较简单的问题，我们能够写出数学表达式，但往往也难以使用解析法求解，这种情况下系统仿真手段就成为了一个极为有效的工具。利用仿真技术往往可以绕过艰深的甚至是不可能的数学解析求解，较为轻易地获得问题的数值结果。

随着计算机硬件技术和仿真软件的发展，计算速度大大提高，编程的复杂性也大大简化，计算机仿真技术已经成为了现代电子系统和现代通信系统研究的主要手段。

另外，在对现代通信系统新协议、新算法和新的体系结构的设计和性能评估中，直接进行实验测试几乎是不可能的，因为这些新系统根本就还没有实现，在这种情况下只能通过仿真来检验所考察的对象，以验证有关的假设、评价算法的性能。此外，在学习通信系统理论的过程中，仿真技术也是理解原理、验证理论、进行探索和发现的有效途径。

当然，计算机仿真技术在实际应用中也存在一些不足和需要注意的问题，应加以重视。

(1) 模型的建立、验证和确认比较困难。在系统分析和设计的初始阶段,往往对系统的认识还不深,对实际对象的抽象以及模型的有效性又没有明确的衡量指标,因此难以识别仿真所产生的虚假结果。

(2) 对实际系统的建模方法不正确,或者建模时的假设条件、参数的选取、模型的简化使得与实际系统的差别较大。

(3) 建模过程中忽略了部分次要因素,使得模型仿真结果偏离实际系统。在建模中哪些因素可以忽略往往是凭借建模者的经验主观取舍的,这就不可避免地会造成模型与实际系统之间的差异。

(4) 仿真试验时间太短。运行仿真的次数过少,仿真试验时间太短,将得不到足够的统计样本数据,从而给结果分析带来较大误差。例如,在通信系统接收误码率的仿真试验中,当信噪比较高时,要得到高置信度的误码率数据必须试验足够长的传输数据。即便现代计算机的运算速度已经大大提高,但与理论计算相比较,对计算机而言,蒙特卡罗仿真仍是一项极为耗时的工作。

(5) 随机变量的概率分布类型或参数选取不当。通信系统的仿真模型中,噪声是利用伪随机数来表示的,这些随机变量服从一定的概率分布。如果实际系统中的噪声分布与仿真中所用的随机变量分布存在较大差异,那么必然造成仿真结果的误差。

(6) 仿真输出结果的统计误差。对仿真输出数据的分析有严格的要求,对于不同的仿真模型所适用的统计方法也可能有所不同。

(7) 计算机字长、编码和应用算法也会影响仿真结果。在 Simulink 中应特别注意所选用的求解算法的适用性。

总之,在考察复杂系统时,这些系统往往具有随机性和复杂性,因而无法用准确的数学方程描述出来,更不用说用解析方法求解。当找不到其他更好的办法时,才借助计算机仿真技术来分析研究问题。而当问题存在解析解答时,仿真一方面用来验证理论的正确性和在实际环境中的适用性,另一方面也用于验证仿真模型自身的有效性和正确性。

然而,计算机仿真并不能完全代替传统的数学解析分析或传统实验测量技术。事实上,仿真模型是否合理、仿真结果是否有效最终是通过物理实验测量以及与数学分析结果相对比来检验的。将仿真方法同数学分析手段、硬件测试相结合可以发挥更强大的作用。通过不断重复的仿真实验可以使我们更加深入地了解系统的工作原理,确定系统中的关键结构和关键参数,从而简化系统设计。而通常简化的设计又可能利用数学解析分析方法来描述和求解系统。总之,解析分析、仿真以及实际系统测试相互结合、相互补充、相互印证是系统研究、系统设计和优化的基本途径。

在建模和仿真工作中,一些基本的数学解析分析方法是必需的。必须理解所设计的系统参数之间的相互依赖性质和基本关系,比如通信系统中的误码率、均方误差、信噪比、传输功率、传输带宽、传输速率、信道容量、调制方式之间的联系,这有助于保障仿真系统建模的正确性,也有助于判断仿真结果是否合理。当改变仿真系统中的某参数后,就必须确保因为参数变化而观察到的仿真运行结果变化是合理的,即可以通过物理概念来解释,与已知的现有理论和实验结果之间是不互相矛盾的。

1.6　系统建模仿真方法与仿真工具

1.6.1　系统建模仿真方法与仿真工具的关系

系统建模过程是寻求系统的数学表达，即建立数学描述模型和方程的过程。仿真是对所建立模型的数值求解过程，而仿真工具则是实现这一建模和数值求解过程的软件和硬件平台。理论上，任何具有科学计算能力的计算机语言都可以作为系统仿真的软件平台。所以，仿真软件平台之间的区别不是本质的，而仅仅在于针对某类型和某层次的仿真模型在计算方便程度和用户界面上的区别。

在早期的通信系统设计和仿真中，由于计算机软件技术和硬件速度的限制，人们往往针对特殊的应用目的，采用当时通用计算机语言编写出相当冗长的仿真程序，然后在计算机上调试执行这些程序，得出数值结果并进行分析。仿真输出的数值结果往往是多达数十页的表格数据，仿真程序的设计也往往不能顾及到代码的可重复使用性，所编写的仿真代码难以共享，也不能用来解决相似类型的问题，工作效率很低。

随着计算机技术的进步，在各专业领域出现了一些专用的仿真软件工具和数值计算软件包，这些仿真平台与仿真的具体问题无关，因此能够解决相关专业领域的一大类问题，对问题的建模快速而且方便。这些专用软件平台以及相应的硬件设备为用户提供了一个集成的交互式快速原型建模和仿真环境，并可以将软件模型、硬件数据以及信号综合在一起进行仿真。

在适用性上，通用的科学计算语言，如C语言、Fortran语言等，可以作为对任何系统的仿真工具。事实上，专用的仿真平台和工具包也都是以这些通用计算机编程语言来实现的。然而，直接使用通用计算机编程语言进行系统计算和仿真需要研究人员除了具备本专业的知识基础之外，还必须具有较深的计算机程序设计知识。并且，由于程序代码的复杂性，仿真程序的调试以及仿真结果的正确性检验都是相当耗时和困难的。

严格地说，仿真平台由负责建立仿真计算机程序或仿真计算机模型的软件环境和负责仿真程序的存储、执行、数据采集和交换以及仿真结果显示的硬件环境两部分组成。现代仿真平台和编程语言环境应具有如下基本特征。

- 简便高效的仿真描述语言。仿真编程的语言应当是具有一种接近于数学语言的编程描述语言，用户只需具备相应的数学知识和基本的计算机编程技能。仿真平台所提供的编程语言结构简单、便于调试验证和代码重用，这样，用户可以将更多精力集中在其研究领域中，而不是消耗于琐碎的具体程序工作中。
- 层次化和模块化建模的能力。仿真平台需要具有层次建模和仿真的能力。层次化建模可以轻松应付复杂系统的计算机仿真问题。在层次化模型中，一个复杂的模型可以通过多个简单的功能模块来搭建。由于简单的功能模块便于软件编码、系统测试和模块重用，从而通过层次化建模可以保证建模的效率和可靠性。例如，可以从简单的原始模块(加法器、乘法器、积分器、信号发生器等)开始，构建出滤波器、调制器等中等复杂的模块，然后再利用这些模块去构造出通信发射机和接收机，最后形成一个完整的通信系统模型。层次化的建模方法还可以使建模者专注于其专业领域,无需面面俱到。比如,对于一个系统级的通信设计者来说,在层次化的建模方法下就不需要关注一个滤波器模块的具体编程实现,只要知道滤波器模块的参数设置就能够构造仿真系统了。

- 可视化的建模方式。仿真平台可提供接近于专业工程描述模型的计算机模型实现,即模型实现的直观化和可视化。在电子和通信工程中,系统模型往往除了采用数学方程描述外,还较多地采用系统方框图等图示化的方式来进行直观的描述。在计算机仿真工具中,直接对系统方框图进行建模实现和仿真的平台由于物理概念清楚、直观等优点而受到工程技术人员的青睐。现代通信系统的仿真模型开发往往是基于层次化方框图的,在一些仿真平台下,用户甚至很少编写仿真代码,而直接依赖于平台所提供的层次化模块库和图形化建模方式来构造通信仿真系统,计算机负责对输入的图形化模型进行错误检查,然后将方框图自动转换为仿真程序。
- 软件硬件协同仿真的能力。仿真平台要能够与相关的硬件仿真系统协同工作,完成数据采集,并将仿真结果输出到硬件系统中,从而实现硬件、软件联合的高级系统仿真和调试工作,如仿真平台上的信号处理过程能够结合数字信号处理器(DSP)的硬件实验平台等。
- 交互性和图形环境。由于系统设计和分析本身就是一个交互的过程,所以也就要求仿真环境能够提供交互性,即具有交互的建模能力、交互的仿真调试能力和交互的数据分析与显示能力。作为科学研究和系统设计工具,仿真平台还应具有较强的数值可视化表现能力。科学研究成果是通过相互的学术交流来进行确认和传播的,仿真平台应便于直观地用图形、曲线,甚至是“实时的”动画形式将仿真数据结果表达出来,并且能够以符合科学和出版界普遍认可的方式来进行学术交流。
- 跨平台和可移植性。仿真软件环境应当具有较高的移植性,能够在不同的计算机硬件平台和不同的操作系统软件平台下应用。现在,随着低层语言编译器和图形化界面编程的越来越标准化,仿真平台和仿真模型程序可以在很大程度上做到与计算机硬件平台和软件平台无关,并可在各种平台上运行。

1.6.2 仿真环境的构成和要求

一个软件仿真环境主要由模块库、模块编辑和配置、仿真管理、后处理、文件和数据库管理、帮助文档等部件组成,这些部件无缝地集成在一起,向用户提供一个友好的仿真交互界面。各部分的功能和要求如下。

- 模块库。模块库包含了预先编制好的通信系统基本模块,其中既含有具有基本数学功能的原始模块(如加法器、乘法器、积分器等),也含有通过原始模块构造而成的层次化功能模块(如滤波器、编解码器、调制解调器、锁相环等)。模块库应当是可扩展的,即用户可以通过编程的方法构造新的原始功能模块,也可以利用模块库中已有模块构建新的更复杂的功能模块。模块库中模块的数量、质量(可重用性、稳定性等)、表示方法(是层次化的还是平面的)、是否易于扩展、在线说明文档、帮助以及测试实例数据等决定了一个仿真平台模块库的效用。仿真模块应当是可重入的,即在同一个仿真模型中可以多次使用同一个模块,并且可以对所使用的模块分别进行初始化设置,通过保持信号或使能信号来独立控制其执行条件。

- 模块编辑和配置器。模块编辑和配置功能允许用户从库中选择一系列模块,根据设计需要将这些模块连接起来,定义输入输出,设置各模块的初始化条件和参数,并允许对所构建的系统进行封装,以供更高层次的系统建模使用。模块编辑和配置要直观、便于使用,要能够方便地构建任意拓扑结构的系统,并且支持层次模型结构,能够进行结构的复制、框图的输入和编辑,便于处理系统参数,包括具有使用计算表达式来描述系统参数的能力,要能够对编辑过程中出现的错误进行检查和模型完整性检查,并有良好的在线文档和帮助系统。层次化方框图建模编辑功能将大大方便系统模型的设计和综合过程。
- 仿真管理器。该部件负责将仿真模型自动编译,链接相应的模型库函数,得到可执行的仿真程序并执行仿真过程,收集和存储仿真结果。所有这些过程应当尽可能自动化,尽量减少需要用户干预的成分。基于方框图建模的图形化仿真平台中,仿真管理部件中有一个代码自动生成程序,负责将可视化模型翻译为通用编程语言表达的仿真程序。例如,Simulink 可以将系统框图模型翻译为 C 或 C++ 代码,甚至可以直接翻译为 DSP 芯片能够执行的汇编语言代码,这样就使得通信系统在设计、仿真、信号处理算法的验证和实现这些方面融为一体。仿真管理器还应当允许用户在仿真过程中能够采集层次模型中的各个子层上(即任意子系统)产生的仿真结果数据和波形,便于系统调试和功能验证。在执行长时间的蒙特卡罗仿真过程中,还需要仿真管理器能够提供仿真过程的状态指示(如仿真当前执行的进度和次数等)、中间仿真结果的显示、仿真进程的终止和重启动等功能。
- 后处理部分。后处理是仿真环境中的一个重要组成部件。通过后处理,系统设计人员能够方便地观察仿真结果数据、曲线和波形。由于大部分仿真结果将以图形的形式表达出来,所以后处理部分应该具备内建的作图函数,从而根据仿真数据的工程特性得到不同形式的图形表达,如时域波形图、眼图、频谱图、统计直方图、互相关和自相关曲线图、信号的星座图、X-Y 图、误码曲线等。功能强大的后处理器还具备对图形曲线的编辑能力(如缩放、剪切、粘贴、曲线修饰、坐标标注等),能够显示曲线上光标指向位置点的参数值,允许多种图形文件格式的导出等等。
- 文件和数据库管理。在一个复杂通信系统的大型设计项目中将包含许多仿真模型和仿真数据,并且是许多设计者参与的。对模型文件的版本控制,设计历史跟踪和模型更新以及多人协作的建模管理就成为了文件和数据库管理部件的中心任务。一个优良的数据文件管理器能够对仿真模型、仿真结果以及来自一个或多个数据库的其他数据进行有效的维护,并能够对文件进行一致性检查,以尽可能减少设计人员的手工管理工作。在多人协作的系统建模和仿真中,应当十分重视文档的一致性检查和更新,以减少系统调试运行中由于文件的版本问题引起的错误。
- 帮助文档。仿真平台提供的帮助文档和在线文档为用户提供建模设计、系统调试、排错的指导。良好的在线文档包含仿真模块的参数说明、应用实例,便于检索并能够动态更新。模型的使用说明文件是模型重用和共享所必需的。

1.6.3 常用仿真工具的选择

可根据不同的仿真需求进行仿真工具选择。对于网络层次的建模和仿真问题，有OPNET，NS等软件平台可供选用。对于链路层次的仿真问题，Matlab/Simulink，Systemview，Scilab以及C，C++语言都可以根据仿真目标不同来选择。对于电路实现层次的仿真问题，Spice常用于模拟电子电路的建模和仿真中，而VHDL语言则常用于数字系统的仿真和实现。

本书研究通信系统链路层次的仿真问题，以Matlab/Simulink作为建模和仿真平台。

Matlab是在学术界和工程界被广泛采用的通用科学计算语言，目前已经成为科学工作者进行数值计算、系统建模仿真、数值结果处理与交流的事实标准平台。Simulink是Matlab中一个可视化方框图系统建模和仿真平台，系统建模更加直观，更加贴近系统工程设计的思维模式。Matlab/Simulink将强大的数值计算能力和丰富的数据可视化能力、友好的图形用户界面融合为一体，其语法非常简洁，语句接近于数学描述，可以将复杂的信号处理和仿真算法用非常简短的代码表达出来，易于学习、交流和模型验证，并且具有丰富的各专业专用的函数库和专业工具箱，大大提高了系统研究和设计开发的效率。

Matlab是一个跨操作系统的数值计算工具，并且具有十分强大而且简洁的软件、硬件接口方式，可以十分方便地与C、C++、Fortran等语言相结合进行混合编程，使各种语言优势互补。Matlab/Simulink仅仅通过数条指令或模块就能方便地完成与计算机声卡、串口等外部接口的数据交互，为半实物仿真和组建虚拟测试仪器提供了便利条件。此外，Matlab/Simulink还提供了与目标DSP系统等硬件仿真平台的结合工具，可以将仿真代码和仿真模型方框图直接翻译为DSP的执行语言，使信号处理算法的仿真过程与实现过程相互融合。

Matlab/Simulink适合于科学计算、链路层次的系统仿真，其帮助文档极其翔实，用户众多，便于寻求帮助。Matlab/Simulink作为商业软件，功能强大，价格也不菲。但是，也有许多开放源代码的科学计算软件提供给学术界免费使用，例如法国国家信息、自动化研究院(INRIA)的科学家开发的开放源码软件Scilab，其语法与Matlab非常接近，熟悉Matlab编程的人很快就能够掌握Scilab的使用。Scilab中还提供了语言转换函数，可以自动将用Matlab语言编写的程序翻译为Scilab语言。另外，GNU提供的开放源码软件Octave也是一个不错的选择，Octave直接使用Matlab语言的语法，与Matlab兼容度最高。这些开源软件也是跨操作系统平台的，数值计算能力也十分强大，但是在专用函数库和工具箱、图形界面、框图建模能力上还有待进步。

Matlab在国内目前常用的版本有5.3(R12)版、6.5(R13)版、7.0(R14)版以及最新的R2008b、R2009、2010a等版本。这些版本编程语法上相同，除了个别专业工具箱和库函数、图形显示函数有所差异外，绝大部分代码(m文件)都能够在这些版本中运行。但Simulink建模模型(mdl文件)的版本差异较大，兼容性不太好。低版本的平台不能识别高版本所建立的方框图模型文件，虽然高版本提供了低版本模型文件的存储和导入，但据笔者实验，也不能完全兼容。另外，随着版本升级，Matlab安装体积也越来越庞大。高版本对计算机处理器速度要求很高，而且内存占用也相当大。笔者个人建议，内存在128～256MB的计算机上安装 Matlab 5.3 版本比较合适，内存在 256～512MB 之间的可使用 6.5 版本，内存在 512MB 以上的可尝试更高版本。Windows Vista 和 Windows 7 下将不再支持 R2008 之前版本的 Matlab。鉴于此，如果读者需要使用老版本的 Matlab，可以在 Windows 7 操作系统上首先安装诸如 VirtualBox 或 Vmware 之类的虚拟机，然后在虚拟机中安装 Windows XP 系统，再安装 Matlab 6.5 版本。

基于 6.5(R13)版本的 Matlab/Simulink 能够很好地支持中文，并且对硬件的要求也不太苛刻，本书选择以该版本作为编程和建模的实验平台。本书所列举的仿真实例对计算机硬件无特殊要求，部分实验涉及到音频输入输出，需要计算机配有声卡、扬声器和话筒。

在 MATLAB7.0(SIMULINK)等版本中打开本书所附模型，可能会因默认不支持汉字字符集而出现错误。解决办法是在启动 Matlab 后执行以下程序代码，或将以下代码添加到 Matlab7.0 的启动执行文件 startup.m 中即可。

【程序代码】

```
bdclose all;
Enc = 'windows - 1252';
set_param(0,'CharacterEncoding',Enc);
set_param(0, 'CharacterEncoding', 'ISO - 8859 - 1')
```

1.7 小结与文献综述

本章讨论了通信系统仿真的原理和一般过程。现代通信系统的研究、设计和开发都离不开建模和计算机仿真手段。根据仿真目的不同，可以将仿真对象建模分为确定性模型、概率和随机模型以及混合模型。

对于大系统的建模往往采用层次化建模方法。不同层次的仿真模型所依赖的数学方法有所不同，相应的仿真软件平台也不一样。文献[7]中对通信系统层次化建模方法有深入的论述。

对于通信网络层次，通常建模为离散事件系统，数学基础是排队论、运筹学和图论。关于离散事件系统仿真的深入内容参见文献[13]。通信网络层次仿真的常用软件是 OPNET 和 NS 等。通信链路层次的仿真问题是以概率论[16]、信息论[9]和信号处理[8],[20]为数学基础的，以状态方程的数值计算和概率统计为主要手段，以信息的传输性能为主要仿真指标。文献[10]特别论述了仿真方法在无线通信领域的应用问题。

Matlab/Simulink 作为方便而通用的数值计算和系统仿真平台在通信链路层次仿真建模中有重要应用。关于 Matlab/Simulink 在电子系统与通信工程中的应用参见文献[1]、[3]、[21]以及[26]等。一些其他的通用数值计算平台也常用于通信系统的建模仿真研究工作，开源软件 Scilab 等。还有专门为通信链路层次仿真而设计的软件平台，如 Systemview 等。电路实现层次的仿真问题关心的是系统的具体实现方法、算法和效果，目前已经有许多应用软件和开发语言。

数值计算方法和蒙特卡罗方法作为仿真的主要手段在以上各层次的仿真建模中都有应用。关于数值计算方法和软件应用方面的参考书有文献[14]、[22]、[24]、[25]等。关于蒙特卡罗方法的应用文献如[15]等。

Matlab/Simulink 的基本语法和使用不是本书所要讲述的内容，关于 Matlab 指令、

Simulink 模块以及常用工具箱的手册可参考文献[17]、[27]。

系统模型验证和仿真结果检验是建模与仿真的重要内容，文献[18]、[19]论述了电子系统仿真的评估问题。

通信系统仿真是以信息论、通信理论和信号处理为基础的，这方面的经典著作有文献[4]、[5]、[9]、[12]、[23]、[31]等。数学建模论述了系统数学模型的一般抽象方法，读者可参考[19]、[28]等书籍。

系统建模和仿真涉及到应用数学的多个分支，关于应用数学和工程数学的手册诸如文献[2]、[28]等是经常需要参考的。

1.8 思 考 题

(1) 计算机仿真与数值计算有哪些不同点？两者的联系如何？

(2) 如果考虑实例 1.1 中的落体受到空气的阻力，且阻力与下落速度成正比，试修改数学模型和相应的仿真程序。在考虑阻力的情况下，在相同高度同时下落的质量不同的物体仍然同时落地吗？请通过仿真验证并解释之。

(3) 接上题，如果再考虑空气对物体的浮力，那么如何进一步修改实例 1.1 中的数学模型和相应的仿真程序呢？请通过仿真验证你的模型并给出物理解释。

(4) 请举一个时变系统的例子。

(5) 请用解析方法求出抛物线 $y=2-x^2$ 与直线 $y=0$ 所围区域的面积表达式，然后采用蒙特卡罗方法仿真计算该区域的近似面积，并从仿真实验中观察随机试验次数与仿真结果精度之间的大致关系。

(6) 请从上题中，总结利用蒙特卡罗方法计算积分问题的一般步骤。

第 2 章

Matlab/Simulink系统建模和仿真基础

2.1 Matlab 编程仿真的方法

2.1.1 概述

通过编程形式建立计算机仿真模型是最基本的计算机建模方法。Matlab 编程仿真过程就是用编写脚本文件或函数文件来描述数学模型,并实现数值求解的过程。与方框图的可视化建模方式相比,编程形式虽然在形式上可能不那么直观,但是编程更为基础,对数学模型的表达也更为直接。后面读者将会看到,在 Matlab 中将可视化的方框图模型与编程形式的仿真模型综合起来,灵活应用,可以使两者相得益彰。

在第 1 章中给出的几个实例就是采用编程仿真的方法。由于 Matlab 语言本身程序结构非常简单,语法接近于自然数学描述形式,所以用它进行计算机模型实现的难度不在于程序设计本身,更在于对数学模型的理解。由于实际系统行为的多样性,在数学模型中,描述系统行为的方程形式也是多种多样的,相应的数值求解方法也就不同。我们把外界对系统产生作用的物理量称为输入信号或激励,把系统内部储存的能量称为系统的状态,而将系统对外界的作用物理量称为系统的输出信号或响应。设计人员经常面对的系统仿真问题是研究系统随时间推进而发生变化的行为,这种情况下,对系统的激励信号、系统自身的状态变量以及系统对激励的响应等都是随时间变化的函数。例如,对一个运动中的物体施加一个变化的力,考察其速度和位置的变化。将这个物体看作一个系统,它的质量以及运动情况就是系统的状态,而所观察到的物体的速度、位置变化就是系统对外界的输出信号。系统的输入、状态以及输出可能是单个变量,也可能是一组变量,在这个例子中,有速度和位置这两个输出信号。

以下将集中讨论这一类基于时间的系统模型。对于更一般的系统,其数学模型中自变量可以具有任意的物理含义,但与基于时间的系统求解方法是相同的。

在一类物理系统中,所需要研究的系统响应只与系统当前时刻的输入有关,而与系统的状态以及过去或未来的输入信号无关,这样的系统就称为静态系统,也称为无记忆系统。举例来说,若把作用在质量为 m 的物体上的力 $f(t)$ 看作输入信号,将该力在物体上产生的加

速度 $a(t)$视为系统的输出响应，显然，输入和输出满足牛顿第二运动定律，即 $a(t)=f(t)/m$，输出信号 $a(t)$只与当前输入信号 $f(t)$有关，因此系统是静态的。又如电阻 R 两端的电压 $u(t)$和流过电阻的电流 $i(t)$服从欧姆定律，即 $u(t)=i(t)R$，将两者分别视为系统的输入输出，那么系统也是无记忆的。通信系统中常见的调幅调制器也是无记忆系统，载波频率为 f_c 的双边带调幅的调制输出信号 $v(t)$与输入被调信号 $m(t)$之间的关系描述为 $v(t)=m(t)\cos2\pi f_c t$。通常，无记忆系统的数学描述是代数方程(组)。

另外一类物理系统的输出响应不仅与当前的输入信号有关，而且还是系统状态的函数，这类系统称为动态系统或有记忆系统。例如，若将作用在质量为 m 的物体上的力 $f(t)$看作输入信号，而将物体当前的运动速度 $v(t)$作出输出信号，显然，当前物体的速度不仅与当前的作用力有关，而且还与过去时刻的物体运动状态有关，是无限邻近的“过去”时刻的状态(速度 $v(t-\mathrm{d}t)$)以及激励(受力 $f(t-\mathrm{d}t)$)的结果，用微分方程表述就是

$$f(t) = m\frac{\mathrm{d}v(t)}{\mathrm{d}t} \tag{2.1}$$

也即

$$v(t) = v(t-\mathrm{d}t) + \frac{f(t-\mathrm{d}t)}{m}\mathrm{d}t \tag{2.2}$$

从这个例子可知，对于同一个物理实体，如果研究所定义的输入输出物理量不同，那么所得出的系统模型也就不同，可能是无记忆系统，也可能是有记忆系统。通常，连续有记忆系统的数学描述是微分方程(组)，离散有记忆系统的数学描述是差分方程(组)。

如果系统的当前输出信号是未来输入信号或未来系统状态的函数，换句话说，即“现在”的激励和状态能够影响系统的“过去”，那么这样的系统称为非因果系统；反之，称为因果系统或物理可实现的系统。非因果系统是物理不可实现的，但非因果系统往往是物理系统理想化的结果，具有数学意义。例如，实际中的滤波器总是因果的，但其理想化的数学模型——理想低通滤波器则是非因果的。

在现代通信系统中，通常以随时间变化的物理量电压或者电流(统称电平)来表示信号，称为电信号。动态电系统的状态是指系统中的储能情况，也以电容、电感等储能元件上的电压或者电流来表示。系统中的独立状态数称为系统的阶数，数量上等于描述该系统的微分或差分方程的阶数。系统状态、输入输出信号在数学上都是时间的函数，工程上也把电信号称为电波形。

2.1.2 静态系统的 Matlab 编程仿真

静态系统的仿真过程就是相应代数方程的数值计算或求解过程。下面以幅度调制作为实例来讲解。

【实例 2.1】 试仿真得出一个幅度调制系统的输入输出波形。设输入被调制信号是一个幅度为 2V，频率为 1000Hz 的余弦波，调制度为 0.5，调制载波信号是一个幅度为 5V，频率为 10kHz 的余弦波，所有余弦波的初相位为 0。

1) 数学模型

根据题设，该调幅系统的输入输出关系表达式为

$$y(t) = (M + m_a M\cos2\pi f_m t)\times A\cos2\pi f_c t \tag{2.3}$$

其中，$M=2$ 是被调信号的振幅，$f_m=1000$ 是其频率，$A=5$ 是载波信号的幅度，$f_c=10^4$ 是其

频率，$m_a=0.5$ 是调制度。

2）编程实现

连续函数必须进行离散化才能够存储于计算机中。只要时间离散化过程满足取样定理，那么就不会引起失真。在这个系统中的信号最高工作频率为$(f_m+f_c)=11\text{kHz}$，根据取样定理，只要离散取样率高于该频率的2倍即可无失真。在计算量和数据存储量许可的条件下，取样率可以设置更高，以使仿真计算的结果波形图显示更加光滑。本例将取样率设置为10^5，即在一个载波周期上取样10次，相应的取样间隔为$\Delta t=10^{-5}\text{s}$。本例中，取样间隔也作为仿真步进。程序代码如下。

【程序代码】 ch2example1prg1.m

```
% ch2example1prg1.m
dt = 1e-5;                              % 仿真采样间隔
T = 3 * 1e-3;                           % 仿真终止时间
t = 0:dt:T;
input = 2 * cos(2 * pi * 1000 * t);     % 输入被调信号
carrier = 5 * cos(2 * pi * 1e4 * t);    % 载波
output = (2 + 0.5 * input). * carrier;  % 调制输出
% 作图：观察输入信号，载波，以及调制输出
subplot(3,1,1); plot(t,input); xlabel('时间/s'); ylabel('被调信号');
subplot(3,1,2); plot(t,carrier); xlabel('时间/s'); ylabel('载波');
subplot(3,1,3); plot(t,output); xlabel('时间/s'); ylabel('调幅输出');
```

以上程序代码非常简洁，并且表达上与数学形式很接近。值得指出的是，程序结构采用了Matlab常用的矩阵形式，而没有采用传统计算机语言所必须采用的循环结构，因为采用矩阵计算的效率更高。仿真程序执行的结果如图2.1所示，图中同时画出了输入、载波和调制输出。从图中可以看出，载波的包络随着被调信号的变化而变化，这样被调信号的变化信息就携带在了载波的振幅上，因此称为幅度调制。

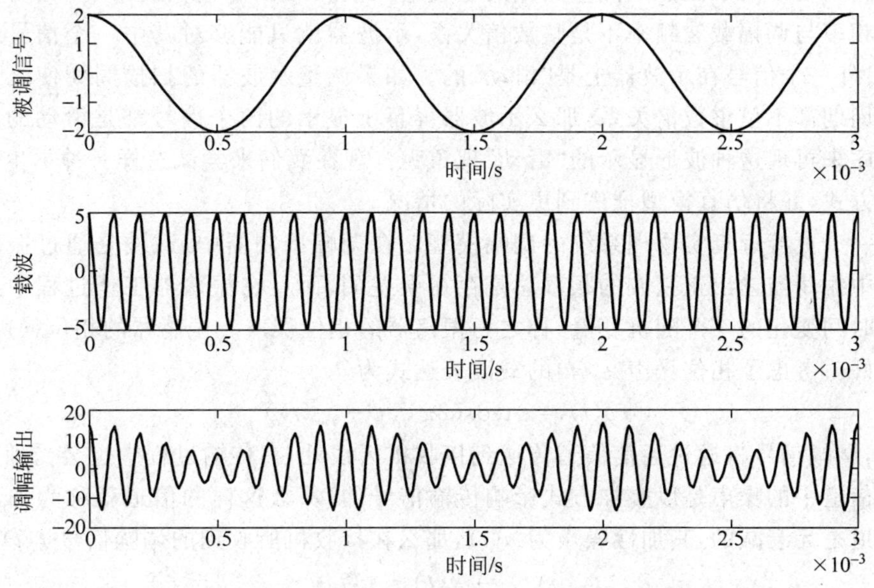

图2.1 被调信号、载波和调幅输出信号的仿真波形

3）另外一种编程实现方式

在上面的程序中，首先计算出了仿真时间区间内的输入信号在各取样时刻的取值并存储在一个矩阵变量 input 中，然后计算载波信号并存储在矩阵 carrier 中，最后再计算出调制输出。即仿真中各信号是顺序产生的，并按照信号在系统中的流通先后逻辑进行顺序计算。这是一种基于数据流仿真方法的典型例子。然而，在实际调制系统中，在某时刻上输入信号和载波以及调制输出信号是同时产生的。如果在仿真程序中也根据仿真步进时间的推进分别在各个取样点上“同时”计算生成系统中各逻辑点上的信号样值，那么就是一种基于时间流的仿真过程。下面的代码用循环结构实现了基于时间流的调幅仿真过程，结果与图 2.1 相同。

【程序代码】 ch2example1prg2.m

```
% ch2example1prg2.m
clear;               % 清空内存变量，以避免以往运行的结果影响本程序
dt = 1e - 5;         % 仿真采样间隔
T = 3 * 1e - 3;      % 仿真终止时间
t = 0:dt:T;
for k = 1:length(t)                                       % 基于时间流的仿真计算
    input(k) = 2 * cos(2 * pi * 1000 * t(k));             % 第 k 个仿真步进时的输入被调信号
    carrier(k) = 5 * cos(2 * pi * 1e4 * t(k));            % 第 k 个仿真步进时的载波
    output(k) = (2 + 0.5 * input(k)). * carrier(k);       % 第 k 个仿真步进时的调制输出
end
% 作图：观察输入信号，载波，以及调制输出
subplot(3,1,1); plot(t,input); xlabel('时间/s'); ylabel('被调信号');
subplot(3,1,2); plot(t,carrier); xlabel('时间/s'); ylabel('载波');
subplot(3,1,3); plot(t,output); xlabel('时间/s'); ylabel('调幅输出');
```

4）让输出波形“动”起来

在实际中用双踪示波器来测量调幅的基带输入波形和调制输出波形时，只要基带输入余弦波的频率与调幅载波频率不是整数倍关系，示波器就只能够对其中一个信号进行同步显示，而另外一个信号在示波器上是“滑动”的。如果调整示波器的扫描周期使之与两个测试信号的周期都不呈整数倍关系，那么示波器屏幕上显示的两个信号都是滑动的。能否通过仿真程序来再现这种波形显示的“滑动”现象呢？现在我们来尝试这样一种更生动的仿真输出表现方式，并将仿真模型推广到更实际的情况。

考虑一个更接近真实物理系统的调幅模型。在调幅调制器中，载波是通过振荡器产生的。实际中振荡器输出正弦波的频率总是存在误差的，而且在振荡器工作过程中这种频率误差是随时间变化的一个随机变量，称之为振荡器的相位噪声。振荡器的相位噪声越小，其品质就越好。考虑了相位噪声 $\phi_n(t)$ 的载波表达式为

$$v(t) = A\cos(2\pi f_c t + \phi_n(t)) \tag{2.4}$$

此外，调幅信号将通过通信信道传送到接收机天线处，在传输过程中也会受到噪声的影响。如果信道中的噪声是以叠加方式影响传输信号的，那么这样的信道就称为加性噪声信道。设信道是无衰减的，其加性噪声为 $n(t)$，那么在接收机所收到的调幅信号 $r(t)$ 为

$$r(t) = y(t) + n(t) \tag{2.5}$$

在下面的程序中，仿真时间区间被划分为若干段，每段称为一帧，示波器的扫描周期等于帧周期，即每仿真得出一帧数据就显示刷新一次。每帧通过在调制器中的载波相位加上一个高斯随机数来粗略地模拟相位噪声，在调幅输出波形上加入一个高斯随机变量来模拟信道的影响。示波器用来同时观察被调制信号、含有相位噪声的载波以及接收机收到的含有加性噪声的调幅信号。程序中故意将输入被调信号的频率设置为1005Hz，这样其信号周期就与仿真的帧周期不是整数倍关系，运行后将看到“不断”滑动的被调信号，载波显示出相位抖动现象，而接收信号则沾染了噪声。程序运行中显示的某帧如图 2.2 所示，程序代码如下。

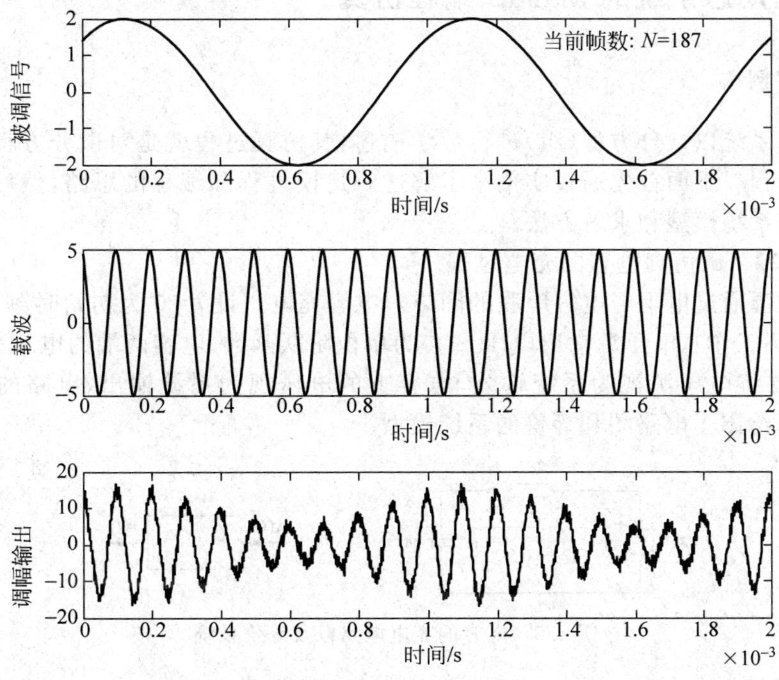

图 2.2 模拟真实示波器显示的调幅仿真波形

【程序代码】 ch2example1prg3. m

```
% ch2example1prg3.m
dt = 1e - 6;           % 仿真采样间隔
T = 2 * 1e - 3;        % 仿真的帧周期
for N = 0:500          % 总共仿真的帧数
    t = N * T + (0:dt:T);                    % 帧中的取样时刻
    input = 2 * cos(2 * pi * 1005 * t);  % 输入被调信号
    carrier = 5 * cos(2 * pi * (1e4) * t + 0.1 * randn);   % 载波
    output = (2 + 0.5 * input). * carrier;                 % 调制输出
    noise = randn(size(t));             % 噪声
    r = output + noise;                 % 调制信号通过加性噪声信道
    % 作图：观察输入信号，载波，以及调制输出
    subplot(3,1,1); plot([0:dt:T],input); xlabel('时间/s');
    ylabel('被调信号'); text(T * 2/3,1.5,['当前帧数：N = ',num2str(N)]);
```

```
    subplot(3,1,2); plot([0:dt:T],carrier);
    xlabel('时间/s'); ylabel('载波');
    subplot(3,1,3); plot([0:dt:T],r);
    xlabel('时间/s'); ylabel('调幅输出');
    set(gcf,'DoubleBuffer','on'); % 双缓冲避免作图闪烁
    drawnow;
end
```

2.1.3 连续动态系统的 Matlab 编程仿真

1. 几个实例

连续动态系统以微分方程(组)进行数学描述,其仿真过程就是对微分方程的编程表达和数值求解过程。下面首先通过实例来了解这一建模过程和编程的思路,然后总结出更一般的连续动态系统模型和求解方法。

【实例 2.2】 试仿真电容的充电过程。

一个电压源通过电阻与电容串联的网络对电容充电。设 $t=0$ 为初始时刻(初始时刻之前电路断开,不工作),电压源输出电压 $x(t)$ 为单位阶跃函数,电容两端的电压为 $y(t)$,回路电流为 $i(t)$,并将电压源视为系统输入,电容上的电压视为系统输出,电路的初始状态为 $y(0)$。图 2.3 给出了电路图和等价的系统模型。

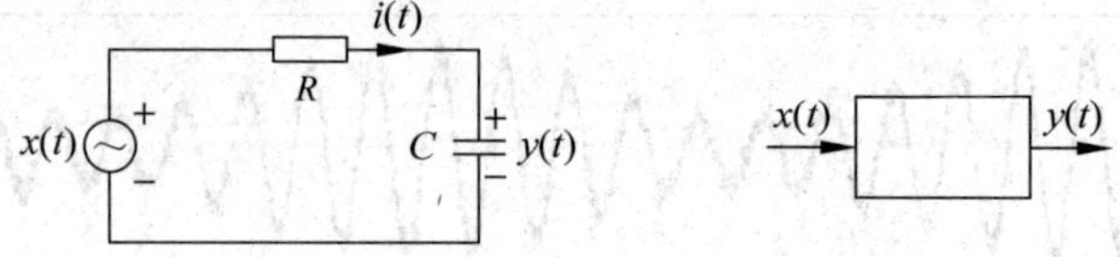

图 2.3 电容的充电电路以及等价系统

1) 数学分析

首先根据网络拓扑和元件伏安特性建立该电路方程组

$$y(t) = x(t) - Ri(t) \tag{2.6}$$

$$i(t) = C\frac{\mathrm{d}y(t)}{\mathrm{d}t} \tag{2.7}$$

并化简得

$$\frac{\mathrm{d}y(t)}{\mathrm{d}t} = \frac{1}{RC}x(t) - \frac{1}{RC}y(t) \tag{2.8}$$

方程(2.8)也称为系统的状态方程。在该方程中,变量 y 代表电容两端的电压,是电容储能的函数。本例中它既是系统的状态变量,又是系统的输出变量。

2) 数值求解

最直接的求解方法是将公式(2.8)转换为以时间向前递进的计算递推式,并以微小的仿真时间步进 Δ 代替无穷小量 $\mathrm{d}t$ 进行近似数值计算。

首先,将 $\mathrm{d}y(t)=y(t+\mathrm{d}t)-y(t)$ 代入公式(2.8)中,并整理得时间向前递推式

$$y(t+\mathrm{d}t) = y(t) + \frac{1}{RC}x(t)\mathrm{d}t - \frac{1}{RC}y(t)\mathrm{d}t \tag{2.9}$$

将近似式 $\Delta \approx dt$ 代入公式(2.9)得到

$$y(t+\Delta) \approx y(t) + \frac{1}{RC}x(t)\Delta - \frac{1}{RC}y(t)\Delta \tag{2.10}$$

当已知当前时刻 t 上的输入信号 $x(t)$ 和状态 $y(t)$，通过公式(2.10)就可以计算出下一时刻 $t+\Delta$ 上新的系统状态来，这种算法称为微分方程的欧拉算法。依照公式(2.10)编写的仿真程序如下。

【程序代码】 ch2example2prg1.m

```
% ch2example2prg1.m
dt = 1e-5;          % 仿真采样间隔
R = 1e3;            % 电阻值
C = 1e-6;           % 电容量
T = 5 * 1e-3;       % 仿真区间从 -T 到 +T
t = -T:dt:T;        % 计算的离散时刻序列
y(1) = 0;           % 电容电压初始值,在时间小于零区间将保持不变
                    % 如果要仿真零输入响应,可设置 y(1) = 1 等非零值.
% ----输入信号设定:可选择:零输入,阶跃输入,正弦输入,方波输入等----
x = zeros(size(t));                  % 初始化输入信号存储矩阵
x = 1 * (t>= 0);                     % 在 0 时刻的输入信号跃变为 1,即输入为阶跃信号.
                                     % 如果要仿真零输入响应,这里可设 x = 0 即可
% x = sin(2 * pi * 1000 * t). * (t>= 0);     % 这是从 0 时刻开始的 1000Hz 的正弦信号
% x = square(2 * pi * 500 * t). * (t>= 0);   % 这是从 0 时刻开始的 500Hz 的方波信号
% 仿真开始,注意:设零时刻之前电路不工作,系统状态保持不变
for k = 1:length(t)
    time = -T + k * dt;
    if time>= 0
        y(k+1) = y(k) + 1./(R * C) * (x(k) - y(k)) * dt; %递推求解下一个仿真时刻的状态值
    else
        y(k+1) = y(k);    % 在时间小于零时设电路断开,系统不工作
    end
end
subplot(2,1,1); plot(t,x(1:length(t))); axis([-T T -1.1 1.1]);
xlabel('t'); ylabel('输入');
subplot(2,1,2); plot(t,y(1:length(t))); axis([-T T -1.1 1.1]);
xlabel('t'); ylabel('输出');
```

程序中，设电容值为 $C=1\mu F$，电阻 $R=1k\Omega$。因此系统的时间常数为 $RC=1ms$。仿真步进应远远小于系统的时间常数，故设 $\Delta=10^{-5}s$。设电路在零时刻以前是断开的，在零时刻以前电容上的初始电压值一直保持不变。当输入信号为单位阶跃信号，电容的初始状态电压为零时，系统输出信号称为零状态响应。

如果将电容初始状态电压设置为非零，而系统的输入信号一直为零。设零时刻以后电路接通，电容开始放电过程。这时系统输出信号是因为系统储能状态而产生的，由于输入信号为零，故称为零输入响应。修改仿真程序中的初始状态设置并令输入信号始终为零即可对零输入响应进行仿真。随着时间增长，电容电压逐渐由初始电压下降到零。电容充电、放电的仿真结果如图 2.4 所示。

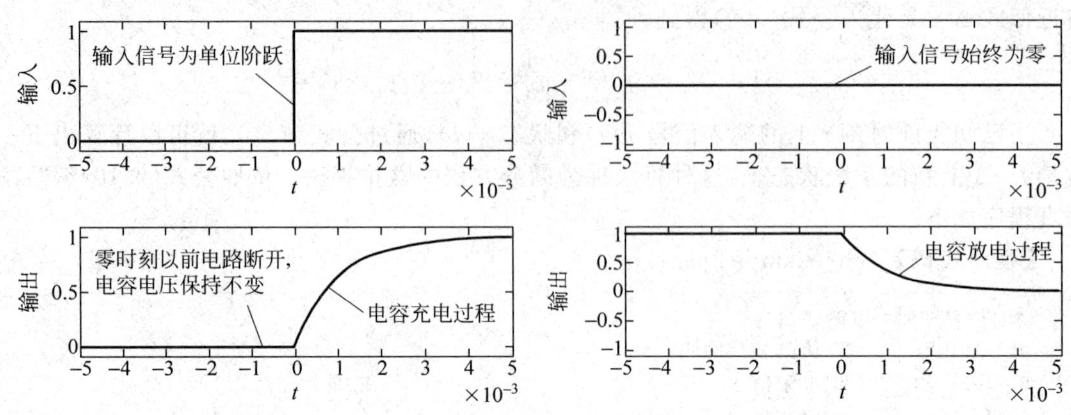

图 2.4 电容的充电、放电过程的仿真结果

如果系统的状态和输入均不为零,那么系统输出就称为全响应。对于线性系统,全响应是零输入响应和零状态响应的叠加。

如果要仿真系统输入信号为任意函数的情况,只需要修改仿真程序中的输入信号设置即可。例如将输入信号修改为从零时刻开始的正弦波、方波,就得到了相应输入下的输出响应,读者可自行修改程序观察运行结果,修改方法参见程序代码 ch2example2prg1.m 中的注释部分。在本例中的系统独立状态变量只有一个,所以是一个一阶系统。下面再看一个对二阶系统的仿真实例。

【实例 2.3】 单摆运动过程的建模和仿真。

1) 单摆的数学模型

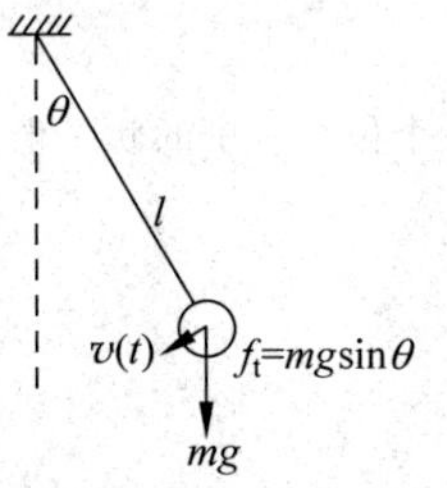

图 2.5 重力场中的单摆受力分析示意图

设单摆摆线的固定长度为 l,摆线的质量忽略不计,摆锤质量为 m,重力加速度为 g,系统的初始时刻为 $t=0$,在任意 $t\geqslant 0$ 时刻摆锤的线速度为 $v(t)$,角速度为 $\omega(t)$,角位移为 $\theta(t)$。以单摆的固定位置为坐标原点建立直角坐标系,水平方向为 x 轴方向,如图 2.5 所示。

在 t 时刻,摆锤所受切向力 $f_t(t)$是重力 mg 在其运动圆弧切线方向上的分力,即

$$f_t(t) = mg\sin\theta(t) \tag{2.11}$$

如果忽略空气阻力因素,根据牛顿第二运动定律,切向加速度为

$$a(t) = g\sin\theta(t) \tag{2.12}$$

因此得到单摆的运动微分方程组

$$\frac{\mathrm{d}v(t)}{\mathrm{d}t} = g\sin\theta(t) \tag{2.13}$$

$$\frac{\mathrm{d}\theta(t)}{\mathrm{d}t} = -\omega(t) = -\frac{v(t)}{l} \tag{2.14}$$

注意:这是一组非线性微分方程,其中有两个状态变量,分别为摆的线速度 $v(t)$和角位移 $\theta(t)$,分别表征了单摆系统当前时刻的动能和势能,所以系统是二阶的。当摆幅很小的时候,$\sin\theta(t)\approx\theta(t)$,方程可近似为线性微分方程。

如果考虑空气阻力，可设单摆在摆动中受到阻力 f_z，显然阻力与摆锤的运动速度有关，即阻力是单摆线速度的函数：$f_z = f(v)$，为简单起见，可设

$$f_z(t) = -kv(t) \tag{2.15}$$

其中 $k \geqslant 0$ 为阻力比例系数，式中的负号表示阻力方向与摆锤运动方向相反。切向加速度由切向合力 $f_t + f_z$ 产生，根据牛顿第二运动定律，有

$$a(t) = g\sin\theta(t) - \frac{kv(t)}{m} \tag{2.16}$$

因此得到修正后的单摆的运动微分方程组

$$\frac{\mathrm{d}v(t)}{\mathrm{d}t} = g\sin\theta(t) - \frac{kv(t)}{m} \tag{2.17}$$

$$\frac{\mathrm{d}\theta(t)}{\mathrm{d}t} = -\frac{v(t)}{l} \tag{2.18}$$

2）数值求解

仍然使用欧拉算法求解。将 $\mathrm{d}v(t) = v(t+\mathrm{d}t) - v(t)$ 和 $\mathrm{d}\theta(t) = \theta(t+\mathrm{d}t) - \theta(t)$ 代入公式(2.17)及(2.18)中，并以仿真步进量 Δ 作为 $\mathrm{d}t$ 的近似，得到基于时间的递推方程

$$v(t+\Delta) = v(t) + \left(g\sin\theta(t) - \frac{kv(t)}{m}\right)\Delta \tag{2.19}$$

$$\theta(t+\Delta) = \theta(t) - \frac{v(t)}{l}\Delta \tag{2.20}$$

据此编写仿真程序，代码如下。

【程序代码】 ch2example3prg1.m

```
% ch2example3prg1.m
dt = 0.0001;            % 仿真步进
T = 15;                 % 仿真时间长度
t = 0:dt:T;             % 仿真计算时间序列
g = 9.8;                % 重力加速度
L = 1;                  % 摆线长度
m = 10;                 % 摆锤质量
k = 5;                  % 空气阻力比例系数
theta0 = 3.1;           % 初始摆角设置
v0 = 0;                 % 初始摆速设置
v = zeros(size(t));     % 程序存储变量预先初始化,可提高执行速度
theta = zeros(size(t));
v(1) = v0;              % 初始值赋值
theta(1) = theta0;
for n = 1:length(t)     % 仿真求解开始
    v(n + 1) = v(n) + (g * sin(theta(n)) - k./m. * v(n)). * dt;
    theta(n + 1) = theta(n) - 1./L. * v(n). * dt;
end
% 使用双坐标系统来作图,注意作图和图形标注的技巧
[AX,H1,H2] = plotyy(t,v(1:length(t)),t,theta(1:length(t)),'plot');
set(H1,'LineStyle','-');                    % 设置作图线型
set(H2,'LineStyle','-.');
set(get(AX(1),'Ylabel'),'String','线速度 v(t) m/s'); % 坐标标注
```

```
set(get(AX(2),'Ylabel'),'String','角位移 \theta(t)/rad ');
xlabel('时间 t/s');
legend(H1,'线速度 v(t)',2);
legend(H2,'角位移 \theta(t)',1);
```

程序中,故意将初始角位移设置为 $\theta(0)=3.1$,接近弧度 π,即摆锤初始位置接近最高点,这样系统将出现明显的非线性特征。空气阻力比例系数设为 $k=5$,摆锤初始速度为零,质量为 10kg,摆线长度为 $l=1\text{m}$,则仿真结果如图 2.6 所示。起始阶段由于摆锤接近最高位置,所以启动速度缓慢,图中线速度在时间起始阶段增长缓慢,当角位移到达 $\pi/2$ 时,摆锤上的加速度达到最大,当角位移等于 0 时(即摆锤位于最低点),其线速度接近最大值(注意,这是由于考虑了空气阻力的缘故。当忽略空气阻力作用后,则线速度在摆锤最低点达到最大值),由于空气阻力,摆动逐渐衰竭。由于仿真输出的两个变量的物理量纲不同,本程序使用了双坐标系统来作图。

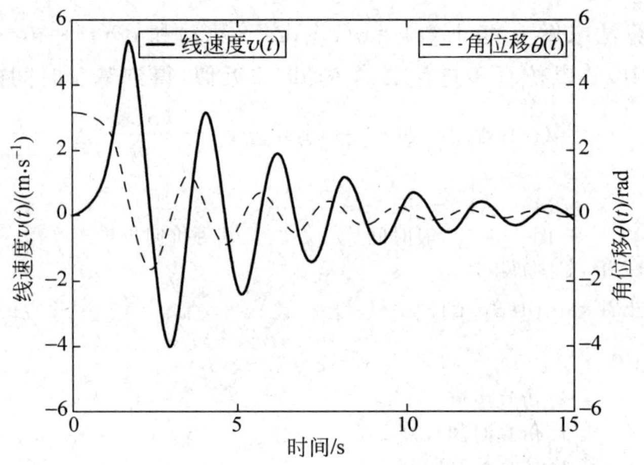

图 2.6　单摆运动的线速度和角位移仿真曲线

图 2.7 给出了忽略空气阻力作用($k=0$)后的摆动波形,初始角位移设置为 $\theta(0)=3$。由于没有能量损失,摆动将永远进行下去。可以看出,摆锤的运动不是正弦规律的,这是因

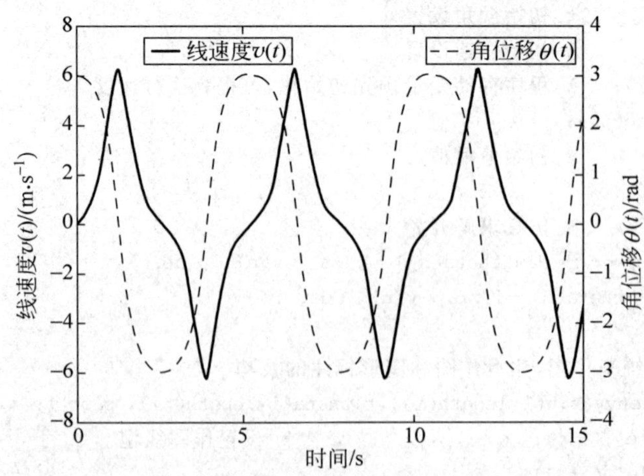

图 2.7　忽略空气阻力后单摆运动的线速度和角位移仿真曲线

为摆锤的运动微分方程不是线性的。当初始角位移设置较小时，摆动才能近似为正弦的。读者可修改程序中参数设置，自行实验来观察不同的摆锤质量、摆线长、初始速度、位置和阻力系数下摆动波形的频率和衰减情况。

2. 一般的连续动态系统的模型和求解

现在通过以上实例来总结时间连续系统的一般模型。可以看到，有记忆系统总是由输入变量(即输入信号)、状态变量以及输出变量(即输出信号)构成数学方程。输入变量可以是一个，这样的系统称为单输入系统；输入变量也可以是多个，相应的系统就是多输入系统。输出变量也可以是单个或多个，相应的系统就是单输出或多输出系统。系统内部的独立状态变量数称为系统的阶，在电子系统中代表了系统中独立的(即不能够通过等效变换而合并或消去的)储能元件数目。

对于多输入多输出和多状态的一般系统，通常采用向量(或矩阵)的形式来表达更为简洁，如图 2.8 所示。

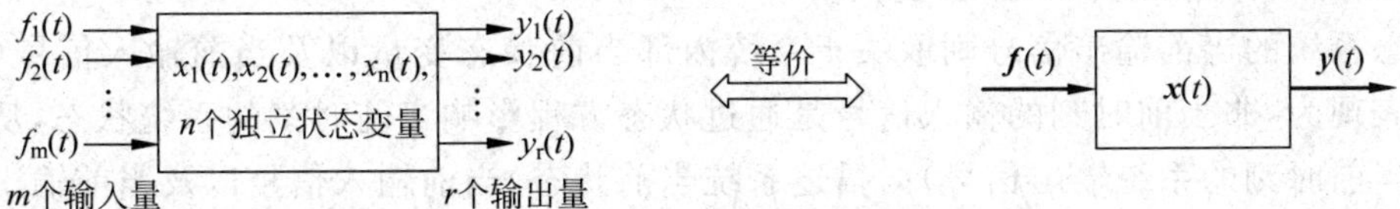

图 2.8 一般时间连续系统及其等价向量模型

通常，设系统中有 n 个独立的储能元件(在电子系统中这些储能元件通常是电容或电感)，那么系统就有 n 个独立的状态变量 $x_1(t),\cdots,x_n(t)$，以矩阵形式记为

$$\boldsymbol{x}(t)=\begin{bmatrix}x_1(t)\\x_2(t)\\\vdots\\x_n(t)\end{bmatrix}\tag{2.21}$$

设系统有 m 个输入信号 $f_1(t),\cdots,f_m(t)$，也采用矩阵形式表示为

$$\boldsymbol{f}(t)=\begin{bmatrix}f_1(t)\\f_2(t)\\\vdots\\f_m(t)\end{bmatrix}\tag{2.22}$$

同样，r 个系统输出信号 $y_1(t),\cdots,y_r(t)$ 用矩阵表示为

$$\boldsymbol{y}(t)=\begin{bmatrix}y_1(t)\\y_2(t)\\\vdots\\y_r(t)\end{bmatrix}\tag{2.23}$$

由于时间连续系统的输入、状态和输出的自变量都是时间，在方程简写时可省略时间变量，并用在变量上方加一个圆点来标记变量对时间的一阶求导，即 $\dot{f}=\mathrm{d}f/\mathrm{d}t$，以及向量形式

$$\dot{\boldsymbol{x}} = \begin{bmatrix} \dot{x}_1 \\ \dot{x}_2 \\ \vdots \\ \dot{x}_n \end{bmatrix} = \begin{bmatrix} \mathrm{d}x_1/\mathrm{d}t \\ \mathrm{d}x_2/\mathrm{d}t \\ \vdots \\ \mathrm{d}x_n/\mathrm{d}t \end{bmatrix} \tag{2.24}$$

等。

在系统中，其状态的变化是由于输入信号对系统的作用，例如力（视为输入信号）施加于物体（视为系统）而改变了其运动状态（机械能量），电流（视为输入信号）对电容充电而使得其两端电压（与储能相关）发生改变，等等。所以，系统状态的变化率$\dot{\boldsymbol{x}}$可以表示为系统输入信号 $\boldsymbol{f}$ 以及当前状态 $\boldsymbol{x}$ 的函数形式，这也就是前面提到的状态方程（组）的一般形式，记为

$$\dot{\boldsymbol{x}} = \boldsymbol{g}(\boldsymbol{x},\boldsymbol{f}) \tag{2.25}$$

其中函数 $\boldsymbol{g}(\cdot)$表示由 n 个状态函数 $g_1,\cdots,g_n$ 构成的函数矩阵，即

$$\boldsymbol{g}(\cdot) = [g_1(\cdot),\cdots,g_n(\cdot)]^{\mathrm{T}} \tag{2.26}$$

式中，上角标 T 表示矩阵的转置运算。

动态系统的当前输出信号则取决于系统内部当前状态变量以及当前输入信号（系统的记忆性表现为，非当前时刻的输入信号是通过状态方程影响当前时刻的系统状态，从而间接地影响当前时刻的系统输出信号）。描述系统当前状态、当前输入信号以及当前输出信号三者之间关系的函数称为系统的输出方程，其一般形式是

$$\boldsymbol{y} = \boldsymbol{g}_o(\boldsymbol{x},\boldsymbol{f}) \tag{2.27}$$

其中函数 $\boldsymbol{g}_o(\cdot)$表示由 r 个输出函数构成的函数矩阵，即

$$\boldsymbol{g}_o(\cdot) = [g_{o_1}(\cdot),\cdots,g_{o_n}(\cdot)]^{\mathrm{T}} \tag{2.28}$$

当已知系统的输入信号和系统的初始状态，可以通过状态方程求解下一个无限邻近时刻上系统的新状态，而由输出方程则可以求解出当前时刻的系统输出信号，依此类推，就能够得出在未来任意时间上系统的状态和输出。也就是说，状态方程和输出方程完整地表述了动态系统的输入输出关系及其随时间变化的规律，因此公式(2.25)和(2.27)被视为连续时间动态系统的一般数学模型。

下面讨论对一般状态方程(2.25)的数值求解方法。所谓求解，就是根据状态方程求出状态函数 $\boldsymbol{x}(t)$。显然，状态 $\boldsymbol{x}(t)$是时间 t 的连续函数，采用计算机做数值求解时，首先要确定求解的时间区间，例如从初始时刻 a 到终止时刻 b，且初始时刻的系统状态是已知的，在求解时间区间 $t\in[a,b]$上的系统输入也是已知的；其次，必须将求解时间离散化，即求解出若干离散时刻 $a=t_0<t_1<\cdots<t_n=b$ 上的状态值 $\boldsymbol{x}(t_i)$，$i=0,\cdots,n$。时间离散化可以是均匀的，也可以是不均匀的，这取决于计算目的和选用的算法要求。相邻离散时刻的间隔称为求解步长，即

$$h_i = t_{i+1} - t_i \tag{2.29}$$

若所有求解算法使用的步长相等，即 $h_i=h_j=h$，$\forall\, i\neq j$，则得出均匀离散化的时间序列上的解。通信系统中对模拟信号的时间离散化过程通常采用均匀时间间隔的取样方式，使用等步长微分方程数值算法的求解结果易于在通信系统中的信号取样点相对应，因此在通信系统仿真中应用更加广泛。而变步长的微分方程数值算法的计算效率更高，但求解结果需要进行数据处理（如插值，参见第 8 章）才能够与均匀抽样的输出信号在时间上取得一致。

对状态方程(2.25)在时间间隔$[t_i, t_{i+1}]$上积分，得

$$\int_{t_i}^{t_{i+1}} \dot{\boldsymbol{x}}(t)\mathrm{d}t = \int_{t_i}^{t_{i+1}} \boldsymbol{g}(\boldsymbol{x},\boldsymbol{f})\mathrm{d}t \tag{2.30}$$

即

$$\boldsymbol{x}(t_{i+1}) - \boldsymbol{x}(t_i) = \int_{t_i}^{t_{i+1}} \boldsymbol{g}(\boldsymbol{x},\boldsymbol{f})\mathrm{d}t \tag{2.31}$$

移项得出下一时刻 t_{i+1} 上的状态递推表达式

$$\boldsymbol{x}(t_{i+1}) = \boldsymbol{x}(t_i) + \int_{t_i}^{t_{i+1}} \boldsymbol{g}(\boldsymbol{x},\boldsymbol{f})\mathrm{d}t \tag{2.32}$$

所有状态方程的求解算法都是基于这一表达式的，不同之处在于对其中积分项的数值计算方法。如果采用最简单的矩形法进行近似数值积分，则称为状态方程的欧拉求解算法，即

$$\boldsymbol{x}(t_{i+1}) \approx \boldsymbol{x}(t_i) + \boldsymbol{g}(\boldsymbol{x}(t_i),\boldsymbol{f}(t_i))h_i \tag{2.33}$$

简记为

$$\boldsymbol{x}_{i+1} \approx \boldsymbol{x}_i + \boldsymbol{g}_i h_i \tag{2.34}$$

在欧拉算法中通常采用固定计算步长。由于矩形法近似求解积分的计算精度不高，为了提高计算精度，可以减小计算步长 h，但这样将增加计算量，减慢计算速度。考虑到计算机有限字长所引入的舍入误差，通过减小计算步长来提高计算精度的方法取得的效果很有限。

当动态系统是线性时不变系统的情况下，系统的状态方程和输出方程可以简化为线性常系数微分方程组。一个具有 n 个独立状态变量的、m 个输入、r 个输出的线性时不变系统，以矩阵表示的状态方程和输出方程标准形式为

$$\dot{\boldsymbol{x}} = \boldsymbol{A}\boldsymbol{x} + \boldsymbol{B}\boldsymbol{f} \tag{2.35}$$

$$\boldsymbol{y} = \boldsymbol{C}\boldsymbol{x} + \boldsymbol{D}\boldsymbol{f} \tag{2.36}$$

其中状态变量和输入输出变量为

$$\boldsymbol{x} = [x_1, x_2, \cdots, x_n]^{\mathrm{T}} \tag{2.37}$$

$$\dot{\boldsymbol{x}} = [\dot{x}_1, \dot{x}_2, \cdots, \dot{x}_n]^{\mathrm{T}} \tag{2.38}$$

$$\boldsymbol{y} = [y_1, y_2, \cdots, y_r]^{\mathrm{T}} \tag{2.39}$$

$$\boldsymbol{f} = [f_1, f_2, \cdots, f_m]^{\mathrm{T}} \tag{2.40}$$

以及系数矩阵

$$\boldsymbol{A} = \begin{bmatrix} a_{11} & a_{12} & \cdots & a_{1n} \\ a_{21} & a_{22} & \cdots & a_{2n} \\ \vdots & \vdots & \ddots & \vdots \\ a_{n1} & a_{n2} & \cdots & a_{nn} \end{bmatrix} \tag{2.41}$$

$$\boldsymbol{B} = \begin{bmatrix} b_{11} & b_{12} & \cdots & b_{1m} \\ b_{21} & b_{22} & \cdots & b_{2m} \\ \vdots & \vdots & \ddots & \vdots \\ b_{n1} & b_{n2} & \cdots & b_{nm} \end{bmatrix} \tag{2.42}$$

$$\boldsymbol{C}=\begin{bmatrix} c_{11} & c_{12} & \cdots & c_{1n} \\ c_{21} & c_{22} & \cdots & c_{2n} \\ \vdots & \vdots & \ddots & \vdots \\ c_{r1} & c_{r2} & \cdots & c_{rn} \end{bmatrix} \tag{2.43}$$

$$\boldsymbol{D}=\begin{bmatrix} d_{11} & d_{12} & \cdots & d_{1m} \\ d_{21} & d_{22} & \cdots & d_{2m} \\ \vdots & \vdots & \ddots & \vdots \\ d_{r1} & d_{r2} & \cdots & d_{rm} \end{bmatrix} \tag{2.44}$$

本书前面所举的动态系统仿真实例就是采用欧拉算法来进行求解的。欧拉法的特点是思路清晰，编程简单。在上述实例程序中，通过循环实现了对公式(2.34)的递推求解。这种编程方式将状态方程组的求解算法代码与具体的状态方程组代码混在一起，不易做到通用。下面介绍 Matlab 中状态方程(组)通用算法的编程思想和程序结构。

1) 状态方程和输出方程的编程统一表示

将线性时不变系统状态方程(2.35)用 Matlab 函数的形式统一描述，以使方程求解算法与具体方程表达相互分离。对于一般的系统状态方程(2.25)的编程思路相同。

Matlab 中规定的状态方程函数的标准接口形式为：

```
function xdot = odefuncname(t,x,flag,parameters)
```

其中，函数输出矩阵变量 xdot 对应于状态方程 $\dot{\boldsymbol{x}}=\boldsymbol{Ax}+\boldsymbol{Bf}$ 中的状态导数矩阵 $\dot{\boldsymbol{x}}$，函数的输入参数 t 对应于状态方程中隐含的时间自变量，即希望计算时刻的时间值，输入参数 x 对应于状态方程中的状态变量矩阵 $\boldsymbol{x}$，flag 参数用于灵活控制函数内的程序流程，以适应不同的求解算法之需，参数 parameters 用于输入状态方程的参数，如系数矩阵 $\boldsymbol{A}$，$\boldsymbol{B}$ 等。状态方程中的系统输入信号 $\boldsymbol{f}$ 是时间的函数，可在状态方程内部实现，也可通过参数 parameters 传入。由于参数 parameters 是矩阵形式，可以表示任意多的传入参数，使用十分灵活。

如果按照状态方程函数的 Matlab 标准接口形式来编写代码，那么就可以通过 Matlab 算法库中所提供的多种求解算法来调用计算。

【实例 2.4】 用状态方程的标准形式来分别重写出实例 2.2，实例 2.3 的数学模型，并以 Matlab 标准接口形式编写相应的代码。

以 f 表示实例 2.2 中的输入电压源，x 表示系统状态(即电容两端电压)，y 表示系统输出(这里也是电容两端电压)，将公式(2.8)改写为状态方程的标准形式

$$\dot{x}=-\frac{1}{RC}x+\frac{1}{RC}f \tag{2.45}$$

以及输出方程

$$y=x \tag{2.46}$$

编程中假定输入信号 $f(t)$ 是单位阶跃，对应的函数代码如下。

【程序代码】 rcstateequation.m

```
fuction xdot = rcstateequation(t,x,flag,par)
% RC 串联电路的状态方程函数
% 输入：t 当前计算时刻，x 当前状态-电容电压，flag 此处不同
```

```
% par 为 2×1 矩阵,par(1)为电阻值参数,par(2)为电容值参数
R = par(1); % 电路参数:电阻值
C = par(2); %电路参数:电容量
xdot = ( - 1./(R * C). * x + (1/(R * C))). * f(t); % 状态方程实现
%---以下是用来产生输入信号 f(t)的子函数---
function inputsignal = f(t)
inputsignal = (t> = 0); %产生的输入信与为单位阶跃
```

对于实例 2.3,用 x_1,x_2 分别表示状态 $v(t)$ 和 $\theta(t)$,则公式(2.17)、(2.18)改写为标准形式

$$\dot{x}_1 = g\sin x_2 - \frac{k}{m}x_1 \tag{2.47}$$

$$\dot{x}_2 = -\frac{1}{l}x_1 \tag{2.48}$$

注意:这是非线性的微分方程组,因此不能用公式(2.35)所示的矩阵形式简化。相应的函数代码如下。

【程序代码】 pendulumstateeq.m

```
function xdot = pendulumstateeq(t,x,flag,par)
% 考虑空气阻力的单摆系统的状态方程函数
% 输入:t 当前计算时刻,flag 此处不用
% x 为 2×1 矩阵,x(1)为当前摆锤的切向速度;x(2)为当前角位移
% par 为 4×1 系统参数矩阵
% par(1) 为重力加速度参数 g
% par(2) 为空气阻力比例系数 k
% par(3) 为摆锤质量 m
% par(4) 为摆线长度 L
xdot = zeros(2,1);                                % 状态变量矩阵初始化
g = par(1); k = par(2); m = par(3); L = par(4); % 系统参数设置
xdot(1) = g * sin(x(2)) - k/m * x(1);             % 状态方程组
xdot(2) = - 1/L * x(1);
```

当摆幅很小的时候,$\sin x_2 \approx x_2$,状态方程可做近似线性化得到

$$\dot{x}_1 = -\frac{k}{m}x_1 + gx_2 \tag{2.49}$$

$$\dot{x}_2 = -\frac{1}{l}x_1 \tag{2.50}$$

写为矩阵形式是

$$\begin{bmatrix} \dot{x}_1 \\ \dot{x}_2 \end{bmatrix} = \begin{bmatrix} -\frac{k}{m} & g \\ -\frac{1}{l} & 0 \end{bmatrix} \begin{bmatrix} x_1 \\ x_2 \end{bmatrix} \tag{2.51}$$

对照标准形式(2.35)得系数矩阵

$$A = \begin{bmatrix} -\frac{k}{m} & g \\ -\frac{1}{l} & 0 \end{bmatrix}, \quad B = 0$$

相应标准接口的函数代码如下。

【程序代码】 pendulumstateeqlinear.m

```
function xdot = pendulumstateeqlinear(t,x,flag,par)
 % 考虑空气阻力的单摆系统的状态方程函数：近似线性模型
 % 输入：t 当前计算时刻,flag 此处不用
 % x 为 2×1 矩阵,x(1)为当前摆锤的切向速度；x(2)为当前角位移
 % par 为 4×1 系统参数矩阵
 % par(1) 为重力加速度参数 g
 % par(2) 为空气阻力比例系数 k
 % par(3) 为摆锤质量 m
 % par(4) 为摆线长度 L
xdot = zeros(2,1);                 % 状态变量矩阵初始化
g = par(1); k = par(2); m = par(3); L = par(4); % 系统参数设置
A = [ -k/m,g; -1/L,0];             % 状态矩阵赋值
B = 0;
f = 0;                             % 无输入信号
xdot = A * x + B * f;              % 通用的状态方程
```

2）状态方程求解函数的统一表示

对于微分方程不同的求解算法，其适用性也不相同，除了了解各种算法的基本性能外，算法的选择还需要通过数值计算实验来确定。为了能够在尽可能少修改主计算程序代码的情况下，采用多种求解算法对具有标准接口的同一个状态方程函数进行求解，也需要对这些求解算法的接口进行标准化。

Matlab 中，状态方程求解算法（Matlab 中也称为求解器）的函数有一系列标准接口形式，其中常用的是：

```
[t_out,x_out] = 求解器名称(状态方程函数名,仿真时间范围,状态变量初始值,算法选项,附加参数)
```

其中，“状态方程函数名”填入所要求解的具有标准接口的目标状态方程函数文件名；“仿真时间范围”告诉求解器求解的起始时间和终止时间，还可指定计算步长；“状态变量初始值”在计算开始时将传递到目标状态方程函数的输入变量 x 中；“算法选项”随各种算法要求不同而不同，可用来设置计算精度等；“附加参数”将直接传送到目标状态方程函数的输入变量 parameters 中。求解器的详细用法可参考 Matlab 的联机帮助文档。求解器计算返回计算时间序列 t_out 以及对应的系统状态解矩阵 x_out。

可依照 Matlab 的函数接口规范来编写欧拉算法，代码如下。

【程序代码】 eulerode.m

```
function [t_out,x_out] = eulerode(odefuncname,tspan,x0,options,par)
 % 欧拉算法求状态方程 odefuncname 的数值解
 % odefuncname 为描述状态方程函数名称(即文件名)
 % tspan 为求解的时间序列(要求是列向量)
```

```
  % x0 为系统初始状态列向量
  % options 此处不使用
  % par 是传入 odefuncname 的参数，与 odefuncname 函数的参数 par 设计相匹配
  % 返回值：t_out 计算的时间点序列，等于输入的 tspan
  % x_out 是对应于 t_out 的状态变量解矩阵
t_out = tspan;
x_out = zeros(length(t_out),length(x0));    % 初始化输出解矩阵，以加快程序计算速度
                                            % x_out 的第 k 行状态值对应着 t_out 中的第 k 个时刻
for k = 1:length(t_out)
    x_out(k,:) = x0';                       % 将第 k 步计算结果存入输出解矩阵(注意要转置)
    if k<length(t_out)
      h = t_out(k+1) - t_out(k);            % 到下一时刻的计算步长
    else
      h = 0;                                % 最后一个步长
    end
    x0 = x0 + h * eval([odefuncname,'(t_out(k),x0,[],par)']);  % 欧拉算法
     % 用 eval 调用状态方程函数，其参数 flag 不使用，置为空矩阵或任意数值
end
```

【实例 2.5】 利用实例 2.4 中编写的单摆的状态方程标准函数以及欧拉算法 eulerode.m对实例 2.3 重新计算，并与 Matlab 库提供的求解器 ode45 的求解结果相比较。

由于程序 eulerode.m 采用了与 Matlab 标准求解器 ode45 相同的接口，所以在程序中更换求解器十分简单。计算主程序代码如下，程序中的摆锤系统参数设置同图 2.6 中使用的参数，以期对比。仿真执行后将画出摆锤线速度的波形，如图 2.9 所示。为了清楚显示欧拉算法的误差，图中曲线采用了较大求解步长 0.01，欧拉算法精度较低，特别是步长较大的情况下，随着时间推进，仿真误差将越来越明显。如果将仿真步长减小，则欧拉算法精度逐渐提高，这时两种算法的计算结果将逐渐趋于一致。

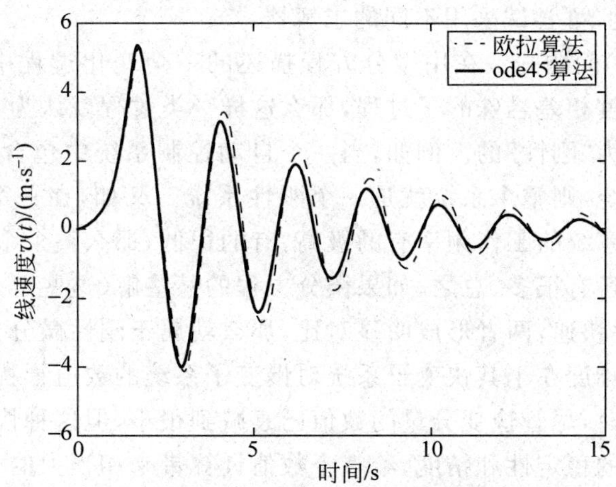

图 2.9　单摆运动线速度的两种仿真算法下的结果

【程序代码】 ch2example5prg1.m

```
 % ch2example5prg1.m
dt = 0.01;                                  % 仿真步进
```

```
T = 15;                                        % 仿真时间长度
t = 0:dt:T;                                    % 仿真计算时间序列
g = 9.8;                                       % 重力加速度
L = 1;                                         % 摆线长度
m = 10;                                        % 摆锤质量
k = 5;                                         % 空气阻力比例系数
theta0 = 3.1;                                  % 初始摆角设置
v0 = 0;                                        % 初始摆速设置
x0 = [v0; theta0];                             % 初始状态赋值
par = [g; k; m; L];                            % 系统参数赋值
% 以欧拉算法计算并作图
[t_out,x_out] = eulerode('pendulumstateeq',t',x0,[],par);
plot(t_out,x_out(:,1),'-.k'); hold on;
% 以 ode45 算法计算并作图对比
[t_out,x_out] = ode45('pendulumstateeq',t',x0,[],par);
plot(t_out,x_out(:,1),'-k');
xlabel('时间/s '); ylabel('线速度 m/s');
legend('欧拉算法','ode45 算法');
```

3. Matlab 的状态方程求解器

动态系统的状态方程是常微分方程(ODE)形式的，其数值算法就是对 ODE 的数值求解算法。用微分方程建立了实际问题的数学模型后，想要求解这些微分方程也往往不是易事，即便是仅仅进行数值求解，在求解精度、稳定性、效率上仍然有很多问题正在研究中。例如，属于“刚性问题”的一类微分方程就不容易解决。正是由于 ODE 问题的多样性，目前没有一种算法能够有效地解决所有的 ODE 问题。因此，Matlab 提供了多种求解器(Solver)，针对不同的 ODE 问题，可尝试采用不同的求解器。

什么是刚性(stiff)问题呢？在用微分方程描述的一个变化过程中，如果其中包含着多个相互作用但变化速度相差悬殊的子过程，那么这样一类过程就认为具有“刚性”，描述这类过程的微分方程就称为“刚性”的。例如，当一个自动控制系统中包含几个相互作用但响应速度相差悬殊的子系统，则整个系统就是一个刚性系统。又如，在一个电子系统模型中，如果其中相互影响的子系统的工作频率有的极高，有的很低，那么整个系统也就是一个刚性系统。诸如此类的例子还有很多，总之，如果微分方程的某些解(这些解是时间的函数)变化缓慢，而另外一些解变化快速，两者形成明显对比，那么就属于刚性微分方程。

刚性问题的求解难度在于其快变子系统对慢变子系统的数值干扰：当我们试图在慢变区间上求解刚性问题时，尽管快变分量的数值已衰减到很小，但这种快速变化的数值干扰仍然会严重影响数值解的稳定性和精度，给整个数值计算带来相当大的实质性困难。

Matlab 提供的 ODE 求解算法有：ode45、ode23、ode113、ode23t、ode15s、ode23s 和 ode23tb。

其中，ode45、ode23 和 ode113 适合于非刚性的情况。ode45 是传统的四阶龙格-库塔(Runge-Kutta)算法的改进算法，称为四阶五级的龙格-库塔算法。与传统的四阶龙格-库塔算法相比较，它是自适应步长的，具有更高计算精度和稳定性。其计算累计截断误差可达

Δ^3(Δ 为计算步长),是中等精度算法。ode45 算法是大部分场合下的首选算法。ode23 是二阶三级的改进龙格-库塔算法,计算速度较快,适用于精度要求较低的情况。ode113 是采用多步法的 Adams 算法,计算精度从低精度 10^{-3} 到高精度 10^{-6} 均可,而且计算速度比 ode45 快,适用于有严格误差指标要求的计算场合。

ode23t 采用梯形算法,适合于介于刚性与非刚性之间的求解问题,它是低精度的。

ode15s、ode23s 和 ode23tb 适合于求解刚性问题的情况。ode15s 是采用多步法的 Gear's 反向数值微分算法,其精度中等,如果 ode45 由于问题的刚性而计算缓慢或失效时,可尝试使用之。ode23s 则是采用一步法的二阶 Rosebrock 算法,其计算精度低于 ode15s 算法,但是计算时间比 ode15s 短。ode23tb 是采用梯形法的低精度刚性算法,计算时间也比 ode15s 要短。

在设定计算精度要求下,所有这些算法都是自适应求解步长的,也可以指定计算的时间序列或计算步长,成为固定步长算法。这些算法具有统一的调用接口,常用的 3 种基本格式为:

```
[T,X] = solver(odefun,tspan,x0)
[T,X] = solver(odefun,tspan,x0,options)
[T,X] = solver(odefun,tspan,x0,options,p1,p2,…)
```

其中,solver 为命令 ode45、ode23、ode113、ode15s、ode23s、ode23t、ode23tb 之一。odefun 为一般的系统状态方程(2.25)的函数名,其函数需要满足 Matlab 的指定接口标准。命令 ode23 只能求解常数混合矩阵的问题,命令 ode23t 与 ode15s 可以求解奇异矩阵的问题。tspan 为积分区间(即求解区间)的向量,由求解起始时刻和终止时刻组成,即

```
tspan = [t0,tf]
```

若要获得问题在其他指定时间点"t0,t1,t2,…"上的解,则需令"tspan=[t0,t1,t2,…,tf]"(序列要求是单调的)。x0 是包含初始条件的向量,对应于求解目标状态方程函数 odefun 的初始状态输入参数。options 是算法的积分参数选项,可用命令 odeset 来设置,如果使用系统默认选项,则用空矩阵代替 options 参数的位置。p1,p2,…是传递给函数 odefun 的可选参数,对应于求解目标状态方程函数的输入可选参数部分。求解器返回变量 T 是解状态序列 X 对应的时间序列,即列向量 T 中的第 k 行的时间值对应于解状态序列矩阵 X 中的第 k 行。

通常,求解器使用默认的积分参数即可。如果对求解精度、输出方式、步长等有特殊要求,可通过命令 odeset 来设置,其语法是:

```
options = odeset('name1',value1,'name2',value2,…)
```

其中,name 是所要设置的属性名称,value 是相应属性的取值,常用的属性如下。

- 绝对计算误差:AbsTol,有效取值为正实数或向量。绝对误差对应于解向量中的所有元素,若为向量则分别对应于解向量中的每一分量。默认值为 10^{-6}。
- 相对计算误差:RelTol,有效取值为正实数。相对误差对应于解向量中的所有元素,其默认值为 10^{-3}。在第 k 步计算过程中的实际计算误差 $\varepsilon(k)$ 不大于绝对计算误差与相对计算误差所决定的最大值,即

$$|\varepsilon(k)| \leqslant \max(|\boldsymbol{x}(k)| \times \mathrm{RelTol}, \quad \mathrm{AbsTol}(k)) \tag{2.52}$$

- 最大计算步长：MaxStep，即算法中进行积分运算所使用的最大步长，有效取值为正实数，默认值为 tspans/10。
- 初始计算步长：InitialStep，这是给求解器的建议起始步长，如果在该步长下计算误差不满足精度设置要求，则求解器将自动减小步长值。初始计算步长的默认值由求解器自动决定。
- 插值系数：Refine 是一个大于等于 1 的正整数，对 ode45 算法其默认值为 4，对其他算法其默认值为 1。如果插值系数大于 1，则增加每个积分步中的数据点记录，使解曲线更加光滑。如果指定了计算的时间序列，则插值系数无效。

【实例 2.6】 用 Matlab 常微分方程求解器重新仿真实例 1.2 的乒乓球弹跳模型，要求也能够在仿真过程中动态显示球的坠落和反弹过程，在仿真结束后输出小球位移和速度的变化曲线。设小球的初始位置距离水平面 1 米，由静止状态开始自由坠落，并设反弹瞬间的速度衰减系数为 $K=0.85$。

数学模型与实例 1.2 完全相同，为了利用标准求解器进行求解，首先将模型中的方程改写为标准的状态方程形式，小球在空中时，有运动方程

$$\frac{\mathrm{d}v(t)}{\mathrm{d}t}=-g \tag{2.53}$$

$$\frac{\mathrm{d}y(t)}{\mathrm{d}t}=v(t) \tag{2.54}$$

注意，小球碰撞水平面瞬间(在反弹之前)的条件是 $y\leqslant 0$ 且 $v\leqslant 0$，碰撞瞬间速度发生反向并以系数 K 衰减。据此编写程序，程序中以 $x_1(t)$表示速度状态变量 $v(t)$，以 $x_2(t)$表示位移状态变量 $y(t)$，并以矩阵形式描述，代码如下。

【程序代码】 状态方程函数：ch2example6statefun.m

```
function xdot = ch2example6statefun(t,x,flag)
% 乒乓球弹跳模型的标准状态方程
% x(1)为小球速度,x(2)为小球位移
xdot = zeros(2,1);    % 状态变量矩阵初始化
xdot(1) = -9.8;       % 速度加速度方程
xdot(2) = x(1);       % 位移速度方程
```

【程序代码】 主仿真程序：ch2example6main.m

```
% ch2example6main.m
clear;
v0 = 0; y0 = 1;       % 球的初始状态
x_state = [v0,y0];    % 将初始状态赋值到状态变量中
dt = 0.01;            % 仿真步进
t = 0:dt:5;           % 仿真时间序列
K = 0.85;             % 碰撞衰减系数
for k = 1:length(t)       % 仿真开始,每次循环向前推进一个仿真步进 dt
    x(k,:) = x_state;    % 记录并保存当前状态的计算结果
    [t_out,x_out] = ode45('ch2example6statefun',[t(k),t(k) + dt],x_state);
    % 计算下一个时刻的新状态
```

```
    % 可换用 ode23、ode113、ode23t、ode15s、ode23s 以及 ode23tb 求解器
    x_state = x_out(length(x_out),:);          % 更新状态
    if (x_state(2)<=0) & (x_state(1)<0)    % 当速度为负(球向下运动)且已经接触碰撞面
       x_state(1) = -K * x_state(1);           % 处理碰撞瞬间情况：速度反向并衰减 K
    end
    % 动画作图：显示小球弹跳过程
    y = x_state(2); % 小球当前位置
    subplot(2,1,1); plot(0,y,'o');
    axis([-2 2 -0.1 1]);               % 坐标范围固定
    set(gcf,'DoubleBuffer','on'); % 双缓冲避免作图闪烁
    drawnow; % 立即显示作图
end
% 仿真结束。最后输出计算时间序列上的结果：随时间变化的速度和位移曲线
subplot(2,1,2); plotyy(t,x(:,1),t,x(:,2),'plot');
```

仿真结果如图 2.10 所示。对比图中两曲线关系显示，小球速度波形呈锯齿衰减，碰撞瞬间小球运动速度发生跃变，而位移等于零。当小球位移达到峰值时，其速度为零。本例展示了如何利用常微分求解器来处理含有非线性或分段函数情况的仿真问题，同时也说明了使用常微分求解器下能够"实时"观察仿真过程的编程方法。

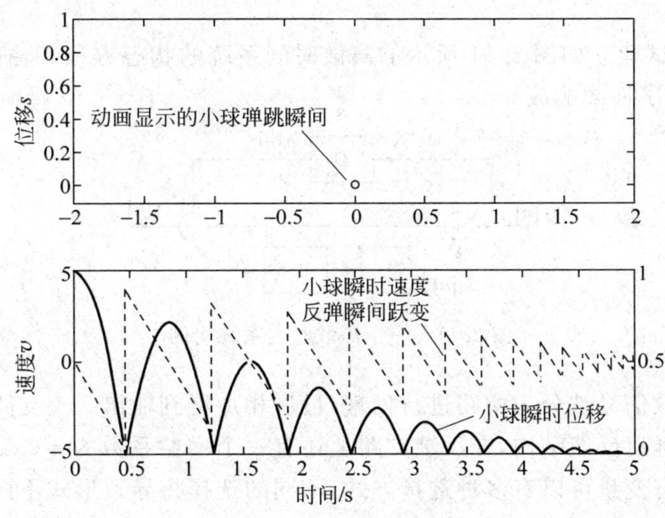

图 2.10 用 Matlab 的 ODE 求解器仿真乒乓球的弹跳过程

2.1.4 离散动态系统的 Matlab 编程仿真

在数学上，时间离散信号可以用一个数列表示，称为离散时间序列。数列中元素的取值就是对应离散时刻序号处的信号值。如果这些信号取值也是离散的，那么就称这样的信号序列为数字信号。由于数字计算机的计算字长数是有限整数，存储空间也是有限的整数，因此本质上，计算机只能够直接处理数字信号。从上节可知，对连续信号和连续系统的数值计算和仿真事实上是离散化的近似计算，即以适当步长进行的时间离散的计算过程，计算结果

也是在设定的计算机存储精度下的离散值。因此，计算机仿真实质上是对数字信号和数字系统的仿真。

数列中元素之间关系可以通过数列的一个或多个起始元素以及数列的递推公式来描述，数列的递推公式也称为差分方程。对于关系比较简单的数列，可以通过数学分析找出通项公式，即差分方程的解。

离散动态系统的数学描述是差分方程或差分方程形式的状态方程组，对离散动态系统的仿真就是根据其差分方程和初始状态进行递推求出序列在给定仿真离散时间范围内的全部元素值。从这个意义上说，与连续系统仿真相比较，离散动态系统的仿真更为简单直接。

连续时间信号可以通过均匀采样转换为离散时间信号。如果 $f(t)$ 是一个连续时间信号，那么通过取样时间间隔为 T 的模数转换器将把它转换成离散时间信号 $f[n]$（这里忽略了模数转换器的信号幅度量化误差），在不引起含义混淆的情况下，一般将 $f[n]$ 简写为下角标形式 f_n，并引入延时算子 D 来表示对离散时间信号延迟一个取样时间间隔。即

$$f_n = f[n] = f(nT) \tag{2.55}$$

$$f_{n-1} = f[n-1] = Df[n] \tag{2.56}$$

为了保证离散信号能够不失真地表示输入信号，非常重要的一点就是需要根据输入模拟信号的频率范围选取采样速率。根据采样定理，离散时间信号所包括的最高频率是 $1/(2T)$。如果输入信号的频率范围超过该最大频率，就会造成频谱混叠，所得出的离散信号就是严重失真的。

【实例 2.7】 试建立如图 2.11 所示的离散时间系统的状态方程和输出方程，通过仿真求解系统的单位数字冲激响应。

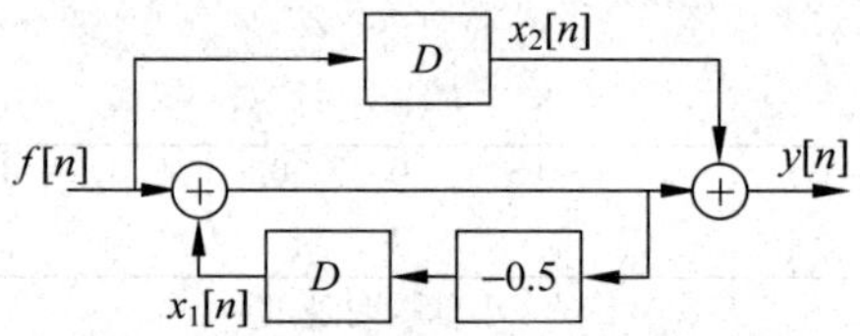

图 2.11 一个离散时间系统实例

图中，输入离散信号被分为两路进行处理，最后相加得到输出。上支路是一个简单的延迟器，下支路具有延迟反馈结构，在反馈支路上还有一个增益系数为 −0.5 的衰减模块。在建模时，系统的状态变量可以有多种选择方式，不同的选择将导致形式不同但相互等价的状态方程。本例选择两个延迟器的输出变量 x_1 和 x_2 作为系统的状态变量。根据系统结构可直接列出状态方程

$$x_1[n+1] = -0.5(x_1[n] + f[n]) \tag{2.57}$$

$$x_2[n+1] = f[n] \tag{2.58}$$

以及输出方程

$$y[n] = x_1[n] + x_2[n] + f[n] \tag{2.59}$$

还可以将状态方程及输出方程改写为延迟算子形式

$$x_1 = -0.5Dx_1 - 0.5Df \tag{2.60}$$

$$x_2 = Df \tag{2.61}$$

$$y = x_1 + x_2 + f \tag{2.62}$$

将算子方程视为普通的代数方程求解可以得到延迟算子表达的系统输入输出传递函数形式

$$\frac{y}{f}=D+\frac{1}{1-0.5D} \tag{2.63}$$

若以 $D=1/z$ 代入，则得出 Z 变换形式的传递函数

$$H(z)=\frac{1}{z}+\frac{1}{1-0.5/z} \tag{2.64}$$

根据状态方程和输出方程可编写出相应的仿真程序，代码如下：

【程序代码】 ch2example7prg1.m

```
% ch2example7prg1.m
clear;
N = 5;                          % 仿真计算的时间序列点数
f = [1,zeros(1,N-1)];           % 输入：单位数字冲激信号
x = zeros(2,N+1);               % 状态变量存储矩阵初始化
x(:,1) = [0; 0];                % 初始状态赋值
for n = 1:N                     % 开始递推计算
    x(1,n+1) = -0.5.*(x(1,n)+f(n)); % 状态方程 1
    x(2,n+1) = f(n);                % 状态方程 2
    y(n) = x(1,n)+x(2,n)+f(n);      % 输出方程
end
t_n = 0:N-1;                     % 得到序列对应的离散时间点并作出波形
subplot(4,1,1); stem(t_n,f); axis([-1 N 0 1.5]);          % 输入信号波形
subplot(4,1,2); stem(t_n,x(1,1:N)); axis([-1 N -0.6 0.6]);% 状态 1 的波形
subplot(4,1,3); stem(t_n,x(2,1:N)); axis([-1 N 0 1.5]);   % 状态 2 的波形
subplot(4,1,4); stem(t_n,y); axis([-1 N -0.5 1.3]);       % 输出信号波形
```

仿真结果如图 2.12 所示。图中分别给出了输入序列、两个状态序列以及输出序列的计算结果。由于仿真目的是求解系统的冲激响应，所以在程序中将系统的两个状态变量的初

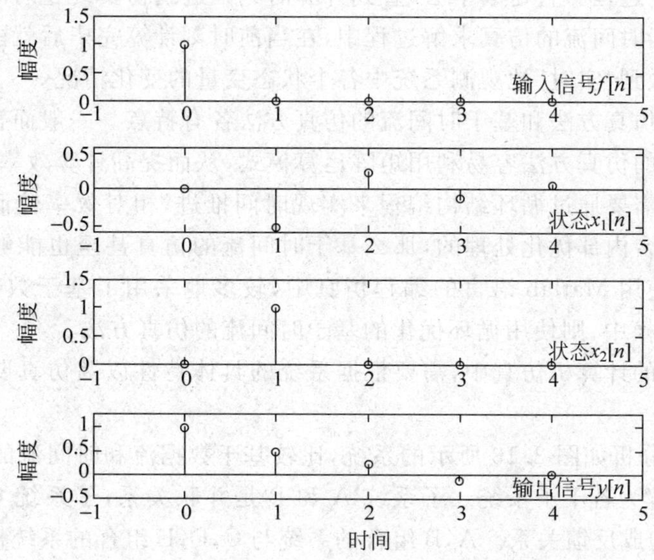

图 2.12 一个离散时间系统数字冲激响应的仿真结果，系统初始状态为零

值均设置为零。图中，状态 $x_1[n]$是反馈输出端的波形，而状态 $x_2[n]$显然是输入信号 $f[n]$延迟了一个单位时间的结果。输出信号 $y[n]$则是输入信号与两个状态信号叠加的结果，对应了系统方框图。

2.1.5 基于数据流和基于时间流的仿真方法

对动态系统的仿真实质就是对其状态方程的数值求解过程。然而，实际中系统往往非常复杂，直接建立这样的系统数学模型会导致状态方程维数太多，给分析和求解带来困难。但是，大部分复杂系统可以被分解为一些简单子系统的组合关系，例如子系统之间的级联、并联、反馈关系等，而对这些简单子系统求解则是比较容易的。如果子系统是线性时不变系统，那么还有解析结果可供仿真对照。因此，在实际系统的仿真中，往往首先将系统分解为一些简单子系统，然后再分别进行数学建模，最后通过子系统之间的拓扑关系构成整个系统的仿真模型。

对于由多个子系统以级联和并联关系构成的系统的仿真问题，在数值计算上可以有两种方式：基于数据流的方式和基于时间流的方式。

所谓基于数据流的仿真方式，就是指在整个仿真时间段上，根据信号流动的先后顺序逻辑，从信号输入端开始，对一个子系统进行仿真得出在整个仿真时间段上的状态数据和输出，然后基于这些数据再对下一个子系统进行仿真，直到整个系统的信号输出端。

在基于数据流的仿真方式下，只有当上一个阶段的计算完成后，才开始进入下一阶段的计算，因此，在求解的过程中无法"实时"地观察到整个系统各个状态变量的变化情况，只有当系统各个阶段均已经计算完毕之后，才能够观察到计算时间段上系统的状态和各个输出点的信号变化情况。

所谓基于时间流的仿真，就是按照时间的推进，同步计算系统中各个子系统的状态演进过程。只有当前时刻上系统中全部子系统的所有状态均已计算得出之后，才开始进行下一个时刻的计算，这个过程一直持续下去，直到计算时刻推进到仿真终止时间为止。

由此可见，基于时间流的仿真求解过程中，在当前时刻计算完毕后就能够了解系统的状态全貌，因此可以做到"实时"地观测系统中各个状态变量的变化情况。

基于数据流的仿真方法和基于时间流的仿真方法各有特点。一般而言，在 Matlab 编程中采用基于数据流的仿真方法容易利用矩阵运算模式，从而提高计算效率和速度，而基于时间流的仿真方法则需要通过循环结构编程来实现时间推进，相对效率较低。但是如果循环结构是经过仿真平台内部优化处理的，那么基于时间流的仿真甚至也能够达到基于数据流的效率。因此，在使用 Matlab 语言的编程仿真中，较多地采用了基于数据流的方法，而在 Simulink 可视化建模中，则使用循环优化的基于时间流的仿真方法。

在对实际系统的计算机仿真中，需要根据系统的具体特性以及仿真要求来确定以哪种仿真模式为主。

【实例 2.8】 分析如图 2.13 所示的系统，比较基于数据流和时间流的两种仿真方法。

图中，系统分解为若干子系统。子系统 A 和 B 是并联关系，子系统 C，D 是级联关系，子系统 E 与 C，D 构成反馈关系。A，B 组合的系统与 C，D，E 组合的系统构成级联关系。输入信号 $f(t)$首先进入子系统 A 和 B，经过两者同时处理之后分别输出 $x_1(t)$和 $x_2(t)$，两者

叠加在一起得到 $x_3(t)$ 送入其后的子系统中。在 C,D,E 构成的具有反馈关系的子系统中,来自前级的输入信号 $x_3(t)$ 与子系统 E 输出的反馈信号叠加,得到 $x_4(t)$ 并送入 C,D 级联的子系统中处理,输出为 $y(t)$,同时,输出作为反馈子系统 E 的输入信号。

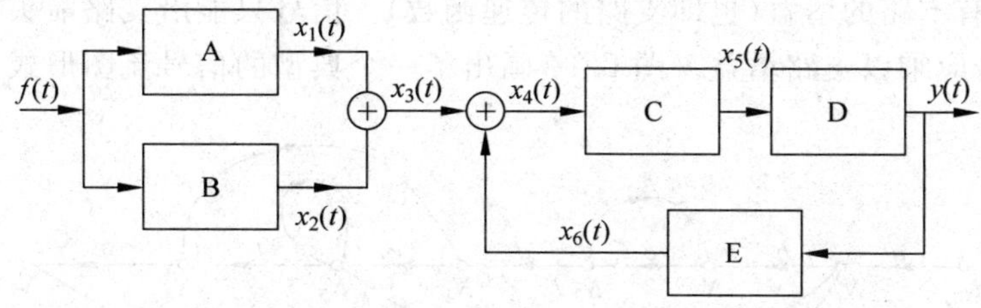

图 2.13　例子

设在时间段 $t=[t_0,t_1,\cdots,t_k,t_{k+1},\cdots,t_N]$ 上进行仿真。基于时间流的仿真流程如下:

(1) 从起始时间开始计算。

(2) 当在时间 t_k 上的计算完成后,就得到了 t_k 时刻上的系统全部状态和节点信号值 $f(t_k),x_1(t_k),x_2(t_k),x_3(t_k),x_4(t_k),x_5(t_k),x_6(t_k)$ 以及 $y(t_k)$。

(3) 基于时间 t_k 上的计算结果和各个子系统的动态方程,计算下一时刻 t_{k+1} 上的系统全部状态和节点信号值 $f(t_{k+1}),x_1(t_{k+1}),x_2(t_{k+1})$ 等。在该步可以观察从初始时刻 t_0 到当前时刻系统所有节点上的波形。

(4) 仿真直到 $t_k=t_N$ 为止。

由于子系统 C,D 和 E 构成反馈关系,无法单独对这些子系统进行基于数据流的仿真,因为在计算开始时系统的输出是未知的,也就无法计算出反馈信号来。只能将子系统 C,D 和 E 构成反馈系统视为一个整体,并将之进行等价变换以消除反馈结构。

基于数据流的仿真流程如下:

(1) 在整个时间段 t 上,根据输入 $f(t)$ 计算出子系统 A 的输出 $x_1(t)$。

(2) 在整个时间段 t 上,根据输入 $f(t)$ 计算出子系统 B 的输出 $x_2(t)$。第 1,2 步的顺序可交换。

(3) 求和,计算出 $x_3(t)$。

(4) 将 C,D 和 E 构成反馈系统视为整体,最后计算出输出信号 $y(t)$。

2.2　Simulink 仿真基础

2.2.1　系统模型的方程和图形化描述

系统的数学模型可以用多种相互等价的数学方程形式来表达,例如微分方程组与连续状态方程、差分方程组与离散状态方程等,对于线性时不变系统还经常在变换域中描述,例如频域、复频域和 Z 域描述等。对于单输入单输出的线性时不变系统还常用传递函数或冲激响应来描述系统。

除了用方程形式描述外,还可以有多种描述方法。例如工程上常用的方框图法、信号流图法等。同一系统的不同描述形式是等价的,可以相互转换。这里重点讨论线性时不变系统模型的不同表现形式和转换问题。首先看信号流图的表示方法。

信号流图是对系统方框图的抽象，是由节点和支路组成的一个信号传递网络。节点代表系统的变量（信号），以小圆点表示并注明变量符号。支路是连接两个节点的具有方向的线段，支路上标有支路的增益（也即支路的传递函数）。信号只能沿支路箭头方向传递，经支路传递后的信号应乘以支路增益。图 2.14 画出了一个典型的信号流图形式。

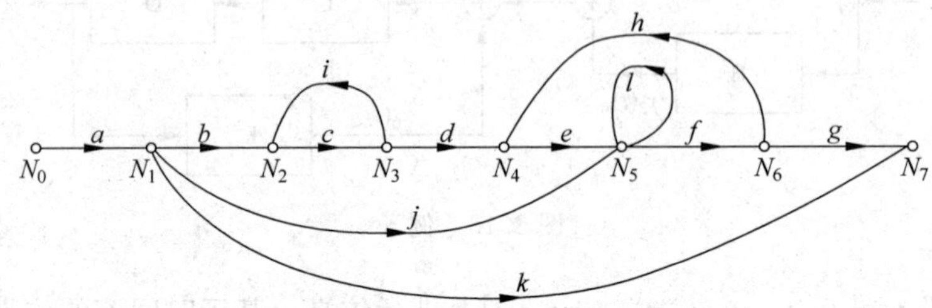

图 2.14　一个典型的信号流图形式

在信号流图中，节点可以分为源点、阱点和混合节点 3 种。源点是只有输出信号支路而没有输入信号支路的节点，对应于系统的输入信号变量，如图中节点 N_0。阱点是只有输入信号支路而没有输出信号支路的节点，对应于系统的输出信号变量，如节点 N_7。而同时具有输入信号支路和输出信号支路的节点称为混合节点，对应于系统的中间变量，例如节点 N_1，N_2 等。混合节点上，节点变量等于所有流向该节点的信号的代数和，而流出节点的信号即为节点变量。

在信号流图中，前向通路指信号从源点到阱点传递时每个节点只通过一次的通路，例如图中共有 3 条前向通路，分别是 $abcdefg$，$ajfg$ 和 ak。相应地，前向通路总增益就是相应的前向通路上各支路增益的乘积。环路是指信号的起点和终点为同一节点，且信号通过任一节点不多于一次的闭合通路。环路增益等于环路上所有支路增益的乘积。不接触的环路指那些相互没有公共节点的环路，例如图中共有 3 个环路，分别是 ci，l 和 efh，其中环路 ci 与环路 efh 是互不接触的，环路 ci 与环路 l 也是互不接触的，但环路 efh 与环路 l 却是接触的。

可以根据系统的微分方程或状态方程组来绘制信号流图。一般先将微分方程或状态方程组通过拉普拉斯变换表示为复变量 s 的代数方程（组）。对于离散时间系统，差分方程则使用 Z 变换或延时算子表示为代数方程。绘制时首先为系统中的每个变量（也就是方程组中的状态变量）指定一个节点，并按照系统中变量的因果关系，从左到右顺序排列，再根据变换后的代数方程确定节点间的支路关系，同时，标明各支路增益。同一系统可以对应多种不同形式的信号流图，这些信号流图在数学上是等价的。

由此可见，信号流图实质上是描述系统状态变量间关系的数学方程的图形化表示。信号流图的符号简单，绘制方便，运用灵活。利用梅森规则可以直接根据信号流图写出系统的传递函数；反之，若给定系统的传递函数，通过梅森规则也可直接绘制出系统的信号流图。

梅森规则（Mason's rule）：也称为梅森增益公式，对于单输入单输出线性时不变系统，当给定系统方框图或信号流图后，那么系统输入输出之间的传递函数取决于系统信流图拓扑结构以及其中各支路的传输增益，即

$$G=\frac{y_{\text{out}}}{y_{\text{in}}}=\sum_{k=1}^{n}\frac{G_k\Delta_k}{\Delta} \tag{2.65}$$

$$\Delta=1-\sum L_1+\sum L_2-\sum L_3+\cdots+(-1)^m\sum L_m \tag{2.66}$$

其中：y_{in}是输入节点变量，即输入信号，如图 2.14 中的 N_0；y_{out}是输出节点变量，即系统输出，如图中的 N_7；G 是输入 y_{in}和输出 y_{out}之间的增益，即系统传递函数；N 是输入 y_{in}和输出 y_{out}之间的前向通路总数，图中，$N=3$；G_k 是输入 y_{in}和输出 y_{out}之间的第 k 条前向通路的增益，图中，$G_1=abcdefg$，$G_2=ajfg$ 以及 $G_3=ak$；L_1 是信流图中各环路的增益。图中，共有 3 个环路，因此 $\sum L_1=ci+l+efh$；L_2 是系统中任意两个互不接触的(即没有公共节点的)环路增益的乘积。图中，任意两个互不接触的环分别是环 ci 与 efh，环 ci 与 l，因此 $\sum L_2=ciefh+cil$；L_3 是系统中任意 3 个互不接触的环路增益的乘积，图中不存在这样的环路，所以 $\sum L_3=0$；L_m 是系统中任意 m 个互不接触的环路增益的乘积；Δ_k 是信号流图中与第 k 条前向通路不接触的子图的特征式 Δ，该子图就是把信号流图中与第 k 条通路接触的那些环路以及第 k 条通路本身全部移除后剩下的部分；Δ_k 称为余因子式。图中，除去通路 $abcdefg$ 后子图为空，所以 $\Delta_1=1$；除去通路 $ajfg$ 后的子图中只剩下环 ic，所以 $\Delta_2=1-ic$；除去通路 ak 后的子图中则剩下 3 个环 ic，elh 和 l，所以 $\Delta_3=1-(ci+l+efh)+(ciefh+cil)$。

例如，图 2.14 中从节点 N_0 到 N_7 的传递函数是

$$G=\frac{N_7}{N_0}=\frac{1}{\Delta}(G_1\Delta_1+G_2\Delta_2+G_3\Delta_3) \tag{2.67}$$

$$=\frac{abcdefg+ajfg(1-ic)+ak(1-(ci+l+efh)+(ciefh+cil))}{1-(ci+l+efh)+(ciefh+cil)} \tag{2.68}$$

$$=\frac{abcdefg+ajfg(1-ic)}{1-(ci+l+efh)+(ciefh+cil)}+ak \tag{2.69}$$

【实例 2.9】 将图 2.11 所示的系统方框图用信号流图表示，并使用梅森规则直接写出系统传递函数。

根据图 2.11 中节点上的信号关系可以直接得出相应的信号流图，如图 2.15(a)所示。其中所选择的状态变量节点是延迟环节的输出点，它们位于串联支路中，通过重新选择新的状态变量节点就可以消去这些节点，从而将信号流图简化，如图 2.15(b)所示。显然，信号流图中有两条通路，一个环路，且环路与其中一条通路接触，与另外一条通路则不接触。应用梅森规则直接可得出传递函数为

$$H(z)=\frac{1+1/z(1-(-0.5/z))}{1-(-0.5/z)} \tag{2.70}$$

$$=\frac{1}{1+0.5/z}+\frac{1}{z} \tag{2.71}$$

下面给出连续系统的模型变换和仿真验证的实例。

【实例 2.10】 一个电路系统及其方框图模型如图 2.16 所示，将电压源 $v(t)$视为输入信号 $f(t)$，电容两端的电压 $u(t)$视为输出信号 $y(t)$，设系统的状态变量为电感元件上的电流以及电容元件两端的电压，即 $x_1(t)=i(t)$，$x_2(t)=u(t)$。试写出该电路的微分方程，并改

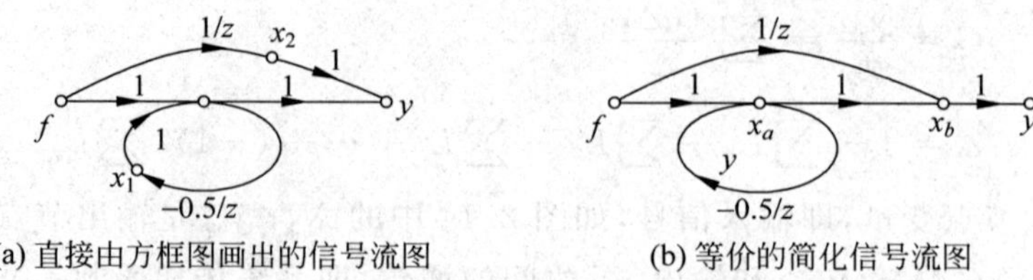

(a) 直接由方框图画出的信号流图　　(b) 等价的简化信号流图

图 2.15　从方框图得出的信号流图及简化

写为系统状态方程形式，然后根据状态方程画出系统的实现方框图和信号流图，并求出系统的传递函数模型以及对应的冲激响应解析表达式，通过编程仿真来验证结果。

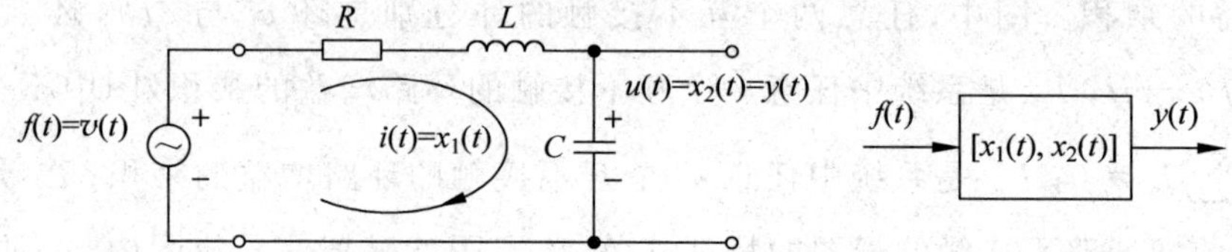

图 2.16　*RLC* 电路图和等效系统模型

由基尔霍夫电压定律(Kirchhoff's Voltage Law,KVL)以及元件伏安关系得到：

$$Ri(t)+L\frac{\mathrm{d}}{\mathrm{d}t}i(t)+u(t)=v(t) \tag{2.72}$$

$$C\frac{\mathrm{d}}{\mathrm{d}t}u(t)=i(t) \tag{2.73}$$

用状态变量符号 $x_1(t)$，$x_2(t)$以及输入 $f(t)$分别表示 $i(t)$，$u(t)$和 $v(t)$，即得到状态方程组的标准形式

$$\dot{x}_1=-\frac{R}{L}x_1-\frac{1}{L}x_2+\frac{1}{L}f \tag{2.74}$$

$$\dot{x}_2=\frac{1}{C}x_1 \tag{2.75}$$

矩阵形式写为

$$\begin{bmatrix}\dot{x}_1\\ \dot{x}_2\end{bmatrix}=\begin{bmatrix}-\frac{R}{L} & -\frac{1}{L}\\ \frac{1}{C} & 0\end{bmatrix}\begin{bmatrix}x_1\\ x_2\end{bmatrix}+\begin{bmatrix}\frac{1}{L}\\ 0\end{bmatrix}f \tag{2.76}$$

输出方程很简单，为

$$y=x_2 \tag{2.77}$$

将输出方程写为矩阵形式

$$y=[0\quad 1]\begin{bmatrix}x_1\\ x_2\end{bmatrix}+0\times f \tag{2.78}$$

绘制系统的实现方框图或信号流图时，首先为系统中的状态变量分别指定一个节点，然后根据微分方程定义的节点关系将节点用有向线段连接起来。在信号流图中积分运算用等价的传递函数 $1/s$ 表示，微分运算用 s 表示。所得到的系统的实现方框图和信号流图如图 2.17 所示。

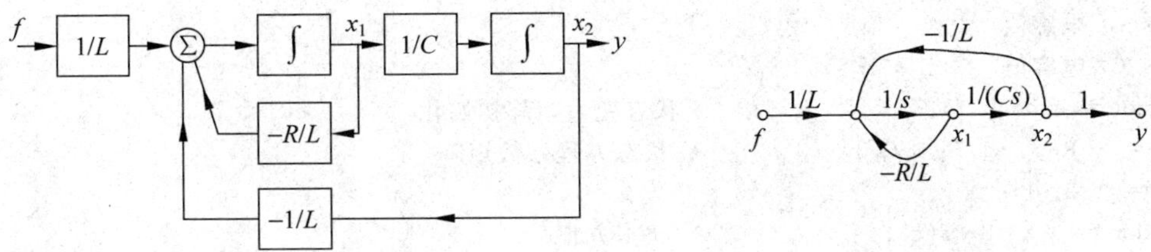

图 2.17　根据电路系统状态方程以及输出方程得出的实现方框图和信号流图

该信号流图中有一条通路，两个接触的环路，由梅森规则直接写出传递函数为

$$H(s)=\frac{\frac{1}{L}\cdot\frac{1}{s}\cdot\frac{1}{Cs}}{1-\left(-\frac{R}{Ls}-\frac{1}{LCs^2}\right)}=\frac{1}{LCs^2+RCs+1} \tag{2.79}$$

对传递函数作拉普拉斯反变换即可得出系统的冲激响应 $h(t)$。为此，首先将传递函数的分母进行配方化为$(s+\alpha)^2+\beta^2$的形式，即

$$H(s)=\left(LC\sqrt{\frac{1}{LC}-\frac{R^2}{4L^2}}\right)^{-1}\frac{\sqrt{\frac{1}{LC}-\frac{R^2}{4L^2}}}{\left(s+\frac{R}{2L}\right)^2+\left(\sqrt{\frac{1}{LC}-\frac{R^2}{4L^2}}\right)^2} \tag{2.80}$$

$$=\frac{1}{LC\beta}\frac{\beta}{(s+\alpha)^2+\beta^2} \tag{2.81}$$

利用拉普拉斯变换对

$$\exp(-\alpha t)\sin(\beta t)u(t)\Leftrightarrow\frac{\beta}{(s+\alpha)^2+\beta^2} \tag{2.82}$$

得到系统的冲激响应为

$$h(t)=\left(LC\sqrt{\frac{1}{LC}-\frac{R^2}{4L^2}}\right)^{-1}\exp\left(-\frac{R}{2L}t\right)\sin\left(\sqrt{\frac{1}{LC}-\frac{R^2}{4L^2}}\,t\right)u(t) \tag{2.83}$$

其中，冲激响应 $h(t)$由指数衰减项和振荡项两部分的乘积构成。从振荡项中可得出振荡频率 f_0 的表达式

$$f_0=\frac{1}{2\pi}\sqrt{\frac{1}{LC}-\frac{R^2}{4L^2}} \tag{2.84}$$

显然振荡频率不仅与电感电容取值有关，而且与电阻也有关。当电阻值 $R=0$ 时，冲激响应将是一个等幅振荡，振荡频率就是我们熟知的

$$f_0=\frac{1}{2\pi\sqrt{LC}} \tag{2.85}$$

以上就完成了对电路的建模和解析分析。现在通过编程仿真来对其进行验证，首先根据公式(2.76)编写状态方程函数，代码如下。

【程序代码】　ch2example10statefun.m

```
function xdot = ch2example10statefun(t,x,flag,R,L,C)
% 考虑 RLC 串联环路的状态方程函数
% 输入：t 当前计算时刻,flag 此处不用
% x 为 2×1 矩阵,x(1)为电感上的电流；x(2)为电容电压
% R：电阻值
```

```
% L：电感值
% C：电容值
xdot = zeros(2,1);                    % 状态变量矩阵初始化
A = [ - R/L, - 1/L; 1/C,0];           % 状态方程系数矩阵
B = [1/L; 0];
xdot = A * x + B * f(t);              % 状态方程
function input = f(t)
input = (t> = 0);                     % 输入信号为单位阶跃
```

然后使用 Matlab 求解器(如 ode45)对状态方程进行求解。

【程序代码】 ch2example10prg1. m

```
% ch2example10prg1.m
clear;
R = 100; L = 2e - 3; C = 1e - 7;      % 设置电路元件的参数
ts = 2e - 6;
t_start = - 1e - 4;
t_end = 4e - 4;
t = t_start:ts:t_end;                 % 设置求解的离散时间点序列
i_L0 = 0; u_C0 = 0;                   % 系统初始状态为零
x0 = [i_L0; u_C0];                    % 系统状态变量初始赋值
tic
[t_out,x_out] = ode45('ch2example10statefun',t,x0,[],R,L,C); % 仿真计算
toc
s_t_simu = x_out(:,2);                % 阶跃响应仿真结果
h_t_simu = x_out(:,1)./C;             % 等价的冲激响应仿真结果
figure(1); plot(t_out,s_t_simu,'k - ');
grid on; xlabel('时间/s '); ylabel('电容电压 ');
axis([t_start,t_end,1.1 * min(s_t_simu) ,1.1 * max(s_t_simu)]);
legend('单位阶跃响应仿真结果');
figure(2); plot(t_out,h_t_simu,'k.');
axis([t_start,t_end,1.1 * min(h_t_simu),1.1 * max(h_t_simu)]);
hold on;
%--理论结果
alfa = R/(2 * L);
beta = sqrt(1/(L * C) - (R^2)/(4 * L^2));
h_t = (L * C * beta)^( - 1) * exp( - alfa * t). * sin(beta * t). * (t> = 0); % 冲激响应
plot(t,h_t,'k'); legend('冲激响应仿真数值结果','冲激响应理论计算结果');
grid on; xlabel('时间/s '); ylabel('电容电压 ');
```

在仿真主程序中，设置电感电容值分别为 $L=2\text{mH}$，$C=0.1\mu\text{F}$，根据公式(2.85)可估算出系统振荡频率大致为 11.25kHz，据此由取样定理可选择仿真步长。仿真步长越小，得到的波形就越光滑，但仿真的计算量增加。本例取仿真步长为 $2\mu\text{s}$，仿真时间段为 $500\mu\text{s}$。值得注意的是，这里的仿真步进并非求解器数值积分计算步长。求解器所使用的步长是根据其默认精度要求，由求解器函数内部自动确定的。

由于冲激信号是取值无穷大的广义函数，在仿真中无法高精度表达冲激函数，所以一般仿真中使用单位阶跃信号作为系统的激励。阶跃信号与冲激信号是积分关系，由系统的线

性特征可知，对系统的阶跃响应进行微分运算即可得出系统的冲激响应。然而在本例中，还可以通过更简单的方式来得出冲激响应：对输出信号 $y(t)$ 的微分，也即对状态 $x_2(t)$ 的微分，由公式(2.75)或从系统方框图中可知，$\mathrm{d}x_2(t)/\mathrm{d}t=x_1(t)/C$，所以用在单位阶跃的激励下，状态变量 $x_1(t)$ 除以电容量 C 的结果等价于系统的冲激响应。因此，在状态方程函数中将采用单位阶跃信号作为系统输入，而主程序中则直接由状态变量 $x_1(t)$ 来计算得出冲激响应。

程序运行结果如图 2.18 所示。其中分别给出了系统的单位阶跃响应和单位冲激响应的仿真结果，并同时对由公式(2.83)计算得出的理论冲激响应加以对比。仿真参数为 $R=100\Omega$，$L=2\text{mH}$，$C=0.1\mu\text{F}$。阶跃响应波形的稳态值为 1，而在波形上升过程中电压会超过稳态值，然后在衰减的波动中逐渐达到稳态。这是由于电路中的电阻取值较小，系统处于欠阻尼状态造成的。我们把阶跃响应中的这种波形过冲和波动现象称为系统的吉布斯效应。增大电阻值，系统将从欠阻尼状态转入临界阻尼状态，直到过阻尼状态，吉布斯效应将逐渐减小直至消失。从冲激响应的仿真与理论计算结果比较中我们可以验证仿真程序的正确性。在不同的仿真步长下，Matlab 常微分方程求解器的计算结果精度都很高，在前面为了说明仿真原理而介绍的欧拉算法虽然简单，但精度很低，读者可自行尝试试验，另外还可修改程序中的元件参数取值来观察系统输出响应的变化，验证电路分析和高频电路课程中有关二阶系统的理论结果。

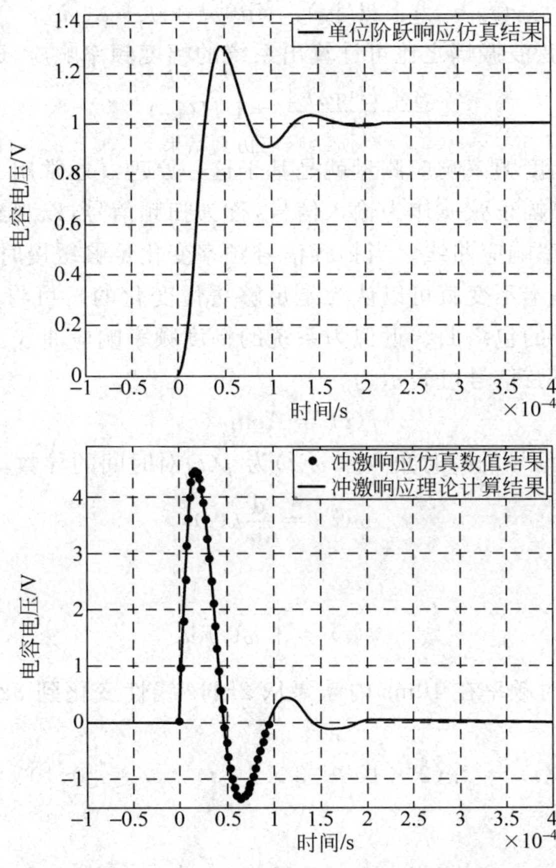

图 2.18 *RLC* 串联电路的阶跃响应和冲激响应：理论结果与仿真结果对比。仿真步长为 2μs。阶跃响应中的波形过冲和波动现象称为系统的吉布斯效应，是系统欠阻尼的结果，增加电阻值后吉布斯效应将逐渐减弱直至消失

【实例2.11】 仍然以图2.15所示的电路系统作为仿真对象，通过扫频仪测试该系统的幅度频率响应曲线。设扫频仪输出信号是频率随时间线性变化的等幅正弦波，并在一个扫频周期10ms内信号的瞬时频率从2kHz线性变化到32kHz，信号幅度为1V。要求仿真这个扫频过程，观察系统对扫频信号的响应输出，并与由传递函数计算得出的系统幅度频率响应解析结果作出对比，从频域上验证仿真程序。

系统单位冲激响应$h(t)$的傅里叶变换称为系统的频率响应，记为$H(\mathrm{j}\omega)$。傅里叶变换是拉普拉斯变换的一个特例，当已知系统传递函数$H(s)$时，只需要将$\mathrm{j}\omega=s$代入其中即可得出系统频率响应，自变量ω称为角频率，它与频率f的关系是$\omega=2\pi f$。有时，频率响应函数也称为系统的传递函数或传输函数，有些文献中也将$H(\mathrm{j}\omega)$表示为$H(\omega)$、$H(\mathrm{j}2\pi f)$或$H(f)$。

频率响应函数$H(\mathrm{j}\omega)$一般是复函数，记为

$$H(\mathrm{j}\omega)=|H(\mathrm{j}\omega)|\exp(\phi(\mathrm{j}\omega))$$

其中模分量$|H(\mathrm{j}\omega)|$称为系统的幅度频率响应，其相角分量$\phi(\mathrm{j}\omega)$称为系统的相位频率响应。当线性时不变系统的输入是单频正弦信号时，其输出响应也是单频正弦信号，但在振幅和相位上发生了改变。设输入为

$$f(t)=A\sin(\omega t+\phi) \tag{2.86}$$

则系统$H(\mathrm{j}\omega)$的输出为

$$y(t)=A|H(\mathrm{j}\omega)|\sin(\omega t+\phi+\phi(\mathrm{j}\omega)) \tag{2.87}$$

因此，用输出与输入正弦波振幅之比可计算出系统的幅度频率响应，即

$$\frac{A|H(\mathrm{j}\omega)|}{A}=|H(\mathrm{j}\omega)| \tag{2.88}$$

实际中对系统的幅度频率响应测量就是基于这一原理。通常用一个瞬时频率在要求测量范围内缓慢变化的等幅正弦波作为输入信号，称为扫频信号，以观察系统输出波形的振幅变化，从而得出幅度频率响应曲线。当扫频信号频率变化足够缓慢时(工程上如果信号在几十个周期上维持频率基本不变就可以认为是足够缓慢变化的)，可将其视为单频率正弦波，这时系统输出响应信号的包络曲线近似为系统的幅度频率响应曲线。

一般形式的等幅正弦信号可表示为

$$f(t)=A\sin\phi(t) \tag{2.89}$$

其中$\phi(t)$是瞬时相位，信号的瞬时角频率$\omega(t)$为$\phi(t)$对时间的导数，即

$$\omega(t)=\frac{\mathrm{d}}{\mathrm{d}t}\phi(t) \tag{2.90}$$

或写为积分形式是

$$\phi(t)=\int_0^t\omega(t)\mathrm{d}t \tag{2.91}$$

依据仿真要求，瞬时频率在10ms内需要从2kHz线性变化到32kHz，可写出其变化的直线方程

$$\omega(t)=2\pi(2\times10^3+3\times10^6t),\quad t\in[0,10^{-2}] \tag{2.92}$$

进行积分得出

$$\phi(t)=2\pi\left(2\times10^3t+3\times10^6\frac{t^2}{2}\right),\quad t\in[0,10^{-2}] \tag{2.93}$$

因此满足要求的扫频信号的一个周期表达为

$$f(t)=\sin 2\pi\left(2\times 10^{3}t+3\times 10^{6}\frac{t^{2}}{2}\right),\quad t\in[0,10^{-2}] \tag{2.94}$$

理论上的系统幅度频率响应可由公式(2.79)代入 $s=\mathrm{j}2\pi f$ 得出，即

$$|H(f)|=\left|\frac{1}{LC(\mathrm{j}2\pi f)^{2}+RC(\mathrm{j}2\pi f)+1}\right| \tag{2.95}$$

据此编写仿真程序。在上例中，产生输入信号的子程序是在状态函数中被调用的，这样，求解器每调用一次状态函数进行计算时，状态函数就要调用输入信号子函数计算当前的输入值。如果系统的输入信号很复杂，需要大量的计算时间才能够生成，则会导致仿真速度严重下降。

事实上，在程序设计中，也可以在主程序中进行系统输入信号的计算并传送到标准的状态函数子程序中，以便求解器调用。对于复杂的输入信号，可以在调用求解器之前事先产生输入信号序列，从而提高仿真效率。此外，这样编程也可使得仿真程序书写逻辑上更加清楚，便于对输入信号的修改。本程序中，我们通过 Matlab 的标准求解器函数以及标准状态函数接口中的可选参数项来传入输入信号。由于求解器在求解过程中需要根据求解精度自适应调整求解步长，其调用标准状态函数时的输入时间参数是连续的，因此在标准状态函数中需要通过插值运算来确定计算时刻上的输入信号取值。输入信号的计算在主程序中进行，根据公式(2.94)产生扫频信号，幅度频率响应的理论计算则通过公式(2.95)来进行，程序代码如下。

【程序代码】 标准接口的状态函数 ch2example11statefun.m

```
function xdot = ch2example11statefun(t,x,flag,R,L,C,input,inputtimespan)
% 考虑 RLC 串联环路的状态方程函数
% 输入：t 当前计算时刻，flag 此处不用
% x 为 2×1 矩阵，x(1)为电感上的电流；x(2)为电容电压
% R：电阻值
% L：电感值
% C：电容值
% input 为在时间点序列 inputtimespan 上给定输入信号
xdot = zeros(2,1);         % 状态变量矩阵初始化
A = [-R/L, -1/L; 1/C,0]; % 状态方程系数矩阵
B = [1/L; 0];
f_t = interp1(inputtimespan,input,t);
% 利用插值来计算任意时刻的信号值
% 因为求解器调用本函数时时间变量 t 是任意连续值
xdot = A * x + B * f_t;       % 状态方程
```

【程序代码】 主仿真程序 ch2example11prg1.m

```
% ch2example11prg1.m
clear;
R = 100; L = 2e-3; C = 1e-7;       % 设置电路元件的参数
ts = 1e-6;                         % 仿真步进 1μs
t_start = 0;                       % 起始时间
t_end = 10e-3;                     % 终止时间
t = t_start:ts:t_end;              % 设置求解的离散时间点序列
```

```
i_L0 = 0; u_C0 = 0;                         % 系统初始状态为零
x0 = [i_L0; u_C0];                          % 系统状态变量初始赋值
inputtimespan = t;                          % 输入信号的计算时间点
input = sin(2 * pi * (2e3 * t + 3e6/2 * (t.^2)));    % 扫频信号 10ms 内从 2kHz 线性变化到 32kHz
% 仿真计算开始
[t_out,x_out] = ode45('ch2example11statefun',t,x0,[],R,L,C,…
                 input,inputtimespan);
% 仿真完毕,进入仿真后处理,显示仿真结果
s_t_simu = x_out(:,2);                               % 阶跃响应仿真结果
figure(1); plot(t_out,s_t_simu,'k-');
grid on; xlabel('时间/s '); ylabel('电容电压 ');
axis([0,t_end,1.1 * min(s_t_simu) ,1.1 * max(s_t_simu)]);
% 计算扫频信号相应时间点对应的瞬时频率值,并以频率为横坐标作图
freq = 2e3 + 3e6 * t_out;
figure(2); plot(freq,s_t_simu,'k-'); hold on;
% 计算幅度频率相应的理论曲线并作图与扫频输出结果相互对比
f1 = 0; df = 1e3; f2 = 32e3;                % 计算的频率范围和步进
f = f1:df:f2;
w = 2 * pi * f;                             % 相应的角频率序列
s = j * w;
H_s = 1./(L * C * s.^2 + R * C. * s + 1);   % 代入传递函数计算
plot(f,abs(H_s),'ko-');                     % 求幅度频率响应并作图
xlabel('频率 Hz'); ylabel('电容电压 ');
axis([0,max(freq),1.1 * min(s_t_simu) ,1.1 * max(s_t_simu)]);
legend('系统扫频响应仿真结果','系统幅度频率响应理论值');
```

程序运行大致需要 10s 时间,结果如图 2.19 所示,其中,坐标横轴分别是时间和与时间对应的输入扫频信号的瞬时频率。仿真参数为 $R=100\Omega$,$L=2\text{mH}$,$C=0.1\mu\text{F}$,仿真步长为 $1\mu\text{s}$。系统的吉布斯效应在频率域表现为幅频特性曲线在截至频率附近具有一个峰值。图(a),(b)分别给出了系统的扫频输出以时间为变量以及以瞬时频率为变量的波形,并画出

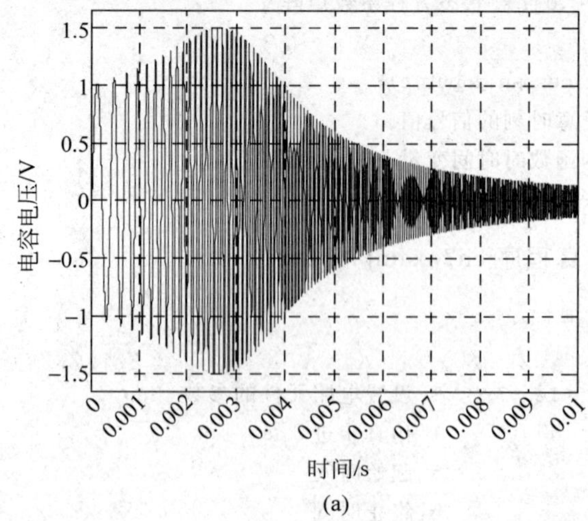

(a)

图 2.19 仿真扫频仪得出的 *RLC* 串联电路的幅度频率响应及其理论结果对比

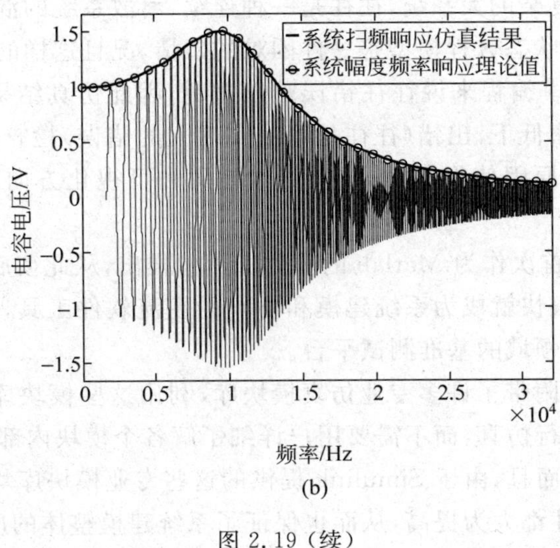

图 2.19（续）

了理论计算的幅度频率响应曲线，显然，幅频响应曲线是扫频输出信号的包络。实际中扫频仪将周期地产生等幅扫频信号输入到测试系统中，并对系统输出的扫频结果进行包络检波，然后显示在示波管上。从系统的幅频特性曲线看出，系统能够让低频信号通过，而阻止高频率信号，所以这是一个二阶低通滤波器。幅频曲线上的峰值是频率域中吉布斯效应的体现，增大电阻值，幅频曲线上的峰值将减小直至消失。

理解编程仿真的原理和编程思想方法对于学习 Simulink 是极有帮助的。Simulink 本质上是微分方程求解器的可视化应用。

2.2.2 Simulink 仿真平台

1. Simulink 简介

Simulink 是 Matlab 中的一个建立系统方框图和基于方框图的系统仿真环境，是一个对动态系统进行建模、仿真和仿真结果可视化分析的软件包。Simulink 采用基于时间流的链路级仿真方法，将仿真系统建模与工程中通用的方框图设计方法统一起来，可以更加方便地对系统进行可视化建模，并且仿真结果可以近乎“实时”地通过可视化模块，如示波器模块、频谱仪模块以及数据输入输出模块等显示出来，使系统设计、仿真调试和模型检验工作大为简便。

使用 Simulink，用户可以通过鼠标操作将一系列图形化的系统模块连接起来，从而建立起一个非常直观的、功能上却相当复杂的动态系统模型。Simulink 可以避免或减少编写 Matlab 仿真程序的工作量，从而简化仿真建模过程，因此更加适合于大型系统的建模和仿真，如对 IS-95 CDMA 通信系统全系统的建模仿真工作，对 OFDM 传输标准的仿真工作等，Simulink 通信模块库和通信工具箱的联机帮助文档中给出了许多较复杂的通信系统仿真实例。

可以通过 Matlab 编程对系统的微分方程或状态方程进行数值求解，从而得到系统仿真结果。然而，对于更为复杂的大系统，往往是一种连续、离散系统的混合，要通过编程语句的方式来建立整个系统的状态方程模型是一件困难的事情，况且这样的手工编程，其直观性不好，对于复杂系统的建模编程来说往往错误难以避免，因此仿真结果的可信度也就成了问题，而且手工编程的效率低下，出错(往往是算法实现上的错误)检查困难，编程程序的可重复利用程度不高。这些原因使得 Matlab 向更加易用和可视化方向努力，Simulink 就是这种努力的成果。

1990 年，Simulink 首次作为 Matlab 的软件工具包推出，从此彻底改变了系统仿真界的软件工具和建模方式，很快就成为系统建模和仿真的主流软件工具，目前，Simulink 甚至已经成为了通用系统仿真领域的基准测试平台。

Simulink 仿真环境附带了许多专业仿真模块库，利用这些模块库可以快速建立相关专业领域的系统模型并进行仿真，而不需要用户详细了解各个模块内部的实现细节，大大方便了复杂大系统的建模。而且，由于 Simulink 提供的这些专业模块库均通过了各专业权威专家评测，可信度和稳定性都大为提高，从而也保证了系统建模整体的质量和仿真精度。

在通信工程和电子工程领域，Simulink 提供的常用专业模块库有：CDMA 参考模块库、通信系统模块库、DSP(数字信号处理器)模块库等，随着 Matlab 的版本升级，还将添加更多的专业模块库。Simulink 全方位地支持动态系统的建模仿真(支持连续系统、离散系统、连续离散混合系统、线性系统、非线性系统、时不变系统、时变系统的建模仿真)，也支持具有多采样速率的混合速率系统。可以说，在通用系统仿真领域，Simulink 是无所不包的。结合 Matlab 编程和 Simulink 可视化建模仿真各自的优点，可以轻松地处理更为复杂的系统模型构建任务，并进行自动化程度更高的仿真和仿真结果数据分析工作，这是 Matlab 的高级应用方面。本书中的许多实例就是通过 Matlab 编程仿真和 Simulink 可视化建模仿真相互融合的方式来完成的。

2. Simulink 的启动和常用库模块

启动 Matlab 之后，在其命令窗口中输入命令 Simulink 即可打开 Simulink 模型库窗口，如图 2.20 所示，图中的汉字是笔者为解释其功能而添加的。

Simulink 基本库是系统建模中最常用的模块库，原则上一切模型都可以由基本库中的模块来构建。为了方便专业用户使用，Simulink 还提供了大量的专业模块库，如为通信系统和信号处理而提供的 CDMA 参考库、通信模块库和 DSP 模块库等。但是，建议初学者不宜过多使用这些专业库，而应当从所建模的系统原理入手，利用基本模块来构建系统，以深入理解系统运行情况。下面就 Simulink 基本库中的常用模块进行简单介绍。

1) 连续时间线性系统库(continuous)

连续时间线性系统库中包含了 7 个基本模块，用以构建任意的连续线性系统。积分器和微分器是其中最基本的模块，其他线性系统模块均可由积分器和微分器搭建而成。根据线性系统传递函数的不同描述形式，库中提供了状态空间形式、零极点形式和普通传递函数形式描述的不同的模块，可用来直接构建对应的系统。另外，库中还提供了用于模拟传输过程中信号时延的两个模块，如图 2.21 所示。

2) 非连续系统库(discontinuities)

Simulink 中非连续系统是指系统描述函数值域是非连续的，一般是一些非线性的模

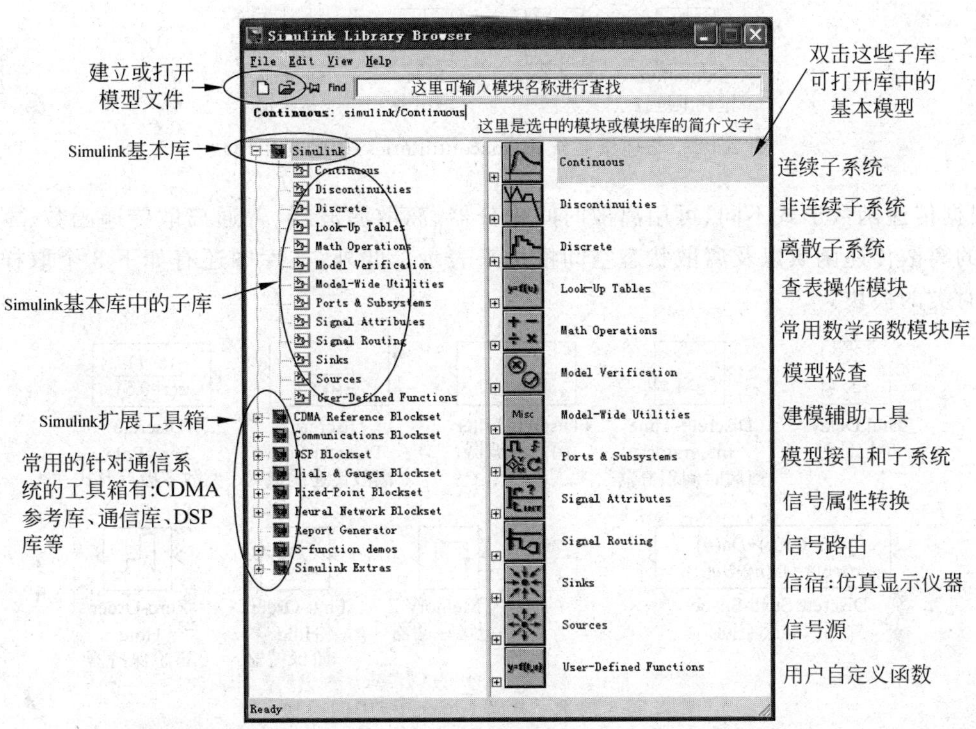

图 2.20 以命令 Simulink 打开的 Simulink 模型库窗口和功能解释

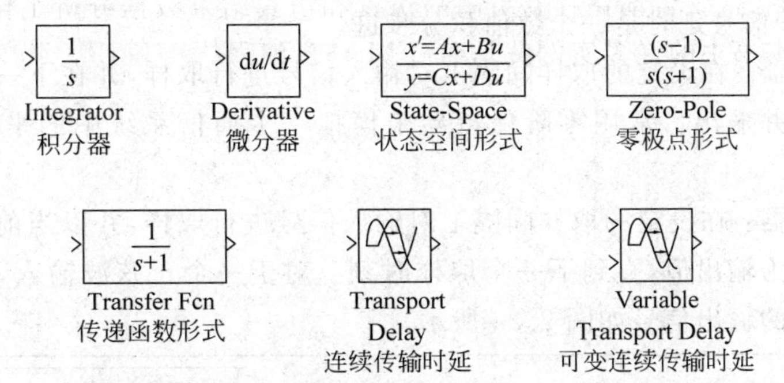

图 2.21 连续时间线性系统库(Continuous)中的模块

块。在本书中常用的模块如图 2.22 所示。

- 饱和(限幅)模块:描述当输入信号值上下限超过设定门限后输出信号被限制为门限所指定的值,用来对电路与通信系统中的限幅器进行建模。
- 死区:描述当输入信号值在设定的上下限范围内时则输出为零。
- 继电器:描述继电器吸合和释放的逻辑。通信系统中可利用它来模拟门限判决器的功能。
- 量化器:对输入信号值进行离散化,可用来模拟模数转换中的量化过程。

3) 离散系统库(discrete)

如图 2.23 所示,离散系统库包含 9 个模块,用于对离散线性系统的建模。其中最基本的模块是单位延时模块,所有时间离散的线性系统都可以通过该模块来构建。离散线性系

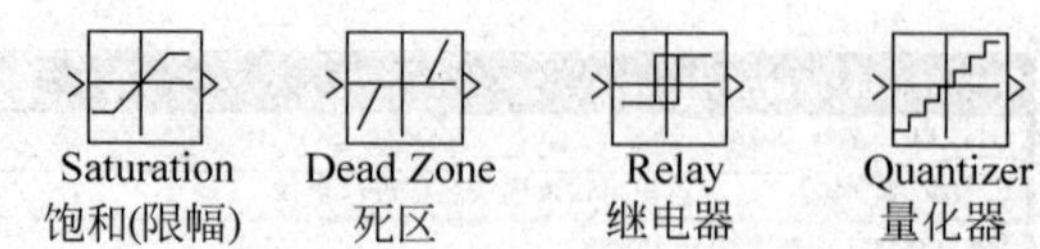

图 2.22 非连续系统库(discontinuities)中的常用模块

统,根据传递函数形式不同,可用离散时间积分器、离散滤波器、普通离散传递函数、零极点形式的离散传递函数以及离散状态空间模块来表示。此外,在库中还有如下 3 个取样和保持延时类的模块。

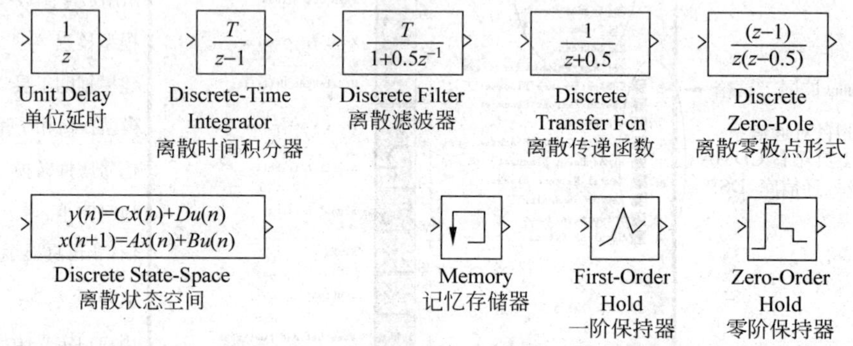

图 2.23 离散系统库(discrete)中的模块

- 记忆存储器:记忆一个计算积分步上的输入信号数值,并在当前积分步下输出该值,相当于信号延时是一个数值积分步进。
- 零阶保持器:在设定的取样间隔上对输入信号进行取样,并在下一个取样之前保持信号的值并输出。常用零阶保持器来模拟一个通信系统中的平顶矩形脉冲抽样过程。
- 一阶保持器:在设定的取样间隔上对输入信号进行取样,并以当前输入信号点的曲线切线作为输出值,直到下一个取样时刻。对于一个正弦波输入,零阶保持器和一阶保持器的输出信号如图 2.24 所示。

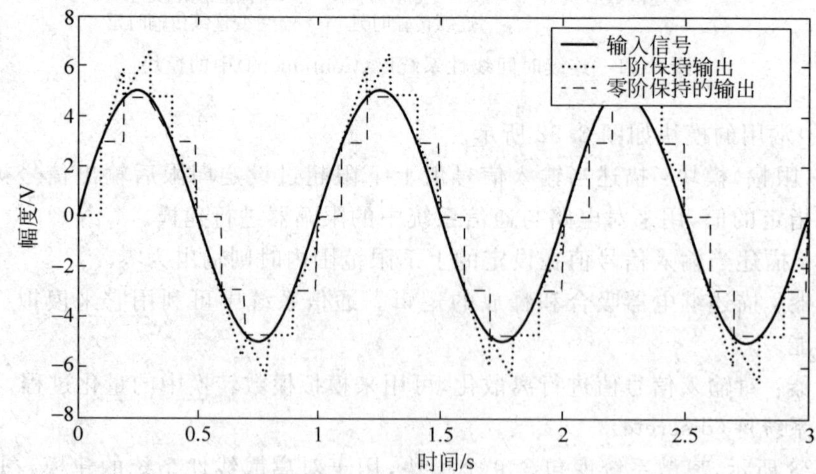

图 2.24 一个正弦波输入,零阶保持器和一阶保持器的输出信号

4）查表操作模块库（Look Up Tables）

查表操作模块如图 2.25 所示。当给定一个描述输入输出关系的向量或矩阵时，这些模块通过插值来找到对于自变量的函数值并输出。详细应用参见联机帮助文档。

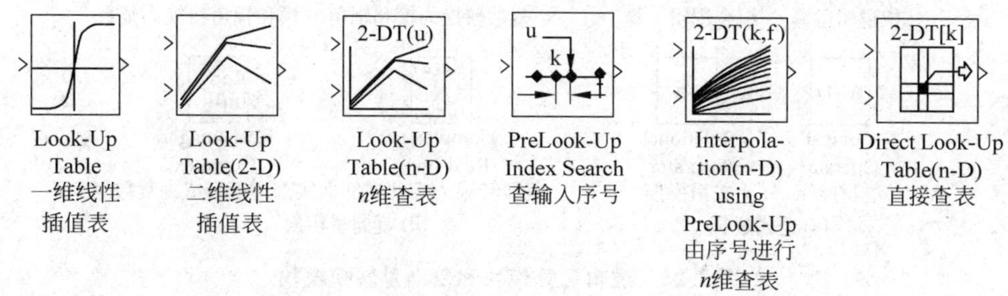

图 2.25 查表操作模块库（Look up tables）中的模块

5）数学函数库（Math Operations）

数学函数库是 Matlab 代数、矩阵运算的方框图描述形式，包含了基本数学运算、向量操作、逻辑运算以及复数和复向量转换功能，是 Simulink 建模中常用的库之一。基本数学运算模块如图 2.26 所示，包含加减法器、乘法器、向量内积、求绝对值、符号函数、最大最小值运算、增益（输入乘以常数）、可调增益、矩阵增益、舍入函数、常用数学函数以及三角函数运算等。其概念和用法与编程中所使用的数学函数相同，输入端为函数的自变量，输出端为函数的计算结果。

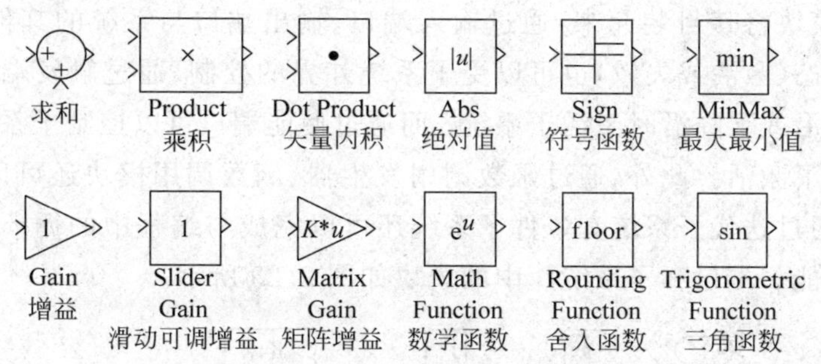

图 2.26 基本数学运算常用模块

向量操作模块有 3 个，分别是数值指定、矩阵连接和矩阵变形，如图 2.27 所示。

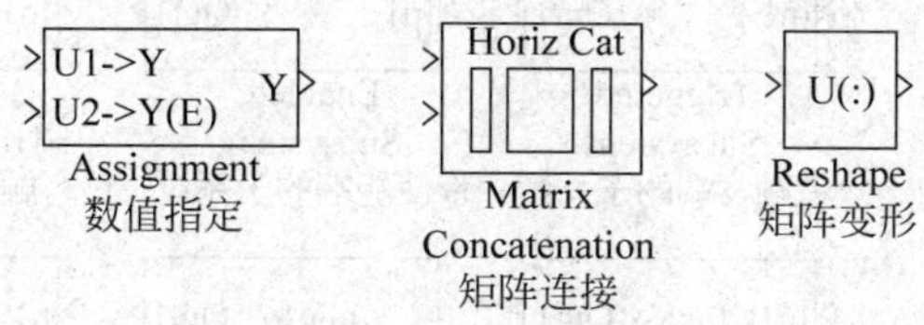

图 2.27 向量操作模块

逻辑运算模块包括二进制位逻辑运算、组合逻辑运算（实现真值表）、对输入信号的逻辑操作、关系判断操作等。复向量转换模块则实现复数的实部虚部分解与合成、复数的模与辐角表示等功能。逻辑运算模块和复向量转换模块如图 2.28 所示。

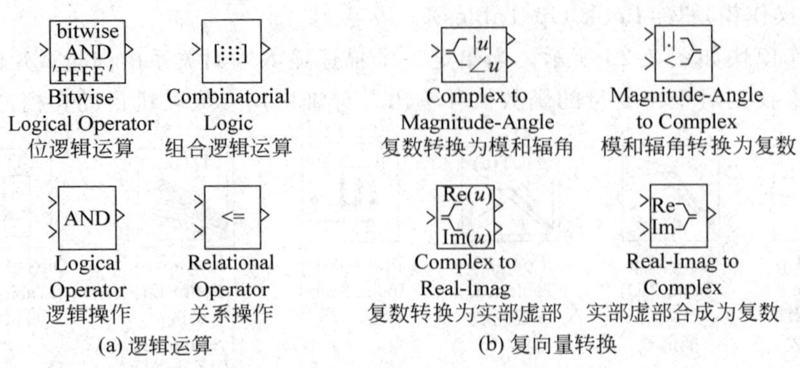

图 2.28　逻辑运算模块和复向量转换模块

6）模型检查(Model Verification)和建模辅助工具(Model-wide Utilities)

模型检查库中的模块负责在仿真运行过程中对模型中信号的合法性作出检查，以避免仿真中信号失效而造成错误的仿真结果。这些模块可以静态或动态地检验信号的上下限、动态范围、间隙、离散梯度、分辨率等参数是否符合设计的要求。建模辅助工具则提供一些模型说明文档书写区域以及运行模型的线性化等。

7）端口和子系统库(Ports and Subsystems)

端口和子系统库中的模块用于设计 Simulink 子系统。与程序设计中的子程序和函数概念类似，在 Simulink 方框图建模中也是分层次的，可以将系统中的一个部分看成一个子系统，用子系统模块将其封装起来，通过输入端口、输出端口与系统的其他部分联系起来。子系统的工作状态(激活或失效)也可以受子系统外界的控制，通过触发端口可以设置当外界信号处于上升沿或下降沿时激活子系统；而通过使能端口可以控制子系统在使能信号的高电平或低电平下激活。此外，通过函数调用发生器、函数调用模块还可以与 Matlab 编程函数相互连接，通过迭代子系统和条件子系统还可以完成与编程中的循环迭代以及条件判断语句相同的功能。端口和子系统库中的模块如图 2.29 所示。

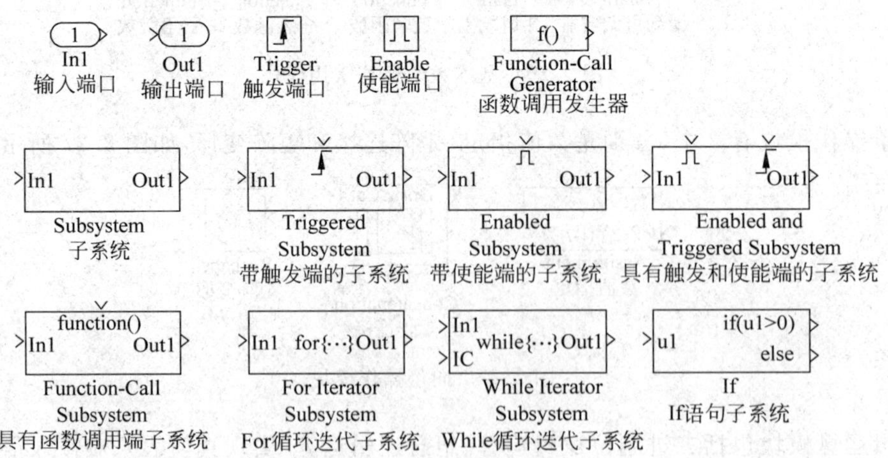

图 2.29　端口和子系统库模块

8）信号属性转换库(Signal Attributes)

信号属性转换库中的模块负责对输入信号的数据类型、向量属性等进行检测和转换，如图 2.30 所示。

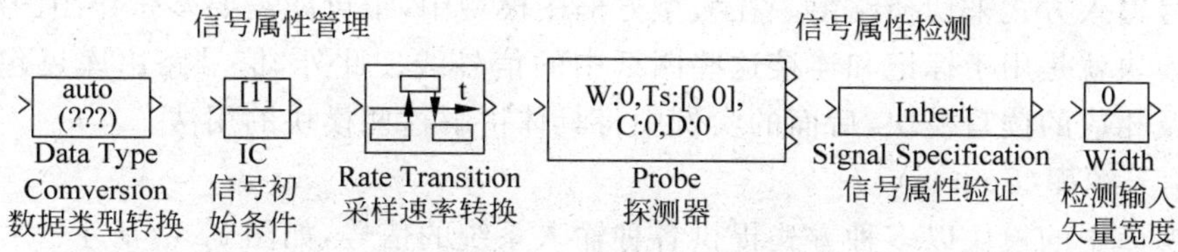

图 2.30　信号属性转换库模块

- 数据类型转换模块：用于对输入数据类型进行转换并输出。该模块的 auto 方式可以对连接的输入输出端所要求的数据类型进行自动识别并转换。模块也可以设置为强制类型转换，所转换的数据类型为 Matlab 语言规定的全部类型，即双精度(double)、单精度(single)、8 位整型(int8)、8 位无符号整型(uint8)、16 位整型(int16)、16 位无符号整型(uint16)、32 位整型(int32)、32 位无符号整型(uint32)以及布尔型(boolean)等。
- 信号初始条件模块：为仿真启动时刻设置信号的初始值。
- 采样速率转换模块：用于多速率的仿真系统中，对系统中不同采样速率的信号进行速率转换以匹配相应模块的输入输出要求。采样速率转换模块可以进行升速率和降速率转换。
- 探测器：用来检测输入信号向量的属性并将这些属性值输出，包括对向量宽度、采样时间、是否是复信号以及信号维数等属性的检测。
- 信号属性验证：用于验证输入信号是否符合指定的维数、采样时间、数据数值类型等。
- 信号向量宽度检测：专门用于检测输入信号的向量宽度并将检测结果输出。

9）信号路由库(Signal Routing)

信号路由库中的模块负责进行信号流通路径的选择与连接，如图 2.31 所示。在系统方框图中，有时相同或相似类型的信号线可能很多，为了构图清晰，常常将这些信号线用一根粗线来简化表达，称为总线。总线创建模块和总线选择模块就用于此目的。在通信传输中，经常将不同的信号复用在一起传送，在接收端再分离出来，复用器和分路器可以用来模拟这

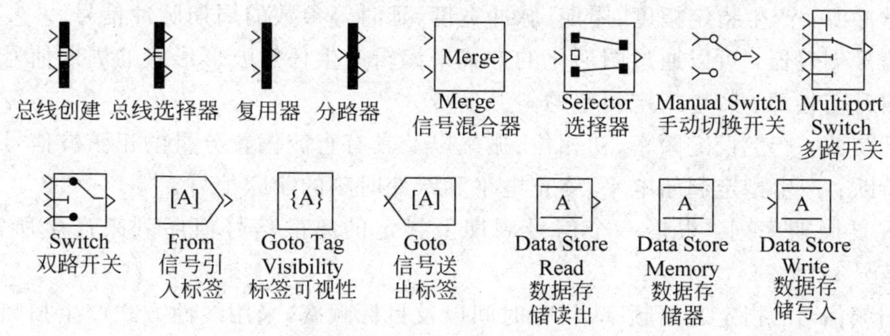

图 2.31　信号路由库模块

一过程。信号混合器可将输入的各信号合成一路。信号选择器则可以以指定方式选择输入信号以及顺序后并输出。模块库中还有3个选择信号通路的切换开关,可以手动切换信号路径(即在仿真进行中通过双击手动切换开关图标来"实时"地改变信号传输通路),也可以以控制信号输入方式来切换路由。在大型方框图模型中,很可能需要多张作图图纸来建模,信号标签模块就是用于标记和连接这些图纸中的信号线。此外,信号路由库还包括数据存储模块以及相应的读写模块,后面的实例中将具体讲解这些模块的用法。

10）信号源库(Source)

信号源库中的模块以多种方式提供各种输入系统的信号,如图2.32所示。

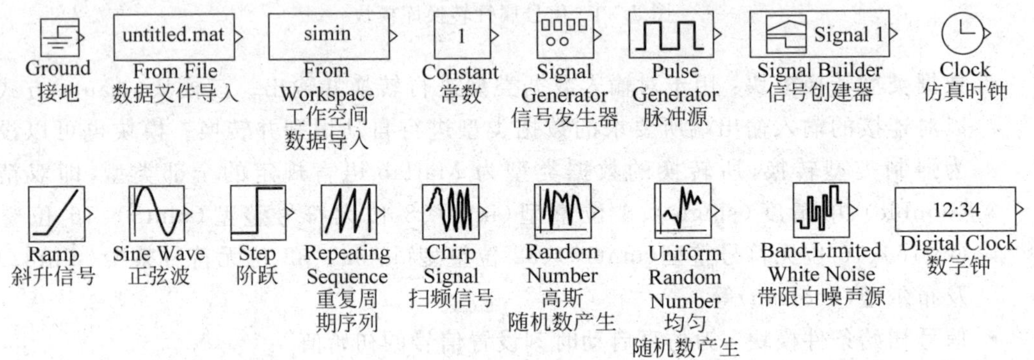

图2.32 信号源库模块

- 接地:输出始终为零,通常用来连接系统模块中那些不使用的输入端口,以避免仿真执行中出现警告提示。
- 数据文件导入:可以从Matlab程序执行生成的数据文件中将数据传入Simulink。注意,数据文件中数据的格式要符合Simulink的要求,详见其帮助文档。
- 工作空间数据导入:可以将Matlab当前工作空间中的变量数据传入Simulink作为系统的输入信号,使编程方式与方框图方式结合起来进行仿真。
- 常数模块:在仿真时间段上始终输出一个常数和一个常向量,相当于电系统中的直流信号源。
- 信号发生器:用来模拟实验室中的常用函数发生器的功能,以产生指定幅度和频率的正弦波、方波和锯齿波。
- 脉冲源:产生指定幅度、周期、脉冲宽度、延时等参数的周期脉冲信号。
- 信号创建器:可以通过图形化的方式来编辑产生任意波形形状的周期信号。
- 斜升信号源:产生指定斜率的斜升信号。
- 正弦波:产生设定频率、初相位、振幅以及具有直流偏置分量的正弦波信号。
- 阶跃:产生指定起始电平、终止电平和跃变时刻的阶跃信号。
- 重复周期序列:根据一个信号周期上指定的离散信号值序列来产生所需的周期信号。
- 扫频信号:指定起始频率、目标时间以及目标频率,采用线性方式产生扫频信号。
- 高斯随机数产生、均匀随机数产生、带限白噪声源用来产生所需分布特征的伪随机数序列,以模拟实际系统中的噪声。

• 仿真时钟和数字钟模块：用来输出当前仿真步下的时间值。

11）信宿和仿真显示仪器库(Sinks)

信宿和仿真显示仪器库中的模块可分为3类，如图2.33所示。一类负责模型和子系统的输出处理，如子系统输出端口、终结点、写入文件、送入工作空间等模块。终结点模块用于连接系统或子系统无用的输出端口以避免仿真执行中的告警，写入文件模块可以将仿真结果写入Matlab标准的数据格式文件中，而送入工作空间模块则将仿真数据输出到工作空间中，以便用Matlab编程进行进一步的数据运算、处理或显示。第二类是波形的数据显示仪器，用来模拟实验室中的示波器和电压表等，其中示波器可以设置任意多踪信号显示，包括设置显示的(扫描)周期、显示幅度范围等，浮动示波器可用来在仿真中灵活地观察不同节点上的波形。XY图显示仪将两路输入序列分别作为横坐标和纵坐标数据进行作图，模拟了真实示波器的XY输入方式，可用之来观察两波形的李沙育图形等。数字显示仪直接将输入数据显示出来，相当于实验室中的数字电压表。最后一类是仿真终止控制模块，当其输入信号非零的时候强制仿真停止。

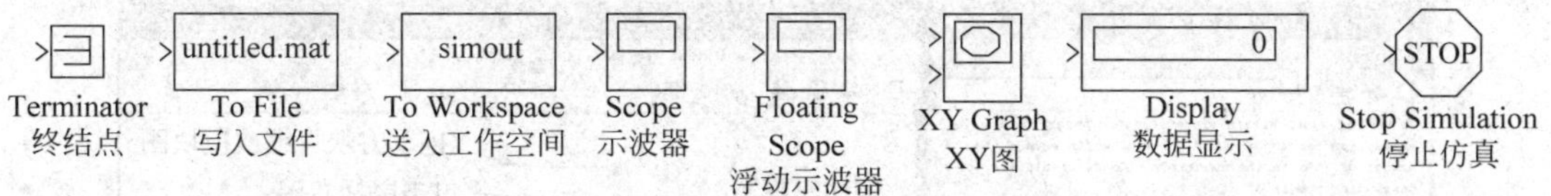

图2.33　信宿和仿真显示仪器库模块

12）用户自定义函数库(User Defined Functions)

Simulink为用户提供了自定义模块和模型创建模板，大大增加了用户使用的灵活性。如果用户只希望用图示化方法来表示一条Matlab函数语句，那么使用其中的数学函数模块和Matlab函数模块即可。如果用户希望以最大的自由度来操控Simulink建模过程，那么可使用其提供的S函数模块。S函数是整个Simulink平台的基础函数形式，Simulink中的所有模型都是以S函数形式编写的。用户通过S函数几乎可以做到无所不能，只有掌握了S函数的调用和执行原理才能够真正理解Simulink的运作机制。S函数可以使用Matlab语言编写，还可以使用C语言、C++语言或Fortran语言编写。用户自定义函数库还提供了C语言创建S函数的模板以方便用户使用。用C语言等编写的S函数需要编译，执行速度较快，但编程和调试比较麻烦；用Matlab语言编写S函数则很简单，与普通的Matlab程序编写相似，只要按照S函数的接口规范来做就可以了。Matlab语言编写S函数可以解释执行，也可以通过编译执行，编译执行的速度也很快。S函数的原理将作为本章的一个重点在后面的章节中讲解。

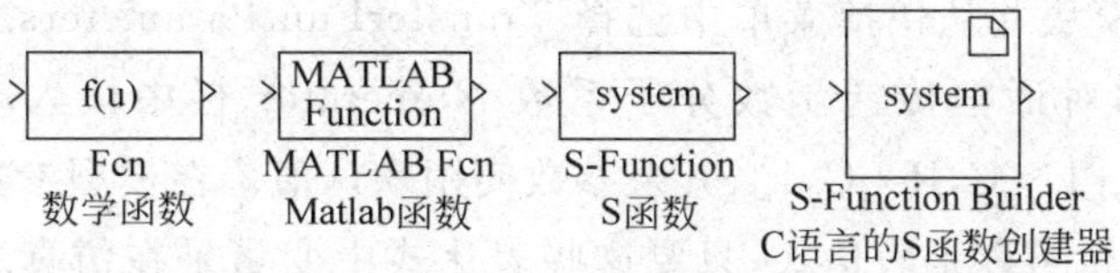

图2.34　用户自定义函数库模块

2.2.3 构建一个简单的 Simulink 仿真系统

下面通过实例来对 Simulink 建模和仿真的全过程作简单介绍。

【实例 2.12】 试建立图 2.15(实例 2.10)所示系统的 Simulink 模型并仿真。

在 Simulink 模块库窗口中选择菜单 File→New→Model 命令，新建一个 Simulink 模型文件，然后单击 Simulink 基础库中的 Continuous 子库，选取传递函数模块，并将它拖动到新建模型窗口中的适当位置。如果需要对模型模块进行参数设置和修改，可选中模型文件中的相应模块，单击鼠标右键弹出快捷菜单，从中选取相应参数进行修改。还可以在选中模块之后通过鼠标拖动修改模块位置、大小和形状。单击模块下方的 Transfer Fun 可以对其进行编辑，例如修改为“RLC 电路传递函数建模”等字样。通过快捷菜单的其他选项还可以对模型的颜色、旋转、字体、阴影等属性进行修改，也可对模型进行剪切、拷贝或删除。方法如图 2.35 所示。

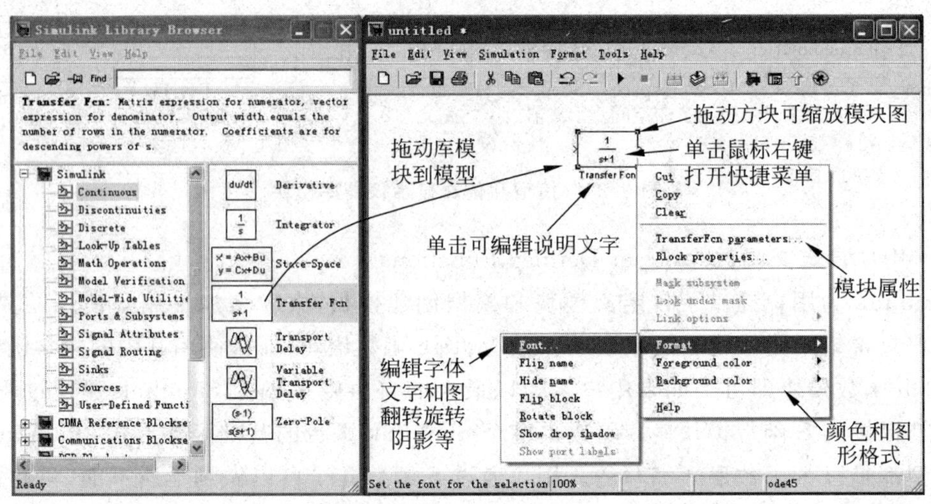

图 2.35 从模型库中选取模块并在新建文件中进行编辑

现在需要根据要求的传递函数来设置该模块的参数。要求的传递函数为公式(2.79)，即

$$H(s)=\frac{1}{LCs^2+RCs+1} \tag{2.96}$$

其分子多项式和分母多项式的系数分别是 1 和[LC,RC,1]，仿真中仍然取 $R=100$，$L=2e-3$，$C=1e-7$。

选中传递函数模块并从快捷菜单中选择 TransferFun Parameters... 命令修改传递函数的参数，在弹出的对话框传递函数分子系数 Numerator 栏中填入[1]，在其分母系数 Denominator 栏填入[L * C,R * C,1]，其余参数使用默认值。在模型参数对话框中，所填写的参数可以是数字，也可以是表达式，只要这些表达式中变量是在仿真之前于 Matlab 工作空间中已经定义的即可。填写表达式的方法可方便用户在编程程序中对仿真模型的参数进行修改和操控。在本例中也可以直接填写数值来设置。

如果需要进一步了解模块的参数设置说明，还可以单击该对话框下方的 Help 按钮。参数设定后单击 OK 按钮，就得到了所要进行仿真的传递函数模型，如图 2.36 所示。

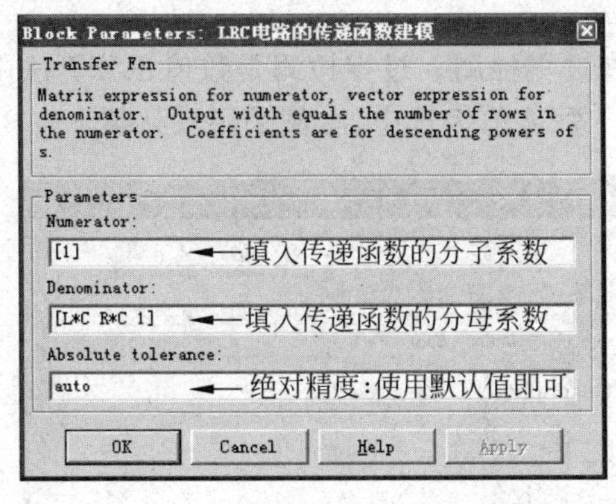

(a) 参数设置

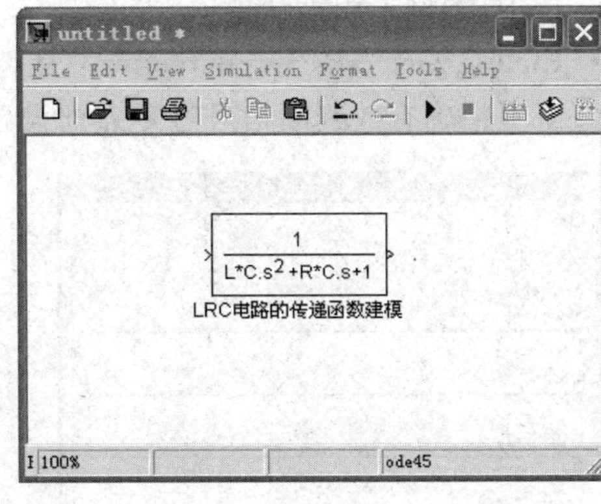

(b) 结果

图 2.36 传递函数参数设置对话框以及设置结果

采用同样的方法，在 Simulink 的 Sources 模块库中选取激励信号源，例如选取阶跃信号源，将之拖入建模窗口中。在 Sinks 模块库中选取示波器作为系统输出波形显示，接下来利用鼠标将这 3 个模块连接起来。模块外部的大于符号"＞"表示信号的输入输出节点。为了连接两个模块的输入输出端口，可以将鼠标置于节点处，这时鼠标将显示为十字形状，拖动鼠标到另一个模块的端口，然后释放鼠标按钮，就形成了带箭头的信号连线，箭头方向表示信号的流向。完成后的建模系统可以通过 File 菜单存盘为模型文件，扩展名为 mdl。如将模型命名为 ch2example12. mdl，如图 2.37 所示。

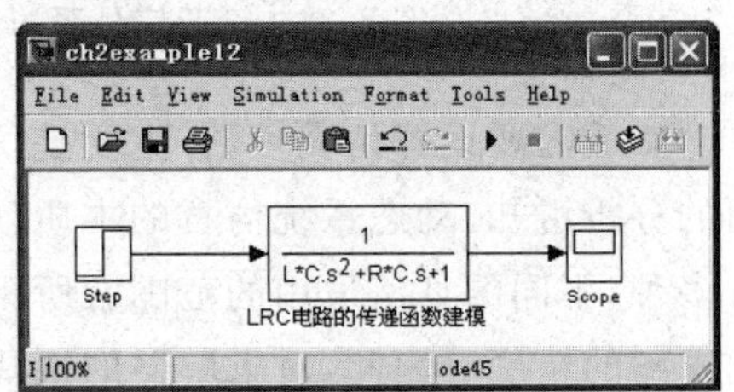

图 2.37 连接了信源、测试系统和示波器后的模型框图

接下来需要对输入信号源(阶跃)的参数进行设置。将鼠标指向阶跃信号模块，双击或通过快捷菜单打开属性设置对话框，然后设置阶跃信号的参数，如图 2.38 所示。图中右边的帮助窗口是通过单击参数设置对话框下方的 Help 按钮打开的。通过阅读帮助文档可以了解参数的含义和设置方法。对于阶跃信号源来说，其参数含义、默认值以及根据仿真需要修改后的参数值如下。

- Step time：表示阶跃跳变的时刻，默认在仿真时间为 1s 的时候跳变。本例将其修改为 1e－4，即在 100μs 时刻处阶跃信号跳变。
- Initial value：这是阶跃跳变时刻之前的值，默认为 0。本例采用默认值。
- Final value：这是阶跃跳变时刻之后的值，默认为 1。本例也采用默认值。这样，我们就得到了与实例 2.9 中相同定义的单位阶跃信号。
- Sample time：这是设定离散系统仿真时对信号的采样时间间隔。对于连续信号应设置为零。当采样时间设置为 0 时，仿真计算中的信号采样率取决于仿真算法内部使用的积分步长。其默认值为零，本例也采用默认值。

- Interpret vector parameters as 1-D：若选中，阶跃模块的数值参数的行或列矩阵值将得到一个向量输出信号，否则，总是输出与模块数值参数同维的信号。默认值为选中，本例采用默认值。
- Enable zero crossing detection：是否允许过零检测。过零检测是数值积分算法中为了更精确有效判断信号过零点而设置的。默认值为选中，本例采用默认值。

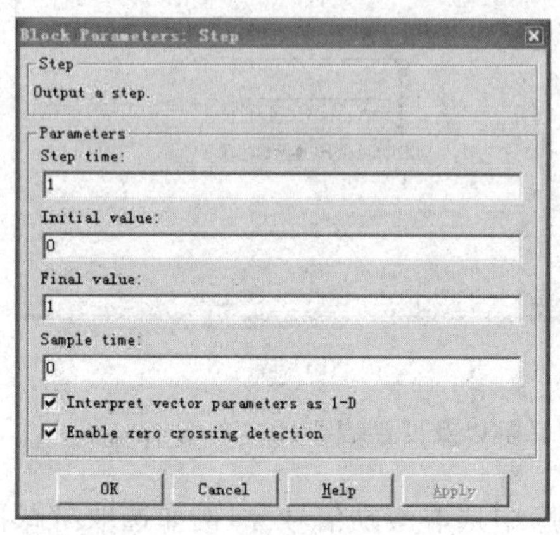

(a) 参数设置

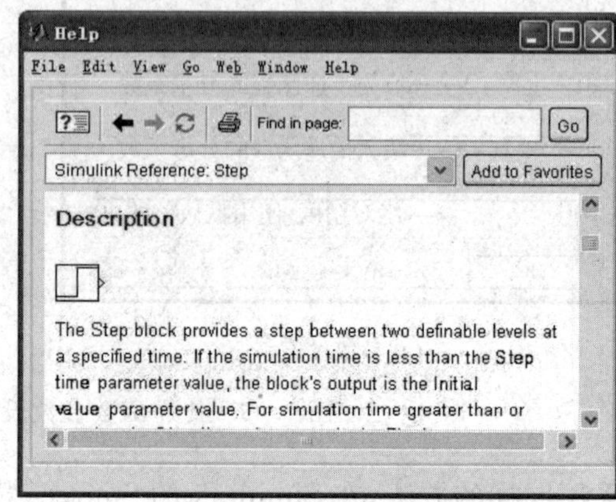

(b) 帮助文档

图 2.38 阶跃信号源的参数设置对话框、默认参数值以及帮助文档

然后需要设置仿真参数，主要是仿真求解器的选择和仿真步长等参数的选取。通过前面的分析可知，动态系统仿真的本质就是求解其状态方程。而对状态方程的数值求解算法有多种，不同的算法适用的范围有所不同，求解算法的步长也可以不同。算法的步长也会影响求解的精度。因此，对求解器的选择以及其仿真步长等参数的设定对系统仿真来说就成了相当重要的事情。从系统建模窗口的状态栏可以看到当前使用的求解器。图 2.37 所示窗口状态栏中显示的仿真求解器是 ode45 算法。

在建模窗口中选择菜单 Simulation→Simulation Parameters 命令，打开仿真参数设置对话框(快捷键为 Ctrl+E)，设置求解器选项卡下的参数部分。如果要以实例 2.10 相同的系统仿真参数来设计的话，可设置仿真起始时间为 0s，仿真结束时间为 5e−4s，其余参数为默认值。求解器采用 ode45 算法，步长设定为自适应变步长，并将最大步长设为 2e−6s(与实例 2.10 的程序设置相同，以期对比，最大步长设置得越小，则计算量越大，仿真速度将下降)，最小步长以及初始步长均设为自动模式，相对求解精度为 1e−3，绝对求解精度自动选取。关于求解器的这些参数的含义与 Matlab 函数形式的求解器相同，在前面已经详细讨论过了。

Simulink 仿真参数对话框如图 2.39 所示。在 Simulink 仿真参数对话框中总共有 4 个选项卡，分别用来进行求解器设置、仿真数据与工作空间变量之间的输入输出接口、调试与错误诊断设置以及一些高级用户选项(如模型参数配置、计算优化设置以及与计算机处理器相关的一些硬件设置)等。其中，仿真求解器的设置是必需的，其余可根据仿真需要来选择设置，一般使用默认值即可。

在仿真求解器的设置中，首先需要确定仿真的起始时间和终止时间。起始时间即仿真

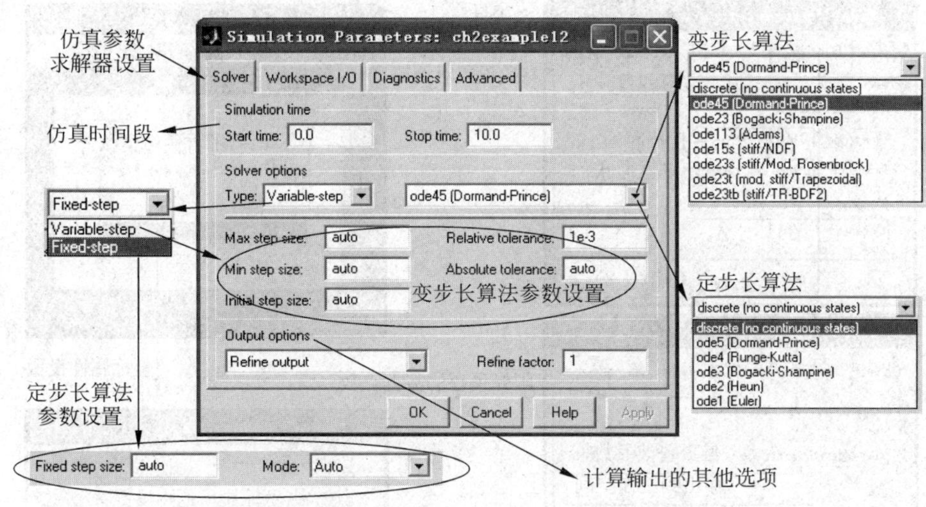

图 2.39　仿真参数的设置：求解器基本参数设置标签

开始时间，对应于系统的初始时刻，一般取值为零，当然也可任意设置，但应该小于仿真的终止时间。当求解器求解的当前时刻大于等于仿真终止时间时仿真停止，如果仿真终止时间设为无穷 inf，则仿真将一直继续下去，直到用户人工干预或系统输出满足终止仿真逻辑模块的条件为止。

对于不同的求解器，仿真步进的设置有所不同。如果求解器的积分步长是自适应变化的，那么称为变步长的求解器，有离散的、ode45、ode23、ode113、ode15s、oed23s、ode23t 以及 ode23tb 等求解算法。离散求解方式是用于离散系统递推求解的，不适合连续状态方程(即微分方程)的求解。对于变步长的求解器，可设置的参数有最大步长、最小步长、初始步长、相对求解精度、绝对求解精度等，这些参数的含义与 ode 类的函数求解器相同。如果设为 auto 则由求解器自动选取值。

如果求解器是固定步长类型的，那么其算法有离散的、ode5、ode4、ode3、ode2 和 ode1，可以设置相应的求解步长和求解模式(自动、单任务、多任务模式)。

在步长较大的情况下为了使求解输出曲线也足够光滑，可在输出选项中设置并使用 refine 参数，含义也同函数求解器 option 中 refine 参数。

最后，还需要对测试仪器进行设置。双击示波器模型图标，打开示波器显示窗口。在显示窗口中单击鼠标右键，通过快捷菜单设置显示坐标范围等属性。需要设置扫描时间，根据仿真时间长度，本例将扫描时间也设为 5e－4s，这样示波器将显示整个仿真时段的输出波形，并将波形显示幅度范围设置为－1～2。示波器还可以设置显示波形踪数(即输入端子数)、刻度形式、历史数据保存点数以及是否将显示数据输出到工作空间等。设置方法和对话框如图 2.40 所示。

设置完毕后，就可以启动仿真了。选择 Simulation→Start(Ctrl＋T)命令启动仿真。但是这时将提示仿真出现错误，原因是元件参数 R，L，C 的取值还没有给出。为此，只要在 Matlab 工作空间提示符“＞＞”后键入

```
>>R = 100; L = 2e - 3; C = 1e - 7;    % 设置电路元件的参数；
```

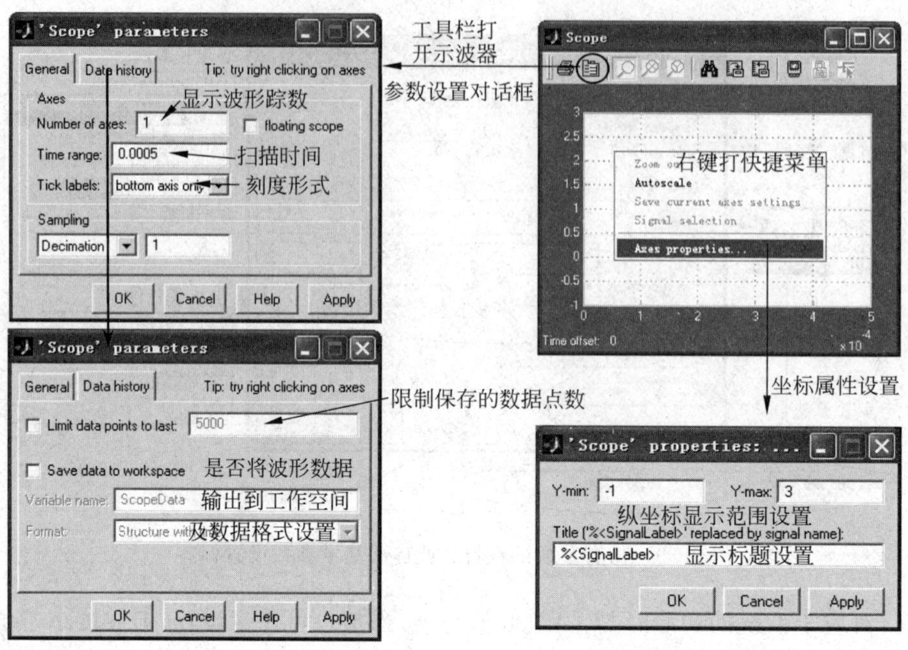

图 2.40 示波器的显示参数设置方法示意图

然后重新启动仿真，双击示波器图标即可观察到输出波形，如图 2.41 所示，读者可与实例 2.10 的结果图 2.18 相互对比。

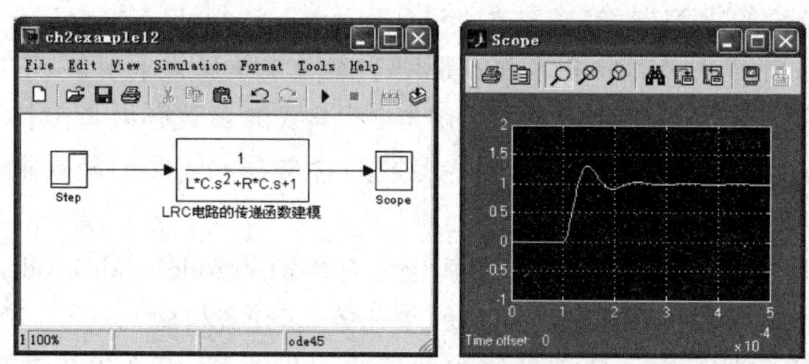

图 2.41 最终系统模型和仿真结果，示波器输出单位阶跃响应

事实上，一个数学模型可以有多种表达形式，如果系统是以传递函数表达的，那么使用传递函数模块来构建 Simulink 模型是最为直接的；如果给定了系统的零极点，则用零极点形式的 Simulink 模型来构建比较方便；如果系统的数学模型是状态方程和输出方程，那么就可用状态空间模块来建立模型；若系统以信号流图或等价的方框图描述，用户也可以直接利用基本的积分模块、相加模块以及增益模块来直接根据信流图拓扑建立系统。下面用状态空间模块以及信号流图方式重新构建这个 RLC 系统。由该系统的状态方程(2.76)和输出方程(2.78)可以得到状态空间的 4 个矩阵分别为

$$\boldsymbol{A}=\begin{bmatrix}-\dfrac{R}{L} & -\dfrac{1}{L}\\ \dfrac{1}{C} & 0\end{bmatrix},\quad \boldsymbol{B}=\begin{bmatrix}\dfrac{1}{L}\\ 0\end{bmatrix},\quad \boldsymbol{C}=[0\quad 1],\quad \boldsymbol{D}=0 \tag{2.97}$$

信号流图参见图 2.17。则得出的不同的 Simulink 模型形式以及仿真结果如图 2.42 所示。显然，从示波器上的输出波形结果看出，3 种不同形式的模型输出响应是相同的。

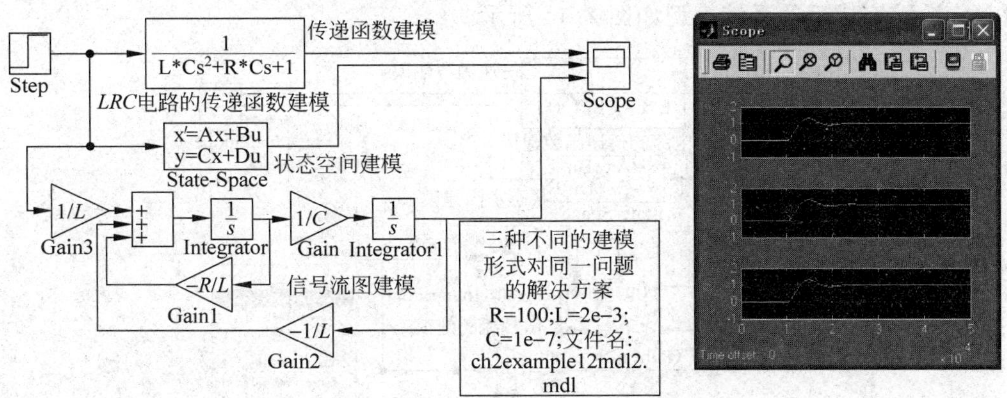

图 2.42　等价的三种系统建模模型和仿真结果

2.2.4　Simulink 子系统构建、封装和自定义模块库

1. 子系统的概念和创建方法

子系统建模方法来源于编程中的函数和子程序的思想。在实际建模过程中，如果整个系统模型比较复杂，难以在一张模型方框图中表达出来，那么就需要以层次化的方框图形式来构造系统，也就是首先将整个系统中的一些具有独立功能的部分进行输入输出端口定义，从而将这些部分封装起来，形成子系统，然后再利用这些子系统构成整个系统。在 Simulink 的系统主方框图模型里，子系统以黑箱形式出现。建模者只需要了解所使用的子系统的输入输出关系和参数，而不需要关心子系统内部的具体结构和算法。

Simulink 允许构造任意多层子系统，即在子系统中仍然允许包含若干下层子系统。使用子系统方式来建模的优点如下。

- 便于构造比较复杂的系统。对于大系统的建模，子系统方式往往是必需的。
- 可以将整体系统建模和设计工作与系统细节的实现工作分离，只要符合建模者规定的系统接口标准，子系统就能够在主系统模型中使用。这样，对子系统内部实现方式、算法的修改不会影响系统整体的模型。
- 可以将一些通用的子系统封装成为 Simulink 的模块库形式，实现代码和模块重用。事实上，Simulink 模块库中的模块都可以视为子系统形式。
- 对于不希望子系统模型被修改或公开结构算法的场合，子系统模块还可以采用编译发行的方式，便于保护知识产权。

【实例 2.13】 子系统的创建方法示例。

将例 2.12 中用信号流图实现 *LRC* 模型的部分修改为子系统实现形式。打开模型文件 ch2example12mdl2.mdl 并另存为 ch2example13.mdl，然后用鼠标选中方框图中的信号流图部分，被选中的模块周围将出现小黑方块，如图 2.43 所示，然后在选中区域内单击鼠标右键打开快捷菜单，选择 Create subsystem 命令，即把选中部分用新创建的一个子系统模块表示出来了。还可进一步对子系统模块的图形属性(位置、大小、颜色、阴影等)进行编辑,例如本例在子系统模块上加上了阴影。在子系统模块上双击鼠标便可打开子系统内部结构进行编辑和修改。完成后的系统模型如图 2.44 所示。

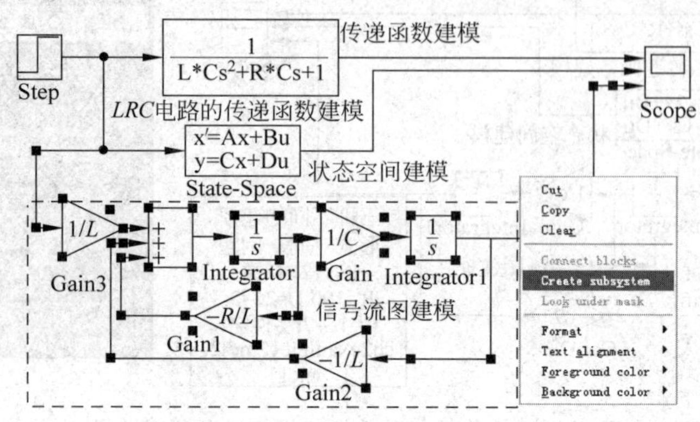

图 2.43 创建子系统

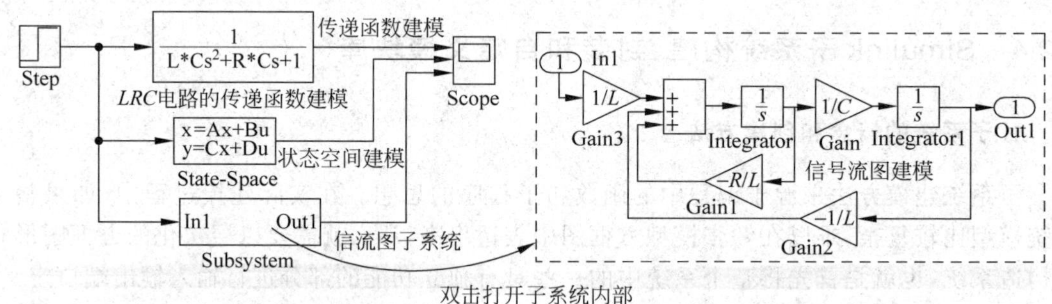

图 2.44 完成后的系统主框图模型以及双击子系统模块打开的子系统模型

第二种建立子系统的方法是利用 Simulink 基本库 Ports & Subsystems 中提供的子系统模板,例如 Subsystem 模块来创建。具体方法是将 Subsystem 模块拖入模型文件中的适当位置并连接到系统中,然后双击打开这个子系统模块进行编辑。刚刚创建的子系统模块是一个直通模块,即子系统的输入被直接连接到输出端口。可根据设计方案在子系统中添加所需的模块并修改连线。

2. 封装子系统

我们还可以将子系统进一步封装起来,即对上一层模型的建模者提供标准的参数设置对话框接口以及子系统说明文档等应用信息,以便应用子系统模块的时候不必直接进入子系统内部修改其参数,这样系统设计的可重用性、隐蔽性和分离性变得更好,便于部分调试、联调以及系统维护。

【实例 2.14】 子系统的封装。

将实例 2.13 中创建的子系统封装起来,并提供相应的参数设置对话框以及说明文档。首先将模型文件 ch2example13.mdl 打开并另存为 ch2example14.mdl。选中要封装的子系统模块,然后选择菜单 Edit→Mask subsystem 命令(也可通过单击鼠标右键弹出的快捷菜单中选取,对应快捷键是 Ctrl+M),弹出子系统封装的设置对话框(Mask Editor),其中包括 Icon、Parameters、Initialization 和 Documentation 4 个选项卡。

- Icon 选项卡主要用于设置封装模块的图标，如设置图标的边框是否可见、图标是否透明、是否旋转、绘图单位等。还可使用命令来绘制图标，该选项卡下部给出了绘制图标的语法举例。一般采用默认值即可。
- Parameters 选项卡用于设置子系统的各种系统参数的说明以及输入形式。这些系统参数将出现在系统设置对话框中。参数设置可以采用编辑框(Edit)、弹出列表(popup)或复选框(checkbox)等形式。参数设置是模块封装中必须进行的工作，可将子系统中需要修改的参数用变量代表，然后在 Parameters 选项卡下添加这些参数和参数的说明文字，并选择参数设置的方式等。最简单和最常用的参数设置的方式是编辑框。
- 在 Initialization 选项卡中可以用 Matlab 命令来对封装的子系统进行初始化。当 Simulink 加载模型、启动仿真、更新方框图、旋转或重画封装模块的时候，这些初始化命令将被执行。详细使用方法参见联机帮助。一般采用默认值即可。
- 在 Documentation 选项卡中可以书写模块名称、模块简介以及对模块使用的详细帮助文档。模块名称和模块简介将出现在封装子系统的参数设置对话框中，而详细帮助文档则通过参数设置对话框中的 Help 按钮打开。详细帮助文档是以 html 语言格式书写的。

本例只需要在 Parameters 选项卡中对系统参数(电阻、电容、电感)进行设置，并在 Documentation 选项卡中书写相关的帮助文档即可。对 Icon 选项卡和 Initialization 选项卡下的内容采用默认值。设置完成后的 Mask Editor 对话框如图 2.45 所示。

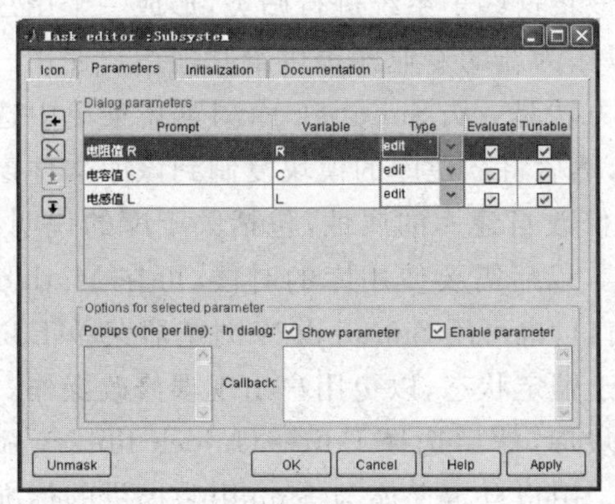

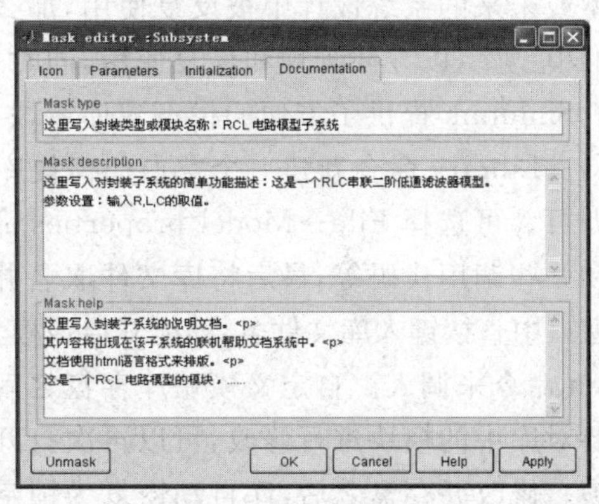

图 2.45 子系统封装编辑对话框以及设置参数：Icon 标签和 Initialization 标签

最后单击对话框下方的 OK 按钮完成封装，回到模型编辑窗口。这时，双击封装的子系统将不再弹出子系统的内部模型编辑窗口，而是弹出一个参数设置对话框，用户只需要在该对话框中设置模块参数即可。单击对话框下方的 Help 按钮将弹出模型的详细帮助文档，如图 2.46 所示。

对于已经封装的子系统，可以选择 Edit→Edit Mask(Ctrl+M 键)命令来重新编辑封装参数对话框的设置和界面。若需要修改子系统的内部结构，可以使用选择 Edit→Look under mask (Ctrl+U 键)命令打开子系统内部模型编辑窗口进行修改。在编辑封装对话框的下

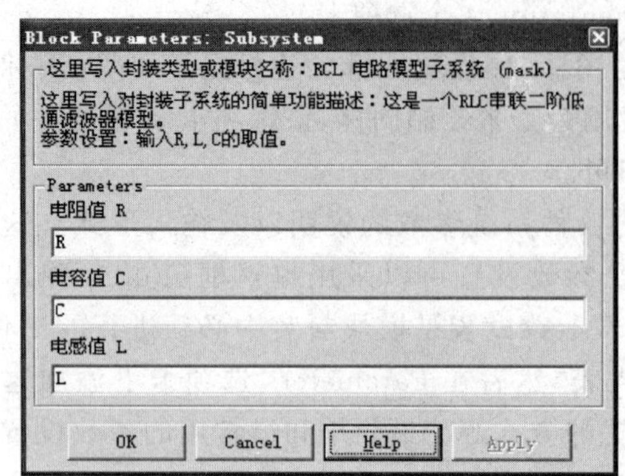

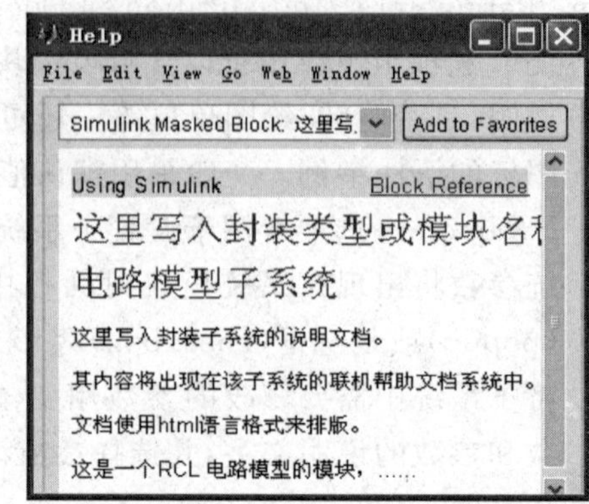

图 2.46　封装子系统的参数设置对话框和联机帮助

部有一个 Unmask 按钮(参见图 2.45)，单击该按钮可以解除封装，恢复原来未封装的子系统形式。

3. 组建用户自定义模块库

在较大型的系统建模中，往往将其分解为多个子系统和系统模块。对于一个设计优良的仿真系统模型，应该将其中功能相似的那些部分进行抽象，使之成为较为通用的子系统模块，这样就可以通过模块的重用来减少系统建模工作量，同时也使系统在整体结构上更加清晰。对于在系统设计中已经建立并封装完成的那些自定义的子系统，如果它们还将在系统模型或未来的系统设计中被反复使用，那么就应该将这些子系统进行归类，形成一个用户专门的模型库，以方便管理和反复使用，同时也可以作为新的专业库提供给其他用户使用。

Simulink 提供了方便的模型建库手段，具体方法是：从 Simulink 库浏览器菜单中选择 New→Library 命令新建一个空白的模块库窗口，然后将欲建库的模块复制到该库文件窗口中即可。可选择 File→Model properties 命令来修改自建库的属性，包括关于库的说明、版本和一些调用代码等，最后将库文件取名并存盘。以后需要使用库的时候，可在 Matlab 命令窗口中直接键入库文件名，即能开启该模型库窗口，也可用 Simulink 库浏览器菜单 Edit→Open 命令来调入。自定义模块库存盘之后将处于锁定状态，以免用户出现误修改操作。如果要对库中的模块进行修改，可以再次打开该模块库，然后选择 Edit→Unlock library 命令解锁。修改并存盘之后，库自动恢复为锁定状态。用户自定义库与 Simulink 提供的标准库使用方法完全相同。

以上讨论了 Simulink 建模的基本方法、Simulink 与 Matlab 编程的数据交互、子系统建模以及用户自定义库的创建方法。通过 Simulink 提供的这些功能，利用 Simulink 基本库模块，用户就可以构建自己的仿真模型、专业模型库并进行仿真和数值结果分析了。事实上，用户只需要使用极少数的基本模块就可以构建任意的系统，例如只需要积分器、求和模块和增益模块即可由信号流图形式构造任意的线性时不变系统。Simulink 提供的众多模块仅仅是为了用户使用的方便，并非必需的。初学者不必了解所有的模块用法，而应当在理解 Simulink 工作实质之后，将更多的精力放在本专业系统的数学建模和理论分析中。

下面将讨论 Simulink 的仿真过程和工作原理。

2.3　Simulink的工作原理——S函数

2.3.1　S函数的工作原理

仿真本质上就是利用某种求解算法对系统状态方程进行求解的过程。那么，Simulink是如何将系统状态方程与系统方框图模型联系起来的呢？为了将系统数学方程与系统可视化模型联系起来，在Simulink中规定了固定格式的接口函数形式，称为S函数。一切Simulink可视化模型都是基于S函数实现的。

系统可视化描述的直观性是以牺牲数学描述的简洁性为代价的。通过编写和使用S函数，用户也可以构建出采用Simulink普通模块难以搭建或搭建过程过于复杂的系统模型，这样就大大增强了Simulink的灵活性。S函数可以用Matlab语言书写，也可以采用C、C++、Fortran等语言编写。S函数还可以进行编译，以提高执行速度。Simulink内建的标准模块库就是用S函数编写并进行编译后形成的。

1. 混合系统的状态空间描述

由于S函数是基于对一般系统状态空间方程进行求解的一类具有标准函数接口的通用函数，所以应首先将系统状态方程描述形式推广到更一般的情形，然后再讨论其在S函数中的实现问题。

对于一般系统，其输入变量、状态变量以及输出变量的数量可以是任意的，其性质可以是连续的，也可以是离散的。如果系统变量的一部分具有连续值，而其余部分是离散的，那么系统就是混合系统。下面通过向量和矩阵方程的形式来描述混合系统。设系统的m个输入变量组成的输入信号向量为(这里使用了与S函数接口标准描述中相同的符号：用u表示输入，用x表示状态，而用y表示输出)

$$\boldsymbol{u} = [u_1 \quad u_2 \quad \cdots \quad u_m]^{\mathrm{T}} \tag{2.98}$$

其中有l个变量是时间连续变量(即时间的连续函数)，其余$m-l$个变量是时间离散变量(即仅在离散时刻上有值)。不失一般性，设连续时间变量组成的输入向量为$\boldsymbol{u}_c$，离散时间变量组成的输入向量为$\boldsymbol{u}_d$，则可设

$$\boldsymbol{u} = \begin{bmatrix} \boldsymbol{u}_c \\ \boldsymbol{u}_d \end{bmatrix} \tag{2.99}$$

同样，我们又设系统的n个状态变量组成的系统状态向量为

$$\boldsymbol{x} = [x_1 \quad x_2 \quad \cdots \quad x_n]^{\mathrm{T}} \tag{2.100}$$

不失一般性，设连续时间状态变量所组成的状态向量为$\boldsymbol{x}_c$，离散时间状态变量组成的状态向量为$\boldsymbol{x}_d$，则可设

$$\boldsymbol{x} = \begin{bmatrix} \boldsymbol{x}_c \\ \boldsymbol{x}_d \end{bmatrix} \tag{2.101}$$

相应的r个系统输出变量组成的输出向量设为

$$\boldsymbol{y} = \begin{bmatrix} \boldsymbol{y}_c \\ \boldsymbol{y}_d \end{bmatrix} \tag{2.102}$$

系统连续部分和离散部分相应的状态转移函数(也是一组函数组成的函数向量)分别用 $\boldsymbol{g}_c(\cdot)$ 和 $\boldsymbol{g}_d(\cdot)$ 表示。将连续系统的状态方程(2.25)推广到混合系统中,并将时间变量 t 显式表达出来,得到混合系统的状态方程为

$$\boldsymbol{x}=\begin{bmatrix}\dot{\boldsymbol{x}}_c\\ \boldsymbol{x}_{d_{k+1}}\end{bmatrix}=\begin{bmatrix}\boldsymbol{g}_c(\boldsymbol{x},\boldsymbol{u},t)\\ \boldsymbol{g}_d(\boldsymbol{x},\boldsymbol{u},t)\end{bmatrix} \tag{2.103}$$

同理,推广连续系统的输出方程(2.27),将混合系统的输出方程写为

$$\boldsymbol{y}=\begin{bmatrix}\boldsymbol{y}_c\\ \boldsymbol{y}_d\end{bmatrix}=\begin{bmatrix}\boldsymbol{g}_{c0}(\boldsymbol{x},\boldsymbol{u},t)\\ \boldsymbol{g}_{d0}(\boldsymbol{x},\boldsymbol{u},t)\end{bmatrix} \tag{2.104}$$

系统状态方程和输出方程合称为系统的状态空间方程。

2. 用S函数描述混合系统

显然,混合系统的状态方程是由微分方程组和差分方程组共同构成的,而输出方程则是由定义在连续时间上的代数方程与定义在离散时间上的代数方程共同组成的。相应地,在S函数中,求解计算也需要根据不同情况对连续和离散两种不同情况分别进行处理。对于无记忆系统,系统中没有状态变量,相应的状态向量 $\boldsymbol{x}$ 设为空矩阵(空矩阵是Matlab矩阵运算中引入的概念,即矩阵中元素个数为零的矩阵,用"[]"来表示)。

S函数需要针对仿真执行过程中不同的情况进行相应的处理,这些不同情况的处理如下。

(1) 初始化处理:在仿真开始阶段对模块所使用的变量等进行初始化。

(2) 计算导数:即递推求解微分方程过程。当所计算的系统部分是以微分方程描述的状态方程时,将调用S函数中的该功能。

(3) 离散状态更新:即递推求解差分方程的过程。当系统以差分方程描述时,将调用S函数中的该功能。

(4) 计算输出:根据系统的输出方程来计算当前状态下的系统输出。

(5) 计算下一步仿真的时刻:Simulink通过调用S函数的该项计算来确定下一个仿真时刻。

(6) 仿真终止:当仿真结束时,Simulink将调用该项功能进行一些用户指定的仿真后处理工作。

(7) 出错处理:当仿真执行过程中出现程序错误时,Simulink将调用该项功能进行处理。

2.3.2 用Matlab语言编写S函数

1. S函数的接口规范

Matlab语言编写的S函数的标准接口形式如下:

```
[SYS,X0,STR,TS] = SFUNC(T,X,U,FLAG,P1,…,Pn)
```

其中,T是当前仿真时刻的值;X是当前状态构成的状态矩阵,其前面的元素表示连续状态

变量，接着是离散状态变量；U是当前输入信号向量；FLAG是Simulink针对仿真的不同情况和阶段调用S函数进行不同计算的调用功能标志，为一个0～9的整数值，用以控制S函数中的case语句进行转向；P1，…，Pn是一些用户可自定义的传入参数，这些参数可以在任意的标志FLAG传入的函数下使用；返回值SYS称为系统参数计算返回，其值根据调用标志的不同而不同；X0是在Simulink调用系统初始化过程中返回的系统初始状态矩阵，各元素的含义与输入向量X中的元素相同；STR是状态阶字串，一般定义为空矩阵；TS是返回的采样时间矩阵。

标志FLAG的含义如下。

(1) 若FLAG等于0，则S函数进行初始化处理，返回值为[SYS，X0，STR，TS]。其中，在SYS中返回系统的仿真结构体大小信息sizes，在X0中返回初始状态，在STR中返回状态阶字串，在TS中返回采样时间。

- SYS(1) 返回系统的连续状态数。
- SYS(2) 返回系统的离散状态数。
- SYS(3) 返回系统输出端口数。
- SYS(4) 返回系统输入端口数。SYS(1)～SYS(4)这4个返回值是为Simulink提供分配存储空间信息的。如果返回−1则表示由程序动态确定这些存储矩阵的大小。
- SYS(5) 返回零，目前版本保留不用。
- SYS(6) 返回直通标志。当系统的输入与输出之间存在仅由增益环节相连的通路，则称系统中存在直通，此时SYS(6)返回为1。当直通标志为1时，系统将在输出方程计算中(即FLAG为3时)使用输入信号矩阵U。
- SYS(7) 返回采样时间数，其值等于返回变量TS的行数。
- X0 返回系统初始状态矩阵。如果是无记忆系统，返回为空矩阵。
- STR 通常返回空矩阵。
- TS 返回一个包含采样时间(周期，时间偏移量)的m行2列的矩阵。m为采样点数。对于连续采样时间情况，TS=[0,0]；对于连续系统但最小采样时间步进为固定值的情况，TS=[0,1]；对于离散采样时间情况，则TS=[PERIOD，OFFSET]，其中PERIOD>0且OFFSET<PERIOD；对于变步长的离散采样时间情况，TS=[−2,0]。
- 当指定S函数的采样时间由外部驱动模块给出时，如果在积分计算的小步进期间函数发生变化，则设置SYS(7) = 1和TS=[−1,0]；而对于在积分计算的小步进期间保持不变的函数，则设置SYS(7) = 1以及TS=[−1,1]。

(2) 若FLAG等于1，调用S函数进行微分方程部分的求解。在返回值SYS中返回连续状态的导数值，即式(2.103)中的$\dot{\boldsymbol{x}}_c$部分。

(3) 若FLAG等于2，调用S函数进行差分方程部分的求解。在SYS中返回离散状态的更新值，即式(2.103)中的$\boldsymbol{x}_{d_{k+1}}$部分。

(4) 若FLAG等于3，调用S函数进行系统输出方程的计算。在SYS中返回系统输出值，即根据式(2.104)计算得出的系统输出值。

(5) 若FLAG等于4，调用S函数进行下一个积分步长的计算。在SYS中为变步长求解器返回下一个计算采样时间点的值。

(6) FLAG 等于 5,为保留做未来的 Simulink 版本使用。

(7) 若 FLAG 等于 9,调用 S 函数进行仿真终止工作,并返回 SYS 为空矩阵。

2. Matlab 语言编写的 S 函数的一般结构

由以上对 S 函数接口的分析可知,S 函数编写的关键是根据输入的标志参数 FLAG 对程序进行分支,然后分别进入相应的处理过程。这些处理过程通常可以以 S 函数内部调用的子函数形式来编写。一个典型 S 函数的编程结构演示代码如下,其中采用了 case 语句来实现分支结构。

```
% S 函数的编程推荐结构
function [sys,x0,str,ts] = Sfunname(t,x,u,flag) % S 函数接口
% ---根据 Flag 进行分支--- %
switch flag,                                   % 根据传入的调用标志再调用相应的处理子函数
  case 0,                                      % 如果标志要求初始化
    [sys,x0,str,ts] = mdlInitializeSizes;      % 则调用 mdlInitializeSizes 函数做初始化
  case 1,                                      %如果要求计算连续状态方程
    sys = mdlDerivatives(t,x,u);               %则调用 mdlDerivatives 函数:微分方程计算
  case 2,                                      %如果要求计算离散状态方程
    sys = mdlUpdate(t,x,u);                    %则调用 mdlUpdate 函数:差分方程递推更新
  case 3,                                      %如果要求计算系统输出
    sys = mdlOutputs(t,x,u);                   %则调用 mdlOutputs 函数
  case 4,                                      %如果要求计算下一步仿真的时刻
    sys = mdlGetTimeOfNextVarHit(t,x,u);       %则调用 mdlGetTimeOfNextVarHit 函数
  case 9,                                      %如果仿真终止
    sys = mdlTerminate(t,x,u);                 %则调用 mdlTerminate 函数进行最后处理
  otherwise                                          %否则
    error(['Unhandled flag = ',num2str(flag)]);  % 进行出错处理,返回错误代码
end
% ---sfuntmpl 函数结束---
% 下面是各个子函数的具体实现代码
funcion [sys,x0,str,ts] = mdlInitializeSizes
(以下省略)
```

3. Simulink 仿真过程调用 S 函数的流程

Simulink 是通过调用模型系统中各个模块对应的 S 函数来完成仿真过程的。具体在某时刻 Simulink 执行什么任务,取决于它当时调用 S 函数所传入的标志 flag 的值。Simulink 进行仿真的过程分别要经历初始化阶段、仿真执行阶段和仿真终止阶段,其调用 S 函数的流程如图 2.47 所示,具体过程如下:

- 初始化阶段。进入第一次仿真循环之前为仿真初始化阶段,Simulink 调用 S 函数的初始化功能 mdlInitializeSizes 完成系统初始化任务:首先初始化一个包含 S 函数信息的 Simulink 结构变量(sys),然后设置输入和输出端口的数量和大小,并设置模块的采样时间、分配存储空间以及估计数组大小等。
- 仿真执行阶段。初始化阶段完成后接着进入仿真执行阶段,在仿真执行阶段中将反

复调用模型中的每一个模块，即调用这些模块对应的S函数，对每个模块执行诸如计算输出、计算连续函数导数以及计算离散函数的更新值等任务。从当前计算时刻到下一个计算时刻的计算工作称为一个仿真循环。具体而言，在进入仿真循环后，Simulink首先调用mdlGetTimeOfNextVarHit计算下一采样点时间（只针对可变离散采样时间的模块），然后计算主要时间同步输出，得出当前时间步模块输入输出端口和状态的取值，接着更新主要时间步的离散状态，最后进行辅助时间步的积分过程。在辅助时间步调用S函数的输出和导数计算，并定位过零区间，于是就完成了一次仿真循环。

- 仿真终止阶段。当Simulink跳出仿真循环后，就进入了仿真的最后阶段——仿真终止阶段。这一阶段通过调用S函数中的mdlTerminate来执行一些必要的任务，最后结束仿真。

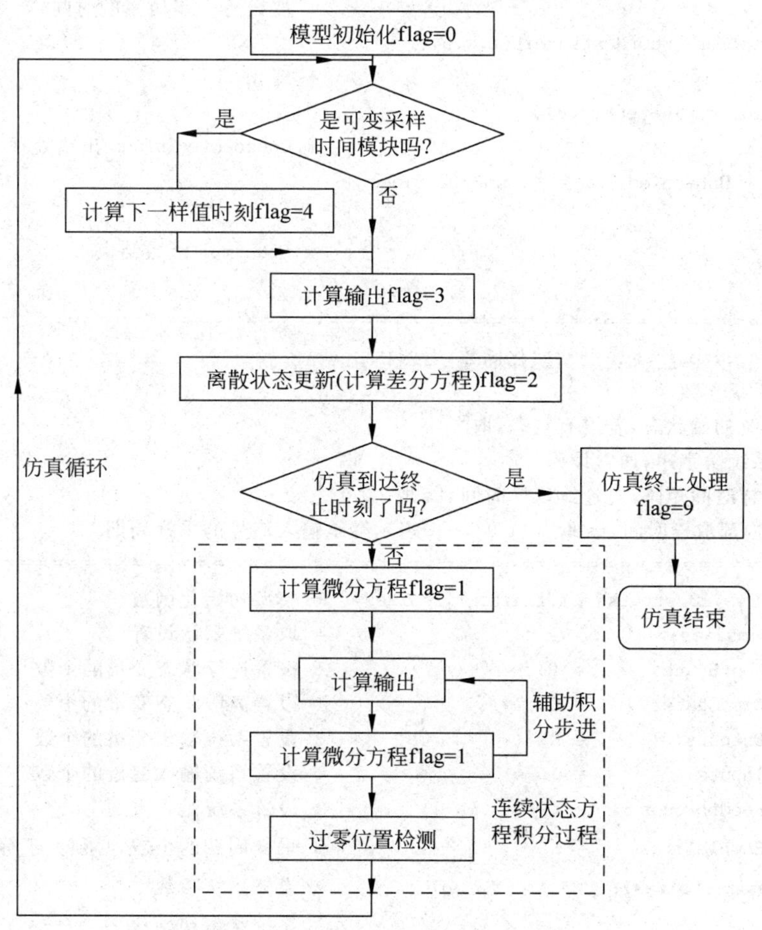

图2.47 Simulink调用S函数的流程

4. 一个用Matlab语言编写的S函数实例

Matlab提供了标准S函数的模板文件sfuntmpl.m，该文件在Matlab安装文件夹中的\toolbox\Simulink\blocks\目录下。在Matlab命令窗口中用命令edit sfuntmpl.m即可打开，其代码如下（为了节省篇幅，注释部分有所删节，并修改为中文）。

【程序代码】 Sfuntmpl.m

```
function [sys,x0,str,ts] = sfuntmpl(t,x,u,flag)
switch flag,
  case 0,                                        % Initialization 初始化部分
    [sys,x0,str,ts] = mdlInitializeSizes;
  case 1,                                        % Derivatives 计算导数
    sys = mdlDerivatives(t,x,u);
  case 2,                                        % Update 差分方程递推更新
    sys = mdlUpdate(t,x,u);
  case 3,                                        % Outputs 计算输出
    sys = mdlOutputs(t,x,u);
  case 4,                                        % 取得下一步仿真的时间
    sys = mdlGetTimeOfNextVarHit(t,x,u);
  case 9,                                        % 终止
    sys = mdlTerminate(t,x,u);
  otherwise                                      % Unexpected flags 出错处理
    error(['Unhandled flag = ',num2str(flag)]);
end
                                                 % sfuntmpl 函数结束

% ==============================================================
% mdlInitializeSizes 模型初始化函数，返回：
% sys 是系统参数
% x0 是系统初始状态，若没有状态，取[ ]
% str 是系统阶字串，通常设为 [ ]
% ts 是取样时间矩阵，对连续取样时间，ts 取 [0 0]
% 若使用内部取样时间，ts 取[-1 0]，-1 表示继承输入信号的采样周期
% ==============================================================
function [sys,x0,str,ts] = mdlInitializeSizes   % 模型初始化函数
sizes = simsizes;                                % 取系统默认设置
sizes.NumContStates     = 0;                     % 设置连续状态变量的个数
sizes.NumDiscStates     = 0;                     % 设置离散状态变量的个数
sizes.NumOutputs        = 0;                     % 设置系统输出变量的个数
sizes.NumInputs         = 0;                     % 设置系统输入变量的个数
sizes.DirFeedthrough    = 1;                     % 设置系统是否直通
sizes.NumSampleTimes    = 1;                     % 采样周期的个数，必须大于等于 1
sys = simsizes(sizes);                           % 设置系统参数
x0 = [];                                         % 系统状态初始化
str = [];                                        % 系统阶字串总为空矩阵
ts = [0 0];                                      % 初始化采样时间矩阵
% ==============================================================
% mdlDerivatives 模型计算导数——连续状态部分的计算，返回连续状态的导数
% ==============================================================
function sys = mdlDerivatives(t,x,u)
```

```
sys = [];                                    %根据状态方程(微分方程部分)修改此处
% ==================================================================
% mdlUpdate 状态更新    计算离散状态部分
% ==================================================================
function sys = mdlUpdate(t,x,u)
sys = [];                                    % 根据状态方程(差分方程部分)修改此处
% ==================================================================
% mdlOutputs 计算输出信号,返回模块的输出
% ==================================================================
function sys = mdlOutputs(t,x,u)
sys = [];                                    %根据输出方程修改此处
% ==================================================================
% mdlGetTimeOfNextVarHit 计算下一步的仿真时刻,该函数仅当
% 在 mdlInitializeSizes 函数中的采样时间向量定义了一个可变
% 离散采样时间 ts 为[-2 0]时才被使用
% ==================================================================
function sys = mdlGetTimeOfNextVarHit(t,x,u)
sampleTime = 1;                              % 例如,下一步仿真时间是 1s 之后
sys = t + sampleTime;
% ==================================================================
% mdlTerminate 终止仿真设定,完成仿真终止时的任务
% ==================================================================
function sys = mdlTerminate(t,x,u)
sys = [];
%程序结束
```

从 Simulink 模块浏览器中的 S-function Demos 模块库可以打开许多 S 函数的编程例子加以学习,如图 2.48 所示。在熟悉 Matlab 语言编写的 S 函数之后,读者还可以打开这个例子库中其他计算机语言编写的 S 函数实例加以研究。本书仅对 Matlab 语言编写的 S 函数进行介绍和应用。

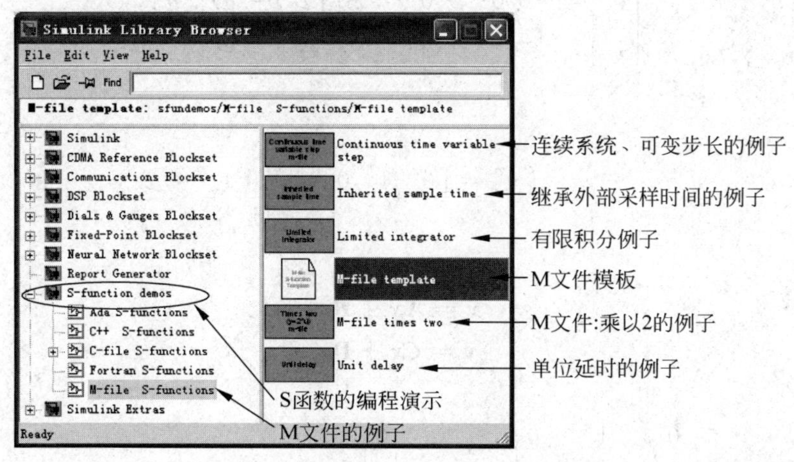

图 2.48　从 Simulink 模块浏览器中可以打开 S 函数的编程例子和编程模板

下面通过几个 Matlab 语言编写的 S 函数建模实例来说明使用 S 函数的方法和仿真全过程。

【实例 2.15】 试用 S 函数编程对一个连续线性时不变系统进行仿真。已知其传递函数为

$$H(s)=\frac{Y(s)}{U(s)}=\frac{4s}{s^3+3s^2+6s+4} \tag{2.105}$$

首先将传递函数改写为 s^{-1} 形式

$$H(s)=\frac{4s}{s^3+3s^2+6s+4}=\frac{4s^{-2}}{1+3s^{-1}+6s^{-2}+4s^{-3}} \tag{2.106}$$

然后根据梅森规则直接画出系统的等价信号流图，并选定节点变量作为状态变量。本例是一个三阶系统，选定 3 个状态变量即可，如图 2.49 所示。

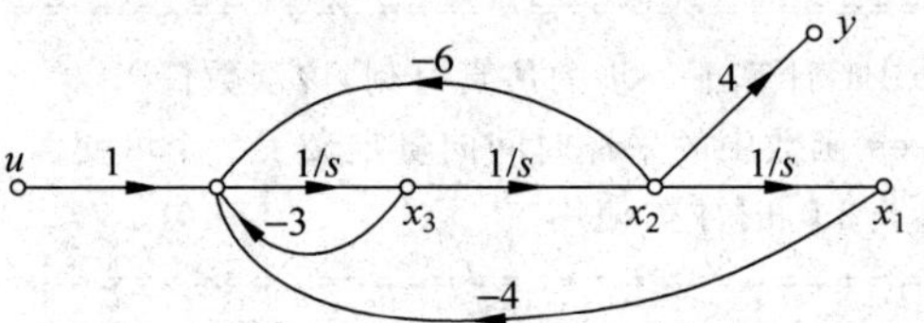

图 2.49 由传递函数根据梅森规则得到的系统信号流图

根据信号流图中状态节点之间的关系可列出相应的状态方程，即

$$\dot{x}_1=x_2 \tag{2.107}$$

$$\dot{x}_2=x_3 \tag{2.108}$$

$$\dot{x}_3=-4x_1-6x_2-3x_3+u \tag{2.109}$$

以及输出方程

$$y=4x_2 \tag{2.110}$$

显然，输出节点与输入节点之间没有直通路径，可将状态方程和输出方程表示为矩阵形式，得到

$$\begin{bmatrix}\dot{x}_1\\ \dot{x}_2\\ \dot{x}_3\end{bmatrix}=\begin{bmatrix}0 & 1 & 0\\ 0 & 0 & 1\\ -4 & -6 & -3\end{bmatrix}\begin{bmatrix}x_1\\ x_2\\ x_3\end{bmatrix}+\begin{bmatrix}0\\ 0\\ 1\end{bmatrix}[u] \tag{2.111}$$

和

$$[y]=[0\quad 4\quad 0]\begin{bmatrix}x_1\\ x_2\\ x_3\end{bmatrix} \tag{2.112}$$

也可简写为

$$\dot{\boldsymbol{x}}=\boldsymbol{A}\boldsymbol{x}+\boldsymbol{B}\boldsymbol{u} \tag{2.113}$$

$$\boldsymbol{y}=\boldsymbol{C}\boldsymbol{x}+\boldsymbol{D}\boldsymbol{u} \tag{2.114}$$

则其中

$$\boldsymbol{A}=\begin{bmatrix}0 & 1 & 0\\ 0 & 0 & 1\\ -4 & -6 & -3\end{bmatrix},\quad \boldsymbol{B}=\begin{bmatrix}0\\ 0\\ 1\end{bmatrix},\quad \boldsymbol{C}=[0\quad 4\quad 0],\quad \boldsymbol{D}=0 \tag{2.115}$$

据此可以编写S函数如下。

【程序代码】 ch2example15Sfun.m

```
function [sys,x0,str,ts] = ch2example15Sfun(t,x,u,flag)
% 连续系统状态方程；
% x' = Ax + Bu
% y = Cx + Du
% 定义 A,B,C,D 矩阵
A = [0 1 0; 0 0 1; -4 -6 -3];
B = [0; 0; 1];
C = [0 4 0];
D = 0;
switch flag,
    case 0                    % flag = 0 初始化
      [sys,x0,str,ts] = mdlInitializeSizes(A,B,C,D);
       % 可将 A,B,C,D 矩阵送入初始化函数
    case 1                    % flag = 1 计算连续系统状态方程(导数)
      sys = mdlDerivatives(t,x,u,A,B,C,D);
    case 3                    % flag = 3 计算输出
      sys = mdlOutputs(t,x,u,A,B,C,D);
    case { 2,4,9 }            % 其他作不处理的 flag
      sys = [];               % 无用的 flag 时返回 sys 为空矩阵
otherwise % 异常处理
      error(['Unhandled flag = ',num2str(flag)]);
end
% 主函数结束
% 子函数实现(1)初始化函数--------------------------------
function [sys,x0,str,ts] = mdlInitializeSizes(A,B,C,D) %
sizes = simsizes;              % 获取
sizes.NumContStates  = 3;  % 连续系统的状态数为 3
sizes.NumDiscStates  = 0;  % 离散系统的状态数,对于本系统此句可不用
sizes.NumOutputs     = 1;  % 输出信号数目是 1
sizes.NumInputs      = 1;  % 输入信号数目是 1
sizes.DirFeedthrough = 0;  % 因为该系统不是直通的
sizes.NumSampleTimes = 1;  % 这里必须为 1
sys = simsizes(sizes);
str = [];                      % 通常为空矩阵
x0 = [0; 0; 0];                % 初始状态矩阵 x0 (零状态情况)
ts = [0 0];                    % 表示连续取样时间的仿真
% 初始化函数结束

% 子函数实现(2)系统状态方程函数--------------------------------
function sys = mdlDerivatives(t,x,u,A,B,C,D)    % 系统状态方程函数
sys = A * x + B * u ;          % 这里写入系统的状态方程矩阵形式即可
% 系统状态函数结束
```

```
% 子函数实现(3)系统输出方程函数-----------------------------------
function sys = mdlOutputs(t,x,u,A,B,C,D)
sys = C*x;                    % 这里写入系统的输出方程矩阵形式即可
% 注意,如果使用语句 sys = C*x+D*u ;代替上句,即使 D=0,
% 也要将初始化函数中的 sizes.DirFeedthrough 设为 1
% 即系统存在输入输出之间的直通项,否则执行将出现错误
% 系统输出方程函数结束
```

在该 S 函数中,首先根据式(2.115)定义状态空间矩阵,然后使用 case 语句对调用时传入的不同 flag 标志进行分支。由于本例是纯连续系统的仿真问题,Simulink 在调用时只需初始化(flag=0)、微分方程计算(flag=1)和输出方程计算(flag=3),无需做离散部分的计算处理,所以只需要分别实现这三部分的处理子函数,其他不做处理的情况只要返回 sys 为空矩阵即可。

在初始化子函数(mdlInitializeSizes)中,首先调用 Matlab 内部函数 simsizes 获取一个仿真结构体 sizes 信息的结构,然后分别根据设计模型来设置该结构体中的元素取值。因为传递函数是三阶时间连续的单输入单输出,所以设置连续系统的状态数(sizes. NumContStates)为 3,离散系统的状态数(sizes. NumDiscStates)为 0,输出信号数(NumOutputs)和输入信号数(sizes. NumInputs)均为 1。这 4 个元素也可设置为−1,让系统自动决定。由于输出节点与输入节点之间没有直通路径,则设置直通(sizes. DirFeedthrough)为 0,因为采样时间数(sizes. NumSampleTimes)等于采样时间矩阵 ts 的行数,所以设置为1。之后,再调用 simsizes 将设置完成的结构体传入函数返回变量 sys 中。最后设置 str 为空矩阵,系统初始状态为零。由于是对连续系统仿真,设置 ts=[0,0] 即可。

状态方程子函数(mdlDerivatives)的实现很简单,只要写入系统的状态方程矩阵形式即可。输出方程子函数(mdlOutputs)也同样将系统的输出方程矩阵形式写入即可,只是需要注意输出方程中如果含有输入变量(即表示存在系统输入输出直通项),则应当在初始化过程中将其中的 sizes. DirFeedthrough 设为 1。

这个 S 函数对于任何线性时不变连续系统都是适用的,只需要修改状态空间矩阵 A、B、C、D 的值即可。如果将状态空间矩阵 A、B、C、D 作为 S 函数的可选参数传入,则可在外部进行赋值,这样更加灵活。

接下来将这个 S 函数与系统方框图联系起来。新建一个模型文件,利用 Simulink 基本模块库 User-defined Functions 子库中的 S-Function 模块建立一个 S 函数模块方框图。双击打开其参数设置对话框,在对话框中的 S-function name 栏填入 S 函数的名称 ch2example15Sfun。为了验证自编的 S 函数的正确性,可同时采用 Simulink 的 Continuous 库中的 Tansfer Function 模块来构建与 S 函数功能相同的系统。将示波器设置为 3 个输入点,以便同时测试输入和两个等价系统的输出波形。连线后,双击连接线还可以分别为不同的连接线设置标签,这样示波器中也将给出所显示波形的名称。信号源采用基本模块库中的 Signal Generator,双击打开设置对话框,将其输出信号设置为幅度是 3、频率为 0.15Hz 的矩形波。设置仿真求解器为 ode45,仿真时间 0~40s,其余参数为默认值。最后将文件保存为 ch2example15. mdl,其系统结构和仿真结果如图 2.50 所示。可见,S 函数模块和传递函数模块得出了相同的波形结果,这也就验证了 S 函数编写的正确性。

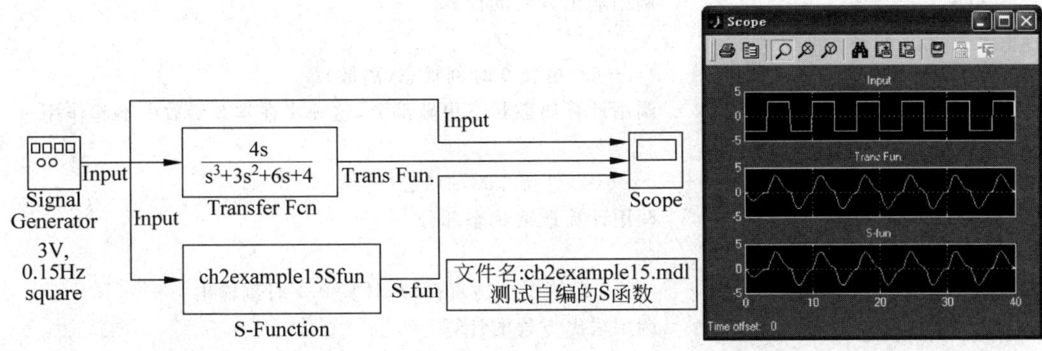

图 2.50 S函数模块模型和仿真验证结果

为了看清楚 Simulink 调用 S 函数的内部过程,可修改以上 S 函数,以便 S 函数被调用时能够在 Matlab 命令窗口中显示出调用时刻的函数变量值的情况。将 S 函数文件 ch2example15Sfun.m 修改并另存为 ch2example15SfunB.m,修改的部分内容如下。

【程序代码】 ch2example15SfunB.m

```
function [sys,x0,str,ts] = ch2example15SfunB(t,x,u,flag)
% 连续系统状态方程;
% x' = Ax + Bu
% y = Cx + Du
% 定义 A,B,C,D 矩阵
A = [0 1 0; 0 0 1; -4 -6 -3];
B = [0; 0; 1];
C = [0 4 0];
D = 0;
%------显示调用该 S 函数时,调用标志,仿真时间,系统状态,输入信号
flag
t
x
u
%------以下程序代码和 ch2example15Sfun.m 中的对应部分相同(略)
```

同时,还需要把 ch2example15.mdl 中的 S 函数模块参数中设置关联 S 函数的文件名相应修改为 ch2example15SfunB,仿真时间段设定为 0～1s,为显示简明起见可选择仿真算法为固定步长的,步长为 0.1s。仿真执行完成后,在命令窗口中将显示出 Simulink 每次调用 S 函数时的调用标志、仿真时间、系统状态和输入信号的当前值,如下所示(为了节省篇幅,笔者作了编辑和注释)。

```
- - - - - - - - - - - - - - - - - - - - (1)仿真开始时刻初始化
flag =       0                    调用初始化部分
t =        []
x =        []
u =        []
- - - - - - - - - - - - - - - - - - - - (2)进入仿真循环,计算 0 时刻输出
```

```
flag =        3                        调用输出方程的计算
t =       0
--------------------(3)更新 0 时刻状态(离散)
flag =        2                        调用计算离散状态更新部分,这一步在本 S 函数中不起作用
t =       0
--------------------(4)更新 0 时刻状态(连续)
flag =        1                        调用计算连续状态部分
t =       0
--------------------(5)第二次仿真循环,计算 0.1 时刻输出
flag =        3                        调用输出方程的计算
t =     0.1000
--------------------(6)更新 0.1 时刻状态(离散)
flag =        2                        调用离散状态计算
t =     0.1000
--------------------(7)更新 0.1 时刻状态(连续)
flag =        1                        调用连续状态计算
t =     0.1000
--------------------(8)下一时刻
t =     0.2000
?? (略)
t =     0.9000
?? (略)
--------------------(9)最后时刻输出计算
flag =        3
t =       1
--------------------更新最后时刻状态(离散)
flag =        2
t =       1
--------------------结束
flag =        9                        调用终止仿真功能
t =       1
```

从显示结果可得出 Simulink 的 S 函数调用过程。在仿真启动时,调用输入标志 flag 为 0,进入系统初始化阶段,此时,时间、状态和输入变量均为空矩阵。初始化完成之后,接着调用输入标志 flag 为 3,进入第一次仿真循环,调用系统输出方程子函数计算当前时刻(t=0)的输出,然后调用输入标志 flag 为 2,调用离散状态方程计算更新当前离散状态,接着再调用输入标志 flag 为 1,调用计算连续状态方程部分,从而完成一次仿真循环。接着进入计算下一个时刻(t=0.1)的仿真循环。如此类推,直到最后一个仿真时刻计算完毕。在全部仿真循环结束后,Simulink 调用输入标志 flag 设置为 9,进入仿真终止阶段,完成由用户在 S 函数中所指定的工作。

5. S 函数的编译

为了使仿真运行速度更快,或者不希望使用者得到算法或程序源代码,那么用户还可以对编制并调试正确的 S 函数进行编译,形成动态链接库的形式供 Simulink 仿真时调用。

Matlab 中，可以将 M 文件编译并转换为 C、C++ 语言。Matlab 默认安装自带的 C、C++ 编译器为 lcc，用户也可以选择其他公司的编译器。例如安装了 Microsoft VC++ 6.0 编译器后，可在 Matlab 命令窗口中用 命令 mex-setup 来选择，设置过程如下。

```
>> mex - setup
Please choose your compiler for building external interface (MEX) files:
Would you like mex to locate installed compilers [y]/n? y
                                        % 是否希望 mex 定位编译器？键入 y
Select a compiler:
[1] Lcc C version 2.4 in C:\MATLAB6P5\sys\lcc
[2] Microsoft Visual C/C++ version 6.0 in C:\Microsoft Visual Studio
[0] None
Compiler: 2                             % 选择 2 即 Microsoft Visual C/C++ 编译器
Please verifyyour choices:
Compiler: Microsoft Visual C/C++ 6.0
Location: C:\Microsoft Visual Studio
Are these correct? ([y]/n): y  % 如果需要重新选择，键入 n
The default options file:
(然后将显示配置信息)
>>
```

由于 lcc 编译器对汉字支持不佳，如果在 M 文件中使用了汉字(含注释中使用汉字)，那么编译器宜采用微软的 VC++ 等，否则会出现编译错误。

M 文件的 S 函数的编译方法是在 Matlab 命令窗口使用 mcc 命令，即

```
>> mcc - x filename.m
```

编译完成后将在 filename. m 文件同目录下生成 6 个文件，它们分别是：filename. c、filename. h、filename_mex. c、simsizes. h、num2str. h 以及 filename. dll。其中，前 5 个文件是编译产生的 C 代码文件，可以将它们删除，不影响执行。filename. dll 为编译得出的动态链接库文件，即编译产生的可执行文件。当目录中同时存在相同文件名称的 M 文件和编译输出的 dll 文件时，S 函数模块将优先调用 dll 文件。

【实例 2.16】 编译实例 2.15 中的 S 函数，并对比编译前后的模型仿真执行速度。

打开 S 函数文件 ch2example15Sfun. m，然后另存为文件 ch2example16Sfun. m。

建立对该 S 函数的仿真测试模型，如图 2.51 所示，其中信号源仍然是幅度为 3、频率为 0.15Hz 的方波。仿真时间设置为从 0～40s，S 函数模块中设置调用的 S 函数名称为 ch2example16Sfun。仿真采用固定步长的 ode5 算法，步长设置为 0.01。

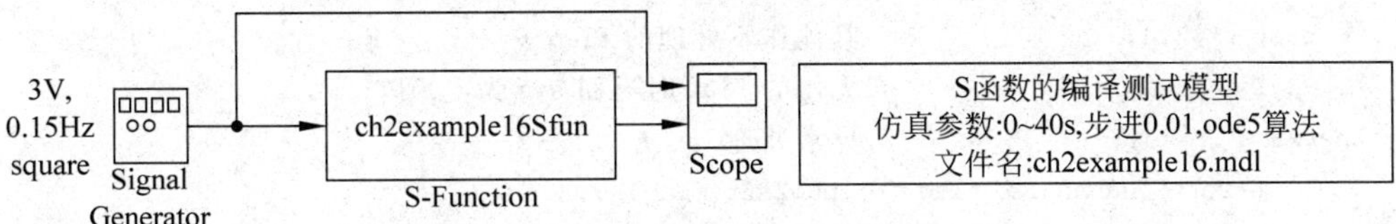

图 2.51　S 函数的编译测试模型

为了测试仿真消耗时间，需要通过命令方式启动仿真模型，在 Matlab 命令窗口输入命令并回车：

```
>>tic; sim('ch2example16'); toc
```

这样就执行了模型的仿真，最后输出执行耗时为：

```
>>elapsed_time = 2.6310
```

下面进行编译。

```
>>mcc -x ch2example16Sfun.m
```

编译将生成 5 个 C 语言源代码文件和一个 dll 动态链接库形式的可执行文件。然后再从 Matlab 命令窗口输入仿真命令并回车：

```
>>tic; sim('ch2example16'); toc
```

再次执行仿真后的输出执行耗时为：

```
>>elapsed_time = 1.0940
```

可见编译后的仿真执行速度大为提高了。

2.4 用 S 函数编写 Simulink 基本模块

2.4.1 信源模块

信源模块的特点是仅有输出节点，而没有输入节点，在用 S 函数实现时，在其输出信号处理部分进行编程即可。举例如下：

【实例 2.17】 用 S 函数实现一个正弦波信号源，要求其幅度、频率和初始相位参数可由外部设置，并将这个信号源进行封装。

【程序代码】 ch2example17Sfun.m

```
function [sys,x0,str,ts] = ch2example17Sfun(t,x,u,flag,Amp,Freq,Phase)
% 正弦波信号源
switch flag,
    case 0                          % flag = 0 初始化
        [sys,x0,str,ts] = mdlInitializeSizes;
    case 3                          % flag = 3 计算输出
        sys = mdlOutputs(t,Amp,Freq,Phase);
    case {1,2,4,9 }                 % 其他作不处理的 flag
        sys = [];                   % 无用的 flag 时返回 sys 为空矩阵
otherwise                           % 异常处理
        error(['Unhandled flag = ',num2str(flag)]);
end
% 主函数结束
% 子函数实现(1)初始化函数--------------------------------
```

```
function [sys,x0,str,ts] = mdlInitializeSizes %
sizes = simsizes;                  % 获取 Simulink 仿真变量结构
sizes.NumContStates  = 0;          % 连续系统的状态数为 0
sizes.NumDiscStates  = 0;          % 离散系统的状态数为 0
sizes.NumOutputs     = 1;          % 输出信号数目是 1
sizes.NumInputs      = 0;          % 输入信号数目是 0
sizes.DirFeedthrough = 0;          % 该系统不是直通的
sizes.NumSampleTimes = 1;          % 这里必须为 1
sys = simsizes(sizes);
str = [];                          % 通常为空矩阵
x0 = [];                           % 初始状态矩阵 x0（零状态情况）
ts = [0 0];                        % 表示连续取样时间的仿真
% 初始化函数结束

% 子函数实现(2)系统输出方程函数----------------------------
function sys = mdlOutputs(t,Amp,Freq,Phase)
sys = Amp * sin(2 * pi * Freq * t + Phase); % 这里写入系统的输出方程矩阵形式即可
% 修改这个函数可以得到任意的波形输出
% 系统输出方程函数结束
```

在该S函数接口中使用了3个输入参数项分别作为正弦波的幅度、频率和初相位的输入，相应地在使用S函数模块调用该函数时需要在设置对话框中的 S-function parameters 中填写这些输入参数项，然后采用前述的方法对S函数模块进行封装，就可得到一个子系统和相应的参数设置对话框。完成后的系统如图2.52所示。最后，设置好示波器显示范围和仿真参数就可以启动仿真实验了。

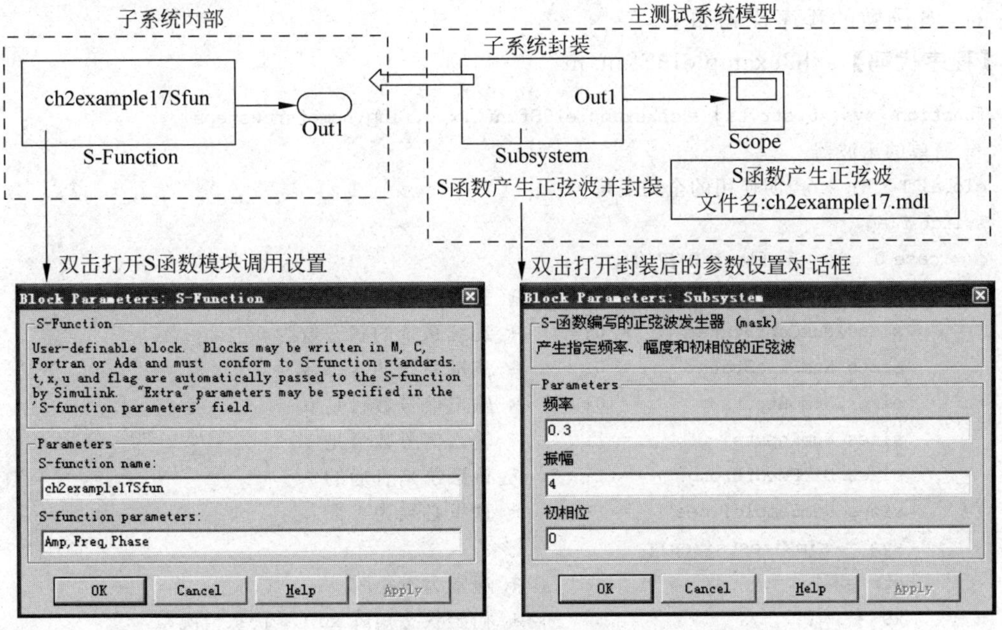

图 2.52 S函数实现的信号源和封装结果

读者可自己根据所选信号频率、幅度参数来设置仿真步长和时间段，并观察采用不同求解器和步长所得出的结果。

修改S函数中输出计算子函数的实现语句，可以得出任意的函数波形。例如，使用Matlab信号处理工具箱中的square函数可以产生方波，而sawtooth则可以产生三角波（锯齿波）等。用chirp函数还可以获得在设定频率范围内按照设定方式进行的扫频信号，而用randn则能够产生高斯噪声。总之，采用S函数编程的方法能够为方框图建模提供极大的灵活性。

2.4.2 信宿和信号显示模块

信宿与信源相反，它仅有输入节点，而没有输出节点，在用S函数实现时，同样是在其输出信号处理部分进行编程。信宿模块的一个最主要功能就是对仿真结果进行"实时"处理并显示出来。显然，通过作图语句将流入到信宿的数据可视化表现出来，并使得作图能够随仿真的进行不断刷新，就能够达到目的。先来看一个示波器的实例。

【实例 2.18】 试用S函数实现一个示波器模块，要求能够设定示波器显示的扫描周期（用仿真步数 num_of_steps 表示），并用这个示波器观察实例2.17中的信号源波形。

由于Simulink根据仿真步长在某一时刻上调用S函数，所以在S函数内的变量没有表达出信号的历史数据。然而波形作图却需要在作图时段（时段长度等于示波器的扫描周期）内的信号数据，因此必须设法在调用S函数时能够让其中的作图操作知道所需信号的历史数据。为此，可设置一个全局数组变量作为缓冲区，缓冲区中将存放 num_of_steps 个历史数据，当缓冲区存满后即作图，然后清空缓冲区，为下一次作图做准备。

当然，由于使用了全局变量，就会破坏函数的数据隐蔽性，所以这种程序设计方式不是最好的。S函数的程序代码如下。

【程序代码】 ch2example18Sfun.m

```
function [sys,x0,str,ts] = ch2example18Sfun(t,x,u,flag,numofshowsteps)
 % 简单的示波器
global T Y N; % 声明使用的全局变量
switch flag,
    case 0        % flag = 0 初始化
       sizes = simsizes;                    % 获取 Simulink 仿真变量结构
       sizes.NumContStates     = 0;         % 连续系统的状态数为 0
       sizes.NumDiscStates     = 0;         % 离散系统的状态数为 0
       sizes.NumOutputs        = 0;         % 输出信号数目是 0
       sizes.NumInputs         = 1;         % 输入信号数目是 1
       sizes.DirFeedthrough    = 1;         % 该系统是直通的
       sizes.NumSampleTimes    = 1;         % 这里必须为 1
       sys = simsizes(sizes);
       str = [];                            % 通常为空矩阵
       x0 = [];                             % 初始状态矩阵 x0（零状态情况）
       ts = [0 0];                          % 表示连续取样时间的仿真
       N = 0;                               % 缓冲区全局变量初始化
```

```
        T = zeros(1,numofshowsteps-1);
        Y = zeros(1,numofshowsteps-1);
    case 3                                          % flag = 3 计算输出
        if N < numofshowsteps-1                     % 将输入暂存到缓冲区中
            N = N + 1;                              % 缓冲区数组跑标
            Y(N) = u;                               % 记录当前信号
            T(N) = t;                               % 记录当前时刻
        else                                        % 缓冲区满(一帧完成)则作图
            figure(1); plot(T - min(T),Y); % 作出一帧信号波形
            axis([0 max(T) - min(T) 1.1 * min(Y) 1.1 * max(Y)]);    % 坐标范围
            set(gcf,'DoubleBuffer','on')% 双缓冲避免作图闪烁
            drawnow; % 作图
            N = 0;    % 缓冲区跑标复位
        end
    case {1,2,4,9 }                     % 其他作不处理的 flag
        sys = 5;                        % 无用的 flag 时返回 sys 为空矩阵
otherwise % 异常处理
        error(['Unhandled flag = ',num2str(flag)]);
end
```

在程序中,首先声明了 3 个全局变量 T,Y,N,分别用于记录作图的时间序列、相应的信号数据以及这两个数组的索引值,并在仿真初始化过程中对全局变量赋初值。作图功能部分放在信号输出处理中(即 case 3),根据数组的跑标值 N 来确定是开始作图还是继续缓存数据,直到缓存区满。缓存区的大小由 S 函数的可选输入参数 num_of_steps 决定。由于程序较为简单,本例直接将 S 函数中各子功能的实现过程书写在了 case 语句中,而没有再使用子函数的形式。

然后,在 Simulink 模型窗口下建立新的仿真模型,将实例 2.17 中自制的信号源拷贝进来,用 S 函数模块与 ch2example18Sfun 相关联,并在其对话框的参数栏中填写 100,即每存储满 100 个时刻的信号样值就进行作图刷新一次。仿真采用固定步长算法,步长设置为 0.01s,这样,示波器的扫描周期就为 1s(即步长乘以缓冲区长度)。系统示波器的时间范围(Time Range)也设置为 1,以便对比。为了看出动态效果,设置自制信号源的频率为 3.01Hz,这样,由于扫描周期与信号周期之间不是整数倍关系,所以显示波形将是"滑动"的。测试系统模型和运行结果如图 2.53 所示。

另外一种实现方式是采用 Simulink 中 DSP 数字信号处理工具箱的信号缓存器(buffer)在 S 函数外面先对测试信号进行缓存,当缓存器的数据充满后再对 S 函数作图。由于信号缓存器(buffer)是对离散时间信号工作的,所以在信号送入缓存器之前还需要将连续时间信号通过零阶保持器来进行时域的离散化。此外,缓存器输出的信号是帧(frame)格式的,与 S 函数的输入要求不相同,还需要用 reshape 模块来进行格式转换,即将 frame 格式转换为一维(1D)的向量形式。

对于这种情况,在 S 函数的编写上也有区别:

(1) 避免了使用全局变量作为缓存区。

(2) 调用时刻的输入信号是一个一维(1D)的向量,所以需要将输入信号数目设置为自

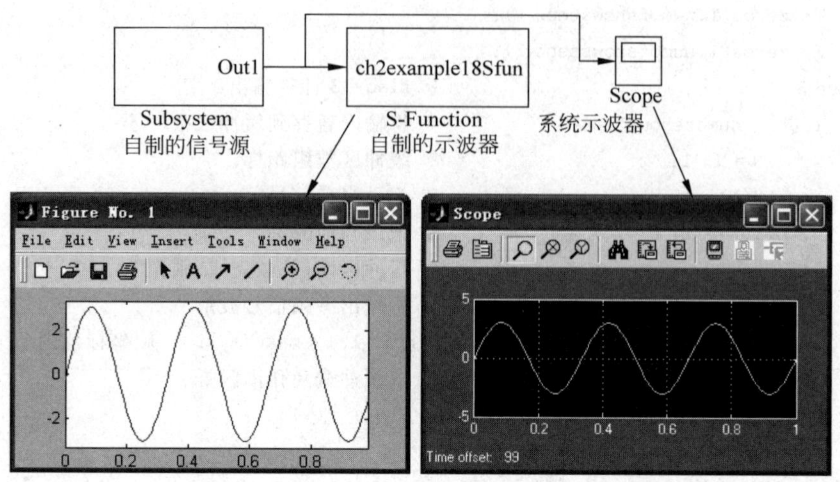

图 2.53　函数实现的示波器测试模型和仿真结果

适应形式，即设 sizes. NumInputs= －1。

(3) S 函数的采样时间要设置为外部模块给出，即设置 ts = [－1　0]。

(4) 将 S 函数的可选输入参数改为仿真步进对应的采样时间 sampletime。

测试系统模型如图 2.54 所示，其中，零阶保持器的采样时间、S 函数的采样时间以及系统仿真步进都要设置相同，为 0.01s，buffer 缓冲区大小设置为 100，其余参数默认。信号源仍然采用自制的正弦波源，频率设为 3.01Hz。示波器 S 函数调用名称为 ch2example18SfunB，其代码如下。模型执行之后将显示与图 2.53 相同的波形。

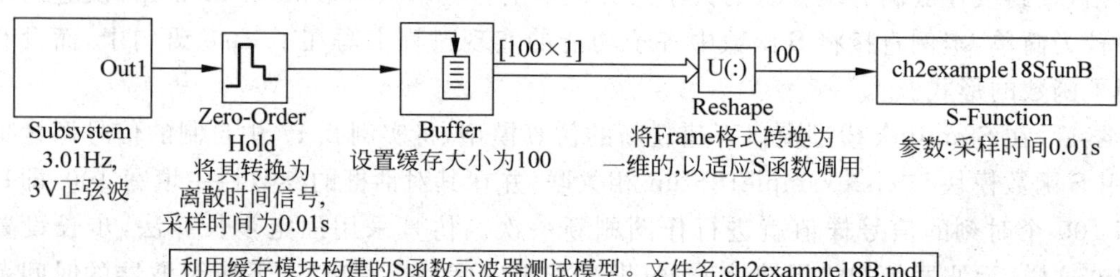

图 2.54　采用 Buffer 和 Reshape 模块辅助构建的 S 函数示波器测试模型

【程序代码】　ch2example18SfunB. m

```
function [sys,x0,str,ts] = ch2example18SfunB(t,x,u,flag,sampletime)
% 简单的示波器 2
% 输出信号 u 是一个取自缓存区的矢量
% 直接对 u 作图即可
switch flag,
    case 0                                  % flag = 0 初始化
        sizes = simsizes;                   % 获取 Simulink 仿真变量结构
        sizes.NumContStates      = 0;       % 连续系统的状态数为 0
        sizes.NumDiscStates      = 0;       % 离散系统的状态数为 0
        sizes.NumOutputs         = 0;       % 输出信号数目是 0
```

```
        sizes.NumInputs       = -1;       % 输入信号数目是自适应的
        sizes.DirFeedthrough  = 1;        % 该系统是直通的
        sizes.NumSampleTimes  = 1;        % 这里必须为 1
        sys = simsizes(sizes);
        str = [];                         % 通常为空矩阵
        x0 = [];                          % 初始状态矩阵 x0(零状态情况)
        ts = [-1 0];                      % 采样时间由外部模块给出
    case 3                                % flag = 3 计算输出
        % 计算缓存区信号的对应时间段长度,然后作图
        T = 0:sampletime:sampletime * (length(u) - 1);
        plot(T,u);                        % 作出一帧信号波形
        axis([0 max(T) -5 5]);            % 坐标范围
        set(gcf,'DoubleBuffer','on');     % 双缓冲避免作图闪烁
        drawnow; % 作图
    case {1,2,4,9 }                       % 其他作不处理的 flag
        sys = [];                         % 无用的 flag 时返回 sys 为空矩阵
otherwise                                 % 异常处理
        error(['Unhandled flag = ',num2str(flag)]);
end
```

2.4.3 信号传输模块

信号传输模块从输入端口接收信号,进行处理后送到输出端口。因此,信号传输模块也可以视为对信号进行处理的一个子系统或通信系统中的广义信道。如果信号传输模块可以用线性常微分方程表示的状态方程或拉普拉斯变换的传递函数来建模,那么就是一个线性时不变连续系统;如果模块是由线性差分方程组成的状态方程或 Z 变换的传递函数来描述的,则是一个线性时不变的离散系统;如果模块对信号的处理和传输过程中加入了随机扰动因素,则可视为通信信道。实例 2.15 就是一个线性时不变连续系统的 S 函数实现的例子。现在再来看另外几种传输模块的 S 函数模型。

1. 代数运算模块

【实例 2.19】 用 S 函数实现信号的代数运算:试以 S 函数来实现实例 2.1 中的调幅功能。

进行信号代数运算的系统是无记忆的,所以在 S 函数编程中需要设置系统状态数为零,并设置相应的输入端口和输出端口数,然后在输出处理中(flag=3)计算输出信号即可。

调幅表达式(2.3)可抽象为调制输出与 3 个输入信号(基带信号、载波和直流偏置)的代数关系,重写为

$$y(t) = (f_1(t) + f_2(t))f_3(t) \tag{2.116}$$

由此可设计 S 函数。为了使 S 函数中输入信号包含多个,需要将其输入变量 u 初始化为指定维数或自适应维数,而在 S 函数模块外部采用 Simulink 基本库中的复用器(Mux)将 3 个信号复用在一根信号线上。Mux 实质上是将多个单行的信号序列组成一个多行的信号矩阵。设某时刻 Mux 模块输入的 k 根信号线上的数据分别为 $u_1,\cdots,u_k$,则其输出为

$y=[u_1,\cdots,u_k]^{\mathrm{T}}$，在S函数内部分别从输入信号矩阵中取出相应元素进行计算即可。对于简单数学关系的运算，Simulink还提供了更简便的方式，即采用用户自定义模块库中的Fcn函数模块，在其设置对话框中输入计算表达式即可。本例同时用S函数模块和Fcn模块对调幅计算进行实现。信号参数设置同实例2.1，仿真采用固定步长算法，步长设为1e−5。示波器扫描周期设为2ms。系统模型和仿真结果如图2.55所示，相应的S函数如下。

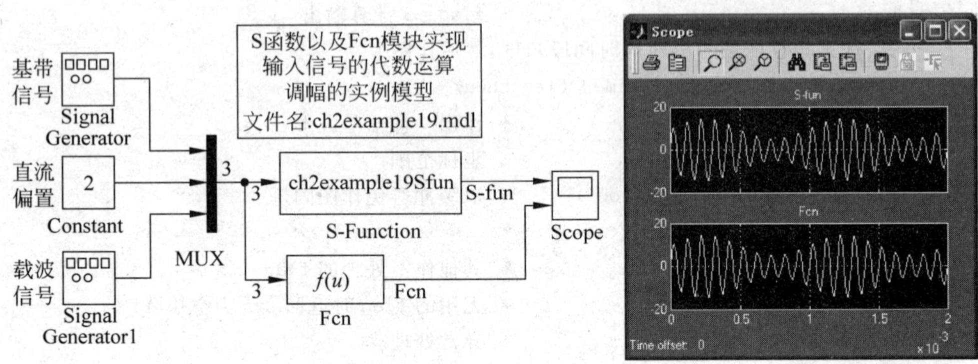

图2.55　S函数和Fcn模块同时实现的对输入信号进行代数运算的测试模型和仿真结果

【程序代码】　ch2example19Sfun.m

```
function [sys,x0,str,ts] = ch2example19Sfun(t,x,u,flag)
% 输入信号的代数运算实例：调幅
% 输出u是3行1列矩阵,u(1),u(2),u(3)分别表示基带信号,直流偏置和载波
% size(u) % 取消本句注释可观察输入信号u的矩阵维数
switch flag,
    case 0                                       % flag = 0 初始化
       sizes = simsizes;                          % 获取Simulink仿真变量结构
       sizes.NumContStates    = 0;                % 连续系统的状态数是0
       sizes.NumDiscStates    = 0;                % 离散系统的状态数是0
       sizes.NumOutputs       = 1;                % 输出信号数目是1
       sizes.NumInputs        = -1;               % 输入信号数目是自适应的
       sizes.DirFeedthrough   = 1;                % 该系统是直通的
       sizes.NumSampleTimes   = 1;                % 这里必须为1
       sys = simsizes(sizes);
       str = [];                                  % 通常为空矩阵
       x0  = [];                                  % 初始状态矩阵x0
       ts  = [-1 0];                              % 采样时间由外部模块给出
    case 3                                       % flag = 3 计算输出
       sys = (u(1) + u(2)) * u(3);                % 调幅输出计算
    case {1,2,4,9 }                              % 其他作不处理的flag
       sys = [];                                  % 无用的flag时返回sys为空矩阵
otherwise                                        % 异常处理
       error(['Unhandled flag = ',num2str(flag)]);
end
```

读者还可以尝试将 S 函数模块和 Mux 模块封装起来，成为一个调幅功能子系统。

2. 传递函数模块

【实例 2.20】 给定一个离散时间系统的传递函数 $H(z)$，试用 S 函数模块进行实现，仿真得出系统的离散冲激响应，用 Simulink 基本离散系统库中的传递函数模块和状态方程模块同时实现并作对比验证。设系统的传递函数为

$$H(z)=\frac{2z+1}{z^2+0.5z+0.8} \tag{2.117}$$

与实例 2.15 类似，首先要根据传递函数求出系统的状态空间方程。可先作出系统的信号流图，然后由梅森规则得出状态空间方程。但 Matlab 的信号处理工具箱（Signal Processing Toolbox）中还有实现传递函数与状态空间方程相互转换的函数 tf2ss 可直接利用，其调用语法是：

```
[A,B,C,D] = tf2ss(b,a)
```

其中，输入参数 b 为传递函数的分子多项式系数向量；a 为其分母多项式的系数向量。对连续系统的传递函数也可用 tf2ss 转换为状态空间方程，输出变量 A、B、C、D 分别为状态空间方程的 4 个系数矩阵，它们的含义如式(2.25)、式(2.27)所示。

S 函数代码如下，其中，可选参数为传递函数的分子分母多项式系数 b 和 a，并在 S 函数中将其转换为状态空间矩阵。初始化过程中，系统输入输出数以及状态数由状态空间矩阵的维数来决定。在离散状态更新处理(flag＝2)中写入状态方程代码，而在输出处理(flag＝3)中写入输出方程代码。

【程序代码】 ch2example20Sfun. m

```
function [sys,x0,str,ts] = ch2example20Sfun(t,x,u,flag,b,a)
% 离散系统传递函数的 S 函数实现
% 参数 b,a 分别为 H(z)的分母、分子多项式的系数向量
[A,B,C,D] = tf2ss(b,a); % 将 H(z)转换为状态空间方程系数矩阵
switch flag,
    case 0 % flag = 0 初始化
        sizes = simsizes; % 获取 Simulink 仿真变量结构
        sizes.NumContStates  = 0; % 连续系统的状态数是 0
        sizes.NumDiscStates  = size(A,1); % 离散系统的状态数
        sizes.NumOutputs     = size(D,1); % 输出信号数目
        sizes.NumInputs      = size(D,2); % 输入信号数目
        sizes.DirFeedthrough = 1; % 该系统是直通的
        sizes.NumSampleTimes = 1; % 这里必须为 1
        sys = simsizes(sizes);
        str = [];                  % 通常为空矩阵
        x0 = zeros(sizes.NumDiscStates,1); % 零状态
        ts = [-1 0];               % 采样时间由外部模块给出
    case 2 % flag = 2 离散状态方程计算
        sys = A * x + B * u;
```

```
    case 3 % flag=3 输出方程计算
        sys = C*x+D*u;
    case {1,4,9 } % 其他作不处理的 flag
        sys=[];  % 无用的 flag 时返回 sys 为空矩阵
otherwise % 异常处理
        error(['Unhandled flag= ',num2str(flag)]);
end
```

在测试系统中,我们使用了脉冲信号源来模拟周期的单位数字冲激信号,其中脉冲类型设置为基于采样的,幅度为1,脉冲周期为50个样值,脉冲宽度为1个样值,相位延时为0,并设采样时间为0.1s,即每秒采10个样点。在离散传递函数模块(Discrete Transfer Fcn)中将分子、分母系数分别设置为b和a,采样时间为−1,即继承外部设定值。在离散状态空间模块(Discrete State-Space)中分别设置状态系数矩阵为A、B、C、D,并设初始状态为0,采样时间也设为−1。S函数模块中相应设置函数名称为ch2example20Sfun,并设置参数b,a。除了显示响应波形,还可利用信宿库中的Display模块来显示信号线上的当前仿真值,仿真采用固定步长,步长为0.1s。测试系统如图2.56所示。

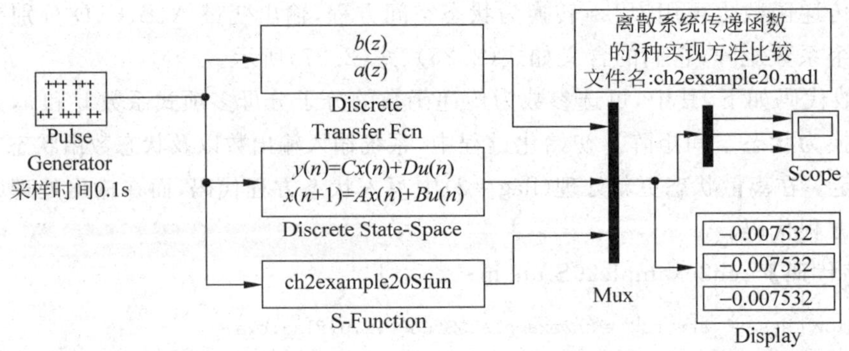

图2.56 S函数模块、传递函数模块以及状态空间模块实现的离散传递函数模型和测试系统

在执行仿真之前,还需要在Matlab命令窗口输入关于传递函数系数和状态空间系数矩阵的转换指令,然后再启动仿真。即:

【程序代码】 ch2example20main.m

```
% ch2example20main.m
%执行以下命令,然后启动仿真
b=[2 1];                    % H(z)的分子
a=[1 0.5 0.8];              % 分母
[A,B,C,D]=tf2ss(b,a);       % 转换为状态方程
```

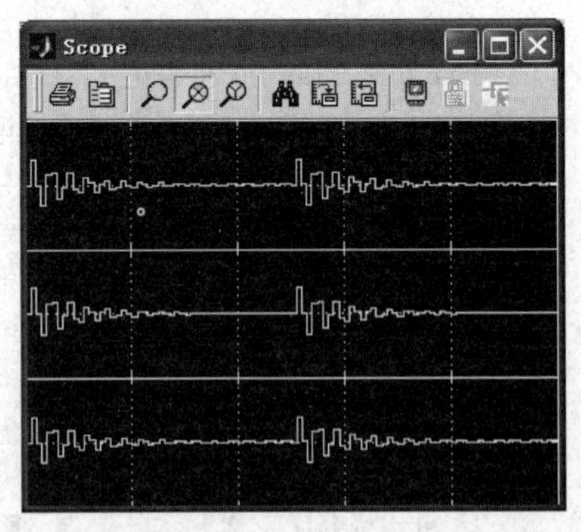

图2.57 仿真测试输出的数字冲激响应。输入的是周期为5s、宽度为0.1s、幅度为1的脉冲串

在图2.57中给出了仿真完成后示波器上3个系统的响应波形,显然这3个系统是等价的。用不同方式对相同的数学模型进行计算机仿真可以用来有效地检查仿真建模和编程的差错。

3. 路由控制模块

【实例 2.21】 用S函数实现一个信号切换开关，对两路输入信号进行选择并输出。

信号切换开关有3个输入端，其中两个是传输信号输入端，一个是切换控制信号端。切换开关通过控制信号电平与设计门限值相比较来判断选择其中一个输入信号作为输出。显然，信号切换开关是一个无记忆系统。在S函数中的输出方程计算部分，通过条件语句或逻辑语句即可实现该功能。

在信号切换开关模型中，首先以Mux模块将3个输入信号复用到一条信号线上，再传入S函数，设S函数的传入信号为u(1)，u(3)，控制信号为u(2)，比较门限参数为threshold，则输出方程语句为：

```
sys = u(1) * (u(2)>threshold) + u(3) * (u(2)<= threshold);
```

也可采用条件语句实现，例如写为：

```
if u(2) >threshold
    sys = u(1);
else
    sys = u(3);
end
```

S函数可参照实例2.19进行编写，不再列出。测试系统和仿真结果可参照图2.58，其中使用了Simulink的原有模块Switch加以对比。

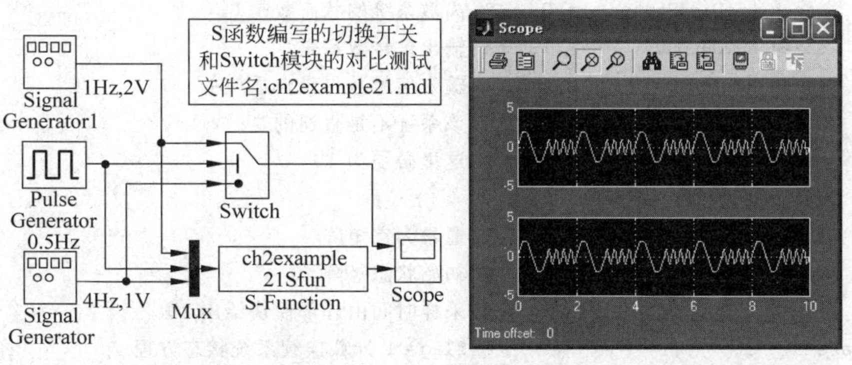

图2.58 S函数编写的信号切换开关与Simulink中的Switch模块的测试对比

4. 非线性系统模块

【实例 2.22】 试用S函数实现一个压控正弦振荡器，输入电压$u(t)$的范围为$[v_1, v_2]$V，输出正弦波的中心频率为f_0Hz，正弦波的瞬时频率f随控制电压线性变化，控制灵敏度为kHz/V。

压控振荡器(VCO)是通信系统中的常用模块，可以用于调频、调相和锁相环等。在Simulink的通信模块库中有压控振荡器的专门实现模块(如Voltage-Controlled Oscillator)。本例将从VCO的基本原理来建立模型，然后将其封装成为类似通信模块库中VCO的形式。首先建立VCO的数学模型，设等幅正弦信号$y(t)$为

$$y(t) = A\sin(\phi(t) + \phi_0) \tag{2.118}$$

则其瞬时频率为

$$f = \frac{1}{2\pi}\frac{\mathrm{d}}{\mathrm{d}t}\phi(t) \tag{2.119}$$

压控振荡器使得瞬时频率以 f_0 为中心线性比例于输入信号 $u(t)$，即

$$f = f_0 + ku(t) \tag{2.120}$$

于是得到 VCO 的状态方程和输出方程

$$\frac{\mathrm{d}}{\mathrm{d}t}\phi(t) = 2\pi f_0 + 2\pi k u(t) \tag{2.121}$$

$$y(t) = A\sin(\phi(t) + \phi_0) \tag{2.122}$$

显然，输出方程是非线性的，即 VCO 是一个非线性的时不变系统，根据状态空间方程就可以编写 S 函数实现了。设计 S 函数的可选输入参数 VCO 输出信号振幅为 A，中心振荡频率为 f_0，控制灵敏度为 k，初始振荡相位为 ϕ_0，S 函数的代码如下。

【程序代码】 ch2example22Sfun.m

```
function [sys,x0,str,ts] = ch2example22Sfun(t,x,u,flag,Amp,f0,k,phi0)
 % VCO 的实现
switch flag,
    case 0                          % flag = 0 初始化
       sizes = simsizes;            % 获取 Simulink 仿真变量结构
       sizes.NumContStates   = 1;   % 连续系统的状态数是 1
       sizes.NumDiscStates   = 0;   % 离散系统的状态数是 0
       sizes.NumOutputs      = 1;   % 输出信号数目是 1
       sizes.NumInputs       = -1;  % 输入信号数目是自适应的
       sizes.DirFeedthrough  = 0;   % 该系统不是直通的
       sizes.NumSampleTimes  = 1;   % 这里必须为 1
       sys = simsizes(sizes);
       str = [];                    % 通常为空矩阵
       x0 = [0];                    % 初始状态矩阵 x0
       ts = [-1 0];                 % 采样时间由外部模块给出
    case 1                          % flag = 1 计算连续系统状态方程
       sys = 2 * pi * f0 + 2 * pi * k * u; % VCO 状态方程
    case 3                          % flag = 3 计算输出
       sys = Amp * sin(x + phi0);   % VCO 输出方程
    case {2,4,9}                    % 其他作不处理的 flag
       sys = [];                    % 无用的 flag 时返回 sys 为空矩阵
otherwise                           % 异常处理
       error(['Unhandled flag = ',num2str(flag)]);
end
```

测试模型如图 2.59 所示，其中控制信号是一个幅度为 4V、频率为 1Hz 的正弦波，压控振荡器的中心频率设置为 10Hz，控制灵敏度为 1Hz/V，初始相位为零，输出幅度为 2V。对 S 函数的模块还作了进一步的封装，输入参数对话框设计以及测试系统仿真输出结果如

图 2.60 所示。显然，压控振荡的输出就是控制信号的频率调制结果，通信中的频率调制器就是以 VCO 来实现的。

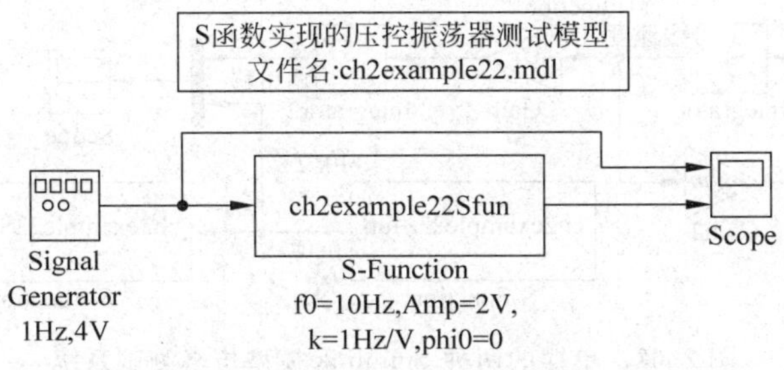

图 2.59 S 函数编写的压控振荡器测试模型

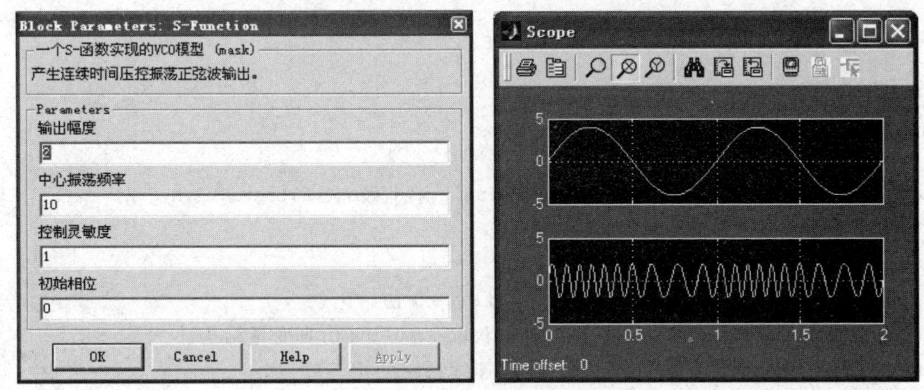

图 2.60 S 函数编写的压控振荡器封装对话框和系统测试结果

【实例 2.23】 试给出实例 2.3 考虑空气阻力的单摆模型状态方程(2.17)、式(2.18)所对应的系统方框图，用 Simulink 基本模块和 S 函数给出两种实现模型并对比结果，并用 S 函数“实时”画出摆锤的摆动过程。

由单摆模型状态方程的变量微积分关系，选择摆的线速度 $v(t)$ 和角位移 $\theta(t)$ 作为状态变量直接得出系统的等价方框图，如图 2.61 所示。采用 Simulink 的基本模块(加法器、积分器、增益环节以及三角函数)可根据方框图构造 Simulink 系统实现。如图 2.62 所示，注意其中的两个积分器的初始状态分别需要设置为 v0 和 theta0，S 函数的实现过程中也应传入这些系统参数并在其初始化过程中对初始状态赋值。而在负责动画显示摆锤的另一个 S 函数中，则在其输出处理部分通过使用 plot 语句来实时绘图。

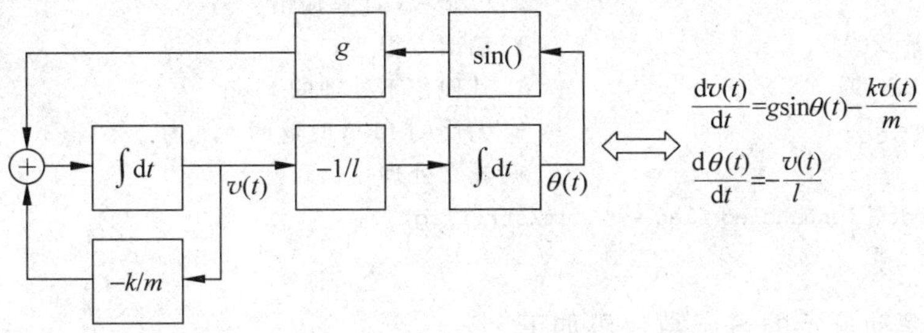

图 2.61 单摆的状态方程以及等价方框图

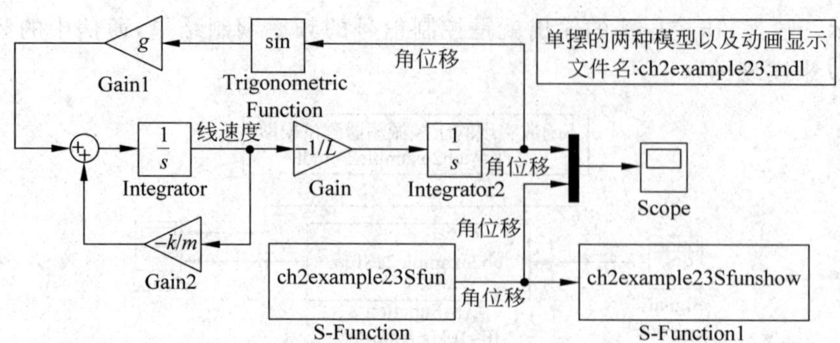

图 2.62 单摆的两种 Simulink 模型仿真测试系统

仿真执行前需要在 Matlab 命令窗口输入系统参数，如下：

```
v0 = 0,theta0 = 3.1,L = 1,m = 10,g = 9.8,k = 5;
```

实现单摆状态方程的 S 函数代码如下。

【程序代码】 ch2example23Sfun.m

```
function [sys,x0,str,ts] = ch2example23Sfun(t,x,u,flag,v0,theta0,L,m,g,k)
 % 单摆的实现
switch flag,
    case 0                                    % flag = 0 初始化
       sizes = simsizes;                      % 获取 Simulink 仿真变量结构
       sizes.NumContStates    = 2;            % 连续系统的状态数是 2
       sizes.NumDiscStates    = 0;            % 离散系统的状态数是 0
       sizes.NumOutputs       = 1;            % 输出信号数目是 1
       sizes.NumInputs        = 0;            % 输入信号数目是 0
       sizes.DirFeedthrough   = 0;            % 该系统不是直通的
       sizes.NumSampleTimes   = 1;            % 这里必须为 1
       sys = simsizes(sizes);
       str = [];                              % 通常为空矩阵
       x0 = [v0,theta0];                      % 初始状态矩阵 x0
       ts = [0 0];                            % 连续系统
    case 1                                    % flag = 1 计算连续系统状态方程
       vdot = g * sin(x(2)) - k/m * x(1);
       thetadot = - 1/L * x(1);
       sys = [vdot; thetadot];                % 状态方程
    case 3                                    % flag = 3 计算输出
       sys = x(2) ;                           % 输出方程
    case {2,4,9}                              % 其他作不处理的 flag
       sys = [];                              % 无用的 flag 时返回 sys 为空矩阵
otherwise                                     % 异常处理
       error(['Unhandled flag = ',num2str(flag)]);
end
```

实现单摆摆动显示的 S 函数代码如下。

【程序代码】 ch2example23Sfunshow.m

```
function [sys,x0,str,ts] = ch2example23Sfunshow(t,x,u,flag,v0,theta0,L,m,g,k)
% 单摆的动画显示
switch flag,
    case 0                                      % flag = 0 初始化
        sizes = simsizes;                       % 获取 Simulink 仿真变量结构
        sizes.NumContStates   = 0;              % 连续系统的状态数是 0
        sizes.NumDiscStates   = 0;              % 离散系统的状态数是 0
        sizes.NumOutputs      = 0;              % 输出信号数目是 0
        sizes.NumInputs       = 1;              % 输入信号数目是 0
        sizes.DirFeedthrough  = 1;              % 该系统是直通的
        sizes.NumSampleTimes  = 1;              % 这里必须为 1
        sys = simsizes(sizes);
        str = [];                               % 通常为空矩阵
        x0  = [];                               % 初始状态矩阵 x0
        ts  = [-1 0];
    case 3                                      % flag = 3 计算输出
        sita = u;
        x = L * sin(sita);                      % 计算摆锤的位置
        y = - L * cos(sita);
        plot([0,x],[0,y],'-o');                 % 动画作图
        text(.5,-.5,['t = ',num2str(t)]);       % 显示参数
        text(.5,-.6,['L = ',num2str(L)]);
        text(.5,-.7,['m = ',num2str(m)]);
        text(.5,-.8,['k = ',num2str(k)]);
        axis equal;                             % 坐标纵横比例相同
        axis([-L L -L L]);                      % 坐标范围固定
        set(gcf,'DoubleBuffer','on');           % 双缓冲避免作图闪烁
        drawnow;                                % 立即执行作图命令
    case {1,2,4,9}                              % 其他作不处理的 flag
        sys = [];                               % 无用的 flag 时返回 sys 为空矩阵
otherwise                                       % 异常处理
        error(['Unhandled flag = ',num2str(flag)]);
end
```

仿真结果如图 2.63 所示。

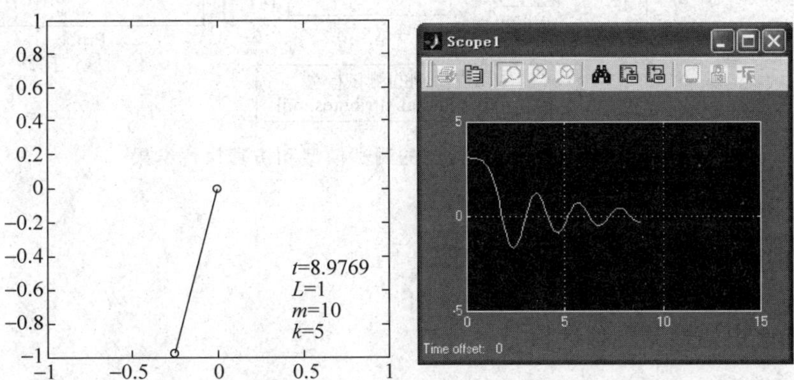

图 2.63 仿真结果：动画显示单摆运动位置，同时示波器显示角位移波形

2.5 Simulink 仿真的数据结构和编程调用方法

2.5.1 Simulink 中数据流的向量和矩阵形式

在 Simulink 模型中，信号以时间为顺序构成数据流。在当前时刻，信号线上流动的数据是数据流中的当前元素值，这个元素可能是一个数，也可能是一个向量（vector）或数组（array），还可能是一个矩阵（matrix）形式。

设仿真过程的时间序列为$[t_1, t_2, \cdots, t_k, \cdots]$，在某一信号线上的数据流为$[\boldsymbol{s}_1, \boldsymbol{s}_2, \cdots, \boldsymbol{s}_k, \cdots]$，其中 t_k 时刻的信号线上的数据为 $\boldsymbol{s}_k$，$\boldsymbol{s}_k$ 通常为一个 $m\times n$ 的矩阵。定义该信号线上的信号维数为 $m\times n$，信号宽度为 $W=m\times n$，如果 $\boldsymbol{s}_k$ 是复数值，则称该信号是复信号。例如，产生了一个 2×3 维的直流信号，那么该信号的宽度等于 6，如果设其值为

$$\boldsymbol{s}=\begin{bmatrix}1 & 2 & 3\\ 4 & 5 & 6+2\mathrm{j}\end{bmatrix} \tag{2.123}$$

那么这个信号也是复信号。可以通过 Simulink 基本模块库 Signal Attributes 中的 Width 模块来检测信号线上的信号宽度。而 Probe 模块功能更加强大，可以检测出信号线上信号的宽度、采样时间、是否是复信号以及信号维数信息。值得注意的是，具有相同信号宽度的信号的维数可能不同，例如宽度为 4 的信号可能是 1×4 维的，还可能是 4×1 维的，还可能是 2×2 维的。在 Simulink 信号属性中，还区分了数组信号和矩阵信号，如 n 维数组信号与 $n\times 1$ 维或 $1\times n$ 维矩阵信号在存储格式上是不同的，需要用 reshape 模块进行转换。在进行信号相互运算时，必须满足 Matlab 向量运算的规则，例如，不同维的信号不能进行相加运算等，否则 Simulink 执行仿真时将报错。检测式(2.123)给出的常数信号的 Simulink 仿真测试模型和结果，Probe 模块检测结果直接显示在模块方框中，信号宽度为 W:6，采样时间为 Ts:[1,0]，C:1 表示是复信号，D:[2,3] 是信号的维数，如图 2.64 所示。

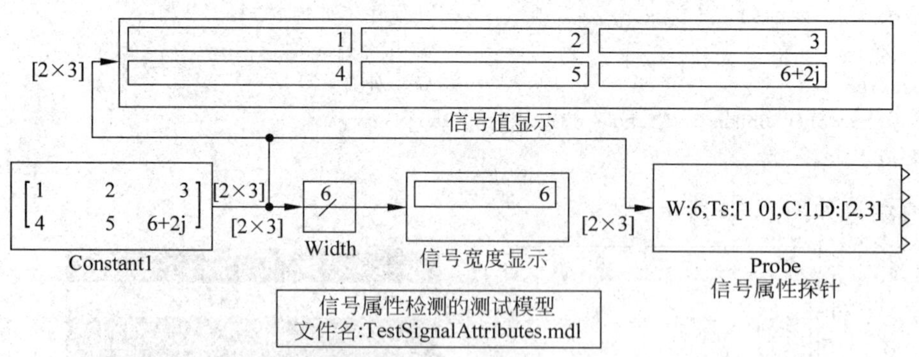

图 2.64 信号属性检测的测试模型和仿真执行结果

2.5.2 Simulink 中数据结构的转换

1. Simulink 中的数据类型转换

Simulink 可以使用 Matlab 规定的全部数据类型。如果需要相互连接的端口数据类型

不一致，就需要插入数据类型转换模块来进行接口。数据类型转换模块在 Simulink 基本库 Signal Attributes 中，模块名称是 Data Type Conversion，它可以根据所连接模块的输入输出端口数据类型进行自动匹配，也可由用户指定转换数据类型进行强制转换。图 2.65 给出了一个转换示例，其中默认使用的数据类型是双精度(double)型，双精度常数 2.315 被转换成为了 8 位整型(int8)后为 2，转换为布尔型(boolean)后为 1，凡是非零值转换为布尔型都将得到结果 1。通过选择模型编辑菜单 Format→Port data types 命令可以在模型信号线上显示出其信号的数据类型。

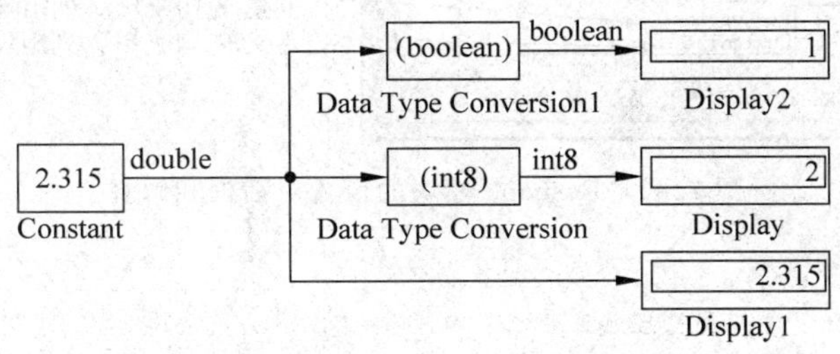

图 2.65　用 Data Type Conversion 模块进行数据类型转换

2. Simulink 中的数组、向量和矩阵转换

使用 Simulink 基本库 Math operation 中的 reshape 模块可以进行信号元素的矩阵维数变换和矩阵信号与向量、数组信号类型的相互转换。设在时间点 $t_k, k=1,\cdots,M$ 处某信号线上的信号是由 N 个标量数构成的，又设 N 可作因数分解为 $N=p\times q$，则有两种存储格式：

- 将 N 个元素存放为一个有 N 个元素的行向量 $\boldsymbol{s}_k$，全部 M 个时间点上的信号标量元素构成一个 $M\times N$ 的矩阵 $\boldsymbol{S}$(或称为二维数组)。

$$\boldsymbol{S}=[\boldsymbol{s}_1,\boldsymbol{s}_2,\cdots,\boldsymbol{s}_M]^{\mathrm{T}} \tag{2.124}$$

  即二维数组中元素 $S(k,j)$表示第 k 时刻信号线上的第 j 个信号值。

- 将 N 个元素存放为一个 $p\times q$ 的矩阵(二维数组)，然后再将这个二维数组视为一个整体，把 M 个时间点上的这些矩阵用一个三维数组 X 来存放，其中三维数组中的元素 $X(i,j,k)$表示第 k 时刻信号线上的矩阵第 i 行第 j 列元素。

Simulink 规定，如果信号线上的 N 个元素被视为向量，则全部时刻上的信号用一个二维数组来存放，如果信号线上的 N 个元素被视为 $N\times 1$ 维矩阵，则全部时刻上的信号使用一个三维数组来存放。由于存储方式不同，进行相互运算之前需要转换为统一的存储格式。

Reshape 模块的设置对话框和解释如图 2.66 所示。

下面以一个 2×2 维矩阵信号为例说明 reshape 模块的转换功能，测试模型如图 2.67 所示。用 reshape 模块分别将 2×2 维矩阵信号转换为列向量、行向量形式，然后又将行向量形式一路转换为一维数组，另外一路通过用户自定义维数转换回原来的 2×2 维矩阵信号。将三个转换结果以 Array 格式分别输出到工作空间中的变量 X1，X2 和 X3 中。仿真时间从 0 到 4s，固定步长为 1s，则总共仿真了 5 个时间点。仿真完毕后，在命令窗口下查看的变量结果为：

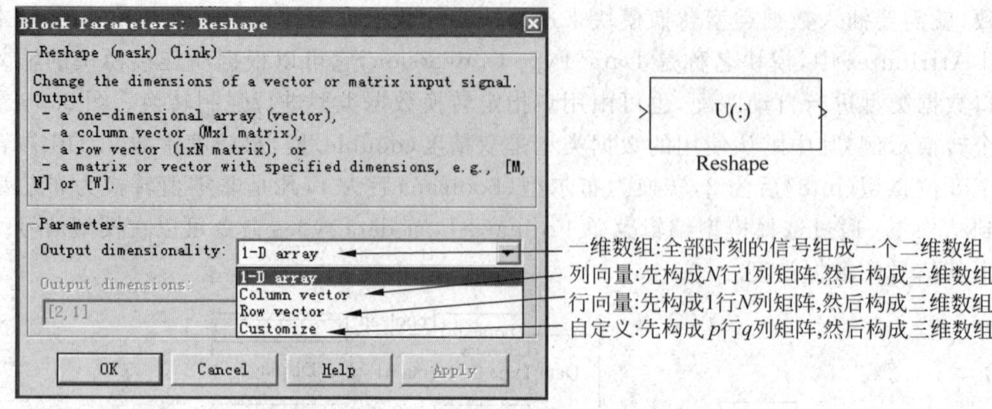

图 2.66 Reshape 模块的设置对话框和解释

```
>> whos
Name      Size      Bytes Class
X1        4x1x5     160 double array
X2        5x4       160 double array
X3        2x2x5     160 double array
tout      5x1       40 double array
Grand total is 65 elements using 520 bytes
>>
```

可见,X1 和 X3 是三维数组格式存放的,而 X2 是二维数组格式存放的,其中第 k 行是 4 个元素就构成第 k 时刻的信号向量。图 2.67 中,通过选择模型编辑菜单 Format→Signal dimensions 命令可以在模型信号线上显示出其信号的维数信息。如果是矩阵信号,则显示为[$m\times n$]形式,如果是一维数组信号,则显示数组中的元素个数。

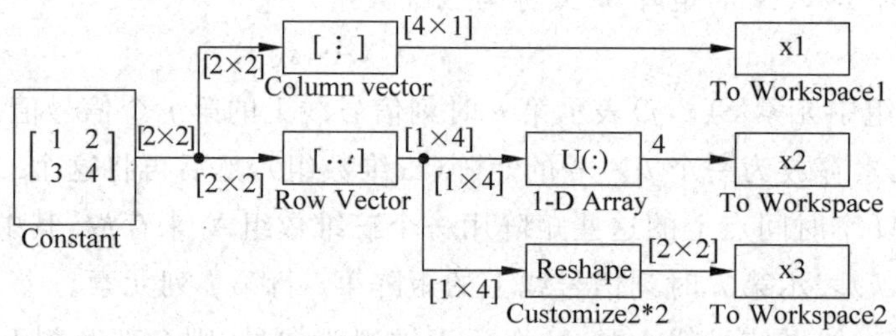

图 2.67 Reshape 模块的测试模型

3. 连续时间与离散时间信号的相互转换以及采样速率转换

1) 连续时间信号

连续时间信号定义在连续时间值上,即在给定时间范围内任何时刻信号的取值都是有意义的。在 Simulink 中,连续信号可以通过连续时间的函数计算得到,例如连续时间的正弦信号可以用语句 y=sin(2 * pi * f * t) 来计算,只要给定一个时间值,就有一个函数值与之对应。但是,如果这个连续信号是用其在若干离散时间点上的样值来确定的话,连续信号就要通过插值计算来得到。Matlab 的一维插值命令是 interp1(参见第 8 章)。例如给定一个连续信号在时刻 0,1,2s 上的取值分别为 2,5,4,那么可以用插值计算来获得在指定时间如 0.37s 时刻的信号值。插值算法不同,其结果也有所差异,若用线性插值,则 0.37s 时刻的信号值为 3.1100,而若用样条插值则信号取值为 3.5762,在 Matlab 命令窗口进行实验如下:

```
>> t=[0 1 2];
>> y=[2 5 4];
>> ti=0.37;
>> yi=interp1(t,y,ti)              % 默认插值方式是线性插值
yi =
    3.1100                         % 信号取值
>> yi=interp1(t,y,ti,'spine')  % 指定样条插值方式
yi =
    3.5762                         % 信号取值
>>
```

在 Simulink 中,也是根据连续信号的离散时间采样值通过插值来得到连续信号。用其基本库 Sources 中的 Repeating Sequence 可以产生任意连续周期信号。只要给出信号在一个周期内的若干离散时间点上的取值,Repeating Sequence 将通过线性插值来得到任意仿真计算步上的信号取值。例如,仍以时间[0,1,2]上的样值[2,5,4]来产生周期为 2s 的信号,测试模型、Repeating Sequence 的设置以及仿真结果波形如图 2.68 所示。

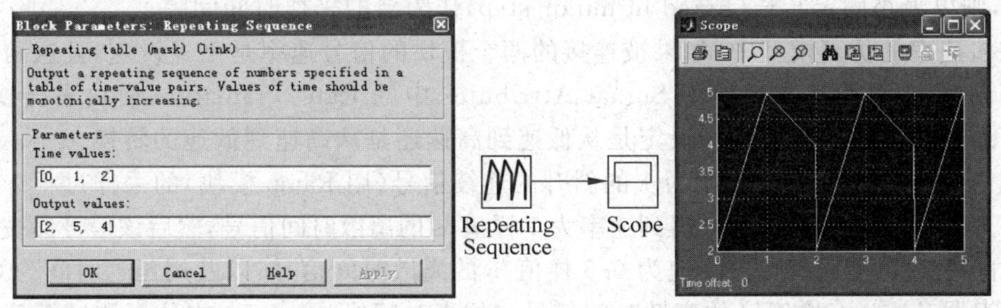

图 2.68 用 Repeating Sequence 模块由信号的离散时间样值产生连续时间周期信号

2) 离散时间信号

离散时间信号则定义在离散时间序列上,只有所定义的离散时刻信号的取值才有意义。例如我们用基本库 Sources 中的 Random Number 模块产生离散时间随机信号,设置采样时间为 1s(默认值为 0s 即产生连续的随机信号)。建立测试模型,并设仿真时间段从 0s 到 5s,用示波器观察输出波形并将仿真结果数据输出到 Matlab 工作空间,如图 2.69 所示,从图中我们看到,离散时间随机信号源每隔 1s 输出一个随机的电平值,虽然示波器上在非整数时刻上仍然显示了波形,但这仅仅是为了方便观看而已,概念上没有意义。从输出到 Matlab 工作空间的信号值看出,实质上离散信号是对应于时间[0,1,2,3,4,5]的 6 个取值。

3) 连续时间信号到离散时间信号的转换

通过对连续时间信号的采样可以将之转换为离散时间信号。Simuink 中,使用基本模块库 Discret 中的零阶保持器 Zero-Order Hold 来完成采样功能,可设置零阶保持器的采样时间,即采样速率的倒数。零阶保持器在非采样时刻上将输出最近一次的采样结果。一个正弦波的采样零阶保持输出波形如图 2.24 所示。

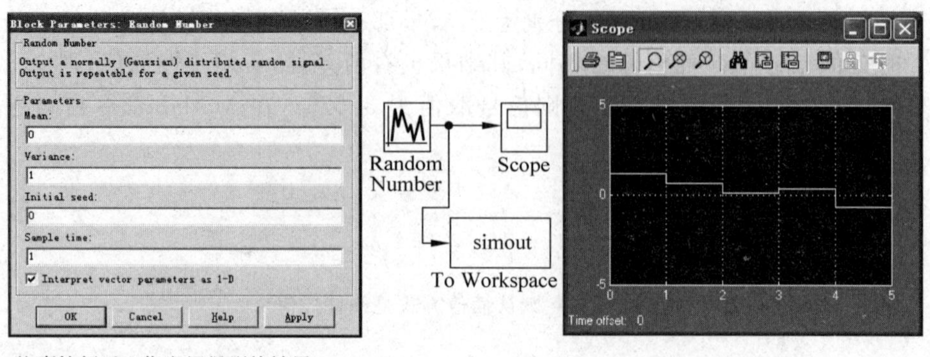

仿真执行后工作空间得到的结果:

```
>>simout'
ans=    1.1650    0.6268    0.0751    0.3516    -0.6965    1.6961
```

图 2.69　用 Random Number 模块产生离散时间随机信号：测试模型、设置和测试结果

4）不同采样速率信号的转换

若在仿真模型中存在不同采样速率的离散信号或系统模块，则称之为多速率(multirate)的仿真模型。零阶保持器也可以用于具有不同采样速率的离散信号转换中，将高速率的离散时间信号转换为低速率的离散时间信号。如果要将低速率的离散时间信号转换为高速率的，则需要使用基本模块库 Discret 中的单位延迟 Unit Delay 模块，该模块输出信号将以设定的延迟时间值作为新的采样时间间隔。如果单位延迟模块中设置的延迟时间值为 0，则以最小固定步长(Fixed in minor step)作为新的采样时间间隔。

在多速率的仿真模型中，如果被连接的两个模块的信号速率是已经设定，且这两个模块具有不同速率，可用基本模块库 Signal Attributes 中的 Rate Transition 模块来转换速率，Rate Transition 模块需要选择设定是从低速到高速还是从高速到低速的转换。

图 2.70 中演示了一个斜率为 1 的斜升的连续信号(用 Ramp 模块)的采样过程。通过采样时间为 1s 的零阶保持器采样得到速率为 1 样值/s 的离散时间信号，然后该信号又被分别用采样时间为 2s 的零阶保持器降速为 0.5 样值/s 的离散时间信号，以及用延迟时间为 0.5s 的单位延迟器升速为 2 样值/s 的离散时间信号。仿真时间段为 0～5s，本仿真测试模型可采用变步长的积分算法，模型中为 4 个不同的信号线加入了采样时间探测模块 probe。运行后将显示出各信号线上的信号速率。图 2.71 中分别给出了 4 条信号线上的波形仿真结果。

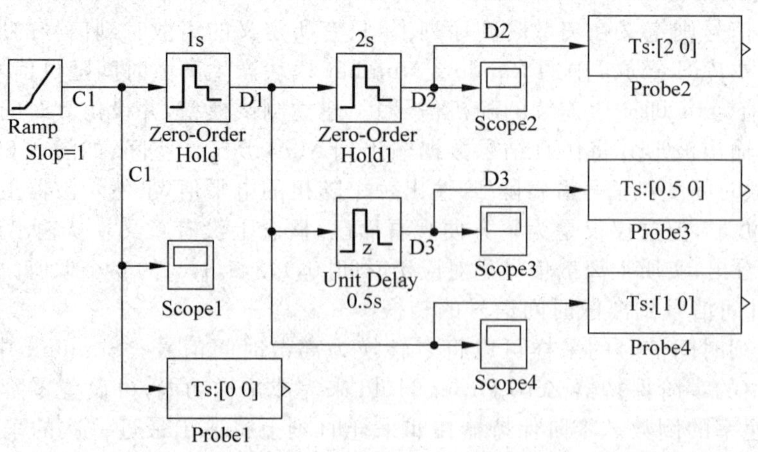

图 2.70　一个连续信号到离散信号转换以及离散速率转换测试模型

其中，Zero-Order Hold 的采样时间为 1s，Zero-Order Hold1 的采样时间为 2s，而 Unit Delay 的采样时间为 0.5s。仿真完成后，Probe 模块中分别显示了所连接部分的信号采样率。信号采样率为 0 表示连续信号。

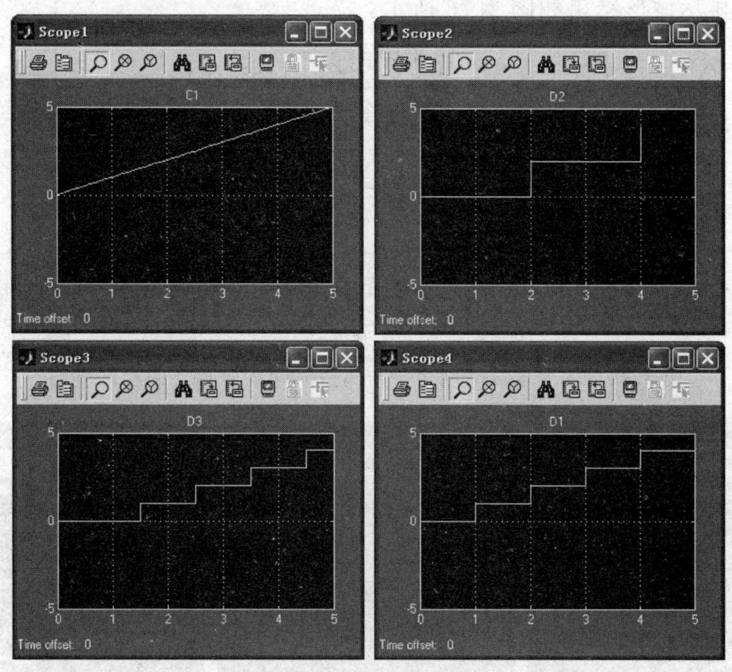

图 2.71 4 条信号线上的波形

Scope1 上显示了 0～5s 内的连续斜升信号 C1，它被采样之后的输出为 D1，显示在 Scope4 中，其速率为 1 样值/s，该信号被降速率后的结果 D2 的波形显示在 Scope2 中，而被延迟并升速率的结果 D3 显示在 Scope3 中。

5）离散时间信号到连续时间信号的转换

根据取样定理，频带受限的离散时间信号可以通过低通滤波器恢复为连续时间信号(即模拟信号)，在数学上低通滤波器的实质就是以抽样函数来对离散样值进行插值得到连续信号。

Simulink 中，可以使用低通滤波器来将离散信号恢复为模拟信号。为建模方便，Simulink 还提供了另外几种近似恢复连续信号的方法，简介如下：

• 用基本模块库 Signal Attributes 中的 Rate Transition 模块来转换。当 Rate Transition 的输入连接是离散时间系统模块，而输出端连接的是连续时间系统模块(例如：基本库 Continous 中的那些模块及其组合构成的子系统)时，则它将输入的离散时间信号转换为连续时间信号输出。

• 连续时间系统模块本身允许离散时间信号作为输入，而其输出信号将自动转换为连续信号，因此也可以用连续时间系统模块来作为转换环节。

图 2.72 一个连续时间信号到离散时间信号转换，再恢复到连续时间信号的测试模型。其中，信号源采用的角频率为 1rad/s 的正弦波，零阶保持器的采样时间间隔为 1s，采样后的信号通过 Rate Transition 模块转换为连续信号，由于 Rate Transition 模块之后连接的是连续模块 Transport Delay，因此 Rate Transition 模块的输入输出端信号速率是确定的，Rate Transition 模块设置为从低速向高速转换。通过示波器观察源信号、采样后的信号以及恢

复信号及其模拟延迟的版本，并用 probe 模块测试信号线上的采样时间值。模拟延迟器 Transport Delay 的延迟参数设为 0.3s。仿真求解器可以是变步长的，最大步长设为 0.1；也可以是固定步长的，可设置为 0.1（固定步长与系统中使用的采样时间之间必须是整数倍关系）。示波器显示波形结果如图 2.73 所示。

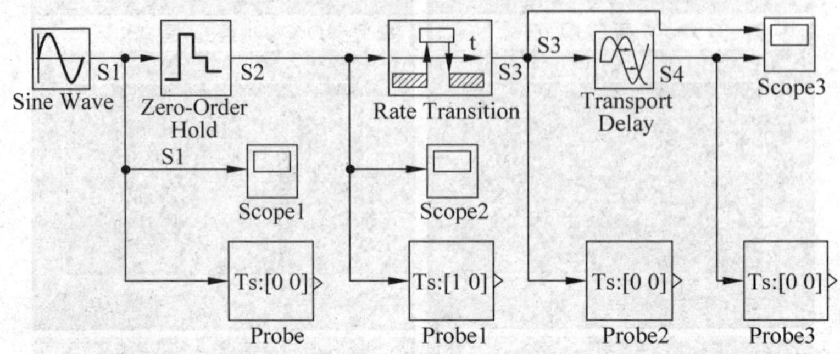

图 2.72 一个连续时间信号与离散时间信号相互的测试模型

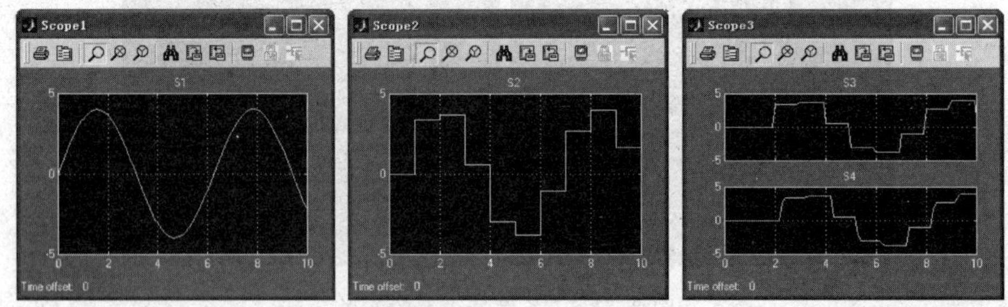

图 2.73 原始模拟信号、零阶保持器采样的结果、恢复后的连续时间信号以及通过延迟器的结果

6）不同速率模块和信号连线的颜色表示

在多速率模型中，为了清楚显示不同速率的系统部分，可选择模型编辑窗口主菜单 Format 下的 Sample time colors 命令，这样模型中不同速率的模块和连线将用不同的颜色显示出来。这些颜色的含义如下。

- 黑色：表示连续信号线和连续模块。
- 洋红：表示常数模块。
- 黄色：表示混合模块或混合子系统，即输入输出端口或子系统内部具有不同采样速率的那些模块，例如连接了不同速率信号线的 Mux 或 Demux 模块等。
- 红色：表示系统中具有最高采样率的离散系统部分。
- 绿色：表示系统中采样速率位居第二的离散系统部分。
- 蓝色：表示系统中采样速率位居第三的离散系统部分。
- 淡蓝：表示系统中采样速率位居第四的离散系统部分。
- 深绿：表示系统中采样速率位居第五的离散系统部分。
- 橙色：表示系统中采样速率位居第六的离散系统部分。
- 青色：表示触发子系统部分。
- 灰色：具有最小固定步长的部分。

4. 基于帧和基于采样的信号转换

在对离散信号的处理中,往往接收到一段数据(例如相连的几百个信号样值)并将其存储起来,然后对其进行同时处理,即这段数据中样值是被同时用于计算和处理的,例如,对这段数据进行快速傅里叶变换。这段数据就称为一个数据帧(Frame)。所谓数据帧,就是按照某种规则定义的由一组在时间上相连的有序离散信号样值组成的集合。帧可以看成是对信号样值的一种封装。

在 Matlab 中,如果信号是以帧为单位进行计算和处理,则称之为基于帧(Frame based)的处理;反之,如果信号是以采样值为单位进行计算,那么就称之为基于样值(Sample based)的处理。

在 Simulink 的数字信号处理模块库(DSP Blockset)中也引入了数据帧的概念,并为数据帧提供了与信号样值不同的存储方式。基于帧的数据与基于样值的数据之间的相互转换可以通过数字信号处理模块库(DSP Blockset)中的模块 Frame Status Conversion 来完成。数字信号处理模块库中对数字信号的属性进行了详细规定,限于篇幅本书不再详述,下面的例子演示了帧格式和基于样值格式之间转换和存储格式的测试方法。基本测试模型如图 2.74 所示,将 3 种类型的信号进行时间离散化后,通过 Frame Status Conversion 将其转换为基于帧的格式,在 Simulink 中,基于帧格式的信号线用双线画出以示区别。最后将帧格式再通过 Frame Status Conversion 模块转换为基于样值的普通信号格式。分别将这些模块的输出结果以 Array 方式导出到 Matlab 工作空间以便测试。仿真参数为:固定步长或变步长均可,Zero-Order Hold1 的采样时间为 1s,仿真时间为 0～2s。由于输入信号类型不同转换结果会稍有区别,以下分 3 种情况进行试验。在实际建模时如果对信号格式不清楚,也可用类似方法对模型进行测试。

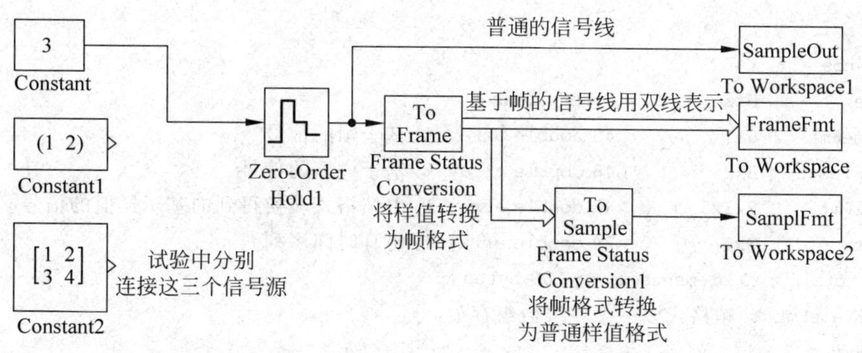

图 2.74　基于帧和基于采样的信号格式转换测试模型

1) 标量信号情况

将第 1 个常数信号源(值为 3)连入系统,执行仿真后在 Matlab 命令窗口下观察输出变量的存储结构和取值情况。执行结果如下,其中添加了注释。

```
>> whos
  Name          Size      Bytes Class
  FrameFmt      3x1       24 double array % 基于帧的信号
```

```
  SampleOut      3x1      24 double array % 基于样值的信号
  SmplFmt        1x1x3    24 double array % 由帧格式转换得到的基于样值的信号
  tout           3x1      24 double array % 仿真时间序列
Grand total is 12 elements using 96 bytes
>> SampleOut
SampleOut =
      3 % 0s时刻的样值
      3 % 1s时刻的样值
      3 % 2s时刻的样值
>> FrameFmt % 显然输入的基于样值的信号和转换后的基于帧的信号格式相同
FrameFmt =    % 在一帧中只有一个样值数据
      3 % 第1帧的数据
      3 % 第2帧的数据
      3 % 第3帧的数据
>> SmplFmt % 由帧格式数据转换得到的基于样值的信号是以三维数组形式存储的
SmplFmt(:,:,1) =
      3 % 第1帧的对应的样值
SmplFmt(:,:,2) =
      3 % 第2帧的对应的样值
SmplFmt(:,:,3) =
      3 % 第3帧的对应的样值
>>
```

2）一维数组信号的情况

将第2个常数信号源(值为[1,2]，且用一维数组1-D Vector格式输出)连入系统，执行仿真后在Matlab命令窗口下观察输出变量的存储结构和取值情况。执行结果如下，其中添加了注释。

```
>> whos
  Name          Size        Bytes Class
  FrameFmt      6x1         48 double array % 基于帧的信号
  SampleOut     3x2         48 double array % 基于样值的信号
  SmplFmt       2x1x3       48 double array % 由帧格式转换得到的基于样值的信号
  tout          3x1         24 double array % 仿真时间序列
Grand total is 21 elements using 168 bytes
>> FrameFmt % 帧格式以一个一维数组存放
FrameFmt =
      1 % 第1帧的对应的样值
      2 % 第1帧的对应的样值
      1 % 第2帧的对应的样值
      2 % 第2帧的对应的样值
      1 % 第3帧的对应的样值
      2 % 第3帧的对应的样值
>> SampleOut % 基于样值的信号格式则以一个二维数组存放
SampleOut =    % 第k行对应第k个时刻的信号样值，以不同的列存放该时刻的不同信号元素
      1      2 % 0s时刻的样值
```

```
   1     2 % 1s 时刻的样值
   1     2 % 2s 时刻的样值
>> SmplFmt % 由帧格式数据转换得到的基于样值的信号是以三维数组形式存储的
SmplFmt(:,:,1) =
   1     % 第 1 帧的对应的样值矩阵
   2
SmplFmt(:,:,2) =
   1     % 第 2 帧的对应的样值矩阵
   2
SmplFmt(:,:,3) =
   1     % 第 3 帧的对应的样值矩阵
   2
>>
```

3) 矩阵信号的情况

将第 3 个常数信号源(值为[1,2; 3,4],是一个 2 行 2 列的矩阵格式)连入系统,执行仿真后在 Matlab 命令窗口下观察输出变量的存储结构和取值情况。执行结果如下,其中添加了注释。

```
>> whos
  Name          Size        Bytes Class
  FrameFmt      6x2         96 double array % 基于帧的信号
  SampleOut     2x2x3       96 double array % 基于样值的信号
  SmplFmt       2x2x3       96 double array % 由帧格式转换得到的基于样值的信号
  tout          3x1         24 double array % 仿真时间序列
Grand total is 39 elements using 312 bytes
>> FrameFmt    % 帧格式以一个二维数组存放
FrameFmt =
   1     2    % 第 1 帧
   3     4    % 第 1 帧
   1     2    % 第 2 帧
   3     4
   1     2    % 第 3 帧
   3     4
>> SampleOut   % 基于样值的信号格式则是一个三维数组
SampleOut(:,:,1) =
   1     2    % 0s 时刻的样值矩阵
   3     4
SampleOut(:,:,2) =
   1     2    % 1s 时刻的样值矩阵
   3     4
SampleOut(:,:,3) =
   1     2    % 2s 时刻的样值矩阵
   3     4
>> SmplFmt     % 由帧格式数据转换得到的基于样值的信号也是以三维数组形式存储的
SmplFmt(:,:,1) =
```

```
        1     2     % 第 1 帧对应的样值矩阵
        3     4
SmplFmt(:,:,2) =
        1     2     % 第 2 帧对应的样值矩阵
        3     4
SmplFmt(:,:,3) =
        1     2     % 第 3 帧对应的样值矩阵
        3     4
>>
```

由以上试验结果可以看出，帧格式是以二维数组(即矩阵)形式存放的。设在第 k 时刻上被组成帧的数据 $\boldsymbol{D}_k$ 是一个 $m\times n$ 的矩阵，则数据帧矩阵 $\boldsymbol{F}$ 为一个 $P=(m\times K)$ 行 n 列的矩阵，其中 K 为存储的仿真时刻数，即

$$\boldsymbol{F}=\begin{bmatrix}\boldsymbol{D}_1\\ \boldsymbol{D}_2\\ \vdots\\ \boldsymbol{D}_k\\ \vdots\end{bmatrix} \tag{2.125}$$

由帧格式转换的样值格式信号总是用三维数组存放的，如果需要二维数组的向量形式，可再通过 reshape 模块来转换。

5. 信号缓存器 Buffer 与 Unbuffer

信号缓存器 Buffer 模块也在 Simulink 的数字信号处理模块库(DSP Blockset)中。信号缓存器的一个主要功能是接收输入相连的若干时刻上的信号样值并存储起来，当设定的缓存区存满时，将全部存储数据作为一个数据帧输出，同时初始化缓存区并开始接收下一个时刻段上的数据，以此不断循环下去。显然，信号缓存器可以看成是将串行输入数据进行缓存后以并行方式同时输出。如果以 N 个串行输入数据作为一帧，则输出数据速率下降为输入数据率的 $1/N$。

Unbuffer 模块完成与 Buffer 模块相反的功能：将并行输入的具有 N 个元素的一个帧以 N 倍数据率顺序输出成为一个高速串行数据流。两模块在信号处理和通信系统仿真中常用于数据流的并串和串并转换中，简要介绍如下。

1）数据缓存模块

数据缓存模块将输入信号样值序列重新以一个新设定的数据帧尺寸组织起来，然后作为输出。这个新设定的数据帧尺寸可以大于或小于输入的数据帧尺寸。如果缓存为较大尺寸的数据帧，则产生一个低于输入帧速率的输出信号；反之，如果缓存尺寸小于输入信号帧的尺寸，则输出帧速率将大于输入的帧速率。总之，数据缓存模块将调整帧速率和帧尺寸，使输入和输出信号的样值周期相等。图 2.75 中，上部是缓存区尺寸为 3 的一个数据缓存模块对串行数据帧进行缓存，得到新的并行数据帧输出，数据速率降低为输入速率的 1/3；图中下部模型则是缓存区尺寸为 1 的数据缓存模块将输入帧并行数据以 3 倍速率串行地将数据输出。显然，数据缓存模块既可以作为串并转换，也可以反过来作为并串转换。

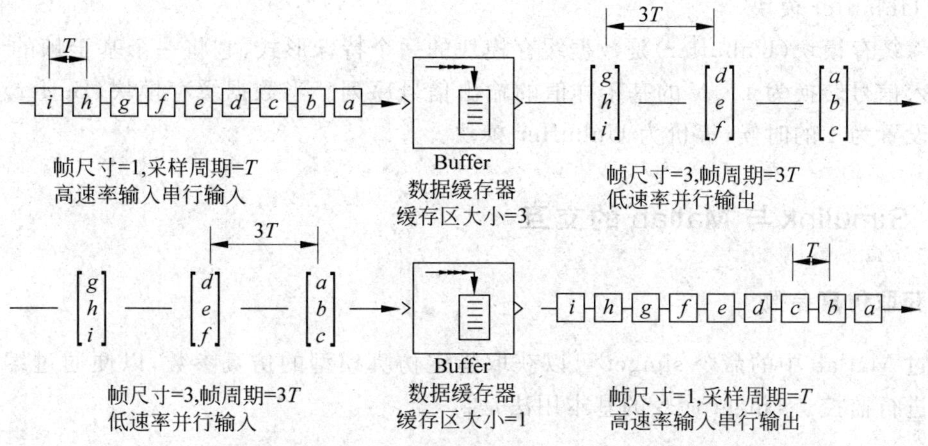

图 2.75 数据通过缓存器示意图,缓存器可以用来进行串并、并串转换

数据缓存模块的输入数据形式可以是基于样值的,也可以是基于帧的。对于基于样值的向量输入信号,将视为相互独立信道上的数据进行独立的缓存操作。例如,一个基于样值的长度为 N 的输入向量被视为 N 个独立的样值数据被缓存。数据缓存模块的输出是基于帧的。长度为 N 的样值输入向量将被缓存为一个 $M_0 \times N$ 的矩阵,其中 M_0 为设置指定的输出缓存尺寸参数(Output Buffer Size),即每一个输入向量将变成基于帧的输出矩阵中的一行。若 $M_0=1$,则输入直接送输出端口,并保持相同的维数(此时输出不再是基于帧的)。注意,基于样值的输入信号只能是一维向量形式或一维矩阵形式,而不能是满维矩阵形式(满维矩阵就是行数和列数均大于 1 的矩阵)。

Buffer 模块可以设置数据重叠区(overlap)的大小 L:$0 \leqslant L < M_0$。数据重叠区的大小确定了当前输出中有多少样值将要在下一次输出中被重复。对于 $0 \leqslant L < M_0$ 的情况来说,当新输入的样值数等于输出缓存区尺寸与缓存重叠区大小之差,即 $M_0 - L$ 的时候,缓冲区被充满并将缓存数据送出。一个输出缓存区尺寸为 3、重叠区大小为 1 的缓存模块对基于样值的 1 路输入信号的缓存输出结果如图 2.76 所示,其中还考虑了缓冲区的初始数据问题。

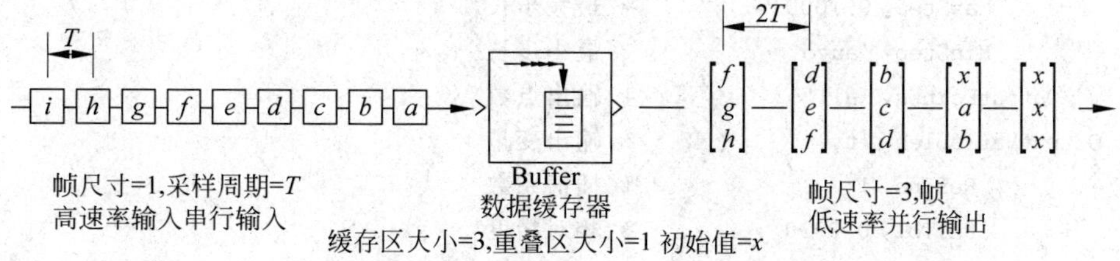

图 2.76 一个具有重叠区域的缓存器的输出,考虑了缓存区的初始状态

在基于帧的操作中,缓存模块将输入帧中的样值以一个新的帧尺寸和相应的新的帧速率输出。一个以 $M_i \times N$ 矩阵为帧的输入信号序列将被缓存为一个基于帧的 $M_0 \times N$ 矩阵的信号序列输出,其中 M_0 是缓存区尺寸。同样,N 个输入信道上的信号也是被独立地进行缓存处理的,在基于帧的操作中也可以设置数据重叠区,概念与基于样值的情况相同,详见联机帮助文档。

2）Unbuffer 模块

解除缓存模块(Unbuffer)是数据缓存模块的一个特殊形式,它将一个基于帧的 $M_i \times N$ 矩阵输入信号转换为 $1 \times N$ 的基于样值的输出信号序列。当数据缓存模块(Buffer)的缓存区尺寸设置为 1 的时候,等价为 Unbuffer 模块。

2.5.3 Simulink 与 Matlab 的交互

1. 获取仿真参数

通过 Matlab 中的命令 simget 可以获取指定仿真模型的仿真参数,以便通过编程对仿真模型进行监控。simget 命令的基本用法是:

```
struct = simget(model);
```

其中,model 是 Simulink 模型的文件名,需要用单引号包围,并且不要写文件扩展名。simget 将返回一个结构数组,包括了指定模型的全部仿真参数。例如,获取对实例 2.23 模型的仿真参数结果如下,其中注释是笔者添加的。

```
>> mymodelpar = simget('ch2example23')
mymodelpar =
           AbsTol: 'auto'          % 绝对精度
            Debug: 'off'           % 调试
       Decimation: 1               % 输出分辨率
     DstWorkspace: 'current'       % 目标工作空间
   FinalStateName: ''              % 终状态名
        FixedStep: 'auto'          % 固定步长
     InitialState: []              % 初始状态
      InitialStep: 'auto'          % 初始步长
         MaxOrder: 5               % 最大求解阶
       SaveFormat: 'Array'         % 数据保存格式
    MaxDataPoints: 1000            % 最大数据点数
          MaxStep: 0.1000          % 最大步长
          MinStep: 'auto'          % 最小步长
     OutputPoints: 'all'           % 输出点数
  OutputVariables: 'ty'            % 输出变量
           Refine: 1               % 插值系数
           RelTol: 0.0010          % 相对精度
           Solver: 'ode45'         % 求解器名称(求解算法)
     SrcWorkspace: 'base'          % 源工作空间
            Trace: ''              % 跟踪
        ZeroCross: 'on'            % 过零检测
```

2. 设置仿真参数

也可以通过命令方式来对指定模型的仿真参数进行设置,这样就能够十分灵活地在程序代码中控制 Simulink 模型的仿真执行行为。设置模型仿真参数的命令是 simset，其语法为：

```
options = simset(property,value,…);
options = simset(old_opstruct,property,value,…);
options = simset(old_opstruct,new_opstruct);
simset
```

其中，单独使用 simset 命令将返回可设置的属性名称 property 及其可选值，其他 3 种方式将返回一个设置指定的仿真参数结构变量 options。simset 可设置的属性名称和可选值如下，其中大括号"{}"中的值为默认取值。

```
           Solver: ['VariableStepDiscrete' |
                    'ode45' | 'ode23' | 'ode113' | 'ode15s' | 'ode23s' |
                    'FixedStepDiscrete' |
                    'ode5' | 'ode4' | 'ode3' | 'ode2' | 'ode1' ]
           RelTol: [ positive scalar {1e-3} ]
           AbsTol: [ positive scalar {1e-6} ]
           Refine: [ positive integer {1} ]
          MaxStep: [ positive scalar {auto} ]
          MinStep: [ [positive scalar,nonnegative integer] {auto} ]
      InitialStep: [ positive scalar {auto} ]
         MaxOrder: [ 1 | 2 | 3| 4 | {5} ]
        FixedStep: [ positive scalar {auto} ]
     OutputPoints: [ {'specified'} | 'all' ]
  OutputVariables: [ {'txy'} | 'tx' | 'ty' | 'xy' | 't' | 'x' | 'y' ]
       SaveFormat: [ {'Array'} | 'Structure' | 'StructureWithTime']
    MaxDataPoints: [ non-negative integer {0} ]
       Decimation: [ positive integer {1} ]
     InitialState: [ vector {[]} ]
   FinalStateName: [ string {''} ]
            Trace: [ comma separated list of 'minstep','siminfo',
                    'compile','compilestats' {''}]
     SrcWorkspace: [ {'base'} | 'current' | 'parent' ]
     DstWorkspace: [ 'base' | {'current'} | 'parent' ]
        ZeroCross: [ {'on'} | 'off' ]
```

例如，若要设置求解器为固定步长的 ode5 算法，且步长为 0.01，其余参数默认，则使用如下命令：

```
myopts = simset('Solver','ode5');
myopts = simset(myopts,'FixedStep',0.01);
```

又如，若需要在模型 ch2example20.mdl 原有的仿真参数基础上修改求解器的算法和步长，可首先用 simget 命令获取仿真参数结构体，然后再在其基础上修改，即

```
myopts = simget('ch2example20');   % 获取模型原有仿真参数
myopts = simset('Solver','ode5');  % 然后修改仿真参数
```

```
myopts = simset(myopts,'FixedStep',0.01);
```

3. 通过命令执行仿真

通过 Matlab 命令可以启动指定的仿真模型进行仿真，如果模型文件没有在编辑窗口中打开，则此时仿真模型的运行将在后台执行。也可以用 open 命令来打开模型文件，例如打开模型 ch2example20.mdl 可用命令：

```
open('ch2example20.mdl');
```

执行仿真模型的命令是 sim，其使用语法为：

```
sim(model);
[t,x,y] = sim(model,timespan,options,ut);
[t,x,y1,y2,…,yn] = sim(model,timespan,options,ut);
```

其中，sim(model) 将按照模型原有设定参数（即在模型仿真参数对话框中的设置值）执行仿真。例如，对模型 ch2example20.mdl 的仿真可以在命令窗口输入以下指令来启动。

```
ch2example20main;          % 执行参数输入脚本程序
open 'ch2example20.mdl'    % 打开模型文件编辑窗口
sim('ch2example20');       % 启动仿真
```

sim 命令的输入输出参数的含义如下。

- t：返回仿真的时间向量。
- x：返回矩阵形式或结构形式的（取决于仿真参数设置）系统状态序列，其中前面的元素是连续状态值，其后为离散状态值。
- y：返回矩阵形式或结构形式的输出序列。输出矩阵的每列包含着根级（root-level）输出口方框模块的输出，并按端口序号排列。若存在某输出口方框模块的输入为向量，那么其输出也占用相应序号的列。
- y1,…,yi,…,yn：对于具有 n 个根级输出口方框模块的模型，每个 yi 返回相应根级输出口方框模块的输出。
- model：模型文件名，使用单引号包围。可省略模型文件的扩展名。
- timespan：指定仿真的时间跨度。可以是以下 3 种形式。
  - — 指定为仿真终止时间值 tFinal，则默认仿真起始时间为 0。
  - — 指定为向量[tStart，tFinal]，则仿真从 tStart 开始到 tFinal 结束。
  - — 指定为向量[tStart，OutputTimes，tFinal]，其中 OutputTimes 是用来指定输出时间点的一个时间序列。这些时间序列点将在仿真的时间向量 t 中返回，并且指定的时间点序列还必须是仿真基步进的整数倍关系，详见联机文档说明。
- options：是仿真参数的设置结构变量，用来设置运行仿真的参数。options 变量可用命令 simset 来生成。
- ut：是可选的外部输入，可以是序列或产生序列的函数名，详见联机文档说明。

4. Simulink 数据输入输出

通过 Simulink 基本模块库 Sources 中的 From Workspace 模块，可以从 Matlab 工作空

间或 Matlab 程序中将符合 Simulink 数据结构要求的变量导入到 Simulink 仿真模型空间中，作为其输入信号使用。From Workspace 模块要求的数据可以是矩阵格式(Vector or matrix format)的，也可以是结构格式(Structure format)的。一般采用矩阵格式较为简单，设 m 个信号 $f_i(t), i=1,\cdots,m$ 在时间序列 $t_1, t_2, \cdots, t_k$ 上的取值为 $f_i(t_k)$，现在将这 m 个信号通过 From Workspace 模块传入 Simulink，则其矩阵格式的输入数据 $\boldsymbol{F}$ 为

$$\boldsymbol{F} = \begin{bmatrix} t_1 & f_1(t_1) & \cdots & f_m(t_1) \\ t_2 & f_1(t_2) & \cdots & f_m(t_2) \\ \vdots & \vdots & \ddots & \vdots \\ t_k & f_1(t_k) & \cdots & f_m(t_k) \end{bmatrix} \tag{2.126}$$

即输入数据矩阵的第一列是信号的时间序列，从第二列起分别是各个信号在对应时间上的取值。如果仿真时间在信号的时间序列范围，则信号可选择是否通过内插值(Interpolate data)来获得，若不选择内插值，则当前输出信号值等于最近一个时刻的信号输入值。如果仿真时间段超过信号的时间序列范围，可以定义超出时间部分的信号取值：保持最后一个样值(Holding Final Value)、置零(Setting To Zero)或者为数据外插值(Extrapolation)。

Simulink 仿真结果数据也可以通过其模块库 Sinks 中的 To Workspace 模块来导入到 Matlab 工作空间或程序中。可选择导出的变量名称、导出的数据点数、时间分辨率以及采样时间等，导出数据格式可以选择为向量格式，也可以选择为结构格式。下一小节将通过实例加以说明。

2.5.4 编程调用仿真模型

利用仿真参数设置命令、仿真执行命令以及数据接口模块，就可以通过编程来灵活控制 Simulink 模型的仿真过程了。下面通过一个简单实例来说明这个过程以及数据输入输出的矩阵格式。

【实例 2.24】 通过 Matlab 命令窗口执行模型仿真并观察数据接口格式。设输入到模型中的信号有两个，在模型中要求对这两个输入信号进行乘积运算并将结果输出到工作空间。同时，还要输出一个直流信号以及对应输出信号序列的仿真时间序列。

测试仿真模型如图 2.77 所示。其中，From Workspace 模块的输入数据变量设置为 simin，采用内插值方式，如果仿真时间超出输入信号时间段，则输入信号置零。输出模块 To Workspace 设置输出数据变量为 simout，不限制输出点数，分辨率(Decimation)为 1，采样时间由外部决定(Sample time 设为－1)，输出数据采样 Array 格式。用 Constant 模块来产生一个直流信号，用 Clock 模块来得到仿真时间序列。最后通过 Mux 将这 3 路信号复用起来送入 To Workspace，而输入信号则通过 Demux 模块将两路信号分离，然后进行相乘运算。测试仿真模型的仿真参数不通过对话框进行修改，而在仿真时利用指令来进行设置。

设两个输入信号在时间[0,1,2]s 时刻的取值为[1,2,3]和[4,2,5]，要求仿真时间段为 0～4s，仿真步进为 0.5s，采用固定步长的 ode5 算法。下面是在 Matlab 工作空间中执行指令和观察数据的结果，其中给出了各步的实验解释。

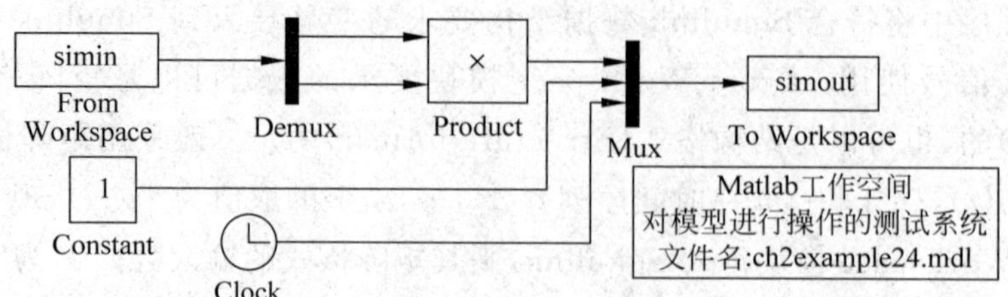

图 2.77 仿真参数设置命令、仿真执行命令以及数据接口模块的测试仿真模型

```
>> clear;
>> t = [0; 1; 2];              % 时间序列
>> f1 = [1; 2; 3];             % 信号 1
>> f2 = [4; 2; 5];             % 信号 2
>> simin = [t,f1,f2]           % 组成输入信号变量并显示其结构
simin =
     0     1     4             % 第 1 列为时间序列,2,3 列分别为两信号序列
     1     2     2
     2     3     5

>> mysimopts = simset('Solver','ode5');                 % 设置仿真求解器为 ode5 的
>> mysimopts = simset(mysimopts,'FixedStep',0.5);     % 设置仿真步进为固定的 0.5s
>> timespan = [0,4]; % 仿真时间段参数
>> whos % 查看当前工作空间的变量
  Name            Size              Bytes  Class
  f1              3x1                  24  double array % 信号 1
  f2              3x1                  24  double array % 信号 2
  mysimopts       1x1                2620  struct array % 仿真参数结构变量
  simin           3x3                  72  double array % 输入信号变量
  t               3x1                  24  double array % 时间序列
  timespan        1x2                  16  double array % 仿真时间段参数
Grand total is 46 elements using 2780 bytes

>> sim('ch2example24',timespan,mysimopts); % 设置仿真参数,仿真时间段并执行仿真
>> whos                                    % 仿真完毕后查看当前工作空间的变量
  Name            Size              Bytes  Class % 注意新增了两个变量
  f1              3x1                  24  double array
  f2              3x1                  24  double array
  mysimopts       1x1                2620  struct array
  simin           3x3                  72  double array
  simout          9x3                 216  double array % 仿真输出信号变量
  t               3x1                  24  double array
  timespan        1x2                  16  double array
  tout            9x1                  72  double array % 仿真输出时间序列
Grand total is 82 elements using 3068 bytes
>> simout % 查看仿真输出数据
```

```
simout =
     4.0000    1.0000         0        % 第 1 列是两个输入信号相乘的结果。由于
     4.5000    1.0000    0.5000        % From Workspace 模块设置为内插值的,
     4.0000    1.0000    1.0000        % 所以在 0.5,1.5,…s 时间上的输出是输入
     8.7500    1.0000    1.5000        % 信号插值结果的乘积。而我们又设置了信号
    15.0000    1.0000    2.0000        % 终止后 Setting to zero,所以在 2s 之后
          0    1.0000    2.5000        % 的输入值均为零。其乘积也就均为零了。
          0    1.0000    3.0000        % 输出矩阵的第二列是直流信号,即 Constant 模块
          0    1.0000    3.5000        % 输出的 1 输出矩阵的第 3 列是仿真时钟 Clock 的
          0    1.0000    4.0000        % 输出,也即仿真时间序列。
>> tout                                % 显然,tout 与 simout 中的 Clock 的输出相同。
tout =
          0
     0.5000
     1.0000
     1.5000
     2.0000
     2.5000
     3.0000
     3.5000
     4.0000
>> % 实验完毕
```

2.6 Simulink 在电子与通信系统仿真中的几个关键问题

2.6.1 系统仿真速率的设计和选择

在电子与通信系统计算机仿真中,不论对于连续时间系统还是离散时间系统,总是在若干离散时刻进行数值计算并得出结果的。在连续时间系统的仿真中,这些求解的离散时刻可以是等间隔的,也可以是不等间隔的,这取决于求解微分方程所采用的算法。在离散时间系统的仿真中,这些求解的离散时刻是等间隔的,仿真过程就是在这些间隔上递推求解系统差分方程的过程。虽然 Simulink 中对离散时间系统的仿真也可以选择变步长的微分方程求解器,但是由于离散时间系统中没有微分方程,因此,这些算法对仿真过程没有实质作用。对于混合系统,则系统中的连续部分采用设定的求解器求解,而离散部分则根据信号采样速率进行差分方程的计算。

仿真系统中任意一个环节上所可能传输或处理的信号最高频率称为模型系统的工作频率。如果系统数学模型中传输信号频带宽度是无限的,那么可以把信号能量集中的那部分频带作为系统的工作频带,例如将能量为总能量的 90%或 95%部分的最高频率作为模型系统的工作频率。

对于仿真模型设计来说,系统的工作频率是一个首要的设计参数。仿真速率即仿真计算步长的倒数,其设计取值取决于系统工作频率。在 Simulink 模型中相应的设置是,对固

定步长的求解算法，就是设置其固定步长的大小(Fixed Step Size)；对变步长的求解算法，则对应于最大求解步长(Max Step Size)的设置。

变步长求解算法具有求解效率高的优点，但在仿真求解速度能够满足要求的情况下，仍然推荐使用固定步长算法，因为通信系统中对模拟信号的时间离散化过程一般采用均匀取样的方式，采用固定步长算法易于理解，而且在混合系统仿真中容易与离散系统部分接口。而采用变步长算法则需要对系统中各个部分的仿真计算时间点有深入的了解并仔细设计，否则在系统调试中往往会遇到困难。总之，在系统仿真中可尝试多种求解算法，如果这些算法所给出的结果有较大差异，则应该仔细查找原因，以保证数值结果的合理性和精度要求。

仿真速率的选择要满足系统的工作频率要求，即要能够无失真地对系统工作频率以内的信号传输和处理结果进行计算和仿真。根据取样定理的要求，选择的仿真速率必须大于模型系统最高工作频率的2倍。仿真速率越高，则在信号周期内被计算的离散点就越多，仿真得出的波形结果就越精细，但也将导致仿真的计算量和数据存储量大大增加。也可以在满足取样定理的条件下适当降低仿真速率，而利用数学插值方法来使仿真结果精细化。

【实例 2.25】 设输入信号分别是 $f_s(t)=2\cos2\pi100t$ 和 $f_c(t)=\sin2\pi500t$，求系统 $y(t)=f_s(t)\times f_c(t)$ 的输出波形。设计仿真速率，对高仿真速率下的仿真结果和较低仿真速率下的结果进行比较，并用插值方法使较低仿真速率下的结果精细化。

显然，该系统中流通的信号最高频率为(500+100)Hz，根据取样定理，系统仿真速率必须高于1200Hz，为了防止频谱混叠，仿真速率一般应选择更高一些，本例将较低仿真速率设为3000Hz，较高仿真速率设为30kHz，以便进行仿真输出波形对比，然后采用样条插值方法对低仿真速率的输出进行精细化处理，再对比结果。

根据以上分析建立的仿真模型如图2.78所示，仿真时间为0.03s。在默认求解器参数(ode45，自动求解步长)下输出波形过于粗糙，甚至失真。图中还给出了直接采用默认求解器(ode45)和自动步长(auto)、仿真时间为0～0.03s的输出波形的示波器显示。显然，波形结果很粗糙。如果将仿真时间改为0～0.05s，则仿真输出波形与真实结果完全不符合，这是因为求解器自动设置的求解步长没有满足取样定理的要求，这也说明了对仿真速率设置的重要性。为便于对模型仿真参数进行修改，本例采用了编程控制的方法，并将仿真结果送入程序，处理后再作图显示比较波形。模型中的输出模块采用的输出格式是带仿真时间序列的结构变量(Structure With Time)。程序代码如下。

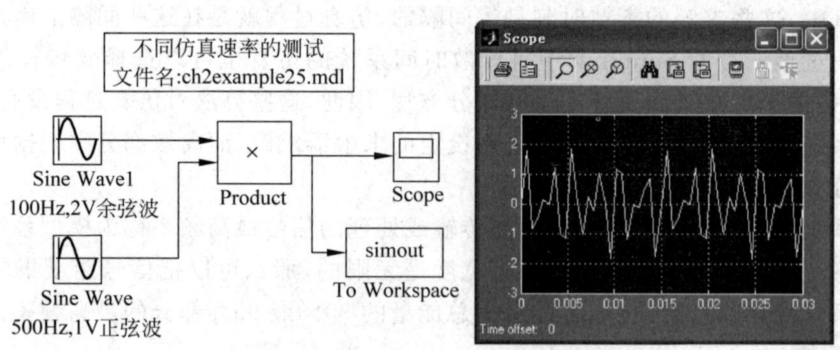

图 2.78 两个正弦波相乘的仿真模型和波形结果

【程序代码】 ch2example25prg1.m

```
% ch2example25prg1.m
% 采用较低速率仿真,并用样条插值使得结果精细化
simurate = 3000;                           % 较低仿真速率
mysimopts = simset('Solver','ode5');  % 设置仿真求解器为 ode5 的
mysimopts = simset(mysimopts,'FixedStep',1./simurate);    % 设置仿真步进
timespan = [0,0.01];                       % 仿真时间段参数
sim('ch2example25',timespan,mysimopts);    % 设置仿真参数,仿真时间段并执行仿真
plot(simout.time,simout.signals.values,'o-k');
hold on; axis([0 0.005 -2 2]);
t = timespan(1):1/30000:timespan(2);  % 插值时间序列
intp_y = interp1(simout.time,simout.signals.values,t,'spline');   % 样条插值
plot(t,intp_y,'xr');                       % 画出插值结果
% 采用较高速率仿真
simurate = 30000;                          % 较高仿真速率
mysimopts = simset(mysimopts,'FixedStep',1./simurate);    % 设置仿真步进
sim('ch2example25',timespan,mysimopts);    % 设置仿真参数,仿真时间段并执行仿真
plot(simout.time,simout.signals.values,'b');    % 画出仿真结果
legend('较低速率仿真输出波形','样条插值精细化的结果','较高速率仿真输出波形');
```

仿真结果如图 2.79 所示。由该图可知,在较低仿真速率下,波形在计算时间点上是精确的,但其他时间上由于无计算值只能用直线连接(这相当于线性插值方式),当仿真速率提高后,输出波形的作图逐渐精细,而使用样条插值方式得出的曲线已经非常接近高速率的结果了。

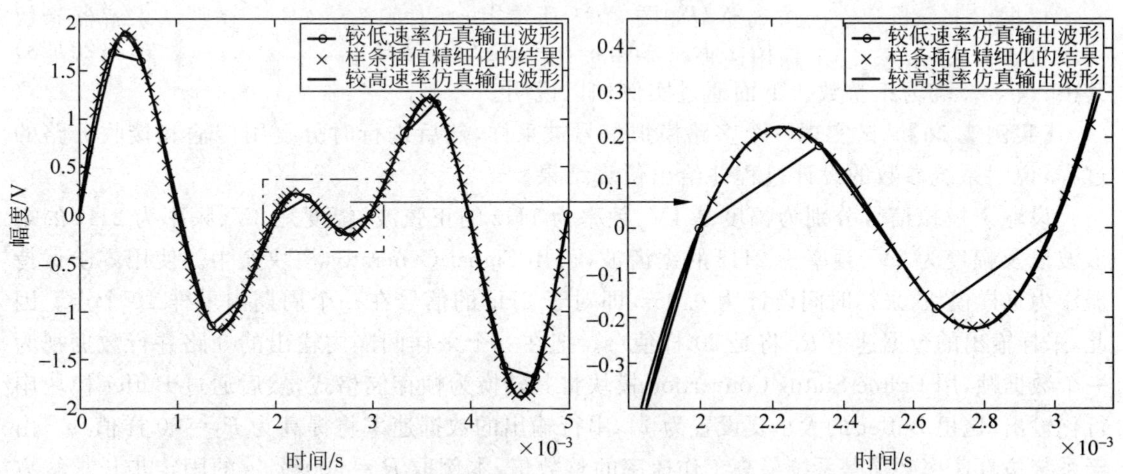

图 2.79 不同仿真速率下的输出波形以及插值结果对比

2.6.2 并/串转换和混合速率系统仿真

通信系统中通常需要在发送端将多路信号复用在一条通信传输线上进行传输,而在接收端再通过解复用把各路信号分离出来。只要在数学上的任意域中多路信号是相互正交

的，那么复用后就不会产生相互干扰，例如频率域上相互正交的信号复用称为频分复用，时间域上相互正交的信号复用称为时分复用，在空间域相互正交的信号复用称为空分复用，而在编码域相互正交的信号复用称为码分复用等。

数据流的并/串转换是一种时分复用的通信传输方式，为了在同一条通信线路上传输多个独立的数据信号，可将传输过程在时间上划分为若干不同的时间段，用这些时间段交替传输不同路的数据信号。每个时间段称为一个数据的传输时隙(time slot)，完成一个循环的多路传输数据称为一个传输数据帧(frame)，相应的传输时间称为传输的帧长或帧周期。

在通信发送端，将多路独立数据看成是并行的，设每隔时间 T_f 将有 N 路并行数据送入并串转换模块，为了不丢失数据，并串转换模块必须在时间 T_f 内将输入的 N 个数据顺序地传送出去，因此每路数据的传输时间为 $T_s=T_f/N$。相应地，传输数据速率就提高了 N 倍，为 N/T_f，将每次并行输入的数据视为一个数据帧，则传输的帧周期等于 T_f。

相应地，在接收端又将串行送入的数据从每个数据帧的开头部分开始缓存起来，当一个数据帧中的全部数据都进入缓存之后，就将这些数据同时在 N 条线路上并行输出，这就是串并转换过程。串并转换后在每条输出线上的数据速率又降低为帧速率 $1/T_f$ 了。如果缓存不是从每个数据帧的头部开始的，则恢复出来的并行数据的线路位置就与发送方不同，这称为帧失步。

由于串并、并串转换的输入输出数据速率不同，因此具有这样模块的仿真系统就是多速率的仿真系统。在对多速率系统的仿真中，系统的仿真速率 R_s 与系统中各部分的数据信号传输速率 $R_1,\cdots,R_k$ 之间必须满足整数倍关系，而数据信号传输速率 $R_1,\cdots,R_k$ 之间也必须满足整数倍关系。不失一般性，设 $R_1\leqslant R_2\leqslant\cdots\leqslant R_k\leqslant R_s$，则系统参数设置须满足

$$R_i/R_s = N_i,\quad i=1,2,\cdots,k \tag{2.127}$$

$$R_{i+1}/R_i = M_i,\quad i=1,2,\cdots,k-1 \tag{2.128}$$

其中，N_i，M_i 均为正整数。下面通过实例加以说明。

【实例 2.26】 试实现一个多路模拟信号被采样，然后进行时分复用传输和接收分路的过程，说明系统参数的设计过程并给出仿真结果。

设输入模拟信号分别为幅度是 1V、频率为 1Hz 的正弦波、幅度是 3V、频率为 2Hz 的矩形波以及幅度为 2V、频率为 2Hz 的锯齿波，可用 Signal Generator 模块产生。使用零阶保持器作为采样模块，采样时间设计为 0.05s，即对于 2Hz 的信号在一个周期内采样 10 个点。因此，采样输出的数据速率 R_1 将是 20 样值/s。把在一个采样间隔内输出的 3 路并行数据视为一个数据帧，用 Frame Status Convertion 模块将其转换为帧存储格式，然后通过 Buffer 模块串行化输出(这里 Buffer 的大小要设置为 1)，串行输出的数据速率将提高为 $R_2=60$ 样值/s。由于系统仿真速率必须是系统最高工作速率的整数倍，本例取 $R_s=600$ 次/s 的固定步长求解方式，所以步长设置为 $T_s=1/R_s$。步长也可以设置为自动(auto)选取方式。

在接收端，首先通过 Buffer 将串行数据恢复为并行的，由于有 3 路信号，所以 Buffer 的大小设置为 3。Buffer 输出的并行数据是帧格式的，为了观察其输出波形，需要将其先转换为基于采样的数据格式，再用 Reshape 模块转换为数组格式，因为示波器不能接受帧格式或矩阵格式的信号。

最后，本例还设置了 3 个示波器分别观察 3 路模拟信号、时分复用的串行传输信号以及传输的 3 路离散时间信号和接收恢复的信号对比波形。整个测试系统如图 2.80 所示。当

在 Simulink 模型编辑窗口选择主菜单 Format 下的 wide nonscalar lines 命令，将把模型中的向量信号线显示为粗线形式，而若选中 Signal dimensions 命令，则在信号线旁边显示出流通信号的维数，如果流通的信号是向量形式，则给出向量维数，如果信号是矩阵形式的或者帧格式的，则以[$m\times n$]的形式显示维数。选择主菜单 Format 下的 Sample time colors 命令，还可以用不同颜色显示具有不同速率的模块和信号线，其颜色的含义参见前述，例如，图中的连续信号部分用黑色显示，Buffer 的输入输出速率不同，属于混合速率模块，所以用黄色显示，其余部分根据数据速率不同而分别用红、绿、蓝显示。

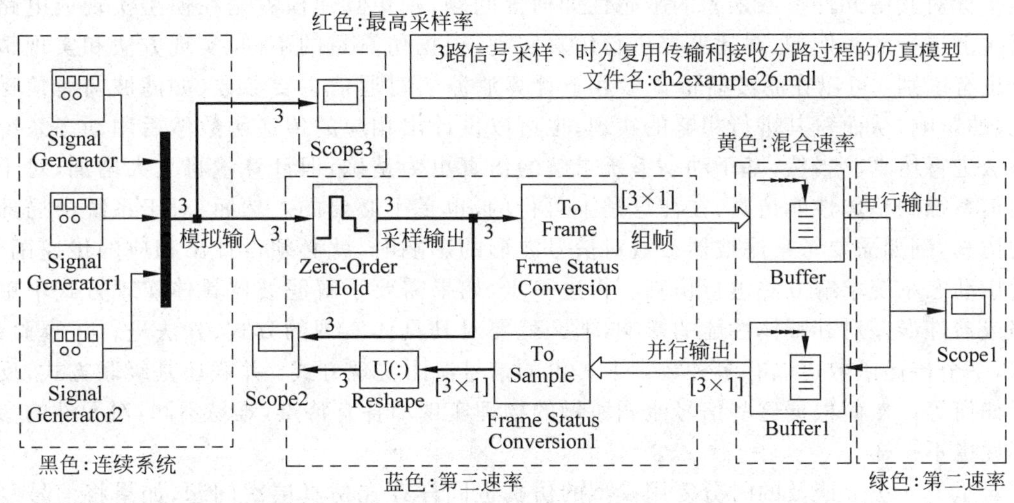

图 2.80　一个多速率混合系统的仿真模型实例

仿真时间长度设置为 1.5s，仿真执行后示波器显示的波形结果如图 2.81 所示。Scope3 显示的是 3 路模拟输入信号经过 Mux 模块的结果，Mux 模块只是将 3 路信号数据在数学概念上复用了，即用一个 3 元素的向量信号线表示出来，但在物理意义上这些信号仍然是没有在时间上复用的，图 2.81 中，示波器 Scope3 用不同颜色显示了 3 个信号的波形。Scope1 观察了物理意义上已经是时分复用的串行输出波形，注意，这里的信号已经不是向量信号了，意味着它们已经被以不同的时隙分配到同一通信线路上进行传输。从 Scope1 显示的波形中我们可以看出时分复用的结果。Scope2 则对比显示了发送信号和接收信号，除了由 Buffer 引起的时间延迟外，两者完全相同，因为传输信道中没有加入任何噪声。读者也可以在传输通路中用加法器模块加入一些随机信号来观察接收的结果。

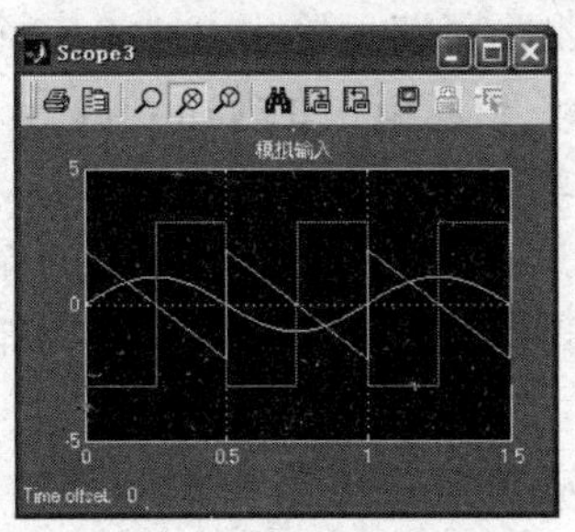

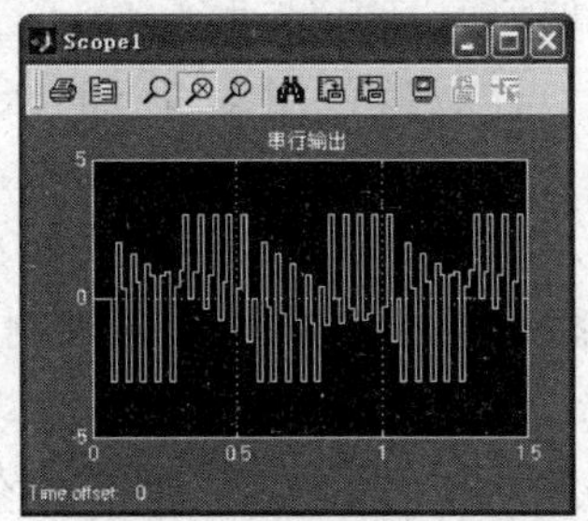

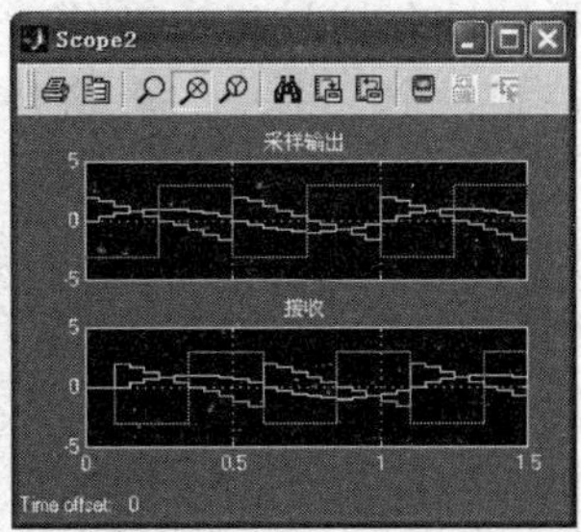

图 2.81　一个多速率混合系统的仿真结果

2.6.3 不同层次的仿真模型

根据仿真目的和仿真对象的层次不同,建模也划分为不同的层次。如果仿真的目的是为了测试通信系统的传输质量指标,而不关心系统的具体实现方法,那么在建模中,对其中的各个模块只要给出输入输出的数学关系即可,而不用考虑其具体实现方案。如果仿真的目的是为了验证某系统和系统部件的具体实现方案是否合理,技术路线是否可行,以及考察方案指标对其中元件参数误差的敏感性如何等问题,则仿真建模就是在模型实现或电路实现层次上进行的。例如,对滤波器进行仿真实现,根据仿真目的不同,实现方法和实现精度要求也有区别:可以在滤波器带宽参数下计算滤波器对通信主要参数(如滤波前后信噪比变化)的影响,从而对其进行粗略的实现,也可以设计出相应的传递函数然后用动态系统求解方法进行仿真。当然,基于动态系统求解的仿真更为精确,但计算量将大大增加,对于大型通信系统的整体性能仿真,往往这是不可行的,也是不必要的。然而,对于系统中局部细节的仿真,例如需要考察滤波器参数对信号波形的影响时,就必须设计出相应的传递函数,然后用动态系统求解方法进行仿真。再进一步,如果需要了解滤波器具体实现方式中单元电路或器件误差对其整体性能的影响,那么就要对其具体实现的方式、算法进行仿真验证。比如,一个传递函数可以有多种数学上等价的信号流图实现方式:并联还是级联方式,反馈路径如何等。然而根据这些信号流图所做的物理实现却各有特点,难易不同,对元件的参数敏感性也不一样。

对于上一小节谈及的时分复用模型的仿真也同样存在仿真层次问题,如果将信号复用仅仅视为多路独立传输,不关心复用方式对信号相互间的影响,那么就不必对其建立串并、并串的转换过程,只要在物理概念上认为是时分复用传输即可,因为对于接收信号来说,不同的复用方式在理想情况下是等价的。而如果要研究时分复用的工作过程和实现细节,比如要考虑收发时钟抖动、信号时间弥散等因素对具体时分复用实现过程的影响,那么仅仅用上节所述的串并、并串仿真就显得不够了,这时,需要深入到更为细节的层次上进行建模。下面用对时分复用系统工作原理的细节仿真的一个实例来加以说明。

【实例 2.27】 对时分复用系统的电路原理仿真。

模型的工作原理:本例对实例 2.26 中的时分多路系统在电路原理实现层次上进行建模和仿真,其电路原理仿真模型如图 2.82 所示。时分复用系统的一种实现方式是使用一个轮询的多路开关来选择对应时隙下接入的信号。多路开关在系统时钟的控制下工作,每个时钟周期对应于一个时隙,由于传输数据速率为 60 样值/s,因此将系统时钟设计为 60Hz 的矩形脉冲。通过一个循环计数器对时钟脉冲进行计数,计数器周期地输出 0,1,2 三个值,用以控制一个三选一的多路开关。计数器使用 DSP Blockset 工具箱中的 Counter 模块来实现。3 路输入信号分别接入到多路开关的 3 个信号输入端口上。这样,多路开关将以 0.05s 为周期循环地访问 3 个输入信号端口,其输出也就是这 3 路信号时分复用的结果。本例用示波器 Scope1 分别观察系统时钟、多路开关的控制信号以及时分复用的输出结果。用示波器 Scope2 观察输入的 3 路信号。

接收端的解复用功能被封装为一个子系统,其一个输入端为信道中传输来的时分复用信号,另外一个是接收机的系统时钟输入端,其输出分别为 3 路解复用的信号,对应于发送端的 3 路信号。子系统的内部结构如图 2.83 所示。接收机系统时钟必须和发送时钟同步。

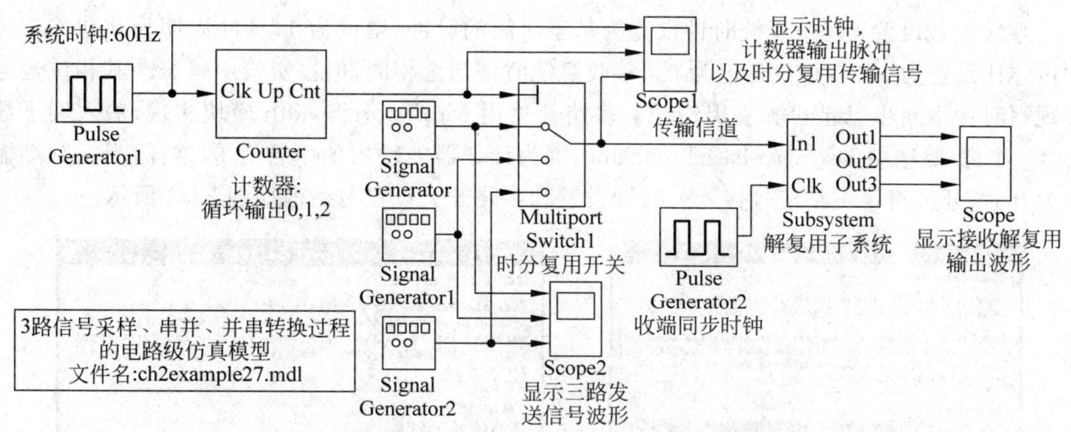

图 2.82 时分复用系统的电路原理仿真模型

在模型中,由于信号直接从发端连入收端,即没有考虑信道的时延,因此接收机系统时钟与发送系统时钟设置为同频率同相位的,在真实系统中接收时钟则必须通过时钟提取和恢复电路(例如锁相环等)来获得。接收解复用本质上是一个具有输出保持功能的多路开关,用触发子系统来实现。触发子系统的输入输出关系是:当触发端为触发脉冲上升沿的时候,触发子系统工作,此处即输入与输出端直通;否则,触发子系统处于失效状态,输出端将保持原有值。因此这里的触发子系统就相当于一个具有采样脉冲输入端的零阶保持电路。将接收系统时钟进行 3 分频并移相,使其周期等于发送轮询开关的循环周期,即一个数据帧周期,而脉冲相位(上升沿)分别对准各路信号的时隙。本例仍然用 Counter 模块来完成 3 分频和移相。Counter 模块可设置为计数器模式或分频器模式。在发送端使用其计数器模式,从其 cnt 端输出计数值,当计数值达到设定最大值时自动回零。而本例采用 hit 端作为输出,当计数值等于某个设定值时输出为高电平,否则输出为零,这样,通过设定 hit 值和计数器最大计数值就可以达到要求的分频和相移功能。最后,用示波器 Scope 观察解复用后的 3 路输出。

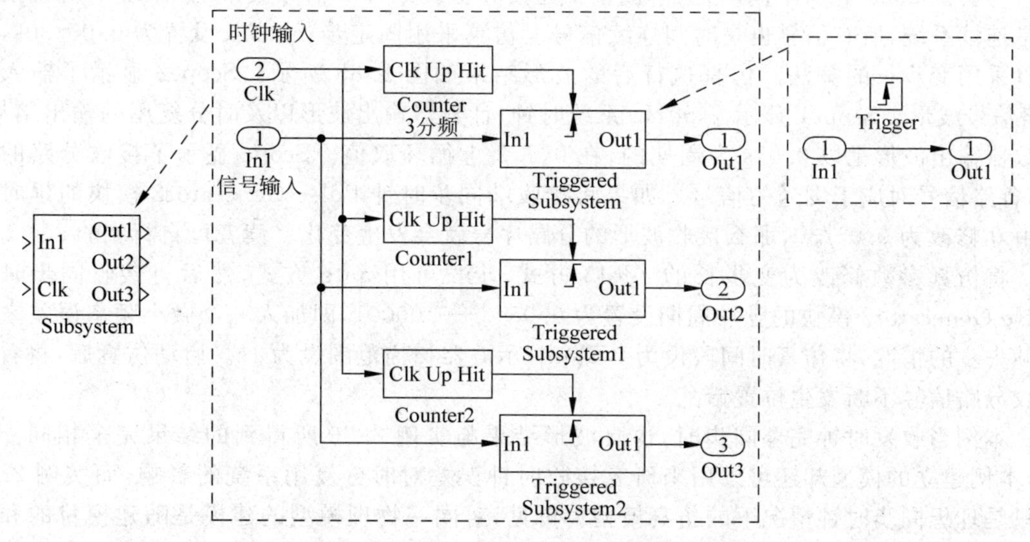

图 2.83 接收机解复用子系统的内部结构

系统参数设置：发送系统时钟设置为基于时间的脉冲，幅度为1，脉冲周期为0.05/3s，脉冲占空比设置为50%，相位延迟为0。接收系统时钟与之相同，但在实验中可修改其相位延迟来观察时钟不同步引起的解复用错误。多路开关用Multi-port Swidth模块实现，输入端子数为3。注意，要选中Use zero-based indexing，因为计数器的输出值中含有0，这样，当控制端输入为0时，开关将第1路信号接入。时钟设置和多路开关设置对话框如图2.84所示。

Block Parameters: Pulse Generator1

Pulse Generator

Generate pulses at regular intervals where the pulse type determines the computational technique used.

Time-based is recommended for use with a variable step solver, while Sample-based is recommended for use with a fixed step solver or within a discrete portion of a model using a variable step solver.

Parameters

Pulse type: Time based

Amplitude: 1

Period (secs): 0.05/3

Pulse Width (% of period): 50

Phase delay (secs): 0

Interpret vector parameters as 1-D

OK Cancel Help Apply

(a) 时钟设置

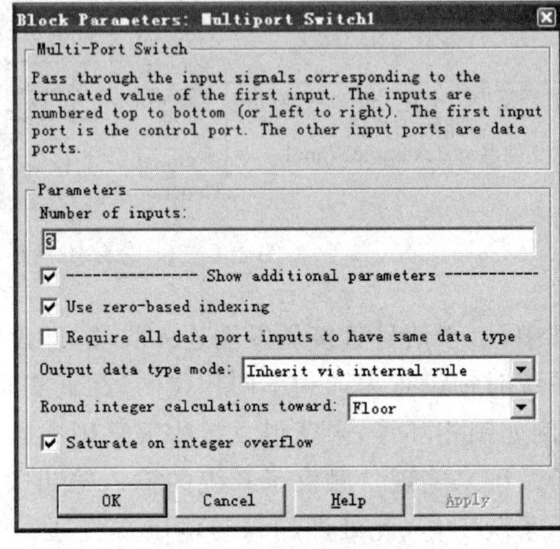

(b) 多路开关设置

图2.84 时钟设置和多路开关设置的参数

发送端与接收端的Counter模块设置略有不同。两者都设置为脉冲上升沿计数模式，并为升计数，最大计数值为2，之后自动归零，以达到3分频的功能。发端计数器的输出端口设置为Conut模式，接收端则设置为Hit模式，为了达到移相目的，接收端子系统中3个分频器的Hit Value应分别设置为0,1,2，使输出脉冲上升沿位置对准3路信号传输的各自时隙位置。发送端与接收端的Counter模块设置对话框和参数如图2.85所示。

与实例2.26有所不同的是，本例整个建模和仿真是针对信号波形的，系统中所有模块均是连续系统，所有信号也是时间连续信号。仿真采用固定步长，步长设置为0.05/30s，也可以采用变步长的算法。仿真执行后的波形结果如图2.86所示。Scope2显示了输入的3路信号波形。Scope1显示了60Hz系统时钟，计数器输出波形以及时分复用的输出结果。计数器输出波形是以0.05s为周期的，在0,1,2上循环取值。Scope显示了接收分路的输出，各路信号对应于发送的信号。如果将接收端同步时钟Pulse Generator2模块的延时参数由0修改为0.05/30，那么接收波形的分路序号就会发生变化。读者可自行实验。

将仿真参数修改为变步长的ode45方式，步长可用auto方式，然后将接收同步时钟Pulse Generator2模块的脉冲周期设置为0.05/3+0.00001，即加入一个微小频率误差来模拟帧失步的情况，将仿真时间段设为0到inf，示波器扫描范围设为1s。启动仿真后，将看到接收分路信号不断发生位置错乱。

本例当收发时钟完全同步时，仿真波形结果与实例2.26所得到的结果完全相同。但是，本例建立的模型却还可以用来研究接收时钟误差对时分复用系统的影响，而实例2.26则只是理想同步时钟情况下的仿真模型。可见，对同一物理模型的建模是随建模目的和仿真测试指标不同而变化的。

Block Parameters: Counter

Counter (mask) (link)

Count up or down based on input count events. If the "Count event" is set to "Free running" the output updates at the specified sample time.

Parameters

Count direction: Up

Count event: Rising edge

Counter size: User defined

Maximum count: 2

Initial count: 1

Output: Count

Hit value: 32

☐ Reset input

Samples per output frame: 1

Sample time: 1

Count data type: Double

Hit data type: Logical

OK　Cancel　Help　Apply

(a) 发送端计数器设置

Block Parameters: Counter 3分频

Counter (mask) (link)

Count up or down based on input count events. If the "Count event" is set to "Free running" the output updates at the specified sample time.

Parameters

Count direction: Up

Count event: Rising edge

Counter size: User defined

Maximum count: 2

Initial count: 1

Output: Hit

Hit value: 0 ←三个分频器分别设置为 0,1,2 以移相

☐ Reset input

Samples per output frame: 1

Sample time: 1

Count data type: Double

Hit data type: Logical

OK　Cancel　Help　Apply

(b) 接收端分频器设置

图 2.85　发送端与接收端的 counter 模块设置对话框和参数

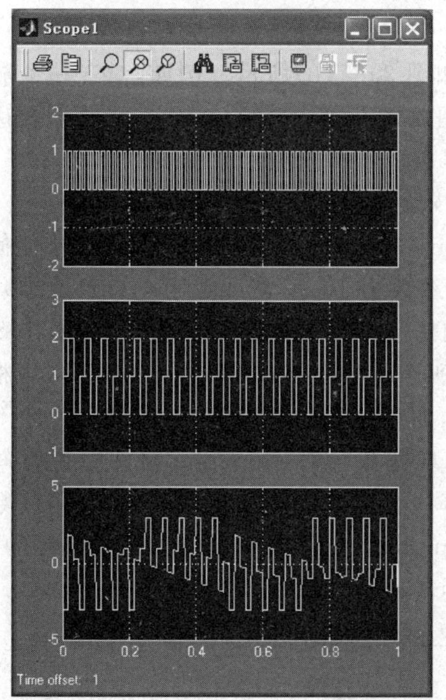

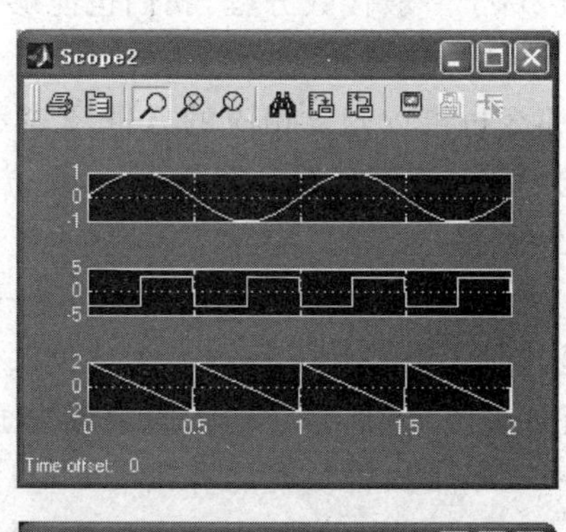

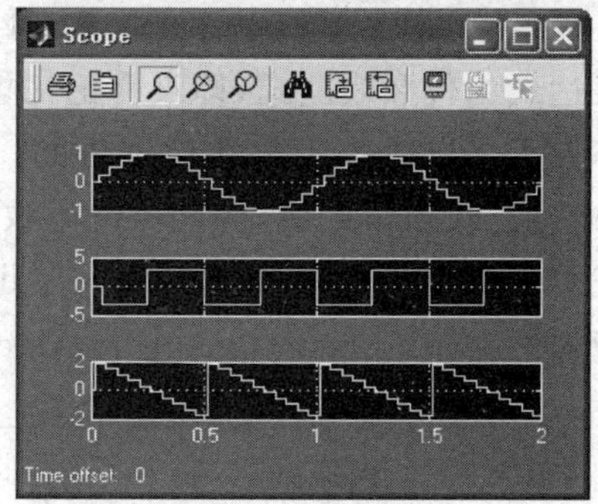

图 2.86　仿真执行后的波形结果

2.6.4 用 Simulink 求解方程

Simulink 对动态系统的仿真过程本质上就是求解动态方程的过程，事实上，对于代数方程 Simulink 也能够求解。可以把 Simulink 建模的过程看作是一种数学方程的图形化表达过程。回顾通过状态方程建模的过程，为表达简单，下面只讨论一阶情况，高阶情况类似。一阶状态方程的一般形式可写为

$$\dot{x} = g(x) \tag{2.129}$$

其中，$g(x)$是以 x 为变量的代数表达式，由此得出的方框图如图 2.87(a)所示，方程中等号两端变量在方框图中以信号反馈的形式连接起来了，把变量视为一个信号，含义很直接，即变量 x 经过函数 $g(\cdot)$的运算结果就是$\dot{x}$，而$\dot{x}$经过积分将得出 x。任何状态方程都可以用这种方法表达为方框图或信号流图。

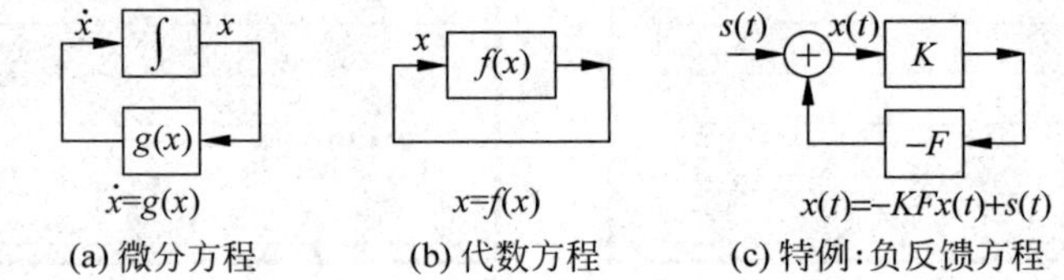

图 2.87 数学方程的方框图等价描述

显然，对于一般代数方程，我们也能够将其表示为

$$x = f(x) \tag{2.130}$$

的形式，那么也可以画出相应的方框图表示，如图 2.87(b)所示。例如，对于一个放大系数为 K 的放大器，若其反馈系数为$-F$，其方框图如图 2.87(c)所示，对应的数学表达为一个代数方程，写为

$$x(t) = -KFx(t) + s(t) \tag{2.131}$$

这显然是一般代数方程的一个特例。用 Simulink 来对其建模仿真，看结果如何。仿真测试系统如图 2.88 所示。输入为常数 1，放大系数为 10，反馈系数为-1(负反馈)，因此方程为 $x=-10x+1$，轻易就能算出 $x=1/11$，则仿真结果是正确的。但是，仿真中 Simulink 会出现告警信息，指出模型中存在代数环路。所谓代数环路，就是在信号流图或方框图中环路增益表达式为代数表达式(即没有记忆模块，如积分器延迟器等)的环路。由于 Simulink 求解动态方程是以微小步长迭代进行的，当出现代数环时，Simulink 将在每个时间步上调用循环，通过迭代求解问题，因此可能导致仿真执行速度大为降低。所以，利用代数环建模来求解代数方程不是一种好的方法。为此，Simulink 专门提供了求解代数方程的方法，即用基本模块库 Math Operations 中的 Algebraic Constraint 模块，举例如下。

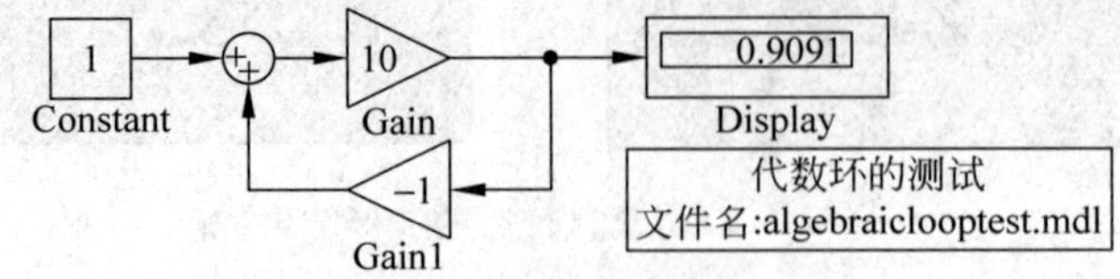

图 2.88 一个负反馈系统构成的代数环

【实例 2.28】 用 Simulink 求解方程

$$x^2 - 2x - 15 = 0 \tag{2.132}$$

显然，上述方程有两个解 $x_1=5, x_2=-3$。图 2.89 给出了 3 种模型，都能够实现求解。Algebraic Constraint 模块的输出端连接方程 $f(x)=0$ 的自变量 x，输入端连接方程的计算输出，即方程的右端。Algebraic Constraint 模块可以设置初始猜测的解，如果方程存在多个解，则所得出的数值结果是最接近于初始猜测值的那个解。

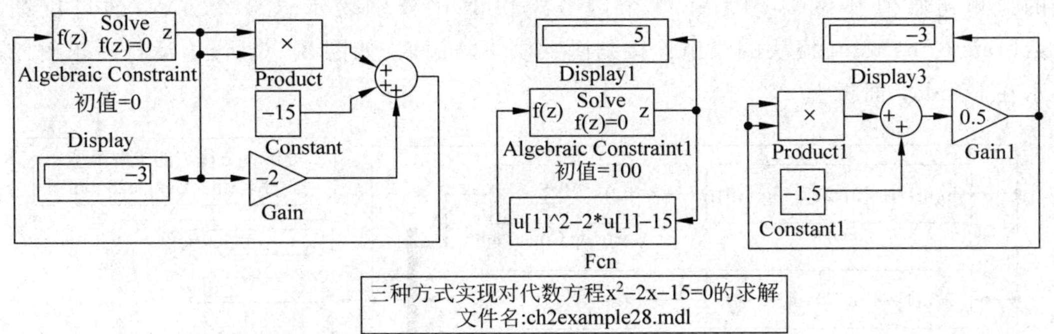

图 2.89 3 种求解方程 $x^2-2x-15=0$ 的模型和结果

第一种模型中用模块来搭建方程表达式，设置猜测解为 0，所以计算结果为 −3。第二种模型使用函数模块 Fcn 来直接写表达式，设置猜测解为 100，计算结果是 5。如果将方程改写为 $x=(x^2-15)/2$，则可得出第三种模型，但这种模型中含有代数环，且不能设置初始的猜测解，其求解结果为 −3。

【实例 2.29】 用 Simulink 求解非线性方程组

$$\sin x + y^2 + \ln z - 7 = 0 \tag{2.133}$$

$$3x + 2^y - z^3 + 1 = 0 \tag{2.134}$$

$$x + y + z - 5 = 0 \tag{2.135}$$

在猜测值 $[x,y,z]=[1,1,1]$ 时的数值解。

先用编程方法求解，然后再以 Simulink 模型来验证。编程时，首先需要为该方程组建立相应的方程函数文件，取名为 funxyz.m，代码如下。

【程序代码】 funxyz.m

```
function F = funxyz(input)
x = input(1); y = input(2); z = input(3); % 设置 3 个自变量名称
F = [0; 0; 0];
% 下面是对应方程的表达式
F(1) = sin(x) + y^2 + log(z) - 7;
F(2) = 3 * x + 2^y - z^3 + 1;
F(3) = x + y + z - 5;
```

将 funxyz.m 保存在 Matlab 的搜索路径中，然后在 Matlab 命名窗口输入以下指令就可以求解方程了：

```
>>xyz_init = [1,1,1]; % 解的猜测值
```

```
>>xyz = fsolve('funxyz',xyz_init,optimset('fsolve'))
Optimization terminated successfully:
First-order optimality is less than options.TolFun.
xyz =
0.5991    2.3959    2.0050
```

Simulink 模型中需要 3 个 Algebraic Constraint 模块分别对应 3 个位置变量，并设置它们的猜测初始值都为 1，然后用 3 个函数模块 Fcn 分别表示这 3 个方程，通过反馈将 Algebraic Constraint 模块的输出连接到函数模块的输入，如图 2.90 所示，运行后求解结果显示在 Display 面板上。

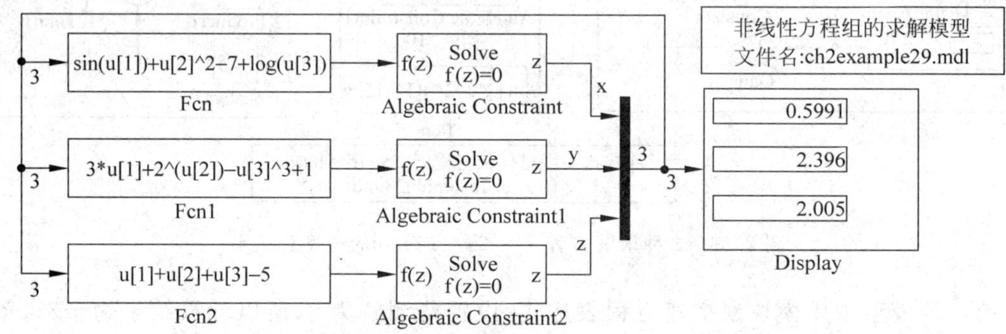

图 2.90 求解非线性方程组的测试模型和结果

2.6.5 同一数学模型的多种计算机仿真实现方法

从以上实例中可知，对相同的数学模型可以选择多种计算机仿真建模方式，这些建模方式各有其优点，在实际应用中需要根据所仿真的对象以及建模者的编程经验加以选择。多种计算机建模方法也为用户提供了一种程序验证的途径，即对同一数学模型的不同计算机建模仿真的结果一定是相同的，否则必然有至少一个计算机模型存在错误，分析和寻找错误有助于用户对数学模型更深入的理解。本章采用了编程和 Simulink 的多种方法对单摆、*RLC* 电路等进行了建模和仿真，读者可对这些实例细加研究，举一反三，将其思想方法熟练应用到所研究的题目中去。

2.7 声卡在 Simulink 仿真模型中的应用

Matlab 提供了音频接口能力，可以通过简单命令直接访问声卡，大大简化了音频信号处理的数据输入输出编程，使信号处理的结果能够真实地被人感知。在 Windows 版本 Simulink 的 DSP Blockset 中提供了图形化模块来对音频信号的输入输出和存储进行操作，使音频信号的仿真实验更加生动真实。Matlab/Simulink 的最新版本(如 2007a)中还提供了多媒体文件(mp3、wma 等)的读写指令和模块，而且处理视频图像也较以前方便了。

2.7.1 Matlab 与声卡的接口函数

对于配置了声卡并连接了麦克风的计算机，Matlab 中可以采用命令 wavrecord 来录音，其调用格式是：

```
y = wavrecord(n,Fs,ch,dtype);
```

其中，n 为总的取样点数，Fs 为取样速率（样点/s），标准取样速率可设为 8000、11025（默认）、22050 以及 44100 样点/s。用户也可以设定其他取样速率值，如 Fs＝10000，但须满足取样定理要求，否则将导致录音结果失真。ch 为录音声道数，默认 ch＝1，为单声道录音；若 ch＝2，则为立体声录音，这时需要声卡能够支持双声道录音并配有两个话筒。dtype 为记录的数据格式，有 double（默认），single，int16，int8 等几种类型。wavrecord 的一个常用例子如下：

```
>>Fs = 8000;            % 设置录音采样率为 8000 次/s
>>T = 5;                % 录音时间长度为 5s
>>y = wavrecord(T * Fs,Fs);
   % 以 double 格式记录样值，单声道，输出值 y 在 -1～1 之间
   % 回车之后开始录音，5s 之后将自动执行下一句
>>wavplay(y,Fs); % 播放刚刚录音的结果
>>whos
whos    Name        Size            Bytes Class
Fs        1x1                       8   double array
T         1x1                       8   double array
y    40000x1                   320000   double array % 录音结果
Grand total is 40002 elements using 320016 bytes
>>
```

需要强调的是，录音采用均匀量化规则，输出序列 y 是一个 $n\times1$ 的数字序列，对于 double（默认），single，int16 的数据类型，每个样值的量化精度将大于等于 16bit（最高精度取决于声卡指标），这对于一般工程研究是足够的，可以忽略量化过程中引入的量化噪声。例如，当要研究 8bit A 律 PCM 的语音质量时，就可以将 16bit 输出的录音结果视为量化之前的取样样值序列。

使用指令 wavplay 或 sound 可以将一个数字序列按照指定的采样率通过声卡输出到扬声器。wavplay 指令一般用于 Windows 操作系统下，Sound 指令则用于跨平台的操作。wavplay 指令的用法是：

```
wavplay(y,Fs)
wavplay(…,'mode') % mode 可取值 async 或 sync
```

其中，y 是被播放的数字序列（取值范围必须在－1～＋1 之间），当 y 为 $n\times1$ 矩阵时，为单声道播出；当 y 为 $n\times2$ 矩阵时，则将各列分别送入左右两个声道播出。Fs 是播放的采样率，默认值为 11025Hz，一般声卡支持的 Fs 范围是 5000～44100Hz。当播放模式设置为 sync（默认）时，表示同步播放，即执行该指令完毕之后（声音播放完毕）才执行下一条语句；当播

放模式设置为 async 时，则表示异步播放，即将该命令的数据送入声卡后，立即开始执行下一语句。例如：

```
load chirp;                % Matlab自带的测试数据：鸟叫声
wavplay(y,Fs,'sync');      % 播放鸟叫声，直到播放完毕
load gong;                 % 才开始执行词句：调入测试数据：铜锣声
wavplay(y,Fs);             % 播放铜锣声。这样鸟叫声完毕后才开始铜锣声
pause;                     % 按任意键继续实验
load chirp;
wavplay(y,Fs,'async');     % 播放鸟叫声，同时调入
load gong;                 % 铜锣声并播放
wavplay(y,Fs);             % 听到的是鸟叫声和铜锣声的混合
```

sound 指令的用法是：

```
sound(y,Fs)
sound(y)
sound(y,Fs,bits)
```

其中，y 是被播放的数字序列，当 y 为 $n\times1$ 矩阵时，为单声道播出，当 y 为 $n\times2$ 矩阵时则将各列分别送入两个声道播出，但是其取值范围必须在－1～＋1之间，超出范围的将被限幅。Fs 是播放的采样速率，但默认值为 8192Hz。bits 的取值为 8 或 16，用来指定每个样值所使用的量化比特数。sound 指令只能是异步的，即将数据送入声卡后立即执行下一语句。

Matlab 也可以将记录的音频信号直接保存为 wav 格式或 au 格式。在 Windows 环境中，wav 格式是最常用的；在 Unix/Linux 系统中，au 格式则是通行的。利用命令

```
wavwrite(y,Fs,'filename');
```

就可以将向量 y 存储为取样率为 Fs 的 wav 音频文件。wav 文件可以采用 Windows 中的多媒体播放器播放。

如果要保存为 au 格式，则采用命令

```
auwrite(y,Fs,'aufile');
```

注意：数字音频信号的向量 y 是 n 行 1 列的(对于单声道而言)或 n 行 2 列的(对于双声道立体声而言)。另外，y 的取值范围要在区间[－1,1]内。

Matlab 也可以直接读取 wav 格式和 au 格式的音频文件，其常用的调用命令分别是：

```
[y,Fs] = wavread('filename');
[y,Fs] = wavread('filename',[N1 N2]);
[y,Fs] = auread('aufile');
[y,Fs] = auread('aufile',[N1,N2]);
```

wavread 指令中的 filename 为 wav 格式文件名，返回值 y 为音频样值序列，对于单声道音频文件，y 是 n 行 1 列的，对于双声道文件，y 是 n 行 2 列的。Fs 是返回的音频采样率。如果指定 N1,N2，则读取 wav 文件中从第 N1 个采样点到第 N2 个采样点之间的样值序列。auread 用法相同，但其读取文件为 au 格式。

2.7.2 Simulink与声卡的接口模块

在 Simulink 的 DSP Blockset 中提供了如下与操作平台相关的音频输入输出以及音频文件读写模块。

(1) From Wave Device：在 Windows 系统下，实时地从话筒录入音频信号数据。Simulink 在仿真过程中将“实时地”从音频接口读入一个连续的音频流数据。由于从声卡硬件输入，音频数据是真正实时的，所以 Simulink 必须通过数据缓冲来达到与声卡的速率匹配，以保证读入的音频数据不丢失。仿真开始时，音频设备开始以指定的采样速率向缓冲区写入数据，而 From Wave Device 模块立即按照先进先出(FIFO)的原则从缓冲区读出数据，并将这些读出数据组成指定长度的数据帧输出。如果缓冲区设置过小，可能造成 Simulink 来不及读取音频输入设备输入的数据而造成数据丢失或硬件错误，这时可适当增加缓冲区加以解决，也可以增加数据帧长度来提高 Simulink 的读取效率。From Wave Device 模块的设置参数如下。

- 采样率：默认为 8000 次/s，可选择音频记录的标准采样率，也可以设置其他非标准采样率。
- 采样宽度：设置每个采样值所代表的比特数，可设置为 8、16 和 24，默认为 16。
- 是否选择立体声：如果选择，则使用双声道记录，需要音频设备也支持立体声录音。
- 每帧长度：增加帧长度将提高 Simulink 读取效率，默认值为 512 样值。
- 队列延时：即硬件输入到缓冲区所能存放音频数据样值对应的时间，默认值为 3s。
- 数据格式：可设置为 uint8、int16、single 格式，默认为 double。

(2) From Wave File：从 wav 音频文件中“实时地”读入数据并输出。对应命令为 wavread，其设置参数如下。

- 音频文件名：可指明路径。若文件与模型在相同目录下，则填 .\filename.wav。
- 每帧的样值数 M：当 M=1 则输出基于采样格式的，当 M>1 则输出基于帧格式的。默认值为 256。
- 每次从文件中读入的最少样值数：默认值为 256。
- 数据格式：可设置为 uint8、int16、single 格式，默认为 double。

(3) To Wave Device：将音频数据通过声卡输出到喇叭，等价于 sound 指令。Simulink 也是将音频数据送入缓冲区，然后由音频设备从缓冲区读出数据并输出到喇叭，其设置参数如下。

- 队列延时：即仿真开始时，Simulink 输入到缓冲区所能存放音频数据样值对应的时间，默认值为 2s。如果播放声音存在间断，可适当增加队列延时。还可以在 To Wave Device 之前加入 Buffer 模块以将数据以帧为单位送入硬件，从而提高 Simulink 与硬件的交互效率。
- 初始输出延时：即初始输出到音频设备的时延值，默认为 0.1。
- To Wave File：将音频数据写入 wav 文件中，等价于 wavwrite 命令，其设置参数：音频文件名。

采样值宽度：默认为16。

每次写文件的最小样值数：默认为256。

【实例2.30】 将一个幅度为0.3的800Hz正弦波与一个幅度为0.5的1000Hz方波分别送入音频设备的左右声道播出，同时将信号记录为wav文件。要求音频采样率为44100次/s，仿真时间长度为5s，同时用示波器观察波形。

用连续信号源Signal Generator分别依据题设要求设置参数，产生两个所需的信号，用Mux合路后，通过零阶保持器将其采样得到时间离散信号，采样时间间隔为1/44100。在送入To Wave Device模块之前，用Buffer模块将数据组成长度为64的帧，同时将数据送入To Wave File，设置保存的文件名为.\myaudio.wav。模块其余参数采用默认值。系统测试模型和波形结果如图2.91所示，如果计算机声卡设置正确并接通喇叭，则仿真执行中将从左右两个喇叭中听到不同频率的声音。修改Buffer设置以减小数据帧长度，则声音输出将出现间隔。

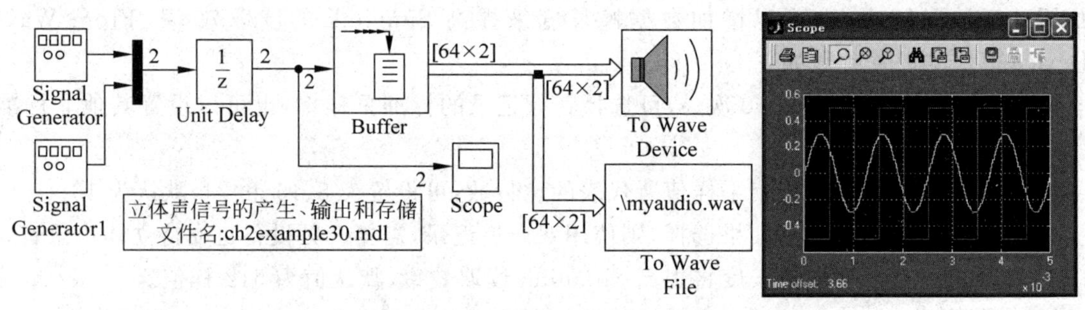

图2.91 立体声音频的产生、播放和存储测试模型与仿真波形结果

【实例2.31】 音频信号的乙类功率放大器模拟和半波失真。

本例将模拟一个乙类功率放大器的工作过程。乙类功率放大器利用两个晶体管组成两路并行的放大器，分别对输入信号的正半周和负半周进行放大，最后将放大结果波形合成起来再送入喇叭。如果其中一个放大器失效，则输出信号仅仅是输入信号的正半周或者负半周，这样的信号是严重失真的，那么失真信号在听觉上是如何的呢？传统的实验必须实际构造这样一个失效的乙类功率放大器，才能听到结果。现在，Simulink为用户提供了极为简单的建模手段来进行这样有趣的试验。

通过读入音频文件作为输入信号，然后用基本模块库Discontinuities中的Saturation模块来分离信号的正半周和负半周。Saturation模块可以设置上下两个门限，当信号超出设定门限时被限幅，所以，如果设置其中一个门限为零，另外一个门限为无穷大，则信号的负半周将被阻止通过；反之，如果设置一个门限为负无穷大，一个门限为零，则信号的正半周将被限幅为零。用增益模块来模拟两路并行放大器，如果设置了不同的增益，则模拟了两路放大器失衡的情况。系统测试模型如图2.92所示。如果将放大器Gain的增益设为零，则上半周信号失效，这时输出将只剩下信号的负半周了，音乐输出将严重失真，听觉上就不如原信号那么圆润了。本例通过Buffer将基于帧的并行信号进行串行化，转换为基于样值的格式，送入示波器，这样示波器将显示出声音波形，如图2.93所示。

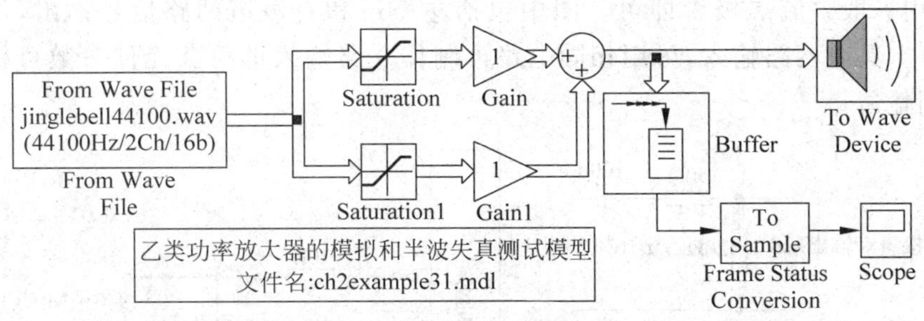

图 2.92 音频信号的乙类功率放大器模拟和半波失真测试模型

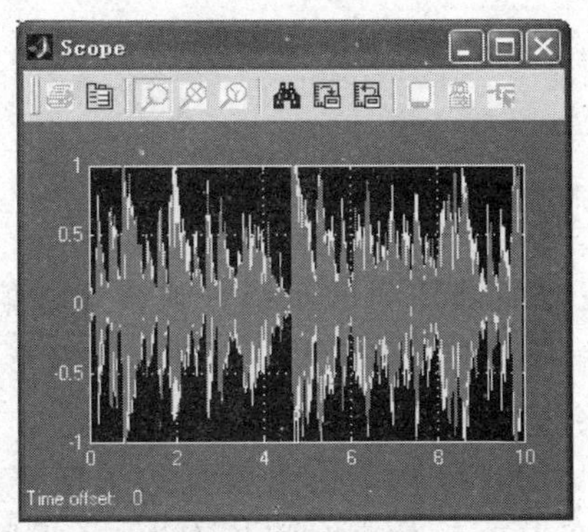

(a) 无失真的输出音乐信号波形

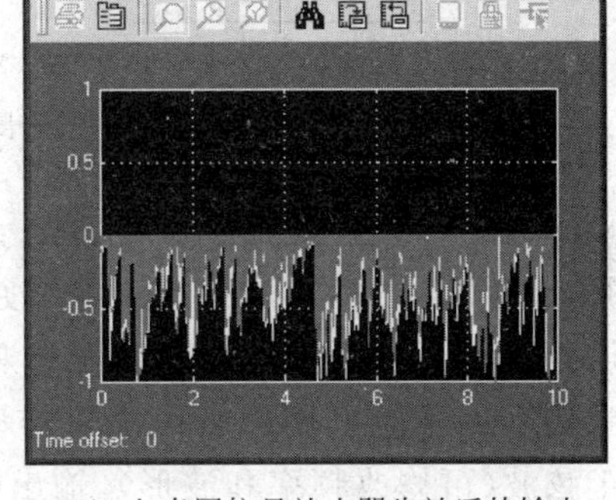

(b) 上半周信号放大器失效后的输出

图 2.93 音频信号的乙类功率放大器的仿真输出波形

2.7.3 在 Simulink 中组建虚拟仪器

由于 Matlab/Simulink 提供了强大的音频接口函数和模块，用户可以充分利用音频设备来完成以往需要昂贵的专用设备才能完成的实验。将 Simulink 信号源模块与音频输出模块结合起来，可以从声卡同时输出 2 路独立的信号，通过制作相当简单的隔离电路，用户就可以从声卡的喇叭输出插口引出信号来供外部硬件系统使用。这样，用户就可以从音频接口输出任意波形的周期信号、用伪随机数模拟的音频白噪声等。通过 wav 文件读入模块和音频输出模块的组合，可以输出任意语音、音乐构成的音频信号，组成一个简单的但是可以自己灵活设计的音频播放器。当然，由于声卡并非为专业的测试仪器而设计，其输出非正弦波时(如方波、三角波等)会产生严重失真，这是在实验中需要注意的。

类似地，利用音频输入模块可以从声卡的线路输入口或话筒输入口引入信号，在 Simulink 中就可以通过示波器等虚拟设备观察真实的外部硬件产生的信号波形。同样，通过简单的硬件接口电路就可以将信号引入到声卡。接口电路的目的是为了衰减输入信号以匹配话筒或线路输入所需要的弱信号，并且防止外部信号过强而对声卡造成损害。声卡对外部测试电路的连接存在一定的危险性，一定要保证外部输入信号的幅度不超过 5V，且外部电路的接地端与计算机的接地(机壳)以及与大地连接良好。最简单的输入、输出隔离电路可用无源阻容网络构成，如图 2.94 所示，其输入接口中两个反向并联的二极管是起保护作用用的，选用一般整流二极管即可。图中包括左声道和右声道两路信号输出，一路话筒输入。如果声卡具有两路输入，可用相同电路再制作一路输入即可。元件参数可根据被测信号幅度而调整。

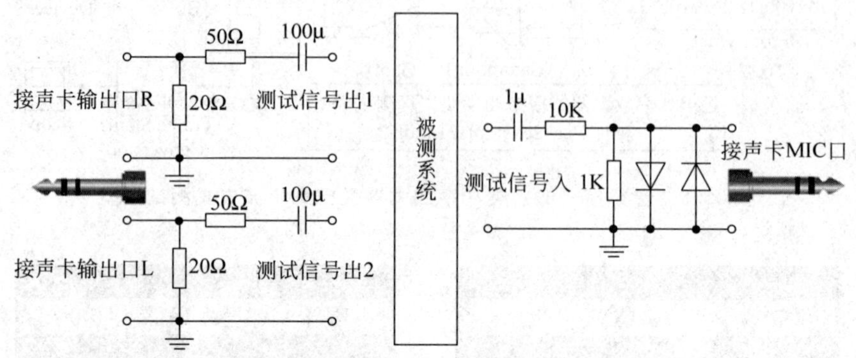

图 2.94　连接声卡的简单外部接口电路

【实例 2.32】 一个虚拟信号源和虚拟示波器的回环测试系统。观察虚拟信号源产生的信号通过声卡输出，然后再通过声卡的线路输入口或话筒输入口回环后的波形失真情况，对比回环前后的信号波形，并以李沙育图形观察两波形的相位差。

为了测试声卡，本例采用声卡最高采样率 44100Hz 作为仿真模型的采样率，测试信号为 500Hz 正弦波(可修改频率和波形)，输出幅度为 0.5，仿真时间长度为 5s，采用固定步长的算法，步长可设置为自动。系统测试模型如图 2.95 所示。其中，零阶保持器的采样时间为 1/44100s，其输出为离散时间信号，经过大小为 512 的缓冲器组帧之后送入音频输出模块，接着通过音频输入模块将信号引入后，利用大小为 1 的缓存器模块将帧信号进行串行化高速输出，并转换为基于采样的格式以便示波器观看波形，同时，示波器将观看信号源的原始输出以进行对比。最后，通过 To File 模块将两路信号保存在文件名为 ch2example32Adata.mat 的数据文件中备用，To File 模块中设置保存变量名为 wavdata。这样，wavdata 将是一个 3 行 N 列的矩阵，其中第一行为仿真的时间序列，以后各行分别是相应的信号序列。

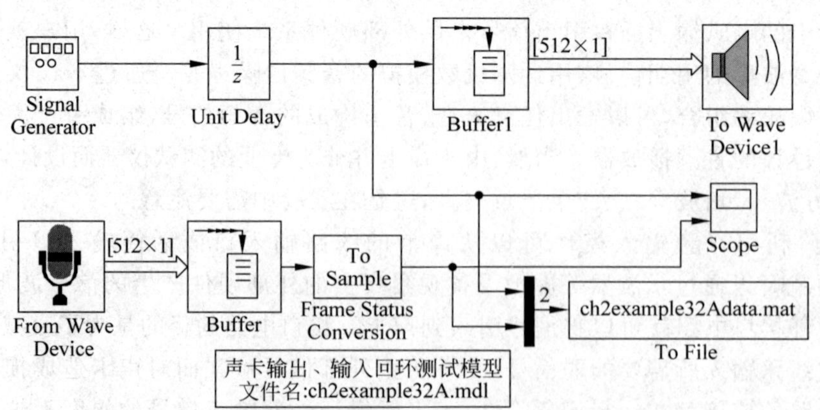

图 2.95　一个虚拟信号源和虚拟示波器的回环测试系统模型

仿真之前，按照以下3种方法之一进行输出输入信号回环：

(1) 接通喇叭和话筒并将话筒置于喇叭附近，以便输出声音能够通过话筒回环到模型中。

(2) 也可以使用图2.94所示的电路将信号输出口与输入口连接起来。

(3) 如果声卡具有内部回环功能，还可以通过Windows音量控制面板中的“录音控制”对话框选中“立体声混音”选项，这样录音将从声卡输出回环，而不再使用话筒输入信号，如图2.96所示。

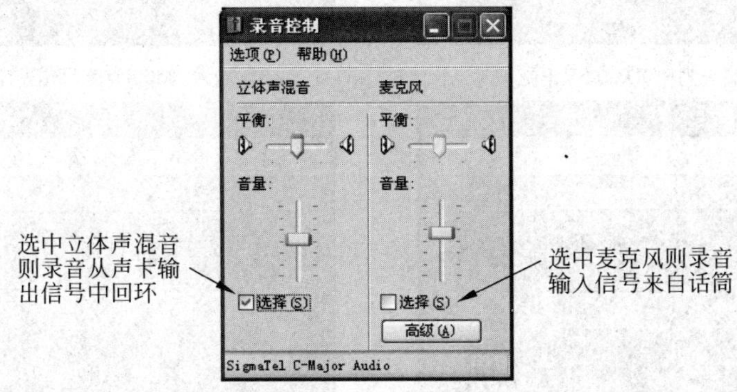

图2.96　Windows音量控制面板中的录音控制对话框的设置选项

仿真启动之后，将从喇叭中听到500Hz的单频正弦波的声音，并在模型Scope示波器中看到输出的信号和回环的信号，通过Windows音量控制面板调节输出音量大小，则回环信号的幅度也将随之改变。Scope示波器的仿真结果如图2.97(a)所示。在不改变其他设置情况下，将模型中信号源的频率修改为200Hz之后，得到的仿真结果如图2.97(b)所示。显然，输入为相同幅度但不同频率的正弦波，输出也是正弦波，但输出幅度和相位有所变化，这是由声卡输出和输入级联系统的幅度频率响应和相位频率响应决定的。因此，可以通过这样的模型大致测试出声卡的频率响应曲线来。对于方波输入，声卡的失真则相当大，这主要是由方波中谐波成分的相位失真引起的。将输入信号分别设置为500Hz和200Hz方波，回环信号的仿真测试结果如图2.97(c)和图2.97(d)所示。

对于原正弦信号和回环后的正弦信号之间的相位关系可用李沙育图形来观察。实验时，将两个频率相同或具有整数倍关系的正弦波分别送入示波器的X通道和Y通道，如果两个信号幅度相同，频率相同，相位相差90度，则示波器上将显示出一个圆环；如果两者相位差不为90度，则显示为椭圆环；如果频率存在少许差异，则显示的图形是不断变化的，这样的图形称为李沙育图形。利用李沙育图形可以大致了解两个正弦信号之间的频率和相位关系。在Simulink中用Sinks模块库中的XY Graph模块来模拟示波器的X通道和Y通道同时输入信号的情况。首先运行500Hz正弦波回环仿真，其仿真波形数据将自动保存在数据文件ch2example32Adata.mat中，然后再通过图2.98所示的模型将数据读出来，并送入XY Graph模块和示波器模块显示，将原信号送入X通道，回环结果送入Y通道。由于输出数据缓存，所以回环信号在仿真开始阶段为零，这时的李沙育图形是一条水平线段，其长度等于输入正弦波的最大值与最小值之差。当回环信号到来后，李沙育图形显示为椭圆。图2.99给出了仿真运行的结果。

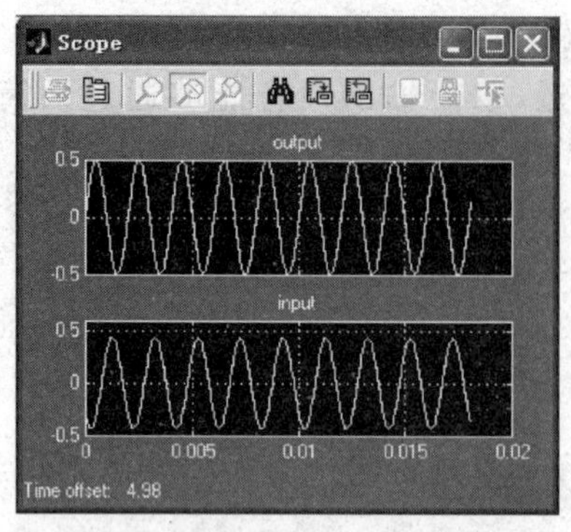

(a) 输入为500Hz,0.5V正弦波

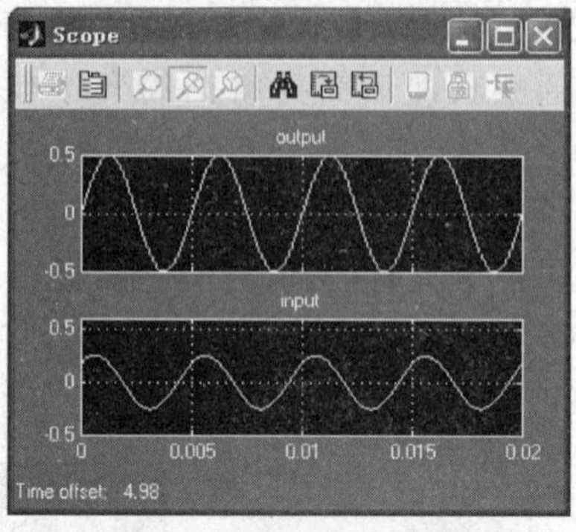

(b) 输入为200Hz,0.5V正弦波

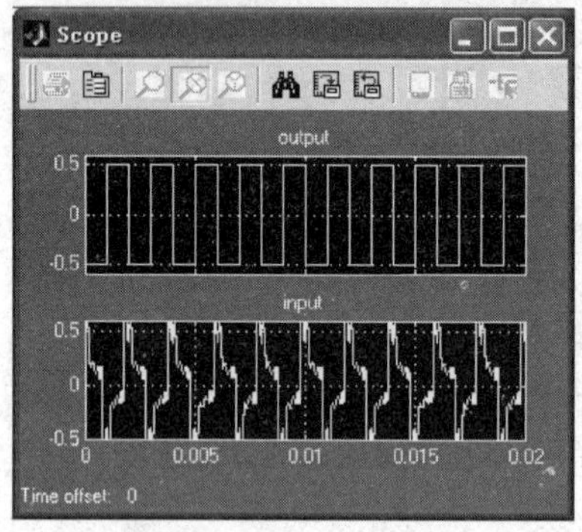

(c) 输入为500Hz,0.5V方波

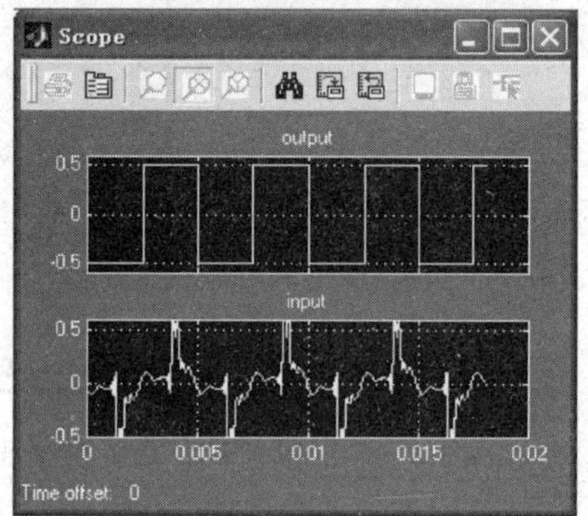

(d) 输入为200Hz,0.5V方波

图 2.97 不同输入频率和波形下的回环波形结果

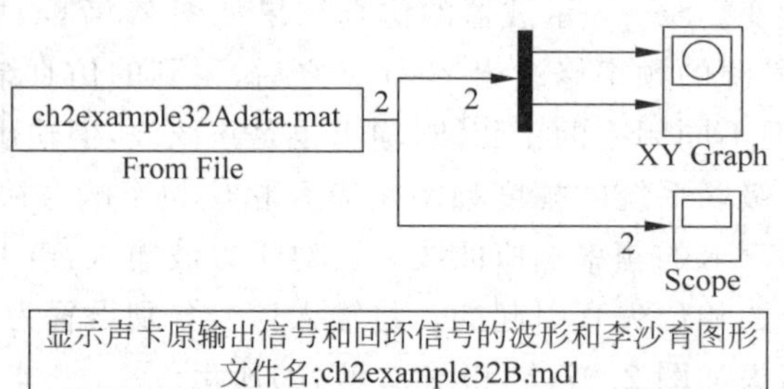

图 2.98 用李沙育图形测试回环信号与原信号之间的相位关系的模型

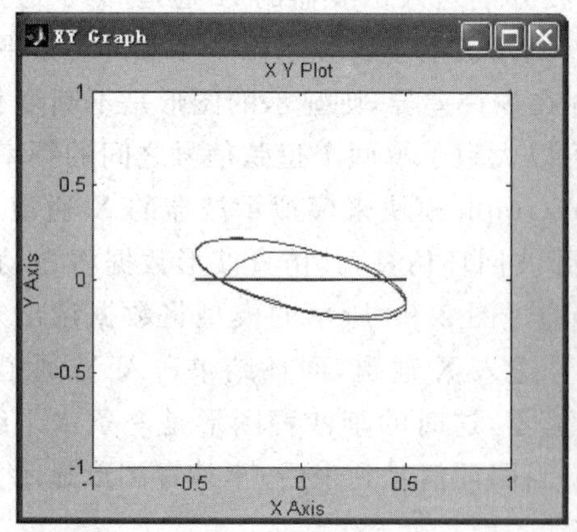

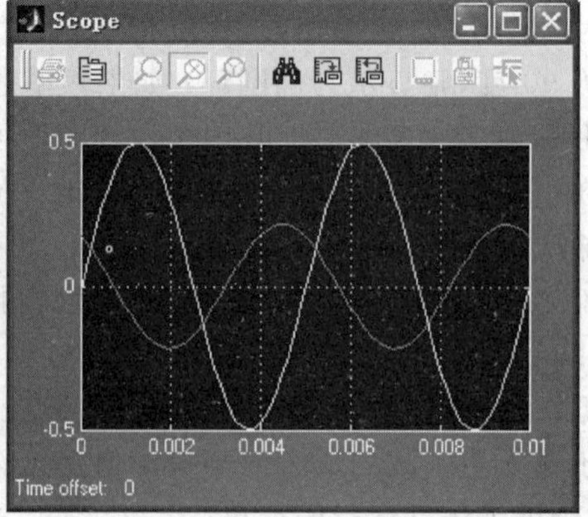

图 2.99 李沙育图形测试仿真结果

2.8 小结与文献综述

本章从动态系统模型(微分和差分方程组)的建立方法出发,讨论了对确定系统仿真的实质,即仿真是对微分和差分方程构成的系统状态方程的数值计算过程,并说明了数值计算的 Matlab 程序实现方法。接着叙述了数值求解微分方程的标准接口函数的编写和运行过程,并以此作为基础,说明了 Simulink 可视化建模的实质就是进行模型状态方程的建立和数值求解过程,而这一过程也具有标准的调用接口函数——S 函数。一旦掌握了 S 函数的编程原理和调用过程,也就在本质上理解了 Simulink 的工作原理,就可以利用 S 函数来实现 Simulink 中的所有模块功能了。本章通过 S 函数实现信源、传输处理和信宿 3 种不同类型的模块演示了这一编程方法的应用。

模型中各模块之间的数据类型、速率和相互接口关系是 Simulink 建模需要特别考虑的问题,本章也通过实例讲解了数据存储格式和转换方法,将单一速率系统模型推广到多速率和混合系统建模仿真情况。

本章还说明了同一数学模型用多种计算机编程建模方式来实现的方法,根据仿真目的和测试性能指标的要求不同,可以在不同层次上建模。不同的仿真实现方法也常用来对模型实现和仿真结果的有效性进行检验,在第 8 章中还将进一步讨论对模型和仿真结果的验证方法。

最后,本章还讨论了一个有趣的话题:可以利用计算机声卡接口来使仿真更加真实、生动,用户甚至可以通过计算机音频接口来实现一些简单的虚拟测试仪器。这样,仅仅利用计算机就可以完成许多以往必须在硬件实验室中才能进行的实验,特别是音频数字信号处理方面的实验,这也显示了 Matlab/Simulink 仿真技术的强大功能。

文献[14]、[28]详细说明了微分方程的各种数值求解的原理和方法,在文献[21]、[25]、[26]中讨论了数值计算的 Matlab 编程实现方法,文献[22]中给出了 C 语言的数值计算实现代码。关于 Simulink 常用模块的使用方法和原理可参见文献[21]、[26],其中也给出了 S 函数的 C,C++ ,Fortran 语言实现的例子,文献[24]还说明了 Matlab 和其他计算机语言的混合编程的调用方法。

线性系统理论方面的文献有[8]、[20]。数学建模原理方面的文献可参见[11]和[28]等。

2.9 思 考 题

(1) 用欧拉算法的统一接口程序重新对实例 2.2 进行仿真,并与 Matlab 内部库提供的求解器的求解结果进行对比。

(2) 试用 ode45 算法对实例 2.3 中的单摆数学模型[式(2.17)和式(2.18)]及其线性化近似模型式(2.49)和式(2.50)进行仿真,设置不同摆幅,观察两者的结果差别。

(3) 如何利用 ode45 进行均匀取样时间序列点上的计算?

(4) 在实例 2.6 中,对乒乓球弹跳过程的仿真程序所使用的方法是基于数据流的仿真方法还是基于时间流的仿真方法?为什么?

(5) 在考虑空气阻力而忽略碰撞损耗的情况下,重新对乒乓球弹跳过程进行建模,并用Matlab求解器进行仿真。请从物理意义上解释得出的仿真结果与实例2.6结果之间的差异。

(6) 在实例2.10的电路模型和元件参数下,若输入信号是周期为400μs的矩形波,其高电平为5V,低电平为0V,请仿真得出系统的输出响应,要求仿真时间长度大于5个信号周期。如果矩形波是双极性的,结果又有什么不同,给予物理解释。提高输入信号的频率,输出响应信号的波形以及其幅度将发生怎样的变化?

(7) 用S函数实现一个限幅器,当输入信号值小于设定的最小门限值时,输出为最小门限值;当输入信号值大于设定的最大门限值时,输出为最大门限值;如果信号值介于最小门限和最大门限之间,则直通。写出限幅器的数学模型,对S函数实现的模块进行封装,要求能够在封装对话框中设置限幅的门限。给出测试系统和测试仿真结果,并与Simulink基本库中的Saturation模块进行对比。

(8) 用S函数实现一个绝对值模块,即输出信号是输入信号求绝对值的结果。用这个绝对值模块对输入的调幅波进行检波,试仿真得出输出结果。

(9) 用S函数实现一个门限比较器,当输入大于设定门限则输出为指定的高电平,否则输出另一个指定的低电平。

(10) 用S函数实现一个具有双门限的迟滞比较器并封装,要求功能与Simulink库中的继电器模块Relay相同,并建立测试系统并得出仿真结果。

(11) 有人说既然正弦波可以表达为$y(t)=A\sin(2\pi ft+\phi)$形式,则用输入电压信号$u(t)$可直接控制其频率f,即用$f=ku(t)$就可以产生压控信号源了。这种说法对吗?为什么?用S函数尝试实现一下,并与实例2.22的结果进行对比。

(12) 用实例2.22建立的VCO模型实现一个扫频信号源,然后用这个扫频源构成一个扫频仪,并用Simulink重新实现实例2.11。

(13) 试用S函数实现一个与Simulnik基本库中的Relay模块相同的自定义模块并进行类似封装,要求制作中文的帮助文档,并给出测试系统和仿真结果。

(14) 用Simulink建模方法实现实例1.3的蒙特卡罗仿真求圆面积的过程,并在Matlab工作空间中反复调用执行,对返回仿真结果进行平均并显示出来(提示:建议使用均匀随机数产生、数学函数以及门限比较和计数器模块)。

(15) 用Simulink建模求解非线性代数方程$2\exp(x)\sin 2\pi x=0.5$在$x=1$和在$x=0$附近的解。

(16) 试用编程方法对实例2.27的时分复用电路的工作原理进行仿真。

(17) 设计一个Simulink模型,使话筒讲话的同时,在Simulink的Scope示波器上看到声音的波形,并将声音信号记录为wav文件,采样率为8000次/s。

(18) 设计一个Simulink模型,使话筒讲话的音频信号在模型中被延时2s左右,然后从喇叭输出。观察延时量与话筒和喇叭之间耦合产生自激严重程度之间的大致关系。

(19) 将一个音乐信号与一个Simulink伪随机数模块产生的噪声相叠加后从喇叭输出,要求能够调节噪声加入量的大小。

(20) 试建模并聆听一个1000Hz正弦波、1000Hz方波以及1000Hz三角波,它们在音质上为什么会有区别?采样率取44100Hz。

(21) 试建模并聆听一个从100Hz到1000Hz的线性扫频信号的声音,并同时观察其波形变化。采样率取44100Hz。

(22) 用指令wavrecord进行录音,采样率设置为8000Hz,然后以8000Hz、6000Hz以及10000Hz采样率播放录音数据,尝试快放、慢放和正常播放的听觉效果。

(23) 试用XY Graph观察两个幅度均为1的正弦波的李沙育图形。其中,一个正弦波频率为1000Hz,另一个频率为2000.5Hz,建立仿真模型,描述并解释仿真结果。

(24) Simulink原有的XY Graph模块画图时不能擦除原图,所以不适合于显示动态变化的曲线。试用S函数实现一个新的XY Graph模块,使显示图形能够不断擦除和更新。用所实现的XY Graph模块来观察上题中的李沙育图形,然后建立模型、程序,并得出仿真结果。

第3章 基本通信模块的建模与分析

3.1 滤波器模型

3.1.1 滤波器的类型、参数指标与设计

滤波器是指执行信号处理功能的电子系统，它专门用于去除信号中不想要的成分或者增强所需成分。根据性质，滤波器可以分为非线性的、线性的、时不变的、时变的（自适应的），连续的、离散的（数字的）、无限脉冲响应（IIR）的、有限脉冲响应（FIR）的等。线性时不变滤波器就是一个线性时不变系统，在不引起歧义的情况下，我们将线性时不变滤波器简称为滤波器。

一个单输入单输出的滤波器通常用其传递函数或冲激响应来表示。如果滤波器的冲激响应是一个时间连续函数 $h(t)$，那么就称为模拟滤波器，其传递函数用拉普拉斯变换 $H(s)$ 表示。如果滤波器的冲激响应是一个离散时间序列 $h(k)$，我们称其为数字滤波器，其传递函数以 Z 变换 $H(z)$ 来表示。模拟滤波器可根据传递函数综合出由模拟电路，如电阻、电容、电感组成的无源网络或由运算放大器组成的有源网络来实现。数字滤波器则通常是以时序数字电路或数字信号处理芯片和软件来实现的。

选择和过滤信号是滤波器的重要功能。从频率域上看，就是将有用的信号频率成分选择出来，而阻止其他频率成分的信号或干扰。根据信号过滤的频域特征，又可将滤波器分为低通、带通、高通、带阻、全通以及梳状滤波器等类型。能够通过滤波器的信号频率部分称为通带，而被阻止的频率部分称为阻带。模拟低通滤波器的设计和综合是滤波器设计的基础，所有其他类型的滤波器均可由模拟低通滤波器的设计结果转换得出。

根据滤波器实现中所使用的综合方法的特征不同，可将其划分为巴特沃斯（Butterworth）型、切比雪夫（Chebyshev）1、2 型滤波器、椭圆（Elliptic）型等。

本章仅介绍如何使用 Matlab/Simulink 的函数或模块来设计这些滤波器。不同类型的滤波器设计参数有所不同，这里以最常用的巴特沃斯滤波器为主加以说明。

模拟滤波器设计的 4 个重要参数如下。

- 通带拐角频率（Passband Corner Frequency）f_p（Hz）：对于低通或高通滤波器，分别为高端拐角频率或低端拐角频率；对于带通或带阻滤波器则为低拐角频率和高拐角频率两个参数。

- 阻带起始频率(Stopband corner frequency)f_s(Hz)：对于带通或带阻滤波器则为低起始频率和高起始频率两个参数。
- 通带内波动(Passband ripple)R_p(dB)，即通带内所允许的最大衰减。
- 阻带内最小衰减(Stopband attenuation)R_s(dB)。

对于数字滤波器，在设计时需要将以上参数中的频率参数根据采样率转换为归一化频率参数，设采样率为 f_N，则

- 通带拐角归一化频率 w_p(Hz)：$w_p = f_p/(f_N/2)$，其中，$w_p \in [0,1]$，$w_p = 1$ 时对应于归一化角频率 π。
- 阻带起始归一化频率 w_s(Hz)：$w_s = f_s/(f_N/2)$，其中 $w_s \in [0,1]$。

所谓滤波器设计，就是根据设计的滤波器类型和参数计算出满足设计要求的滤波器的最低阶数和相应的 3dB 截止频率(Cutoff Frequencies)，然后进一步求出对应的传递函数的分子分母系数。

模拟滤波器的设计是根据给定的滤波器设计类型、通带拐角频率、阻带起始频率、通带内波动和阻带内最小衰减来进行的。数字滤波器则还须考虑采样率参数，并常以通带截止归一化频率和阻带起始归一化频率来计算。

1. 求滤波器的最小阶和 3dB 截止频率

Matlab 中提供了 butter，cheb1ord，cheb2ord，ellipord 4 个函数来分别设计巴特沃斯型、切比雪夫 1、2 型滤波器以及椭圆型模拟滤波器或数字滤波器。它们的调用格式相同，如下：

```
[n,Wn] = buttord(Wp,Ws,Rp,Rs)          % 巴特沃斯型数字滤波器
[n,fn] = buttord(fp,fs,Rp,Rs,'s')      % 巴特沃斯型模拟滤波器
[n,Wn] = cheb1ord(Wp,Ws,Rp,Rs)         % 切比雪夫 1 型数字滤波器
[n,fn] = cheb1ord(fp,fs,Rp,Rs,'s')     % 切比雪夫 1 型模拟滤波器
[n,Wn] = cheb2ord(Wp,Ws,Rp,Rs)         % 切比雪夫 2 型数字滤波器
[n,fn] = cheb2ord(fp,fs,Rp,Rs,'s')     % 切比雪夫 2 型模拟滤波器
[n,Wn] = ellipord(Wp,Ws,Rp,Rs)         % 椭圆型数字滤波器
[n,fn] = ellipord(fp,fs,Rp,Rs,'s')     % 椭圆型模拟滤波器
```

对于数字滤波器设计，输入参数 Wp，Ws 分别为归一化的频率 w_p 和 w_s。对于模拟滤波器设计，输入参数 fp，fs 是不归一化的，即 f_s 和 f_s。Rp，Rs 是以分贝为单位的通带内波动 R_p 和阻带内最小衰减 R_s。返回值 n 为达到设计指标的最低系统阶数，Wn 为数字滤波器的 3dB 归一化截止频率，fn 为模拟滤波器的 3dB 截止频率。

- 低通数字滤波器情况：Wp<Ws，通带为 0 到 Wp，阻带为 Ws 到 1。
- 低通模拟滤波器情况：fp<fs，通带为 0 到 fp，阻带为 fs 到无穷。
- 高通数字滤波器情况：Wp>Ws，阻带为 0 到 Ws，通带为 Wp 到 1。
- 高通模拟滤波器情况：fp>fs，阻带为 0 到 fs，通带为 fp 到无穷。
- 带通数字滤波器情况：Ws(1)<Wp(1)<Wp(2)<Ws(2)，阻带为 0 到 Ws(1) 以及 Ws(2)到 1，通带为 Wp(1)到 Wp(2)。
- 带通模拟滤波器情况：fs(1)<fp(1)<fp(2)<fs(2)，阻带为 0 到 fs(1)以及 fs(2) 到

无穷,通带为 fp(1)到 fp(2)。

- 带阻数字滤波器情况:Wp(1)<Ws(1)<Ws(2)<Wp(2),通带为 0 到 Wp(1) 以及 Wp(2)到 1,阻带为 Ws(1)到 Ws(2)。
- 带阻模拟滤波器情况:fp(1)<fs(1)<fs(2)<fp(2),通带为 0 到 fp(1)以及 fp(2)到无穷,阻带为 fs(1)到 fs(2)。

2. 计算滤波器的传递函数

求出滤波器的阶数以及 3dB 截止频率后,可用相应的 Matlab 函数计算出实现传递函数的分子分母系数。

巴特沃斯型滤波器是通带内最大平坦、带外单调下降型的,其计算命令是:

```
[b,a] = butter(n,Wn)                    % 计算数字低通或带通情况
[b,a] = butter(n,Wn,'ftype')            % 计算数字高通或带阻情况
[b,a] = butter(n,Wn,'s')                % 计算模拟低通或带通情况
[b,a] = butter(n,Wn,'ftype','s')        % 计算模拟高通或带阻情况
```

其中,对于数字滤波器,Wn 就是 3dB 归一化截止频率。对于模拟滤波器,Wn 则是未归一化的角频率(单位 rad/s),与 fn 的关系是 Wn=2 * pi * fn。当截止频率参数为 2 个元素的向量时,为计算带通或带阻滤波器,否则是计算高通或低通滤波器的。当 ftype 为 high 时为计算高通,当 ftype 为 stop 时为计算带阻。对于数字滤波器而言,返回值 b,a 分别是传递函数 $H(z)$的分子和分母多项式的系数矩阵。对于模拟滤波器则返回值 b,a 分别是传递函数 $H(s)$的分子和分母多项式的系数矩阵。

切比雪夫 1 型滤波器是通带等波纹(Equiripple)、阻带单调下降型的,其计算命令是:

```
[b,a] = cheby1(n,Rp,Wn)                 % 计算数字低通或带通情况
[b,a] = cheby1(n,Rp,Wn,'ftype')         % 计算数字高通或带阻情况
[b,a] = cheby1(n,Rp,Wn,'s')             % 计算模拟低通或带通情况
[b,a] = cheby1(n,Rp,Wn,'ftype','s')     % 计算模拟高通或带阻情况
```

其中,Rp 为带内波动参数(dB)。其余参数含义与巴特沃斯型滤波器计算函数中的参数相同。

切比雪夫 2 型滤波器是通带内单调、阻带等波纹型的,其计算命令是:

```
[b,a] = cheby2(n,Rs,Wn)                 % 计算数字低通或带通情况
[b,a] = cheby2(n,Rs,Wn,'ftype')         % 计算数字高通或带阻情况
[b,a] = cheby2(n,Rs,Wn,'s')             % 计算模拟低通或带通情况
[b,a] = cheby2(n,Rs,Wn,'ftype','s')     % 计算模拟高通或带阻情况
```

其中,Rs 为阻带内最小衰减参数(dB)。

椭圆型滤波器是通带、阻带内均为等波纹型的,其计算命令是:

```
[b,a] = ellip(n,Rp,Rs,Wn)               % 计算数字低通或带通情况
[b,a] = ellip(n,Rp,Rs,Wn,'ftype')       % 计算数字高通或带阻情况
[b,a] = ellip(n,Rp,Rs,Wn,'s')           % 计算模拟低通或带通情况
[b,a] = ellip(n,Rp,Rs,Wn,'ftype','s')   % 计算模拟高通或带阻情况
```

其中,Rp 为带内波动参数(dB); Rs 为阻带内最小衰减参数(dB)。

3. 系统模型转换

系统模型可以用系统的状态方程描述,对于单输入单输出系统还可用其输入输出之间的传递函数来表示,根据传递函数的形式不同,又可以分为分子分母为多项式描述的形式、零极点描述形式、部分分式展开(留数)形式等。为了方便这些等价描述形式之间的转换,Matlab 提供了丰富的系统模型转换函数,例如:

- [b,a]=ss2tf(A,B,C,D,iu),将由 A,B,C,D 矩阵确定的状态方程转换为第 iu 个输入到输出的传递函数的分子系数向量 b 和分母系数向量 a。
- [A,B,C,D]=tf2ss(b,a),则将传递函数转换为状态方程。
- [z,p,k]=tf2zp(b,a),将传递函数转换为零极点形式。
- [b,a]=zp2tf(z,p,k),则将零极点形式转换为传递函数形式。
- [r,p,k]=residue(b,a),将传递函数转换为部分分式形式。
- [b,a]=residue(r,p,k),则将部分分式形式转换为传递函数形式。

这些函数的用法详见 Matlab 帮助文档。

4. 线性滤波器特性的图示描述

Matlab 提供了一系列指令来计算线性系统的时间响应,它们的用法请参考帮助文档,常用的有如下一些。

- impulse:计算连续系统的冲激响应。
- dimpulse:计算离散系统的冲激响应。
- step:计算连续系统的阶跃响应。
- dstep:计算离散系统的阶跃响应。
- initial:计算连续系统的零输入响应。
- dinitial:计算离散系统的零输入响应。

同样,Matlab 也提供了计算线性系统的频率响应的指令。指令 freqs 用于计算并画出连续系统的幅频响应和相频响应,其常用调用格式是:

```
h = freqs(b,a,w)
```

或

```
freqs(b,a)
```

其中,b 为传递函数 $H(s)$分子多项式系数向量; a 为分母多项式系数向量; w 是指定计算频率点序列; 返回 h 是对应于频率点序列 w 的复频率响应。如果 w 省略则自动选取 200 个频率点作计算,如果无输出变量 h 则自动作出幅频响应和相频响应图。

指令 freqz 用于计算并画出离散系统的幅频响应和相频响应,其常用调用格式是:

```
[h,f] = freqz(b,a,n,fs)
```

或

```
freqz(b,a,n,fs)
```

其中,b 为传递函数 $H(z)$分子多项式系数向量; a 为分母多项式系数向量; n 是指定计算频率点数; fs 是离散系统的采样速率; 返回 h 为对应于频率点序列 f 的复频率响应。如果无输出变量则自动作出幅频响应和相频响应图。

Matlab 中使用 grpdelay 来计算离散系统的群时延特性,其用法是:

```
[gd,f] = grpdelay(b,a,m,fs)
```

或

```
grpdelay(b,a,m,fs)
```

其中,b 是 $H(z)$的分子多项式系数向量; a 是 $H(z)$的分母多项式系数向量; fs 是采样频率; m 是在 0～fs/2 范围内的计算点数; 返回 f 为计算频率点序列; gd 为对应于 f 频率点序列的群时延序列。如果无输出变量则自动作出离散系统的群时延特性。

5. 由冲激响应序列直接设计 FIR 滤波器

已知 N 阶 FIR 滤波器的冲激响应序列为 $h(n)=[h_0,h_1,\cdots,h_N]$,则对应的传递函数 $H(z)$为

$$H(z) = h_0 + h_1 z^{-1} + \cdots + h_N z^{-N}$$

因此,其冲激响应序列 $h(n)$就是对应传递函数 $H(z)$的分子系数向量,而 $H(z)$的分母系数为常数 1。

6. 梳状滤波器的设计

利用 Matlab 滤波器设计工具箱中的梳状滤波器的设计函数 iircomb 可以方便地设计出峰值或谷值滤波器 $H(z)$的分子分母系数。iircomb 的一般用法是:

```
[num,den] = iircomb(n,bw,ab,'type')
```

其中,返回值 num、den 分别为 $H(z)$的分子、分母系数向量; n 为梳状滤波器阶数,在数字归一化频率 0～2π 区间,梳状滤波器开槽数等于 n+1。bw 为滤波器开槽的 ab dB 带宽,默认 ab=－3dB。type 项可以是 notch 或 peak,notch 设计的是开槽型梳状滤波器,peak 设计的是峰值型梳状滤波器。

7. 滤波器分析与设计图形界面的使用

Matlab 专门提供了滤波器设计工具箱,而且还通过图形化界面向用户提供更为方便的滤波器分析和设计工具 FDATool 。命令 FDATool 将打开滤波器分析和设计界面,如图 3.1 所示。相应的 Simulink 模块是 DSP Blockset 中的 Digital Filter Design 模块,不过 Digital Filter Design 还具有滤波器的实现功能。

在 FDATool 图形界面下,可以选择滤波器类型、设计模型、滤波器阶数、采样率、通带、阻带频率、幅度特性等一系列参数,然后单击 DesignFilter 按钮进行设计运算,通过图形显示滤波器的幅频响应、相频响应、群时延失真、冲激响应、阶跃响应、零极点图、滤波器系数等。Digital Filter Design 模块将实现设计结果。

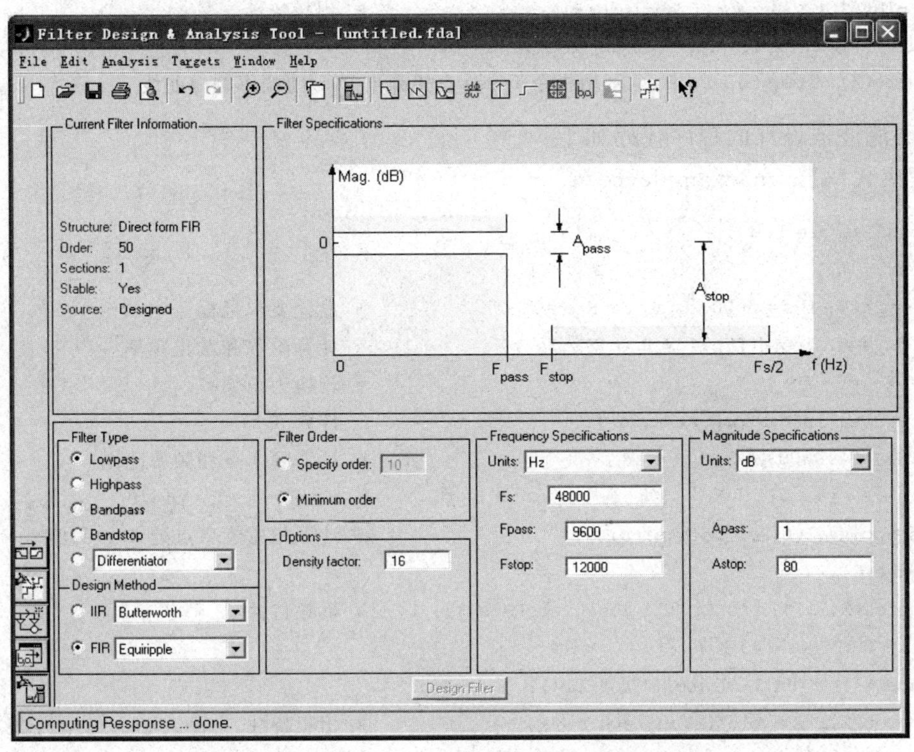

图 3.1 命令 FDATool 打开的滤波器分析和设计界面

8. 设计实例

【实例 3.1】 试设计一个模拟低通滤波器，$f_p=2400\text{Hz}$，$f_s=5000\text{Hz}$，$R_p=3\text{dB}$，$R_s=25\text{dB}$。分别用巴特沃斯和椭圆滤波器原型，求出其 3dB 截止频率和滤波器阶数、传递函数，并作出幅频、相频特性曲线。

巴特沃斯滤波器设计的程序代码如下。

【程序代码】 ch3example1A.m

```
% ch3example1A.m
clear;
f_p = 2400; f_s = 5000; R_p = 3; R_s = 25;              % 设计要求指标
[n,fn] = buttord(f_p,f_s,R_p,R_s,'s');                  % 计算阶数和截止频率
Wn = 2 * pi * fn;                                       % 转换为角频率
[b,a] = butter(n,Wn,'s');                               % 计算 H(s)
f = 0:100:10000;                                        % 计算频率点和频率范围
s = j * 2 * pi * f;                                     % s = jw = j * 2 * pi * f
H_s = polyval(b,s)./polyval(a,s);                       % 计算相应频率点处 H(s)的值
figure(1);
subplot(2,1,1); plot(f,20 * log10(abs(H_s)));           % 幅频特性
axis([0 10000 -40 1]);
xlabel('频率 Hz'); ylabel('幅度 dB');
```

```
subplot(2,1,2); plot(f,angle(H_s));                    % 相频特性
xlabel('频率 Hz'); ylabel('相角 rad');
figure(2); freqs(b,a); % 也可用指令 freqs 直接画出 H(s)的频率响应曲线
```

椭圆滤波器设计的程序代码如下：

【程序代码】 ch3example1B.m

```
% ch3example1B.m
clear;
f_p = 2400; f_s = 5000; R_p = 3; R_s = 25;             % 设计要求指标
[n,fn] = ellipord(f_p,f_s,R_p,R_s,'s');                % 计算阶数和截止频率
Wn = 2 * pi * fn;                                      % 转换为角频率
[b,a] = ellip(n,R_p,R_s,Wn,'s');                       % 计算 H(s)
f = 0:100:10000;                                       % 计算频率点和频率范围
s = j * 2 * pi * f;                                    % s = jw = j * 2 * pi * f
H_s = polyval(b,s)./polyval(a,s);                      % 计算相应频率点处 H(s)的值
figure(1);
subplot(2,1,1); plot(f,20 * log10(abs(H_s)));          % 幅频特性
axis([0 10000 -40 1]);
xlabel('频率 Hz'); ylabel('幅度 dB');
subplot(2,1,2); plot(f,angle(H_s));                    % 相频特性
xlabel('频率 Hz'); ylabel('相角 rad');
figure(2); freqs(b,a);                  % 也可用指令 freqs 直接画出 H(s)的频率响应曲线
```

要达到设计指标要求，巴特沃斯滤波器需要是4阶的，而椭圆滤波器则只需要3阶，它们的幅频、相频特性曲线如图3.2所示。显然，幅频特性上，巴特沃斯滤波器在通带和阻带上都是平坦下降的，而椭圆滤波器则在通带和阻带上的曲线是波动的。在相频曲线上，巴特沃斯滤波器表现一种缓变性质，而椭圆滤波器则在幅频特性曲线衰减到零点附近处表现出陡变性质，对应该频率处的相位失真将很严重。

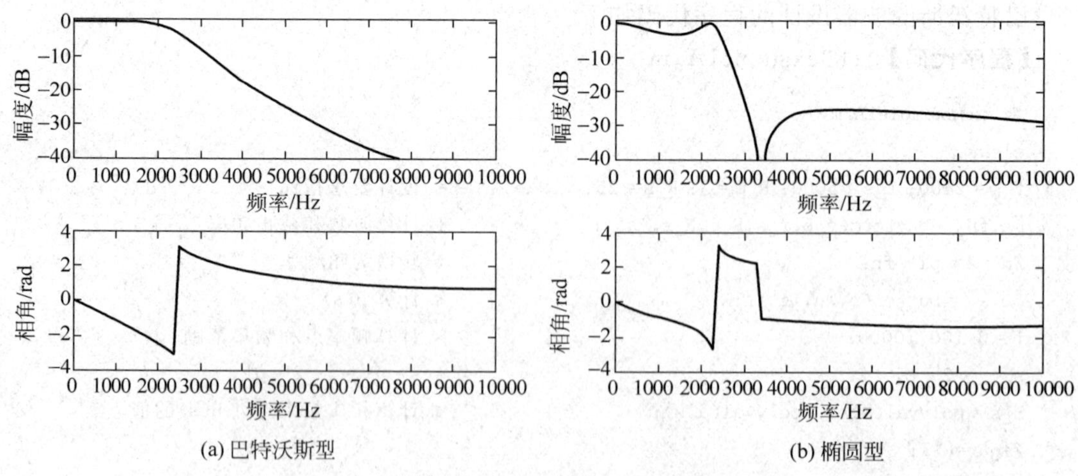

图3.2　相同设计指标的巴特沃斯滤波器和椭圆滤波器设计结果

【实例 3.2】 试设计一个巴特沃斯型数字低通滤波器，设采样率为 8000Hz，$f_p=2100\text{Hz}$，$f_s=2500\text{Hz}$，$R_p=3\text{dB}$，$R_s=25\text{dB}$。

设计程序代码如下。

【程序代码】 ch3example2A.m

```
% ch3example2A.m
f_N = 8000;                                  % 采样率
f_p = 2100; f_s = 2500; R_p = 3; R_s = 25; % 设计要求指标
Ws = f_s/(f_N/2); Wp = f_p/(f_N/2);        % 计算归一化频率
[n,Wn] = buttord(Wp,Ws,R_p,R_s);           % 计算阶数和截止频率
[b,a] = butter(n,Wn);                      % 计算 H(z)
figure(1);
freqz(b,a,1000,8000)                       % 作出 H(z)的幅频相频图,freqz(b,a,计算点数,采样率)
subplot(2,1,1); axis([0 4000 -30 3])
figure(2);                                 % 第二种作图方法
f = 0:40:4000;                             % 计算频率点和频率范围
z = exp(j * 2 * pi * f./(f_N));            %
H_z = polyval(b,z)./polyval(a,z);          % 计算相应频率点处 H(s)的值
subplot(2,1,1); plot(f,20 * log10(abs(H_z))); % 幅频特性
axis([0 4000 -40 1]);
xlabel('频率 Hz'); ylabel('幅度 dB');
subplot(2,1,2); plot(f,angle(H_z));        % 相频特性
xlabel('频率 Hz'); ylabel('相角 rad');
```

其中，用 freqz 实现了幅频、相频特性作图。当然也可用上例中的方法，通过 polyval 来计算传递函数，其中 $z=\exp(j2\pi f/f_{\text{sample}})$，$f_{\text{sample}}$ 为采样频率，然后作图。程序运行后所设计出的巴特沃斯低通数字滤波器的频率响应如图 3.3 所示。从图中可看出，频率响应满足设计要求。

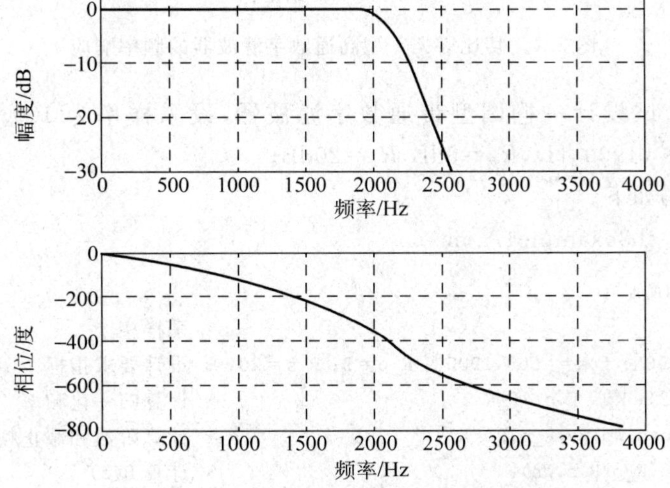

图 3.3　巴特沃斯低通数字滤波器的频率响应

【实例 3.3】 试设计一个切比雪夫 1 型高通数字滤波器，采样率为 8000Hz，$f_p=1000$Hz，$f_s=700$Hz，$R_p=3$dB，$R_s=20$dB。

设计程序代码如下。

【程序代码】 ch3example3A.m

```
% ch3example3A.m
f_N = 8000;                                  % 采样率
f_p = 1000; f_s = 700; R_p = 3; R_s = 20;    % 设计要求指标
Ws = f_s/(f_N/2); Wp = f_p/(f_N/2);          % 计算归一化频率
[n,Wn] = cheb1ord(Wp,Ws,R_p,R_s);            % 计算阶数和截止频率
[b,a] = cheby1(n,R_p,Wn,'high');             % 计算 H(z)
freqz(b,a,1000,8000) % 作出 H(z)的幅频相频图,freqz(b,a,计算点数,采样率)
subplot(2,1,1); axis([0 4000 - 30 3])
```

程序运行后作出的切比雪夫 1 型高通数字滤波器的幅频相频图如图 3.4 所示。从图中可知，频率响应满足设计要求。

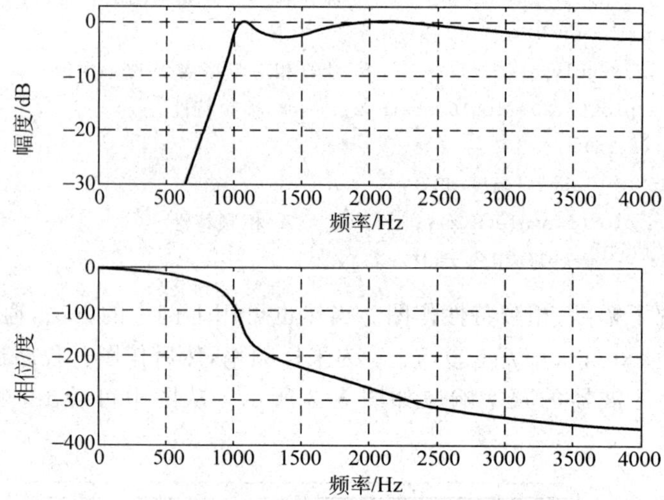

图 3.4 切比雪夫 1 型高通数字滤波器的频率响应

【实例 3.4】 试设计一椭圆型带通数字滤波器，设采样率为 10000Hz，$f_p=[1000,1500]$Hz，$f_s=[600,1900]$Hz，$R_p=3$dB，$R_s=20$dB。

设计程序代码如下。

【程序代码】 ch3example4A.m

```
% ch3example4A.m
f_N = 10000;                                              % 采样率
f_p = [1000,1500]; f_s = [600,1900]; R_p = 3; R_s = 20;   % 设计要求指标
Ws = f_s/(f_N/2); Wp = f_p/(f_N/2);                       % 计算归一化频率
[n,Wn] = ellipord(Wp,Ws,R_p,R_s);                         % 计算阶数和截止频率
[b,a] = ellip(n,R_p,R_s,Wn);                              % 计算 H(z)
freqz(b,a,1000,10000)  % 作出 H(z)的幅频相频图,freqz(b,a,计算点数,采样率)
subplot(2,1,1); axis([0 5000 - 30 3])
```

程序运行后作出的椭圆型带通数字滤波器的幅频相频图如图 3.5 所示。从图中可知，频率响应满足设计要求。

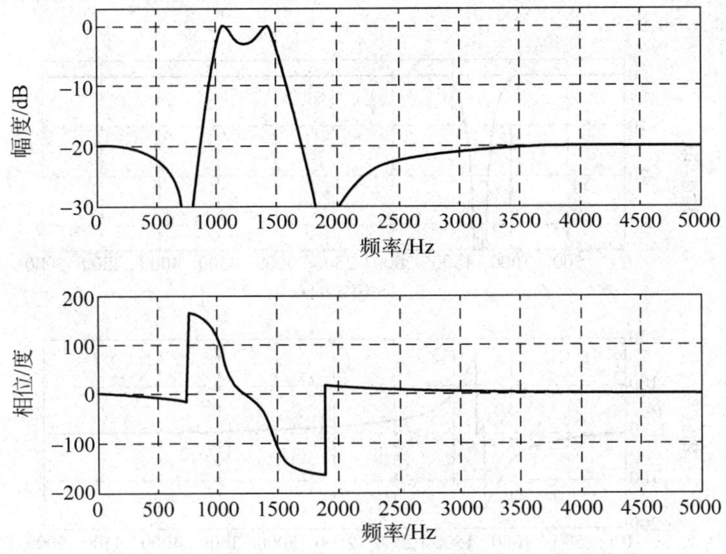

图 3.5 椭圆型带通数字滤波器的频率响应

【实例 3.5】 设计一个切比雪夫 2 型带阻数字滤波器，采样率为 10000Hz，$f_p=[1000,1500]$Hz，$f_s=[1200,1300]$Hz，$R_p=3$dB，$R_s=30$dB。

设计程序代码如下。

【程序代码】 ch3example5A.m

```
% ch3example5A.m
f_N = 10000；                                               %采样率
f_p = [1000,1500]； f_s = [1200,1300]； R_p = 3； R_s = 30；  %设计要求指标
Ws = f_s/(f_N/2)； Wp = f_p/(f_N/2)；                        %计算归一化频率
[n,Wn] = cheb2ord(Wp,Ws,R_p,R_s)；                           %计算阶数和截止频率
[b,a] = cheby2(n,R_s,Wn,'stop')；                            %计算带阻 H(z)系数
freqz(b,a,1000,10000) %作出 H(z)的幅频相频图,freqz(b,a,计算点数,采样率)
subplot(2,1,1)； axis([0 5000 -35 3])
```

程序运行后作出的切比雪夫 2 型带阻数字滤波器的幅频相频图如图 3.6 所示。从图中可见，频率响应满足设计要求。

【实例 3.6】 在采样率为 8000Hz 下设计一个在 500Hz，1000Hz，1500Hz，2000Hz，…，$n\times500$Hz 的地方开槽陷波，陷波带宽（−3dB 处）为 60Hz 的滤波器。

这是一个梳状滤波器的设计问题。设计程序代码如下。

【程序代码】 ch3example6A.m

```
% ch3example6A.m
Fs = 8000； Ts = 1/8000；                  % 采样率
f0 = 500；                                 % 梳状滤波器开槽基频率
bw = 60/(Fs/2)；                           % 归一化开槽带宽
ab = -3 ；                                 % 计算开槽带宽位置处的衰减分贝值
```

```
n = Fs/f0;                                          % 计算滤波器阶数
[num,den] = iircomb(n,bw,ab,'notch');               % 计算 H(z)
freqz(num,den,4000,8000);                           % 作出 H(z)的幅频相频图
axis([0 4000 - 30 5]);
```

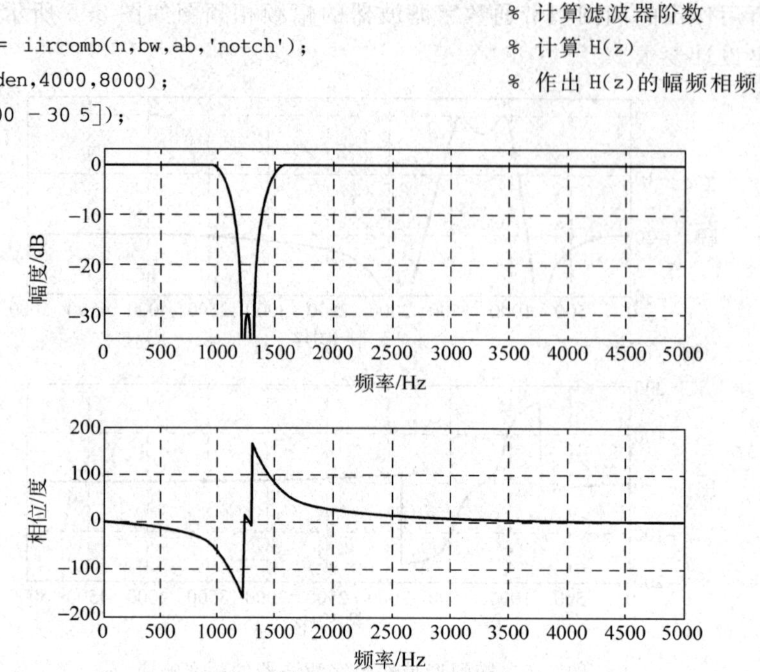

图 3.6　切比雪夫 2 型带阻数字滤波器的频率响应

程序运行后作出的梳状数字滤波器的幅频相频图如图 3.7 所示。从图中可知，频率响应满足设计要求。

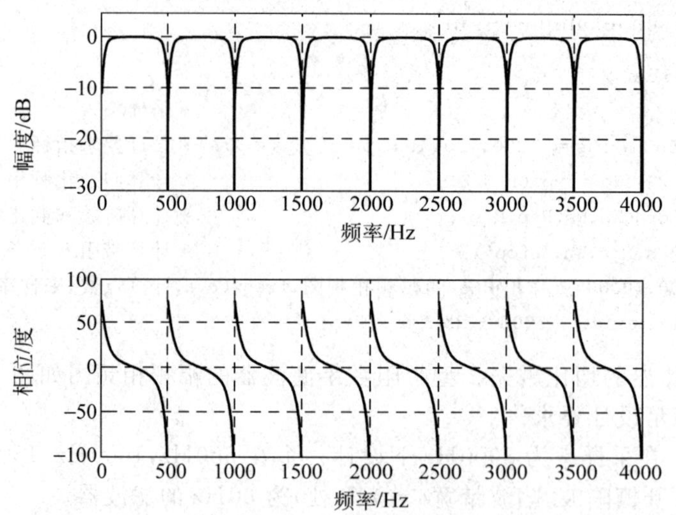

图 3.7　梳状数字滤波器的频率响应

3.1.2　滤波器的实现

根据设计得出的滤波器传递函数，就可以通过建立相应的微分方程或差分方程对其进

行实现。所谓实现，就是通过该滤波器对输入信号进行处理，求解其输出信号的过程。因此，对模拟滤波器的实现本质上是求解微分方程的过程，而对数字滤波器的实现则是求解差分方程的过程，这一过程可以通过编程来实现，也可以采样 Simulink 模块方式实现。

1. 模拟滤波器的实现

根据设计得出的模拟滤波器传递函数 $H(s)$，可以写出其状态方程和输出方程，这样通过微分方程的求解命令就可以实现求解过程，也可以将状态空间方程以 S 函数实现，以及通过 Simulink 基本模块库中的连续系统模块来实现。

在 Simulink 的 DSPBlockset 工具箱的 Filter Design 模块库中，还提供了模拟滤波器设计和实现合成的模块 Analog Filter Design。输入滤波器设计参数，即可通过该模块来实现滤波器。实际上，Analog Filter Design 模块是上述模拟滤波器设计命令的可视化形式，其参数对话框如图 3.8 所示。

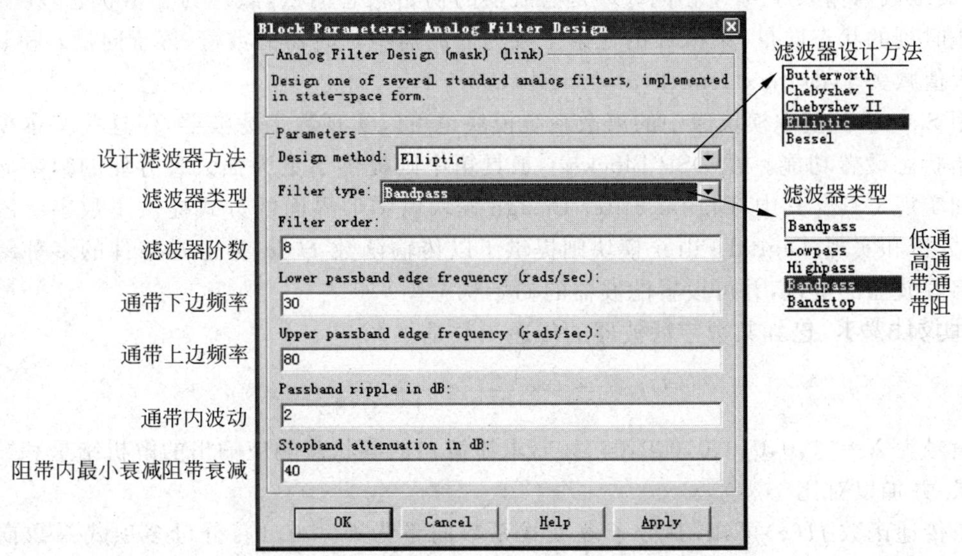

图 3.8 Analog Filter Design 模块的参数对话框

图 3.8 中各项参数的含义与滤波器设计命令中的参数含义一致，它们分别如下。

- 滤波器设计方法：有巴特沃斯(Butterworth)、切比雪夫 1 型(Chebyshev Ⅰ)、切比雪夫 2 型(Chebyshev Ⅱ)以及椭圆型(Elliptic)。
- 滤波器类型：低通(Lowpass)、高通(Highpass)、带通(Bandpass)和带阻(Bandstop)。
- 滤波器设置阶数：对于低通和高通滤波器，设置阶数就是滤波器的实现阶数，但是对于带通或带阻滤波器，其实现阶数为设置阶数的 2 倍。
- 通带下边频率：单位是 rad/s，是带通和带阻滤波器的设计参数。
- 通带上边频率：单位是 rad/s，是带通和带阻滤波器的设计参数。
- 阻带边频率：单位是 rad/s，是切比雪夫 2 型低通和切比雪夫 2 型高通滤波器的设计参数。
- 阻带下边频率：单位是 rad/s，是切比雪夫 2 型带通和带阻滤波器的设计参数。
- 阻带上边频率：单位是 rad/s，是切比雪夫 2 型带通和带阻滤波器的设计参数。

- 通带内波动：单位是 dB，是切比雪夫 1 型和椭圆型滤波器的设计参数。
- 阻带内最小衰减：单位是 dB，是切比雪夫 2 型和椭圆型滤波器的设计参数。

2. 数字滤波器的实现

用 Matlab 命令 filter 可以实现数字滤波器。filter 命令的常用语法是：

```
y = filter(b,a,X)
[y,zf] = filter(b,a,X)
[y,zf] = filter(b,a,X,zi)
```

filter 函数以第 2 类直接形式实现数字滤波，其中，b 是传递函数 $H(z)$ 的分子多项式系数向量，a 是其分母多项式系数向量，a(1)如果不等于 1，则滤波器以 a(1)对系数进行归一化，如果 a(1)为零，则返回错误。X 是输入信号序列，它可以是复数的。y 为滤波输出信号序列，其维数与输入序列 X 相同。zi 是滤波器的初始状态向量，默认为全零状态，zf 为滤波器终止时刻的状态向量，zi 和 zf 的元素个数为滤波器中延时器的数量，等于向量 a 和 b 长度的最大值减去 1，即 max(length(a)，length(b))－1。

用 Simulink 基本模块库中的离散系统模块也可以实现数字滤波器，但这些基本模块没有初始状态设置功能。在 DSP Blockset 工具箱中则提供了更为强大且方便的数字滤波器设计和实现工具。其中，Digital Filter Design 模块以图形界面的方式提供了数字滤波器的设计、分析和实现，Digital Filter 模块则提供了以传输函数 $H(z)$ 为已知条件的多种结构类型数字滤波器的实现，并可设置滤波器的初始状态。

【实例 3.7】 已知某数字滤波器的传递函数是

$$H(z)=\frac{1}{z-0.8}=\frac{z^{-1}}{1-0.8z^{-1}} \tag{3.1}$$

输入信号为 $X=[1,0,0,0,0,0,0,0,0,0]$，求滤波器的零状态响应输出的解析结果和数值计算结果，并加以对比。

由传递函数 $H(z)$ 可知，其分子多项式系数向量为 $b=[0,1]$，分母多项式系数向量为 $a=[1,-0.8]$。$H(z)$ 的反 Z 变换可得到该系统的数字冲激响应序列，即

$$h[k]=a^{k-1}u[k-1]\Leftrightarrow H(z)=\frac{1}{z-a} \tag{3.2}$$

对比 filter 函数的输出 y 序列和理论计算结果，就可以验证滤波器实现的正确性。由于程序简单，用户在命令窗口直接输入命令验证即可，程序如下：

```
b = [0,1];
a = [1, - 0.8];                  % 滤波器系数
X = [1 0 0 0 0 0 0 0 0 0];       % 输入信号序列
y = filter(b,a,X)                % 滤波
y =
Columns 1 through 7
     0        1.0000 0.8000 0.6400 0.5120 0.4096 0.3277
Columns 8 through 10
     0.2621 0.2097 0.1678
a = 0.8;
```

```
k=0:1:9;
hk=a.^(k-1).*(k>0) % 理论计算 H(z)的数字冲激响应
hk =
Columns 1 through 7
    0      1.0000 0.8000 0.6400 0.5120 0.4096 0.3277
Columns 8 through 10
    0.2621 0.2097 0.1678
```

【实例 3.8】 以 Simulink 的基本模块 Discrete Filter 以及 DSP Blockset 工具箱中的 Digital Filter 实现上例结果。

在仿真模型中，用 Repeating Sequence 模块作为输入信号源，设置系统采样时间为 1s，Digital Filter 模块的初始状态设置为零，滤波器模块的分子分母分别设置为 b 和 a，并在命令窗口输入：

```
>> b=[0,1]; a=[1,-0.8];
```

然后执行仿真。系统模型及运行仿真结果如图 3.9 所示，两个模块的实现结果相同。

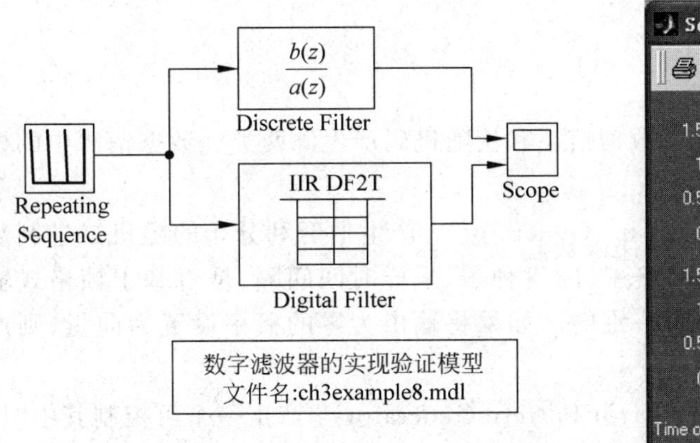

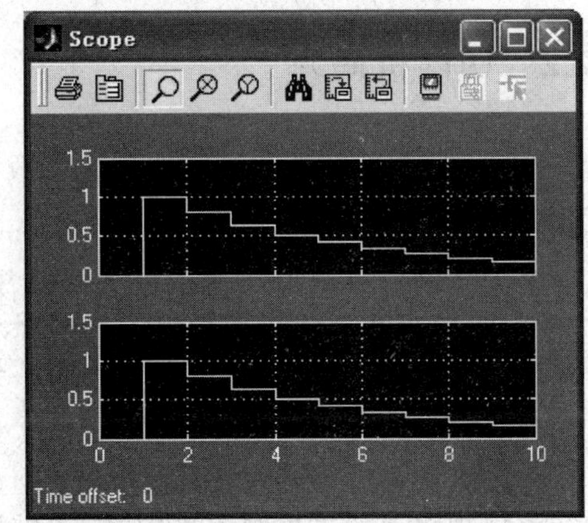

图 3.9　数字滤波器的实现验证模型和仿真结果

3.2 信源模型

信源是通信系统中产生信号的模块或节点。根据信号的性质，可以将其大致划分为确定信源、伪随机码源以及统计信源等。通过编写 S 函数或利用 From File 和 From Workspace 与 Matlab 编程交互可以得到任意的信号源，其应用方法参见第 2 章。本节将重点介绍 Simulink 通信模块库中的一些常用信源模块。

3.2.1 确定信源

确定信源的输出信号可以表达为以时间为自变量的确定函数。在 Simulink 基本库中已经包含了如波形发生器(Signal Generator)、正弦波(Sine Wave)、扫频源(Chirp Signal)、任意周期信号源(Repeating Sequence)、阶跃(step)、斜升(ramp)及脉冲源(Pulse

Generator)等常用的确定信号源。它们的功能和用法可参见第 2 章。这里将介绍一些通信模块库中的常用确定信源模块：通信模块库提供了一些受控信源，它们是带触发控制的从文件读入数据源、离散时间压控源以及连续时间压控源。其功能和主要参数设置方法如下。

- 带触发控制的从文件读入数据源(Triggered Read from File)：在触发端信号的上升沿时刻，从数据文件中读入下一数据作为输入信号。输出是基于采样的。数据文件可以是用 C 语言 fwrite 函数写的二进制文件，也可以是 ASCII 文本文件。如果是 ASCII 文本文件，则输出值为文本文件中字符的 ASCII 码值，例如文本中 1 对应输出整数值 49，而空格对应输出整数值 32。
- 离散时间压控源(Discrete-Time VCO)：输出离散时间压控频率的正弦信号，可设置参数包括输出幅度、振荡中心频率、输入压控灵敏度、初始相位及离散采样时间间隔。
- 连续时间压控源(Voltage-Controlled Oscillator)：输出连续时间压控频率的正弦信号，可设置参数包括输出幅度、振荡中心频率、输入压控灵敏度、初始相位。

离散时间压控源和连续时间压控源分别用于离散时间系统和连续系统的仿真中，例如调频调制器、锁相环路等。

3.2.2 伪随机码源

通信模块库中的伪随机码源包含了数据信源和伪随机码产生源两类。数据信源中的模块和参数设置如下。

- 伯努利二进制信源(Bernoulli Binary Generator)：产生伯努利分布的随机二进制数序列，设置参数包括输出为零的概率、随机种子、采样时间间隔、是否基于帧格式输出、是否将输出向量参数表达为一维的。如果将输出为零的概率设置为向量，则产生一个向量输出信号。
- 二进制错误模式发生源(Binary Error Pattern Generator)：产生一个可控制其中“1”出现概率的二进制向量信号，该模块常用于纠错编码算法的测试，设置参数包括错误模式的长度、概率、随机种子、采样时间、是否基于帧格式输出、是否将输出向量参数表达为一维的。
- 泊松整数发生源(Poisson Integer Generator)：用于产生一个泊松分布的整数序列，设置参数包括泊松参数 λ、随机种子、采样时间、是否基于帧格式输出、是否将输出向量参数表达为一维的。
- 随机整数发生源(Random Integer Generator)：用于产生一个均匀分布于$[0, M-1]$的整数序列，设置参数包括整数元数 M，随机种子、采样时间、是否基于帧格式输出、是否将输出向量参数表达为一维的。

关于数据信源中输出随机数的概率分布的描述参见第 8 章。

伪随机码产生源中的模块和参数设置如下。

- PN 序列发生器(PN Sequence Generator)：通过线性移位寄存器产生伪随机(PN)二进制数。线性移位寄存器的结构由码产生多项式描述，码产生多项式是一个本原多项式。可设置参数包括码产生多项式的系数向量、移位寄存器初始状态向量、移位偏移量、采样时间间隔以及是否基于帧格式输出等。PN 序列通常用于数据的扰乱和解扰，以及作为直接扩频序列应用。m 级最大线性移位寄存器序列是周期为 2^m-1 的序列，其码产生多项式系数向量参见该模块的帮助文档。

- Hadamard 码发生器（Hadamard Code Generator）：由 Hadamard 矩阵产生 Hadamard 码。Hadamard 矩阵是一个元素为+1 或－1 组成的 $N\times N$ 方矩阵，其各行和各列相互正交。Hadamard 码就是 Hadamard 矩阵的各独立行中的某行组成的序列，其码长度为 N。可设置参数包括码长度 N、码索引号（即指定 Hadamard 矩阵矩阵中作为码输出的行序号 $0,\cdots,N-1$）、采样时间间隔以及是否基于帧格式输出等。Hadamard 码是完全的正交码，在理想解扩情况下，以 Hadamard 码作为扩频码的同步扩频系统信号可以完全正交。
- Barker 码发生器（Barker Code Generator）：Barker 码是 PN 序列的一个子集，常用于数字通信系统的帧同步中，可设置参数包括码长度（1～13）、采样时间间隔以及是否基于帧格式输出等。
- Gold 码发生器（Gold Sequence Generator）：Gold 码由一对优选的长度为 n 的最大移位寄存器序列的模二加得到，是扩频通信中最常用的伪随机序列之一。帮助文档中给出了 $n=5\sim11$ 的优选 PN 序列码产生多项式系数向量。可设置参数包括两个 PN 码的多项式系数向量、各自的初始状态向量、序列索引号、偏移量以及采样时间间隔、是否基于帧格式输出等。
- Walsh 码发生器（Walsh Code Generator）：产生 Walsh 码，可设置参数包括码长度、码索引号、采样时间间隔以及是否基于帧格式输出等。
- Kasami 序列发生器（Kasami Sequence Generator）：从 Kasami 集合中产生 Kasami 序列，可设置参数包括码产生多项式系数向量、初始状态、偏移量、采样时间间隔以及是否基于帧格式输出等。
- OVSF 码发生器（OVSF Code Generator）：OVSF 码是一种正交可变扩频因子码，其结构详见帮助文档，可设置参数包括扩频因子、码索引序号、采样时间间隔以及是否基于帧格式输出等。

通信模块库中的这些模块为系统建模提供了方便。实际上，用户也可以直接利用 S 函数或 Simulink 基本模块，根据码产生的数学方程来得出这些伪随机序列，这样才能做到灵活建模，不受模块库的局限。

3.2.3 统计信源——噪声源

除了 Simulink 基本库中提供的随机信号源之外，通信模块库中还提供了以下 4 个噪声源模块。

- 高斯噪声发生器（Gaussian Noise Generator）：可设置参数包括噪声均值、方差、初始种子、采样时间间隔以及是否基于帧格式输出等。如果噪声均值、方差为向量或矩阵，则输出多维高斯噪声。
- 均匀噪声发生器（Uniform Noise Generator）：可设置参数包括均匀分布的区间、初始种子、采样时间间隔以及是否基于帧格式输出等。
- 瑞利噪声发生器（Rayleigh Noise Generator）：可设置参数包括瑞利分布包络参数

σ、初始种子、采样时间间隔以及是否基于帧格式输出等。

- 赖斯噪声发生器(Rician Noise Generator)：可设置参数包括赖斯因子 K、赖斯分布参数 σ、初始种子、采样时间间隔以及是否基于帧格式输出等。

也可使用 Matlab 函数产生各种分布的伪随机数，命令 rand 产生均匀分布的随机数，命令 randn 产生高斯分布的随机数。此外，Matlab 的统计工具箱提供了几乎所有概率分布形式的随机数矩阵的产生方法，其调用方法是：

```
y = random('name',A1,A2,A3,m,n);
```

其中，name 为分布名称；A1，A2，A3 分别是相应分布的参数；m，n 为生成随机数矩阵的行数和列数。更详细的用法请参考帮助文档。

另外，在统计工具箱中各种分布的随机数序列产生也可使用各自对应的命令，包括 betarnd，binornd，chi2rnd，exprnd，frnd，gamrnd，geornd，hygernd，lognrnd，nbinrnd，ncfrnd，nctrnd，ncx2rnd，normrnd，poissrnd，raylrnd，trnd，unidrnd，unifrnd，weibrnd。读者要了解其具体用法可查询相关帮助文档或第 8 章的有关论述。

3.3 信号参数的测量和分析

3.3.1 信号的能量和功率

时间连续信号 $f(t)$ 在时间 $t\in[t_1,t_n]$ 内的能量定义为将该信号视为电压或电流在 1Ω 电阻上所产生的能量，即

$$E=\int_{t_1}^{t_n} f^2(t)\mathrm{d}t \tag{3.3}$$

相应地，在时间 $t\in[t_1,t_n]$ 内的信号平均功率定义为

$$P_{av}=\frac{1}{|t_n-t_1|}\int_{t_1}^{t_n} f^2(t)\mathrm{d}t \tag{3.4}$$

设信号 $f(t)$ 在均匀离散时间点 t_k，$k=1,\cdots,n$ 上的值为 $f(t_k)$，且相邻时间间隔为 $\Delta t_k=t_k-t_{k-1}$。当这些离散时间点间隔足够小时，以上积分可以近似表达为求和式

$$E=\sum_{k=1}^{n} f^2(t_k)\Delta t=\Delta t\sum_{k=1}^{n} f^2(t_k) \tag{3.5}$$

以及

$$P_{av}=\frac{1}{(n-1)\Delta t}\sum_{k=1}^{n} f^2(t_k)\Delta t=\frac{1}{(n-1)}\sum_{k=1}^{n} f^2(t_k) \tag{3.6}$$

式(3.5)和式(3.6)就是计算离散时间信号的能量和平均功率的表达式。

3.3.2 信号直流分量和交流分量

信号的直流分量就是信号在相应时间段上的平均值，记为 $\bar{f}$ 或 f_{DC}。对于连续时间信号 $f(t)$ 在时间 $t\in[t_1,t_n]$ 上的直流分量为

$$\bar{f}=f_{DC}=\frac{1}{|t_n-t_1|}\int_{t_1}^{t_n}f(t)\mathrm{d}t \tag{3.7}$$

对于离散时间序列 $f(k),k=1,2,\cdots,n$，其直流分量为

$$\bar{f}=f_{DC}=\frac{1}{n}\sum_{k=1}^{n}f(k) \tag{3.8}$$

信号的交流分量值是信号中扣除直流分量之后的剩余部分，记为 f_{AC}。对于连续时间信号，其交流分量为

$$f_{AC}(t)=f(t)-\frac{1}{|t_n-t_1|}\int_{t_1}^{t_n}f(t)\mathrm{d}t=f(t)-f_{DC} \tag{3.9}$$

对于离散时间信号，其交流分量为

$$f_{AC}(k)=f(k)-\frac{1}{n}\sum_{k=1}^{n}f(k)=f(k)-\overline{f(k)} \tag{3.10}$$

因此，由式(3.6)可知，离散时间信号的交流分量功率为

$$P_{AC}=\frac{1}{n-1}\sum_{k=1}^{n}f_{AC}^2(k)=\frac{1}{n-1}\sum_{k=1}^{n}(f(k)-\overline{f(k)})^2 \tag{3.11}$$

对比序列$[x_1,x_2,\cdots,x_n]$的均值和(修正)方差定义

$$\bar{x}=\frac{1}{n}\sum_{k=1}^{n}x_k \tag{3.12}$$

以及

$$\sigma^2=\frac{1}{n-1}\sum_{k=1}^{n}(x_k-\bar{x})^2 \tag{3.13}$$

显然，离散时间序列的均值就是其直流分量，而序列的方差就是其交流功率。Matlab 中使用命令 mean 求序列的均值，用命令 var 求序列的方差。

3.3.3　离散时间信号的统计参数

离散时间信号的统计参数除了均值、方差之外，常用的还有标准差、相关系数、协方差矩阵、互相关系数、互协方差函数、中值、最小值、最大值等。

命令 s=std(x)用来求离散序列 x 的标准差，标准差即方差的平方根。C=cov(x,y)用来计算序列 x 和序列 y 的协方差矩阵。命令 R=corrcoef(x,y)用来计算序列 x 和序列 y 的互相关系数，而命令 c=xcorr(x,y)用于计算两个序列的互协方差函数。计算序列的中值、最小值、最大值分别采用命令 median、min 和 max 完成。这些命令的详细用法和计算方法请参考联机帮助文档。

在 Simulink 的 DSP Blockset 中也提供了用统计库(Statistics)来计算离散时间序列的统计参数，这些模块主要有：

- 自相关函数计算模块(Autocorrelation)。
- 互相关函数计算模块(Correlation)。
- 信号序列的最大值计算模块(Maximum)。
- 信号序列的均值计算模块(Mean)。
- 信号序列的中值计算模块(Median)。
- 信号序列的最小值计算模块(Minimum)。

- 信号序列的均方根值计算模块(RMS)。
- 信号序列的标准差计算模块(Standard Deviation)。
- 信号序列的方差计算模块(Variance)。
- 信号序列的统计直方图计算模块(Histogram)。

【实例 3.9】 产生一个信号 $f(t)=1+\sin 2\pi 100t+2\cos 2\pi 153, t\in[0,10]$s。用统计库(Statistics)中的模块估计该信号的直流功率、交流功率、最大值和最小值。

理论计算：该信号的直流分量为 1，故直流功率为 1W，交流分量有 2 个，频率分别是 100Hz 和 153Hz。可计算出交流总功率为 2.5W，故信号总功率为 3.5W。信号的最大值为 4，最小值为 −2。

下面以仿真模型验证之，由于统计库(Statistics)模块是针对离散时间信号的，所以需要对输入信号进行采样，设采样率为 10000Hz。

测试模型和仿真结果如图 3.10 所示。

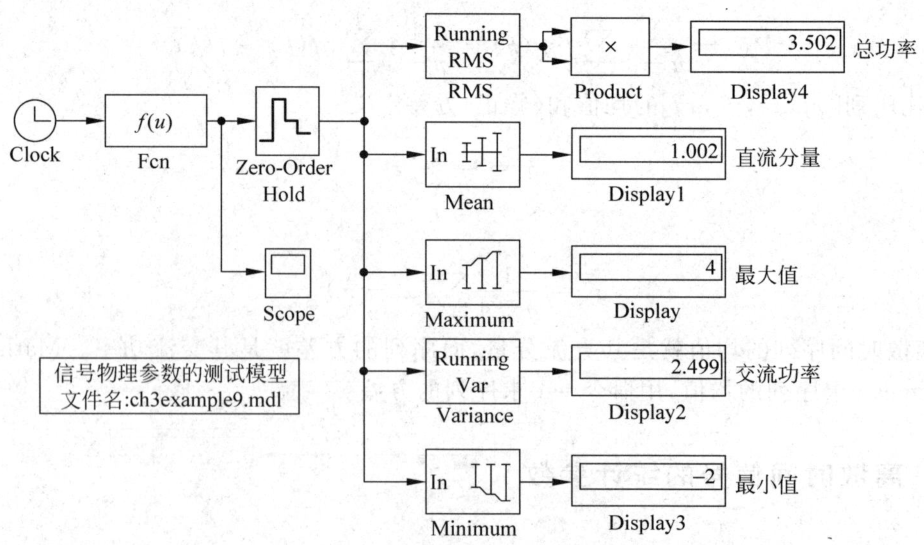

图 3.10 信号参数的测试模型和仿真结果

在模型中，采用了 Clock 模块和 Fcn 模块结合的方法来产生所需信号。Clock 模块输出当前仿真时间，并作为自变量输入 Fcn 模块。Fcn 模块设置计算函数为：

```
1 + sin(2 * pi * 100 * u) + 2 * cos(2 * pi * 153 * u)
```

因此就输出所需信号。可见，信号源的设计方法是十分灵活的。

通过零阶保持模块对模拟信号采样，根据题设要求，采样率设置为 10000Hz。仿真算法和步长可用默认参数。统计模块均设置为 running 模式，即对从仿真开始到当前时刻的全部输入数据进行统计计算并输出结果。

通过 RMS 模块计算信号的均方根值，即 $y=\sqrt{\frac{1}{n}\sum_{k=1}^{n}f^2(k)}$，因此均方根值的平方即为信号总功率，仿真得出的值为 3.502W。而用 mean 模块得出的信号直流分量为 1.002。信号最大值通过 Maximum 模块得出，为 4，最小值通过 Minimum 模块得出，为 −1.998。信号的交流总功率通过 Variance 模块得出，仿真结果为 2.494W，与理论值相符。由于是统计计算，随着仿真的执行，输出数据不断修正，理论上，当仿真时间达到无穷大时，统计结果将趋近于理论值。

【实例 3.10】 产生一个均值为 2、方差为 3 的高斯信号，并用统计模块测试该信号的直流分量、交流功率、信号中值，并画出分布的归一化直方图。设信号采样率为 1000Hz，仿真时间为 10s。

系统仿真测试模型和执行结果如图 3.11 所示。模型中，采用通信模块库中的高斯噪声发生器 Gaussian Noise Generator 来产生高斯噪声，设置其均值为 2，方差为 3，采样时间间隔为 1/1000s。利用 Histogram 模块进行直方图统计，设置其统计范围为 −10～10，统计分段为 100，即每段宽度为 0.2，并选择 Normalized 和 Running histogram 模式，这样将在各仿真时刻上输出归一化的累计直方图统计值。将输出值转换为 1 维数据格式后通过 To workspace 模块送入工作空间，变量名设置为 histdata，To workspace 模块的 Limit data ponits to last 栏设置为 1，即只输出最后仿真时刻的结果到工作空间。对于直流分量和交流功率的统计则很简单，只需要将 Mean 模块和 Variance 模块均设置为 running 模式即可。计算中值模块要求输出为帧格式数据，并统计帧中数据的中值。将仿真时间段设置为 10s，数据采样率为 1000，因此共产生 10001 个信号样值点，可设置缓存区大小为 10000。最后，通过如下程序执行仿真并作出信号样值的归一化频度直方图，如图 3.12 所示。

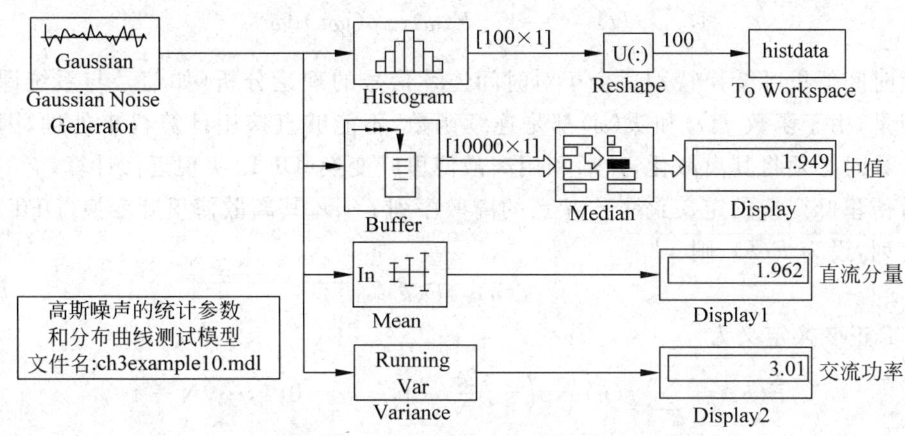

图 3.11　高斯噪声的统计参数测试模型和仿真结果

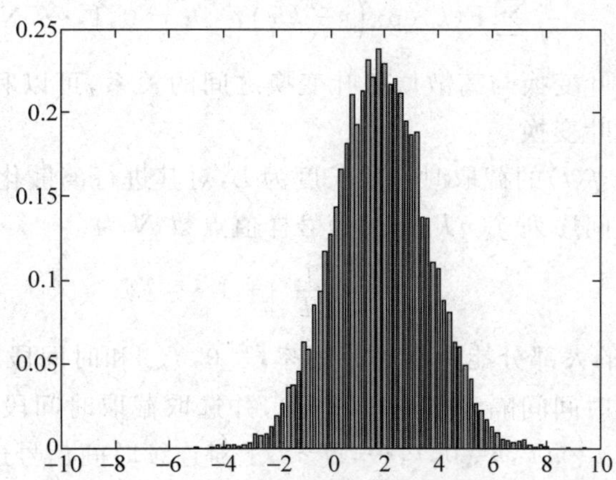

图 3.12　仿真执行后得出的高斯噪声样值的归一化频度直方图

【程序代码】 ch3example10prg.m

```
% ch3example10prg.m
sim('ch3example10.mdl');
bar([-10:1/5:10-1/5],histdata*5);
axis([-10 10 0 0.05]);                    % 作出归一化统计直方图
```

3.3.4 信号的频域参数

1. 信号频谱分析的原理

对于时间连续信号 $f(t)$，其频域分析可以通过连续时间傅里叶变换(CTFT)来进行，即

$$f(t)\Leftrightarrow F(w) \tag{3.14}$$

其中，傅里叶正变换为

$$F(\omega)=\int_{-\infty}^{\infty}f(t)\exp(-\mathrm{j}\omega t)\,\mathrm{d}t \tag{3.15}$$

傅里叶反变换为

$$f(t)=\frac{1}{2\pi}\int_{-\infty}^{\infty}F(\omega)\exp(\mathrm{j}\omega t)\,\mathrm{d}\omega \tag{3.16}$$

连续时间傅里叶变换特别适合于对时间连续信号的理论分析(如信号与系统课程中的内容)，但是，由于函数 $f(t)$ 和 $F(\omega)$ 都是连续函数，不能够直接用计算机来处理，因此在进行数值计算时必须将其离散化，然后利用离散傅里叶变换(DFT)实现近似计算。

离散傅里叶变换的定义：对于 N 点的离散序列 $f(n)$，其离散傅里叶变换(DFT)也是 N 点离散序列，设为 $F(k)$，则

$$f(n)\Leftrightarrow F(k) \tag{3.17}$$

其中，DFT 正变换定义为

$$F(k)=\sum_{n=0}^{N-1}f(n)\exp\left(-\mathrm{j}\,\frac{2\pi}{N}kn\right),\quad k=0,1,\cdots,N-1 \tag{3.18}$$

以及反变换

$$f(n)=\frac{1}{N}\sum_{k=0}^{N-1}F(k)\mathrm{epx}\left(\mathrm{j}\,\frac{2\pi}{N}kn\right),\quad n=0,1,\cdots,N-1 \tag{3.19}$$

通过连续时间傅里叶变换与离散傅里叶变换之间的关系，可以利用离散傅里叶变换来近似计算连续时间傅里叶变换。

设对连续时间信号 $f(t)$ 的截取时间段长度为 L，对其进行离散化的采样时间间隔为 T，那么采样输出的离散时间序列 $f(nT)$ 中的信号样值点数 N 为

$$N=\left\lfloor\frac{L}{T}\right\rfloor+1 \tag{3.20}$$

例如，若信号 $f(t)$ 的大部分能量集中于频率段 $[0,f_m]$ 和时间段 $[t_0,t_1]$ 上，那么就可以根据采样定理选取采样时间间隔为 $T\leqslant 1/(2f_m)$，并选取截取时间段长度为 $L\geqslant t_1-t_0$。这样就在离散时间点序列 $t=nT,n=0,1,\cdots,N-1$ 上对连续时间信号进行了离散化。对 $f(t)$ 的连续时间傅里叶变换中的积分进行近似求和计算，即将式(3.15)近似计算为

$$F(\omega)=\int_{-\infty}^{\infty} f(t)\exp(-\mathrm{j}\omega t)\mathrm{d}t \tag{3.21}$$

$$\approx\int_{t_0}^{t_1} f(t)\exp(-\mathrm{j}\omega t)\mathrm{d}t \tag{3.22}$$

$$\approx T\sum_{n=0}^{N-1} f(nT)\exp(-\mathrm{j}\omega nT) \tag{3.23}$$

但是,这样计算出来的结果 $F(\omega)$仍然是连续函数,计算机不能直接加以处理。为了实现数值计算,还需要对 $F(\omega)$进行离散化处理。将频率段 $0\sim 1/T$Hz 划分为 N 个计算频率点,这 N 个离散频率点以角频率表示为

$$\omega=k\omega_0=k\frac{2\pi}{NT},\quad k=0,1,\cdots,N-1 \tag{3.24}$$

将式(3.24)代入(3.23)中,并将离散序列 $f(nT)$简写为 $f(n)$,即得到离散频率点上的近似计算式

$$F(\omega)\mid_{\omega=k\omega_0=k\frac{2\pi}{NT}}\approx T\sum_{n=0}^{N-1} f(nT)\exp\left(-\mathrm{j}k\frac{2\pi}{N}n\right) \tag{3.25}$$

$$=T\sum_{n=0}^{N-1} f(n)\exp\left(-\mathrm{j}k\frac{2\pi}{N}n\right) \tag{3.26}$$

对比 DFT 计算式(3.18),显然有

$$F(\omega)\mid_{\omega=k\omega_0=k\frac{2\pi}{NT}}\approx T\cdot \mathrm{DFT}[f(n)]=T\cdot F(k) \tag{3.27}$$

该式表明,利用 DFT(FFT)计算连续时间傅里叶变换的频谱时,除了计算时域样点的离散傅里叶变换的频谱 $F(k)$,还要将 $F(k)$乘以取样时间间隔 T,才能得出结果。

直接计算 DFT 的复杂度为序列长度的平方,即$\mathcal{O}(N^2)$。1965 年,J. W. Cooley 和 J. W. Tukey 合作发表的论文中,重新发展了高斯在 1805 年提出的对 DFT 的快速算法(FFT)。其思想是将长的序列分解为若干短序列进行 DFT 计算,然后通过若干旋转因子的复数乘法和加法合成最终结果。Cooley-Tukey 算法中,如果序列长度是 2 的幂次,可将序列长为 N 的 DFT 分割为两个长为 $N/2$ 的子序列的 DFT,称为基 2-FFT。快速傅里叶变换算法只需要$\mathcal{O}(N\log N)$的计算复杂度。

Matlab 中计算离散快速傅里叶正变换和逆变换的命令分别是 fft 和 ifft,其用法如下:

```
Y = fft(X)        % 若 X 为 1 行 N 列或 N 行 1 列序列,则计算 N 点 DFT
Y = fft(X,n)      % 计算 n 点 DFT
                  % 若 X 序列的点数小于 n,则自动在 X 序列后补零
                  % 若 X 序列的点数大于 n,则自动对 X 序列截断
```

以及

```
Y = ifft(X)       % 若 X 为 1 行 N 列或 N 行 1 列序列,则计算 N 点 DFT
Y = ifft(X,n)     % 计算 n 点 DFT
                  % 若 X 序列的点数小于 n,则自动在 X 序列后补零
                  % 若 X 序列的点数大于 n,则自动对 X 序列截断
```

Simulink 的 DSP Blockset 中的 Tansform 模块库中也给出了 FFT 变换模块,它们是正变换模块 FFT、反变换 IFFT 以及正变换幅度输出 Magnitude FFT 等。这些模块的输入信号可以是基于采样的并行信号,也可以是基于帧的,由于模块采用了基 2-FFT 算法,所以需

要输入信号的帧长度或并行信号数目为2的幂次，下面举例说明。

【实例3.11】 已知时间连续信号 $f(t)=\exp(-t)u(t)$，其中 $u(t)$ 为单位阶跃信号。求信号的傅里叶变换理论解，然后用FFT进行近似数值求解并对比理论结果。

根据连续信号傅里叶变换的公式(3.15)可知，计算信号的频谱为

$$F(\omega)=\int_0^{\infty}\exp(-t)\exp(-\mathrm{j}\omega t)\mathrm{d}t=\frac{1}{1+\mathrm{j}\omega} \tag{3.28}$$

据此编写程序作出信号的时域波形和频谱（幅度频率响应和相位频率响应）。程序代码如下，所得出的曲线如图3.13所示。

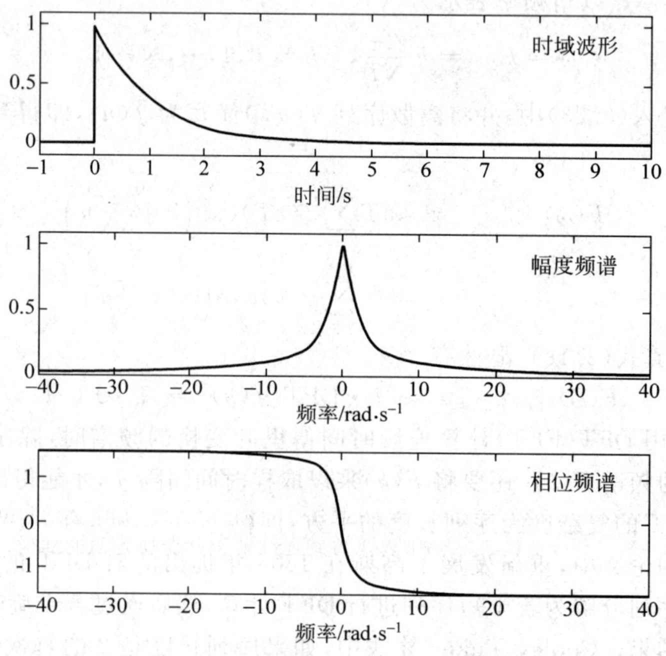

图3.13 理论计算的信号 $f(t)=\exp(-t)u(t)$ 的时域波形和频谱

【程序代码】 ch3example11prg1.m

```
% ch3example11prg1.m
t = -1: 0.01 :10 ;                                   % 计算时间范围
f_t = exp(-t).*(t>0);
subplot(3,1,1); plot(t,f_t);                         % 时域波形
axis([-1 10 -0.1 1.1]); xlabel('time (sec)');
w = -40: 0.1 : 40;                                   % 计算角频率范围
F_w = 1./(1 + j*w);                                  % 频谱理论结果
subplot(3,1,2); plot(w,abs(F_w));                    % 频域幅度谱
axis([-40 40 0 1.1]); xlabel('freq (rad/s)');
subplot(3,1,3); plot(w,angle(F_w));                  % 频域相位谱
axis([-40 40 -pi/2 pi/2]); xlabel('freq (rad/s)');
```

接下来再用FFT进行数值计算。从图3.13中可知，该信号在时域中是无限长的，其频谱也是无限宽的，因此离散化的时候必须对其进行时域截断和频域截断。当时间大于5s后波形值近似为零，而当频率大于40rad/s的部分幅度谱值也接近零。严格来说，应该选取大

于95%或99%的总能量时域和频域部分加以截断。

这样，可以选取时域截断区为 $t\in[0,5]$，频域截断区为 $\omega\in[0,40]$(单边)，相应的采样时间间隔 T 为

$$T=\frac{1}{2f_{\max}}=\frac{2\pi}{2\omega_{\max}}=\frac{\pi}{40} \tag{3.29}$$

采样点数为

$$N=\left\lfloor\frac{L}{T}\right\rfloor+1=\left\lfloor\frac{5}{\pi/40}\right\rfloor+1 \tag{3.30}$$

据此编写计算程序如下。

【程序代码】 ch3example11prg2.m

```
% ch3example11prg2.m
w_m = 40;          % 截断频率
T = pi/w_m;        % 采样间隔
L = 5;
t = 0: T :L ;      % 时域截断
x_t = exp( - t). * (t>0); % 信号序列
N = length(x_t);              %序列长度(点数)
% ------------------------------------------
X_k = fft(x_t);                      % FFT 计算
% ------------------------------------------
w0 = 2 * pi/(N * T);                 % 离散频率间隔
kw = 2 * pi/(N * T). * [0: N-1];     % 离散频率样点
X_kw = T. * X_k;                     % 乘以 T 得到连续傅里叶变换频谱的样值
% ------------------------------------------
subplot(2,1,1);
plot(kw,abs(X_kw),'.','MarkerSize',14); % 作出数值计算的幅度谱点
axis([ - 40 90  - 0.1 1.1]); xlabel('freq (rad/s)');
hold on;                               % 保持前面作图曲线不被擦除
w = - 40: 0.1 : 40;
X_w = 1./(1 + j * w);                  % 理论计算频谱表达式
plot(w,abs(X_w));                      % 作图对比
subplot(2,1,2);
plot(kw,angle(X_kw),'.','MarkerSize',14); % 作出数值计算的相位谱点
hold on;
plot(w,angle(F_w));                            % 频域相位谱
axis([ - 40 90  - pi pi]); xlabel('freq (rad/s)');
```

程序执行后，得出数值计算的幅频、相频结果和理论结果对比曲线，如图3.14所示。图中，连续曲线为理论计算的频谱结果，小点表示 DFT 的数值计算结果。值得注意的是，FFT 计算频率点序列对应的频率范围是$[0,2\omega_{\max}]$，其幅度谱以截断频率 $\omega_{\max}$ 为轴对称，而其相位谱则以截断频率 $\omega_{\max}$ 为中心对称，理论计算结果对应的频率范围是$[-\omega_{\max},\omega_{\max}]$。另外，利用命令 fftshift 可以将 fft 的计算输出零频搬移到输出中心，从而与理论结果的范围匹配。由图3.14可知，这里利用 DFT(FFT)估计出的连续时间信号的幅度频谱精度较高，而估计

出的相位频谱在频率接近截断频率时将出现较大误差。为了减小这一误差，可进一步提高计算所选取的截断频率。

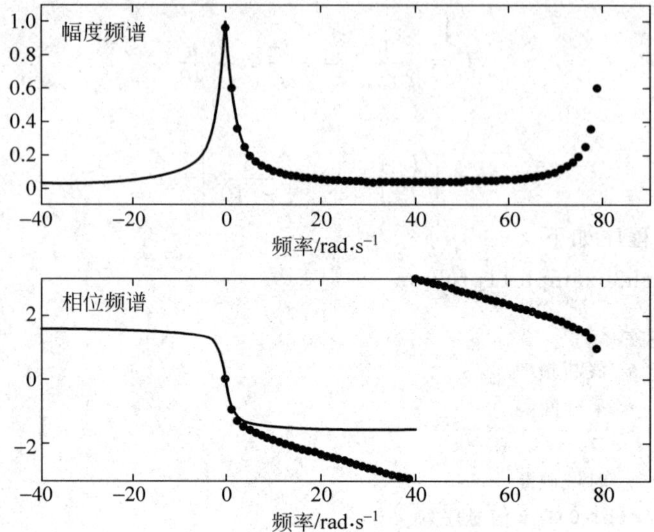

图 3.14　信号 $f(t)=\exp(-t)u(t)$的频谱：理论结果与数值计算的近似结果对比

【实例 3.12】　求信号 $f(t)=2\sin(2\pi100t)+\cos(2\pi180t)$的近似频谱，要求计算频谱范围为 0～500Hz，频率分辨率（即频率点间隔）$\Delta f\leqslant5$Hz。分别用程序和 Simulink 模块实现计算。

由题意知，对连续信号的采样率为 $f_s=2\times500$Hz，因此 FFT 的计算序列点数 N 为

$$N\geqslant\frac{f_s}{\Delta f}=\frac{1000}{5}=200 \tag{3.31}$$

据此编写程序如下。程序中，用 fftshift 命令将计算频谱的中心位移到零频率处，即输出频率范围为[−500,500]Hz。程序执行后得到信号的幅度频谱如图 3.15 所示。

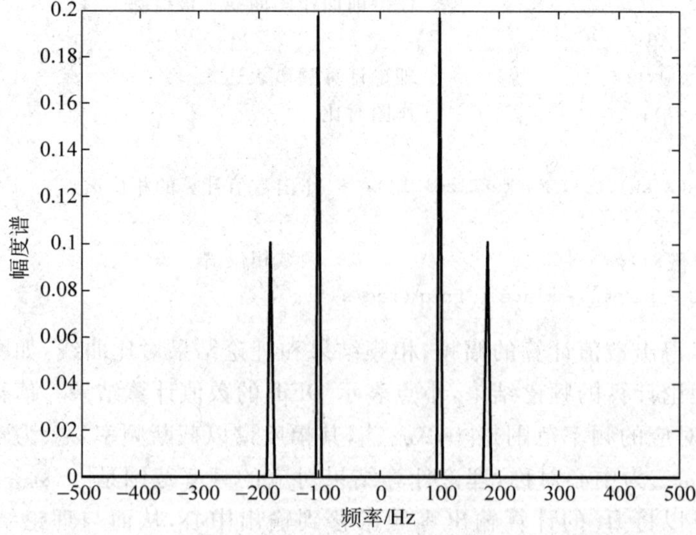

图 3.15　信号 $f(t)=2\sin(2\pi100t)+\cos(2\pi180t)$的近似频谱，频率分辨率为 5Hz

【程序代码】 ch3example12prg1.m

```
% ch3example12prg1.m
Df = 5;                                          % 频率间隔
f_s = 2 * 500;                                   % 采样率
N = f_s/Df;                                      % 序列点数
t = 0:1./f_s:(N-1)./f_s;                         % 计算时间段
freq = 0:Df:(N-1) * Df;                          % 计算频率段
f_t = 2 * sin(2 * pi * 100 * t) + cos(2 * pi * 180 * t); % 信号
F_f = 1/f_s * fft(f_t,N);                        % 用 FFT 计算频谱
plot(freq - f_s/2,abs(fftshift(F_f)));           % 将零频率移动到 FFT 中心
xlabel('频率 Hz'); ylabel('幅度谱');             % 并作出幅度频谱
```

用 Simulink 实现时，考虑到 FFT 模块只能够接收 2 的幂次点数的信号序列，故将 FFT 的帧长度设置为 256，而设系统采样时间为 1ms。实验系统模型如图 3.16 所示。模型中，使用步长为 0.001s 的固定步长求解算法，用 Clock 模块和 Fcn 模块产生所需信号，然后用 Zero-Order Hold 将输出的连续时间信号进行采样得到离散时间信号，采样时间间隔为 1ms。为了使用 FFT 模块进行计算，还需要将离散信号进行串并转换组成长度为 256 的帧格式，可通过 Buffer 模块来实现串并转换，缓冲区大小设置为 256，重叠区为零。FFT 模块可采用默认设置，其输出为基于采样的并行 256 点复序列。用 Frame Status Conversion 模块将其转换为帧格式，然后用 Abs 模块求出幅度分量，最后送入向量示波器 Vector Scope 进行显示。向量示波器是 DSP Blockset 信宿库中的模块，用于显示实数值的输入向量信号。通常输入向量信号是基于帧格式的，可以是时间域向量信号，也可以是频率域向量信号，还可以是用户自定义向量显示范围。根据物理概念，FFT 输出的信号是频率域的，所以本例将向量示波器的输入属性设置为频率域。双击向量示波器图标可进行属性设置。将向量示波器的显示频率单位设置为赫兹，频率范围选择为负的截断频率到正截断频率(即 －500Hz～＋500Hz)，幅度以线性方式显示，即 Magnitude 方式，读者也可以选择以分贝方式显示，并设置适当的显示幅度范围。向量示波器的设置对话框如图 3.17(a)所示。运行仿真后，将弹出向量示波器显示窗口，其显示的幅度频谱如图 3.17(b)所示。

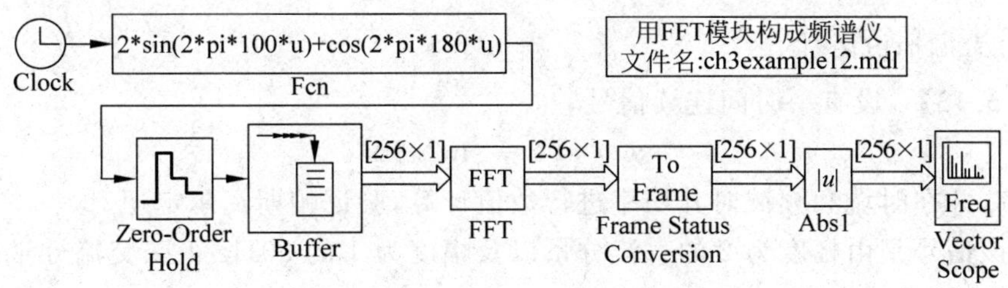

图 3.16　Simulink 构建的 FFT 计算信号频谱的测试模型

2. 信号的时域频域能量和功率关系——帕斯瓦尔定理

连续时间信号的帕斯瓦尔能量定理：对于连续时间信号及其傅里叶变换 $f(t) \leftrightarrow F(\omega)$，其在时域中计算的信号能量等于频域中计算的信号能量，即

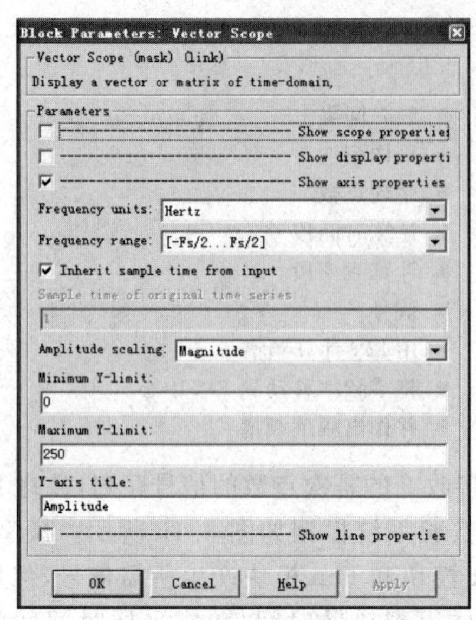

(a) 矢量示波器的设置

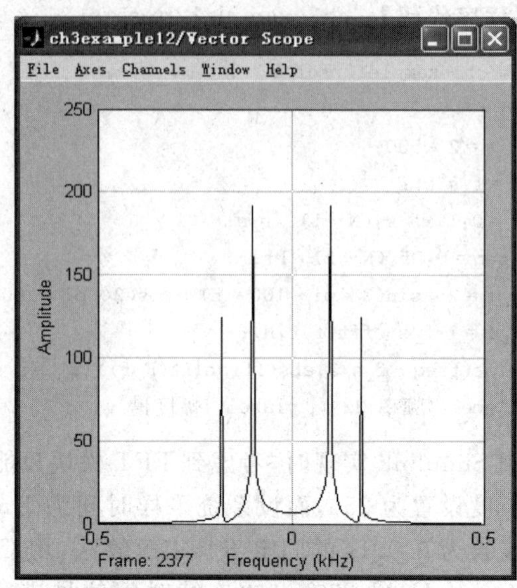

(b) 程序执行中矢量示波器动态显示的频谱

图 3.17 向量示波器的设置对话框以及仿真运行中向量示波器显示的频谱波形

$$E = \int_{-\infty}^{\infty} |f(t)|^2 \mathrm{d}t = \frac{1}{2\pi}\int_{-\infty}^{\infty} |F(\omega)|^2 \mathrm{d}\omega = \int_{-\infty}^{\infty} |F(2\pi f)|^2 \mathrm{d}f \tag{3.32}$$

离散时间信号的帕斯瓦尔定理：对于 N 点的离散序列及其离散傅里叶变换 $f(n)\leftrightarrow F(k)$，其时域能量等于频域能量，即

$$E = T\sum_{n=0}^{N-1} |f(n)|^2 = \frac{T}{N}\sum_{k=0}^{N-1} |F(k)|^2 \tag{3.33}$$

时域和频域的平均功率关系为

$$P_{av} = \frac{E}{L} = \frac{E}{NT} = \frac{1}{N}\sum_{n=0}^{N-1} |f(n)|^2 = \frac{1}{N^2}\sum_{k=0}^{N-1} |F(k)|^2 \tag{3.34}$$

其中，T 为采样时间间隔；N 为离散时间序列的点数；$L=NT$ 为离散时间序列的时间长度。

下面以实例加以验证。

【实例 3.13】 设有一时间连续信号

$$s(t) = 2 + \sin 2\pi 50t \tag{3.35}$$

试求其功率，并在时域和频域对其功率进行数值计算，验证帕斯瓦尔定理。

显然，该信号是由幅度为 2 的直流分量以及幅度为 1 的 50Hz 正弦交流分量构成，其平均功率的理论计算结果为

$$P_{av} = 2^2 + \left(\frac{1}{\sqrt{2}}\right)^2 = 4.5 \tag{3.36}$$

验证模型和仿真运行结果如图 3.18 所示。其中用 Clock 模块和 Fcn 模块产生所需信号 $s(t)$，然后通过 Zero-Order Hold 采样得出离散时间信号以便进行离散傅里叶变换。由于信号的最高频率为 50Hz，根据采样定理，只要采样率大于 100Hz 即可，因此本例将零阶保持器的采样时间间隔设置为 1/200s。选择 FFT 变换的帧长度为 512，因此 Buffer 模块的

缓存区大小设置为 512。以 Abs 模块、乘法器模块、Mean 平均模块以及增益模块等实现对式(3.34)的计算。其中,Mean 平均模块设置为对输入向量进行平均的模式。运行仿真后,在 FFT 模块前后(即时域和频域)计算的平均功率输出显示均为 4.5,与理论结果符合。

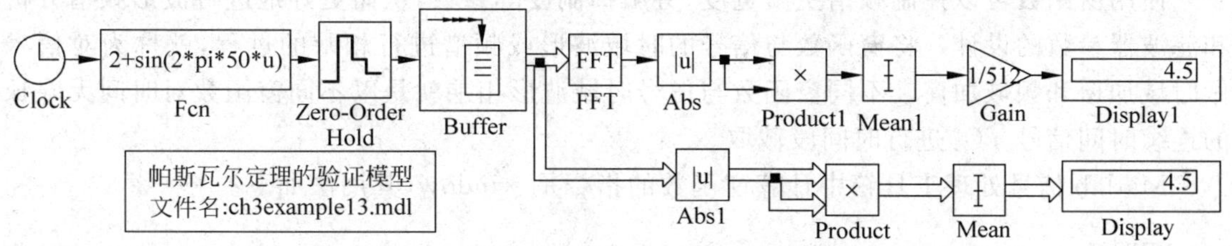

图 3.18 帕斯瓦尔定理的验证模型和仿真运行结果

3. 频谱分析的若干问题讨论

通过以上分析可知,连续非周期信号频谱的数值计算必须首先对信号进行时域取样,得到时间离散化的信号,时域取样必须满足或近似满足取样定理。根据时域频域的对应关系,时域取样将导致所得的抽样信号频谱周期化。然而,为了使周期化后的抽样信号频谱便于计算机处理,还必须再将其进行频域离散化,方法是对该频谱进行频域抽样。根据时域频域的对应关系,频域离散化将对应于时域信号的周期化。因此,对连续非周期信号频谱进行数值计算时,要确定如何截取信号的时间段、如何选择时域采样率,以及在时间段上对信号进行截取的方式。截取信号的时间段长度决定了时域周期化的周期,对应于频域抽样的频率间隔,即频率分辨率;时域采样率决定了频域周期化的周期,即频谱数值计算的范围;而在某时间段上对信号进行截取方式,即不同窗函数的应用,决定了信号频谱估计的精度和有效范围。

设要分析连续时间非周期信号 $f(t)$在频率范围$[0,f_m]$内的频谱,且要求分析的频率分辨率(数值计算的频率间隔)为 ΔfHz,则首先应根据信号频率范围确定采样率,再根据所要求的频率分辨率确定截取时间长度,从而计算出所需计算 FFT 的序列长度(点数),最后,根据信号时域波形特征选择使用不同的窗函数。

(1) 根据分析的信号频率范围确定采样率

要分析信号 $f(t)$在频率范围$[0,f_m]$内的频谱,则采样率 f_s 必须满足采样定理,即

$$f_s \geqslant 2f_m \tag{3.37}$$

相应地,采样时间间隔 T_s(也称为时间分辨率)满足

$$T_s = \frac{1}{f_s} \leqslant \frac{1}{2f_m} \tag{3.38}$$

(2) 根据频率分辨率要求确定分析信号 $f(t)$的截取时间段长度

要使所分析的频率分辨率达到 Δf,即每隔 Δf 计算一个频率点,那么对信号的截取时间长度 L 必须满足

$$L \geqslant \frac{1}{\Delta f} \tag{3.39}$$

根据截取时间长度 L 和采样时间间隔 T_s 就可以计算出截取时间信号离散化之后的序列点数 N,也可由计算采样率 f_s 和频率间隔 Δf 来等价计算出序列点数,即

$$N = \left\lfloor \frac{L}{T_s} \right\rfloor + 1 = \left\lfloor \frac{f_s}{\Delta f} \right\rfloor + 1 \tag{3.40}$$

（3）根据信号时域波形特征来应用不同的窗函数

使用窗函数可以控制频谱主瓣宽度、旁瓣抑制度等参数，从而更好地进行波形频谱分析和滤波器参数的设计。将窗函数与信号的时域波形或频谱进行相乘的过程，就称为对信号做时域加窗和频域加窗。不同窗函数与信号时域波形相乘就是以不同窗函数对时间无限长的连续时间信号 $f(t)$ 进行时间段截取。

Matlab 信号处理工具箱中计算窗函数的指令是 window，其用法如下。

```
window
w = window(fhandle,n)
w = window(fhandle,n,winopt)
```

其中，window 指令用于打开一个窗函数的设计图形化界面，如图 3.19 所示。在打开的对话框中可以选择窗函数类型、数据长度等来进行设计，同时可观察设计结果的时域和频域曲线。

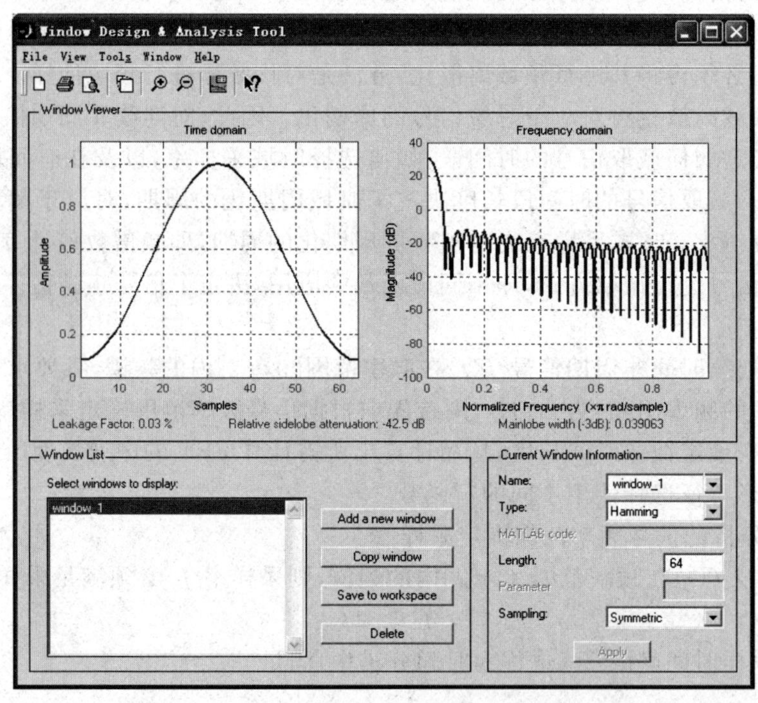

图 3.19 window 指令打开的窗函数设计工具

指令 w=window(fhandle,n)和 w=window(fhandle,n,winopt)用于返回由 fhandle 指定的 n 点窗函数值，参数 winopt 是相应窗函数的参数选项。

常用的窗函数参数 fhandle 如表 3.1 所示。fhandle 参数均以@符号开头。另外，Matlab 也提供了以 fhandle 参数名(去掉@符号)为指令的窗函数，例如矩形窗函数可通过命令 w=window(@rectwin,n)得到，也可以通过命令 w=rectwin(n)得到。各种窗函数的数学定义以及参数选项情况参见 window 指令的联机帮助文档。

表 3-1 常用的窗函数 fhandle 参数

窗函数名称	fhandle	窗函数名称	fhandle
修正巴特利特-汉宁窗	@barthannwin	海明窗	@hamming
巴特利特窗	@bartlett	汉宁窗	@hann
布莱克曼窗	@blackman	凯瑟窗	@kaiser
最小 4 项布莱克曼哈里斯窗	@blackmanharris	Nuttall 窗	@nuttallwin
Bohman 窗	@bohmanwin	Parzen(de laValle-Poussin)窗	@parzenwin
切比雪夫窗	@chebwin	矩形窗	@rectwin
平顶加权窗	@flattopwin	三角窗	@triang
高斯窗	@gausswin	图基窗	@tukeywin

此外,设计完成的窗函数数据可以采用 wvtool 指令来显示时域波形和频域特性,例如使用

```
wvtool(hamming(64),hann(64),gausswin(64))
```

可以得到 64 点的海明窗、汉宁窗和高斯窗的时域频域特性对比,如图 3.20 所示。

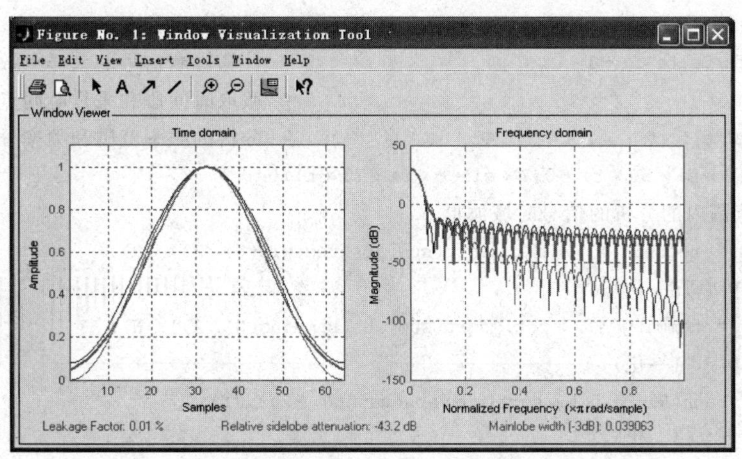

图 3.20 wvtool 指令显示的 3 种窗函数曲线对比

在时域中,信号加窗就是将信号与窗函数相乘,即以窗函数作为加权函数对时域波形进行时间段截取。显然,信号经过窗函数处理后的功率将发生变化。在对信号频谱进行分析中,用户一般希望加窗后信号功率保持不变,为此,需要对窗函数进行功率归一化处理。设窗函数为 $w(t),t\in[0,L]$,在窗口内的平均功率为 P_w,并设窗函数离散化之后得到 N 点序列 $w(n)$,则对信号 $f(t)$ 及其离散序列 $f(n)$ 进行时域加窗并作功率归一化的结果是

$$f_w(t)=\frac{1}{\sqrt{P_w}}f(t)w(t)=\frac{f(t)w(t)}{\sqrt{\frac{1}{L}\int_0^L|w(t)|^2\mathrm{d}t}} \tag{3.41}$$

相应地,功率归一化加窗输出的离散序列为

$$f_w(n)=\frac{f(n)w(n)}{\sqrt{\frac{1}{N}\sum_{i=0}^{N-1}|w(i)|^2}} \tag{3.42}$$

【实例 3.14】 实验不同的加窗方式对信号频谱估计的影响。试对一个频率为 50Hz、振幅为 1 的正弦波以及频率为 75Hz、振幅为 0.7 的正弦波的合成波形进行频谱分析，要求分析的频率范围为 0～100Hz，频率分辨率为 1Hz。

根据所要求的分析频率范围可以确定信号的采样率为 $f_s=200\text{Hz}$，采样时间间隔（时间分辨率）为 $T=1/f_s=5\text{ms}$，而根据要求的频率分辨率可以得出信号时域截断长度为 $L=1/\Delta f=1\text{s}$。因此，对截断信号的采样点数为

$$N=\left\lfloor\frac{L}{T_s}\right\rfloor+1=\left\lfloor\frac{f_s}{\Delta f}\right\rfloor+1=201$$

现分别用矩形窗、海明窗和汉宁窗进行时域加窗，然后观察幅度谱曲线，程序代码如下。

【程序代码】 ch3example14prg1.m

```
% ch3example14prg1.m
fs = 200;                                   % 采样率
Delta_f = 1;                                % 频率分辨率
T = 1/fs;                                   % 时间分辨率
L = 1/ Delta_f;                             % 时域截取长度
N = floor(fs/Delta_f) + 1;                  % 计算截断信号的采样点数
t = 0:T:L;                                  % 截取时间段和采样时间点
freq = 0: Delta_f :fs;                      % 分析的频率范围和频率分辨率
f_t = (sin(2 * pi * 50 * t) + 0.7 * sin(2 * pi * 75 * t))';
% 在截取范围内的分析的信号时域波形
f_t_rectwin = rectwin(N). * f_t./sqrt(sum(abs(rectwin(N).^2))./N);
% 矩形窗（功率归一化）
f_t_hamming = hamming(N). * f_t./sqrt(sum(abs(hamming(N).^2))./N);
% 海明窗（功率归一化）
f_t_hann = hann(N) . * f_t./sqrt(sum(abs(hann(N).^2))./N);
% 汉宁窗（功率归一化）

F_w_rectwin = T. * fft(f_t_rectwin,N);
% 进行 N 点 FFT，并乘以采样时间间隔 T 得到频谱
F_w_hamming = T. * fft(f_t_hamming,N);      % 加海明窗的频谱
F_w_hann = T. * fft(f_t_hann,N);            % 加汉宁窗的频谱 figure(1);
subplot(2,2,1); plot(t,f_t); title('Original Signal');
subplot(2,2,2); plot(t,f_t_rectwin); title('Rectwin Windowing');
subplot(2,2,3); plot(t,f_t_hamming); title('hamming Windowing');
subplot(2,2,4); plot(t,f_t_hann); title('hanning Windowing');

figure(2);
subplot(3,1,1); plot(freq,10 * log10(abs(F_w_rectwin)));
title('Rectwin Windowing Spectrum'); ylabel('幅度 dB');
axis([0,200, - 50,0]); grid on;
subplot(3,1,2); plot(freq,10 * log10(abs(F_w_hamming)));
```

```
title('hamming Windowing Spectrum'); ylabel('幅度 dB');
axis([0,200, - 50,0]); grid on;
subplot(3,1,3); plot(freq,10 * log10(abs(F_w_hann)));
title('hanning Windowing Spectrum'); ylabel('幅度 dB');
axis([0,200, - 50,0]); grid on;
p_original_signal = var(f_t)                              % 计算原始信号的平均功率
p_hannwindowed = sum((abs(F_w_hann/T)).^2)/(N^2)   % 计算加窗后的信号功率
```

其中采用了功率归一化的加窗方式，以保证窗内的输入信号和输出信号的平均功率相等。程序执行后，得出的原始信号以及加窗后信号的时域波形和幅度频谱如图 3.21 所示，命令窗口还将显示在时域计算得出的原始信号的平均功率以及加窗后在频域中计算得出的平均功率，两者相等并且等于理论值 0.745W。事实上，加矩形窗等价于截取时不作加窗处理。从图中 3 种加窗后的幅度谱估计曲线来看，应用海明窗和汉宁窗后都比应用矩形窗（等价于不加窗）的估计精度要高。

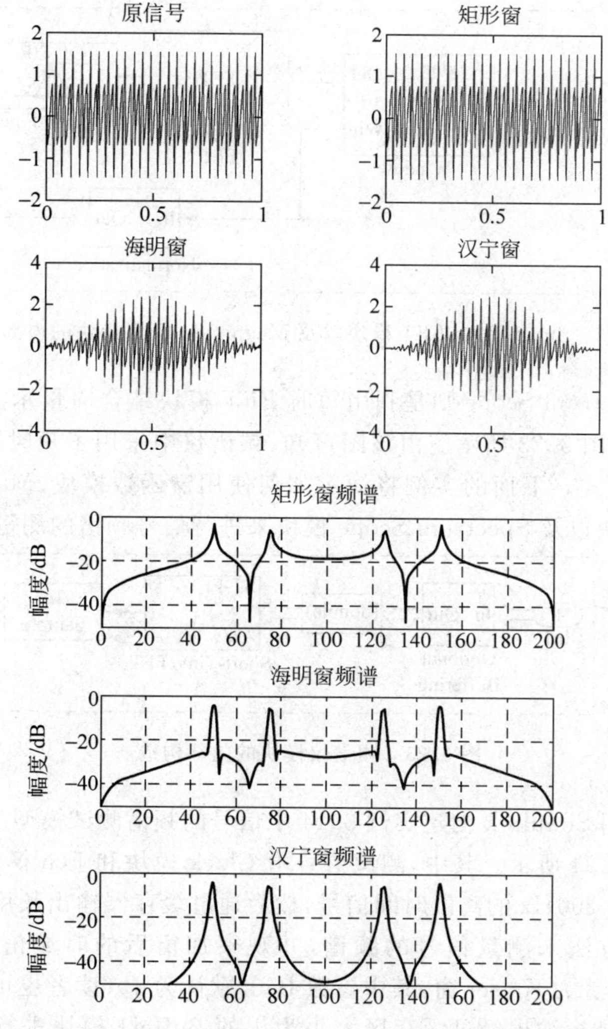

图 3.21 被分析信号以及加窗后的信号时域波形和相应幅度频谱

Simulink中也提供了窗函数模块Window Function以及结合了窗函数和FFT的短时FFT模块Short-Time FFT和频谱仪模块Spectrum Scope。

短时FFT模块Short-Time FFT由窗函数模块、幅度FFT模块以及平均滤波器等构成,常用于功率谱估计中,如图3.22所示。从图中可知,短时FFT模块将输入信号通过加窗处理后,利用了幅度FFT模块来计算序列的幅度平方(功率)频谱,然后通过平均滤波器和加窗归一化处理后输出。而幅度FFT模块则是将输入序列补零成为2的幂次点数后进行FFT计算,然后取其幅度平方作为输出。因此,Short-Time FFT模块的输入信号与输出功率频谱序列的平均功率将保持不变。

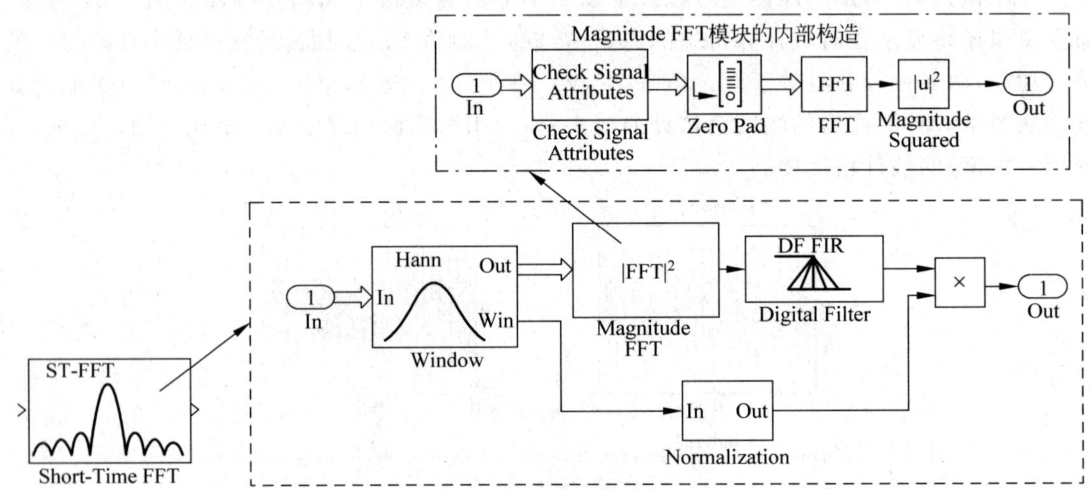

图3.22 Short-Time FFT模块以及Magnitude FFT模块的内部构造

频谱仪模块Spectrum Scope则是利用短时FFT模块结合向量示波器而构成的,频谱仪模块的内部结构如图3.23所示。由该图可知,频谱仪中采用了短时FFT模块默认的汉宁(hann)加窗处理方式。下面的实例将演示如何使用窗函数模块、Magnitude FFT模块、Short-Time FFT模块以及Spectrum Scope模块来进行信号频谱的测量。

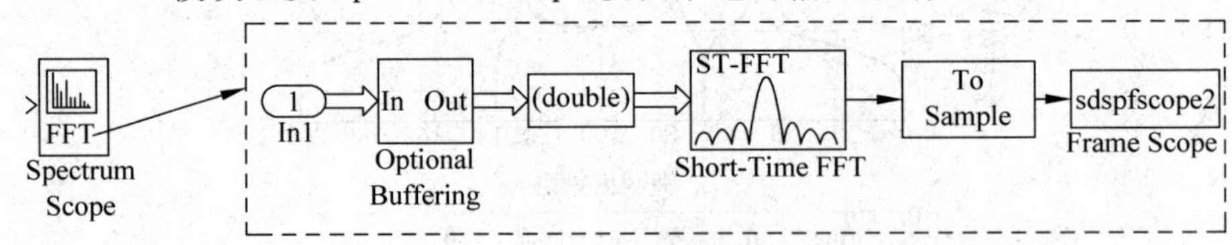

图3.23 频谱仪模块的内部构造

【实例3.15】 用Simulink构建实例3.14中信号的频谱测试模型。

测试模型如图3.24所示。其中,测试信号由Clock模块和Fcn模块来产生,通过零阶保持器得到采样率为200Hz的离散时间信号,然后通过缓存器输出长度为256的帧格式信号。本例采用4种方法来测量信号的频谱,并观察加窗后的时域信号波形。加窗模块Window Function设置为Kaiser窗,其中参数Beta默认为10(读者也可修改为其他类型的窗函数进行实验)。加窗输出经过缓存区大小为1的Buffer1模块进行并串转换后送入示波器Scope显示时域波形。用Magnitude FFT模块计算加窗后信号的功率频谱,然后通过

Vector Scope 模块显示出来。同时，通过 FFT 模块、Abs 模块以及乘法器模块构建与 Magnitude FFT 模块等价的计算功能，其输出通过 Vector Scope1 模块显示。显然，Vector Scope 和 Vector Scope1 将显示相同的频谱结果。

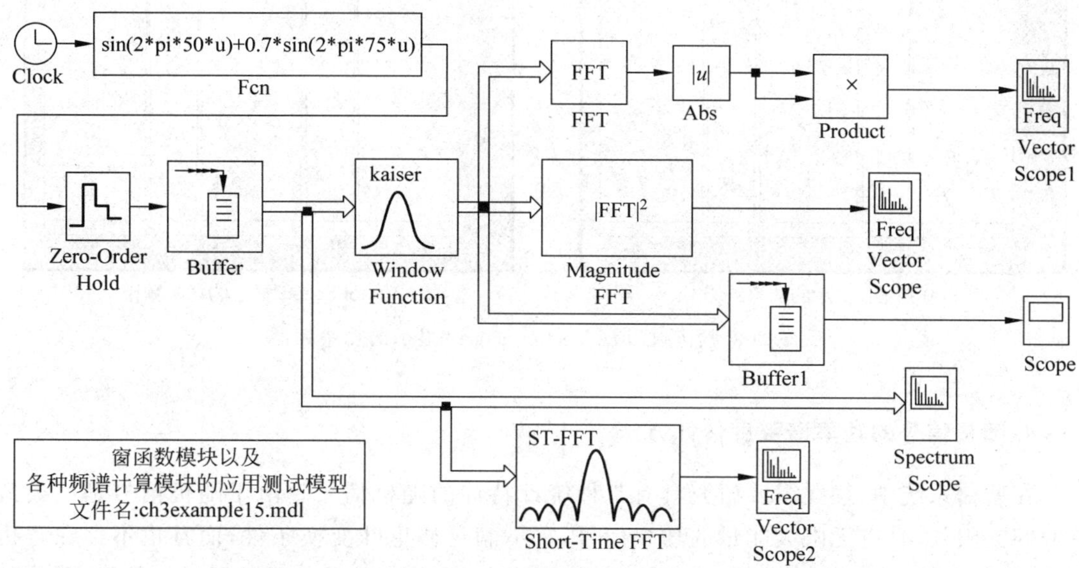

图 3.24　窗函数模块以及各种频谱计算模块的应用测试模型

另一方面，将帧格式信号送入频谱仪 Spectrum Scope 直接计算并显示频谱。双击频谱仪图标即可设置其计算和显示参数，这里使用默认值即可。同时，也将帧格式信号通过 Short-Time FFT 计算后由 Vector Scope2 显示，这等价于频谱仪的功能。当 Short-Time FFT 的加窗参数设置为汉宁窗(Hann)，并用周期化(Periodic)的窗口采样方式时，Vector Scope2 的显示功率频谱将与频谱仪上的显示相同。

执行仿真后得到的输出结果如图 3.25 和图 3.26 所示。由于模型中加窗处理没有进行窗函数功率归一化，所以加窗输出信号的平均功率与输入信号的平均功率不同，因此图 3.25 和图 3.26 中信号功率频谱的值会有所不同。读者可尝试以式(3.42)对窗函数的功率归一化，并测试输出信号在时域和频域的平均功率。

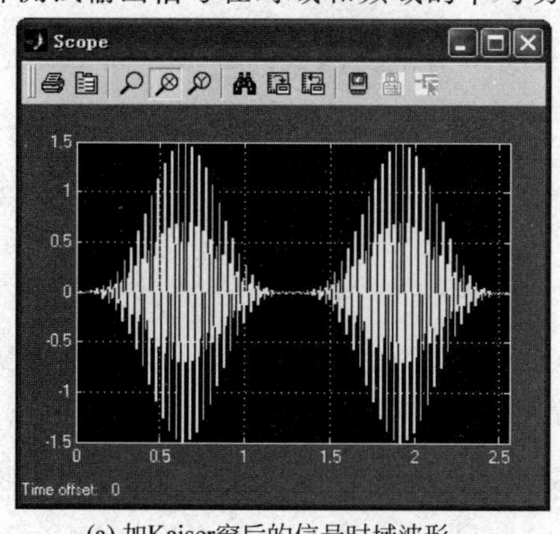

(a) 加Kaiser窗后的信号时域波形

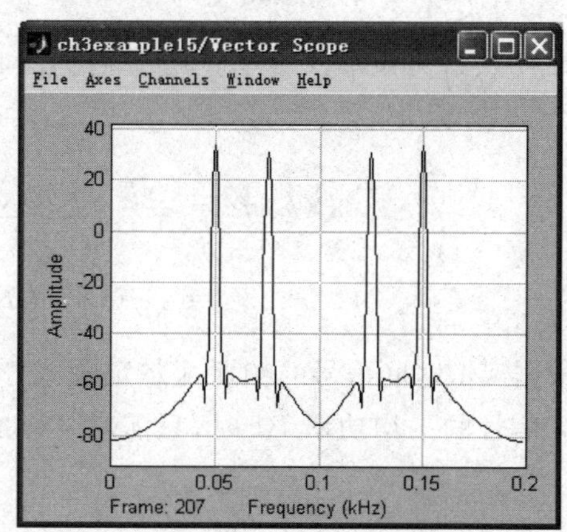

(b) 加窗信号的功率频谱

图 3.25　加窗信号的时域波形和功率频谱

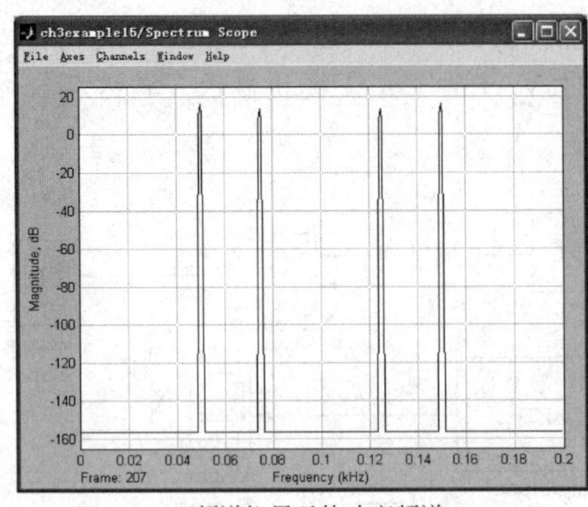

(a) 频谱仪显示的功率频谱

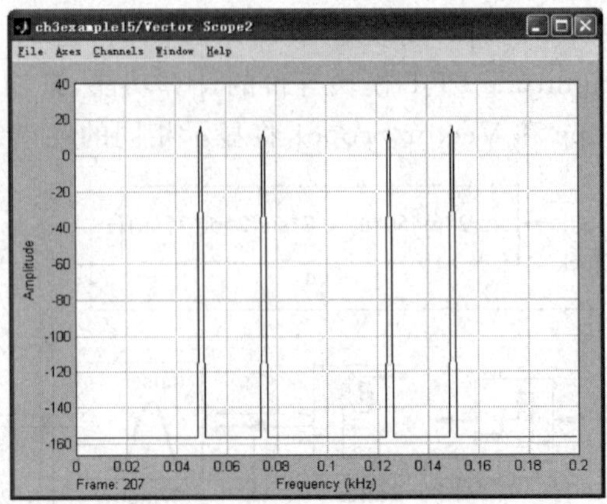

(b) Vector Scope2显示的功率频谱

图 3.26　频谱仪以及 Vector Scope2 显示的功率频谱

4. 随机信号的功率谱密度估计方法

在通信系统中，往往需要研究具有某种统计特性的随机信号。由于随机信号是一类持续时间无限长，具有无限大能量的功率信号，它不满足傅里叶变换条件，而且也不存在解析表达式，因此就不能够应用确定信号的频谱计算方法去分析随机信号的频谱。然而，虽然随机信号的频谱不存在，但其相关函数却是确定的。如果随机信号是平稳的，那么其相关函数的傅里叶变换就是它的功率谱密度函数，简称功率谱。功率谱反映了单位频带内随机信号的功率大小，它是频率的函数，其物理单位是 W/Hz。随机信号功率谱估计就是根据随机信号的一个样本信号来对该随机过程的功率谱密度函数作出估计。对功率谱估计的最简单方法是：通过样本信号的离散傅里叶变换得出样本信号的频谱，然后将其取模值后平方。这种直接根据样本信号的离散傅里叶变换取模值后平方的功率谱估计方法称为周期图法。

设采样时间间隔为 T，则采样率为 $f_s=1/T$。又设连续时间随机信号的一个样本信号为 $f(t)$，在时间段$[0,L]$内其采样输出的 N 点随机样本序列为 $f(n)$，则由式(3.27)知，其频谱序列 $F(k\Delta f)$可计算为

$$F(k\Delta f) = T\cdot \mathrm{DFT}(f(n)),\quad k=0,\cdots,N-1 \tag{3.43}$$

其中，$\Delta f=\dfrac{1}{NT}$为频率分辨率。用周期图法将信号功率谱密度函数的离散序列 $P(k\Delta f)$估计为

$$P(k\Delta f)=\frac{\Delta f}{NT}\mid F(k\Delta f)\mid^2 \tag{3.44}$$

$$=\frac{1}{N^2}(\mathrm{DFT}(f(n)))^2,\quad k=0,\cdots,N-1 \tag{3.45}$$

根据离散时间信号的帕斯瓦尔定理式(3.34)，通过信号的功率谱密度函数序列 $P(k\Delta f)$来计算信号的平均功率 P_{av}时，只需对 $P(k\Delta f)$序列求和即可，即

$$P_{av}=\sum_{k=0}^{N-1}P(k\Delta f) \tag{3.46}$$

【实例 3.16】 已知随机信号为

$$x(t) = \sin 2\pi 50t + 2\sin 2\pi 130t + n(t) \tag{3.47}$$

其中，$n(t)$是零均值方差为1的高斯噪声。试用周期图法估计其功率谱密度，要求估计的频率范围为[0,250]Hz，估计的频率分辨率为1Hz。

根据题意，系统采样率应为 $f_s = 500$Hz。由要求的频率分辨率可计算得到样本序列长度为1s，即501样点，据此编写程序如下。

【程序代码】 ch3example16prg1.m

```
% ch3example16prg1.m
fs = 500;                          % 采样率
Df = 1;                            % 频率分辨率
N = floor(fs/Df) + 1;              % 计算的序列点数
t = 0:1/fs:(N - 1)/fs;             % 截取信号的时间段
F = 0:Df:fs;                       % 功率谱估计的频率分辨率和范围
xk = sin(2 * pi * 50 * t) + 2 * sin(2 * pi * 130 * t) + randn(1,length(t));
                                   % 截取时间段上的离散信号样点序列
Pxx = abs(fft(xk)).^2/(N^2);       % 功率谱估计
Pav_timedomaim = sum(xk.^2)/N      % 在时域计算信号功率
Pav_freqdomain = sum(Pxx)          % 通过功率谱计算信号功率
plot(F,10 * log10(Pxx)); xlabel('freq Hz'); ylabel('PSD dB')
                                   % 作出功率谱密度图
```

程序中，通过式(3.34)在时域计算信号功率，而以式(3.46)通过功率谱序列计算信号功率，两种计算结果是相等的。程序执行后得到的功率谱密度估计如图3.27所示。

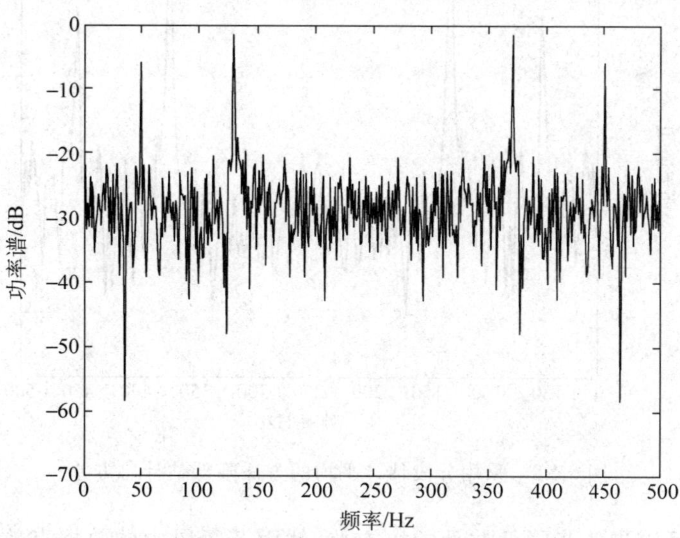

图3.27　周期图法得出的功率谱估计

随着采样点数的增加，该估计是渐近无偏的。从图中可以看出，采用周期图法估计得出的功率谱很不平滑，相应的估计协方差比较大。而且采用增加采样点的办法也不能使周期图变得更加平滑，这是周期图法的缺点。

对周期图法进行改进的思想是将信号分段进行估计，然后再将这些估计结果进行平均，从而减小估计的协方差，使估计功率谱图变得平滑。例如，将以上 501 点的信号分为 3 段，分别作周期图法估计，然后加以平均。程序代码如下。

【程序代码】 ch3example16prg2.m

```
% ch3example16prg2.m
fs = 500;                        % 采样率
Df = 1;                          % 频率分辨率
N = floor(fs/Df) + 1;            % 计算的序列点数
t = 0:1/fs:(N - 1)/fs;           % 截取信号的时间段
F = 0:Df:fs;                     % 功率谱估计的频率分辨率和范围
xk = sin(2 * pi * 50 * t) + 2 * sin(2 * pi * 130 * t) + randn(1,length(t));
                                 % 截取时间段上的离散信号样点序列
Pxx = (abs(fft(xk(1:167))).^2 + ...
      abs(fft(xk(168:334))).^2 + ...
      abs(fft(xk(335:501))).^2)/3/((N/3)^2);
Pav_timedomaim = sum(xk.^2)/N    % 在时域计算信号功率
Pav_freqdomain = sum(Pxx)        % 通过功率谱计算信号功率
plot(0:3:fs,10 * log10(Pxx)); xlabel('freq Hz'); ylabel('PSD dB');
%作出功率谱密度图
```

功率谱估计结果如图 3.28 所示。与图 3.27 对比，估计的功率谱曲线显然平滑了一些。

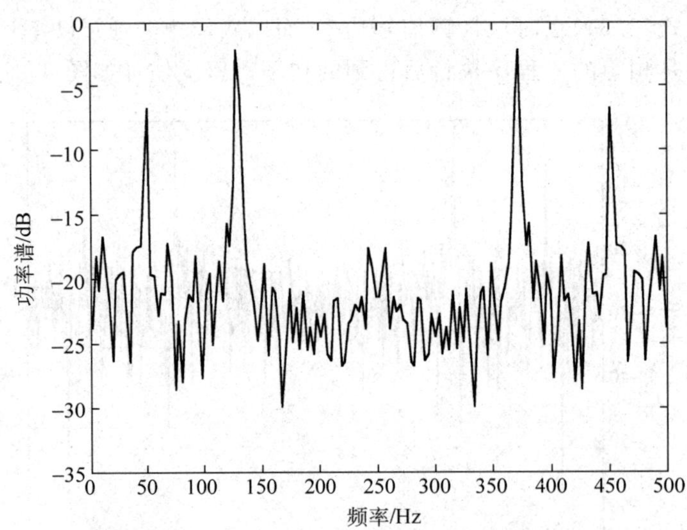

图 3.28 采用分段估计平均的方法降低估计协方差

增加分段数可以进一步降低估计的协方差，然而若每段中的数据点数太少，就会使估计的频率分辨率下降很多。在样本信号序列总点数一定的条件下，可以采用使分段相互重叠的方法来增加分段数，从而保持每段中信号点数不变，这样就在保证频率分辨率的前提下进一步降低了估计的协方差。程序代码如下。

【程序代码】 ch3example16prg3.m

```
% ch3example16prg3.m
```

```
fs = 500;                          % 采样率
Df = 1;                            % 频率分辨率
N = floor(fs/Df) + 1;              % 计算的序列点数
t = 0:1/fs:(N-1)/fs;               % 截取信号的时间段
F = 0:Df:fs;                       % 功率谱估计的频率分辨率和范围
xk = sin(2 * pi * 50 * t) + 2 * sin(2 * pi * 130 * t) + randn(1,length(t));
                                   % 截取时间段上的离散信号样点序列
Pxx = (abs(fft(xk(1:167))).^2 + ...
      abs(fft(xk(83:249))).^2 + ...
      abs(fft(xk(168:334))).^2 + ...
      abs(fft(xk(250:416))).^2 + ...
      abs(fft(xk(335:501))).^2)/5/((N/3)^2);
Pav_timedomaim = sum(xk.^2)/N      % 在时域计算信号功率
Pav_freqdomain = sum(Pxx)          % 通过功率谱计算信号功率
plot(0:3:fs,10 * log10(Pxx)); xlabel('freq Hz'); ylabel('PSD dB');
%作出功率谱密度图
```

程序中，从分段长度的一半处进行分段重叠，这样将501点的信号总共划分为5段，每段167点，相邻段之间重叠83个点。程序执行得到的功率谱估计结果如图3.29所示。与图3.28对比，功率谱估计曲线进一步得到平滑。

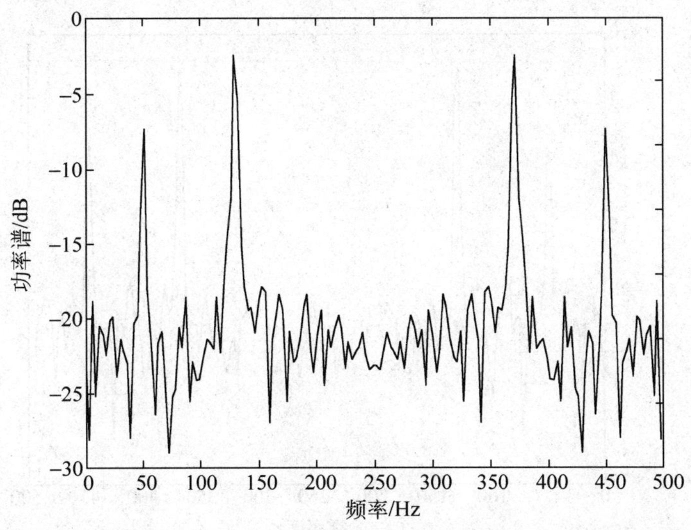

图3.29 采用重叠分段来增加分段段数从而进一步降低估计协方差

另外，采用窗函数对时域信号进行预处理也可以降低估计的协方差，这也是窗函数的一个应用方面。在计算周期图法之前，对数据分段并加非矩形窗（如海明窗、汉宁窗或凯瑟窗等），然后再采用分段长度一半的混叠率，就能够大大降低估计方差。这种方法称为Welch平均修正周期图法，简称Welch法。下面是采用海明窗的Welch法的程序。

【程序代码】 ch3example16prg4.m

```
% ch3example16prg4.m
fs = 500;                          % 采样率
```

```
Df = 1;                                % 频率分辨率
N = floor(fs/Df) + 1;                  % 计算的序列点数
t = 0:1/fs:(N-1)/fs;                   % 截取信号的时间段
F = 0:Df:fs;                           % 功率谱估计的频率分辨率和范围
xk = sin(2 * pi * 50 * t) + 2 * sin(2 * pi * 130 * t) + randn(1,length(t));
                                       % 截取时间段上的离散信号样点序列

w = hamming(167)';                     %海明窗
w = w * sqrt(167/sum(w. * w));         % 使海明窗与矩形窗等能量,即加窗后不对信号功率产生影响
Pxx = (abs(fft(w. * xk(1:167))).^2 + ...
    abs(fft(w. * xk(83:249))).^2 + ...
    abs(fft(w. * xk(168:334))).^2 + ...
    abs(fft(w. * xk(250:416))).^2 + ...
    abs(fft(w. * xk(335:501))).^2)/5/((N/3)^2);
Pav_timedomaim = sum(xk.^2)/N          % 在时域计算信号功率
Pav_freqdomain = sum(Pxx)              % 通过功率谱计算信号功率
plot(0:3:fs,10 * log10(Pxx)); xlabel('freq Hz'); ylabel('PSD dB'); %作出功率谱密度图
```

程序执行得出的功率谱估计结果如图 3.30 所示。与图 3.29 对比,显然加窗 Welch 方法得出的功率谱估计的平滑性更好。

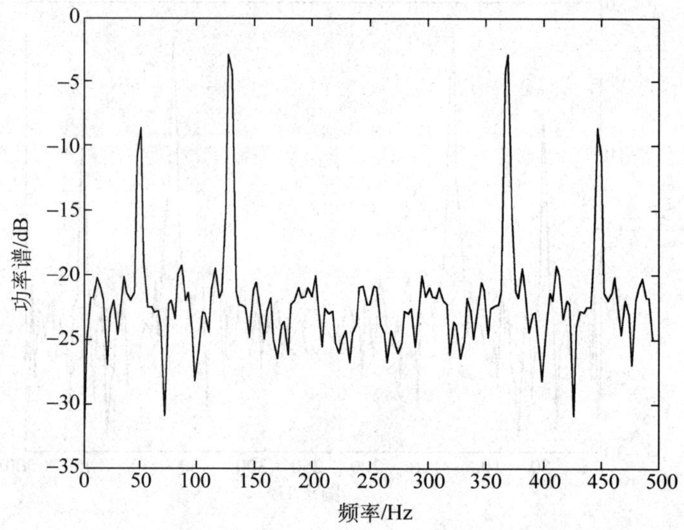

图 3.30 采用海明窗的 Welch 平均修正周期图法得出的功率谱估计

Matlab 中提供了多种估计功率谱的算法,最常用有 psd,pwelch。它们都使用 Welch 平均修正周期图法来进行谱估计,但其使用方法稍有不同。

指令 psd 的调用格式是:

```
Pxx = psd(X,NFFT,Fs,WINDOW,NOVERLAP);
[Pxx,F] = psd(X,NFFT,Fs,WINDOW,NOVERLAP);
```

其中:pxx 是功率谱密度(纵轴);F 为频率(横轴),F 的点数是 NFFT 的一半;X 是样本信号序列;NFFT 是进行 FFT 的点数(默认为 256);Fs 为指定的采样率(默认为 2);WINDOW

是窗函数(默认为海明窗 256 点)；NOVERLAP 是分段混叠的点数(默认为 0)。

需要注意的是,psd 函数的计算结果没有以 FFT 的点数进行归一化。所以进行归一化处理时需要再除以 FFT 点数的一半,即由功率谱密度结果序列 Pxx 来计算信号功率的方法是：

```
信号功率 = sum(Pxx)./(FFT 点数的一半)
```

例如,对信号序列 xk 采用 512 点 FFT,采样率为 500Hz,并使用海明窗 256 点,分段混叠点数为 128 点的 Welch 平均修正周期图法估计频谱的计算程序如下。

【程序代码】 ch3example16prg5.m

```
% ch3example16prg5.m
fs = 500;                        % 采样率
Df = 1;                          % 频率分辨率
N = floor(fs/Df) + 1;            % 计算的序列点数
t = 0:1/fs:(N-1)/fs;             % 截取信号的时间段
F = 0:Df:fs;                     % 功率谱估计的频率分辨率和范围
xk = sin(2*pi*50*t) + 2*sin(2*pi*130*t) + randn(1,length(t));
                                 % 截取时间段上的离散信号样点序列
[Pxx,F] = psd(xk,512,500,hamming(256),128);
plot(F,10*log10(Pxx/(512/2))); xlabel('freq Hz'); ylabel('PSD dB')
Pav = sum(Pxx/(512/2))           % 通过功率谱计算信号功率
```

得出功率谱估计如图 3.31 所示。

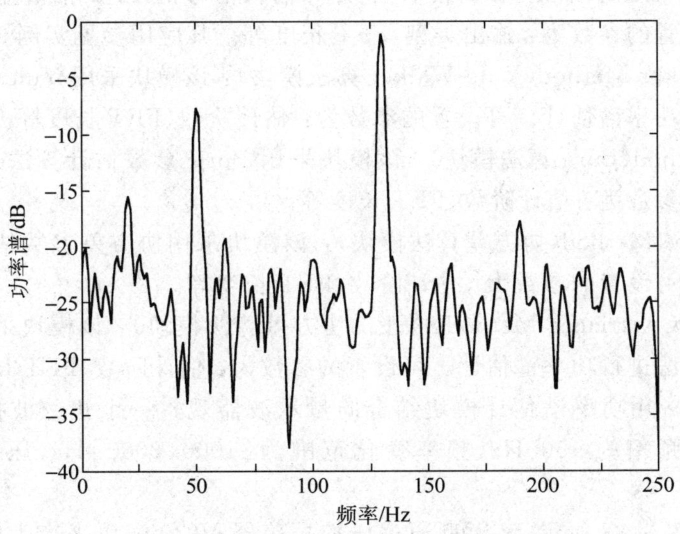

图 3.31　采用 Matlab 的 psd 指令得出的功率谱估计

指令 pwelch 也采用 welch 法进行功率谱估计,但其默认参数和调用方法与 psd 指令有所不同。指令 pwelch 的常用调用格式是：

```
[Pxx,F] = pwelch (X,WINDOW,NOVERLAP,NFFT,Fs)
```

其中：Pxx 是功率谱密度(纵轴)；F 为频率(横轴),F 的点数是 NFFT 的一半；X 是样本信号序列；WINDOW 是窗函数(默认为海明窗 256 点，并将样本信号序列 X 分为 8 段)；NOVERLAP 是分段混叠的点数(默认混叠为分段点数的一半)；NFFT 是进行 FFT 的点数(默认为 256)；Fs 为指定的采样率(默认为 1Hz)；如果 WINDOW，NOVERLAP 采用默认值，需在相应位置填入空矩阵。

注意，pwelch 函数的计算结果已经对 FFT 点数进行了归一化处理。相应地，由功率谱密度序列 Pxx 计算信号功率的方法是：

```
信号功率 = sum(Pxx)
```

在 Simulink 的 DSP Blockset 中也提供了多种进行功率谱估计的模块，如图 3.32 所示，其功能简介如下。

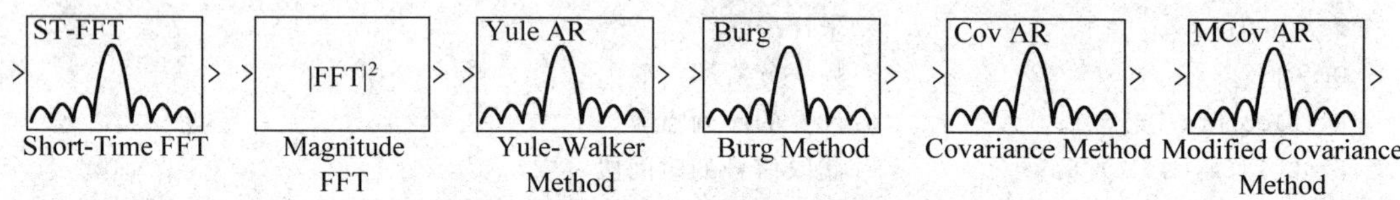

图 3.32 DSP Blockset 中的各种功率谱估计的模块

- Short-Time FFT(短时 FFT 模块)：该模块使用短时快速傅里叶变换对输入信号序列进行频谱估计，是一种非参数估计算法。该模块对输入序列进行加窗，然后计算窗口内序列 FFT 的幅值平方并进行平均和加窗功率归一化。可设置的参数为：窗函数类型、加窗方式、FFT 长度以及平均计算的帧数等。其应用参见实例 3.15。
- Magnitude FFT(幅度 FFT 模块)：计算输入信号的 FFT 幅值序列或幅值平方序列。可设置的参数为：输出类型、FFT 长度等。其应用参见实例 3.15。
- Yule-Walker Method(Yule-Walker 算法模块)：该模块采用 Yule-Walker 参数估计算法进行功率谱估计。可设置的参数为：估计阶数、FFT 长度等。
- Burg Method(Burg 算法模块)：该模块采用 Burg 参数估计算法进行功率谱估计。可设置的参数为：估计阶数、FFT 长度等。
- Covariance Method(协方差算法模块)：该模块采用协方差参数估计算法进行功率谱估计。可设置的参数为：估计阶数、FFT 长度等。
- Modified Covariance Method(修正的协方差算法模块)：该模块采用修正协方差参数估计算法进行功率谱估计。可设置的参数为：估计阶数、FFT 长度等。

【实例 3.17】 用功率谱估计模块结合向量示波器观察一个正弦波控制的调频信号。调频信号的中心频率为 1500Hz，频率变化范围为[1000，2000]Hz，压控信号的频率为 0.2Hz。

测试模型如图 3.33 所示，该模型通过压控振荡器 VCO 模块来产生所需的测试信号。设置离散信号的采样率和仿真采样率均为 8000Hz，在观看频谱变化的同时，将信号通过 To Wave Device 输出到声卡。Signal Generator 模块产生 0.2Hz、振幅为 500 的正弦波，通过采样时间间隔为 1/8000s 的 Zero-Order Hold 得到时间离散的控制信号，以控制 Discrete-Time VCO，Discrete-Time VCO 模块的中心频率设置为 1500Hz，控制灵敏度设置为 1，输出幅度设置为 1，采样时间间隔设置为 1/8000s。其输出信号就是所需要的测试调频信号。为了进行功率谱估计，先将信号通过大小为 1024 的缓存器，然后送入功率谱估计模块，如

Modified Covariance Method，最后将估计的输出通过 Vector Scope 显示出来。仿真时间段可设置为 0～20s，仿真执行后，将从喇叭听到频率变化的正弦信号声音，并在向量示波器窗口看到动态摆动的功率谱峰，如图 3.34 所示。实验中可以将功率谱估计模块用上述各种不同算法的估计模块替换，以观察不同算法的估计结果。改变压控振荡器的输入控制波形参数可改变扫频规律和范围。

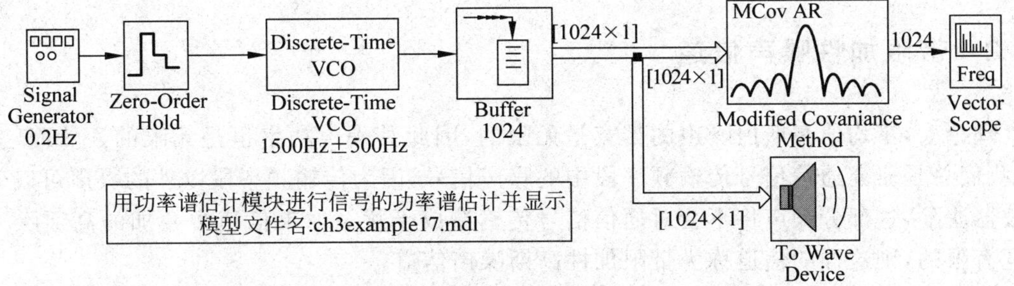

图 3.33 用功率谱估计模块对调频信号的功率谱进行估计

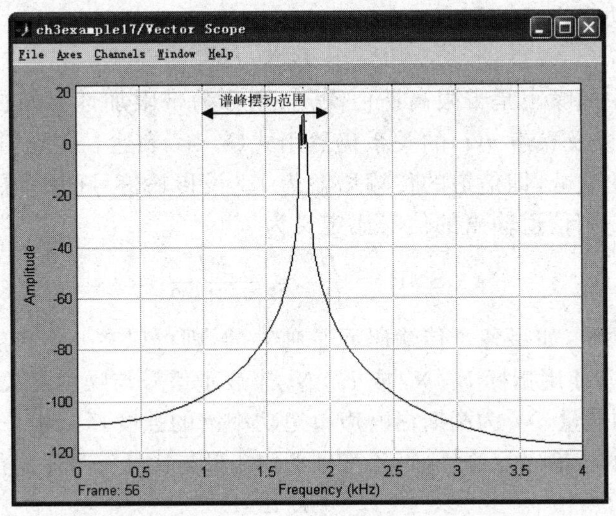

图 3.34 仿真执行中向量示波器显示的功率谱

3.4 信道模型

3.4.1 加性高斯白噪声信道

如果噪声的取值服从零均值高斯分布，而任意不同时刻的取值相互独立，则称这样的噪声信号为高斯白噪声（AWGN）。高斯白噪声的自相关函数为一个冲激函数，其功率谱密度函数为常数。

在加性高斯白噪声信道中，信道的输入信号 $s(t)$ 将与信号内的零均值高斯白噪声 $n(t)$ 相叠加，得出输出信号 $r(t)$，即

$$r(t) = s(t) + n(t) \tag{3.48}$$

其中,输入信号 $s(t)$ 可以是实信号,也可以是复信号。当输入信号为实信号时,相叠加的高斯白噪声也是实的,因此信道输出信号也是实信号,所叠加的零均值高斯白噪声的双边功率谱密度为 $N_0/2$(W/Hz)。如果输入信号为复信号,则所叠加的零均值高斯白噪声也是复信号,其实部和虚部相互独立且各自的功率谱密度相等,为 $N_0/2$(W/Hz)。因此,复高斯白噪声的功率谱密度为 N_0(W/Hz)。

3.4.2 带限加性噪声信道

理论上,零均值高斯白噪声的带宽是无限的,因此其噪声功率也是无限的。然而,实际中,我们总是研究通信信号传输频率段中的噪声信号,因为传输频率段以外的噪声可以通过滤波器滤除,这部分噪声将不会对通信信号传输造成干扰。如果信道中叠加的高斯噪声是带宽有限的,则这样的信道称为带限加性高斯噪声信道。

设一个实噪声的取值服从高斯分布,而在带宽 B_n 内的双边功率谱密度为常数 $N_0/2$,在带宽 B_n 之外的功率谱密度为零,则这样的噪声称为带限高斯白噪声。如果设带宽为 B_n 的带限高斯白噪声的功率为 P_N,则有

$$P_N = B_n N_0/2 \tag{3.49}$$

如果加性信道中的噪声是带限高斯白噪声,则称为带限加性高斯白噪声信道。信道的输入 $s(t)$,输出 $r(t)$ 以及噪声 $n(t)$ 的关系仍然用式(3.48)表达。注意,这样的信道模型没有考虑信号在信道中的衰减,即信道的传输增益为1。设传输信号的平均功率为 P_s,信道中加入的噪声功率为 P_N,则信道输出的信噪比定义为

$$\text{SNR} = \frac{P_s}{P_N} = \frac{P_s}{N_0 B_n/2} \tag{3.50}$$

对于数字通信系统,如果各个传输码元是独立的,则可以在一个传输码元区间上进行系统性能研究,这时通常使用指标 E_s/N_0 或 E_b/N_0 来表示信号与噪声的关系。其中,E_s 为一个传输码元符号的平均能量,N_0 为高斯白噪声单边功率谱的强度,E_b 为一个传输比特符号的平均能量。对于 M 元的传输码元符号,码元符号平均能量与比特符号平均能量之间的关系是

$$E_s = E_b \text{lb} M \tag{3.51}$$

等效比特传输时间 T_b 与码元符号传输时间 T_s 之间的关系是

$$T_s = T_b \text{lb} M \tag{3.52}$$

3.4.3 离散时间信道指标的定量计算

对数字通信系统一般采用离散时间系统来建模。这里我们讨论离散时间情况下,信道模型的信噪比等质量指标的定量计算问题。

设数字通信系统的码元符号传输时间为 T_s,离散时间系统模型的仿真采样时间间隔为 T_{sample},则码元符号传输速率为 $1/T_s$,带限高斯白噪声的带宽等于系统仿真的带宽,即 $B_n = 1/T_{sample}$,零均值带限高斯白噪声的功率 P_N 等于其离散时间样值 $n(k)$ 的方差,即 $P_N = \text{var}[n(k)]$。离散时间模型下信道输出信噪比为

$$\text{SNR} = \frac{P_s}{P_N} = \frac{P_s}{\text{var}[n(k)]} \tag{3.53}$$

信号码元符号的平均能量与比特符号的平均能量分别为

$$E_s = P_s T_s \tag{3.54}$$

$$E_b = P_s T_b = P_s T_s / \log_2 M \tag{3.55}$$

因此，信噪比 SNR 与 E_s/N_0 或 E_b/N_0 的关系是

$$E_s/N_0 = \frac{P_s T_s}{2P_N/B_n} \tag{3.56}$$

$$= \mathrm{SNR} \cdot \frac{T_s}{2T_{sample}} \tag{3.57}$$

以及

$$E_b/N_0 = \mathrm{SNR} \cdot \frac{T_b}{2T_{sample}} \tag{3.58}$$

对于复高斯噪声，由于其噪声功率是实高斯噪声的 2 倍，即 $P_N = B_n N_0$，可得

$$E_s/N_0 = \mathrm{SNR} \cdot \frac{T_s}{T_{sample}} \tag{3.59}$$

以及

$$E_b/N_0 = \mathrm{SNR} \cdot \frac{T_b}{T_{sample}} \tag{3.60}$$

【实例 3.18】 设某二进制数字通信系统的码元传输速率为 100bps，仿真模型的系统采样率为 1000Hz，所传输的二进制信号波形为双极性的，电平分别为±1。要求加性白高斯噪声信道的 E_b/N_0 为 20dB，求相应的信道输出 SNR，并用通信信道模块 AWGN Channel 建立仿真模型验证，同时用示波器对比观察信道输入输出波形。

根据题设，$T_b = 0.01s$，$T_{sample} = 0.001s$。由于输入为实信号，所以 SNR 与 E_b/N_0 的关系由式(3.58)给出。对式(3.58)两边取对数并整理，得出以分贝为单位的表达式

$$(E_b/N_0)_{\mathrm{dB}} = \mathrm{SNR}_{\mathrm{dB}} + 10\lg \frac{T_b}{2T_{sample}} \tag{3.61}$$

代入数值，得到

$$(E_b/N_0)_{\mathrm{dB}} = \mathrm{SNR}_{\mathrm{dB}} + 10\lg 5 \approx \mathrm{SNR}_{\mathrm{dB}} + 7$$

因此，若加性白高斯噪声信道的 E_b/N_0 为 20dB，则对应的信道输出 SNR 约为 13dB。建立的测试模型如图 3.35 所示。

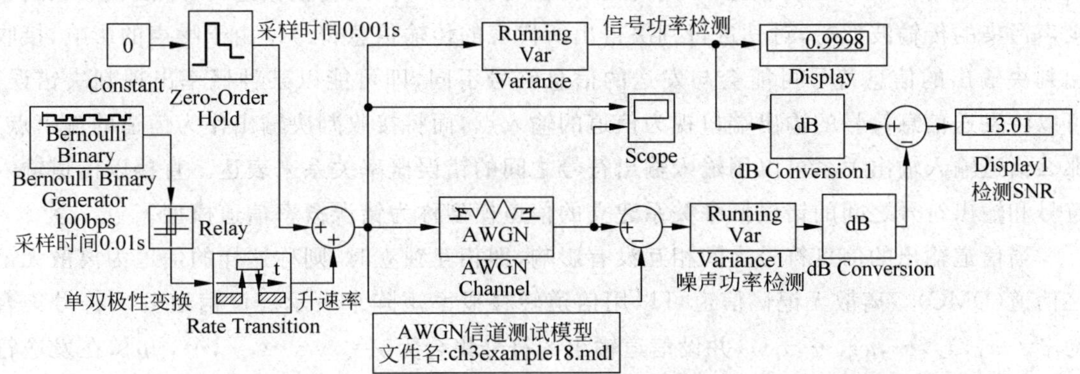

图 3.35　加性白高斯噪声信道的测试模型以及信噪比检测方法

图中，系统仿真设置为0.001s固定步长，即系统仿真采样率为1000Hz。信号源采用Bernoulli Binary Generator模块产生的速率为100bps的单极性二进制随机信号，在该模块中设置产生的1,0的概率相等，为0.5，采样时间间隔为0.01s。为了使输入AWGN信道模块的信号为采样速率达到1000Hz的双极性波形，首先用Relay模块将信号转换为双极性的，然后用Rate Transition模块使系统采样速率提高到1000Hz即可。取值为零的Constant模块以及采样时间为0.001s的Zero-Order Hold模块通过加法器模块为Rate Transition模块提供输出端速率参考值，这样，进入AWGN Channel模块的波形采样率为1000Hz。由于取值为±1的双极性信号的功率为1，所以AWGN Channel模块中设置输入信号功率为1W，输入符号周期为0.01s。对于二进制输入信号，$E_s/N_0=E_b/N_0$，故选择信道模式为E_s/N_0模式，并根据题设要求设置E_s/N_0(dB)参数为20dB。产生噪声的随机种子可任意设置。为了计算信道输出的信噪比，模型中将信道输入端和输出端的信号相减得到信道中的纯噪声分量，以Variance和Variance1模块分别计算出输入信号和信道噪声的功率，再以dB Conversion模块和减法器计算出SNR来。dB Conversion模块的输入信号设置为功率属性的Power。仿真时间长度可设置为50s。模型执行后，检测出的信号功率约为1W，SNR约为13dB，与理论分析结果相同。示波器对比显示了信道输入输出端口处的波形，如图3.36所示。

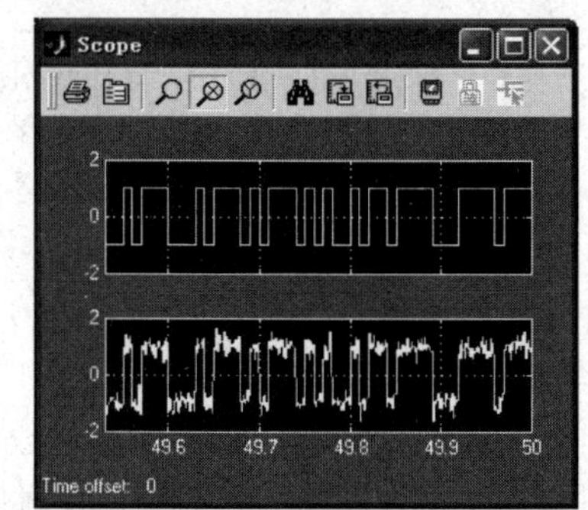

图3.36 加性白高斯噪声信道的输入输出信号对比

还可尝试修改AWGN Channel的加入噪声参数模式，如以SNR模式或方差模式加入等，再仿真观察检测输出的SNR结果。

3.4.4 错误概率信道

以上的信道模型是以信号波形和噪声波形的关系来建模的，这样的信道模型称为波形信道模型。对于数字通信系统，不同传输的波形代表了不同的传输信息符号，接收端收到被噪声污染的传输波形后，对其进行判决得出所代表的传输信息符号。由于噪声的影响，接收端判决输出的信息符号可能会与发送的信息符号不同，即可能以某种概率出现判决错误。可以将发送信息符号的输出端口视为信道的输入点，而将接收判决输出作为信道的输出点，那么信道输入输出关系可以用输入输出符号之间的错误概率关系来表达。直接以信道输入符号和输出符号之间的错误概率关系建立的信道模型称为错误概率信道模型。

当信道输出的信息符号之间相互没有影响，即相互独立时，则称这样的信道为离散无记忆信道(DMC)。离散无记忆信道可以用信道转移概率矩阵来表示。设信道输入符号集合为$\mathcal{X}=\{x_1,x_2,\cdots,x_j,\cdots,x_N\}$，并设信道输出的符号集合为$\mathcal{Y}=\{y_1,\cdots,y_i,\cdots,y_M\}$，在发送符号$x_j$的条件下，相应接收符号为$y_i$的概率记为$P(y_i|x_j)$，称之为信道转移概率。由信道转移概率构成信道转移概率矩阵，记为

$$\boldsymbol{P}=[P(y_i\mid x_j)]=\begin{bmatrix}p(y_1\mid x_1) & \cdots & p(y_1\mid x_N)\\ \vdots & \ddots & \vdots\\ p(y_M\mid x_1) & \cdots & p(y_M\mid x_N)\end{bmatrix}\tag{3.62}$$

二进制对称信道(BSC)是离散无记忆信道的一个特例，其输入输出符号集合分别为$\mathcal{X}=\{0,1\}$，$\mathcal{Y}=\{0,1\}$，传输中由0错为1的概率与由1错为0的概率相等，设为p。那么，二进制对称信道(BSC)的信道转移概率矩阵为

$$\boldsymbol{P}=\begin{bmatrix}1-p & p\\ p & 1-p\end{bmatrix}\tag{3.63}$$

人们也经常用信道概率转移图来等价地表示离散无记忆信道，例如二进制对称信道，如图3.37所示。

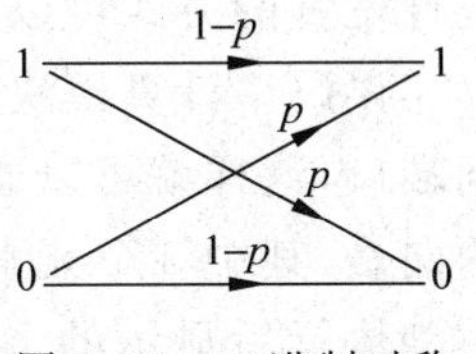

图3.37　二进制对称信道模型

Simulink通信模块库中提供了二进制对称信道模块Binary Symmetric Channel，可设置错误概率以及随机化种子，该模块还可选择显示误码序列的输出端口。

下面的实例演示了二进制对称信道的建模和误码率统计模块的使用情况。

【实例3.19】 利用Binary Symmetric Channel模块和Simulink基本模块搭建等价的BSC信道，设传输错误概率为0.013，用Error Rate Calculation统计误码率。传输信号为二进制单极性信号，用Bernoulli Binary Generator模块产生，传输比特率为1000bps。

根据题意建立的模型如图3.38所示。

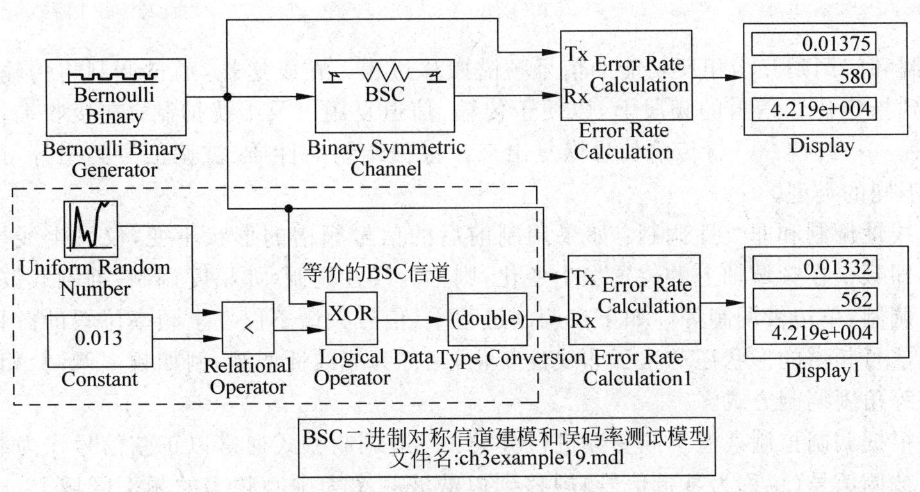

图3.38　二进制对称信道建模和误码率测试模块的应用测试模型

由于传输比特率为1000bps，所以采用步长为0.001s的固定步长仿真算法，并将Bernoulli Binary Generator模块的采样率也设置为0.001s。二进制对称信道模型采用两种等价方式实现，一种是直接利用通信模块库中的Binary Symmetric Channel实现，根据题设要求将其误码参数设置为0.013；另外一种方法是利用Simulink基本模块构建：通过设置在0～1之间均匀随机数发生模块、常数模块以及一个关系模块Relational Operator得出以常数模块指定的常数作为概率的误码序列，如果随机数小于指定常数，则"＜"关系成立，

Relational Operator 输出为 1，否则输出为 0，这样误码输出序列中 1 的概率就等于常数模块的设置值。然后，通过异或逻辑（XOR）模块将误码加入到传输信号中，得到布尔数据类型的输出序列。由于误码率计算模块 Error Rate Calculation 的输入数据类型要求是双精度类型的，所以还要用 Data Type Conversion 进行数据类型转换。

误码率计算模块 Error Rate Calculation 的可设置参数有：

（1）接收延时量，即设置接收数据和发送数据之间的相对时间延迟样值数。

（2）计算延时量，即设置开始比较计算时需要忽略的样值数。

（3）计算模式，可以是全帧统计误码，也可以对帧中指定位置统计误码，指定帧中误码统计位置的方式可以用掩码（mask）方式，也可以使用输入端口控制。

误码率计算模块默认将统计结果输出到 Matlab 工作空间，也可以选择将统计结果输出到端口，这样就可以通过 Display 模块将误码统计结果显示出来。误码统计结果是长度为 3 的向量，其中 3 个元素分别代表误码率、总误码数目以及总统计码字数目。例如图中显示了模型执行后显示的 Binary Symmetric Channel 输出误码率为 0.01375，总的统计误码数为 580，总统计码字数为 41290。误码率计算模块还可以设置复位端口以及仿真停止条件等。通常，当误码数达到 10～100 以上，就可以认为统计误码率是足够精确的（参见第 8 章的分析），因此可以设置统计误码数达到 100 作为仿真停止条件，当然也可以指定总的统计码字数作为仿真停止条件。读者可修改模型中的 Error Rate Calculation 模块参数进行实验。

3.5 调制与解调

调制和解调是互为相反功能的信号频谱搬移过程。在发送端，通过调制将传输信号频谱搬移到指定传输信道的频段上，以便于传输、信道复用以及干扰抑制；在接收端，再以相反的过程——解调——将传输信号恢复出来。根据调制的性质、被调信号类型等可以将调制分为不同的类型。

- 线性调制和非线性调制：如果调制前后的信号频谱的形状不变，仅发生线性变化，即频谱在频域轴上的位置发生变化，则称为线性调制，如幅度调制、抑制载波双边带调制、单边带调制等。如果在调制过程中，信号频谱不仅发生频率位置的搬移，而且信号频谱的形状还产生了非线性变化，则称为非线性调制，例如频率调制、相位调制等角度调制方式。
- 根据调制控制载波不同参数进行分类：一般调制方式通常以正弦信号作为载波，将被调信号（也称为基带信号）搬移到以载波频率为中心频率的频率区域上。调制的方法就是以基带信号去控制载波信号的参数：幅度、角度（频率或相位），以此可将调制分为幅度调制和角度调制（频率调制或相位调制）。
- 模拟调制和数字调制：如果被调信号是模拟信号，则相应的调制称为模拟调制方式；反之，如果被调信号携带的是离散的数据符号，则相应的调制方式称为数字调制方式。常见的模拟调制方式有普通调幅（AM）、抑制载波双边带调幅（DSB-SC）、单边带调幅（SSB）、残留边带调幅（VSB）、调频（FM）和调相（PM）等。常见的数字调制方式有幅移键控（ASK）、频移键控（FSK）、相移键控（PSK）以及在这些调制方式基础上的改进调制方式，如正交幅度调制（QAM）、M 元脉冲幅度调制（M-PAM）、差分相位键控(DPSK)、连续相位调制(CPM),最小频移键控(MSK)和高斯最小频移键控(GMSK)等。

3.5.1　调制的通带和基带模型

调制输出信号的频谱能量一般集中在调制载波频率附近区域。直接由调制函数建立的仿真模型称为通带(passband)调制模型。调制载波频率往往很高,在仿真中为了保证信号无失真,必须采用很高的系统仿真采样率,这样仿真步进将不得不设置得非常小,于是系统仿真的计算量和存储数据量大大增加,严重影响仿真执行效率。

改进的方法是将调制信号用等效的复低通信号表示。由于等效复低通信号的最高频率远远小于调制载波频率,相应的系统仿真采样率也就可以大大下降了。以等效复低通信号为基础的系统分析方法就是所谓的复包络方法,相应的调制器等效低通模型称为调制器基带(baseband)模型。

设任意正弦波调制输出信号为 $x(t)$,用复函数形式表达出来就是

$$x(t)=r(t)\cos[2\pi f_c t+\phi(t)] \tag{3.64}$$

$$=\mathrm{Re}[r(t)\mathrm{e}^{\mathrm{j}(2\pi f_c t+\phi(t))}] \tag{3.65}$$

$$=\mathrm{Re}[r(t)\mathrm{e}^{\mathrm{j}\phi(t)}\mathrm{e}^{\mathrm{j}2\pi f_c t}] \tag{3.66}$$

$$=\mathrm{Re}[\tilde{x}(t)\mathrm{e}^{\mathrm{j}2\pi f_c t}] \tag{3.67}$$

其中,$r(t)$是幅度调制部分; $\phi(t)$是相位调制部分; f_c 是载波频率。复信号

$$\tilde{x}(t)=r(t)\mathrm{e}^{\mathrm{j}\phi(t)} \tag{3.68}$$

包含了与被调信号相关的全部变量,而调制方式的数学性能本质上与载波频率的数值无关,因此,具有低通属性的复信号$\tilde{x}(t)$可以用来完全表达调制过程。复信号$\tilde{x}(t)$就称为调制信号 $x(t)$的复低通等效信号或调制信号的复包络信号。

3.5.2　模拟调制与解调模型

1. 通带模拟调制解调模型

Simulink 通信模块库中提供了全部通带模拟调制和解调模块,这些模块如下。

- DSBSC AM Modulator Passband(双边带抑制载波调幅通带模型): 设输入被调信号为 $m(t)$,则调制输出 $y(t)$是

$$y(t)=m(t)\cos(2\pi f_c t+\theta) \tag{3.69}$$

  其中,f_c 为载波频率(Hz); θ 是载波初始相位(rad)。该模块的设置参数为载波频率和初始相位。

- DSBSC AM Demodulator Passband(双边带抑制载波调幅解调通带模型): 这是与双边带抑制载波调幅器对应的解调模型。它采用相干解调方式,本地载波提取采用科斯塔斯环实现。相干输出经过设定的低通滤波器后得出解调输出信号。可设置的参数为: 本地载波频率、本地载波初始相位、系统采样时间、低通滤波器的分子分母系数等。本地载波频率和本地载波初始相位可以设置与发送端调制载波的频率

和初始相位参数有少许不同，以模拟实际接收机系统中本地载波振荡器的误差，只要误差在科斯塔斯环的捕获范围内，该锁相环将校正本地载波的频率和相位误差。系统采样时间要根据载波频率和系统仿真步长来设置，一般将系统采样时间和仿真步长设置为相同的值，并为载波周期的 1/10 以下。低通滤波器的分子分母系数要根据传输基带信号的频率范围，采用前述的滤波器设计方法来进行计算。

- FM Modulator Passband（调频通带模型）：设输入被调信号为 $m(t)$，则调频调制输出 $y(t)$是

$$y(t) = \cos\left(2\pi f_c t + 2\pi K_c \int_{-\infty}^{t} m(\tau)\mathrm{d}\tau + \theta\right) \tag{3.70}$$

其中，f_c 为载波频率（Hz）；θ 是载波初始相位（rad）；K_c 为调频调制常数（Hz/V）。该模块的设置参数为载波频率 f_c、初始相位 θ、调制常数 K_c、采样时间间隔、符号期间。一般采样时间间隔设置数值与仿真步长相等，对于模拟调频，符号期间设置为无穷大（Inf）。如果用该模块来仿真频移键控（FSK），则符号期间设置为传输一个信息比特的时间长度。

- FM Demodulator Passband（调频解调模块）：该模块采用锁相环调频解调法，锁相环路中输入压控振荡器（VCO）的控制信号就是调频解调输出，其设置参数为载波频率、压控振荡的初始相位、对应于调频模块的调制常数、锁相环环路滤波器分子分母系数以及采样时间间隔。
- PM Modulator Passband（调相通带模块）：设输入被调信号为 $m(t)$，则相位调制输出 $y(t)$是

$$y(t) = \cos(2\pi f_c t + K_c m(t) + \theta) \tag{3.71}$$

其中，f_c 为载波频率（Hz）；θ 是载波初始相位（rad）；K_c 为相位调制常数（rad/V）。该模块的设置参数为载波频率 f_c、初始相位 θ、调制常数 K_c 和符号期间。对于模拟调相，符号期间设置为无穷大（Inf）。如果用该模块来仿真相移键控（PSK），则符号期间设置为传输一个信息比特的时间长度。

- PM Demodulator Passband（相位调制解调通带模块）：该模块也是采用锁相环解调方法。将锁相环中压控振荡器的控制信号进行积分后作为解调输出，其设置参数为载波频率、压控振荡器的初始相位、对应于调相模块的调制常数、锁相环环路滤波器的分子分母系数、VCO 控制增益以及解调输出信号的采样时间间隔。
- SSB AM Modulator Passband（单边带调幅通带模块）：设输入被调信号为 $m(t)$，则单边带调幅输出 $y(t)$是

$$y(t) = m(t)\cos(2\pi f_c t + \theta) \mp \hat{m}(t)\sin(2\pi f_c t + \theta) \tag{3.72}$$

其中，f_c 为载波频率（Hz）；θ 为载波初始相位（rad），$\hat{m}(t)$为输入被调信号 $m(t)$的希尔伯特变换，式中减号对应于上边带。单边带调幅通带模块的设置参数是：载波频率、初始相位、输入被调信号的带宽、希尔伯特变换滤波器的延时量、采样时间间隔以及调制边带类型。

- SSB AM Demodulator Passband（单边带调幅解调通带模块）：该模块采用相干解调方式，本地载波由指定频率和初始相位的正弦振荡器得到，相干输出经过低通滤波器后得到解调输出，其设置参数是：载波频率、初始相位、采样时间以及低通滤波器

的分子分母系数。

- DSB AM Modulator Passband（普通调幅通带模块）：设输入被调信号为 $m(t)$，则普通调幅输出 $y(t)$ 是

$$y(t) = (m(t) + k)\cos(2\pi f_c + \theta) \tag{3.73}$$

其中，f_c 为载波频率；θ 是载波初始相位；k 为输入信号直流偏移量参数。该模块的设置参数有：载波频率、初始相位以及输入信号直流偏移量。

- DSB AM Demodulator Passband（普通调幅解调通带模块）：其内部算法是利用抑制载波的双边带解调模块进行信号解调后再叠加上输入信号直流偏移量，从而得到解调输出。该模块的设置参数有：偏移量、载波频率、初始相位、低通滤波器分子分母系数、采样时间间隔。

下面以实例加以说明。

【实例 3.20】 对抑制载波的双边带调制解调系统进行仿真。设传输的基带信号为正弦波，幅度为 1，频率范围为 1～10Hz，载波频率为 100Hz。传输信道为高斯白噪声信道，其信噪比 SNR 为 10dB。系统仿真采样率设置为 1000Hz。

根据题意，建立的仿真模型如图 3.39 所示。仿真步进设置为 0.001s，采用固定步长算法。Signal Generator 产生幅度为 1、频率为 3Hz 的正弦波（仿真中可修改波形形式和参数进行实验），在 DSBSC AM Modulator Passband 模块中将载波频率设置为 100Hz，初始相位设置为 $\pi/2$，这样，调制输出信号将是

$$y(t) = \sin(2\pi 3t)\cos(2\pi 100t + \pi/2) \tag{3.74}$$

其平均功率为 $P=1/4\text{W}$。因此，在 AWGN Channel 模块中，将信噪比 SNR 设置为 10dB，输入信号功率设置为 0.25W，解调模块的载波频率也设置为 100Hz。为了观察解调锁相环的锁定过程，可设置解调器 VCO 的初始相位与调制载波初始相位不同，例如设置为 $\pi/200$。采样时间设置为 0.001s，等于仿真步进。

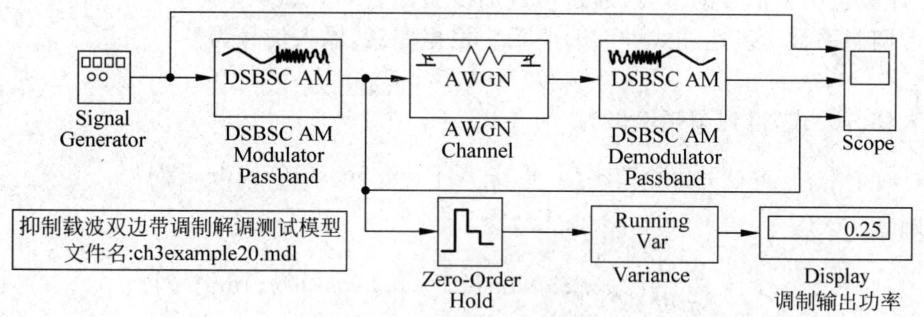

图 3.39　抑制载波的双边带调制解调系统仿真测试模型

由于基带信号频率范围是 1～10Hz，所以解调器中低通滤波器的截止频率应当大于或等于 10Hz。例如这里选择 2 阶巴特沃斯低通滤波器，计算其分子分母系数如下：

```
>> [b,a] = butter(2,10/500) % 截止频率为 10Hz。采样率为 1000Hz
b =
   9.4469e-004   1.8894e-003   9.4469e-004
a =
   1.0000e+000   -1.9112e+000   9.1498e-001
```

然后将计算结果填入解调模块的低通滤波器系数对话框中。仿真模型执行后，检测得出的调制输出平均功率为0.25W，与理论计算相符合。注意，AWGN Channel中一定要将输入信号功率设置为真实的输入信号功率，这样信噪比(SNR)设置才是正确的。在示波器中将显示发送基带波形、解调输出波形以及调制输出波形，如图3.40所示。对比发送信号和解调输出信号，可知开始2s内信号不能正确解调，这是因为解调模块中锁相环还没有锁定载波。如果将解调模块中初始相位设置与调制模块中的初始相位相同，则解调模块从仿真起始时刻就能够正确解调，当然，这还因为AWGN信道模型中没有引入额外的相移。放大局部波形可以看出，解调结果与发送信号之间存在一定的相移，且在基带信号过零时刻，调制输出的载波相位发生反转。

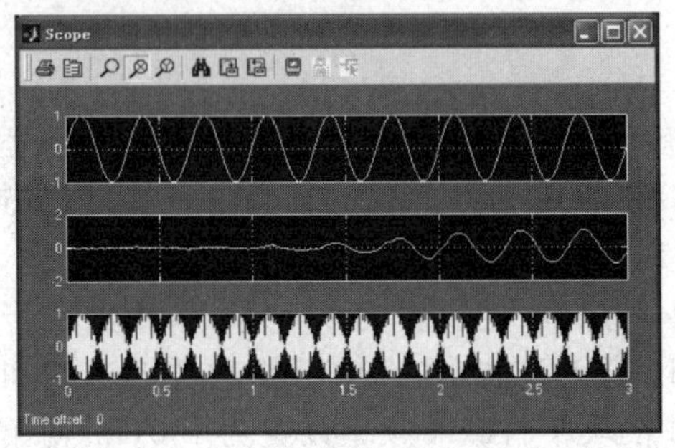

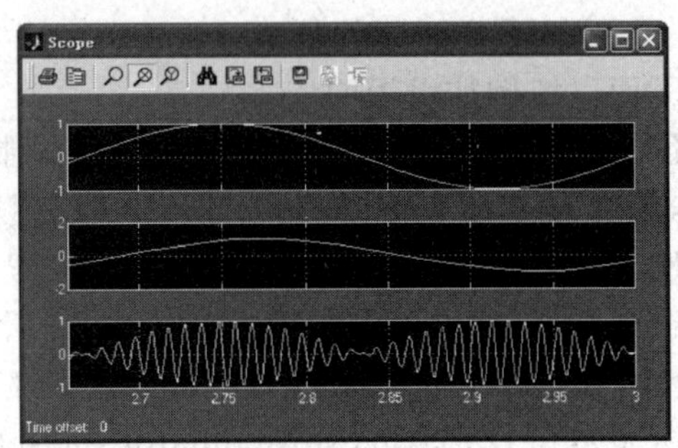

图3.40 抑制载波的双边带调制解调仿真波形

【实例3.21】 对一个频率调制解调系统进行建模仿真。仿真的系统参数为：载波频率$f_c=100$Hz，最大频偏$\Delta f=10$Hz，被调基带信号为正弦波，其频率为5Hz，振幅为0.5V。调频输出信号幅度为1V。传输信道是高斯白噪声信道，信噪比为10dB。仿真步进为0.001s(即系统采样率为1000Hz)。要求观察调频输出信号、信道输出信号以及解调输出的波形和频谱，并计算该调频信号的带宽，通过仿真加以验证。

频率调制的数学表达如式(3.70)所示。根据题意，输入信号为

$$m(t)=0.5\cos 2\pi 5t \tag{3.75}$$

将其代入(3.70)式，得到调频输出为

$$y(t)=\cos\left(2\pi f_c t+2\pi K_c\int_{-\infty}^{t}0.5\cos(10\pi\tau)\mathrm{d}\tau+\theta\right) \tag{3.76}$$

其瞬时频率为

$$f=\frac{1}{2\pi}\frac{\mathrm{d}}{\mathrm{d}t}\left(2\pi f_c t+2\pi K_c\int_{-\infty}^{t}0.5\cos(10\pi\tau)\mathrm{d}\tau+\theta\right) \tag{3.77}$$

$$=f_c+K_c\times 0.5\cos 10\pi t \tag{3.78}$$

因此得出最大频偏

$$\Delta f=\max(K_c\times 0.5\cos 10\pi t)=0.5K_c \tag{3.79}$$

题设最大频偏为$\Delta f=10$Hz，故求得$K_c=20$Hz/V。调频输出信号的带宽为

$$B_{FM}=2(f_m+\Delta f)=2(5+10)=30\text{Hz} \tag{3.80}$$

据此建立仿真模型并设置参数，结果如图3.41所示。

其中，系统仿真步进设置为0.001s，这样仿真的信号频率范围为0～500Hz。振幅为0.5V的5Hz正弦波由Signal Generator产生，并直接送入FM Modulator Passband进行调频。根据以上计算，设置调频模块的载波为100Hz，初相位为0rad，调制常数为20，采样时

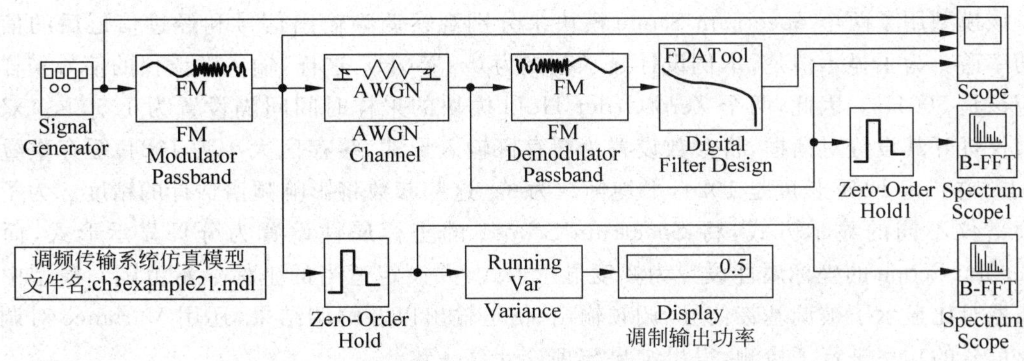

图 3.41　频率调制、传输和解调系统仿真测试模型

间等于仿真步进 0.001s，符号间隔为 Inf。调频输出信号的振幅为 1V，所以功率为 0.5W，故在信道模块 AWGN Channel 中设置 SNR 为 10dB，输入信号功率为 0.5W。调频解调模块 FM Demodulator Passband 的参数设置要与调制模块的参数一致，并将锁相鉴频的环路滤波器设置为直通，即分子分母系数均为 1，这样的锁相环将是一阶环。解调输出信号中含有载波成分，故再以 Digital Filter Design 模块设计一个低通滤波器将其输入信号中的载波分量滤除。由于载波频率与基带信号频率相差很远，所以采用简单的低阶滤波器即能够满足要求。本例设计了一个巴特沃斯型的 2 阶数字滤波器，系统采样率 Fs 设置为 1000Hz，截止频率设置为 10Hz。双击 Digital Filter Design 模块在弹出的设计对话框中输入设计参数即可，如图 3.42 所示，从中可见设计得出的滤波器在载波频率 100Hz 处的幅度衰减约为－40dB。

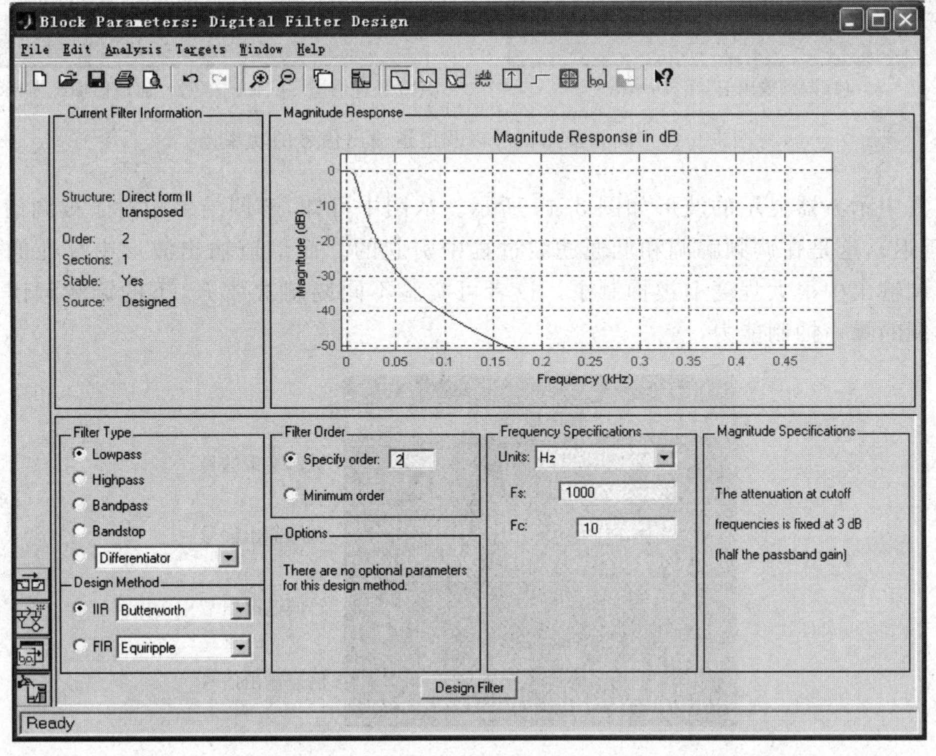

图 3.42　调频解调后级联低通滤波器的设计对话框和设计结果

该模型用了两个 Spectrum Scope 模块来分别观察调频输出信号和经过信道后的信号的功率谱。为了显示清楚，本例设计显示范围为 0～250Hz，这样，输入频谱仪的信号采样率就应该是 500Hz。因此，两个 Zero-Order Hold 模块的采样时间间隔设置为 1/500s。双击频谱仪打开其设置对话框，将参数设置为缓存区输入形式，缓存区大小为 1024，缓存重叠区为 512，并指定 FFT 长度是 1024，平均帧数为 8。这些参数将影响频谱估计的精度。为了演示频谱仪不同的显示方式，将 Spectrum Scope1 的坐标属性设置为分贝显示形式，而将 Spectrum Scope 的坐标属性设置为幅度显示形式，并设定适当的坐标显示范围。模型中用示波器对比显示了被调基带信号、调频输出、信道输出以及解调结果，还用 Variance 对调频输出信号的功率进行了检测，得出结果与理论计算一致。

执行仿真后，得出的频谱如图 3.43 所示。从图中可知，调频输出信号的功率大致集中在 85～115Hz 之间，故带宽约为 30Hz，与理论结果相符。信道输出信号功率谱中噪声功率电平大约为－13dB，并且不随频率变化而变化，这就是带限白噪声的典型特征。

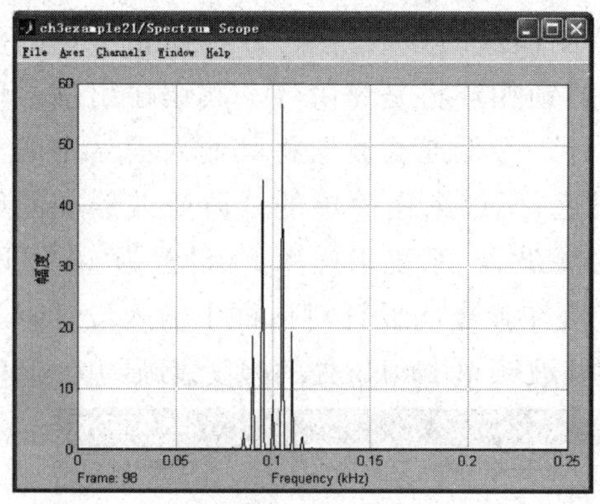

(a) 调频输出信号的功率谱

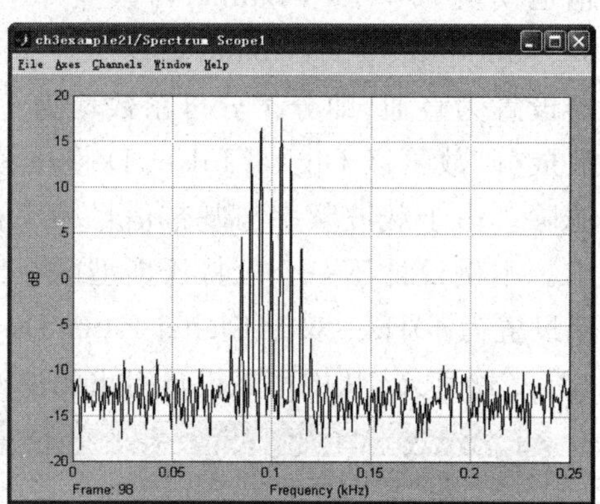

(b) 经过信道后的输出信号，信道信噪比为10dB

图 3.43 调频输出信号以及信道输出信号的功率谱

仿真中示波器显示的波形如图 3.44 所示。从图中可知，解调结果相对于被调信号存在相移（延迟），这是在调频解调和低通滤波过程中引起的。而信道输出波形中存在的明显噪声在解调输出中很大程度上被抑制了。读者可实验不同调制常数 K_c 下的调频频谱并定性观察解调的噪声抑制能力。

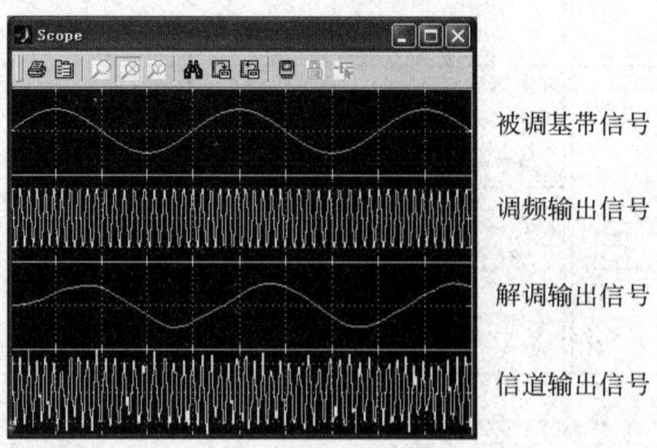

图 3.44 被调基带信号、调频输出信号、信道输出信号以及解调输出信号波形

由于调频解调模块采取锁相鉴频方式,如果调频频偏过大可能会导致鉴频锁相环失锁,从而不能得出正确的解调结果。

2. 基带模拟调制解调模型

Simulink 通信模块库中也提供了全部模拟调制解调的等效低通模型,或称为基带模型。这些基带调制解调模型分别实现了对应通带模型的等效低通形式,因此它们的参数设置也与通带模型类似,只是不需要设置载波频率罢了。这些模块的简要说明如下。

- DSBSC AM Modulator Baseband(抑制载波的双边带调制等效基带模型):设被调信号为 $m(t)$,则调制输出是

$$y(t) = m(t)\mathrm{e}^{\mathrm{j}\theta} \tag{3.81}$$

  其中 θ 为初始相位。
- DSBSC AM Demodulator Baseband(抑制载波的双边带解调等效基带模型):该模型采用等效低通科斯塔斯环恢复载波相位,然后进行相干解调,并使相干输出通过一个低通滤波器后作为解调输出。
- FM Modulator Baseband(调频等效基带模型):设被调信号为 $m(t)$,则调制输出是

$$y(t) = \mathrm{e}^{\mathrm{j}\left(\theta+2\pi K_c\int_{-\infty}^{t} m(\tau)\mathrm{d}\tau\right)} \tag{3.82}$$

  其中 θ 为载波初始相位;K_c 为调制常数。
- FM Demodulator Baseband(调频解调等效基带模型):它采用基带锁相环鉴频解调方式。
- PM Modulator Baseband(调相等效基带模型):设被调信号为 $m(t)$,则调制输出是

$$y(t) = \mathrm{e}^{\mathrm{j}(\theta+K_c m(t))} \tag{3.83}$$

  其中 θ 为载波初相位;K_c 为相位调制常数。
- PM Demodulator Baseband(调相解调等效基带模型):该模块采用等效基带锁相环解调方法进行调相解调。
- SSB AM Modulator Baseband(单边带调幅等效基带模型):设被调信号为 $m(t)$,则调制输出是

$$y(t) = (m(t) \mp \mathrm{j}\,\hat{m}(t))\mathrm{e}^{\mathrm{j}\theta} \tag{3.84}$$

  其中,θ 为载波初相位;$\hat{m}(t)$是被调信号 $m(t)$的希尔伯特变换。
- SSB AM Demodulator Baseband(单边带解调等效基带模型)。
- DSB AM Modulator Baseband(普通调幅等效基带模型):设被调信号为 $m(t)$,则调制输出是

$$y(t) = (m(t) + k)\mathrm{e}^{\mathrm{j}\theta} \tag{3.85}$$

  其中,θ 为载波初相位;k 为输入的直流偏移量。
- DSB AM Demodulator Baseband(普通调幅解调等效基带模型):该模块在抑制载波双边带相干解调模型基础上,添加偏移量得到解调输出,因此属于相干解调类型。

3.5.3 数字调制与解调模型

数字调制与解调模型也分为通带模型和等效基带模型两类。关于数字调制解调的原理

不是本书的内容,读者可参考通信原理或数字通信一类书籍。以下仅对 Simulink 通信模块库中的数字调制解调模块进行简单介绍。数字调制和解调的建模应用实例参见第 7 章。

1. 通带数字调制解调模型

通信模块库中提供的通带数字调制解调模型有:

1) 幅度调制类(AM)

- M-PAM Modulator Passband(*M* 元脉冲幅度调制通带模型)。
- M-PAM Demodulator Passband(*M* 元脉冲幅度调制的解调通带模型)。
- Rectangular QAM Modulator Passband(矩形星座图的正交幅度调制通带模型)。
- Rectangular QAM Demodulator Passband(矩形星座图的正交幅度调制的解调通带模型)。
- General QAM Modulator Passband(任意星座图的正交幅度调制通带模型)。
- General QAM Demodulator Passband(任意星座图的正交幅度调制的解调通带模型)。

2) 相位调制类(PM)

- M-PSK Modulator Passband(*M* 元相移键控通带模型)。
- M-PSK Demodulator Passband(*M* 元相移键控解调通带模型)。
- OQPSK Modulator Passband(偏移正交相移键控通带模型)。
- OQPSK Demodulator Passband(偏移正交相移键控解调通带模型)。
- M-DPSK Modulator Passband(*M* 元差分相移键控通带模型)。
- M-DPSK Demodulator Passband(*M* 元差分相移键控解调通带模型)。

3) 连续相位调制类(CPM)

- CPM Modulator Passband(连续相位调制通带模型)。
- CPM Demodulator Passband(连续相位调制解调通带模型)。
- GMSK Modulator Passband(高斯最小频移键控通带模型)。
- GMSK Demodulator Passband(高斯最小频移键控解调通带模型)。
- MSK Modulator Passband(最小频移键控通带模型)。
- MSK Demodulator Passband(最小频移键控解调通带模型)。
- CPFSK Modulator Passband(连续相位频移键控通带模型)。
- CPFSK Demodulator Passband(连续相位频移键控解调通带模型)。

4) 频率调制类(FM)

- M-FSK Modulator Passband(*M* 元频移键控通带模型)。
- M-FSK Demodulator Passband(*M* 元频移键控解调通带模型)。

2. 基带数字调制解调模型

通信模块库中提供的基带数字调制解调模型是相应通带调制解调模型的等效低通形式,它们的参数含义和设置方法也与相应的通带调制解调模型相似,但不需要设置载波频率,详细用法说明请参考联机帮助文档,这里不再详述。

3.6 锁相环和载波提取

3.6.1 锁相环的构成和建模仿真

锁相环(PLL)是一种周期信号的相位反馈跟踪系统。锁相环由鉴相器、环路滤波器以及压控振荡器组成,如图 3.45 所示。鉴相器通常由乘法器来实现,鉴相器输出的相位误差信号经过环路滤波器滤波后,作为压控振荡器的控制信号,而压控振荡器的输出又反馈到鉴相器,在鉴相器中与输入信号进行相位比较。PLL 是一个相位负反馈系统,当 PLL 锁定后,压控振荡器的输出信号相位将跟踪输入信号的相位变化,这时压控振荡器输出信号的频率与输入信号频率相等,而相位保持一个微小误差。

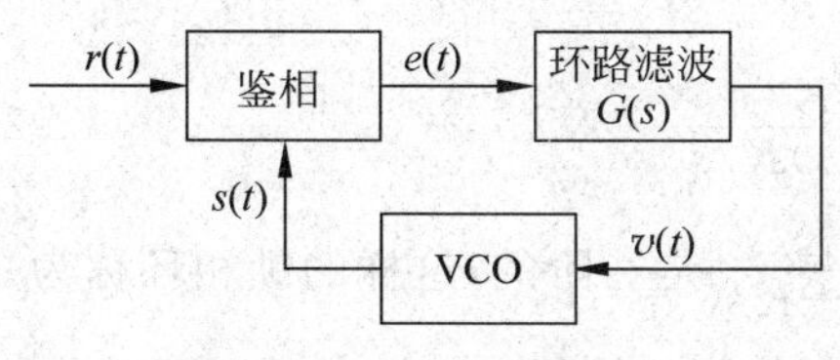

图 3.45 锁相环的构成

设输入信号为一个正弦信号 $r(t)=\cos(2\pi ft+\phi(t))$,VCO 的输出信号为 $s(t)=\sin(2\pi ft+\hat{\phi}(t))$,其中 $\hat{\phi}(t)$是输入信号相位 $\phi(t)$的估计值。如果鉴相器采用乘法器实现,则鉴相器输出相位误差信号 $e(t)$为

$$e(t)=r(t)s(t) \tag{3.86}$$

$$=\cos(2\pi ft+\phi)\sin(2\pi ft+\hat{\phi}) \tag{3.87}$$

$$=\frac{1}{2}\sin(\hat{\phi}-\phi)+\frac{1}{2}\sin(4\pi ft+\hat{\phi}+\phi) \tag{3.88}$$

环路滤波器将滤除 2 倍频分量$\frac{1}{2}\sin(4\pi ft+\hat{\phi}+\phi)$。当相位误差$(\hat{\phi}-\phi)$很小的时候,即$\frac{1}{2}\sin(\hat{\phi}-\phi)\approx\frac{1}{2}(\hat{\phi}-\phi)$,这时可得到锁相环的线性化模型。

简单的环路滤波器是一个一阶低通滤波器,其传递函数为

$$G(s)=\frac{1+\tau_2 s}{1+\tau_1 s} \tag{3.89}$$

其中控制环路带宽的参数 $\tau_1\gg\tau_2$。环路滤波器的输出信号 $v(t)$作为 VCO 的控制信号,VCO 输出的瞬时频率偏移$\frac{\mathrm{d}}{\mathrm{d}t}\hat{\phi}(t)$正比于控制信号 $v(t)$,即

$$\frac{\mathrm{d}}{\mathrm{d}t}\hat{\phi}(t)=Kv(t) \tag{3.90}$$

或写为积分形式

$$\hat{\phi}(t)=K\int_{-\infty}^{t}v(t)\mathrm{d}t \tag{3.91}$$

其中 K 为比例系数,称为环路增益,单位是(rad/s)/V,当环路其他部分增益为 1 时,K 也即 VCO 的控制灵敏度(Simulink 中 VCO 的控制灵敏度定义为 $k_c=K/(2\pi)$,单位是 Hz/V)。忽略鉴相器倍频项,并以相位信号 $\phi(t)$作为输入变量,可得出锁相环的等效闭环模型以及进一步近似后的线性化模型,结果分别如图 3.46(a)、(b)所示。

对于线性化的锁相环模型,可用线性系统理论进行分析,将 $\phi(t)$视为系统输入信号,而将 VCO 的相位信号 $\hat{\phi}(t)$视为系统输出,则直接根据梅森规则写出系统传递函数为

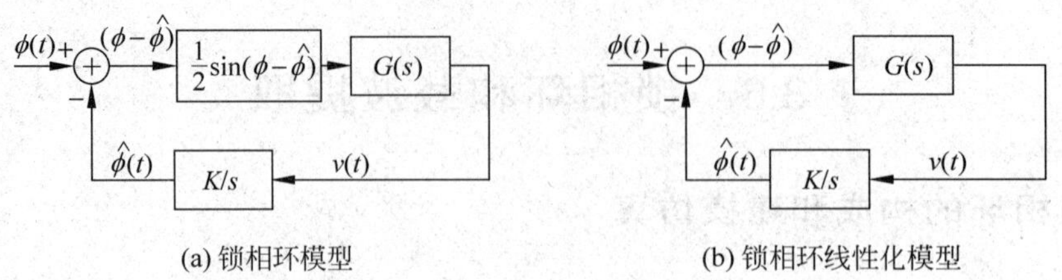

图 3.46　锁相环的模型

$$H(s)=\frac{\hat{\Phi}(s)}{\Phi(s)}=\frac{G(s)K/s}{1+G(s)K/s} \tag{3.92}$$

如果环路滤波器是直通的，即 $G(s)=1$，则 $H(s)=\frac{K/s}{1+K/s}$ 是一阶的，这样的锁相环称为一阶锁相环路。若环路滤波器传递函数为式(3.89)，则此时构成二阶锁相环路，其传递函数为

$$H(s)=\frac{1+\tau_2 s}{1+(\tau_2+1/K)s+(\tau_1/K)s^2} \tag{3.93}$$

$$=\frac{(2\zeta\omega_n-\omega_n^2/K)s+\omega_n^2}{s^2+2\zeta\omega_n s+\omega_n^2} \tag{3.94}$$

其中，$\zeta=(\tau_2+1/K)\omega_n/2$ 称为环路阻尼因子，$\zeta>1$ 时为过阻尼系统，$\zeta=1$ 时为临界阻尼系统，$\zeta<1$ 为欠阻尼系统；$\omega_n=\sqrt{K/\tau_1}$ 称为环路固有角频率。

工程上，一般将锁相环设计为临界阻尼或过阻尼系统。当系统处于临界阻尼时，锁相环的 3dB 带宽约为环路固有频率的 2.5 倍左右。设计时可根据锁相环的带宽指标估算出环路滤波器参数 τ_1 和 τ_2。

Simulink 通信模块库中也提供了锁相环的仿真模型，分为通带模型和基带等效模型两类，它们分别如下。

- Phase-Locked Loop(锁相环模块)：该模块采用乘法器作为鉴相器，其设置参数包括环路滤波器系数、压控灵敏度、VCO 中心频率以及 VCO 输出幅度。该模块的输出信号为鉴相器输出、环路滤波器输出以及 VCO 输出。
- Charge Pump PLL(使用数字鉴相器的充电泵式锁相环模块)：设置参数和输出信号同 Phase-Locked Loop 模块。
- Baseband PLL(锁相环的等效低通模块)：其设置参数包括环路滤波器系数和压控灵敏度。该模块的输出信号为鉴相器输出、环路滤波器输出以及 VCO 输出。
- Linearized Baseband PLL(锁相环的线性化等效低通模块)：设置参数和输出信号同 Baseband PLL 模块。

【实例 3.22】 一个采用乘法器作为鉴相器的一阶锁相环，VCO 的振荡频率为 $f_0=100\text{Hz}$，控制灵敏度为 $k_c=10\text{Hz/V}$，VCO 输出信号振幅为 1V，输入正弦信号振幅为 1V。试估算其能够跟踪的输入信号频率范围，并用 Simulink 模型进行验证。

根据题意，设输入信号为 $r(t)=\cos(2\pi ft+\phi(t))$，VCO 输出信号为 $s(t)=\sin(2\pi ft+\hat{\phi}(t))$，则乘法鉴相器输出(滤除 2 倍频分量后)直接用来作为 VCO 的控制信号 $v(t)$，即

$$v(t)=\frac{1}{2}\sin(\hat{\phi}-\phi) \tag{3.95}$$

显然，$v(t)\in[-0.5,\cdots 0.5]$。VCO 的最大控制频偏为

$$\Delta f = \max(k_c v(t)) = 5\text{Hz} \tag{3.96}$$

因此，VCO 的振荡频率范围是 95～105Hz，如果输入信号频率超过该范围，锁相环将不能跟踪。

实验模型如图 3.47 所示。图中，系统仿真步进设置为 0.0001s，这样，在 100Hz 波形的一个周期中采样点数可达到 100 点，显示波形很光滑。通信模块库中提供了连续时间 VCO 和离散时间 VCO 两种模块，本例采用离散 VCO 模型 Discrete-Time VCO，因此需要将输入信号用零阶保持器采样变为离散形式，零阶保持器的采样时间间隔设置为等于系统仿真步进。如果采用连续时间 VCO 模型 Voltage-Controlled Oscillator 建模，则不需要零阶保持器进行信号转换。

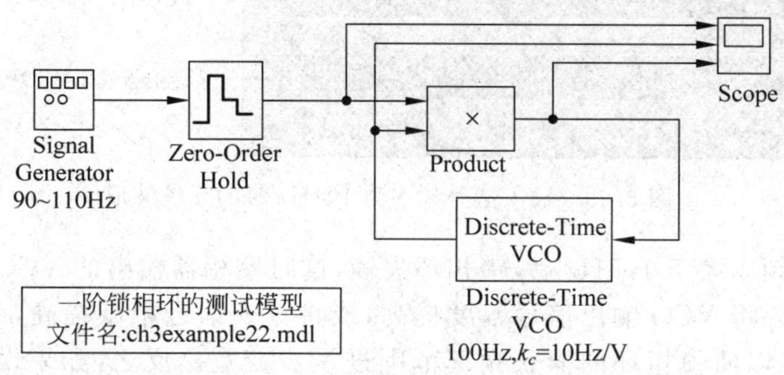

图 3.47　一阶锁相环的频率跟踪范围测试模型

根据题设要求，Discrete-Time VCO 的中心频率设置为 100Hz，输出振幅为 1V，输入控制灵敏度设置为 10Hz/V，初始相位任意设置，采样时间间隔等于系统仿真步进。用示波器对比观察输入信号，VCO 输出以及鉴相输出信号。信号发生器输出为幅度为 1V 的正弦波，其频率设置在 90～110Hz 内。逐渐变化 PLL 输入信号频率，执行仿真，观察示波器上波形的变化。

当输入信号频率在 90～95Hz 范围时，输入信号和 VCO 输出信号之间不能保持同步关系，锁相环失锁。这时鉴相器输出的 VCO 控制信号周期平均值的极性不断变化，使 VCO 输出信号频率始终不能等于输入信号频率。仿真输出波形如图 3.48 所示。

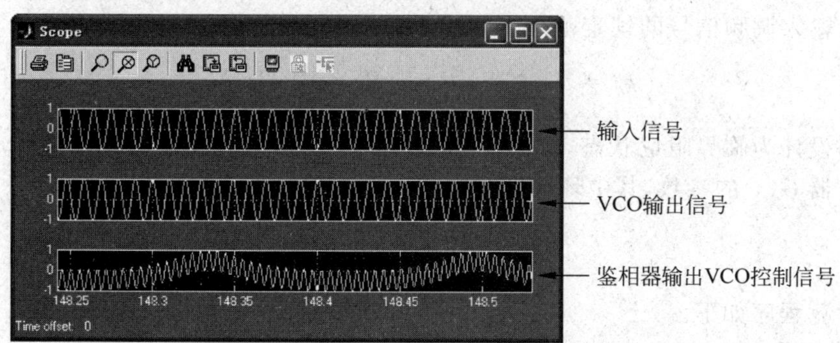

图 3.48　输入信号频率在 90～95Hz 范围时的系统波形

当输入信号频率在大于 95Hz 小于 105Hz 时，输入信号和 VCO 输出信号之间保持同步，锁相环锁定，这时在示波器上可见到输入信号和 VCO 输出信号保持某一个常数相位差值而同步滑动，VCO 控制电压的周期平均值保持恒定。当输入信号频率为 104Hz 时，系统仿真波形如图 3.49 所示，其中 VCO 控制周期均值为正常数，将使得 VCO 输出频率向上偏移 4Hz，从而达到与输入信号频率相同。如果输入信号频率是从 95～100Hz 之间，则鉴相器输出的 VCO 控制电压的周期平均值为负。

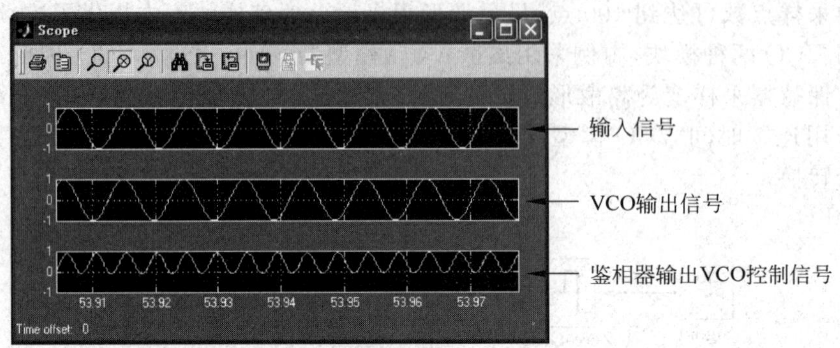

图 3.49 输入信号频率为 104Hz 时的系统波形

当输入信号频率大于 105Hz 后，锁相环失锁，这时鉴相器输出的 VCO 控制电压均值极性不断变化。如果将 VCO 输出信号幅度提高，或将输入信号幅度提高，或增加 VCO 输入控制灵敏度，就可以使锁相环的捕获频率范围进一步变宽。反之，如果设计较窄的捕获频率，那么锁相环的锁定相位误差将减小。

【实例 3.23】 设计并仿真实现一个用于调频鉴频的二阶锁相环。输入调频信号参数是：载波 $f_c=4\text{MHz}$，最大频偏 $\Delta f=75\text{kHz}$，被调基带信号频率范围为 50～15kHz，输入 PLL 的调频信号振幅和 VCO 输出信号振幅均为 1V。

调频鉴频应该工作在调制跟踪状态，即锁相环 VCO 的输出信号频率应跟随输入的调频载波频率变化而变化。锁相环的锁定频率范围应为$[f_c-\Delta f, f_c+\Delta f]$，同时，锁相环路 3dB 带宽必须大于被调信号的最高频率，当环路处于临界阻尼状态时，可取 $2.5\omega_n=2\pi f_{\max}$。

首先根据锁定频率范围来设计 VCO 控制灵敏度。在乘法鉴相器的两个输入正弦信号幅度均为 1 的条件下，鉴相器输出信号的最大值为 0.5，设环路滤波器在通带内增益为 1，则 VCO 控制信号的取值范围为$[-0.5, 0.5]$。要求 VCO 的最大频偏大于 $\Delta f=75\text{kHz}$，这样才能保证对输入调频信号的锁定范围。因此 VCO 控制灵敏度估算为

$$k_c=\frac{\Delta f}{|v(t)|_{\max}}=150\times10^3\,\text{Hz/V} \tag{3.97}$$

将环路设计为临界阻尼状态，取 $\zeta=1$，则由 $\omega_n=\sqrt{K/\tau_1}$ 和 $\zeta=(\tau_2+1/K)\omega_n/2$ 可计算出环路滤波器 $G(s)$的参数，其中环路增益 $K=2\pi(0.5\times k_c)$。得

$$\tau_1=K/\omega_n^2 \tag{3.98}$$

$$\tau_2=2\zeta/\omega_n-1/K \tag{3.99}$$

编写计算程序如下。

【程序代码】 ch3example23prg1.m

```
% ch3example23prg1.m
kc = 150e3;                                  % Hz/V VCO 控制灵敏度
omega_n = 2 * pi * 15e3/2.5;                 % PLL 自然角频率
K = 2 * pi * (0.5 * kc);                     % 估算环路增益
```

```
zeta = 1;                                              % 临界阻尼
tau_1 = K/((omega_n).^2);
tau_2 = 2 * zeta/omega_n - 1/K;
freq = 0:10:100e3;                                     % 计算频率范围 0 到 100kHz
s = j * 2 * pi * freq;
G_s = (1 + tau_2 * s)./(1 + tau_1 * s);                % 环路滤波器传递函数
figure(1); semilogx(freq,(abs(G_s)));                  % 作出环路滤波器的频率响应
title('环路滤波器幅频响应'); xlabel('Hz'); ylabel('|G(s)|');
grid on;
b = [tau_2,1];                                         % 环路滤波器分子系数向量
a = [tau_1,1];                                         % 环路滤波器分母系数向量
H_s = (G_s * K./s)./(1 + G_s * K./s);
figure(2); semilogx(freq,20 * log10(abs(H_s)));        % 作出闭环频率响应
title('PLL线性相位模型闭环频率响应'); xlabel('Hz'); ylabel('20log|H(s)|(dB)');
grid on;
```

程序执行后，将计算得出环路滤波器 $G(s)$ 的分子分母系数向量，并作出环路滤波器 $G(s)$ 幅频响应以及 PLL 线性相位模型的闭环频率响应曲线，分别如图 3.50(a)、(b)所示。

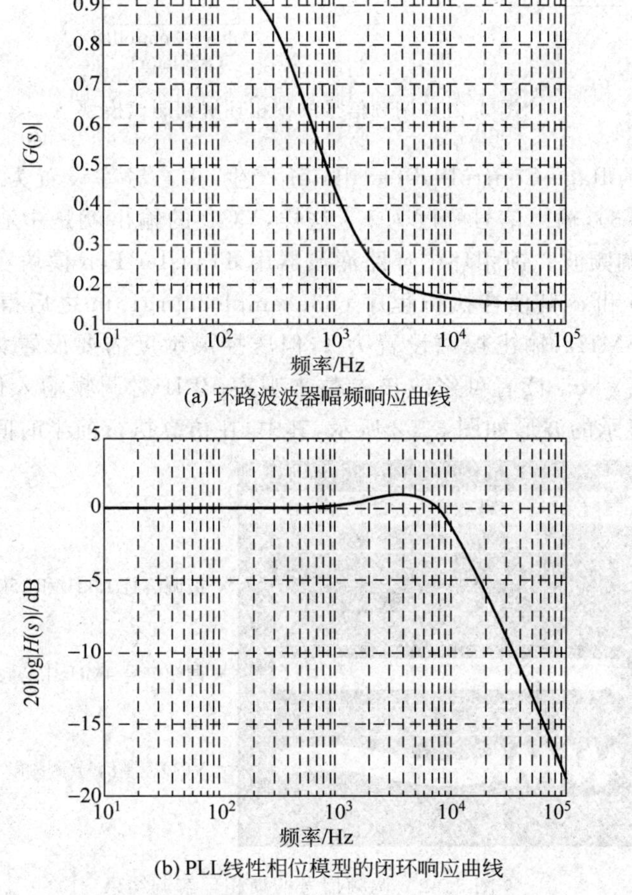

(a) 环路波波器幅频响应曲线

(b) PLL线性相位模型的闭环响应曲线

图 3.50 设置锁相环的环路滤波器及 PLL 线性相位模型的闭环响应

从环路滤波器 $G(s)$ 幅频响应曲线可知，在输入频率为 15kHz 处的增益约为 0.15，而我们在设计中假定了环路滤波器在工作频率范围内增益为 1，两者相差约 7 倍，为了补偿这一差别，需要将 PLL 的 VCO 控制灵敏度相应提高 7 倍左右，才能保证 PLL 的锁定范围仍然是±75kHz。从线性化锁相环模型的闭环响应曲线上看，PLL 的 3dB 带宽为 15kHz 左右，满足要求。

根据以上计算来建模和设置仿真模型的参数。

建立仿真模型如图 3.51 所示。系统仿真算法设置为固定步长 ode5 算法，步长设置为 1/1e8，仿真终止时刻可设为 inf。基带信号用 Signal Generator1 产生，幅度设置为 1，频率设置为 15kHz 以下。手动信号切换开关和常数模块是用来测试锁相环对固定频率信号的锁定情况的。

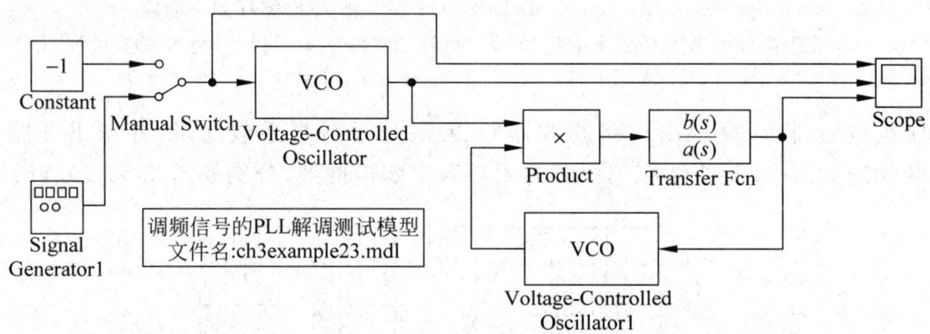

图 3.51 调频信号的锁相环解调测试模型

调频信号用 Voltage-Controlled Oscillator 产生，中心频率设置为 4MHz(4e6)，压控灵敏度为 75kHz(75e3)，输出信号幅度为 1。这样，VCO 的输出就是中心频率为 4MHz、最大频偏为 75kHz 的调频波。锁相环中环路滤波器用 Transfer Fcn 模块实现，其分子分母系数向量分别设置为 b 和 a，其值在执行程序 ch3example23prg1.m 之后得出。环路 VCO 的中心频率也设置为 4MHz，输出振幅设置为 1，但压控灵敏度需要设置为计算结果的 7 倍以上，例如设置为 10 * kc。读者可修改该参数来观察 PLL 对调频输入信号的锁定情况。执行仿真后示波器显示的波形如图 3.52 所示，其中，在仿真执行前半时间部分，基带信号源输

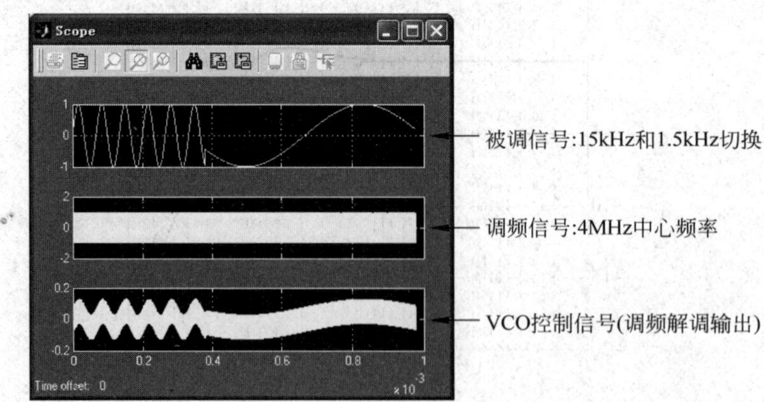

图 3.52 调频信号的锁相环解调结果

出频率为 15kHz，仿真至中途时用鼠标单击“暂停”按钮使仿真暂停下来，然后将基带信号源频率修改为 1.5kHz，再继续仿真至结束，这样就可观察到基带信号改变时锁相环的响应过程。将 VCO 控制信号中的载波分量进一步滤除就可得到调频解调结果。

3.6.2　用于载波提取的锁相环仿真

在接收机进行相干解调时，需要恢复与发送调制载波同频率同相位的本地载波，锁相环常用来完成这一任务。普通调幅广播信号、无线电视发射的残留边带调制信号中含有载波分量，这时，采用锁相环直接锁定接收信号中的载波分量即可完成恢复载波的工作。但是在许多场合下，为了提高传输的功率效率，常常采用抑制载波的调制方式进行通信传输。这时，就必须对接收调制信号进行非线性处理(例如：平方、高次方或求绝对值等非线性运算方式)，以获得载波的高次谐波分量，并用锁相环锁定这一谐波分量，再通过分频器分频以恢复载波。对于抑制载波的双边带调制，通常采用平方环以及等价的科斯塔斯环来提取载波。

1. 平方环

抑制载波的双边带(DSB-SC)信号为

$$r(t) = m(t)\cos(2\pi f_c t + \phi) \tag{3.100}$$

其中，$m(t)$为基带信号，由于其直流分量为零，所以 $r(t)$中没有载波分量。为了得出载波，可对 $r(t)$作平方运算，即

$$r^2(t) = m^2(t)\cos^2(2\pi f_c t + \phi) \tag{3.101}$$

$$= \frac{1}{2}m^2(t) + \frac{1}{2}m^2(t)\cos(4\pi f_c t + 2\phi) \tag{3.102}$$

式中，$m^2(t)$的均值是基带信号的功率，是一个正的常数，因此在 $r^2(t)$中含有 $2f_c$ 频率分量的谐波，用中心频率为 $2f_c$的带通滤波器将这一谐波分量选出后，再通过锁相环锁定，最后对锁相环 VCO 输出信号进行 2 分频即可恢复载波。由于 2 分频器初始状态的任意性，其输出的恢复载波将存在相位模糊，即恢复载波可能是 $\cos(2\pi f_c t+\hat{\phi})$，也可能是 $\cos(2\pi f_c t+\hat{\phi}+\pi)$。下面的实例演示了一个利用平方环恢复载波的 DSB-SC 解调系统。

【实例 3.24】 构建一个抑制载波的双边带调制解调系统。载波频率为 10kHz，被调信号为 1kHz 正弦波，试用平方环恢复载波并进行解调。

仿真步进设计为 10^{-6}s，即在一个载波(10kHz)周期中将有 100 个仿真计算点，这样示波器显示波形就很光滑。仿真计算采用 ode5 算法。也可采用变步长的 ode45 算法，将最大步长设置在 10^{-6}s。

仿真模型如图 3.53 所示。其中，Signal Generator 和 Signal Generator1 模块分别产生 1kHz 基带正弦信号以及 10kHz 载波信号，被送入 Product 模块完成 DSB-SC 调制。调制输出经过加性高斯白噪声信道(AWGN)传输，在信道中加入噪声方差设置为 0.01。在接收解调端，使用乘法器 Product1 完成平方功能，也可将该乘法器用绝对值模块等非线性器件模块代替。然后将平方输出通过中心频率为 20kHz 的二阶带通滤波器选出载波的二次谐波。该带通滤波器的通带可设置为 19～21kHz。

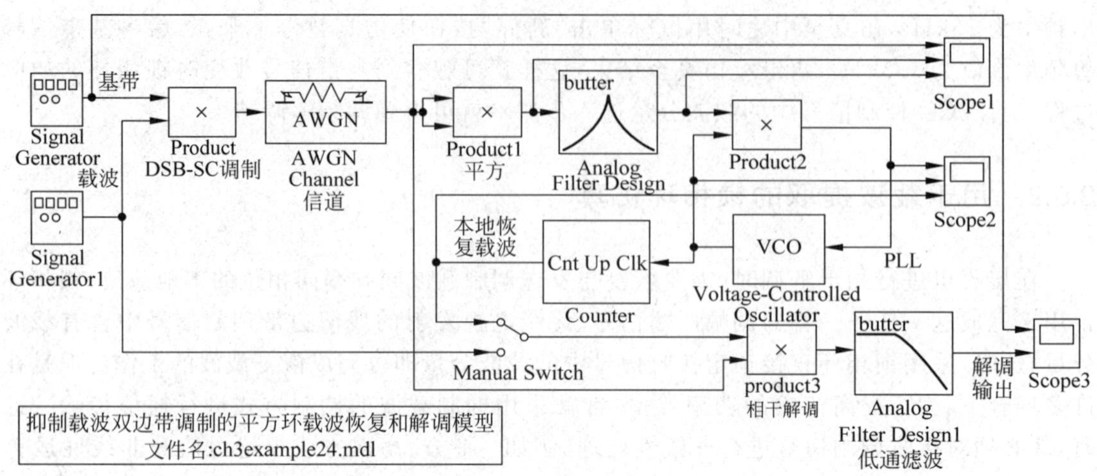

图 3.53　抑制载波双边带调制、平方环载波恢复及相干解调模型

Product2 作为锁相环的鉴相器，环路滤波器设为直通的，因此该锁相环是一阶环。为了模拟真实情况，设置 VCO 的中心频率与发送载波频率二倍频之间有一定误差，例如 VCO 中心频率设置为 20.3kHz，VCO 的控制灵敏度可通过仿真实验确定，要使锁相环能够锁定，参考设置值为 4000Hz/V。VCO 输出为锁定的载波二次谐波，通过计数器 Counter 模块进行二分频之后得到恢复载波。Counter 模块设置为升计数上升沿触发模式，最大计数值为 1，输出端为计数输出，输出数据类型为双精度的。计数器的初始状态可设置为 0 或 1，这将决定输出恢复载波的相位。

示波器 Scope1 对比显示了含噪声的接收调制信号、平方结果以及带通输出结果；示波器 Scope2 对比显示了鉴相输出、VCO 输出以及恢复载波，如图 3.54 所示。从图中可知，平方信号经过带通输出后频率为 20kHz，但振幅是变化的，带通滤波器选择性越好，那么输出信号幅度就越稳定。实际中要直接实现选择性好的高阶窄带滤波器是很困难的，而锁相环可以充当一个性能优异的带通滤波器。锁相环 VCO 输出相位锁定的等幅的 20kHz 正弦波。经过二分频后得到跟踪发送载波相位的 10kHz 方波，可将其直接作为本地恢复载波对接收信号进行相干解调。另外，模型中还使用了 Manual Switch 来切换相干解调所使用的

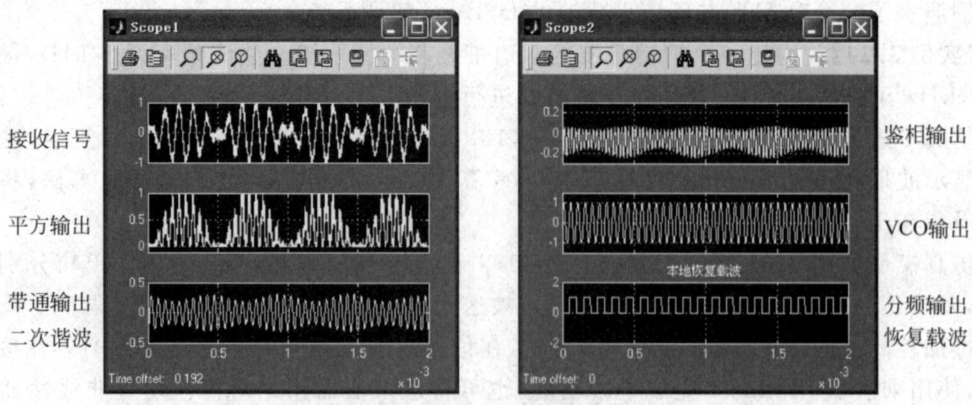

图 3.54　示波器 Scope1 和示波器 Scope2 的仿真输出波形

载波，当直接使用发送载波时，相当于理想的相干解调模式。相干解调器由乘法器 Product3 和低通滤波器 Analog Filter Design1 组成，根据传输信号的频率，低通滤波器的截止频率应设置为既要大于传输信号的最高频率，又要远远低于载波频率，这样就能够滤除载波频率成分。示波器 Scope3 对比显示了发送基带信号和解调输出信号，如图 3.55 所示。从图中可知，接收信号与发送信号之间存在延迟，这种延迟来自相干解调低通滤波器的相移，在本例中信道没有引入延迟。

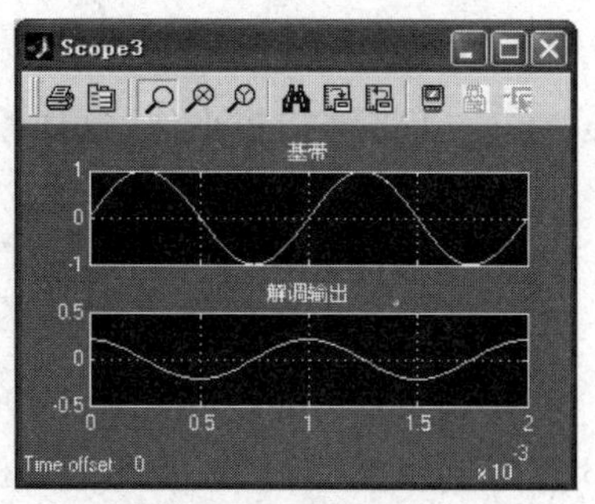

图 3.55 示波器 Scope3 显示的仿真输出波形

2. 科斯塔斯环

利用平方环进行解调时，需要三个乘法器，且锁相环工作在载波的二倍频上。如果载波频率较高，锁相环将需要工作在相当高的频率上，导致成本大大提高。而科斯塔斯环就是针对这一缺点进行改进的结果。该方案由科斯塔斯(Costas)1956 年提出，其结构如图 3.56 所示。接收信号 $r(t)$分别乘以 VCO 输出相互正交的正弦波，得到

$$z_s(t) = r(t)\sin(2\pi f_c t + \hat{\phi}) \tag{3.103}$$

$$= m(t)\cos(2\pi f_c t + \phi)\sin(2\pi f_c t + \hat{\phi}) \tag{3.104}$$

$$= \frac{1}{2}m(t)\sin(\hat{\phi} - \phi) + \text{倍频项} \tag{3.105}$$

以及

$$z_c(t) = \frac{1}{2}m(t)\cos(\hat{\phi} - \phi) + \text{倍频项} \tag{3.106}$$

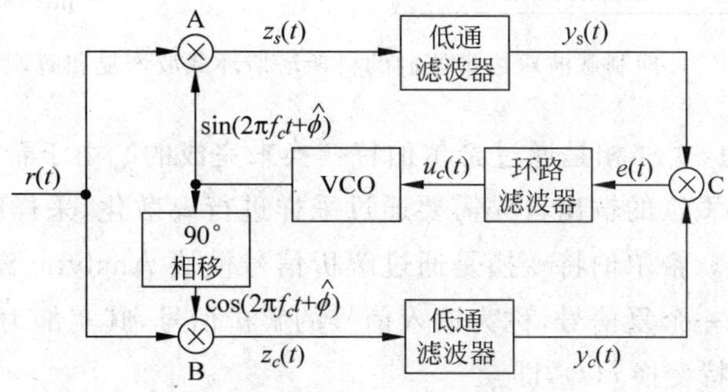

图 3.56 科斯塔斯环结构方框图

经过低通滤波器后，倍频项被滤除，因此乘法器 C 输出为

$$e(t) = y_s(t)y_c(t) \tag{3.107}$$

$$= \frac{1}{4}m^2(t)\sin(\hat{\phi} - \phi)\cos(\hat{\phi} - \phi) \tag{3.108}$$

$$= \frac{1}{8}m^2(t)\sin 2(\hat{\phi} - \phi) \tag{3.109}$$

该误差信号经过环路滤波器滤波后作为 VCO 的控制信号 $u_c(t)$。锁相环锁定后，相位差 $\Delta\phi=\hat{\phi}-\phi$ 将维持较小值，这样模型可以作线性化近似，即

$$e(t) \approx \frac{1}{4}m^2(t)\Delta\phi \tag{3.110}$$

环路滤波器起到对输入信号的平均作用，因此，VCO 的控制信号 $u_c(t)$ 正比于相位差 $\Delta\phi$。环路锁定后，VCO 输出经过 90°移相输出 $\cos(2\pi f_c t+\hat{\phi})$ 就是恢复载波，相应地，乘法器 B 充当了相干解调器，因此低通滤波器输出 $y_c(t)$ 就是相干解调输出。

科斯塔斯环的优点是环路工作频率为载波频率，远远低于平方环的工作频率，实现成本较低。科斯塔斯环中的乘法器 C 完成了非线性变换功能。下面给出一个科斯塔斯环的仿真实例。

【实例 3.25】 用科斯塔斯环重新实现实例 3.24 中的双边带解调。

根据题意建立的科斯塔斯环载波恢复和解调模型如图 3.57 所示。系统仿真参数和 DSB-SC 调制参数与实例 3.24 相同。科斯塔斯环中的低通滤波器是截止频率为 2kHz 的二阶低通。为简单起见，环路滤波器被省略了，因此该锁相环为一阶环。VCO 的中心频率可设置为 10.15kHz，压控灵敏度设置为 8000Hz/V 时可锁定。

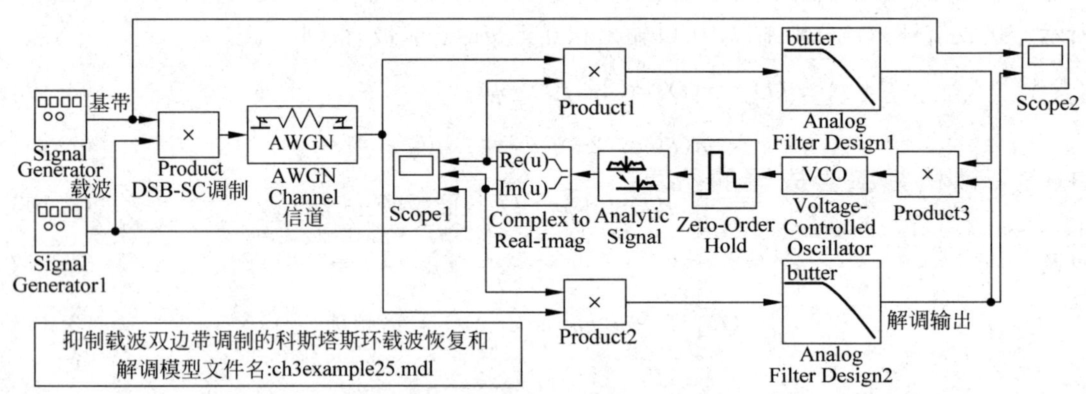

图 3.57 抑制载波双边带调制的科斯塔斯环载波恢复和解调模型

VCO 输出信号的 90°移相是通过希尔伯特变换来完成的。由于希尔伯特变换是在离散时间域中实现的，故 VCO 的输出首先需要通过采样进行离散化，采样时间间隔设置等于系统仿真步进，即 10^{-6}s。希尔伯特变换是通过解析信号模块 Analytic Signal 来实现的，该模块的输出信号 $y(t)$ 是一个复信号，称为输入信号的解析信号，其实部为输入信号 $x(t)$，虚部为输入信号的希尔伯特变换 $\hat{x}(t)$，即

$$y(t)=x(t)+\mathrm{j}\,\tilde{x}(t) \tag{3.111}$$

希尔伯特变换的功能是将输入信号中的全部频率分量均移相 $-\pi/2$ 之后的合成信号作为输出。对于正弦波而言，其结果就是将其移相 $-\pi/2$ 弧度。最后通过 Complex to Real-Imag 模块将解析信号的实部、虚部分离出来，得到一对相互正交的正弦输出。Analytic Signal 模块的设置参数为进行希尔伯特变换的 FIR 滤波器的阶数，通常使用默认值即可。示波器 Scope1 用于观察 VCO 输出的正交信号并和发送载波进行对比，示波器 Scope2 对比显示发送的基带信号和接收解调输出。仿真执行后两示波器显示的波形结果如图 3.58 所

示。图中，VCO 输出的恢复载波与发送载波接近反相位，如果改变 VCO 的初始相位值可以使它们相位接近相同，这就是环路输出载波的相位模糊现象。

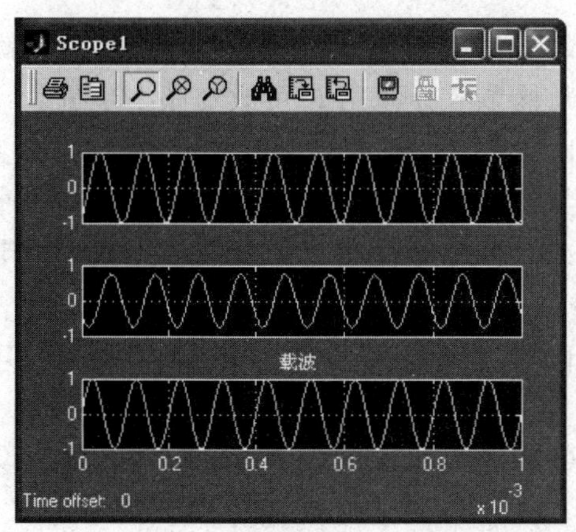

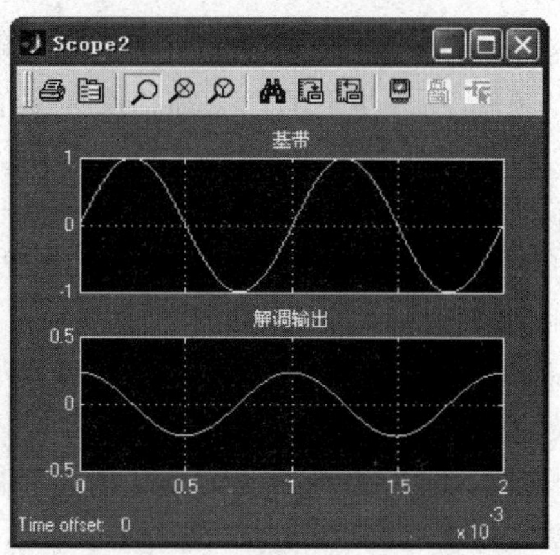

图 3.58　科斯塔斯环载波恢复和 DSB-SC 解调结果

仿真中，如果减小 VCO 的压控灵敏度，可观察到锁相环失锁，这时 VCO 输出波形将相对于发送载波滑动。增加信道噪声(例如将噪声方差由 0.01 增加到 1)，环路仍然能够锁定，但恢复的载波将受到较大的噪声干扰，其相位发生明显的抖动。

3.6.3　锁相频率合成器的仿真

频率合成技术是一种以一个高稳定度和准确度的频率参考源为基准，通过对基准频率的分频、倍频和混频等方法来产生与基准频率具有相同稳定度和精度的多种离散频率信号的技术。将数字分频与锁相环结合起来就是锁相频率合成技术。锁相频率合成技术避免了传统倍频技术和使用滤波器抑制谐波的缺点，特别是锁相频率合成技术与微处理器控制技术的结合，将频率合成技术推向了一个更加智能化的阶段。

数字锁相频率合成器的基本结构如图 3.59 所示，系统中的信号形式通常为矩形脉冲。基准频率源产生一个频率为 f_r 的高稳定且精度很高的参考振荡，经过 R 次参考分频后得到频率为 $f_i=f_r/R$ 的矩形脉冲信号并送入锁相环鉴相器的一个输入端，锁相环 VCO 的输出信号频率为 f_0，该信号经过 N 次可变分频之后送入锁相环鉴相器的另外一个输入端。当锁相环锁定时，鉴相器两输入端的信号频率相等，相位相差某一常数值，即

$$f_i=\frac{f_r}{R}=\frac{f_0}{N} \tag{3.112}$$

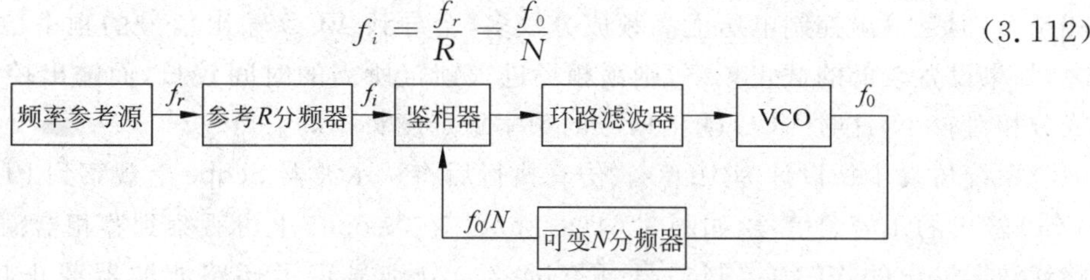

图 3.59　数字锁相频率合成器的基本结构

因此 VCO 输出信号频率为

$$f_0 = \frac{N}{R} f_r = N f_i \tag{3.113}$$

这样，利用锁相环和数字分频器就能够完成 N 倍频功能。调整可变分频比 N，就能够得到以频率 f_i 为步进的任意高精度频率信号，调整参考分频比 R 可改变频率步进。

对于单极性矩形脉冲信号，鉴相器通常使用异或门来完成。对于单极性占空比为 0.5 的矩形脉冲来说，当两个输入脉冲同频同相时，异或门输出为 0 电平，当两个输入脉冲同频但反相时，异或门输出为 1 电平，其他情况下异或门输出脉冲串的平均值将比例于两个输入脉冲相位的变化。

【实例 3.26】 设参考频率源的频率为 1kHz，要求设计并仿真一个频率合成器，其输出频率为 4kHz。

根据题设，锁相环内可变分频比 $N=4$，VCO 中心频率设置为 4kHz 左右。据此设计的仿真模型如图 3.60 所示。

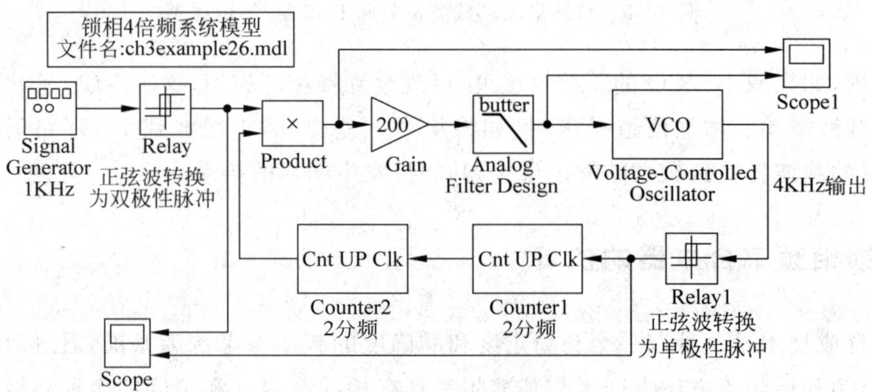

图 3.60 锁相 4 倍频简单频率合成器模型

图中，1kHz 的正弦波信号源通过 Relay 模块转换为双极性矩形脉冲。Relay 模块的门限设置为 0，通断时输出分别为±1。锁相环路滤波器为 1 阶的，截止频率在 0.5～1000Hz 内可调。环路增益采用 Gain 模块设置，在实验中进行调节，例如设置为 200。VCO 的中心频率设置为 4.02kHz，与 4kHz 之间有一定误差是为了观察锁定过程，VCO 的压控灵敏度为 1Hz/V。Relay1 模块将 VCO 输出的正弦波转换为单极性脉冲以便计数器进行计数。两个计数器完成 4 分频功能，且分频输出为占空比 0.5 的矩形脉冲，以满足鉴相器要求。

环路低通滤波器 Analog Filter Design 的截止频率设置越高，则锁相环进入锁定的时间就越短，但是输出控制电压上高频成分较多，会导致 VCO 输出信号的频率稳定度下降；反之，如果设置较低的截止频率，则锁相环进入锁定所需的时间较长，而输出控制电压上高频成分相对较小，这时 VCO 输出信号的频率稳定度将提高。

系统仿真步长设计为 10^{-5}s。仿真执行后将从示波器 Scope 上观察到 PLL 输入信号和 VCO 输出的 4 倍频信号，如图 3.61(a)所示。在 Scope1 上可观察到鉴相器输出信号以及环路滤波器输出的 VCO 控制信号，图(b)、(c)分别显示了环路滤波器截止频率为 1Hz 和 20Hz 时的波形。

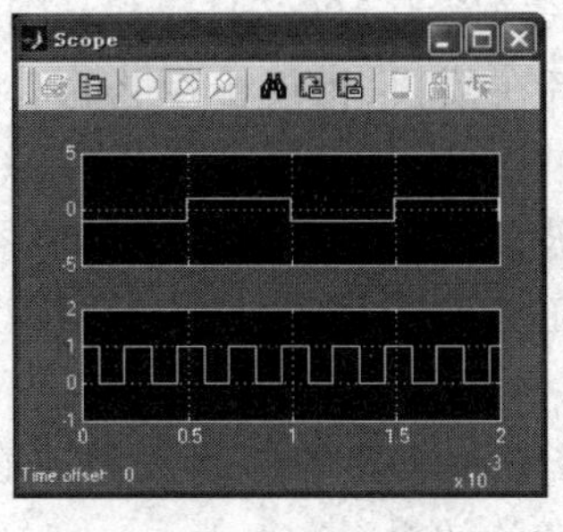

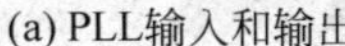

(a) PLL输入和输出

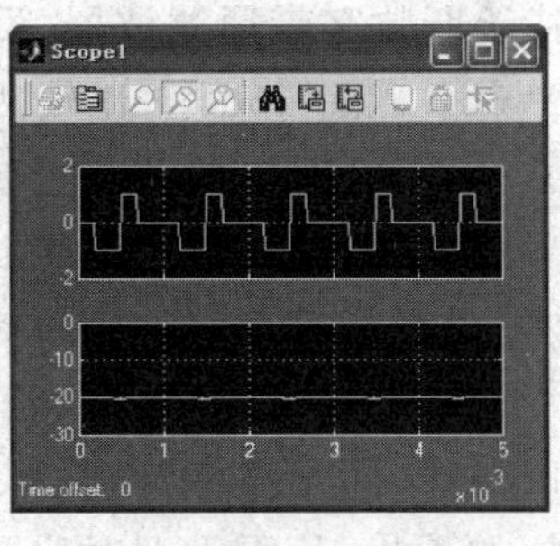

(b) VCO控制信号

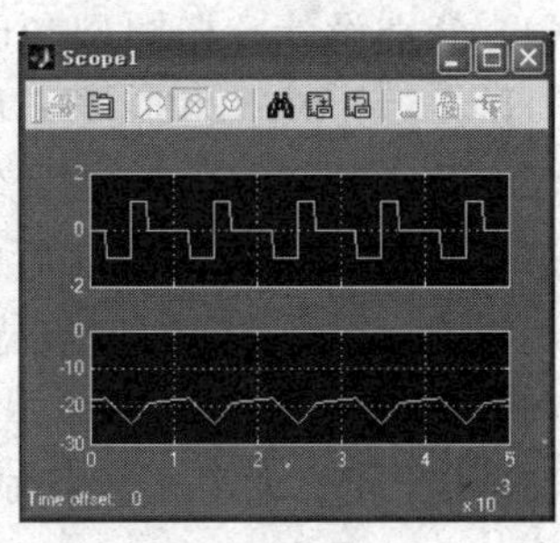

(c) VCO控制信号

图 3.61 系统仿真结果

3.7 小结与文献综述

本章首先讨论了电子系统中最常用的传输模块——滤波器——的设计和实现方法，然后从信号分析和信号处理的角度对通信信号的参数以及测试方法进行了论述，特别讨论了随机信号的统计参数测量以及频谱估计等重要问题，再以通信系统的构成为线索，介绍了通信模块库中的信源、信道、调制与解调、锁相环、频率合成等基本通信模块的原理、功能和使用方法，并给出这些应用实例。

文献[8]、[20]介绍了数字信号处理的原理，变换域分析和算法，滤波器设计方法以及音频数字信号处理的方法和实例。锁相环的原理和设计方法以及锁相频率合成技术方面的进一步论述可参见文献[30]、[32]。

介绍采用 Matlab 编程实现通信系统仿真和信号处理的书籍有[3]等。文献[21]也介绍了 Matlab 特别是 Simulink 建模在通信系统仿真中的应用原理和实例。此外，建议读者在建模过程中仔细参阅 Matlab 联机文档。

通信建模仿真的理论论述参见[10]，而[7]是专门针对无线通信领域的仿真问题而写的一本专著。

3.8 思 考 题

(1) 设计一个模拟低通滤波器，$f_p=3400\text{Hz}$，$f_s=6000\text{Hz}$，$R_p=3\text{dB}$，$R_s=30\text{dB}$。分别用巴特沃斯和椭圆滤波器原型，求出其 3dB 截止频率和滤波器阶数、传递函数，并作出幅频、相频特性曲线。

(2) 接上题，作出所设计滤波器的冲激响应波形，然后用 Digital Filter Design 模块实现该滤波器，用示波器观察其冲激响应，并与计算得出的理论曲线进行对比。

(3) 分别设计一切比雪夫 1 型和切比雪夫 2 型数字低通滤波器，设采样率为 20000Hz，$f_p=3400\text{Hz}$，$f_s=4000\text{Hz}$，$R_p=3\text{dB}$，$R_s=20\text{dB}$，求其传递函数，并作出幅频、相频特性曲线，然后分别通过编程和 Simulink 模块来实现它们，对比两种实现结果的波形是否一致，从仿真结果上说明切比雪夫 1 型和切比雪夫 2 型数字低通滤波器的区别。

(4) 分别设计一椭圆型和巴特沃斯数字带通滤波器，设采样率为10000Hz，f_p=[1500，2500]Hz，f_s=[600，3500]Hz，R_p=3dB，R_s=25dB。比较两者在幅频、相频特性上的区别。

(5) 设一段音频信号中混杂了一个1000Hz的单频正弦波干扰，试设计一个带阻滤波器对其进行滤波。观察滤波前后的频谱变化，并通过声卡将滤波前后的声音输出到扬声器，进行主观对比，看所设计的带阻滤波器是否能够起到抑制单频正弦波干扰的目的，带阻滤波器阶数和滤波效果的关系如何。

(6) 接上题，如果干扰换成1000Hz的方波或三角波，带阻滤波器的抑制效果还好吗？试设计一个梳状滤波器来抑制这样的干扰，从听觉上对比两者的效果。

(7) 利用压控振荡器模块产生一个受10Hz正弦波控制的，中心频率为100Hz，频偏范围为50Hz到150Hz的振荡信号，并用示波器模块和频谱仪模块观察输出信号的波形和频谱。

(8) 用示波器和频谱仪模块观察一个高斯噪声源输出的噪声，并将数据输出到Matlab工作空间，然后用hist命令画出这个高斯噪声的概率密度曲线(直方图)。

(9) 用DSP Blockset库中的统计模块测试上题所输出的高斯噪声的均值、方差，看测试结果是否与高斯噪声源的设置参数相互一致。

(10) 用Matlab编程方式产生一个100Hz的方波，并用fft指令计算其频谱，作出幅度频谱和相位频谱，与理论结果进行对比。

(11) 用Simulink方式重做上题，并通过统计模块在时域和频域同时计算信号的功率，看两者计算结果是否一致，验证帕斯瓦尔定理。

(12) 试产生一个100Hz的三角波，分别用矩形窗、海明窗和汉宁窗进行时域加窗，然后测量出其功率谱曲线。要求频域分辨率为1Hz，分析频率范围为0～1000Hz，并由此确定仿真模型参数。对比各种不同加窗的功率谱估计结果(分别用Matlab编程和Simulink方框图建模两种方式实现仿真并对比结果)。

(13) 实例3.15中采用了4种方法来测量信号的频谱，试采用S函数来实现一个与之功能相同的频谱显示模块。

(14) 对实例3.18的模型，请修改其中AWGN Channel的加入噪声参数模式，如以SNR模式或方差模式加入等，再仿真观察检测输出的SNR结果，并说明AWGN Channel模块不同噪声加入模式之间的关系。

(15) 以PSK调制来说明带通调制模型和等效低通调制模型在数学上的不同点。

(16) 用带通调制模型和等效低通调制模型对ASK，PSK，FSK调制过程进行建模和仿真。

(17) 用Simulink调频模块对调频广播的调频输出信号进行仿真，观察其调制输出信号的频谱。其中，载波频率为100MHz，最大频偏75kHz，基带信号为1000Hz音频信号，用带通调制模型和等效低通调制模型分别进行仿真，并说明仿真模型参数和设计方法。

(18) 设参考频率源的频率为100Hz，要求设计并仿真一个频率合成器，其输出频率为300Hz，并说明模型设计上与实例3.26的主要区别。

第4章

构建通信系统仿真模型

4.1 通信系统的基本模型

通信系统负责将包含信息的消息从发送方有效地传递到接收方。信息总是以消息的形式表达出来，而消息又携带在随时间变化的某种物理量(如声音、光、电等)上，成为信号。如果消息携带在电物理量上，则称为电信号，相应的传输和处理电信号的设备称为电子通信系统。

最简单的通信系统负责将信号有效地从一个地方传输到另一个地方，称为点对点的通信系统。信号传输的发送端、接收端以及由接收端和发送端构成的中转端称为通信节点，而连接通信节点之间的传输媒介称为通信信道。多个节点之间点对点通信系统共同构成通信网络。通信节点负责接收、处理或发送信号，处理信号的目的在于抑制接收信号中的噪声，尽可能好地提取发送的信息，根据传送信道的特性选择并将信号转换为适合于信道媒介传输的信号形式，以及负责提供信号转发的信道路由等。通信信道则是信号传输的物理媒介。

任何点对点通信系统都由发送端(信源和发送设备)、接收端(接收设备和信宿)以及其间的物理信道组成，其概念模型如图 4.1 所示。

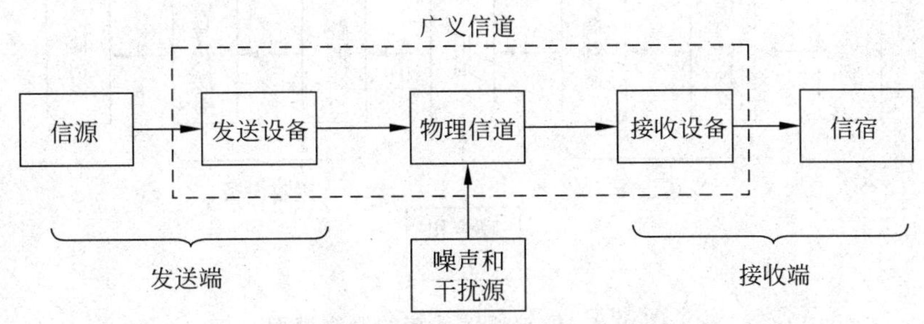

图 4.1　通信系统的概念模型

信源即信息的发源地，它可以是人，也可以是机器。在数学上，信源的输出是一个随时间变化的随机函数，根据随机函数的不同形式，信源可以分为连续信源和离散信源两类。

发送设备负责将信源输出的信号变换为适合信道传输的形式，使之匹配于信号传输特性并送入信道中。发送设备进行以传输为目的的全部信号处理工作，可能包含不同物理量表示信号之间的转换，如将声音转换为电信号的话筒、将光学图像转换为电信号的摄像机、将电信号转换为光信号以便送入光纤传输的光端机等，也包含信号不同形式之间的转换，如将模拟信号转换为数字信号的模数转换器、负责对数字信号进行不同形式转换的编码器、将基带信号转换为频带信号的调制器、信号过滤和功率变换的滤波器和功率放大器等。

物理信道是信号传输的通路。按照传输媒介不同，可以分为有线信道和无线信道两类；按照信道参数是否随时间变化，可以分为时不变信道（也称恒参信道）和时变信道（变参信道）两类。在信道中，信号波形将发生畸变，功率随传输距离增加而衰减，并混入噪声以及干扰。在通信模型中，通常也将通信设备内部产生的噪声等价地归并为信道中混入的噪声，这样，通信模型中信号处理设备就建模为无噪的。

接收设备的功能与发送设备相反，负责将发送端信息从含有噪声和畸变的接收信号中尽可能正确地提取出来。接收设备信号处理的目的是进行对应于发送设备功能的反变换，如解调、解码，将信号转换为信源发送的原始信号物理形式，同时尽可能好地抑制信道噪声，补偿或校正信道畸变引起的信号失真，最终将还原的信号送给信宿。信宿可以是人，也可能是机器。

有时，可将物理信道连同部分或全部的发送设备和接收设备视为广义信道。根据通信传输信号的类型，可以将通信系统进一步分为基带传输系统和频带传输系统、模拟通信系统和数字通信系统、电通信系统和光通信系统等。

4.1.1 模拟通信系统基本模型

如果信源输出是模拟信号，在发送设备中没有将其转换为数字信号，而是直接对其进行时域或频域处理（如放大、滤波、调制等）之后就进行传输，则这样的通信系统称为模拟通信系统。模拟通信系统中，发送信号中的某一参数（如正弦波的振幅、频率、相位等）与承载消息的原始模拟信号之间通常是一种线性比例关系。模拟通信系统的概念模型如图 4.2 所示。

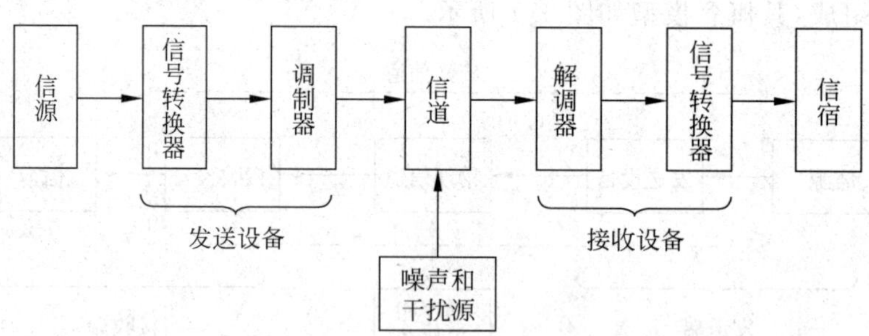

图 4.2 模拟通信系统的概念模型

在发送端，信号转换器负责将其他物理量表示的模拟信号转换为模拟电信号，如各种传感器、摄像头、话筒等。基带处理部分对输入的模拟电信号进行放大、滤波后，送入调制器进行调制，转变为频带信号，称为已调信号。频带处理部分负责对已调信号的滤波、上变频以及功率放大，并输出到有线信道中或通过天线发送到无线信道中。

在接收端，信号经过频带处理部分选频接收、下变频和中频放大之后，送入解调器进行解调，还原出基带信号，再经过适当的基带信号处理之后送入信号转换器，如显示器、扬声器等，最终还原为最初发送类型物理量表示的模拟信号。

对于短距离有线传输，如有线对讲系统，可以不使用调制和解调，这样的系统就是模拟基带传输系统。但是，对于大多数模拟通信系统来说，为了将多路信号复用在同一物理媒介上传输，抑制干扰并匹配天线传输特性，必须使用调制和解调对信号进行频谱搬移，这样的传输系统就是模拟频带传输系统。

4.1.2 数字通信系统基本模型

如果信源输出是数字信号，或者信源输出的模拟信号经过模-数转换后成为数字信号，再进行处理和传输，则这样的通信系统称为数字通信系统。数字通信系统中，发送信号某一参数的离散取值(如正弦波的振幅、频率、相位等)与所承载消息的数字信号(即离散符号)之间通常是一种一一对应关系。数字通信系统的概念模型如图 4.3 所示。需要指出的是，图中各个模块和模块功能在具体的系统中不一定全部采用。采用哪些模块和模块中的哪些具体功能要取决于相应通信系统的具体设计要求。但发送端和接收端的模块是相互对应的，例如发送端使用了编码器，则接收端必须使用对应的解码器。

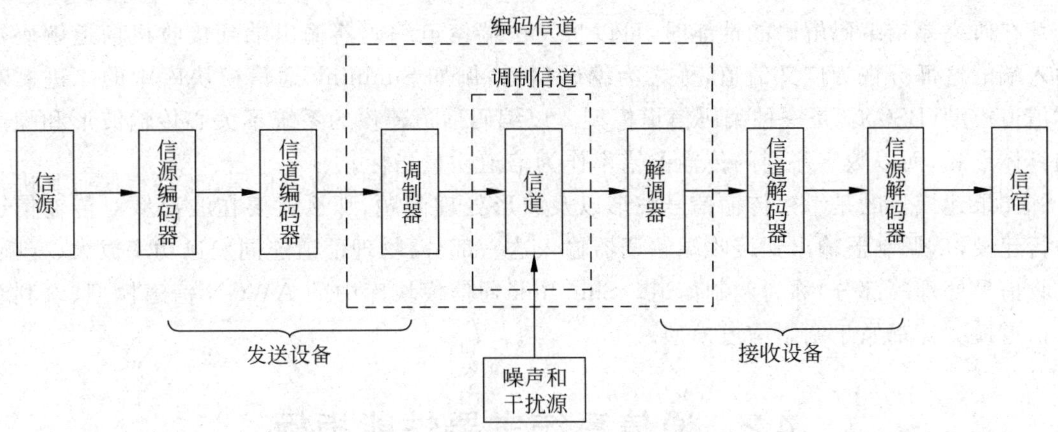

图 4.3 数字通信系统的概念模型

在发送端，信源输出的消息经过信源编码得到一个具有若干离散取值的离散时间序列。信源编码的功能是：

(1) 将模拟信号转换为数字序列。

(2) 压缩编码，提高通信效率。

(3) 加密编码，提高信息传输安全性。

信源编码的输出序列将送入信道编码器，信道编码的功能是：

(1) 负责对数字序列进行差错控制编码，如分组编码、卷积编码、交织和扰乱等，以抵抗信道中的噪声和干扰，提高传输可靠性。

(2) 对差错控制编码输出的数字序列进行码型变换(也称为基带调制)，如单双极性变换、归零-不归零码变换、差分编码、AMI 编码、HDB3 编码等，其目的是匹配信道传输特性，增加定时信息，改变输出符号的统计特性并使之具有一定的检错能力。

(3) 对输出码型进行波形映射，以适应于带限传输信道，如针对带限信道的无串扰波形的成形滤波、部分响应成形滤波等。

调制器用来完成数字基带信号到频带信号的转换，数字调制方式有多种，如幅移键控(ASK)、相移键控(PSK)、频移键控(FSK)、正交幅度调制(QAM)、正交相移键控(QPSK)等，还可能包括扩频调制。调制器输出的频带信号经过功率放大后送入物理信道。

传输信号在物理信道中发生衰落，波形畸变，并混入噪声和干扰。

在接收端，接收信号经过滤波、变频、放大等信号调理后，送入解调器，解调器完成频带数字信号到基带数字信号的变换。之后，基带数字信号在信道译码器中完成译码，即完成与发送端信道编码器功能相反的变换，如匹配滤波、抽样和判决、检错和纠错、码型变换、差错码译码等，其输出的数字序列将送入信源解码器中进行解码，即完成解密、解压缩以及数-模转换等功能，最终向信宿输出接收消息。在接收端，为了完成解调，通常需要提取发送的调制载波，而为了完成解码，必须使收发双方具有相同的传输节拍，也就是需要定时恢复，从而完成收发双方的同步，同步包括位同步和分组同步(帧同步和群同步)等。对于扩频通信系统，在接收端解扩时还需要伪随机码同步。

如果数字通信系统中不使用调制器和解调器进行信号的基带-频带转换，则这样的系统称为数字基带传输系统。

在研究差错编码解码的性能时，可以将发送端信道编码器输出端到接收机信道解码器输入端的这部分视为广义信道，称之为编码信道，例如 Simulink 通信模块库中的二进制对称信道模型(BSC)就是一种编码信道模型。以编码信道建模的系统不关心传输波形和噪声的具体形式，而以数字序列的传输差错率作为信道质量指标。

如果建模目的是考察传输信号波形以及波形处理问题，那么就要在波形域对传输信道进行建模，从调制器输出到接收端解调器输入这一部分(物理信道连同发送功率放大、变频，接收信号处理等部分)称为调制信道。Simulink 通信模块库中的 AWGN 信道模型、瑞利衰落信道模型等都属于调制信道模型。

4.2 通信系统主要性能指标

有效性和可靠性是通信理论研究的重要问题，也是通信系统最基本、最主要的质量指标。有效性是指消息传输的速度，即衡量通信系统中信息传输的快慢问题；可靠性则是指消息传输的质量，即衡量通信系统中信息传输的好坏问题。

对于模拟通信系统，有效性一般是指给定通信资源条件下传输消息的数量，例如用单位传输频带内所能够容纳的电话路数来衡量有效性，单边带调制就比双边带调制的有效性要高。模拟调制方式的有效性可以通过调制的频带利用率来表述，调制的频带利用率为调制前后信号的带宽之比，即

$$\eta=\frac{\text{基带信号带宽}}{\text{调制输出信号带宽}} \tag{4.1}$$

例如，模拟双边带调制的频带利用率为 0.5，单边带调制的频带利用率为 1。

模拟通信系统的可靠性一般采用信噪比(SNR)来衡量。信噪比(SNR)为传输信号带宽内的信号功率与噪声功率之比。接收输出的信噪比越高则通信质量越好。传输信号功

率、信道衰减、信道中噪声大小以及系统所采用的调制方式等都将影响接收机的输出信噪比。

对于数字通信系统，其有效性是通过传输速率和频带利用率来衡量的，而可靠性则以差错率来描述。

传输速率可以用码元传输速率和信息传输速率两种不同的指标来描述。码元传输速率也称为信号速率、符号速率或者波形速率，指单位时间内数字通信系统所传输的码元个数(即符号个数或代表符号的脉冲个数)。设数字通信系统传输一个码元符号的时间(称为码元宽度)为 T_s，则码元速率 R_s 与之成倒数关系，即 $R_s=1/T_s$，表示单位时间上所能传输的符号数。码元速率的单位是波特(Baud)。

信息传输速率也称为信息速率、传信率或比特率，其单位是比特/秒(bit/s 或 bps)，用 R_b 表示，是指单位时间内数字通信系统传输的信息量(比特)。当传输的二进制序列前后码元独立且 1 和 0 的概率各为 0.5 时，则序列中每个二进制码元携带的信息量达到最大值，为 1 比特。在通信系统指标计算中，无特别声明时，规定一个二进制码元含有 1 比特信息量。比特率与系统传输一个二进制码元所占用的时间(称为比特宽度) T_b 也是倒数关系，即 $R_b=1/T_b$。对于使用 M 进制符号的传输系统，每一个符号可以等价地用 $\mathrm{lb}M$ 个二进制位来表示，这样，码元传输速率和信息传输速率的关系为

$$R_b = R_s \mathrm{lb} M \tag{4.2}$$

数字通信系统的频带利用率是指单位频带内的传输速率，即

$$\eta = \frac{\text{码元传输速率}}{\text{传输信道的频带宽度}}(\mathrm{Baud/Hz}) \tag{4.3}$$

对于二进制传输或等价为二进制传输时，频带利用率也表示为

$$\eta = \frac{\text{信息传输速率}}{\text{传输信道的频带宽度}}(\mathrm{b \cdot s^{-1}/Hz}) \tag{4.4}$$

奈奎斯特和香农共同完善了采样定理，他们指出，带宽为$(-W,W)$Hz 的带限函数在每秒单位时间内具有的自由度仅为 $2W$，即在带宽为$(-W,W)$的带限信道中能够无串扰传输的最大码元数为 $2W$ 波特(码元/秒)。因此，频带利用率的最大值为 2Baud/Hz。在理论性能分析和仿真中，通常假定系统具有理想的频带利用率 $\eta=2\mathrm{Baud/Hz}$，此时传输带宽 W、码元宽度 T_s、等效比特宽度 T_b、码元传输速率 R_s、比特率 R_b 之间的关系是

$$R_s = \frac{1}{T_s} = 2W \tag{4.5}$$

$$R_b = \frac{1}{T_b} = 2W\mathrm{lb}M \tag{4.6}$$

其中，M 为传输码元的进制数。

对于离散时间的加性高斯信道，在离散时间 t_i 上信道输出 Y_i 是信道输入 X_i 和方差为 σ^2 的零均值高斯噪声 Z_i 的叠加，即

$$Y_i = X_i + Z_i, \quad Z_i \sim \mathcal{N}(0,\sigma^2) \tag{4.7}$$

对于含有 n 个传输符号的信号序列$(x_1,x_2,\cdots,x_n)$，其平均功率定义为

$$P = \frac{1}{n}\sum_{i=1}^{n} x_i^2 \tag{4.8}$$

信道信噪比(dB)定义为

$$\mathrm{SNR_{dB}} = 10\lg \frac{P}{\sigma^2} \tag{4.9}$$

香农信道容量定理指出，在传输信号功率为 P、噪声方差(功率)为 σ^2 的限制条件下，加性高斯信道的容量(即每传输一个信号样值 x_i 所能传送的最大信息量)为

$$C = \frac{1}{2}\mathrm{lb}\left(1 + \frac{P}{\sigma^2}\right)(\mathrm{b/Baud}) \tag{4.10}$$

对于带宽为$(-W,W)$的带限高斯信道，设其加性高斯白噪声(在带内具有平坦谱)的双边功率谱密度为 $N_0/2$，则噪声样值方差(表示带内零均值噪声的总功率)为 $\sigma^2 = 2W \times N_0/2 = N_0 W$。因此，信道容量为

$$C = \frac{1}{2}\mathrm{lb}\left(1 + \frac{P}{N_0 W}\right)(\mathrm{b/Baud}) \tag{4.11}$$

由于带宽为$(-W,W)$的带限信道的最高码元传输速率为每秒 $2W$ 样值，信道容量可重写为

$$C = W\mathrm{lb}\left(1 + \frac{P}{N_0 W}\right)(\mathrm{bps}) \tag{4.12}$$

式中，$\frac{P}{N_0 W}$项的物理含义是传输频带内的等效信噪比。这就是著名的香农信道容量公式。该公式表明，指定噪声功率谱密度条件下，若给定信号传输功率，带限加性白高斯信道的极限传输信息速率随传输带宽增加而增加；而当给定传输带宽时，则增加信号传输功率能够增加传输信息速率。在给定设计传输信息速率条件下，可以用增加带宽的方法来换取发送信号的传输功率效率，因此，香农信道容量公式也成为现代扩频通信和抗干扰通信技术的理论基础。

在通信系统的理论分析和仿真数值计算中，有时也使用带宽归一化的信道容量作为系统分析的指标，即

$$\frac{C}{W} = \mathrm{lb}\left(1 + \frac{P}{N_0 W}\right) = \mathrm{lb}(1 + \mathrm{SNR})(\mathrm{bps/Hz}) \tag{4.13}$$

其中，$\mathrm{SNR}=\frac{P}{N_0 W}$是传输信道的等效信噪比。当传输通带内还存在干扰，并且这种干扰在接收端不能或没有被消除时，干扰也被视为额外的噪声进行计算，若干扰与噪声相互独立，则可定义信干噪比 SINR 为

$$\mathrm{SINR} = \frac{P}{N + I}$$

其中，N 为噪声功率；I 为干扰功率。相应地，在噪声和干扰下的信道容量计算为

$$\frac{C}{W} = \mathrm{lb}(1 + \mathrm{SINR})(\mathrm{bps/Hz}) \tag{4.14}$$

差错率指标描述了通信传输的可靠性。差错率分为码元差错率、比特差错率和码字差错率 3 种指标。

码元差错率简称为误码率，用 P_e 表示，是指传输中发生差错的码元概率。当接收端输出码元不等于相应的发送码元时，称为出现一次传输码元错误。设系统传输的总码元数为 n，其中传输错误的码元数为 n_e，则

$$P_e = \lim_{n\to\infty} \frac{n_e}{n} \approx \frac{n_e}{n} \tag{4.15}$$

比特差错率也称为误比特率，用 P_b 表示，是指传输出错比特的概率。当统计的比特数

很多时，出错的比特数与总的传输比特数之比趋近于概率值。设系统传输的总比特数为 m，其中传输错误的比特数为 m_e，则

$$P_b = \lim_{m\to\infty}\frac{m_e}{m} \approx \frac{m_e}{m} \tag{4.16}$$

当二进制传输时，$P_e = P_b$。而在多进制传输时，两者不等。

由 k 个码元组成的码串称为一个码字。码字差错率也称为错字率，指传错码字的概率，用 P_w 表示。码字中任意一个码元出错将导致码字错误，因此显然有

$$P_w = 1-(1-P_e)^k \approx kP_e \text{ 当 } P_e \ll 1 \text{ 时} \tag{4.17}$$

通常，差错率指标是传输信道的信噪比指标的函数，不同的传输方式下两者具有不同的函数关系。

在对通信系统质量指标的建模和仿真中，我们经常改变信道中的噪声功率，即在不同信噪比条件下，通过蒙特卡罗随机试验统计传输差错率，从而得出信噪比与差错率之间的统计关系曲线。

4.3　通信系统建模的要点

根据建模目的、模型形式和建模进程不同，通信系统的建模过程可以分解为以下 4 个阶段：

- 建模的模型分层阶段；
- 建模的模型设计阶段；
- 建模的模型描述阶段；
- 建模的模型开发阶段。

在模型分层阶段，是将建模对象自上而下分解为若干功能层次，也就是将建模系统对象不断分解为下一级的功能子系统，最终仿真实现这些子系统。综合前述的通信概念模型，可以得到一个更为一般的点对点数字通信系统方框模型，如图 4.4 所示。其中每个方框代表

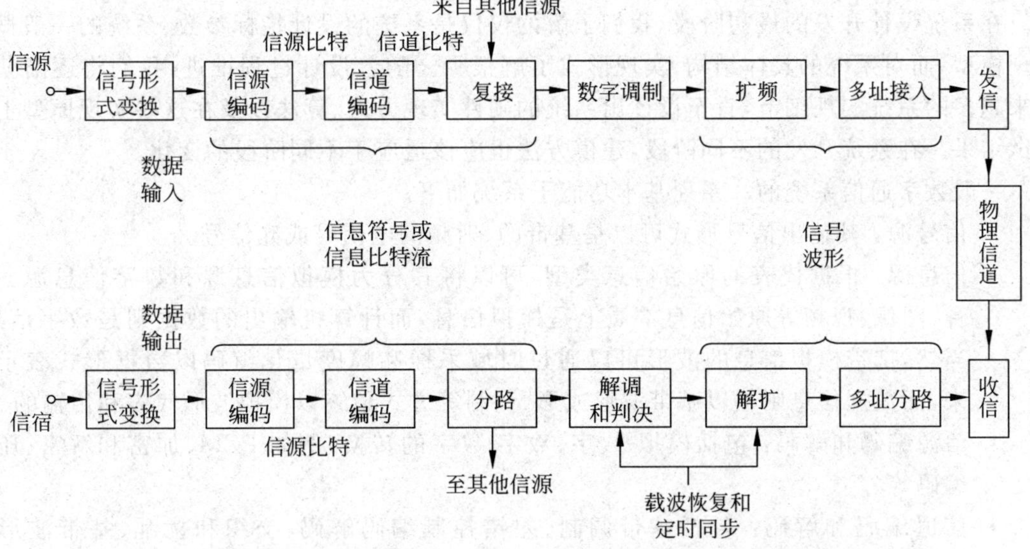

图 4.4　一般的点对点通信系统分层建模的最高层方框模型

一个下一级子系统。这样,任何一个具体的通信系统都可以作为该模型的一个特例。如果将这些点对点通信模型串联起来,就可以构成具有中继节点的多点通信系统模型,从而组成多节点的通信网络。对于不同类型的通信系统,在各个方框子系统中可以设计不同的技术和算法来实现,最终通过一系列基本的信号处理技术(如编码、调制、滤波、均衡等)来完成信息传输的全过程。

该模型中的若干子系统方框(如调制、解调)也适合于对模拟通信系统的建模描述。对于任意一个特定的通信系统,模型中的模块并非全部都是必须的,也并非全部都适用,例如非扩频系统中就没有扩频和解扩子系统方框,基带传输系统也无需调制和解调方框。而对于模拟传输系统来说,编码、解码等数字化信号处理模块也不需要。可见,在通信系统建模中可以根据建模需要和方便性来定义、选择和划分子系统方框。分层级建模过程中的子系统就是由系统设计者选择并定义的一个具有特定信号处理功能的实体方框。

模型设计阶段是在分层建模完成之后进行的,是一个对模型中子系统的一般自然属性和功能的描述过程,所以,模型设计阶段也称为子系统行为层次的描述阶段。与对物理模型的具体实现过程描述不同,模型设计阶段的行为级描述将子系统视为一个具有特定输入输出关系的黑箱,以系统传递函数来表达系统的对外行为特征,而不关心系统内部的结构和实现方式,这样可以提高仿真的计算效率。一般来说,在分层模型下,采用以传递函数为代表的模型级描述方式来刻画其子系统功能,并且在保证模型精度要求下,应该尽可能采用最简单的模型描述方式,以保证仿真执行的效率。

对系统行为描述的具体实现过程就是所谓建模的描述阶段,即采用数学方程或方程组、相关算法或者通过物理实验得出的一系列表达系统输入输出关系的数据关系表来描述系统,并最终通过计算机编程实现功能仿真的过程。在仿真模型中,不论对模型的原始数学描述形式如何,都必须转化为计算机程序形式才能够实现计算。

在通信系统和算法研究及开发过程中,系统仿真建模是不断修正和演进的过程。开发阶段的建模模型就是指子系统建模模型演进在某个设计阶段的模型。在相应设计阶段,对系统功能的描述方法和描述详细程度取决于该阶段设计者对所设计系统的理解和知识掌握度。在系统设计开发的最初阶段,我们了解的仅仅是系统的设计指标参数、系统的一般概念实现模型,而对系统的具体结构、实现形式了解很少。随着设计过程推进,我们将逐渐获得越来越多的系统实现细节,直至设计出系统的硬件实现方式、算法以及在这些实现原型上的测试结果。在系统开发的不同阶段,建模方法也应该适应于不同阶段的变化。

一般数字通信系统的一系列基本功能子系统如下。

- 信号源:其输出信号形式可以是基带的、射频的电信号或光信号。
- 信息源:根据代表的原始信息类型,可以将其分为模拟信息源和数字信息源。声音、图像、视频等原始信息本质上是模拟信息,而计算机输出的数据则是数字信息。当然,携带模拟信息的波形可以通过时域采样和幅度量化编码以数据形式表示出来,而数据信息则是以基带波形成形、调制等方式最终以模拟波形代表和传输的。
- 信源编码和解码:包括模拟-数字、数字-数字的转换,例如PCM、加密和解密、压缩编码等。
- 信道编码和解码:包括基带调制、差错控制编码解码、交织和扰乱、基带波形成形等。

- 射频调制与解调：实现基带-频带信号转换。
- 振荡器、混频器、变频器和功率放大器：实现信号频率搬移，功率转换。在研究这些模块非理想情况下对传输信号的影响时，就需对这些模块进行建模。
- 滤波和自适应均衡：包括频域滤波、频域均衡和时域均衡算法。
- 信道：根据仿真目的，可以将其建模为错误概率信道或波形信道，即建模为编码信道或调制信道。
- 多路复用以及多址接入。
- 噪声和干扰源。
- 同步：包括载波同步、扩频码同步、符号同步、数据帧同步等。同步是解调和解码所必需的。

根据建模和仿真的目的不同，通信系统模型有时以逻辑元素(例如传输的比特或符号)作为传输对象进行建模；而另外一些情况下，也可以把信号波形作为传输对象进行建模。例如，研究编码性能和解码复杂度时，常常将调制连同物理传输媒介、噪声和干扰建模为等价的具有指定传输错误率的逻辑传输信道。而在研究调制解调性能、同步误差对解调和判决性能的影响以及波形失真问题、信道均衡等问题时，就需要对处理和传输的波形进行研究，这时常常要以信号波形作为建模处理的对象。

此外，通常不必对整个通信系统中的各个组成模块进行建模和仿真，往往只需要对研究感兴趣的那部分进行建模和仿真实现即可，而将其他部分视为给定输出的黑箱或者进行理想化。例如，在通信系统的等效低通模型中，事实上隐含了频率搬移过程的理想化假设。又如，若数据处理过程并未改变其中数据符号的统计特征，那么就可用具有相同统计特征的伪随机符号序列来代替实际数据处理算法的输出，这样就避免了对该数据处理过程的具体实现。如果可能，也可用一个等价的处理模型来替代通信系统中一系列级联的子系统方框，以便简化模型，突出研究的中心问题。

作为一个设计良好的子系统模型，它应该在相应的系统设计仿真阶段上尽量接近于真实的系统，即在相应设计阶段上对真实系统的最接近的抽象模型。而且，在这种抽象模型上应设计有可调整的参数，使之能够在理想模型和实际模型之间过渡，例如系统中理想滤波器和实际滤波器模型之间的切换等，以利于模型的验证。因为理想化模型的解析结果可以作为仿真结果的对比尺度，在不改变系统结构的情况下，可以采用仿真模型对应的理想化模型来检验和评估模型的正确性和有效性。

可以通过建模和仿真来理解或验证设计系统的工作原理、功能子系统的输入输出波形、算法的正确性和效率，也可以通过仿真试验获得适当的系统设计参数。也有以测试验证系统性能为仿真目的的，例如对系统的传输错误率、信道容量、通信中断概率等的统计试验等。针对不同的仿真目的应选择最为便捷的仿真工具和手段。以动态观察仿真波形为主的仿真以及要求仿真直观性很好的情况下，选择 Simulink 方框图建模方式比较适合；而对于算法复杂，以统计试验测试系统性能为主的仿真则直接使用编程方式更为直接，如果采用方框图建模，也建议以 S 函数形式实现复杂算法部分。不论是方框图方式还是编程方式，在对模型的功能层次划分中要注意子系统和子程序接口的规范性和兼容性，要尽可能保持在模型修改过程中接口的不变性，便于根据建模开发的不同阶段进行模型的演进和验证。

4.4 小结和文献综述

本章首先讨论了通信系统的总体框架和模型,比较了模拟通信系统和数字通信系统在仿真建模上的异同之处,然后从模拟通信系统和数字通信系统的有效性和可靠性性能衡量指标出发,讨论了信号噪声比、信号噪声干扰比、频谱利用率、符号错误概率以及信道容量等概念以及它们之间的关系。香农信息论是通信的理论基础,系统的传输速率和传输错误率是数字通信系统的重要指标,也是建模和仿真的主要目标参数。接下来本章还讨论了在通信系统建模中的一些一般的观点,以及在建模的不同阶段和层次上的主要特点。

关于数字通信系统框架的理论描述可参见文献[4]、[5]、[12]、[23]等,文献[9]是香农信息论的经典著作之一,关于不同层次和阶段建模问题的进一步讨论参见文献[7]、[10]。

4.5 思 考 题

(1) 数字通信系统和模拟通信系统在仿真建模上的主要区别是什么?

(2) 数字通信系统和模拟通信系统的性能指标衡量上有什么区别?

(3) 建模和仿真分解为若干层次和若干阶段的好处是什么?

(4) 通过前几章的学习体会,比较 Matlab 编程和 Simulink 方框图建模方法的适用性,并举例加以说明。

(5) 对于非白的带限加性高斯信道情况,香农信道容量公式应如何加以推广?(提示:查阅有关资料,解释什么是注水原理)

第5章

模拟通信系统的建模仿真

从本章起，我们将综合应用前面的知识，展示用 Matlab/Simulink 进行通信系统建模的基本思想方法。本章将对模拟通信系统的几类基本调制方式，从发射部分、信道到接收部分依次讲解模型构造和仿真过程。

5.1 调幅广播系统的仿真

模拟幅度调制是无线电最早期的远距离传输技术。在幅度调制中，以声音信号控制高频率正弦信号的幅度，并将幅度变化的高频率正弦信号放大后通过天线发射出去，成为电磁波辐射。电磁波的频率 f(Hz)、波长 λ(m)和传播速度 C(m/s)之间的关系是

$$\lambda = \frac{C}{f} \tag{5.1}$$

自由空间中电磁波的传播速度为 $C=3\times10^8$ m/s。显然，电磁波的频率和波长呈反比关系。波动的电信号要能够有效地从天线发送出去，或者有效地从天线将信号接收回来，需要天线的等效长度至少达到波长的1/4。声音转换为电信号后其波长约在15～15000km之间，实际中不可能制造出这样长度和范围的天线进行有效信号收发。因此需要将像声音这样的低频信号从低频率段搬移到较高频率段上去，以便通过较短的天线发射出去。例如，移动通信所使用的900MHz频率段的电磁波信号波长约为0.33m，其收发天线的尺寸应为波长的1/4，即约8cm左右。而调幅广播中波频率范围为550～1605kHz，短波约为3～30MHz，其波长范围在几十米到几百米，相应的天线就要长一些。

人耳可闻的声音信号通过话筒转化为波动的电信号，其频率范围为20～20kHz。大量实验发现，人耳对语音的频率敏感区域约为300～3400Hz，为了节约频率带宽资源，国际标准中将电话通信的传输频带规定为300～3400Hz。调幅广播除了传输话音以外，还要播送音乐节目，这就需要更宽的频带。一般而言，调幅广播的传输频率范围约为100～6000Hz。

【实例5.1】 试对中波调幅广播传输系统进行仿真，模型参数指标参照实际系统设置。

(1) 基带信号：音频，最大幅度为1。基带测试信号频率在100～6000Hz内可调。

(2) 载波：给定幅度的正弦波，为简单起见，初相位设为0，频率为550～1605kHz可调。

(3) 接收机选频滤波器带宽为12kHz，中心频率为1000kHz。

(4) 在信道中加入噪声。当调制度为0.3时,设计接收机选频滤波器输出信噪比为20dB,要求计算信道中应该加入噪声的方差,并能够测量接收机选频滤波器实际输出信噪比。

仿真参数设计:

系统工作最高频率为调幅载波频率1605kHz,设计仿真采样率为最高工作频率的10倍左右,因此取仿真步长为

$$t_{\text{step}} = \frac{1}{10 f_{\max}} = 6.23 \times 10^{-8}\,\text{s} \tag{5.2}$$

相应的仿真带宽为仿真采样率的一半,即

$$W = \frac{1}{2}\frac{1}{t_{\text{step}}} = 8025.7\,\text{kHz} \tag{5.3}$$

设基带测试正弦信号为 $m(t)=A\cos 2\pi Ft$,载波为 $c(t)=\cos 2\pi f_c t$,则调制度为 m_a 的调制输出信号 $s(t)$ 为

$$s(t) = (1 + m_a \cos 2\pi Ft)\cos 2\pi f_c t \tag{5.4}$$

显然,$s(t)$ 的平均功率为

$$P = \frac{1}{2} + \frac{m_a^2}{4} \tag{5.5}$$

设信道无衰减,其中加入的白噪声功率谱密度为 $N_0/2$,那么仿真带宽 $(-W,W)$ 内噪声样值的方差为

$$\sigma^2 = \frac{N_0}{2} \times 2W = N_0 W \tag{5.6}$$

设接收选频滤波器的功率增益为1,带宽为 B,则选频滤波器输出噪声功率为

$$N = \frac{N_0}{2} \times 2B = N_0 B \tag{5.7}$$

因此,接收选频滤波器输出信噪比为

$$\text{SNR}_{\text{out}} = \frac{P}{N} = \frac{P}{N_0 B} \tag{5.8}$$

$$= \frac{P}{\sigma^2 B/W} \tag{5.9}$$

故信道中的噪声方差为

$$\sigma^2 = \frac{P}{\text{SNR}_{\text{out}}} \times \frac{W}{B} \tag{5.10}$$

代入设计要求的输出信噪比 SNR_{out} 可计算出相应信道中应加入的噪声方差值,计算程序和结果如下。

```
SNR_dB = 20;                  % 设计要求的输出信噪比(dB)
SNR = 10.^(SNR_dB/10);
m_a = 0.3;                    % 调制度
P = 0.5 + (m_a^2)/4;          % 信号功率
W = 8025.7e3;                 % 仿真带宽 Hz
B = 12e3;                     % 接收选频滤波器带宽 Hz
sigma2 = P/SNR * W/B          % 计算结果:信道噪声方差
sigma2 =
    3.4945
```

根据以上计算进行仿真模型的参数设置。测试仿真模型如图 5.1 所示。其中,系统仿真步进以及零阶保持器采样时间间隔、噪声源采样时间间隔均设置为 6.23e－8s,基带信号为幅度是 0.3 的 1000Hz 正弦波,载波为幅度是 1 的 1MHz 正弦波。用加法器和乘法器实现调幅,用 Random Number 模型产生零均值方差等于 3.4945 的噪声样值序列,并用加法器实现 AWGN 信道。接收带通滤波器用 Analog Filter Design 模块实现,可设置为 2 阶带通的,带通为 2 * pi * (1e6－6e3)～2 * pi * (1e6＋6e3)rad/sec。为了测量输出信噪比,以参数完全相同的另外两个滤波器模块分别对纯信号和纯噪声滤波,最后利用统计模块计算输出信号功率和噪声功率,继而计算输出信噪比。某次仿真执行后,测试信噪比为 20.14dB,与设计值 20dB 相符。接收滤波器输出的调幅信号以及发送调幅信号的波形对比仿真结果如图 5.2 所示。

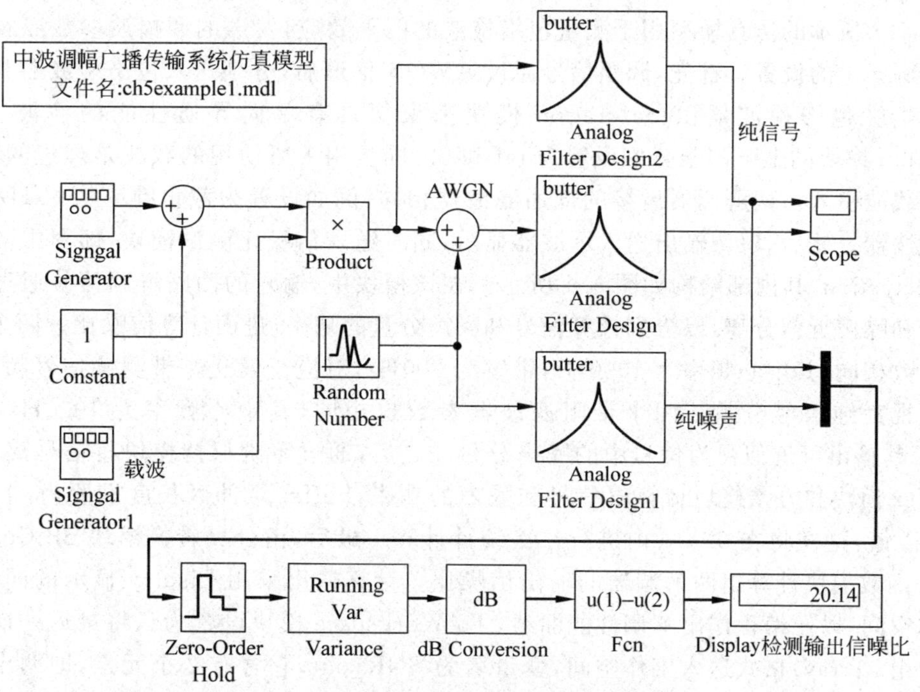

图 5.1　中波调幅广播传输系统仿真模型

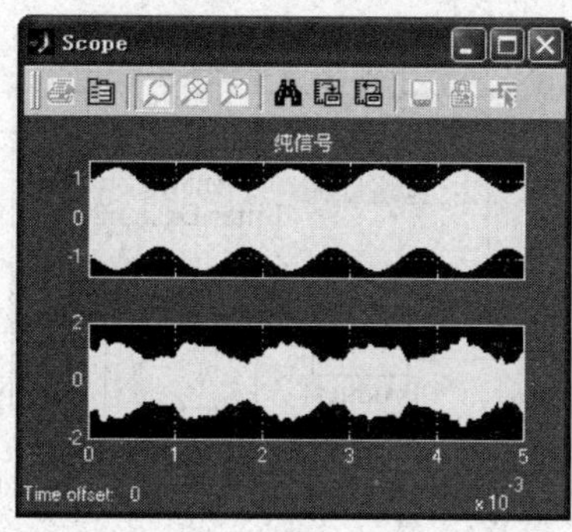

图 5.2　接收滤波器输出的调幅信号以及发送调幅信号的波形仿真结果

5.2 调幅的包络检波和相干解调性能仿真比较

根据通信理论，以解调输出信噪比衡量的同步相干解调性能总是优于包络检波性能。在输入高信噪比条件下，包络检波接近同步相干解调的性能，而随着输入信噪比逐渐降低，包络检波性能也逐渐变坏，当输入信噪比下降到某一值时，包络检波输出信噪比将急剧下降。这种现象称为包络检波的门限效应。下面的实例通过仿真来验证包络检波的门限效应，并在给定解调器输入信噪比条件下，对比包络检波和同步相干解调的输出信噪比性能。

【实例 5.2】 以实例 5.1 为传输模型，在不同输入信噪比条件下仿真测量包络检波解调和同步相干解调对调幅波的解调输出信噪比，观察包络检波解调的门限效应。

图 5.3 所示的仿真模型用于测量包络检波的门限效应，发送的调幅波参数以及仿真步进同实例 5.1 的设置。首先，调幅信号通过 AWGN 信道后，分别送入包络检波器和同步相干解调器。包络检波器由 Saturation 模块来模拟具有单向导通性能的检波二极管，Saturation 模块的上下门限分别设置为 inf 和 0。同步相干所使用的载波是理想的，直接从发送端载波引入。两解调器后接的低通滤波器相同，例如设置为截止频率为 6kHz 的 2 阶低通滤波器。然后，解调输出送入示波器显示，同时送入信噪比测试模块，即图中的子系统 SNR Detection，其内部结构如图 5.4 所示。在该模块中，输入的两路解调信号通过滤波器将信号和噪声近似分离，以分别计算信号和噪声分量的功率，进而计算信噪比。两个带通滤波器参数相同，其中心频率为 1000Hz，带宽为 200Hz，对应于发送基带测试信号频率，其输出近似视为纯信号分量。两个带阻滤波器参数也相同，其中心频率为 1000Hz，带宽为 200Hz，其输出可近似视为信号中的噪声分量。之后，通过零阶保持模块将信号离散化，再由 buffer 模块和方差模块计算出信号和噪声的功率，buffer 缓冲区长度设置为 1.6051e+005 个样值，这样将在 0.01s 内进行一次统计计算。最后，由分贝转换模块 dB Conversion 和 Fcn 函数模块计算出两解调器的输出信噪比。计算输出采用 Display 显示的同时，也送入工作空间，以便编程作出解调性能曲线，To Workspace 模块设置为只将最后一次仿真结果以数组(Array)格式送入工作空间，变量名为 SNR_out，它含有 2 个元素，即两个解调输出信号的检测信噪比。当设置信道噪声方差等于 1 时，执行仿真所得到的解调信号波形如图 5.5 所示。由图可知，相干解调输出波形中噪声成分相对要小一些。

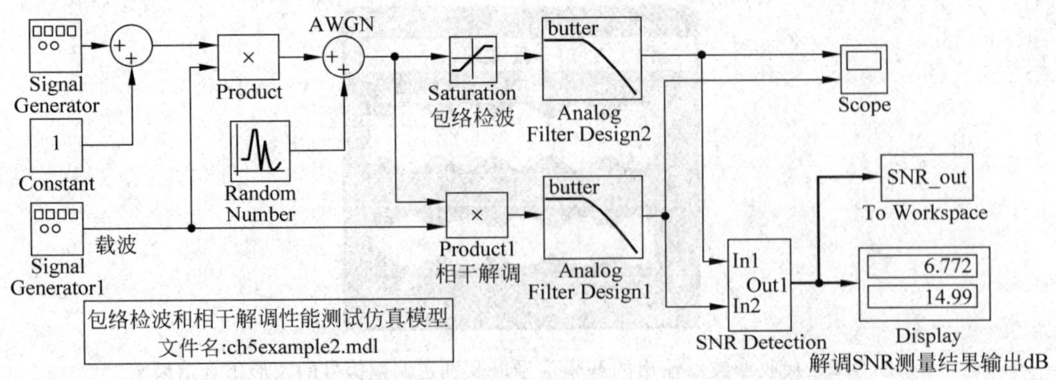

图 5.3 包络检波和相干解调性能测试仿真模型以及噪声方差为 1 时的仿真结果

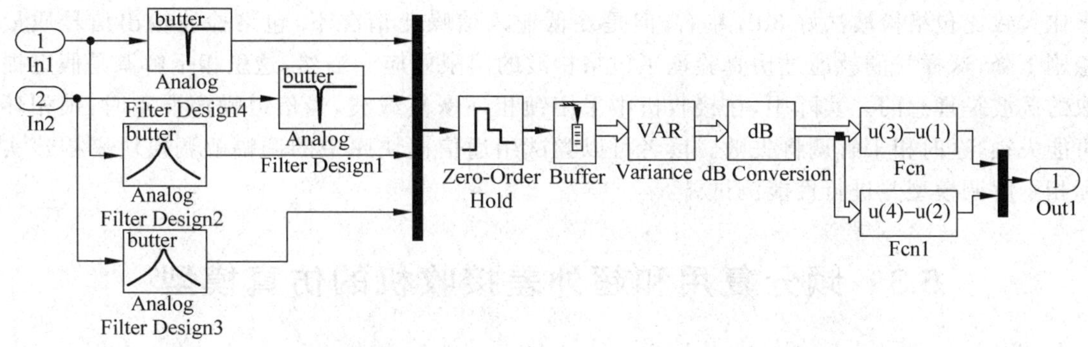

图 5.4　解调输出信噪比近似于测量子系统 SNR Detection 的内部结构

为了得出解调性能曲线，可编写脚本程序，在若干信道信噪比条件下执行仿真并记录结果，最后绘出性能曲线。脚本程序如下。

【程序代码】 ch5example2prg1.m

```
% ch5example2prg1.m
SNR_in_dB = -10:2:30;
SNR_in = 10.^(SNR_in_dB./10);          % 信道信噪比
m_a = 0.3;                             % 调制度
P = 0.5 + (m_a^2)/4;                   % 信号功率
for k = 1:length(SNR_in)
    sigma2 = P/SNR_in(k);              % 计算信道噪声方差并送入仿真模型
    sim('ch5example2.mdl');            % 执行仿真
    SNRdemod(k,:) = SNR_out;           % 记录仿真结果
end
plot(SNR_in_dB,SNRdemod);
xlabel('输入信噪比 dB');
ylabel('解调输出信噪比 dB');
legend('包络检波','相干解调');
```

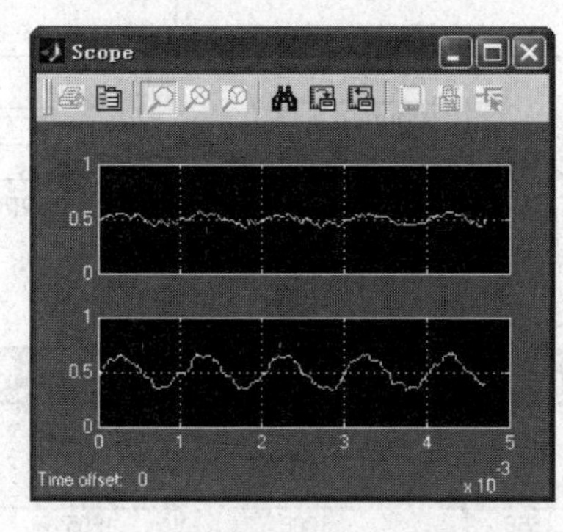

图 5.5　噪声方差为 1 时的解调信号波形仿真结果

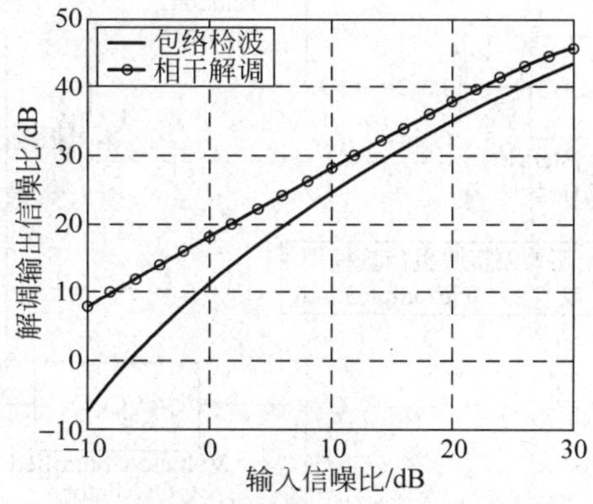

图 5.6　包络检波和相干解调的输出信噪比性能

执行程序之后，得出的仿真结果如图 5.6 所示。图中给出了不同输入信噪比下两种解调器输出的信噪比曲线。从图中可知，高输入信噪比情况下，相干解调方法下的输出解调信

噪比大致比包络检波法好 3dB 左右，但是在低输入信噪比情况下，包络检波输出信号质量急剧下降，这样我们就通过仿真验证了包络检波的门限效应。当然，这里相干解调是假定提取的载波是理想的。实际中，在接收机中采用锁相环恢复载波，当信道噪声严重时，锁相环可能失锁，这时相干解调将失败。读者可以尝试用通信模块库中的调幅解调模块来构建实际相干解调模型并进行性能测试。

5.3 频分复用和超外差接收机的仿真模型

在超外差式结构的接收机中，从天线接收的弱信号总是通过变频器转换为统一频率的中频信号，然后进行中频放大和处理，接着把达到解调电平要求的中频放大输出信号送入解调器还原为基带信号。超外差式接收机是对单一频率段的中频信号进行处理，所以其放大器和滤波器的品质可以做得很高，而且放大和滤波性能不随传输载波频率变化而变化。由于这些优点，现代通信接收机大多采用超外差式结构，在一些要求更高的通信接收机中，还采用多级混频的超外差式结构，将信号依次转换到不同的中频（称为第一中频、第二中频等）上进行处理，以进一步提高对信号的选择性和干扰抑制能力。

下面的实例仿真了一台超外差式中波收音机的信号处理过程，其中以不同载波频率同时传输了两路不同的调幅信号，以对频分复用方式进行模拟。接收机可通过设置不同的本机振荡频率来选择接收其中某一路信号。

【实例 5.3】 调幅中波收音机的接收频率段为 550～1605kHz，中频为 465kHz。调幅传输模型同实例 5.1，试对超外差式中波收音机建模，要求接收频率范围可调。

根据题设要求建立的模型如图 5.7 所示。其中将两个调幅发射机封装为子系统模型，

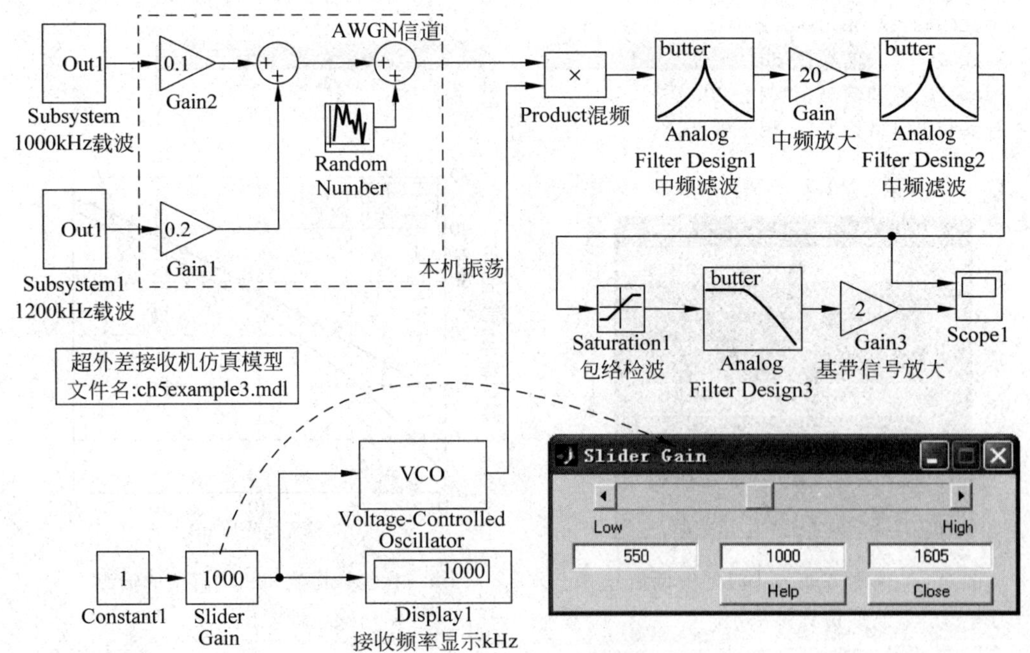

图 5.7　超外差式中波收音机模型

载波分别为1000kHz和1200kHz,被调基带信号分别为1000Hz的正弦波和500Hz的方波,幅度为0.3V。为了模拟接收机距离两发射机距离不同引起的传输衰减,分别以Gain1、Gain2模块对传输信号进行衰减,最后在信道中加入白噪声并送入接收机。为简单起见,接收机模型中没有设计输入选频滤波器和高频放大器,天线接收信号直接送入混频器进行混频。混频所使用的本机振荡信号由压控振荡器产生,其振荡频率始终比接收信号频率高一个中频频率,这样,接收信号与本机振荡在混频器Product模块中进行相乘运算后,其差频信号成分的频率就是中频频率,通过中频带通滤波器Analog Filter Design1选出,然后由中频放大器Gain进行中频放大。放大后的中频信号再次经过Analog Filter Design2进行中频滤波后送入包络检波器解调,并通过低通滤波器滤除中频分量。Gain3模块用来模拟接收机中的基带信号放大功能,示波器用来对比观察解调前后的信号。中频滤波器设置为2阶带通滤波器,中心频率为设计中频465kHz,带宽为12kHz。检波后的低通滤波器可设置为1阶的,截止频率为6kHz。压控振荡器的中心频率设置为中频465kHz,压控灵敏度设置为1kHz/V,这样压控振荡器输出频率将等于中频频率值与压控端输入值之和(单位是kHz)。例如,当压控输入值为1000时,压控振荡器将输出1465kHz频率的正弦波,这样刚好可以接收载波频率为1000Hz的调幅信号。所以,压控输入端的值就是接收机所要接收的信号频率。模型中用Slider Gain作为滑块增益调整,在仿真中双击该模块可"实时"地调整设置的接收频率,以观察接收机输出变化。

图5.8中分别给出了示波器显示的对两发射信号的接收仿真波形,其中信道噪声方差设置为0.01,仿真步进为6.23e－8s。接收机对任何信号的传输增益都保持不变,而信道对1200kHz电台的衰减较少,所以其解调输出幅度相应也较高。注意,调幅解调输出信号的平均值(即直流分量)大小与接收信号的强弱成比例,即可以用调幅解调输出信号的直流分量来衡量接收信号的强弱。

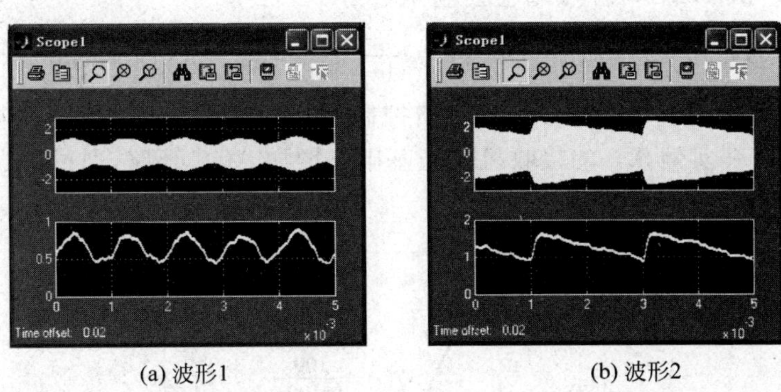

(a) 波形1　　(b) 波形2

图5.8 超外差接收机分别对1000kHz和1200kHz载波的调幅电台信号的中频输出波形的解调结果

5.4 自动增益控制(AGC)原理与仿真

无线接收机所面临的传输环境多种多样,其接收信号强弱变化也很大。实例5.3中构建的超外差接收机的信号放大能力是固定的,不能根据接收信号的强弱来自动调整信号放大能力，这就可能对远距离电台传送来的微弱信号的放大增益不足，造成接收灵敏度不够，而对较近距离的较强信号来说，相同的放大增益又显得过大，会造成输出信号超出系统的线性范围而产生失真。因此，实际无线电接收机中总是设计有自动增益控制(AGC)部分，可根据接收信号的强弱自适应地调整中频放大部分的增益。从图 5.8 中的仿真结果可以看出，调幅解调输出的直流分量代表了接收信号的强弱程度。调幅接收机中的自动增益控制是以解调输出信号直流分量作为反馈，去控制中频放大器的增益。当解调输出信号直流分量较小时，中频放大器增益提高，反之，解调输出信号较大时则控制减小中频增益，最终使接收机能够处理信号的动态范围大大提高。图 5.9 给出了自动增益控制的原理框图和等价数学模型。

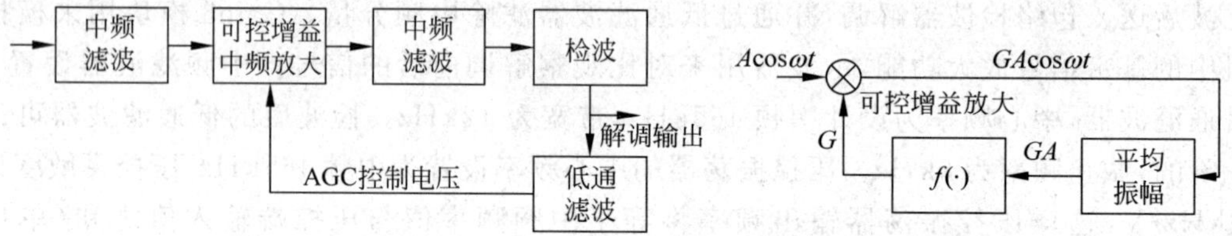

图 5.9　自动增益控制的原理框图和等价数学模型

设中频放大器的增益 G 受控于 AGC 反馈电压，中频输入信号为 $A\cos\omega t$，则中频放大器的输出为 $GA\cos\omega t$，检波输出信号 $|GA\cos\omega t|$ 再经过很低截止频率的低通滤波器后，得到解调信号中的直流分量，它正比于中频放大输出信号的振幅 GA。该直流分量通过函数 $f(\cdot)$ 计算输出中频增益 G。函数 $f(\cdot)$ 取决于中频放大器的增益控制曲线，它是一个减函数，即随输入增加，函数输出下降。根据 AGC 环路可得出控制方程

$$G = f(GA) \tag{5.11}$$

求解之即可得出 AGC 闭环增益曲线。

【实例 5.4】 设 AGC 环路中增益控制函数为

$$f(x) = \frac{100}{1 + 100x} \tag{5.12}$$

函数曲线如图 5.10 所示，x 为 AGC 的反馈控制电压。试建立 AGC 环路控制方程，求解 AGC 闭环增益，并在实例 5.3 的接收机模型基础上增加 AGC 环路，通过仿真测试出实际的 AGC 闭环增益。

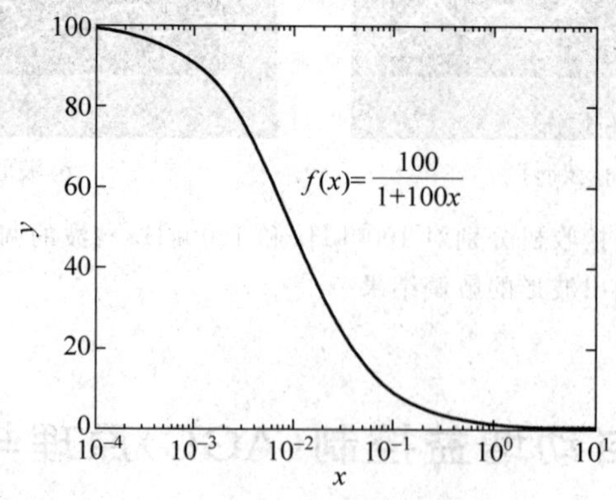

图 5.10　实例 5.4 中的 AGC 环路增益控制函数曲线

将反馈控制电压 $x=GA$ 代入 $f(x)$得到 AGC 环路控制方程

$$G=\frac{100}{1+100GA} \tag{5.13}$$

求解得出 AGC 闭环增益为

$$G=\frac{-1\pm\sqrt{1+40000A}}{200A}\approx\frac{1}{\sqrt{A}} \tag{5.14}$$

仿真模型和结果如图 5.11 所示。图中，调幅信号载波为 1000kHz，基带信号为 1000Hz 正弦波，调制度为 0.3。接收机本地振荡为 1465kHz 正弦波，经过乘法器混频后由中频滤波器选出中频信号进行放大。中频放大器的增益 G 取决于 AGC 反馈计算结果。中频放大器输入调幅信号的平均振幅通过信号采样、缓存、峰值统计和换算得到并显示出来。另外，为了保证输入函数 $f(x)$的值等于中频放大器输出信号的平均幅度值，模型中用 Gain 模块来调整检波输出直流分量的大小，Gain 模块的设置值 3.1 是通过仿真试验测出的。模型中，过滤输出检波直流分量的低通滤波器 Analog Filter Design4 设置为 2 阶的，截止频率为 100Hz。调整 Gain2 模块参数可以修改输入调幅信号的强度。当中频输入调幅信号平均振幅为 A=0.005 时，由式(5.14)计算得出的 AGC 闭环控制下的中频放大器理论增益为 G=13.18。图中显示的仿真统计结果是 13.25，两者相符。由于过滤输出检波直流分量的低通滤波器截止频率为 100Hz，为了得出该滤波器的稳态输出，仿真时间长度至少要达到 0.01s。

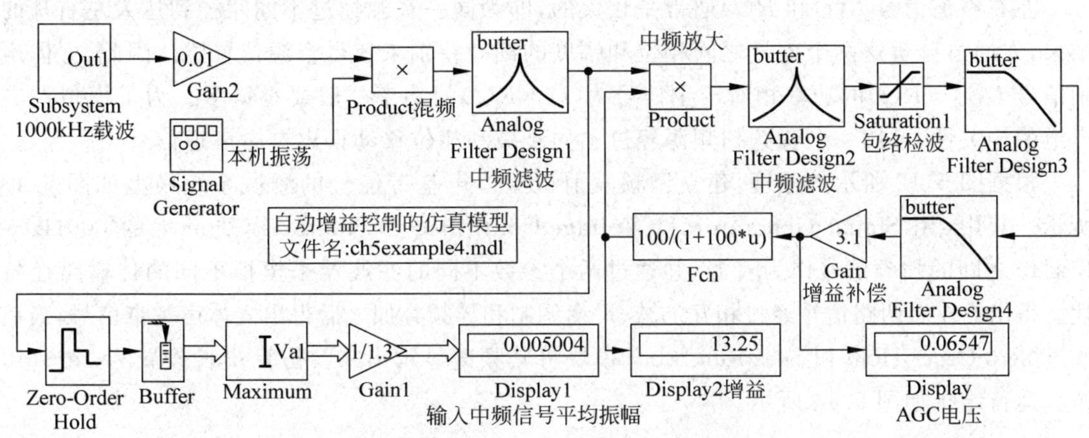

图 5.11 自动增益控制的仿真模型和运行结果

5.5 调频立体声广播系统的建模仿真

5.5.1 调频立体声广播的信号结构和仿真模型

调频立体声广播发射系统原理方框图如图 5.12 所示。为了与普通单声道调频广播信号兼容，首先将左右声道信号 $L(t)$和 $R(t)$进行相加、相减运算，得到与单声道调频广播信号兼容的主信号 $L(t)+R(t)$以及立体声副信号 $L(t)-R(t)$。然后对副信号进行抑制载波的双边带调幅(也称为平衡调制),载波频率为 38kHz。调频立体声广播传输的音频信号最高频率为 15kHz,因此平衡调制输出信号的频带为 23～53kHz。显然,15～23kHz 频带为空白频段,为了便于简化接收机结构,调频立体声广播标准中就在发送信号空白频段中加入了 19kHz 正弦波作为导频信号。这样接收机只要对导频信号倍频即可恢复平衡调制相干解调所需的同步载波。主信号、导频以及平衡调制输出的副信号相加得出立体声基带信号 $m(t)$,其最高频率为 $f_m=53\text{kHz}$。随后对之进行调频,调频最大频偏为 $\Delta f=75\text{kHz}$。立体声基带信号的数学表达式为

$$m(t)=[L(t)+R(t)]+\cos 2\pi 19\times 10^3 t+[L(t)-R(t)]\cos \pi 38\times 10^3 t \tag{5.15}$$

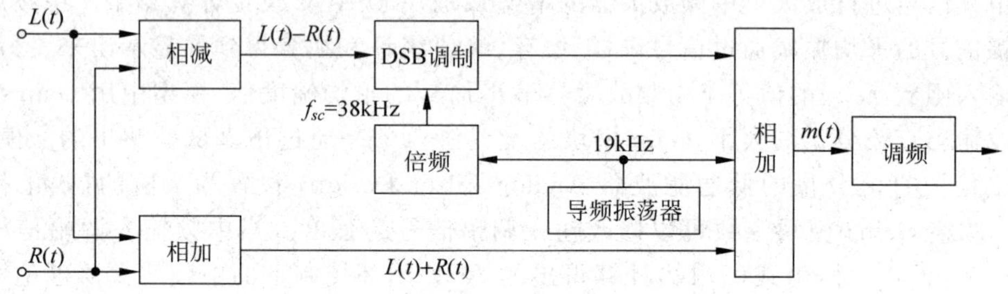

图 5.12 调频立体声广播发射系统原理方框图

【实例 5.5】 建立一个调频发射机中立体声基带信号的产生模型,并仿真观察其频谱。

左右声道信号 $L(t)$ 和 $R(t)$ 通常是相关的,即为同一音源经过不同路径到达人左右耳的结果,人通过分辨这两个信号之间相位和幅度的细微差别来获得音源位置感。因此,立体声副信号 $L(t)-R(t)$ 的功率相对于主信号 $L(t)+R(t)$ 的功率一般要小得多。为了模拟左右声道的相关性,可用一个音频扫频源经过不同衰减和相位移动得出左右声道信号。

根据图 5.12 所示的原理,建立调频发射机立体声基带信号的测试系统模型如图 5.13 所示。其中,用 Signal Generator 和 Voltage-Controlled Oscillator 模块产生的 500Hz～15kHz 之间的扫频信号作为音源,并通过两个参数不同的滤波器来模拟不同的传输路径特性。得出的左右两路信号经过相互加减、平衡调制和导频叠加之后得出立体声基带信号,最后通过 Zero-Order Hold 和 Spectrum Scope 模块将其频谱显示出来。仿真步长设置为 1e－6s,仿真运行结果如图 5.14 所示。

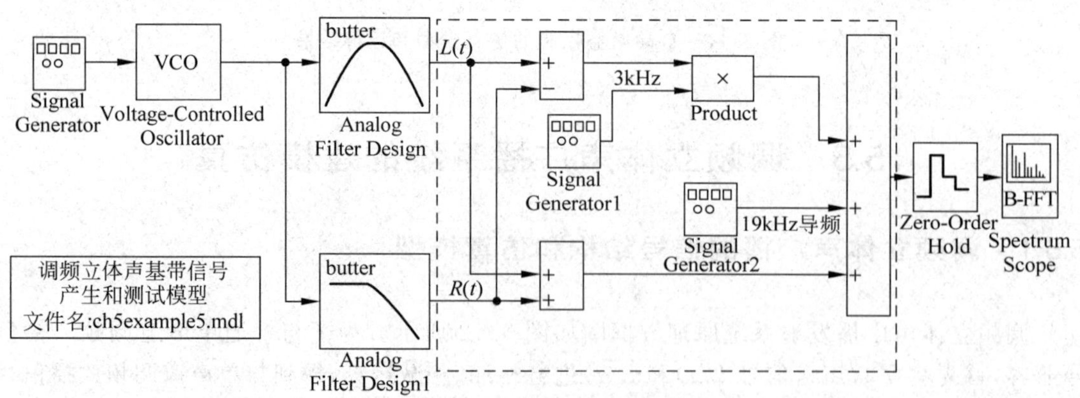

图 5.13 调频立体声基带信号产生和测试模型

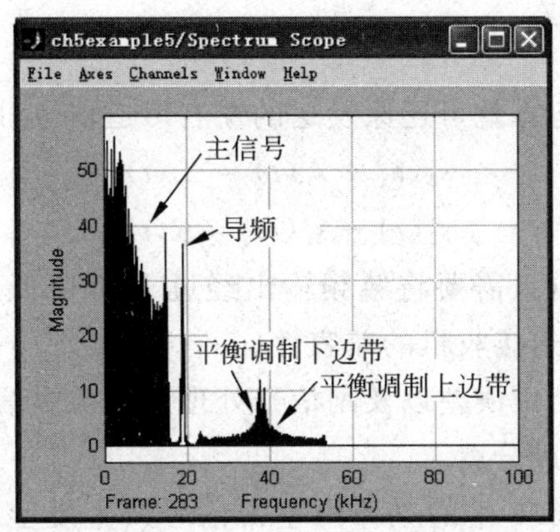

图 5.14　调频立体声基带信号频谱仿真结果

5.5.2　调频立体声接收机模型

调频立体声解调也称为立体声解码，其原理方框模型如图 5.15 所示。

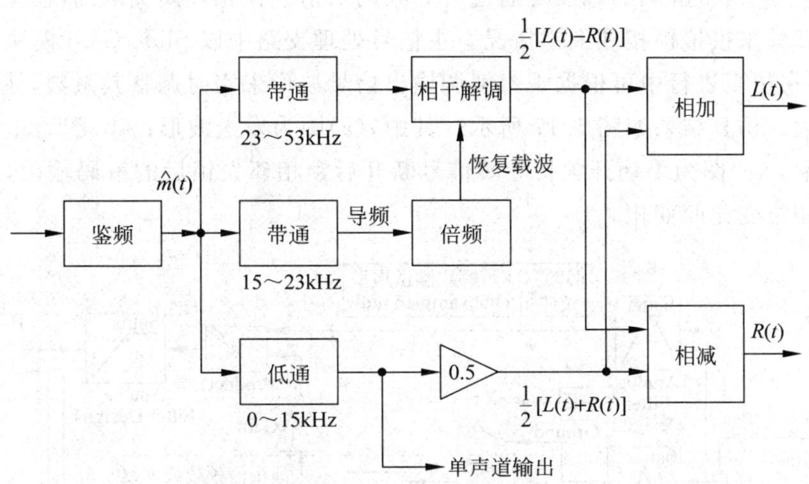

图 5.15　调频立体声接收机系统原理方框图

当信道无噪声时，接收信号经过高频放大、变频、中频放大和调频解调（鉴频）之后，输出信号$\hat{m}(t)$等于发送的基带立体声信号，即

$$\hat{m}(t) = [L(t) + R(t)] + \cos 2\pi 19 \times 10^3 t + [L(t) - R(t)]\cos 2\pi 38 \times 10^3 t \tag{5.16}$$

23～53kHz 的带通、15～23kHz 的带通以及 15kHz 低通滤波器将鉴频输出信号$\hat{m}(t)$分为 3 部分：平衡调制的副信号送入相干解调器、导频经过倍频后得到恢复的载波、供相干解调器使用。理想情况下，相干解调输出为

$$s_1(t) = \frac{1}{2}[L(t) - R(t)] \tag{5.17}$$

而理想情况下主信号经过系数为 0.5 的增益调节后得到

$$s_2(t) = \frac{1}{2}[L(t) + R(t)] \tag{5.18}$$

因此，两信号经过相加相减运算就可还原发送的左右声道信号，即

$$s_2(t) + s_1(t) = L(t) \tag{5.19}$$

$$s_2(t) - s_1(t) = R(t) \tag{5.20}$$

而对应的单声道接收机，只需要将鉴频输出经过 15kHz 低通滤波后即可输出，保证了调频立体声广播与普通单声道接收机的兼容性。

实际中，由于恢复载波相位误差以及副信号处理支路与主信号处理支路之间不平衡，会导致左右声道信号不能够完成分离。

【实例 5.6】 使用实例 5.5 中的立体声基带信号产生模型，对相应的立体声解码过程进行建模和仿真。设左右声道的信号分别为 1000Hz 和 2000Hz 的单频测试信号。

根据题设要求建立的仿真模型如图 5.16 所示。图中，发送基带立体声信号由子系统模块 SteroGen 产生。SteroGen 模块就是对图 5.13 中虚线所围部分的封装。左右声道测试信号由两个信号发生器产生并通过示波器 Scope1 显示出来。模型中，将从发送基带立体声信号输出端到接收鉴频器输出端之间的信号通路视为广义信道，并假设是理想的（无噪声无衰减）。立体声副信号解调的载波是通过对导频的二倍频锁相环路提取的，模型中设置了一个手动切换开关来模拟锁相环失锁情况。主信号处理支路中以 Slide Gain 模块来调整立体声解码平衡，在仿真进行中可根据观察解调输出信号波形来实时调整其系数，使左右声道信号分离度最大。仿真结果如图 5.17 所示。其中，(a)图为发送波形；(b)图为正确解码的立体声输出波形；(c)图为手动开关将导频信号断开后锁相环失锁后的解码输出，波形形状将随相干载波相位变化而变化。

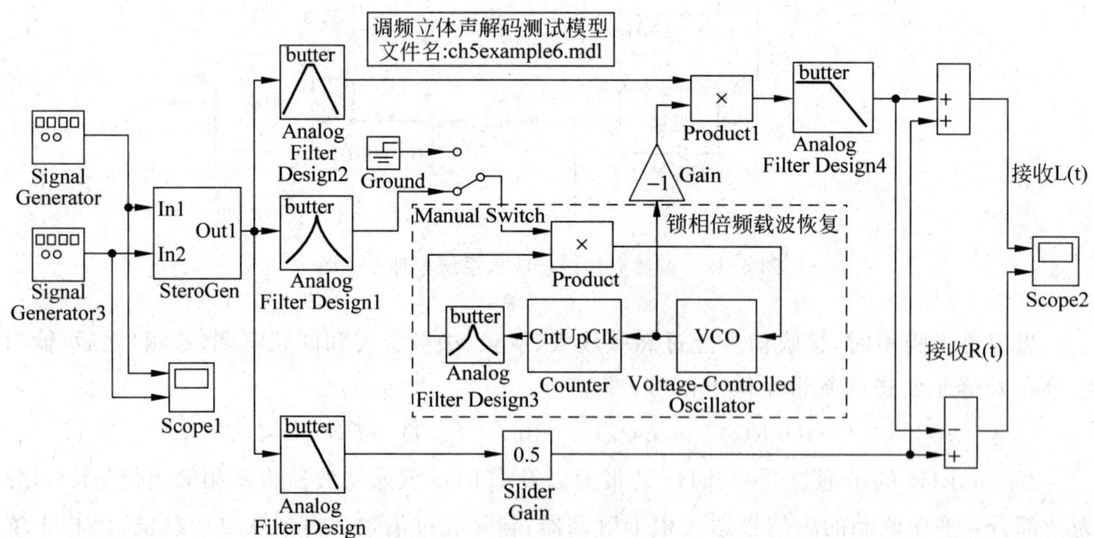

图 5.16　调频立体声解码测试模型

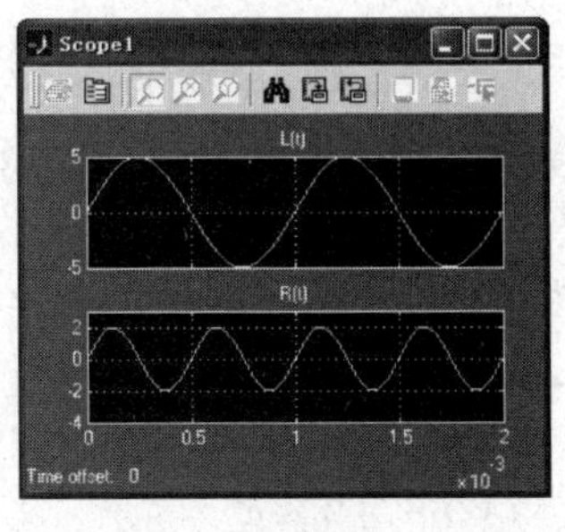

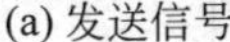

(a) 发送信号

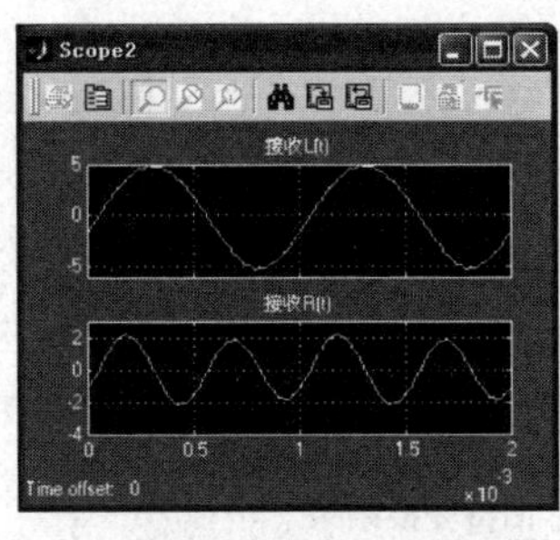

(b) 正确的解码输出信号

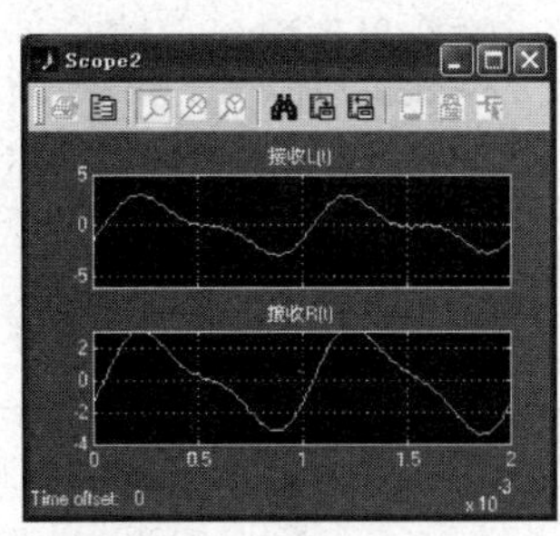

(c) PLL失锁时解码输出

图 5.17　调频立体声解码测试结果

5.6　单边带调幅系统的建模仿真

5.6.1　希尔伯特变换

实信号 $x(t)$的希尔伯特变换就是将该信号中所有频率成分的信号分量移相$-\pi/2$ 而得到的新信号,记为$\hat{x}(t)$。对于单频率正弦波信号,设 $m(t)=A\cos(2\pi ft+\phi)$,则其希尔伯特变换为

$$\hat{m}(t)=A\cos\left(2\pi ft+\phi-\frac{\pi}{2}\right)=A\sin(2\pi ft+\phi) \tag{5.21}$$

对于任意实周期信号 $x(t)$,可用周期傅里叶级数展开表示为

$$x(t)=\sum_{n=0}^{\infty}a_n\cos(2\pi nft+\phi_n) \tag{5.22}$$

其希尔伯特变换为

$$\hat{x}(t)=\sum_{n=0}^{\infty}a_n\cos\left(2\pi nft+\phi_n-\frac{\pi}{2}\right) \tag{5.23}$$

$$=\sum_{n=0}^{\infty}a_n\sin(2\pi nft+\phi_n) \tag{5.24}$$

实信号 $x(t)$的解析信号 $y(t)$是一个复信号,其实部为信号 $x(t)$本身,虚部为 $x(t)$的希尔波特变换$\hat{x}(t)$,即

$$y(t)=x(t)+\mathrm{j}\,\hat{x}(t) \tag{5.25}$$

Matlab 中提供了希尔伯特变换函数 hilbert 利用 FFT 来计算任意离散时间序列的解析信号序列。其调用语法是:

```
x = hilbert(xr)  或
x = hilbert(xr,n)
% xr 是实信号序列
% 返回 x 是一个复数信号序列
% x 的实部就是 xr
% x 的虚部则是 xr 的希尔伯特变换序列
% n 为作 fft 的点数
```

例如,对 $x(t)=\cos t$ 进行希尔伯特变换的脚本程序如下:

```
t=0:0.1:25;
s=cos(t);
s_h=hilbert(s); % 希尔伯特变换
plot(t,real(s_h),t,imag(s_h),'k--');
```

程序执行后得出的原信号和希尔伯特变换信号如图 5.18 所示。

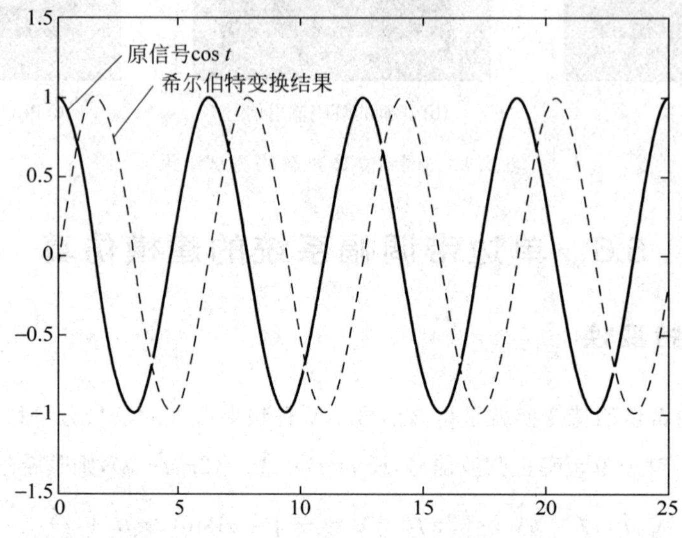

图 5.18　信号 $x(t)=\cos t$ 及其希尔伯特变换结果

Simulink 的通信模块库中也提供了 Analytic Signal 模块来实现对实信号的解析信号计算，其应用例子参见第 3 章实例 3.25。

5.6.2　单边带调幅与解调原理

双边带调幅所产生的上下两个边带包含的信息相同，所以只需要传输其中任意一个边带就可以了。将 DSB 信号中的某一个边带去除，所得到的就是单边带调制信号。单边带信号的突出优点是节约了传输频带。另外，对于话音信号的单边带解调，可以不用恢复载波相位，甚至接收机的本地载波与发射机的发送载波之间存在少量频率差，话音信号的解调输出失真也不大。

设基带信号以傅里叶级数表示为

$$m(t)=\sum_{n=0}^{\infty}a_n\cos(2\pi nft+\phi_n) \tag{5.26}$$

则以 $A\cos2\pi f_ct$ 为载波的双边带输出是

$$s_{DSB}(t)=m(t)A\cos2\pi f_ct \tag{5.27}$$

$$=A\cos2\pi f_ct\sum_{n=0}^{\infty}a_n\cos(2\pi nft+\phi_n) \tag{5.28}$$

$$=\frac{A}{2}\sum_{n=0}^{\infty}a_n\cos(2\pi(f_c+nf)t+\phi_n)+\frac{A}{2}\sum_{n=0}^{\infty}a_n\cos(2\pi(f_c-nf)t-\phi_n) \tag{5.29}$$

其中，第一项为上边带，第二项为下边带。将第一项从中分离出来，就得到单边带（上边带）

的调制输出,即

$$s_{SSB}(t)=\frac{A}{2}\sum_{n=0}^{\infty}a_n\cos(2\pi(f_c+nf)t+\phi_n) \tag{5.30}$$

$$=\frac{A}{2}\sum_{n=0}^{\infty}a_n\cos(2\pi nft+\phi_n)\cos2\pi f_ct-a_n\sin(2\pi nft+\phi_n)\sin2\pi f_ct \tag{5.31}$$

$$=\frac{A}{2}m(t)\cos2\pi f_ct-\frac{A}{2}\hat{m}(t)\sin2\pi f_ct \tag{5.32}$$

相应地,下边带调制输出为

$$s_{SSB}(t)=\frac{A}{2}m(t)\cos2\pi f_ct+\frac{A}{2}\hat{m}(t)\sin2\pi f_ct \tag{5.33}$$

其中,$\hat{m}(t)$为信号 $m(t)$的希尔伯特变换。单边带信号的解调方法是相干法,设接收机中本地载波为

$$c(t)=\cos(2\pi(f_c+\Delta f)t+\Delta\phi) \tag{5.34}$$

其中,Δf 和 $\Delta\phi$ 分别为本地载波与发送端调制载波之间的频率误差和相位误差。相干解调器的相乘输出信号为

$$s_{SSB}(t)c(t)=\frac{A}{2}\sum_{n=0}^{\infty}a_n\cos(2\pi(f_c+nf)t+\phi_n)\cos(2\pi(f_c+\Delta f)t+\Delta\phi) \tag{5.35}$$

$$=\frac{A}{2}\sum_{n=0}^{\infty}a_n(\cos[2\pi(nf-\Delta f)t+(\phi_n-\Delta\phi)])+\text{高频分量} \tag{5.36}$$

经过低通滤波器后,高频分量被滤除,最后得到解调输出为

$$\tilde{m}(t)=\frac{A}{2}\sum_{n=0}^{\infty}a_n\cos[2\pi(nf-\Delta f)t+(\phi_n-\Delta\phi)] \tag{5.37}$$

对比发送基带信号 $m(t)$,解调输出信号中的频率分量存在一定的频率偏移和相位偏移。人耳对于话音波形的相位失真是不敏感的,频率失真会影响到语音音色,但若频率偏移较小(几赫兹到几十赫兹内),对语音的可懂度就不会造成大的影响。在实际的话音单边带通信机中,一般采用一个高稳定度的晶体振荡器或频率合成器来产生本地解调载波,而不需要像双边带的解调那样需要用锁相环(PLL)来恢复载波,这就大大降低了单边带接收机的技术复杂度和成本。

【实例 5.7】 设基带信号为一个在 150～400Hz 内、幅度随频率逐渐递减的音频信号,载波信号为 1000Hz 的正弦波,幅度为 1,仿真采样率设为 10000Hz,仿真时间 1s。求 SSB 调制输出信号波形和频谱。

本例采用编程仿真实现,程序代码如下。其中,单边带信号通过式(5.32)和(5.33)产生,信号的幅度频谱通过 FFT 计算得出。程序执行结果如图 5.19 所示。其中作出了 0～0.01s 内的信号时域波形和 0～2000Hz 内的幅度频谱。由图可知,单边带调制是对基带信号的线性频谱搬移,调制前后频谱仅仅是位置发生变化,频谱形状没有改变。但是,基带信号和单边带调制输出信号时域波形上没有简单的对应关系。

【程序代码】 ch5example7prog1.m

```
% ch5example7prog1.m
clear;
```

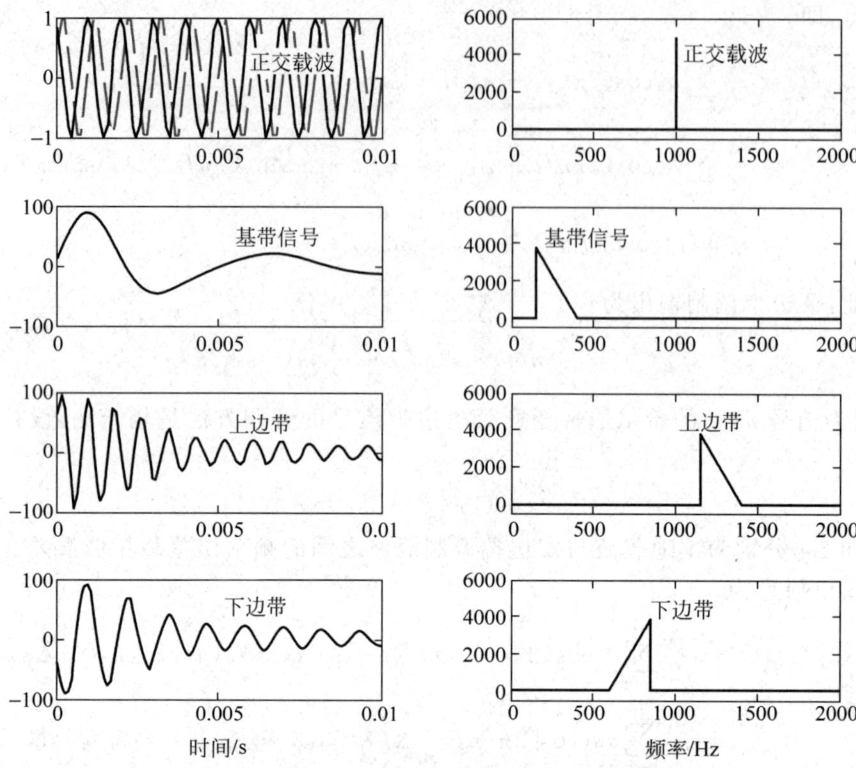

图 5.19 利用希尔伯特变换进行单边带调制的信号波形及对应幅度频谱

```
Fs = 10000;           % 仿真的采样率
t = 1/Fs:1/Fs:1;      % 仿真时间点
m_t(Fs * 1) = 0;      % 基带信号变量初始化
for F = 150:400       % 基带信号发生：频率 150～400Hz
    m_t = m_t + 0.003 * sin(2 * pi * F * t) * (400 - F); % 幅度随线性递减
end
m_t90shift = imag(hilbert(m_t));      % 基带信号的希尔伯特变换
carriercos = cos(2 * pi * 1000 * t);  % 1000Hz 载波 cos
carriersin = sin(2 * pi * 1000 * t);  % 1000Hz 正交载波 sin
s_SSB1 = m_t. * carriercos - m_t90shift. * carriersin; % 上边带 SSB
s_SSB2 = m_t. * carriercos + m_t90shift. * carriersin; % 下边带 SSB
 % 下面作出各波形以及频谱
figure(1);
subplot(4,2,1); plot(t(1:100),carriercos(1:100),...
t(1:100),carriersin(1:100),'--r'); % 载波
subplot(4,2,2); plot([0:9999],abs(fft(carriercos)));       % 载波频谱
axis([0 2000 - 500 6000]);
subplot(4,2,3); plot(t(1:100),m_t(1:100));                 % 基带信号
subplot(4,2,4); plot([0:9999],abs(fft(m_t)));              % 信号频谱
                axis([0 2000 - 500 6000]);
subplot(4,2,5); plot(t(1:100),s_SSB1(1:100));              % SSB 波形上边带
subplot(4,2,6); plot([0:9999],abs(fft(s_SSB1)));           % SSB 频谱上边带
```

```
    axis([0 2000  - 500 6000]);
subplot(4,2,7); plot(t(1:100),s_SSB2(1:100));            % SSB 波形下边带
subplot(4,2,8); plot([0:9999],abs(fft(s_SSB2)));          % SSB 频谱下边带
axis([0 2000  - 500 6000]);
```

【实例 5.8】 对实例 5.7 产生的单边带(上边带)信号进行相干解调,仿真其解调波形和幅度频谱。

仿真程序代码如下,单边带信号的相干解调中的低通滤波器用于将相干乘法器输出的载波二次谐波分量滤除,程序中滤波器设计为 4 阶巴特沃斯低通,截止频率为 400Hz。程序执行后输出的解调波形和幅度频谱如图 5.20 所示。对比图 5.19 中的发送基带信号,可见解调输出时域波形是发送基带信号波形的近似。

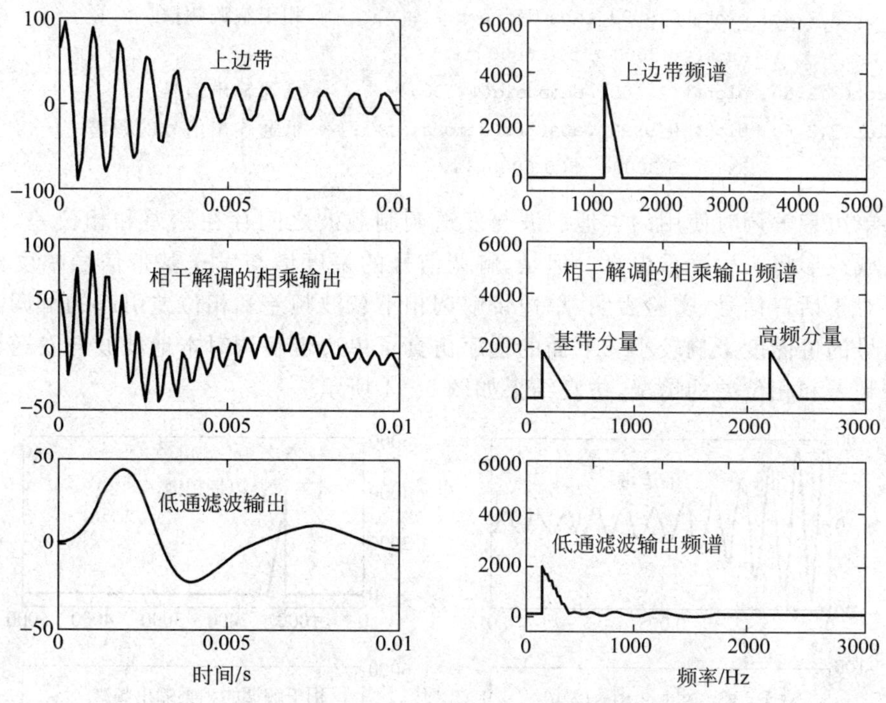

图 5.20　单边带信号相干解调波形及对应幅度频谱

【程序代码】 ch5example8prog1.m

```
% ch5example8prog1.m
clear;
Fs = 10000;               % 仿真的采样率
t = 1/Fs:1/Fs:1;          % 仿真时间点
m_t(Fs * 1) = 0;          % 基带信号变量初始化
for F = 150:400           % 基带信号发生:频率 150～400Hz
    m_t = m_t + 0.003 * sin(2 * pi * F * t) * (400 - F); % 幅度随线性递减
end
m_t90shift = imag(hilbert(m_t));    % 基带信号的希尔伯特变换
carriercos = cos(2 * pi * 1000 * t);  % 1000Hz 载波 cos
carriersin = sin(2 * pi * 1000 * t);  % 1000Hz 正交载波 sin
```

```
s_SSB1 = m_t. * carriercos - m_t90shift. * carriersin; % 上边带 SSB

out = s_SSB1. * carriercos;                   % 相干解调
[a,b] = butter(4,500/(Fs/2));                 % 低通滤波器设计 4 阶,截止频率为 500Hz
demodsig = filter(a,b,out);                   % 解调输出
% 下面作出各波形以及频谱
figure(1);
subplot(3,2,1); plot(t(1:100),s_SSB1(1:100));          % SSB 波形
subplot(3,2,2); plot([0:9999],abs(fft(s_SSB1)));       % SSB 频谱
                axis([0 5000 -500 6000]);
subplot(3,2,3); plot(t(1:100),out(1:100));             % 相干解调波形
subplot(3,2,4); plot([0:9999],abs(fft(out)));          % 相干解调频谱
                axis([0 3000 -500 6000]);
subplot(3,2,5); plot(t(1:100),demodsig(1:100));        % 低通输出信号
subplot(3,2,6); plot([0:9999],abs(fft(demodsig)));     % 低通输出信号的频谱
                axis([0 3000 -500 6000]);
```

如果单边带解调时使用的本地载波与发送调制载波之间存在频差和相位差,那么解调输出的时域波形将产生严重失真。但是,解调信号的幅度谱与发送基带信号幅度谱之间失真不大。对于话音信号,实验表明,单边带解调相干载波频差和相位差引起的解调波形失真对话音信号的可懂度影响较小。下面的程序仿真了单边带解调时本地载波与发送调制载波之间存在频差和相位差的情况,仿真结果如图 5.21 所示。

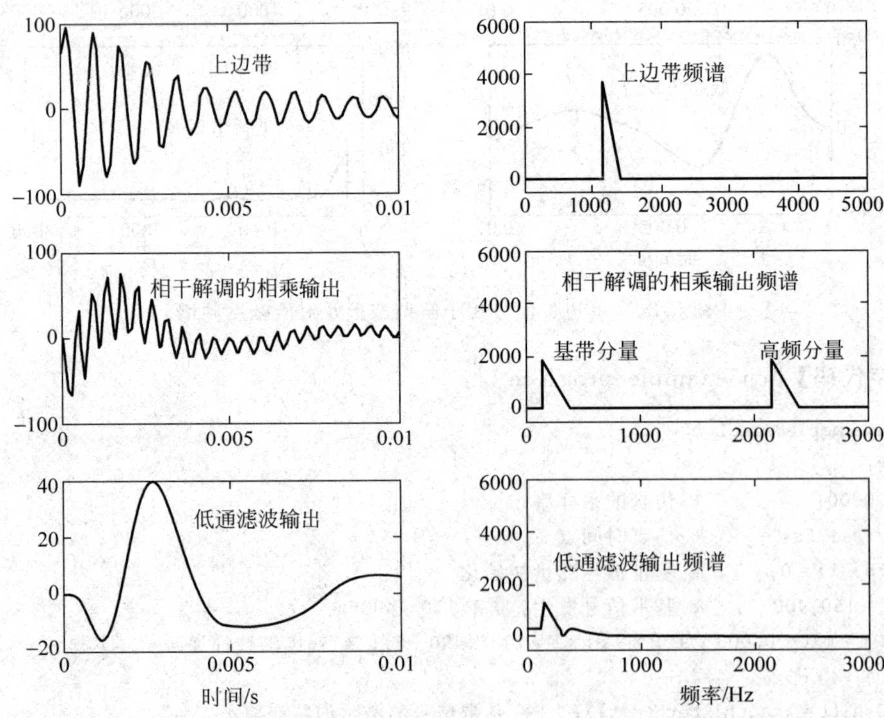

图 5.21 存在频差和相位差情况下的单边带信号相干解调波形及对应幅度频谱

【程序代码】 ch5example8prog2.m

```
% ch5example8prog2.m
clear;
Fs = 10000;        % 仿真的采样率
t = 1/Fs:1/Fs:1;   % 仿真时间点
m_t(Fs * 1) = 0;   % 基带信号变量初始化
for F = 150:400    % 基带信号发生：频率 150～400Hz
    m_t = m_t + 0.003 * sin(2 * pi * F * t) * (400 - F); % 幅度随线性递减
end
m_t90shift = imag(hilbert(m_t));              % 基带信号的希尔伯特变换
carriercos = cos(2 * pi * 1000 * t);          % 1000Hz 载波 cos
carriersin = sin(2 * pi * 1000 * t);          % 1000Hz 正交载波 sin
s_SSB1 = m_t. * carriercos - m_t90shift. * carriersin; % 上边带 SSB

out = s_SSB1. * cos(2 * pi * 1018 * t + 1); % 存在频率误差的相位误差时的相干解调
[a,b] = butter(4,500/(Fs/2));              % 低通滤波器设计 4 阶，截止频率为 500Hz
demodsig = filter(a,b,out);                % 解调输出
% 下面作出各波形以及频谱
figure(1);
subplot(3,2,1); plot(t(1:100),s_SSB1(1:100));        % SSB 波形
subplot(3,2,2); plot([0:9999],abs(fft(s_SSB1)));     % SSB 频谱
                axis([0 5000  - 500 6000]);
subplot(3,2,3); plot(t(1:100),out(1:100));           % 相干解调波形
subplot(3,2,4); plot([0:9999],abs(fft(out)));        % 相干解调频谱
                axis([0 3000  - 500 6000]);
subplot(3,2,5); plot(t(1:100),demodsig(1:100));      % 低通输出信号
subplot(3,2,6); plot([0:9999],abs(fft(demodsig)));   % 低通输出信号的频谱
                axis([0 3000  - 500 6000]);
```

5.6.3　一个简化的单边带电台仿真

本小节中，将以真实的音频信号作为输入，设计一个单边带发信机。将基带信号调制为SSB信号后送入带通型高斯噪声信道，加入给定功率的噪声之后，再送入单边带接收机。单边带接收机将接收信号解调下来，通过计算机声卡将解调信号播放出来试听效果，从而对信道信噪比与解调音质之间的关系进行主观测试。

【实例 5.9】 设计一个单边带发信机、带通信道和相应的接收机，参数要求如下。

(1) 输入信号为一个话音信号，采样率 8000Hz。话音输入后首先进行预滤波，预滤波器是一个频率范围在[300,3400]Hz 的带通滤波器，其目的是将话音频谱限制在 3400Hz 以下。单边带调制的载波频率设计为 10kHz，调制输出上边带。要求观测单边带调制前后的信号功率谱。

(2) 信道是一个带限高斯噪声信道，其通带频率范围是[10000,13500]Hz。要求能够根据信噪比 SNR 的要求加入高斯噪声。

(3) 接收机采用相干解调方式。为了模拟载波频率误差对解调话音音质的影响，设本地载波频率为9.8kHz，与发信机载波频率相差200Hz。解调滤波器设计为300～3400Hz的带通滤波器。

根据题设参数，系统中信号最高频率约为14kHz。为了较好地显示调制波形，系统仿真采样率设为50kHz，满足取样定理。由于话音信号的采样率为8000Hz，与系统仿真采样率不相等，因此，在进行信号处理之前，必须将话音信号的采样率提高到50kHz，可用插值函数来完成这一任务。

首先编写程序将基带音频信号读入，进行[300,3400]Hz的带通滤波，并将信号采样率提高到50kHz，进行单边带调制之后，将调制输出结果保存为wav文件，文件名为SSB_OUT.wav。程序如下。

【程序代码】 ch5example9prog1.m

```
% ch5example9prog1.m
[wav,fs] = wavread('GDGvoice8000.wav');
t_end = 1/fs * length(wav);    % 计算声音的时间长度
Fs = 50000;                    % 仿真系统采样率
t = 1/Fs:1/Fs:t_end;           % 仿真系统采样时间点
% 设计 300～3400Hz 的带通预滤波器 H(z)
[fenzi,fenmu] = butter(3,[300 3400]/(fs/2));
% 对音频信号进行预滤波
wav = filter(fenzi,fenmu,wav);
% 利用插值函数将音频信号的采样率提升为 Fs = 50kHz
wav = interp1([1/fs:1/fs:t_end],wav,t,'spline');
wav_hilbert = imag(hilbert(wav));    % 音频信号的希尔伯特变换
fc = 10000;                          % 载波频率 Hz
SSB_OUT = wav. * cos(2 * pi * fc * t) - wav_hilbert. * sin(2 * pi * fc * t); % 单边带调制
figure(1);                           % 观察调制前后频谱
subplot(2,2,1); plot(wav(53550:53750));          axis([0 200 - 0.3 0.3]);
subplot(2,2,2); psd(wav,10000,Fs);                axis([0 25000 - 20 10]);
subplot(2,2,3); plot(SSB_OUT(53550:53750));      axis([0 200 - 0.3 0.3]);
subplot(2,2,4); psd(SSB_OUT,10000,Fs);            axis([0 25000 - 20 10]);
wavwrite(0.5 * SSB_OUT,Fs,'SSB_OUT.wav');         % 将 SSB 调制输出存盘备用
```

程序执行后输出的基带信号、单边带(上边带)调制输出信号的时域波形和估计的功率谱密度如图5.22所示。

信道信噪比是指信道带宽内的信号平均功率与噪声平均功率之比。为了仿真指定信噪比的信道，编写信道仿真函数如下。

【程序代码】 ch5example9prog2.m

```
% ch5example9prog2.m
function out = ch5example9prog2(in,SNRdB)
% SNR_dB 设定信噪比
% in 输入信号序列
% out 信道输出序列
```

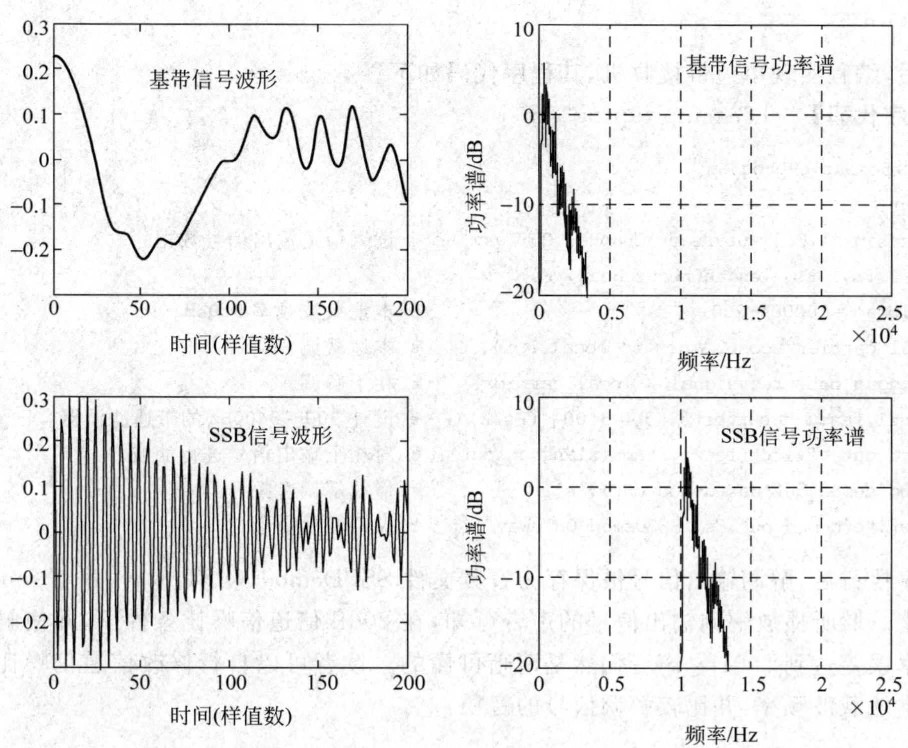

图 5.22 一段话音信号及其单边带调制输出波形的功率谱仿真结果

```
Fs = 50000; % 系统采样率
Power_of_in = var(in);
Power_of_noise = Power_of_in/(10.^(SNRdB/10));
bandwidth = 13500 - 10000;        % 信道带宽
N0 = Power_of_noise/bandwidth;    % 噪声功率谱密度值 W/Hz
Gauss_noise = sqrt(N0 * Fs/2). * randn(size(in));
[num,den] = butter(4,[10000 13500]/(Fs/2)); % 带通信道 10～13.5kHz
signal_of_filter_out = filter(num,den,in);
noise_of_filter_out = filter(num,den,Gauss_noise);
SNR_dB = 10 * log10(var(signal_of_filter_out)/var(noise_of_filter_out))
 % 测量得出的信噪比
out = signal_of_filter_out + noise_of_filter_out; % 信道输出
```

利用信道仿真函数计算 SSB 调制信号通过信道后的输出结果，例如计算出信道信噪比为 20dB 时的信道输出，并将结果保存为 Channel_OUT. wav 文件。输出仿真的实际测量信噪比为 19.7dB，与设置值相符合。

```
clear;
[in,Fs] = wavread('SSB_OUT.wav');
SNRdB = 20; % dB 设计的信道信噪比
out = ch5example9prog2(in,SNRdB);
wavwrite(out,Fs,'Channel_OUT.wav');
SNR_dB =
```

```
19.6597
```

最后，编程实现单边带接收机，其程序代码如下。

【程序代码】 ch5example9prog3.m

```
% ch5example9prog3.m
clear;
[recvsignal,Fs] = wavread('Channel_OUT.wav'); % 读入信道输出信号数据
t = (1/Fs:1/Fs: length(recvsignal)/Fs)';
fc_local = 10000 - 200;                    % 本地载波频率 9.8kHz
local_carrier = cos(2 * pi * fc_local. * t);    % 本地载波
xianggan_out = recvsignal. * local_carrier;   % 相干解调
[fenzi,fenmu] = butter(3,[300 3400]/(Fs/2)); % 设计 300～3400Hz 的带通滤波器
demod_out = filter(fenzi,fenmu,xianggan_out); % 对相干输出信号进行滤波
sound(demod_out/max(demod_out),Fs);        % 播放解调音频
wavwrite(demod_out,Fs,'SSBDemod_OUT.wav');    % 保存输出信号
```

程序执行后，解调输出信号被保存为音频文件 SSBDemod_OUT.wav，并由 sound 函数播放出来。聆听播放解调输出信号的声音可知，在 20dB 信道信噪比条件下，即使解调本地载波频率误差达到 200Hz，声音仍然是清晰可懂的。读者可以自行修改信道信噪比以及接收机的本地载波频率，并比较解调信号的音质。

5.7 彩色电视系统的建模仿真

5.7.1 电视扫描原理的仿真

在数学上，图像可以用矩阵表示出来，矩阵中的元素表示图像的一个点，称为像素，图像的总像素等于矩阵中元素总的个数。对于灰度图像，矩阵元素的值等于对应像素的亮度值。通常规定的亮度取值范围为 0～255 之间，用来表示 256 级灰度，0 表示最暗，255 表示最亮，这样，一个像素就可以用 8bit 来表达。

Matlab 中，用函数 imread 来读取图像文件，imshow 将读取的图像矩阵显示到作图窗口，而 imwrite 可将图像矩阵保存为指定格式的图像文件。为了节约内存，这 3 个函数中的图像矩阵元素采用了 8bit 无符号整型数(uint8)数据类型来表示。

【实例 5.10】 8 级灰度条图像的产生、显示和保存。试产生一个 40×64 像素的 8 级灰度条图像，显示出来并保存为 tif 格式文件。

【程序代码】 ch5example10prog1.m

```
% ch5example10prog1.m
clear;
Y = [1: - 1/7:0]. * 255; % 8 级灰度
N = 8;                  % 8 * N 列数
S = ones(N,1);
Y = S * Y;
Y = reshape(Y,1,N * 8); % 将矩阵扩大指定列数的一行
```

```
M = 40;                        % M 行数
S = ones(M,1);
Y = S * Y;                     % 重复 M 次矩阵行,得出图像
                                 矩阵
I = uint8(Y);                  % 转换为 uint8 格式
imshow(I);                     % 显示
imwrite(I,'graybar.tif','tif'); % 并保存为图像
                                  文件
```

图 5.23 8 级灰条图

程序中,用矩阵乘法结合 reshape 命令将 8 个灰度值转换为指定行数、列数的灰条图像矩阵,然后用 uint8 命令转换数据类型并显示出来,保存的文件名为 graybar.tif。程序执行后显示的灰条图如图 5.23 所示。

【实例 5.11】 电视隔行扫描原理仿真。

在电子显像管上,水平扫描电压和垂直扫描电压控制显像管电子枪发出的电子束轰击到显示屏的位置,而电子枪电压则控制电子束轰击荧光粉的速度,从而控制荧光粉发光亮度。电子束从左到右,从上到下周期地逐一快速扫过显示屏,利用荧光粉发光的暂时记忆效应形成图像。在模拟电视标准中,为了节约传输频带,采用了隔行扫描技术,即把一幅图像分为 2 次扫描显示,第一次扫描显示奇数行,第二次扫描显示偶数行。

下面的程序用 plot 指令来实现对电视隔行扫描的仿真。其中,plot 指令中用 x,y 来控制作图点(即扫描点)的位置,而 MarkerFaceColor 和 MarkerEdgeColor 将作图点设置为指定的灰度值,为了显示清楚,扫描点设置为大小为 6 的矩形块。程序执行后将动画显示隔行扫描过程,如图 5.24 所示。

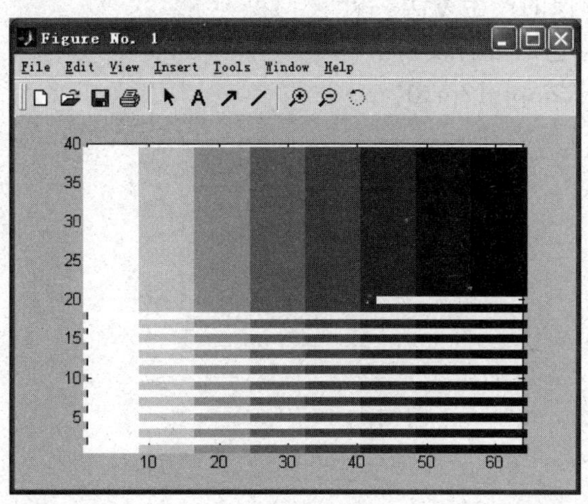

图 5.24 隔行扫描的过程仿真:奇数行扫描完成后,正在进行偶数行扫描

【程序代码】 ch5example11prog1.m

```
% ch5example11prog1.m
clear;
```

```
I = imread('graybar.tif'); % 读入图像(由上例生成)
img = double(I')/255;       % 转换为双精度数以便计算
[M,N] = size(img);
for K = 1:2
  for column = K:2:N        % K = 1 扫描奇数行
    for row = 1:M
      dot = img(row,column);       % 取当前扫描点的灰度值
      greydot = [dot,dot,dot];     % R,G,B 均设置为相同值,即显示灰度
      plot(row,N - column,'s','MarkerFaceColor',greydot,...
          'MarkerEdgeColor',greydot,'MarkerSize',6);
      hold on;                         % 保持扫描点
      axis([1,M,1,N]);                 % 作图范围
      set(gcf,'DoubleBuffer','on'); % 双缓冲避免作图闪烁
      drawnow;                         % 立即作图
    end
  end
end
```

5.7.2 彩色电视信号的构成和频谱仿真

1. 彩色图像的表示

对于彩色图像,最常见的是 RGB 的表示格式:一个像素由红(R)、绿(G)、蓝(B)3 种颜色分量组合而成。相应地,表示像素的矩阵元素就是一个 3 元素组成的向量(R,G,B)。下面的实例演示了彩条图像的产生方法。

【实例 5.12】 三基色的混合实验。

【程序代码】 ch5example12prg1.m

```
% ch5example12prg1.m
clear;
R = zeros(100,100);
G = zeros(100,100);
B = zeros(100,100);
R(1:50,30:100) = 255;
G(30:100,50:100) = 255;
B(1:70,1:70) = 255;                % 三基色产生
I(:,:,1) = R;
I(:,:,2) = G;
I(:,:,3) = B;                      % 合成为 100 * 100 图像矩阵
imshow(uint8(I));                  % 显示
```

Matlab 中,RGB 彩色图像以 3 维数组表示。设生成的图像为 100 行 100 列,则应首先分别生成对应区域的 R、G、B 三基色矩阵,然后组合为 3 维数组并转换为 uint8 数据类型显示出来。程序执行结果如图 5.25 所示。

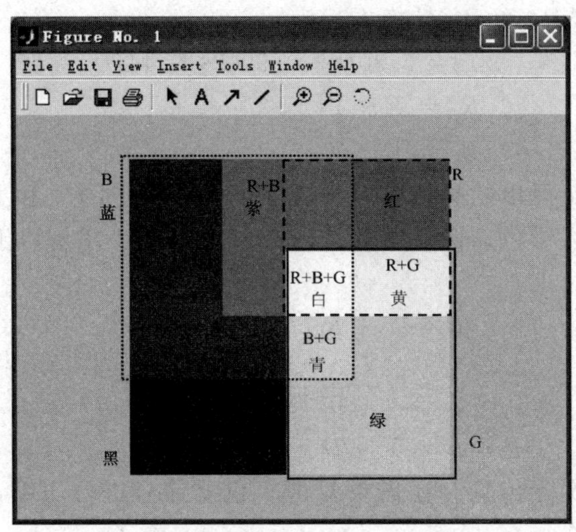

图 5.25　三基色的混合结果

【实例 5.13】 试产生一幅彩条图像。彩条颜色依次为：白、黄、青、绿、紫、红、蓝、黑。本例的实现方法类似于灰度条图像的产生方法，结合三基色组合原理，编写程序如下。

【程序代码】 ch5example13prg1.m

```
% ch5example13prg1.m
% 生成 400 * 480 彩条图像
clear;
R=[1 1 0 0 1 1 0 0];
G=[1 1 1 1 0 0 0 0];
B=[1 0 1 0 1 0 1 0];
N=60;   % N*8 列
S=ones(N,1);
R=S*R; R=reshape(R,1,N*8);
G=S*G; G=reshape(G,1,N*8);
B=S*B; B=reshape(B,1,N*8);
M=400; % 行数
S=ones(M,1);
R=S*R; G=S*G; B=S*B; % 得出三基色矩阵
I(:,:,1)=R; I(:,:,2)=G; I(:,:,3)=B; % 组合
I=uint8(I*255);        % 类型转换
imshow(I);             % 显示并保存
imwrite(I,'colorbar.tif','tif');
```

图 5.26　彩条图像的产生

程序执行后，将生成 400×480 像素的彩条图像文件 colorbar.tif。显示结果如图 5.26 所示。

在彩色电视广播中，为了兼容黑白电视信号传输模式，不能直接将三基色矩阵作为 3 路信号传送，而需要将三基色信号(R,G,B)转换为亮度

信号 Y 和两个色差信号 R_0 和 B_0，转换方程为

$$Y = 0.30R + 0.59G + 0.11B \tag{5.38}$$

$$R_0 = R - Y \tag{5.39}$$

$$B_0 = B - Y \tag{5.40}$$

在接收端，又将解调得出的亮度信号 Y 和两个色差信号 R_0 和 B_0 恢复为三基色信号 (R,G,B)，最后分别送入彩色显像管的 R、G、B 3 个电子枪。求解以上转换方程可得出三基色恢复方程

$$R = Y + R_0 \tag{5.41}$$

$$G = Y - \frac{0.30}{0.59}R_0 - \frac{0.11}{0.59}B_0 \tag{5.42}$$

$$B = Y + B_0 \tag{5.43}$$

为了避免过调制，实际传输时还需要对两个色差信号进行压缩，得到压缩色差信号 V 和 U 为

$$V = 0.877R_0 \tag{5.44}$$

$$U = 0.493B_0 \tag{5.45}$$

2. 彩色全电视信号的基本构成

彩色全电视信号波形如图 5.27 所示。在一个扫描行中，由行同步脉冲、消隐脉冲、色同步脉冲以及图像信号波形构成。行频率为 15625kHz，对应的行周期是 64μs。其中，消隐脉冲约占 15μs，相对电平为 0.75；行同步脉冲位于消隐脉冲之中，宽度是 4.7μs，相对电平为 1；色同步脉冲位于行同步脉冲的后肩上，由具有一定相位的 10 个周期左右的副载波组成，其振幅的相对电平大小约 0.12。其余约 49μs 时间上用于传送一行图像，即图像矩阵中的某一行。图像信号相对电平范围在 0.125～0.75 之间，其中，0.125 为白信号电平，0.75 为黑信号电平。

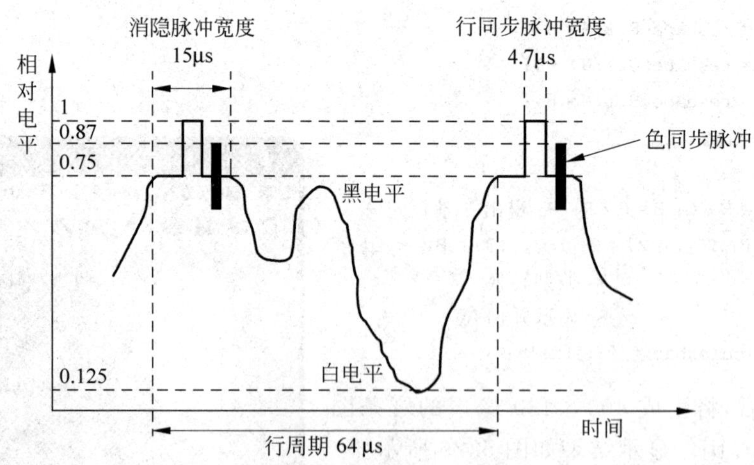

图 5.27 彩色全电视信号波形

彩色全电视信号中的图像信号由亮度信号和色差信号组成。其中，两个色差信号使用正交平衡调制后与亮度信号叠加。由于电视图像信号是以行(64μs)为周期的近似周期信

号，在频谱上看，其信号能量集中在以行频率($f_H=15625\text{Hz}$)为间隔的谱线附近。这样，如果选择正交平衡调制载波频率为 $f_c=(n+0.5)f_H$，n 为正整数，则色差信号经过平衡调制后输出的信号频谱谱线刚好插入在亮度信号的频谱谱线间隙的中间，称为半行频间置，这样就能够避免相互干扰。例如，NTSC 制式中，副载波频率选为

$$f_c = 283.5f_H = 4.4296875\text{MHz} \tag{5.46}$$

NTSC 制式中彩色全电视信号中图像信号 S 表示为

$$S = Y + V\cos 2\pi f_c t + U\sin 2\pi f_c t \tag{5.47}$$

其中，Y,V,U 分别为亮度信号和两个压缩色差信号。

【实例 5.14】 忽略场同步脉冲，试产生实例 5.13 中彩条图像的彩色全电视信号，并得出其波形图和频谱图。

建模分析和仿真参数计算：

设仿真采样率为 20MHz，这样可以仿真计算的最高频率为 10MHz。一行中的图像信号传输时间为 49μs，故每行图像的相应采样点数为 980 点。如果使用的图像矩阵中每行元素数不为 980，那么可用插值方法得出所需的采样点数。

消隐脉冲时长为 15μs，用 300 个采样点表示，其中设第 103～197 点表示 4.7μs 的行同步脉冲头，第 220～265 点表示色同步载波，其余表示消隐脉冲。色同步载波设为

$$c(t) = 0.12\cos 2\pi f_c t \tag{5.48}$$

在仿真编程中，还需要将图像矩阵中的像素取值范围(0～255)转换为视频信号规定的表示范围(0.125～0.75)以及进行相应的数据类型转换。

根据以上分析编写的仿真程序如下。

【程序代码】 ch5example14prg1.m

```
% ch5example14prg1.m
clear;
I = imread('colorbar.tif'); % 或用 autumn.tif,sydney.JPG 等图像文件
figure(1); imshow(I);
I = double(I);
[m,n,p] = size(I);
I = -(0.75-0.125)./(255).*I + 0.75; % 换算为 0.125 到 0.75 电平
R = I(:,:,1); G = I(:,:,2); B = I(:,:,3); % 三基色分离
R = reshape(R',1,m*n); % 转换为一维(红)
G = reshape(G',1,m*n); % 转换为一维(绿)
B = reshape(B',1,m*n); % 转换为一维(蓝)

Y = 0.30*R + 0.59*G + 0.11*B; % 亮度
R_Y = R - Y;                  % 色差 R0
B_Y = B - Y;                  % 色差 B0
V = 0.877*R_Y;                % 色差电平压缩
U = 0.493*B_Y;                % 色差电平压缩

f_c = 283.5*15625;            % 副载波频率
```

```
tvY = [interp1(Y,(1:n/980:m * n),'nearest')]; % 插值:行采样 980 点
tvV = [interp1(V,(1:n/980:m * n),'nearest')]; % 插值
tvU = [interp1(U,(1:n/980:m * n),'nearest')]; % 插值
% 全电视信号产生
for h = 1:(m - 2)
    s(1280 * h + (1:102)) = 0.75;       % 消隐脉冲
    s(1280 * h + (103:197)) = 1;        % 行同步头
    s(1280 * h + (198:300)) = 0.75;     % 消隐脉冲
    s(1280 * h + (301:1280)) = tvY(h * 980 + ( - 1:978)); % 图像一行像素 - 亮度
    % 色差 V
    sV(1280 * h + (1:300)) = 0;         % 消隐部分
    sV(1280 * h + (220:265)) = 0.12;    % 色同步选通
    sV(1280 * h + (301:1280)) = tvV(h * 980 + ( - 1:978)); % 图像信号部分
    % 色差 U
    sU(1280 * h + (1:300)) = 0;
    sU(1280 * h + (301:1280)) = tvU(h * 980 + ( - 1:978));
end
t = 0:0.5e - 7:0.5e - 7 * (length(s) - 1); % 计算时间点序列,采样率 20MHz
F_v = sV. * cos(2 * pi * f_c. * t);          % 色差信号正交调制
F_u = sU. * sin(2 * pi * f_c. * t);
c = F_v + F_u;                               % 调制输出的色差信号
TVsignal = s + c;                            % 合成彩色电视信号

figure(2); plot(t,TVsignal); xlabel('时间'); % 彩色电视信号
figure(3); plot(t,s); xlabel('时间');        % 亮度信号
% 功率谱计算
[Pxxcc,F] = psd(c,1e5,2e7);
figure(4); plot(F,10 * log10(Pxxcc),'g'); hold on; % 调制后的色差信号频谱
[Pxx,F] = psd(s,1e5,2e7);                    % FFT 长度为 1e5 点,故频率分辨率为 100Hz
figure(4); plot(F,10 * log10(Pxx),'k');      % 亮度信号频谱
xlabel('频率 Hz'); ylabel('功率谱密度 dB');
```

程序执行后,得出的彩色全电视信号波形如图 5.28 所示,亮度信号的波形(即黑白电视信号波形)如图 5.29 所示,彩色全电视信号的频谱如图 5.30 所示。

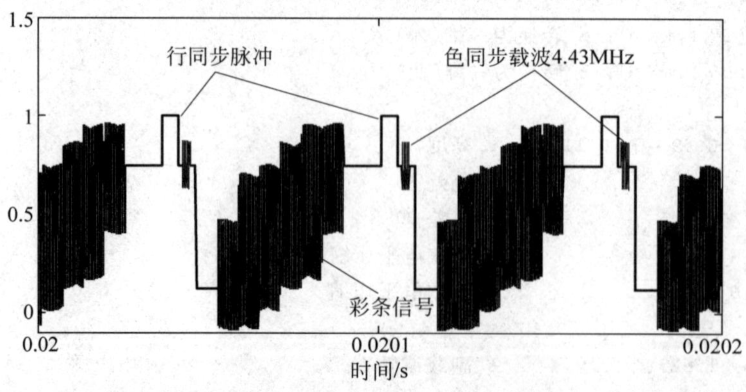

图 5.28 彩条全电视信号的仿真波形

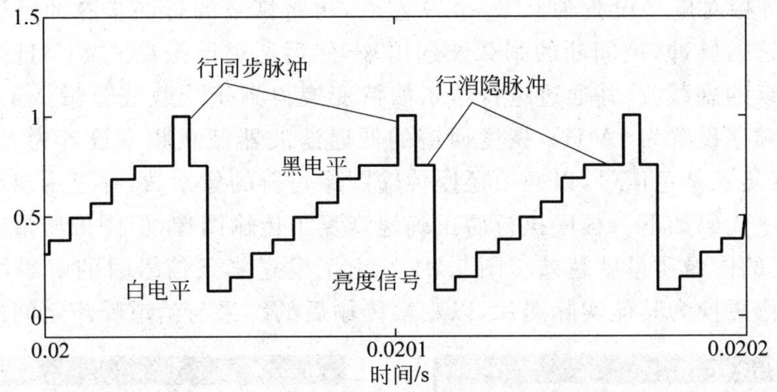

图 5.29 亮度电视信号仿真波形

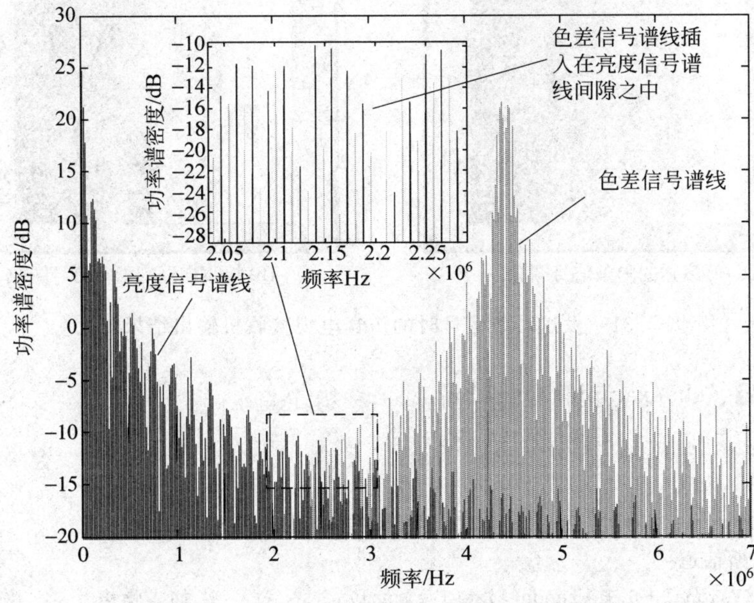

图 5.30 彩色全电视信号的功率谱估计仿真结果

5.7.3 简化的彩色电视接收机仿真

本小节将对彩色电视接收机中关键部分进行仿真,包括行同步检测、色同步检测和色副载波恢复、色差信号相干解调、彩色信号解码等。注意,在仿真模型中采用的是逐行扫描方式,并仅对一帧图像进行仿真传输,故没有考虑场同步问题。

【实例 5.15】 对经过带限高斯噪声信道后的实例 5.14 产生的全电视信号进行解码,最后恢复传送的彩色图像。

模型假设和建模分析:

仿真采样率仍然设计为 20MHz,并设带限高斯信道是无衰减的,带宽为 5MHz,噪声参数为方差,可修改程序调整信道中噪声的大小。

接收信号幅度是稳定的,且其中直流分量也得到保持,因此可通过门限判决恢复行同步脉冲：门限可将相对电平设置为 0.8～0.9 左右，再将恢复的行同步脉冲延迟 5μs(100 点)作为色同步的选通脉冲，把间断的副载波选出来，然后通过谐振在 4.43MHz 上的窄带带通滤波器恢复连续的副载波，并通过进行希尔伯特变换得到正交载波分量。正交解调后的低通滤波器截止频率设置为 1MHz，亮度通道的低通滤波器截止频率设置为 3MHz。最后进行彩色解码，恢复三基色信号，以插值还原传输图像每行的像素数，并显示出结果图像来。

编写的程序代码如下。程序执行后正确地恢复了传输图像，但图像质量有所下降，信道噪声越大，恢复的图像质量就越差。图 5.31 给出了发送彩条信号时的解码结果图像，读者也可将发送图像更换为其他实际图片，以观察传输后的结果与信道噪声之间的关系。

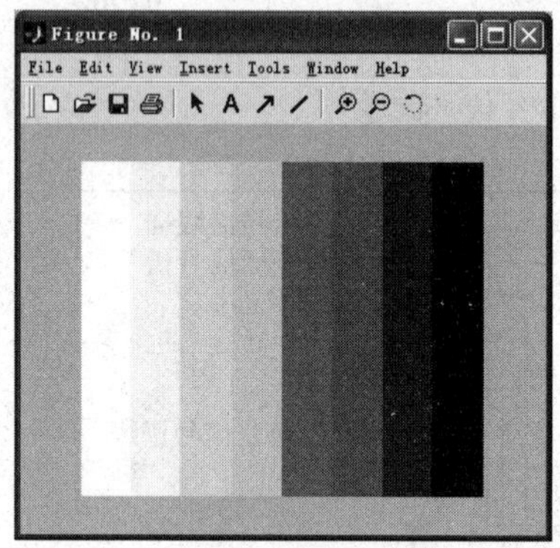

(a) 发送的彩条信号图像

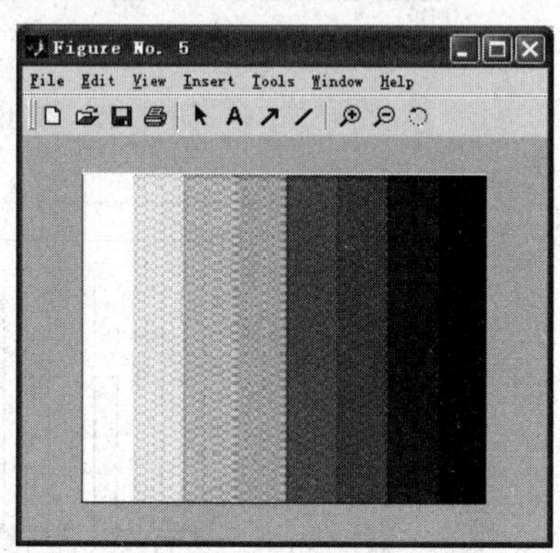

(b) 接收恢复的彩条信号图像

图 5.31 发送彩条信号时的仿真电视接收机输出结果对比

【程序代码】 ch5example15prg1.m

```
% ch5example15prg1.m
clear;
ch5example14prg1; % 用实例 5.14 程序产生彩色全电视信号
%---带限高斯信道---
TVsignal = TVsignal + 0.1 * randn(size(TVsignal));                % 加入噪声
[b,a] = butter(2,5e6/(20e6/2));                                   % 传输信道带宽 5MHz
TVsignal = filter(b,a,TVsignal);                                  % 通过带限信道
%---接收部分---
[b,a] = butter(2,0.5e6/(20e6/2));                                 % 行同步滤波
h_pulse = filter(b,a,TVsignal);
h_pulse = h_pulse>0.87;                                           % 行同步脉冲选出,门限 0.87
c_gate = [zeros(1,100),h_pulse(1:length(h_pulse) - 100)]; % 延迟 100 点,选通色同步脉冲

syn = zeros(size(TVsignal));                                      % 色差信号载波存储空间
syn = c_gate. * TVsignal;                                         % 色同步信号选出
[b,a] = butter(2,[f_c - 1000,f_c + 1000]/(20e6/2));
syn = filter(b,a,syn);                                            % 副载波滤波恢复
sync = hilbert(syn,length(syn))/max(syn);                         % 正交副载波分量恢复

rV = 2 * TVsignal. * real(sync);
```

```
rU = 2 * TVsignal. * imag(sync);                          % 相干解调

[b,a] = butter(2,1e6./(20e6/2));
rV = filter(b,a,rV);
rU = filter(b,a,rU);                                      % 色差信号解调低通 1MHz
[b,a] = butter(3,3e6./(20e6/2));
rY = filter(b,a,TVsignal);                                % 亮度信号低通 3MHz

rR = rV/0.877 + rY;                                       % 彩色解码
rB = rU/0.493 + rY;
rG = rY/0.59 - (0.3/0.59) * rR - (0.11/0.59) * rB;
for h = 1:(m - 2)
    rRimg(h * 980 + (0:979)) = rR(1280 * h + (301:1280));   % 行图像信号选出
    rGimg(h * 980 + (0:979)) = rG(1280 * h + (301:1280));   % 行图像信号选出
    rBimg(h * 980 + (0:979)) = rB(1280 * h + (301:1280));   % 行图像信号选出
end
rRimg = [interp1([rRimg,0],(1:980/n:m * 980))];           % 插值,恢复原图分辨率
rGimg = [interp1([rGimg,0],(1:980/n:m * 980))];           % 插值
rBimg = [interp1([rBimg,0],(1:980/n:m * 980))];           % 插值
rI(:,:,1) = (reshape([rRimg],n,m))';                      % 组合为三维数组并显示图像
rI(:,:,2) = (reshape([rGimg],n,m))';
rI(:,:,3) = (reshape([rBimg],n,m))';
figure(5); imshow(uint8(255 - (rI - 0.125)./(0.75 - 0.125) * 255));
```

5.8 小结与文献综述

本章讨论了模拟通信系统的建模和仿真问题，以调幅收音机、单边带通信机、调频立体声广播以及彩色电视机的信号分析和解码原理为重点介绍了这些模拟系统的建模原理和仿真过程。调制、检波和相干解调、自动增益控制、超外差接收机结构等关键技术也是现代数字通信设备中不可缺少的组成部分，所以，对模拟通信系统运行原理的理解能力是无线电和通信工程师最基本的专业素质之一，也是对现代通信系统理解和掌握的基础。

文献[5]、[12]、[23]对模拟通系统的各种调制方式的原理和性能进行了详细的论述，其中[5]和[23]还对调频立体声系统有详细讨论。关于超外差接收机结构、自动增益控制及其电路设计原理可参见高频电路一类书籍。Matlab/Simulink 用于模拟通信系统和电子电路仿真的其他一些仿真实例参见文献[1]、[3]、[21]等。

5.9 思 考 题

(1) 在实例 5.2 的基础上，将相干解调模块改为通信模块库中的相应模块，然后再测试性能结果，并与实例 5.2 的结果作出对比，对仿真结果作出物理解释。

(2) 测试实例 5.4 的 AGC 系统的输入信号功率与中频放大器闭环增益的关系曲线，并

与理论分析结果相互对比。

(3) 用fft指令编写希尔伯特变换的计算过程，与hilbert指令的计算结果进行对比并加以验证。

(4) 对实例5.7以Simulink方式实现，并用频谱仪观察各信号点的功率频谱。

(5) 在调频广播体制中，为了提高音频高频率端的信噪比，通常需要在发射端进行预加重处理。请查询相关资料，说明预加重的原理，并建立仿真模型，仿真测试预加重对1000Hz,3000Hz和9000Hz正弦信号的信噪比改善量。

(6) 用Simulink方式设计一个单边带传输系统并通过声卡输出接收机解调的结果声音。系统参数自行设计。

(7) 用Simulink方式对实例5.9进行建模和仿真。

(8) 以Simulink方式仿真一个彩色电视接收机的色解码过程，将结果数据送入Matlab工作空间再以指令显示出来。图像电视信号可从Matlab工作空间导入到Simulink中。

(9) 用Simulink方式仿真并用频谱仪观察彩色电视信号的频谱构成。

第6章

模拟信号数字化

6.1 采样定理的原理仿真

基带信号的采样定理是指，对于一个频谱宽度限制于 BHz 的基带连续时间信号，可惟一地被均匀间隔不大于$\frac{1}{2B}$s 的样值序列所确定。采样定理表明，如果以不小于 $2B$ 次/s 的速率对基带模拟信号均匀采样，那么所得到的样值序列就包含了基带信号的全部信息。换句话说，就是通过该序列可以无失真地重建对应的基带模拟信号。如果采样率低于基带信号最高频率的 2 倍，那么采样输出序列的频谱就会发生交叠，从而无法恢复原基带模拟信号。

例如，电话质量的话音信号的最高频率为 3400Hz，为了保证无失真采样，对其进行采样的最低速率必须大于等于 6800 次/s。考虑到实际低通滤波器的非理想特性，数字电话通信系统中规定采样率为 8000 次/s。

下面通过实例来对采样和信号的重建过程进行仿真验证。

【实例 6.1】 设模拟基带信号的频带为(0,200)Hz，对其进行采样的序列为均匀间隔的窄脉冲串，为保证无失真采样，最低采样率设计为 400 次/s。试仿真采样和恢复过程，观察采样后频谱、采样前后及恢复信号的波形和频谱。

计算机中所处理的信号本质上不能是模拟信号。为了在计算机中近似表示模拟信号，可以减小对模拟信号的仿真步进，也就是把高仿真采样率下的信号近似地看作模拟信号。对于本例，模拟信号最高频率为 200Hz，可将仿真步进设为 0.00025s，即系统仿真采样率为为 4000 次/s，这样，可仿真计算的信号频率区间为 0～2000Hz。在此系统仿真采样率下，频率为 400Hz 的采样窄脉冲串的一个周期占 10 个仿真采样点。在产生采样窄脉冲串时，可在其一个周期内设置其中 1 个样点为高电平(如 1)，其余点为低电平(如 0)，最后通过乘法器来仿真采样过程。

根据以上分析建立的系统模型如图 6.1 所示，其中，模拟基带信号以 Random Number 模块产生随机信号再通过模拟低通滤波器得出，滤波器的截止频率可调。采样输出信号通过另一个模拟低通滤波器滤波来恢复模拟信号，其滤波截止频率设置为 200Hz，为使之接近理想低通特性，可将滤波器阶数设置得高一些，如设置为 10 阶。最后通过频谱仪和示波器观察各信号的功率频谱和波形。频谱仪之前的零阶保持器的采样步进设置为 0.00025s。当输入模拟信号频带为(0,100)Hz时,仿真结果如图6.2所示。显然,采样之后频谱产生了周期为采样率(400Hz)的延拓。只要周期延拓的频谱和原信号频谱不发生交叠,那么就可通过低通滤波器将采样输出信号中的频率延拓部分滤除,也就无失真地恢复了原信号。从时域仿真结果看,恢复波形与原信号波形之间的区别仅仅是幅度比例和一定的延时,波形形状是无失真的。

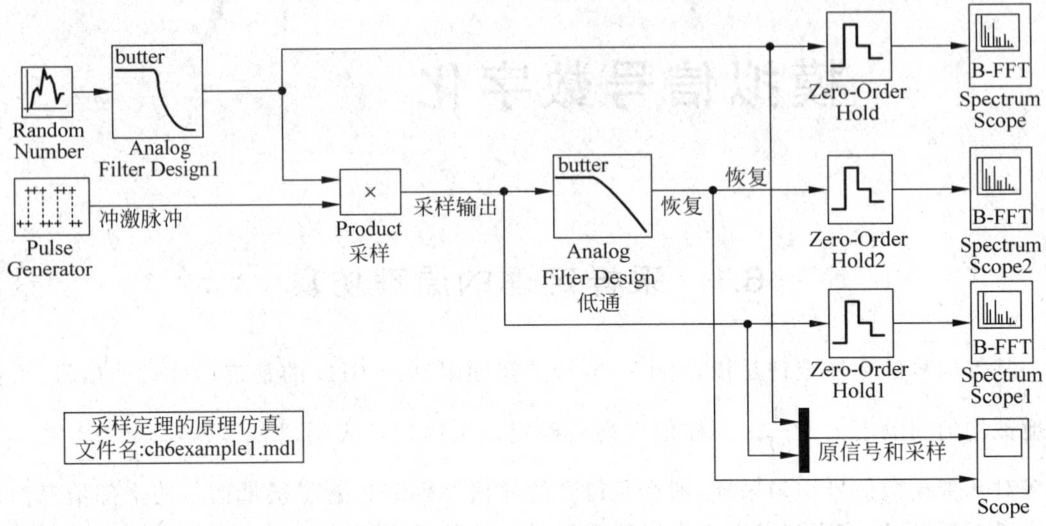

图6.1 采样定理的原理仿真模型

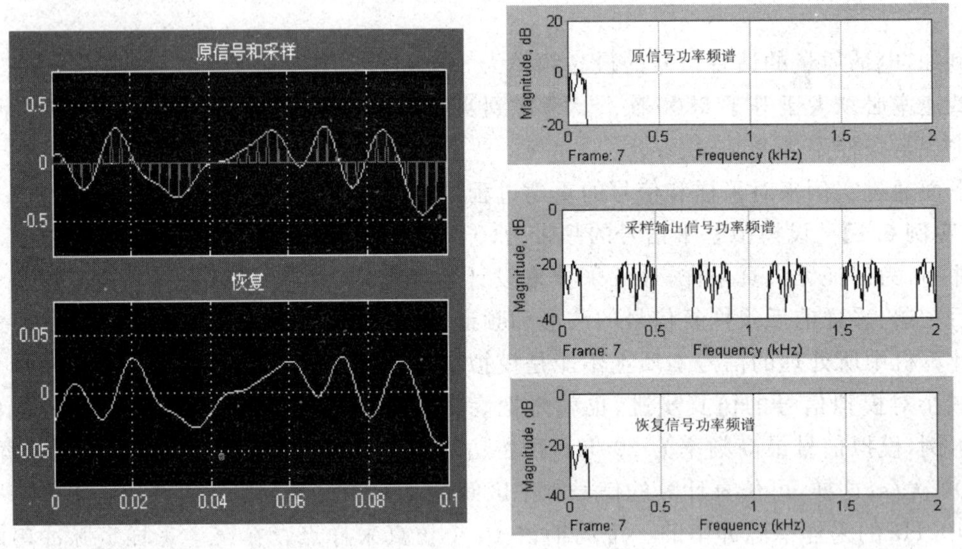

图6.2 被采样信号频带为(0,100)Hz时的仿真结果:信号可无失真恢复

如果基带信号最高频率超过200Hz,则以400次/s采样后的频谱产生交叠,这时将不能够无失真还原信号。图6.3给出了被采样信号频带为(0,250)Hz时的仿真结果,在时域上看,恢复波形与被采样的原信号波形形状不同,产生了失真。在时域上解释如下:由于采样率过低,位于相邻采样脉冲之间的被采样信号的高频部分(快速变换部分)将不能被采样脉冲代表。

【实例6.2】 平顶采样过程的仿真。

采样定理中以理想冲激串作为采样脉冲,这在实际中是不可实现的,所以实际采样过程

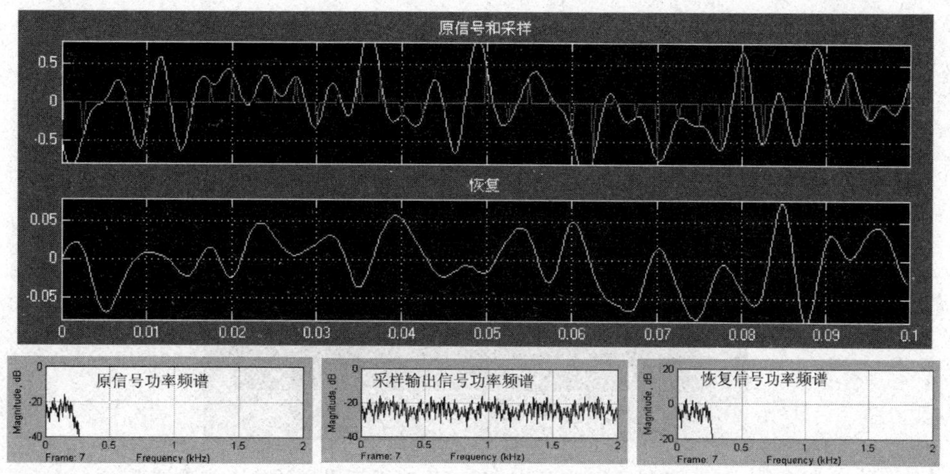

图 6.3 被采样信号频带为(0,250)Hz 时的仿真结果：恢复信号产生频谱交叠失真

都用采样保持方法来得到物理可实现的平顶脉冲形式的样值输出。在数学上，采样保持结果相当于理想采样输出再经过一个冲激响应为矩形脉冲的保持器所得到的结果。从保持器的频率响应上看，其输出信号的高频部分存在衰减，因此平顶采样过程中存在高频失真。这种由于脉冲展宽而产生的信号高频段衰减失真称为孔径效应。在采样恢复过程中，可以设计一个在信号高频段有相应提升作用的均衡网络来补偿孔径效应引起的失真。

用 Simulink 建模时，可用带触发端的子系统来模拟保持器的功能。例如，当触发端输入为脉冲上升沿时，子系统工作，其他时候则子系统失效，当子系统失效时，其输出将保持前一次的有效输出不变。

可修改实例 6.1 中的模型来对平顶采样过程进行建模，仿真模型如图 6.4 所示。在乘法器采样之后添加触发子系统作为保持器，为了使仿真计算的频谱更加光滑，可在频谱仪中设置更多的平均帧数，例如设置为 200。当模拟信号最高频率为 150Hz 时，仿真中示波器显示的波形如图 6.5 所示。显然，恢复信号是原信号的延迟，孔径效应引起的失真很小。

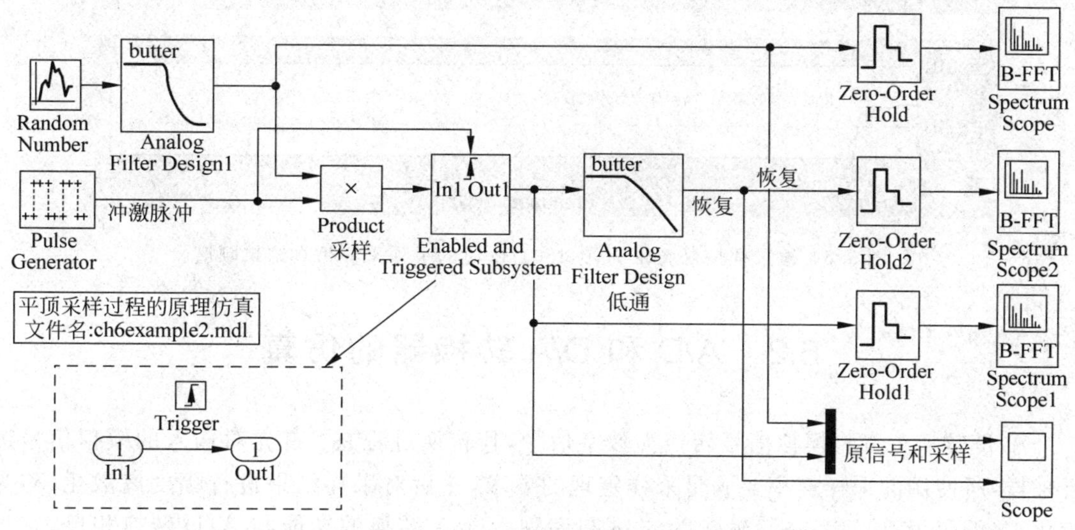

图 6.4 平顶采样过程的仿真模型

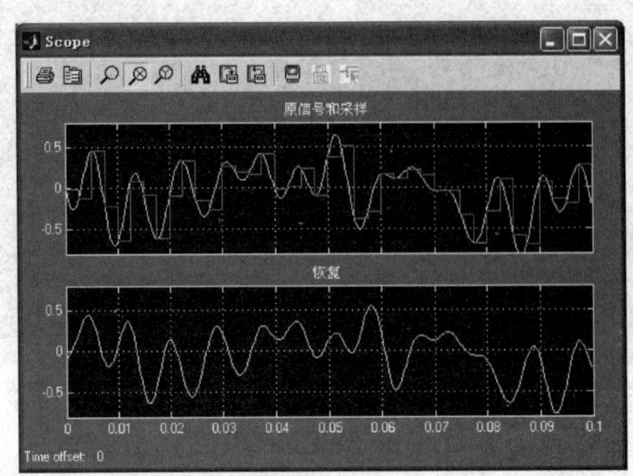

图 6.5 被采样信号频带为(0,150)Hz 时平顶采样的仿真结果波形

仿真所得到的频谱结果如图 6.6 所示。与实例 6.1 脉冲采样的结果(参见图 6.2)比较,平顶采样输出信号的频谱也是以采样率为周期重复的,但幅度逐渐衰减,恢复信号的高频部分存在轻微衰减,即平顶采样的孔径效应。

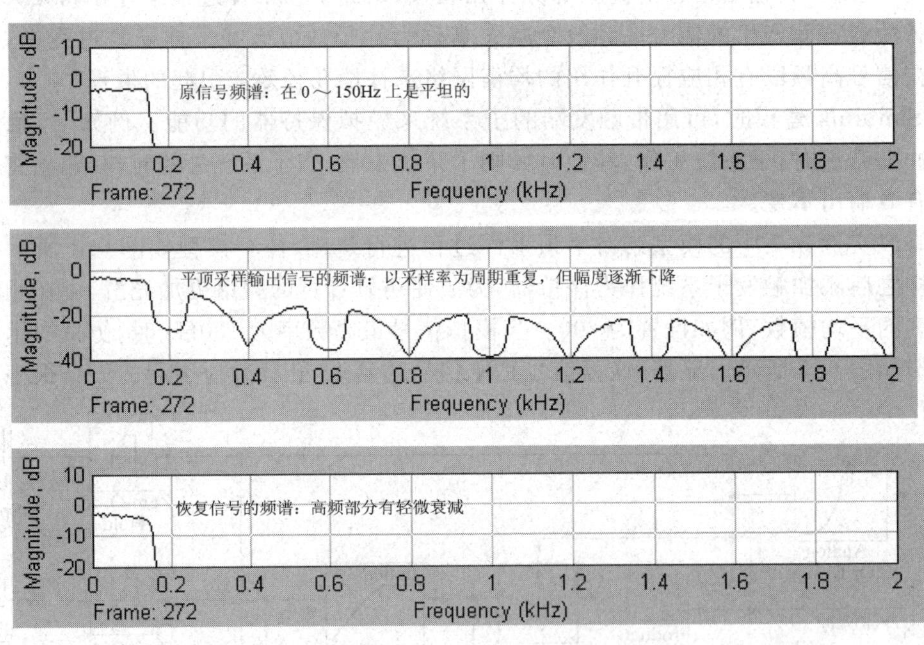

图 6.6 被采样信号频带为(0,150)Hz 时的平顶采样仿真结果频谱

6.2 A/D 和 D/A 转换器的仿真

A/D 转换负责将模拟信号转换为数字信号,其转换过程是:首先对输入的模拟信号进行采样,所使用的采样速率要满足采样定理的要求,然后对采样结果进行幅度离散化(称为量化)并编码为符号串,一般输出为二进制序列。D/A 转换的功能与 A/D 转换相反,它将输入的数字信号序列转换为模拟信号,其转换过程是:将输入(二进制)数字序列恢复为相

应电平的采样值序列，然后通过满足采样定理要求的低通滤波器恢复模拟信号。A/D 转换采用平顶采样技术，所以恢复模拟信号存在高频段的失真，若对恢复信号质量要求严格，需采用均衡器来补偿这种孔径失真。A/D 转换器的输出数据形式可以是并行的，也可以是串行的。

【实例 6.3】 对串行和并行输出的 8 位 A/D 和 D/A 转换器进行仿真，转换值范围为 0～255，转换采样率为 1 次/s。

Simulink 的通信模块库提供了 Integer to Bit Converter 模块可以将 $0 \sim 2^M - 1$ 之间的整数转换为长度为 M 个比特的二进制数据输出，同时也提供了反向转换模块 Bit to Integer Converter 将比特数据转换为整数值。利用这两个模块，结合零阶保持器模块作为采样保持模型，量化器模块 Quantizer 作为量化模型，就可对 A/D 和 D/A 过程进行建模。通过 2.6.2 节所述的方法可实现比特流的并串和串并转换。

测试模型和仿真结果数据如图 6.7 所示。其中，零阶保持器采样时间间隔设置为 1s，量化器模块 Quantizer 的量化间隔为 1。可见，发送信号为常数 18.6 时，零阶保持器每隔 1s 采样一次，量化器将采样输出结果进行四舍五入量化，得到整数值 19，Integer to Bit Converter 模块的转换比特数设置为 8，进行 8 位转换。转换输出的比特序列为 00010011，从 Display 模块显示出来。经过并串转换后得出高速率的串行传输二进制数据流。示波器显示了传输数据流的波形，如图 6.8 所示。串行数据经过串并转换还原为 8 位并行数据后，送入 Bit to Integer Converter，它的转换比特数也要设置为 8，这样就将 8 位并行二进制数据转换为整数值。然后通过 Display1 显示出来。D/A 的输出结果与原信号值之间存在误差，这是由于量化器四舍五入过程中产生的，称为量化误差或量化噪声。

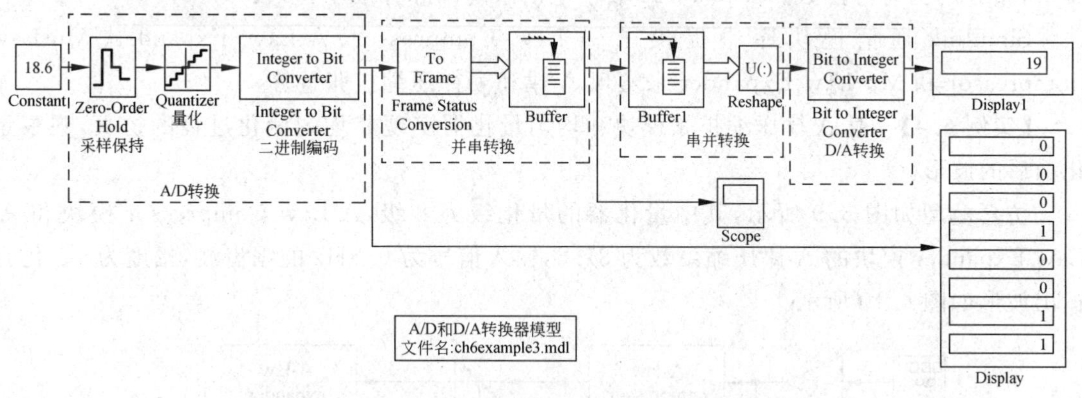

图 6.7　A/D 和 D/A 转换器模型

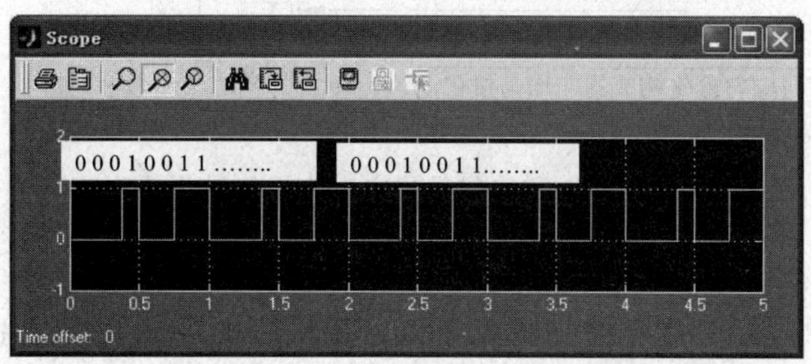

图 6.8　8 位串行 A/D 转换器输出数据流波形

6.3 PCM编码和解码

6.3.1 信号的压缩和扩张

为了保证在足够大的动态范围(如 40dB)内数字电话话音具有足够高的信噪比(如 26dB 以上),人们提出一种非均匀量化的思想:在小信号时采用较小的量化间距,而在大信号时用大的量化间距。在数学上,非均匀量化等价为对输入信号进行动态范围压缩后再进行均匀量化。压缩器完成对输入信号的动态范围压缩:小信号通过压缩器时,增益大;而大信号通过压缩器时,增益小,这样就使小信号在均匀量化之前得到较大的放大,等价于以较小间距直接对小信号进行量化,而以较大间距对大信号进行量化。对应于发送端的压缩处理,在接收端要进行相应的反变换——扩张处理,以补偿压缩过程引起的信号非线性失真。压缩扩张分为 A 律和 μ 律两种方式。中国和欧洲的 PCM 数字电话系统采用 A 律压扩方式,美国和日本则采用 μ 律方式。设归一化的话音输入信号为 $x\in[-1,1]$,则 A 律压缩器的输出信号 y 是

$$y=\begin{cases}\dfrac{Ax}{1+\ln A}, & |x|\leqslant\dfrac{1}{A}\\[2mm] \dfrac{\operatorname{sgn}(x)}{1+\ln A}(1+\ln A|x|), & \dfrac{1}{A}<|x|<1\end{cases}\tag{6.1}$$

其中,sgn(x)为符号函数。A 律 PCM 数字电话系统国际标准中,参数 $A=87.6$。

Simulink 通信模块库中提供了 A-Law Compressor、A-Law Expander、Mu-Law Compressor 和 Mu-Law Expander 来实现 A 律和 μ 律压缩扩张计算。

【实例 6.4】 对 A 律压缩扩张模块和均匀量化器实现非均匀量化过程的仿真,观察量化前后的波形。

仿真模型如图 6.9 所示,其中量化器的量化级为 8 级,A-Law Compressor 模块和 A-Law Expander 模块的 A 律压缩系数为 87.6,输入信号为 0.5Hz 的锯齿波,幅度为 1。仿真输出波形如图 6.10 所示。

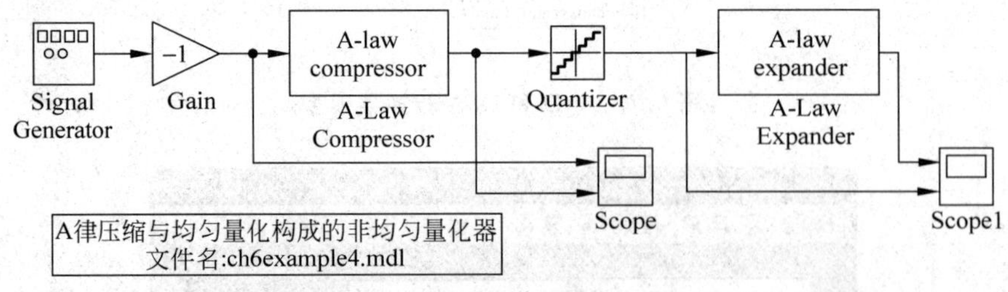

图 6.9 A 律压缩和均匀量化实现非均匀量化的测试模型

【实例 6.5】 A 律压缩扩张曲线的 13 段折线近似的仿真。

压缩系数为 87.6 的 A 律压缩扩张曲线可以用折线来近似。16 段折线点坐标是

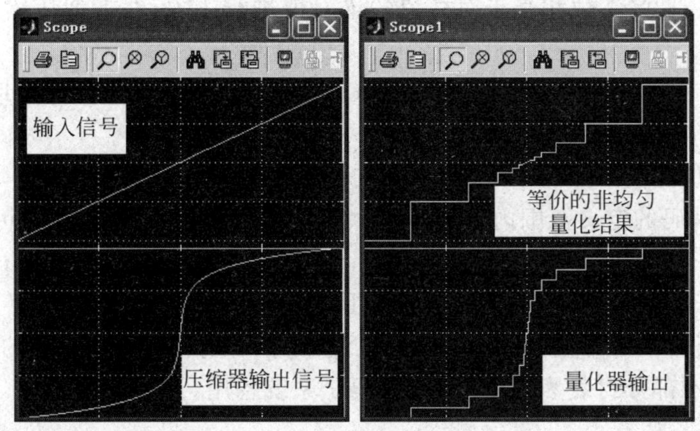

图 6.10 A 律压缩和均匀量化实现非均匀量化的仿真结果

$$x=\left[-1,-\frac{1}{2},-\frac{1}{4},-\frac{1}{8},-\frac{1}{16},-\frac{1}{32},-\frac{1}{64},-\frac{1}{128},0,\frac{1}{128},\frac{1}{64},\frac{1}{32},\frac{1}{16},\frac{1}{8},\frac{1}{4},\frac{1}{2},1\right]$$

$$y=\left[-1,-\frac{7}{8},-\frac{6}{8},-\frac{5}{8},-\frac{4}{8},-\frac{3}{8},-\frac{2}{8},-\frac{1}{8},0,\frac{1}{8},\frac{2}{8},\frac{3}{8},\frac{4}{8},\frac{5}{8},\frac{6}{8},\frac{7}{8},1\right]$$

其中靠近原点的 4 段折线的斜率相等，可视为一段，因此总折线数为 13 段，故称 13 段折线近似。用 Simulink 中的 Look-Up Table 查表模块可以实现对 13 段折线近似的压缩扩张计算的建模，其中，压缩模块的输入值向量设置为

```
[-1,-1/2,-1/4,-1/8,-1/16,-1/32,-1/64,-1/128,0,…1/128,1/64,1/32,1/16,1/8,1/4,
1/2,1]
```

输出值向量设置为

```
[-1:1/8:1]
```

扩张模块的设置与压缩模块的设置相反，仿真结果与实例 6.4 相似。

6.3.2 PCM 编码和解码

PCM 是脉冲编码调制的简称，是现代数字电话系统的标准语音编码方式。A 律 PCM 数字电话系统中规定：传输话音的信号频段为 300～3400Hz，采样率为 8000 次/s，对样值进行 13 折线压缩后编码为 8 位二进制数字序列。因此，PCM 编码输出的数码速率为 64kbps。

PCM 编码输出的二进制序列中，每个样值用 8 位二进制码表示，其中最高比特位表示样值的正负极性，规定负值用 0 表示，正值用 1 表示。接下来的 3 位比特表示样值的绝对值所在的 8 段折线的段落号，最后 4 位是样值处于段落内 16 个均匀间隔上的间隔序号。在数学上，PCM 编码较低的 7 位相当于对样值的绝对值进行 13 折线近似压缩后的 7 位均匀量化编码输出。

【实例 6.6】 设计一个 13 折线近似的 PCM 编码器模型，使它能够对取值在[−1，1]内的归一化信号样值进行编码。

测试模型和仿真结果如图 6.11 所示。其中以 Saturation 作为限幅器，将输入信号幅度值限制在 PCM 编码的定义范围内，Relay 模块的门限设置为 0，其输出即可作为 PCM 编码输出的最高位——极性码。样值取绝对值后，以实例 6.5 所示的 Look-Up Table（查表）模块进行 13 折线压缩，并用增益模块将样值范围放大到 0～127，然后用间距为 1 的 Quantizer 进行四舍五入取整，最后将整数编码为 7 位二进制序列，作为 PCM 编码的低 7 位。可以将该模型中虚线所围部分封装为一个 PCM 编码子系统备用。

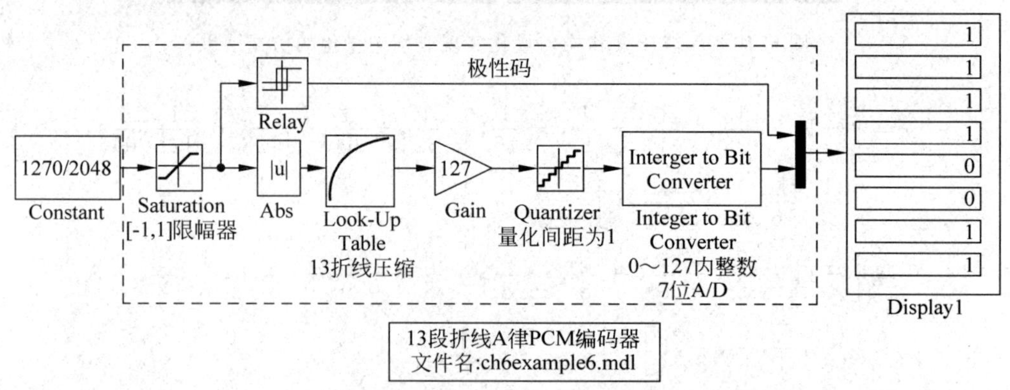

图 6.11 13 折线近似的 PCM 编码器测试模型和仿真结果

【实例 6.7】 设计并测试一个对应于实例 6.6 编码器的 PCM 解码器。

测试模型和仿真结果如图 6.12 所示，其中 PCM 编码子系统就是图 6.11 中虚线所围部分。PCM 解码器中首先分离并行数据中的最高位（极性码）和 7 位数据，然后将 7 位数据转换为整数值，再进行归一化、扩张后与双极性的极性码相乘得出解码值。可以将该模型中虚线所围部分封装为一个 PCM 解码子系统备用。

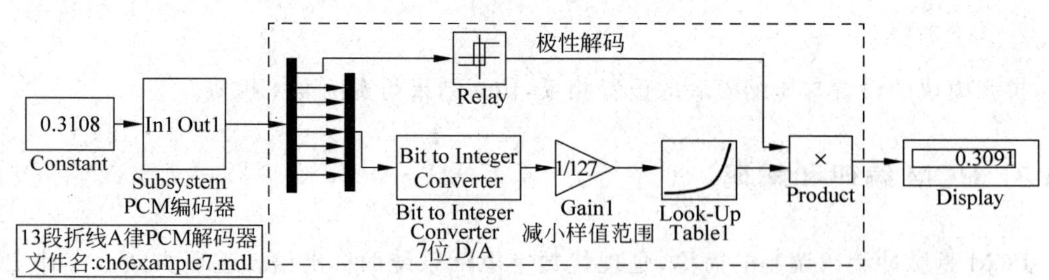

图 6.12 13 折线近似的 PCM 解码器测试模型和仿真结果

【实例 6.8】 在以上两个实例的基础上，建立 PCM 串行传输模型，并在传输信道中加入指定错误概率的随机误码。

仿真模型如图 6.13 所示，其中 PCM 编码和解码子系统内部结构参见实例 6.6、实例 6.7。PCM 编码输出经过并串转换后得到二进制码流送入二进制对称信道。在解码端信道输出的码流经过串并转换后送入 PCM 解码，之后输出解码结果并显示波形。模型中没有对 PCM 解码结果作低通滤波处理，但实际系统中 PCM 解码输出总是经过低通滤波后送入扬声器的。

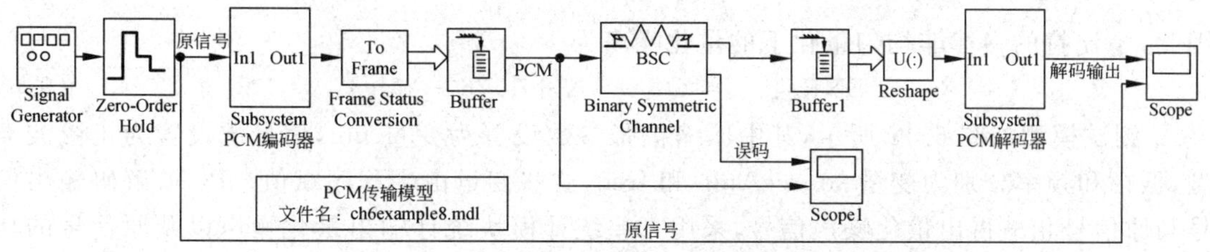

图 6.13 PCM 串行传输模型

仿真采样率必须是仿真模型中最高信号速率的整数倍，这里模型中信道传输速率最高，为 64kbps，故仿真步进设置为 1/64000s。信道错误比特率设为 0.01，以观察信道误码对 PCM 传输的影响。仿真结果波形如图 6.14 所示，传输信号为 200Hz 正弦波，解码输出存在延迟。对应于信道产生误码的位置，解码输出波形中出现了干扰脉冲，干扰脉冲的大小取决于信道中错误比特位于一个 PCM 编码字串中的位置，位于最高位(极性)时将导致解码值极性错误，这时引起的干扰最大，而位于最低位的误码引起的干扰最轻微。

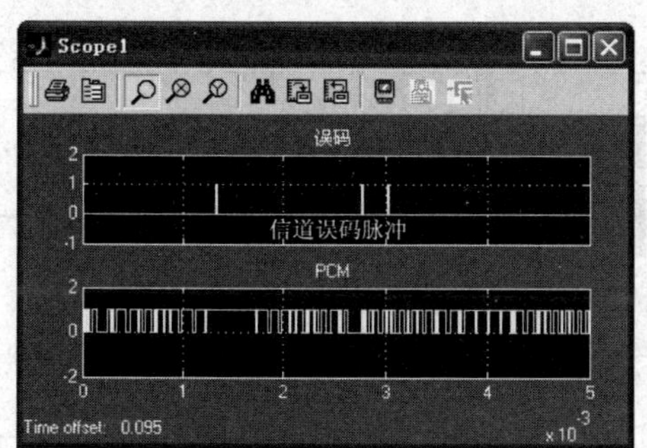

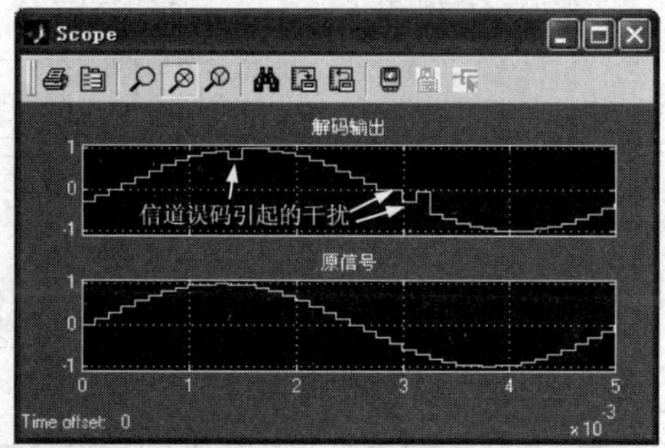

图 6.14 PCM 串行传输仿真结果

【实例 6.9】 修改实例 6.8 的 PCM 编解码模型，设信道是无噪的，压缩扩张方式为 μ 律的，参数 $\mu=255$。试研究输入信号电平与 PCM 量化信噪比之间的关系。以正弦波作为测试信号。

设正弦波的幅度为 $x\in[0,1]$，则 N 比特的均匀量化下的量化噪声为

$$\mathrm{SNR}_{\mathrm{dB}} = 6N + 1.76 + 20\lg x \tag{6.2}$$

压缩曲线的斜率就是压缩器的增益，也称为压缩器提供的量化信噪比改善量。设压缩曲线为 $y=f(x)$，则量化信噪比改善量(dB)Q_{dB}为

$$Q_{\mathrm{dB}} = 20\lg \frac{\mathrm{d}}{\mathrm{d}x}f(x) \tag{6.3}$$

归一化输入电平的 μ 律压缩曲线定义为

$$y = \frac{\mathrm{sgn}(x)}{\ln(1+\mu)}\ln(1+\mu\mid x\mid) \tag{6.4}$$

国际数字电话标准规定参数取值为 $\mu=255$。当 $\mu=0$ 时，压缩曲线退化为斜率为 1 的

直线,无压缩作用。

代入计算量化信噪比改善量得

$$Q_{dB} = 20\lg\frac{\mu}{\ln(1+\mu)} - 20\lg(1+\mu\mid x\mid) \tag{6.5}$$

因此,N 比特的 μ 律非均匀量化下的量化噪声为

$$SNR_{dB\mu\text{-law}} = Q_{dB} + 6N + 1.76 + 20\lg x \tag{6.6}$$

测试模型如图 6.15 所示,其中压缩扩张参数设置为变量 mu,信号源设置为正弦波类型,振幅和频率分别为变量 sourceAmp 和 freq,这些变量由主程序赋值。PCM 解码输出信号与原信号相减得出量化噪声信号,采用方差统计模块统计输出量化噪声以及原信号的功率,再由主程序计算出信噪比。仿真主程序如下,其中参数 mu 设置为 255 和 0.001,以仿真非均匀量化和均匀量化两种情况。仿真中变化输入信号电平,循环调用仿真模型 ch6example9.mdl 并计算出测量的当前量化信噪比。最后,通过式(6.2)和式(6.6)计算出均匀量化和 μ=255 的非均匀量化下量化信噪比理论曲线以进行对比。

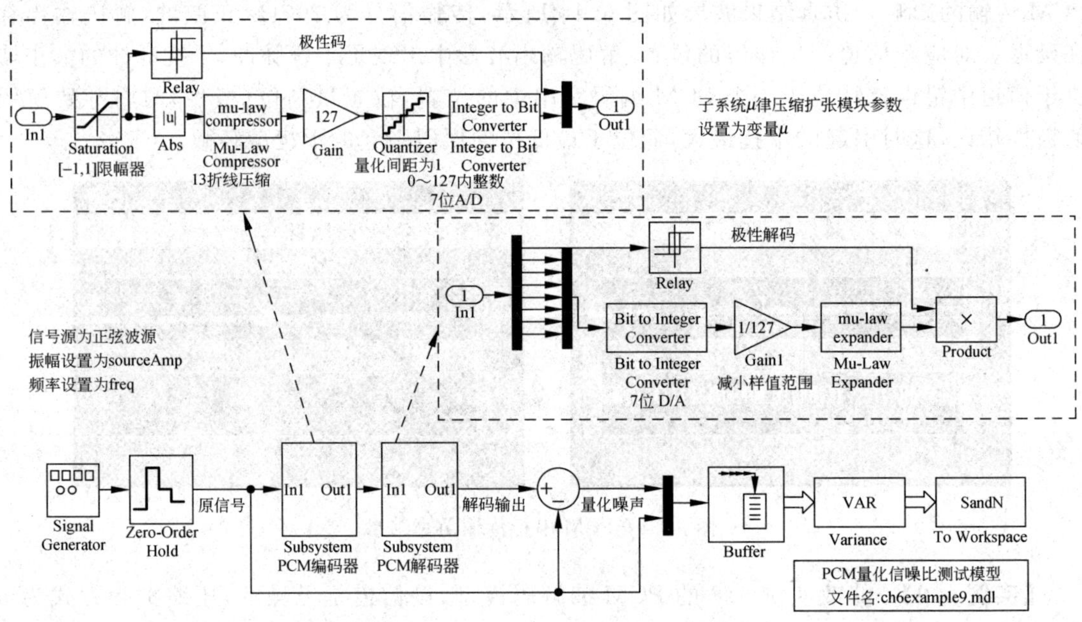

图 6.15 PCM 量化信噪比测试模型

【程序代码】 ch6example9prog1.m

```
% ch6example9prog1.m
clear;
freq = 1;                          % 输入正弦波频率
AdB = -60:1:0;                     % 输入电平(分贝)
A = 10.^(AdB./20);
for mu = [0.001,255];              % 均匀量化和非均匀量化情况
  for k = 1:length(A)
     sourceAmp = A(k);             % 信号电平赋值
     sim('ch6example9.mdl');       % 启动仿真模型
```

```
    SNR(k) = 10 * log10(SandN(2)./SandN(1)); % 计算量化信噪比
end
plot(AdB,SNR,'o'); hold on; drawnow; % 量化信噪比曲线
end
xlabel('输入信号电平 dB'); ylabel('量化信噪比 dB');
axis([ - 60 0 0 50]);
% 理论计算结果:
SNR_dB = 6 * 8 + 1.76 + 20 * log10(A);
mu = 255;
Q_dB = 20 * log10(mu/(log(1 + mu))) - 20 * log10(1 + mu * A);
SNR_dB_mulaw = SNR_dB + Q_dB;
plot(AdB,SNR_dB,' - ',AdB,SNR_dB_mulaw,' -- ');
```

程序执行结果如图 6.16 所示。从结果可见,如果需要量化信噪比高于 30dB,对于 8 位均匀量化方式,其输入信号幅度动态范围为－20～0dB,而采用非均匀量化后,输入信号动态范围达－46～0dB。从非均匀量化的信噪比曲线看,输入信号幅度大于－15dB 左右时,量化信噪比将低于均匀量化的情况,反之则高于均匀量化的情况。非均匀量化通过牺牲大幅度信号的量化信噪比来补偿小信号的量化信噪比,使量化信噪比在较大幅度变化范围内尽量保持均衡。

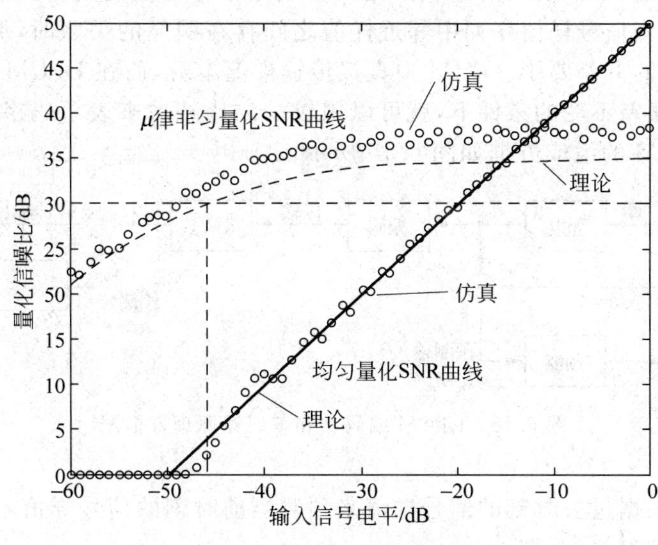

图 6.16 PCM 量化信噪比测试结果

【实例 6.10】 修改实例 6.8 的 PCM 编解码模型,测试指定误码率条件下 PCM 解码语音信号的音质和可懂度。

使用 Simulink 中 DSP 模块库的音频输入输出模块可以对真实音频信号进行处理,测试模型如图 6.17 所示,其中 PCM 编码解码子系统由实例 6.8 中的模型修改而成,包含了并串转换和串并转换功能。仿真时间长度为 20s,步进为 1/64000s。设置 BSC 信道的误码率后,启动仿真,即可听到在指定误码率下传输的 PCM 解码语音信号,Gain 模块用于调整输入声音信号的幅度。

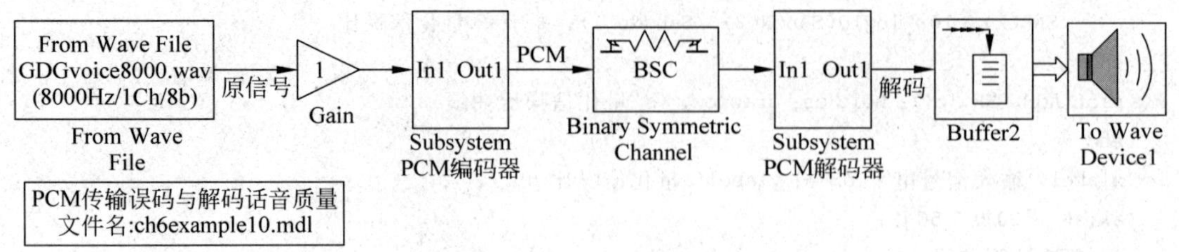

图 6.17 指定误码率条件下 PCM 解码语音测试模型

设置 BSC 信道的误码率分别为 0.1,0.01,0.001,0.0001 等,执行仿真,从听到的输出音质中,将发现误码率在 0.01 数量级上话音基本可懂,但解码输出信号中"咯咯"的噪声很严重;误码率在 0.001 数量级上解码噪声仍然是比较明显的,但音质已经大为改善;误码率在 0.0001 数量级上解码噪声就不明显了。在 PCM 电话系统中,对话音解码通常要求误码率在 10^{-3} 或 10^{-4} 以下,本仿真实例验证了该指标的合理性。对于数据通信,对误码率要求更加严格,如果信道误码率不能满足要求,可采用纠错编码来进一步降低传输误码率。

6.4 DPCM 编码与解码

DPCM 是差分脉冲编码调制的简称,是一种利用信号样值之间的关联特性进行高效率波形编码的方法。当信号样值序列中邻近样值之间存在明显的关联时,那么样值的差值方差就会比样值本身的方差要小。PCM 中直接传输样值本身,而在 DPCM 中,传输数据为样值的差值,在量化误差不变的条件下,就可以用较少的比特数来表示码字,也就提高了波形编码的效率。DPCM 的组成方框如图 6.18 所示。

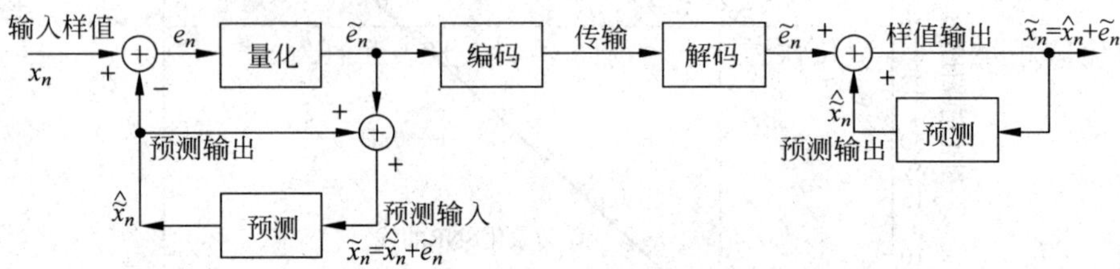

图 6.18 DPCM 编码器和解码器原理方框图

图中,预测器根据过去时刻的信号样值来预测当前时刻的信号样值 $\hat{x}$,并与当前输入样值 x_n 相减得出预测误差 e_n,即

$$e_n = x_n - \hat{x}_n \tag{6.7}$$

然后对预测误差进行量化编码后传送。设预测误差的量化结果为 $\tilde{e}_n = e_n + \delta_n$,其中 δ_n 为量化误差。量化结果 $\tilde{e}_n$ 与预测器输出结果 $\hat{x}_n$ 相加后作为预测器新的输入 $\tilde{x}_n$,即

$$\tilde{x}_n = \tilde{e}_n + \hat{x}_n \tag{6.8}$$

$$= (e_n + \delta_n) + \hat{x}_n \tag{6.9}$$

$$= (x_n - \hat{x}_n) + \delta_n + \hat{x}_n \tag{6.10}$$

$$= x_n + \delta_n \tag{6.11}$$

因此，预测器的输入$\tilde{x}_n$ 也就是输入样值 x_n 被量化的结果，也称为编码器的本地解码样值输出。在 DPCP 解码器中，以同样的反馈相加方式得出解码样值输出。

常用的预测器是线性 FIR 滤波器，利用过去若干个（例如 p 个）本地解码样值的线性组合来预测当前样值，即

$$\hat{\tilde{x}}_n = \sum_{k=1}^{p} w_k \tilde{x}_{n-k} \tag{6.12}$$

其中，w_k 是 FIR 滤波器的抽头系数；p 为 FIR 滤波器的阶数。预测误差序列 e_n 的均方误差（MSE）为

$$\varepsilon = \mathrm{E}[e_n^2] \tag{6.13}$$

$$= \mathrm{E}[(x_n - \hat{\tilde{x}}_n)^2] \tag{6.14}$$

$$= \mathrm{E}\Big[\Big(x_n - \sum_{k=1}^{p} w_k \tilde{x}_{n-k}\Big)^2\Big] \tag{6.15}$$

最佳预测器将使均方误差（MSE）最小。为此，可使 ε 对抽头系数 w_j 求导并令其为零，得到方程组以求解出最佳抽头系数 $w_j, j=1,\cdots,p$，即

$$\frac{\partial \varepsilon}{\partial w_j} = 0, \quad j = 1,2,\cdots,p \tag{6.16}$$

也就是

$$-2\mathrm{E}\Big[\Big(x_n - \sum_{k=1}^{p} w_k \tilde{x}_{n-k}\Big)\tilde{x}_{n-j}\Big] = 0 \tag{6.17}$$

或写为

$$\mathrm{E}[x_n \tilde{x}_{n-j}] = \sum_{k=1}^{p} w_k \mathrm{E}[\tilde{x}_{n-k} \tilde{x}_{n-j}] \tag{6.18}$$

当量化间距足够小，量化误差 $\delta \rightarrow \infty$，有$\tilde{x}_n \approx x_n$，上式近似为

$$\mathrm{E}[x_n x_{n-j}] = \sum_{k=1}^{p} w_k \mathrm{E}[x_{n-k} x_{n-j}] \tag{6.19}$$

利用序列的归一化自相关函数定义 $r(j)=\mathrm{E}[x_n x_{n-j}]/\mathrm{E}[x_n^2]$，上式写为

$$r(j) = \sum_{k=1}^{p} w_k r(j-k), \quad j = 1,2,\cdots,p \tag{6.20}$$

或以矩阵形式表达为

$$\begin{bmatrix} r_1 \\ r_2 \\ \vdots \\ r_p \end{bmatrix} = \begin{bmatrix} 1 & r_1 & \cdots & r_{p-1} \\ r_1 & 1 & \cdots & r_{p-2} \\ \vdots & \cdots & \ddots & \vdots \\ r_{p-1} & r_{p-2} & \cdots & 1 \end{bmatrix} \begin{bmatrix} w_1 \\ w_2 \\ \vdots \\ w_p \end{bmatrix} \tag{6.21}$$

简写为

$$\boldsymbol{R} = \boldsymbol{CW} \tag{6.22}$$

其中，$r(j)$简写为下角标形式 r_j，$r(0)=1$；矩阵 $\boldsymbol{C}$ 是由归一化自相关函数序列构成的 Toeplitz 矩阵。求解得出预测器的最佳抽头系数矩阵为

$$\boldsymbol{W} = \boldsymbol{C}^{-1}\boldsymbol{R} \tag{6.23}$$

【实例 6.11】 求对一段采样率为 8000Hz 的语音信号（文件名 GDGvoice8000.wav）的

最佳预测器抽头系数。给定预测器的阶数 $p=5$。

首先估计出语音信号的归一化自相关函数值 $r_j, j=1,\cdots,5$，常用的估计方法是：

$$E[x_n x_{n-j}] = \frac{1}{N}\sum_{i=1}^{N-j} x_i x_{i+j}, \quad j = 0,\cdots,p \tag{6.24}$$

代入归一化自相关函数定义即可求出 r_j，然后列出方程(6.21)并求解即可。编写的计算程序如下。事实上，Matlab 通信工具箱中直接给出了函数 dpcmopt 来计算 DPCM 优化的预测器抽头系数，程序中也给出了计算结果对比。

【程序代码】 ch6example11prg1.m

```
% ch6example11prg1.m
clear;
p = 5;                                          % 预测器阶数
[x,Fs,bits] = wavread('GDGvoice8000.wav');
r = xcorr(x);                                   % 自相关函数
r = r/max(r);                                   % 归一化
r = r(length(x):length(x) + p);                 % 自相关系数序列[r0,r1,…,rp]
R = r(2:p + 1);
C = toeplitz(r(1:p));
W = inv(C) * R;                                 % 计算最佳抽头系数
W = [0; W]'                                     % 计入 FIR 滤波器第一个抽头系数 W0
predictor = dpcmopt(x,p)                        % 利用通信工具箱中函数直接计算
```

程序执行结果是：

```
>> W =
   0        0.9010   - 0.0748   - 0.0791   - 0.0601    0.0598
predictor =
   0        0.9010   - 0.0748   - 0.0791   - 0.0601    0.0598
```

【实例 6.12】 构建一个 DPCM 编码解码仿真系统。其中预测器为 5 阶 FIR 滤波器，抽头系数设置为实例 6.11 的计算结果，被编码信号为语音文件 GDGvoice8000.wav，量化器采用均匀量化方式，将[−1,1]上的归一化信号样值量化为 $N=4$ 比特编码序列。

在[−1,1]上的信号样值均匀地量化为 $N=4$ 比特编码序列，量化分割电平集合为

$$\left\{-\frac{7}{8},\frac{6}{8},\cdots,0,\cdots,\frac{6}{8},\frac{7}{8}\right\}$$

量化输出电平集合为(也称为量化码书)

$$\left\{-\frac{15}{16},-\frac{13}{16},\cdots,-\frac{1}{16},\frac{1}{16},\cdots\frac{15}{16}\right\}$$

Simulink 通信模块库中提供了 DPCM 编码解码模块 DPCM Encoder 和 DPCM Decoder。

DPCM 编码模块的输入为被编码的样值序列，输出为量化电平序号以及相应的量化信号值，设置参数如下。

(1) 预测器滤波分子分母系数向量，一般采用 FIR 滤波器，分母系数设置为 1，分子系数可由实例 6.11 所示的优化方法计算确定。

（2）量化分割电平集合。

（3）量化输出电平集合。

当给定被量化的样本信号时，可以通过函数 dpcmopt 来计算最优化的预测器抽头系数、最佳量化分割电平以及最佳量化输出电平。

DPCM 解码模块的设置参数要和编码模块相对应。其输出为解码恢复信号以及量化预测误差。DPCM 编解码模块的构成细节可以通过选中模块以鼠标右键打开内部子系统来观察，其构成原理如图 6.18 所示。

DPCM 编解码的测试模型如图 6.19 所示，参数设置依照以上分析进行。由于每个样值进行 4 位编码，这样，DPCM 的传输速率为 32kbps。执行仿真后可听到 DPCM 解码得出的声音信号。

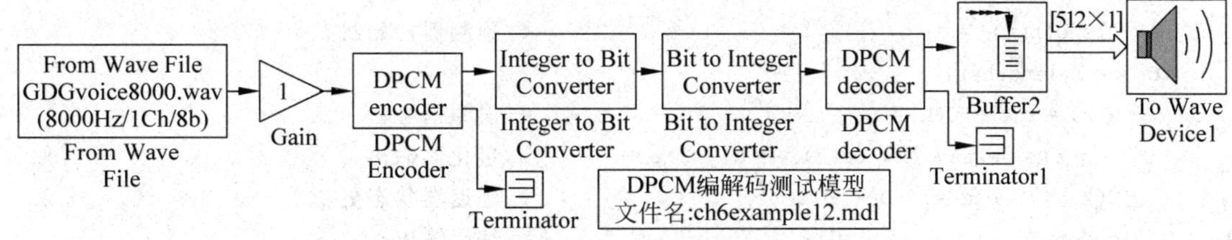

图 6.19　DPCM 编码和解码模块测试模型

6.5　增量调制

增量调制(DM)是 DPCM 的一种简化形式。在增量调制方式下，采用 1 比特量化器，即用 1 位二进制码传输样值的增量信息，预测器是一个单位延迟器，延迟一个采样时间间隔。预测滤波器的分子系数向量是[0,1]，分母系数为 1。当前样值与预测器输出的前一样值相比较，如果其差值大于零，则发 1 码，如果小于零则发 0 码。增量调制系统框图如图 6.20 所示，其中量化器是一个零值比较器，根据输入的电平极性，输出为 $\pm\delta$，预测器是一个单位延迟器，其输出为前一个采样时刻的解码样值，编码器也是一个零值比较器，若其输入为负值，则编码输出为 0，否则输出 1。解码器将输入 1,0 符号转换为 $\pm\delta$，然后与预测值相加后得出解码样值输出，同时也作为预测器的输入。

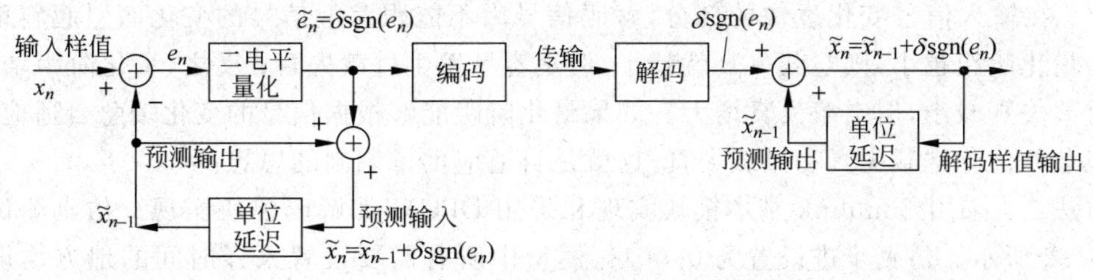

图 6.20　增量调制编码和解码方框图

【实例 6.13】　已知输入信号为

$$x(t) = \sin 2\pi 50t + 0.5\sin 2\pi 150t \tag{6.25}$$

增量调制器的采样间隔为1ms，量化阶距 $\delta=0.4$，单位延迟器初始值为0。试用多种不同方法建立仿真模型并求出前20个采样点时刻上的编码输出序列以及解码样值波形。

方法一：编程实现。

根据图6.20建立数学关系，编程中采用循环结构来模拟仿真采样时刻向前推进，并建立前后采样时刻样值的关系。

【程序代码】 ch6example13prog1.m

```
% ch6example13prog1.m
Ts = 1e - 3;                                        % 采样间隔
t = 0:Ts:20 * Ts;                                   % 仿真时间序列
x = sin(2 * pi * 50 * t) + 0.5 * sin(2 * pi * 150 * t);  % 信号
delta = 0.4;                                        % 量化阶距
D(1 + length(t)) = 0;                               % 预测器初始状态
for k = 1:length(t)
    e(k) = x(k) - D(k);                             % 误差信号
    e_q(k) = delta * (2 * (e(k)>= 0) - 1);          % 量化器输出
    D(k + 1) = e_q(k) + D(k);                       % 延迟器状态更新
    codeout(k) = (e_q(k)>0);                        % 编码输出
end
subplot(3,1,1); plot(t,x,'- o'); axis([0 20 * Ts, - 2 2]); hold on;
subplot(3,1,2); stairs(t,codeout); axis([0 20 * Ts, - 2 2]);
                                                    % 解码端
Dr(1 + length(t)) = 0;                              % 解码端预测器初始状态
for k = 1:length(t)
    eq(k) = delta * (2 * codeout(k) - 1);           % 解码
    xr(k) = eq(k) + Dr(k);
    Dr(k + 1) = xr(k);                              % 延迟器状态更新
end
subplot(3,1,3); stairs(t,xr); hold on;              % 解码输出
subplot(3,1,3); plot(t,x);                          % 原信号
```

程序执行结果如图6.21所示。从图中原信号和解码结果对比看，在输入信号变化平缓的部分，编码器输出1、0交替码，相应的解码结果以正负阶距交替变化，形成颗粒噪声，称空载失真；在输入信号变化过快的部分，解码信号因不能跟踪上信号的变化而引起斜率过载失真。量化阶距越小，则空载失真就越小，但是容易发生过载失真；反之，量化阶距增大，则斜率过载失真减小，但空载失真增大。如果量化阶距能够根据信号的变化缓急自适应调整，则可以兼顾优化空载失真和过载失真，这就是自适应增量调制的思想。

方法二：采用Simulink基本模块实现和采用DPCM编解码模块实现。仿真测试模型如图6.22所示。仿真步进设置为0.001s，模型中所有需要设置采样时间的地方均设置采样时间为0.001s。在增量调制部分，Relay模块作为量化器使用，其门限设置为0，输出值分别设置为0.4和−0.4；Relay1模块作为编码器使用，其门限设置为0，输出值设置为1和0；解码端Relay2模块作为解码器，其门限设置为0.5，输出值分别为0.4和−0.4；使用单位延时器Unit Delay作为预测滤波器，初始状态均设置为零。

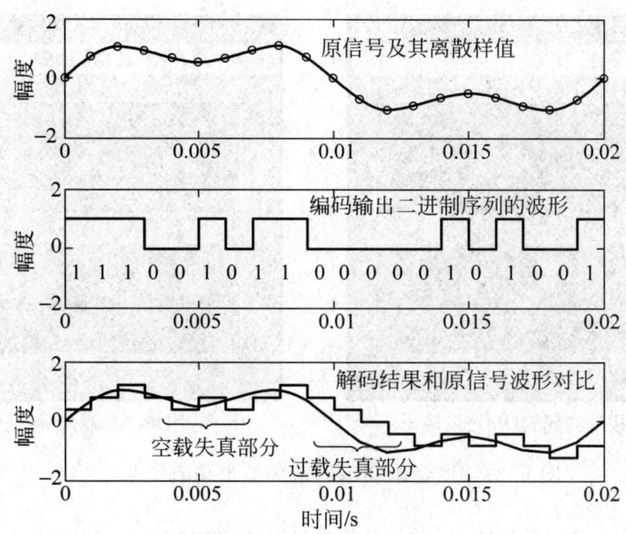

图 6.21　增量调制编码解码波形仿真结果(一)

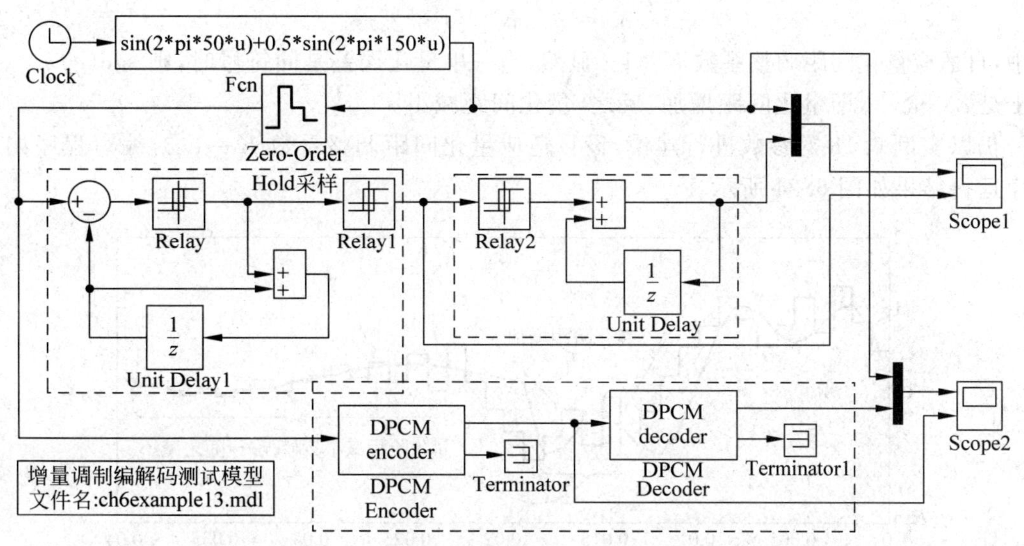

图 6.22　增量调制编码解码仿真测试模型

使用 DPCM 编解码模块进行等价实现,DPCM 编码模块的设置是,预测器分子系数为[0,1],分母系数为 1,量化分割值为 0,码书为[－0.4,0.4],解码器与编码器设置相同。仿真时间设置为 0.02s,即仿真前 20 个采样点。仿真结果如图 6.23 所示,采用 Simulink 基本模块实现的解码结果与编程法得出的波形相同。但是,由于初始值设置问题,采用 DPCM 编解码模块得出的解码结果与采用 Simulink 基本模块实现的解码结果在起始部分稍有不同,随着仿真时间的增加,两者输出结果相同。

【实例 6.14】　试建立自适应增量调制系统的仿真模型。

自适应增量调制中,量化间距是自适应变化的：如果波形斜率陡峭,则连续输出的一串量化误差是同符号的,那么应使量化间距增大以减小斜率失真；如果波形平缓,则连续输出

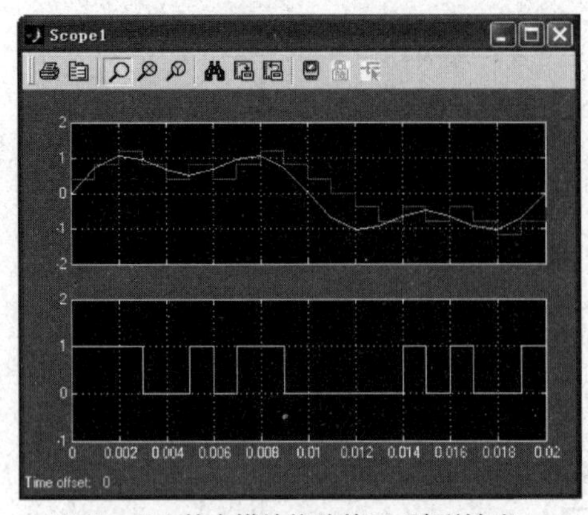
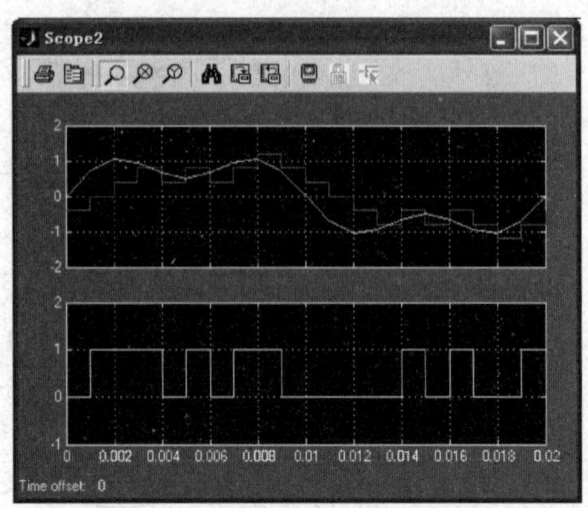
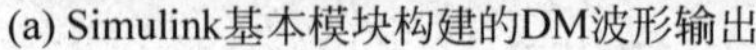

(a) Simulink基本模块构建的DM波形输出　　(b) 使用DPCM编解码模块的波形输出

图 6.23　增量调制编码解码波形仿真结果(二)

的一串量化误差是正负符号交替的,这时减小量化间距就可以减小颗粒噪声。例如,一种较简单的自适应规则是

$$\delta_n = \delta_{n-1} K^{\mathrm{sgn}(\tilde{e}_n \tilde{e}_{n-1})} \tag{6.26}$$

其中,自适应量化间距调整系数 $K \geqslant 1$。显然,当一串量化误差是同符号时,则 $\mathrm{sgn}(\tilde{e}_n \tilde{e}_{n-1}) > 0$,于是 $\delta_n > \delta_{n-1}$,即量化间距增加,反之,量化间距减小。

仍以实例 6.13 的参数进行建模,设自适应量化间距调整系数 $K=1.3$,编写程序如下,程序运行结果如图 6.24 所示。

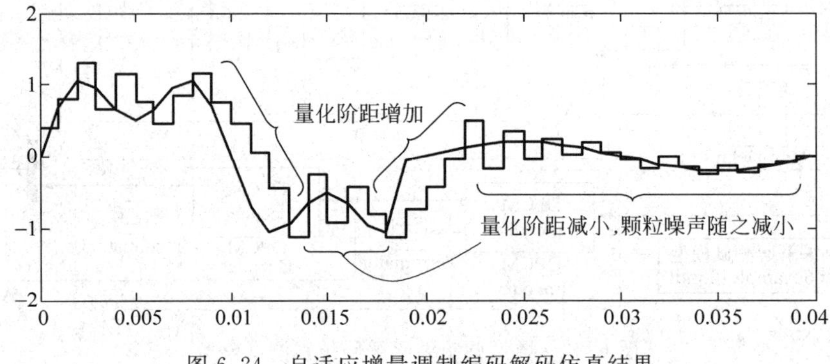

图 6.24　自适应增量调制编码解码仿真结果

【程序代码】 ch6example14prog1.m

```
% ch6example14prog1.m
Ts = 1e - 3;                                          % 采样间隔
t = 0:Ts:40 * Ts;                                     % 仿真时间序列
x = sin(2 * pi * 50 * t) + 0.5 * sin(2 * pi * 150 * t);  % 信号
x(20:41) = 0.2 * sin(2 * pi * 50 * t(20:41));
delta = 0.4;                                          % 量化阶距
D(1 + length(t)) = 0;                                 % 预测器初始状态
K = 1.3;                                              % 自适应量化间距调整系数
for k = 1:length(t)
```

```
    e(k) = x(k) - D(k);                                % 误差信号
    e_q(k) = delta * (2 * (e(k)>= 0) - 1);              % 量化器输出
    if k>1
        delta = delta * (K.^sign(e_q(k). * e_q(k-1))); % 自适应步长调整
    end
    D(k+1) = e_q(k) + D(k);                             % 延迟器状态更新
    codeout(k) = (e_q(k)>0);                            % 编码输出
end
                                                        % 解码端
Dr(1 + length(t)) = 0;                                  % 解码端预测器初始状态
delta = 0.4;                                            % 初始量化阶距
for k = 1:length(t)
    eq(k) = delta * (2 * codeout(k) - 1);               % 解码
    if k>1
        delta = delta * (K.^sign(eq(k). * eq(k-1)));   % 自适应步长调整
    end
    xr(k) = eq(k) + Dr(k);
    Dr(k+1) = xr(k);                                    % 延迟器状态更新
end
stairs(t,xr); hold on;                                  % 解码输出
plot(t,x);                                              % 原信号
```

【实例 6.15】 试建立 Simulink 模型，研究信道误码对增量调制的语音质量影响。增量调制的采样率为 32kHz。

仿真模型如图 6.25 所示，其中使用了 Rate Transition 模块将输入语音信号的采样率由 8000 次/s 升至 32000 次/s，然后进行增量调制。增量调制的预测器分子系数设置为[0,0.9]以避免系统处于临界稳定状态。信道误码率可在 0～1 内任意设置。通过仿真聆听相应误码率下的恢复话音，主观感觉误码率在 0.1 时话音仍然具有相当的可懂度，说明增量调制的抗噪声能力比 PCM 强，但在无误码传输中，增量调制的解码音质不如 PCM。

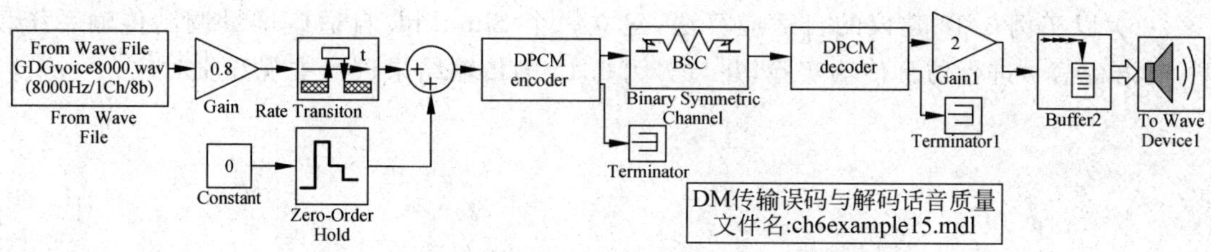

图 6.25 增量调制传输误码与解码话音质量仿真模型

将信道误码率设置为 0.5，则输出为纯噪声，相当于通信中断。有趣的是，当将误码率设置为 0.9 时，又可听到解码语音信号，这说明增量调制能够抵抗信道传输中信号相位反转。由于增量调制解码方法相当简单，实际中甚至直接使用积分器或低通滤波器对输入信号处理即可，也不需要时钟同步，抗干扰能力又很强，所以在军用无线话音通信中得到了较为广泛的应用。

6.6 小结与文献综述

本章讨论了模拟信号数字化的原理和过程。采样定理是所有模数/数模转换的基础。在计算机系统中,模数/数模通常采用均匀量化方式,以获得好的信号转换线性度;而在数字电话系统中,为了节省编码比特数,对模拟信号进行了动态范围的压缩处理,即采用了非均匀量化的方式。PCM是现代数字电话系统中采用的标准编码方式,DPCM利用了样值之间的相关性进一步降低编码速率,而增量调制可以看成是DPCM的简化形式。为了进一步提高差分PCM和增量调制的质量,可采用自适应算法。本章仿真了PCM的编码解码过程和量化信噪比曲线,并仿真得出了信道误码率对PCM编码传输的影响。此外,本章还对差分PCM和增量调制的过程进行了建模仿真,实测了这些语音编码方式的质量和抗干扰能力。

文献[5]、[12]和[23]对PCM的编码解码过程和抗干扰能力进行了分析,文献[4]、[5]、[23]等也详细讨论了DPCM和增量调制的原理和实现方法,文献[4]、[9]则从更一般的角度讨论了信源编码的过程。

6.7 思 考 题

(1) 修改实例6.1的频谱仪参数,使估计出来的功率谱更加光滑。

(2) 将实例6.4改为μ律实现,参数μ设置为255,并作图对比A律和μ律压扩曲线的差别。

(3) 用编程方法实现实例6.10的PCM编解码过程,并输出PCM解码音频信号。

(4) 编写程序验证采样率为8000Hz的一段语音信号(如文件GDGvoice8000.wav)的信号样值序列中邻近样值之间存在明显的关联,即相邻样值之间的差值方差比信号样值本身的方差要小。

(5) 对实例6.14的编程仿真过程以Simulink方框图作等价建模。

(6) 以实例6.14建议的自适应算法,建立一个Simulink自适应增量调制传输系统模型,对语音信号进行仿真传输实验,并与实例6.15的传输结果进行主观音质对比。

第7章

数字通信系统的建模仿真

7.1　二进制传输的错误率仿真

设二进制信源输出符号0的概率为P_0，输出符号1的概率为P_1，且分别以在传输时间T_b内的电平值s_0和s_1表示，不失一般性，设$s_0<s_1$，则这样的二进制信源模型记为

$$X=\begin{bmatrix}0 & 1\\ P_0 & P_1\end{bmatrix} \tag{7.1}$$

显然，$P_0+P_1=1$。对于二进制等概信源，输出1和0的概率相等，有$P_1=P_0=0.5$。

如果通信信道中没有噪声，接收滤波器和解调系统也是理想的，并忽略传输和信号处理的时延，那么在传输时间T_b结束时接收机采样输出样值为发送电平值s_0或s_1之一。如果考虑传输中的噪声影响，并假设噪声是加性的零均值高斯噪声，那么接收机在传输时间T_b结束时的输出样值是在相应的发送电平上叠加了一个给定方差的高斯噪声样值的结果。记T_b结束时接收机采样输出样值为ξ，高斯噪声样值为n，有

$$\xi=\begin{cases}s_0+n, & \text{发送 0 时}\\ s_1+n, & \text{发送 1 时}\end{cases} \tag{7.2}$$

高斯噪声样值n的均值为零，方差为σ^2，其概率密度函数是

$$f(x)=\frac{1}{\sqrt{2\pi}\sigma}\mathrm{e}^{-\frac{x^2}{2\sigma^2}} \tag{7.3}$$

因此，在发送0的条件下，接收采样输出ξ的条件概率密度函数为

$$p(x\mid s_0)=\frac{1}{\sqrt{2\pi}\sigma}\mathrm{e}^{-\frac{(x-s_0)^2}{2\sigma^2}}=f(x-s_0) \tag{7.4}$$

类似地，在发送1的条件下，接收采样输出ξ的条件概率密度函数为

$$p(x\mid s_1)=\frac{1}{\sqrt{2\pi}\sigma}\mathrm{e}^{-\frac{(x-s_1)^2}{2\sigma^2}}=f(x-s_1) \tag{7.5}$$

对接收的采样输出ξ进行判决，设判决门限为C，则判决输出y为

$$y=\begin{cases}1, & \xi>C\\ 0, & \xi\leqslant C\end{cases} \tag{7.6}$$

当发送电平s_0时，若接收样值$\xi>C$，则发生错误判决。当发送电平s_1时，若接收样值

$\xi \leqslant C$,则也发生错误判决。因此总的平均错误判决概率是

$$P_e = P_0 P(\xi > C \mid s_0) + P_1 P(\xi \leqslant C \mid s_1) \tag{7.7}$$

其中

$$P(\xi > C \mid s_0) = \int_C^{\infty} p(x \mid s_0)\mathrm{d}x = \int_C^{\infty} f(x - s_0)\mathrm{d}x = \frac{1}{2} - \frac{1}{2}\mathrm{erf}\left(\frac{C - s_0}{\sqrt{2}\sigma}\right) \tag{7.8}$$

$$P(\xi \leqslant C \mid s_1) = \int_{-\infty}^{C} p(x \mid s_1)\mathrm{d}x = \int_{-\infty}^{C} f(x - s_1)\mathrm{d}x = \frac{1}{2} + \frac{1}{2}\mathrm{erf}\left(\frac{C - s_1}{\sqrt{2}\sigma}\right) \tag{7.9}$$

erf 是误差函数,定义为

$$\mathrm{erf}(x) = \frac{2}{\sqrt{\pi}}\int_0^x \mathrm{e}^{-t^2}\,\mathrm{d}t \tag{7.10}$$

P_e 是判决门限 C 的函数,最优判决门限将使 P_e 最小化,满足

$$\frac{\partial}{\partial C}P_e(C) = 0 \tag{7.11}$$

将式(7.7)代入并求偏导数得到

$$-P_0 f(C - s_0) + P_1 f(C - s_1) = 0$$

代入式(7.3),移项后两边取自然对数,解得最佳判决门限为

$$C_{\mathrm{opt}} = \frac{s_1 + s_0}{2} + \frac{\sigma^2}{s_1 - s_0}\ln\frac{P_0}{P_1} \tag{7.12}$$

可见,最佳判决门限是传输电平、噪声方差以及信源输出符号概率的函数。当信源输出 1 和 0 等概,有 $P_1 = P_0 = 0.5$,最佳门限可简化为

$$C_{\mathrm{opt}} = \frac{s_1 + s_0}{2} \tag{7.13}$$

上式表明,在高斯噪声下对等概二进制信源的最佳判决门限位于两个传输电平的平均值上。将 C_{opt} 代入式(7.7)可求得最佳判决下系统的传输误码率。

【实例 7.1】 设二进制信源模型记为

$$X = \begin{bmatrix} 0, & 1 \\ P_0 = 0.7, & P_1 = 1 - P_0 \end{bmatrix} \tag{7.14}$$

使用单极性基带波形传输,从判决输入端观察,用电平 $s_0 = 0$ 传输符号 0,用电平 $s_1 = A$ 传输符号 1,加性高斯噪声是零均值的,方差为 σ^2。试求在最佳判决下传输误码率 P_e 与 A^2/σ^2 的关系曲线,并进行仿真验证。

仿真程序如下,其中理论曲线通过式(7.7)计算,并采用蒙特卡罗仿真法计算出统计误码率。仿真曲线自变量 A^2/σ^2 为−5～20dB,步进为 0.5dB。每一个给定噪声方差下仿真传输序列长度为 10^5 bit。

仿真结果如图 7.1 所示。从图中可知,误码率为 10^{-4} 以上时,蒙特卡罗仿真统计误码率与理论曲线之间几乎重合,表明仿真精度足够高,而误码率在 10^{-4} 以下时,仿真结果存在偏离,这是由于仿真统计次数不够所致。通常,需要仿真出现 10 个误码以上再进行误码率统计的结果才可以认为是可靠的(第 8 章将定量讨论这一问题)。

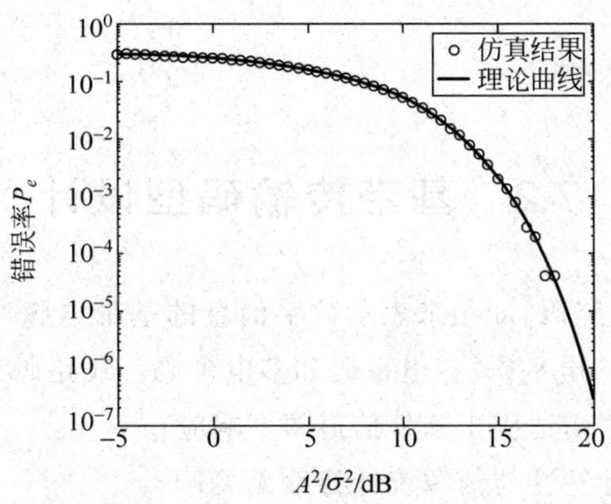

图 7.1 二进制传输的最佳判决误码率仿真和理论结果

【程序代码】 ch7example1.m

```
% ch7example1.m
clear;
s0 = 0; s1 = 5;
P0 = 0.7;                                                           % 信源概率
P1 = 1 - P0;
A2_over_sigma2_dB = - 5:0.5:20;                                     % 仿真信噪比范围(dB)
A2_over_sigma2 = 10.^(A2_over_sigma2_dB./10);
sigma2 = s1^2./A2_over_sigma2;                                      % 噪声方差范围
N = 1e5;                                                            % 信源序列长度
for k = 1:length(sigma2)
    X = (rand(1,N)>P0);                                             % 信源发生
    n = sqrt(sigma2(k)). * randn(1,N);                              % 噪声
    xi = s1. * X + n;                                               % 接收机判决输入
    C_opt = (s0 + s1)/2 + sigma2(k)/(s1 - s0) * log(P0./P1);        % 计算最佳判决门限
    y = (xi>C_opt);                                                 % 判决输出
    err(k) = (sum(X - y~ = 0))./N;                                  % 误码率统计
end
semilogy(A2_over_sigma2_dB,err,'o'); hold on;                       % 仿真结果

for k = 1:length(sigma2)                                            % 理论计算
    C_opt = (s0 + s1)./2 + sigma2(k)./(s1 - s0). * log(P0./P1);     % 计算最佳判决门限
    Pe0 = 0.5 - 0.5 * erf((C_opt - s0)/(sqrt(2 * sigma2(k))));      % 发 0 出错率
    Pe1 = 0.5 + 0.5 * erf((C_opt - s1)/(sqrt(2 * sigma2(k))));      % 发 1 出错率
    Pe(k) = P0 * Pe0 + P1 * Pe1;                                    % 平均错误率
end
semilogy(A2_over_sigma2_dB,Pe);                                     % 理论曲线
xlabel('A^2/\sigma^2 (dB)');
```

```
ylabel('错误率 P_e');
legend('仿真结果','理论曲线');
```

7.2 基带传输码型设计

基带传输码也称为线路码，即用来表示数字消息的基带电脉冲形式。根据脉冲电平的个数，可将线路码划分为二电平码、三电平码和多电平码。线路码设计的主要目的是：

- 使输出信号的功率谱适应于基带信道频率响应；
- 使传输码型的统计特性与信源统计特性无关；
- 具有一定的检错能力，并含有较丰富的定时信息，以便接收端进行时钟恢复。

7.2.1 二电平码

通常二电平码的基带传输波形是矩形脉冲，只具有两种电平。如果在整个码元内电平保持不变，称为不归零码，否则称为归零码。如果用大小相等的正负电平表示 1 和 0，称为双极性码，如果用某个非零电平和一个零电平分别表示 1 和 0，则称为单极性码。

【实例 7.2】 仿真得出单极性不归零码、双极性不归零码以及单极性归零码的波形。

仿真模型如图 7.2 所示，其中单极性到双极性的变换用通信模块库中的 Unipolar to Bipolar Converter 实现，此处也可以用门限为 0.5 的 Relay 模块实现。归零码是不归零码和时钟相乘(数字电路实现时可用与门)得出的。反之，由归零码到不归零码的转换可采用采样保持器完成，模型中以触发子系统 Triggered Subsystem 实现。信源输出码元时间间隔为 1s，仿真采样时间间隔为 0.1s，这样可以在时钟周期的 1/10 精度上进行仿真。设要求的归零码占空比为 40%，则时钟脉冲应设置为脉宽为 4 个样值期间，周期为 10 样值期间。仿真结果波形如图 7.3 所示。

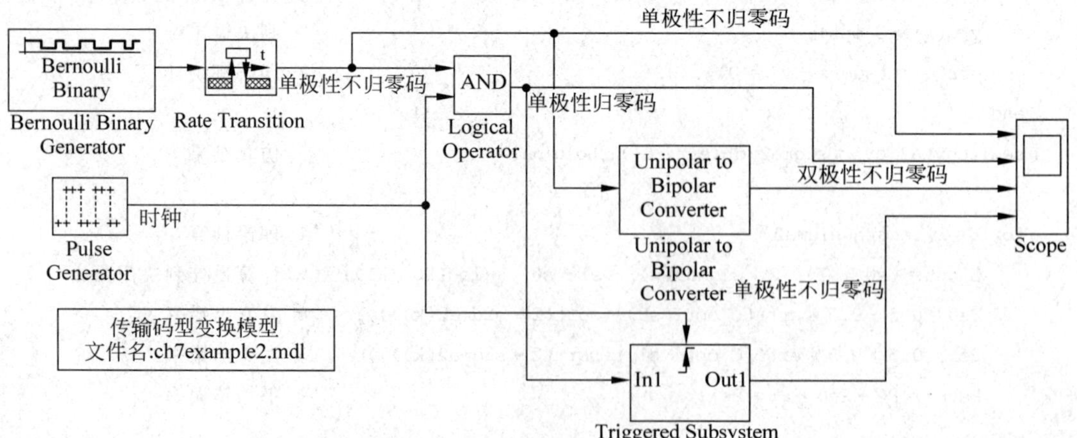

图 7.2 传输码型变换模型

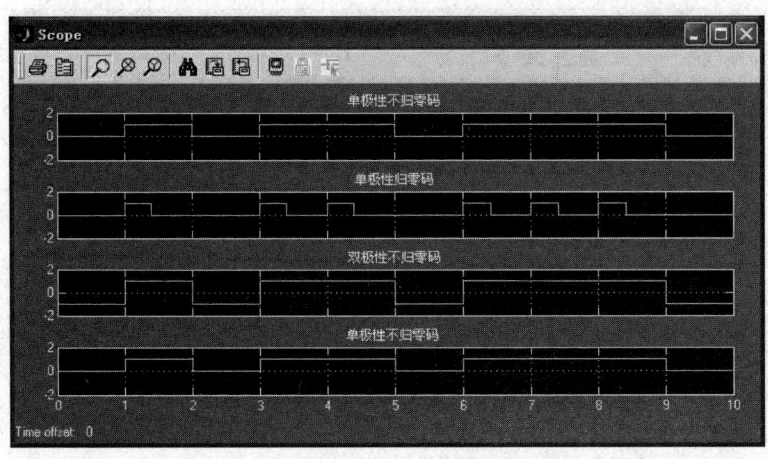

图 7.3 传输码型变换仿真结果

【实例 7.3】 仿真得出单极性传号差分码、空号差分码的波形，并给出其转换方法。

在差分编码中，以在传输时间开始处的电平跳变与否来表示二进制符号 1 或 0，这样，信息携带在电平的相对变化上，可解决传输中产生相位模糊（即传输中可能产生电平翻转）的问题。

如果以传输时间开始处电平跳变来表示 1，电平不跳变来表示 0，则称为传号差分码；反之，若以电平不跳变来表示 1，电平跳变来表示 0，则称为空号差分码。差分码是一种有记忆编码，实际中常以 D 触发器和异或门组成的电路来实现差分编码。

测试模型如图 7.4 所示。图中给出了单极性传号差分码、空号差分码的编码和解码方案，仿真执行结果如图 7.5 所示。注意，编码器中延迟器的初始状态不同会引起编码输出信号的相位反转。

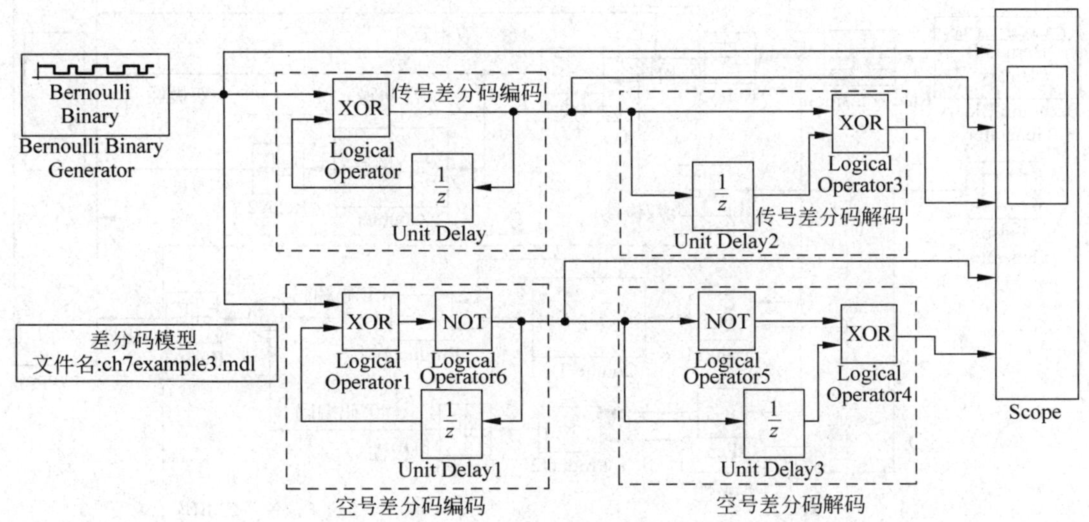

图 7.4 差分码的编解码测试模型

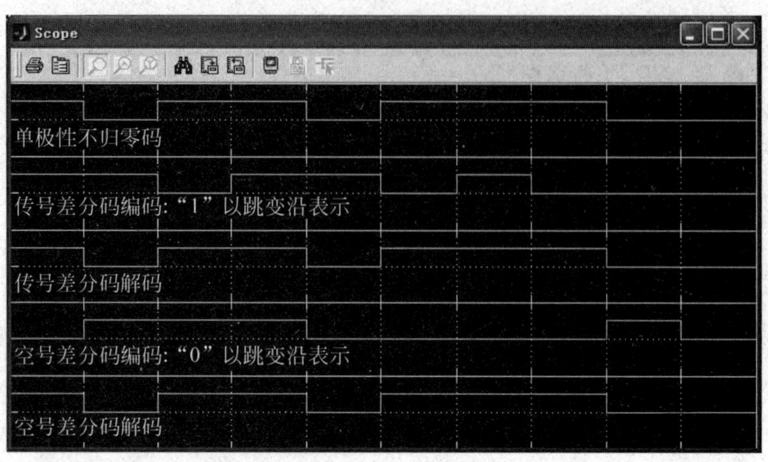

图 7.5 传输码型变换仿真结果

【实例 7.4】 仿真数字双相码(曼彻斯特码)、延迟调制码(密勒码)以及传号反转码(CMI 码)编码输出波形。

数字双相码在一个码元传输时间间隔内用两位双极性不归零脉冲表示 1 和 0,即用"+1,−1"表示 1,用"−1,+1"表示 0,"−1,−1"和"+1,+1"为禁用码。

用数字双相码的下降沿触发一个双稳态电路(即二进计数器)即可得出密勒码。密勒码的编码规律是,1 用码元传输时间间隔中点出现的波形跳变来表示,0 则分两种情况:出现单个 0 时在码元间隔中点不出现跳变,连 0 时则在两个 0 的分界点处出现跳变。

CMI 码中规定,0 用脉冲"−1,+1"表示,1 则交替用"+1,+1"和"−1,−1"表示。

仿真模型如图 7.6 所示,仿真输出波形如图 7.7 所示。

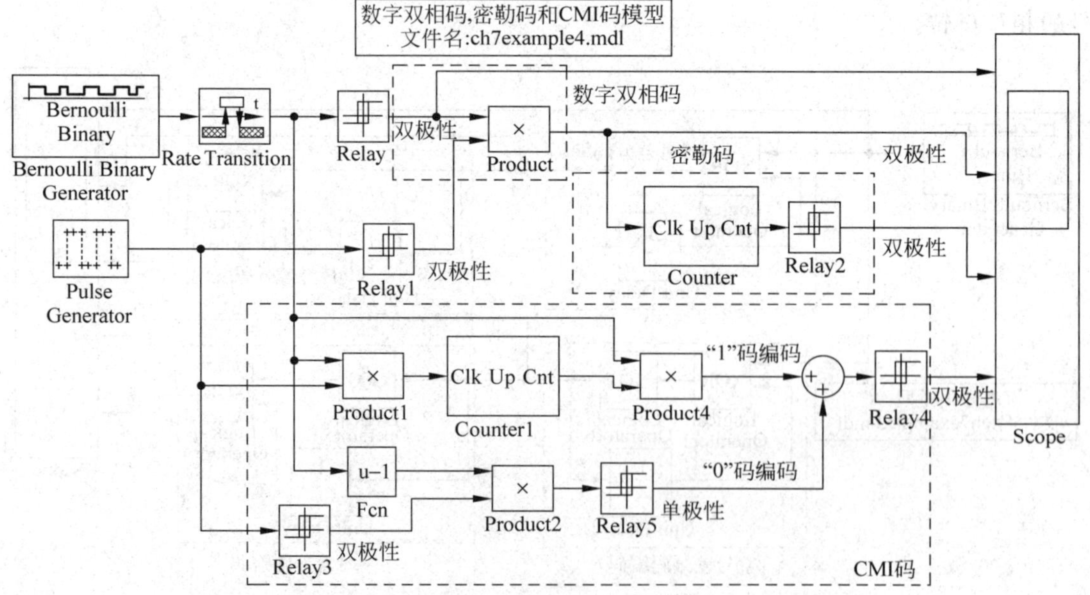

图 7.6 实例 7.4 的仿真模型

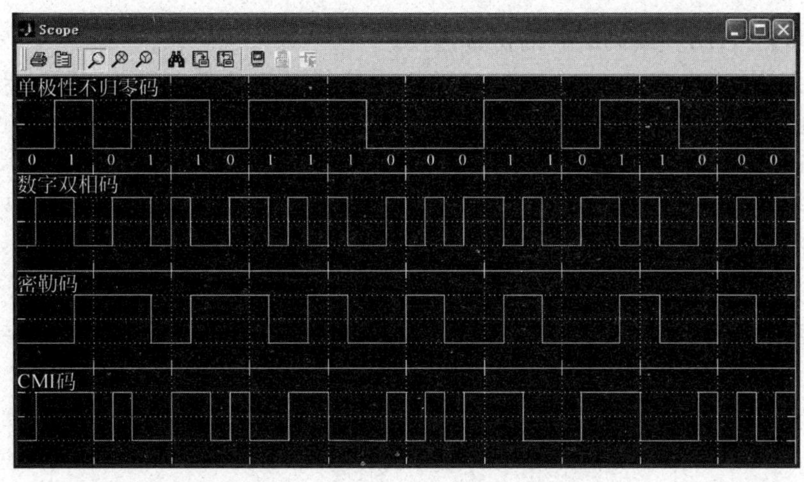

图 7.7　实例 7.4 的仿真结果波形

7.2.2　三电平码

三电平码的电平取值为$-A$,0,$+A$ 3 个,工程上,通常以简单对应关系将二进制数据映射为三电平码。

例如,双极性归零码除了代表两个二进制符号的$-A$,$+A$电平外,还有一个归零电平,因此也可视为一种三电平码。

PCM 终端机中常用的三电平码有:AMI 码、HDB3 码和 B6ZS 码等。

【实例 7.5】 试建立 AMI 编码和解码的仿真模型。

AMI 码也称为传号交替反转码,其编码规则是:0 用零电平表示,1 用$+A$和$-A$电平交替表示。仿真模型如图 7.8 所示,其中以二进计数器 Counter 模块进行符号 1 的奇偶统计,Ralay 模块将计数值转换为±1并据此控制传号 1 的脉冲极性。AMI 码的解码很简单,对输入取绝对值后即可还原为二元归零码。仿真波形如图 7.9 所示。

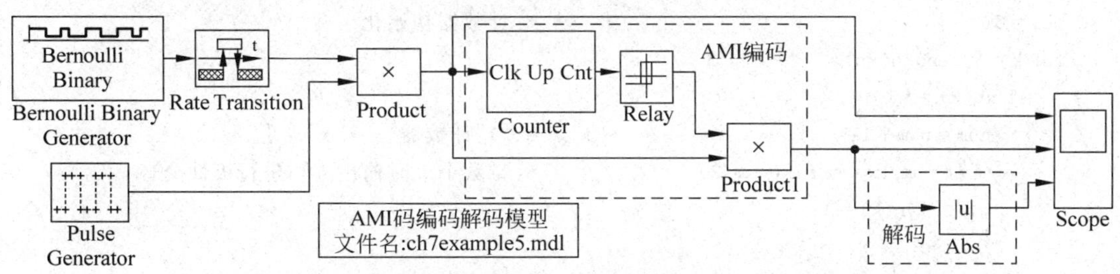

图 7.8　AMI 码编码解码模型

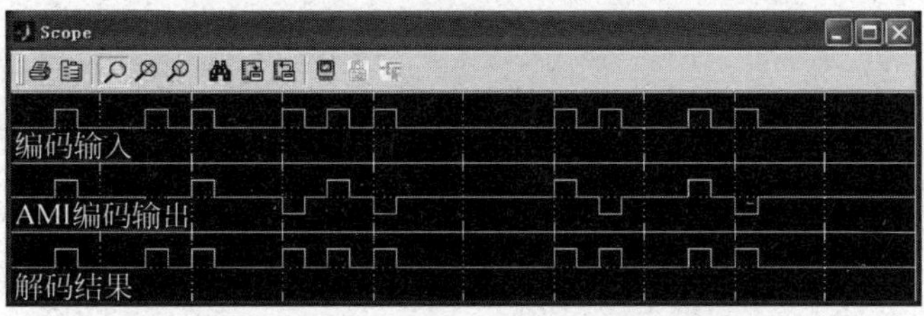

图 7.9　AMI 编码和解码仿真结果波形

【实例 7.6】 HDB3 编码解码的仿真建模。

在 AMI 码中，当出现长连 0 时，AMI 输出也是长时间的零电平，这样将会造成定时提取困难。HDB3 码是对 AMI 码的一种改进。HDB3 码规定，每当出现 4 个连 0 时，用以下两种取代节代替这 4 个连零，规则是：

令 V 表示违反极性交替规则的传号脉冲，B 表示符合极性交替规则的传号脉冲，当相邻两个 V 脉冲之间的传号脉冲数为奇数时，以 000V 作为取代节；当相邻两个 V 脉冲之间的传号脉冲数为偶数时，以 B00V 作为取代节。这样，就能够始终保持相邻两个 V 脉冲之间的 B 脉冲数为奇数，使 V 脉冲序列自身也满足极性交替规则。例如对二进序列

1011000000110000001…

先将编码写为

B0BB000V000BBB00V00B…

然后根据 B，V 脉冲自身极性交替，V 脉冲与前一个 B 脉冲极性相同的原则确定脉冲极性。起始脉冲极性可任意假设。因此输出的 HDB3 码为

$$B^+ 0B^- B^+ 000V^+ 000B^- B^+ B^- 00V^- 00B^+ \cdots$$

或

$$B^- 0B^+ B^- 000V^- 000B^+ B^- B^+ 00V^+ 00B^- \cdots$$

其中，上脚标$^+$，$^-$分别表示正负极性。

对 HDB3 码解码很容易，根据 V 脉冲极性破坏规则，只要发现当前脉冲极性与上一个脉冲极性相同，就可判断当前脉冲为 V 脉冲，从而将 V 脉冲连同之前的 3 个传输时隙均置为 0，就可以清除取代节，然后取绝对值即可恢复归零二进制序列。

使用编程方法更容易实现对 HDB3 码的编解码，仿真程序如下。

【程序代码】 ch7example6prog1. m

```
% ch7example6prog1.m                           % AMI 码的编码
xn = [1 0 1 1 0 0 0 0 0 0 1 1 0 0 0 0 0 0 1 0];  % 输入单极性码
yn = xn;                                       % 输出 yn 初始化
num = 0;                                       % 计数器初始化
for k = 1:length(xn)
   if xn(k) == 1
      num = num + 1;                           % "1"计数器
        if num/2 == fix(num/2)                 % 奇数个 1 时输出 -1,进行极性交替
            yn(k) = 1;
        else
            yn(k) = -1;
        end
    end
end
                                               % HDB3 编码
num = 0;                                       % 连零计数器初始化
yh = yn;                                       % 输出初始化
sign = 0;                                      % 极性标志初始化为 0
V = zeros(1,length(yn));                       % V 脉冲位置记录变量
```

```
B = zeros(1,length(yn));            % B脉冲位置记录变量
for k = 1:length(yn)
  if yn(k) == 0
      num = num + 1;                % 连0个数计数
      if num == 4                   % 如果4连0
        num = 0;                    % 计数器清零
        yh(k) = 1 * yh(k - 4);
                                    % 让0000的最后一个0改变为与前一个非零符号相同极性的符号
        V(k) = yh(k);               % V脉冲位置记录
        if yh(k) == sign            % 如果当前V符号与前一个V符号的极性相同
           yh(k) = -1 * yh(k);      % 则让当前V符号极性反转,以满足V符号间相互极性反转要求
           yh(k - 3) = yh(k);       % 添加B符号,与V符号同极性
           B(k - 3) = yh(k);        % B脉冲位置记录
           V(k) = yh(k);            % V脉冲位置记录
           yh(k + 1:length(yn)) = -1 * yh(k + 1:length(yn));
                                    % 并让后面的非零符号从V符号开始再交替变化
        end
      sign = yh(k);                 % 记录前一个V符号的极性
     end
  else
      num = 0;                      % 当前输入为1,则连0计数器清零
  end
end                                 % 编码完成
re = [xn',yn',yh',V',B'];           % 结果输出: xn AMI HDB3 V&B符号
                                    % HDB3解码
input = yh;                         % HDB3码输入
decode = input;                     % 输出初始化
sign = 0;                           % 极性标志初始化
for k = 1:length(yh)
    if input(k)~ = 0
      if sign == yh(k)              % 如果当前码与前一个非零码的极性相同
         decode(k - 3:k) = [0 0 0 0];  % 则该码判为V码并将*00V清零
      end
      sign = input(k);              % 极性标志
    end
end
decode = abs(decode);               % 整流
error = sum([xn' - decode']);       % 解码的正确性检验,作图
subplot(3,1,1); stairs([0:length(xn) - 1],xn); axis([0 length(xn) - 2 2]);
subplot(3,1,2); stairs([0:length(xn) - 1],yh); axis([0 length(xn) - 2 2]);
subplot(3,1,3); stairs([0:length(xn) - 1],decode); axis([0 length(xn) - 2 2]);
```

程序执行后得出HDB3编码和解码波形如图7.10所示。

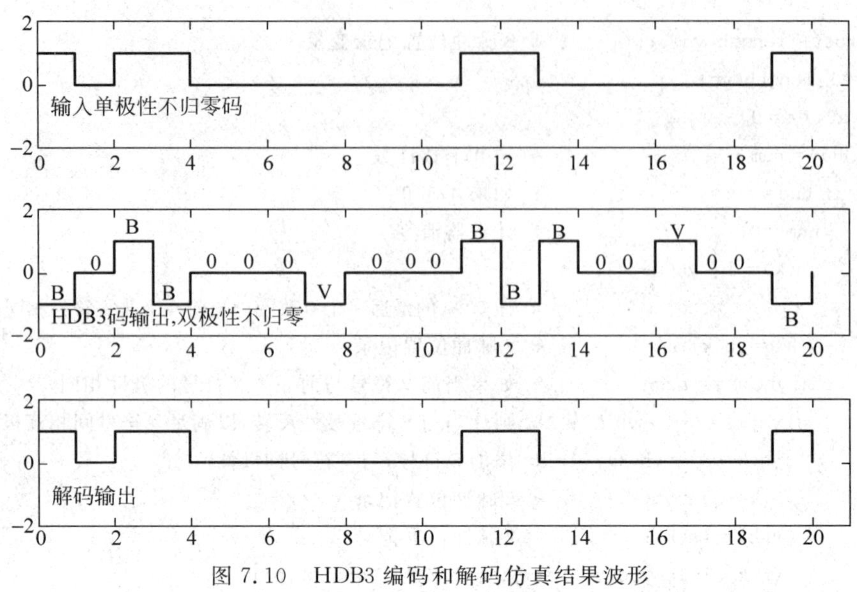

图 7.10 HDB3 编码和解码仿真结果波形

7.3 带限基带传输系统的仿真

7.3.1 眼图和无码间串扰波形

实际中通信传输信道的带宽总是有限的，这样的信道称为带限信道。带限信道的冲激响应在时间上是无限的，因此一个时隙内的代表数据的波形经过带限信道后将在邻近的其他时隙上形成非零值，称为波形的拖尾。拖尾和邻近其他时隙上的传输波形相互叠加后，形成传输数据之间的混叠，造成符号间干扰，也称为码间串扰。接收机中，在每个传输时隙中的某一时间点上，通过对时域混叠后的波形进行采样，然后对样值进行判决来恢复接收数据。在采样时间位置上符号间的干扰应最小化(该采样时刻称为最佳采样时刻)，并以适当的判决门限来恢复接收数据，使误码率最小(该门限称为最佳判决门限)。

在工程上，为了便于观察接收波形中的码间串扰情况，可在采样判决设备的输入端口处以恢复的采样时钟作为同步，用示波器观察该端口的接收波形。利用示波管显示的暂时记忆特性，在示波管上将显示出多个时隙内接收信号的重叠波形图案，称为眼图。一个双极性二电平波形经过某带限信道后的波形和眼图的仿真结果如图 7.11 所示。对于传输符号等

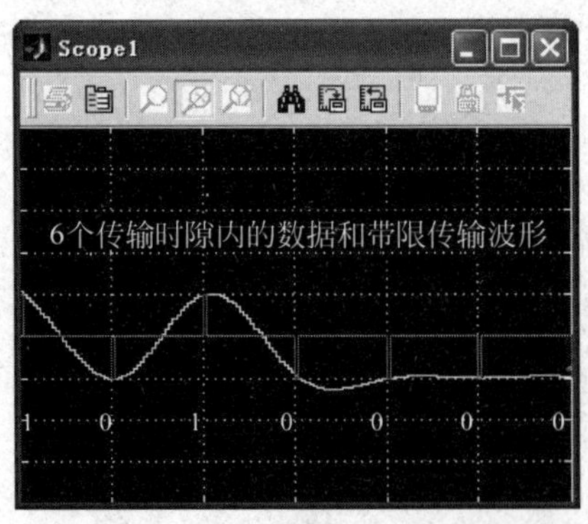

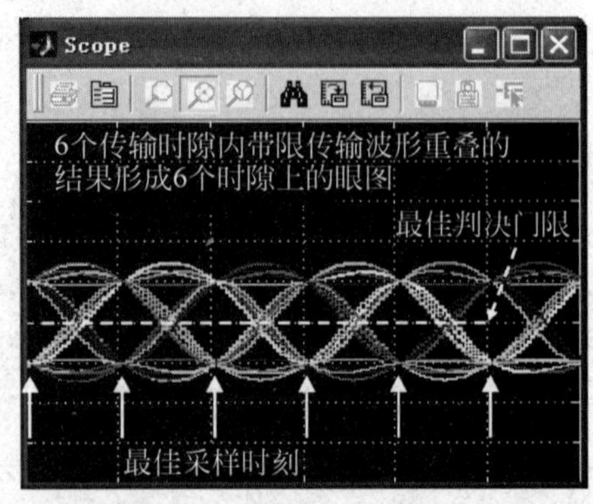

图 7.11 带限双极性二电平波形形成的眼图

概率的双极性二元码，最佳判决门限为0，最佳采样时刻为眼图开口最大处，因为这时刻上的码间串扰最小。当无码间串扰时，在最佳采样时刻上眼图波形将会聚为一点。

显然，只要带限信道冲激响应的拖尾波形在时隙周期整数倍上取值为零，那么就没有码间串扰，例如抽样函数 $\text{sinc}x=\dfrac{\sin x}{x}$。然而，抽样函数的频谱是矩形门函数，是物理不可实现的。由于门函数的频率锐截止特性，即使近似实现也十分困难。然而，还存在一类无码间串扰的时域函数，且具有升余弦频率特性，幅频响应是缓变的，在工程上易于近似实现。具有滚升余弦频率特性的传输信道是无码间串扰的，其冲激响应为

$$h_{\text{rcos}}(t)=\frac{\sin(\pi t/T_s)}{\pi t/T_s}\frac{\cos(\alpha\pi t/T_s)}{1-4\alpha^2t^2/T_s{}^2} \tag{7.15}$$

相应的频谱是

$$H_{\text{rcos}}(\omega)=\begin{cases}T_s, & 0\leqslant|\omega|<\dfrac{(1-\alpha)\pi}{T_s}\\ \dfrac{T_s}{2}\left[1+\sin\dfrac{T_s}{2\alpha}\left(\dfrac{\pi}{T_s}-\omega\right)\right], & \dfrac{(1-\alpha)\pi}{T_s}\leqslant|\omega|<\dfrac{(1+\alpha)\pi}{T_s}\\ 0, & |\omega|\geqslant\dfrac{(1+\alpha)\pi}{T_s}\end{cases} \tag{7.16}$$

其中，T_s 为码元传输时隙宽度，$0\leqslant\alpha\leqslant1$ 为滚降系数。当 $\alpha=0$ 时，$H_{\text{rcos}}(\omega)$退化为矩形门函数；当 $\alpha=1$ 时，$H_{\text{rcos}}(\omega)$称为全升余弦频谱。

设发送滤波器为 $G_T(\omega)$，物理信道的传递函数为 $C(\omega)$，接收滤波器为 $G_R(\omega)$，则带限信道总的传递函数为

$$H(\omega)=G_T(\omega)C(\omega)G_R(\omega) \tag{7.17}$$

对于物理信道是加性高斯白噪声信道的情况，可以证明，当发送滤波器与接收滤波器相互匹配时，即 $G_T(\omega)=G_R^*(\omega)$，通信性能（误码率最小）达到最佳。对于理想的物理信道（$C(\omega)=1$），收发滤波器相互匹配时有

$$H(\omega)=G_T(\omega)G_R^*(\omega) \tag{7.18}$$

$$=|G_T(\omega)|^2 \tag{7.19}$$

由此求得收发滤波器传递函数的实数解为

$$G_T(\omega)=G_R(\omega)=\sqrt{H(\omega)} \tag{7.20}$$

无串扰条件下，信道传递函数是滚升余弦的，匹配的收发滤波器称为平方根滚升余弦滤波器（square root raised cosine filter），有

$$G_T(\omega)=G_R(\omega)=\sqrt{H_{\text{rcos}}(\omega)} \tag{7.21}$$

其冲激响应是

$$h(t)=4\alpha\frac{\cos((1+\alpha)\pi t/T_s)+\dfrac{\sin((1-\alpha)\pi t/T_s)}{4\alpha t/T_s}}{\pi\sqrt{T_s}((4\alpha t/T_s)^2-1)} \tag{7.22}$$

工程上，滚升余弦滤波器和平方根滚升余弦滤波器通常用FIR滤波器来近似实现。FIR滤波器的分母系数为1，分子系数向量等于冲激响应的采样序列。Matlab通信工具箱中提供了设计升余弦滤波器的函数rcosine。当rcosine用于计算FIR滤波器时，根据设计选项的不同，其结果为式(7.15)或式(7.22)的采样值序列。函数rcosine用于计算FIR滤

波器时的用法如下。

```
num = rcosine(Fd,Fs,'fir/normal',r,delay);
% 'fir/normal'用于FIR滚升余弦滤波器设计
num = rcosine(Fd,Fs,'fir/sqrt',r,delay);
% 'fir/sqrt'用于FIR平方根滚升余弦滤波器设计
% r是滚降系数,r取值在0~1之间
% Fd为输入数字序列的采样率,即码元速率
% Fs为滤波器采样率,Fs必须是Fd的正整数倍
% delay是输入到响应峰值之间的时延(单位是码元时隙数)
```

【实例7.7】 作出一组滚升余弦滤波器的冲激响应,滚降系数为0,0.5,0.75和1,并通过FFT求出其幅频特性。码元时隙为1ms,在一个码元时隙内采样10次,滤波器延时为5个码元时隙宽度。

【程序代码】 ch7example7prog1.m

```
% ch7example7prog1.m
Fd = 1e3;                         % 码元时隙为1ms
Fs = Fd * 10;                     % 在一个码元时隙内采样10次
delay = 5;                        % 滤波器延时为5个码元时隙宽度
for r = [0,0.5,0.75,1]            % 滚降系数为0,0.5,0.75和1
    num = rcosine(Fd,Fs,'fir/normal',r,delay);
    t = 0:1/Fs:1/Fs * (length(num) - 1);
    figure(1); plot(t,num); axis([0 0.01 -0.3 1.1]); hold on;
    Hw = abs(fft(num,1000));
    f = (1:Fs/1000:Fs) - 1;
    figure(2); plot(f,Hw); axis([0 1500 0 12]); hold on;
end
```

程序执行结果如图7.12所示。从图中看出,时域波形簇在1ms的整数倍上过零,因此是无码间串扰的。随着滚降系数的增加,时域响应波形的拖尾减小且衰减加快,频域曲线下降变缓,带宽增加,当滚降系数为零时,频域曲线为矩形,但由于时域截断,在频域将产生吉布斯效应波动现象。

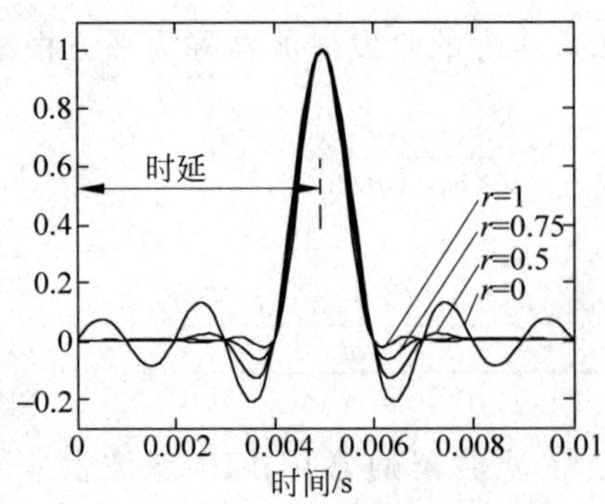

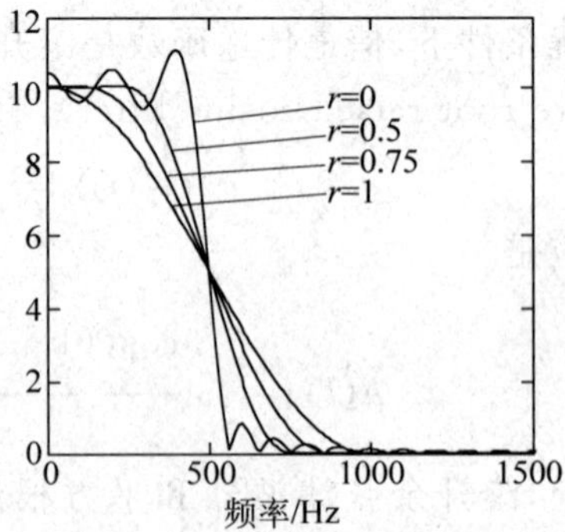

图7.12 升余弦波形和对应的幅度频谱

【实例 7.8】 设计一个滚升余弦滤波器，滚降系数为 0.75。输入为 4 元双极性数字序列，符号速率为 1000 波特，设滤波器采样率为 10000 次/s，即在一个符号间隔中有 10 个采样点。试建立仿真模型观察滚升余弦滤波器的输出波形、眼图以及功率谱。

设计模型如图 7.13 所示，系统仿真步进设为 1e−4s，采用 Random Integer Generator 产生采样间隔为 1e−3s 的 4 元整数(0,1,2,3)，并用 Unipolar to Bipolar Converter 模块将其转换为双极性的(−3,−1,1,3)。通过升速率模块 Upsample 将基带数据的采样速率升高为 10000 次/s，其输出为冲激脉冲形式的数据序列。滚升余弦 FIR 滤波器以 Discrete Filter 模块实现，其分母系数设置为 1，分子系数通过 rcosine 函数计算，设置为：

```
rcosine(1e3,1e4,'fir/normal',0.75,3)
```

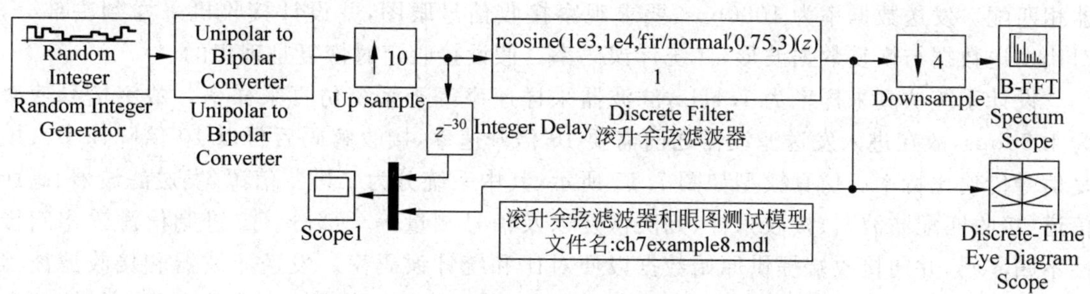

图 7.13 滚升余弦滤波器和眼图测试模型

这样就得到了滚降系数为 0.75 的滚升余弦滤波器，滤波延时时间为 3 个数据时隙，即 30 个滤波采样间隔。滤波器输出通过 Downsample 模块降低 4 倍采样速率，使送入频谱仪的采样率为 2500 次/s，这样频谱仪显示的频率范围是 0～1250Hz。同时，滤波输出送入通信模块库中的眼图显示模块 Discrete-Time Eye Diagram Scope 显示眼图。在眼图显示模块 Discrete-Time Eye Diagram Scope 中需要设置：

(1) 每个数据的采样点数，设置为 10。

(2) 每次扫描显示的符号个数可设置为 2，这样眼图将显示 2 个符号时间宽度。

(3) 显示所保留的扫描波形轨迹数，可使用默认值。

(4) 每次显示的新轨迹数，也可使用默认值。

(5) Discrete-Time Eye Diagram Scope 模块可同时显示同相支路和正交支路上的波形眼图，本例只有一条支路，可选择 In-phase Only 选项。

由于滚升余弦滤波器存在延迟，为了使滤波器输出波形对应于输入数据脉冲，模型中使用了 Integer Delay 模块将输入数据延迟 30 个采样时间间隔，以示波器对比显示滤波器输入输出波形。仿真结果波形、功率频谱和眼图如图 7.14 所示。修改信源的输出电平数可以得出其他电平数的眼图波形。

7.3.2 基带传输系统的仿真

【实例 7.9】 试建立一个基带传输模型，发送数据为二进制双极性不归零码，发送滤波器为平方根升余弦滤波器，滚降系数为 0.5，信道为加性高斯信道，接收滤波器与发送滤波

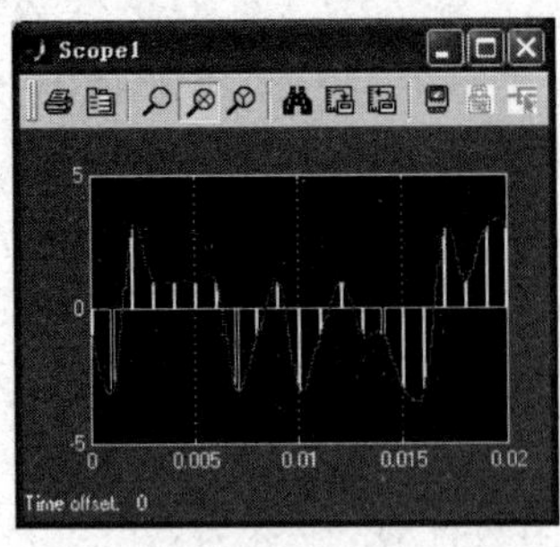

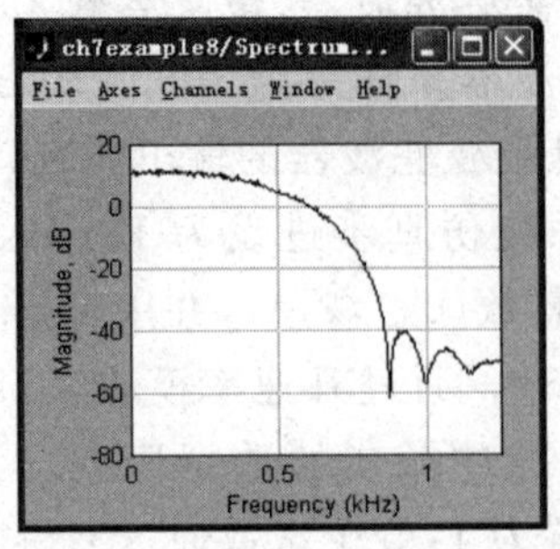

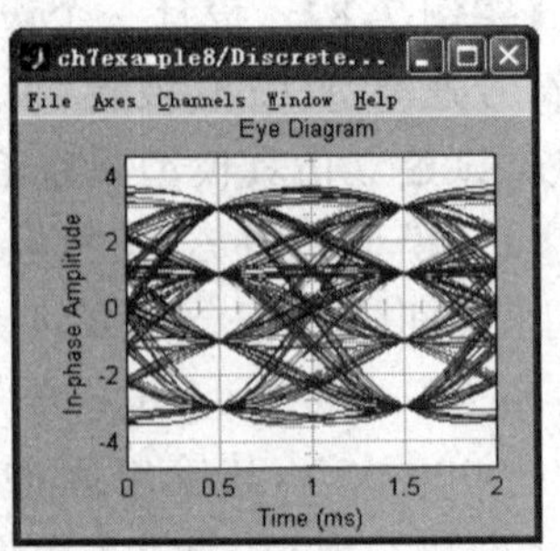

图 7.14　滚升余弦滤波器仿真结果

器相匹配。发送数据率为1000bps,要求观察接收信号眼图,并设计接收机采样判决部分,对比发送数据与恢复数据波形,并统计误码率。假设接收定时恢复是理想的。

设计系统仿真采样率为1e4Hz,滤波器采样速率等于系统仿真采样率。数字信号速率为1000bps,故在进入发送滤波器之前需要10倍升速率,接收解码后再以10倍降速率来恢复信号传输比特率。仿真模型如图7.15所示,其中系统分为二进制信源、发送滤波器、高斯信道、接收匹配滤波器、接收采样、判决恢复以及信号测量等7部分。二进制信源输出双极性不归零码,并向接收端提供原始数据以便对比和统计误码率。发送滤波器和接收滤波器是相互匹配的,均为平方根升余弦滤波器,高斯信道采用简单的随机数发生器和加法器实现。由于接收定时被假定是理想的,可用脉冲发生器实现1000Hz的矩形脉冲作为恢复定时脉冲,以乘法器实现在最佳采样时刻对接收滤波器输出的采样。然后对采样结果进行门限判决,最佳门限设置为零,判决输出结果在一个传输码元时隙内保持不变,最后以10倍降速率采样得出采样率为1000Hz的恢复数据。

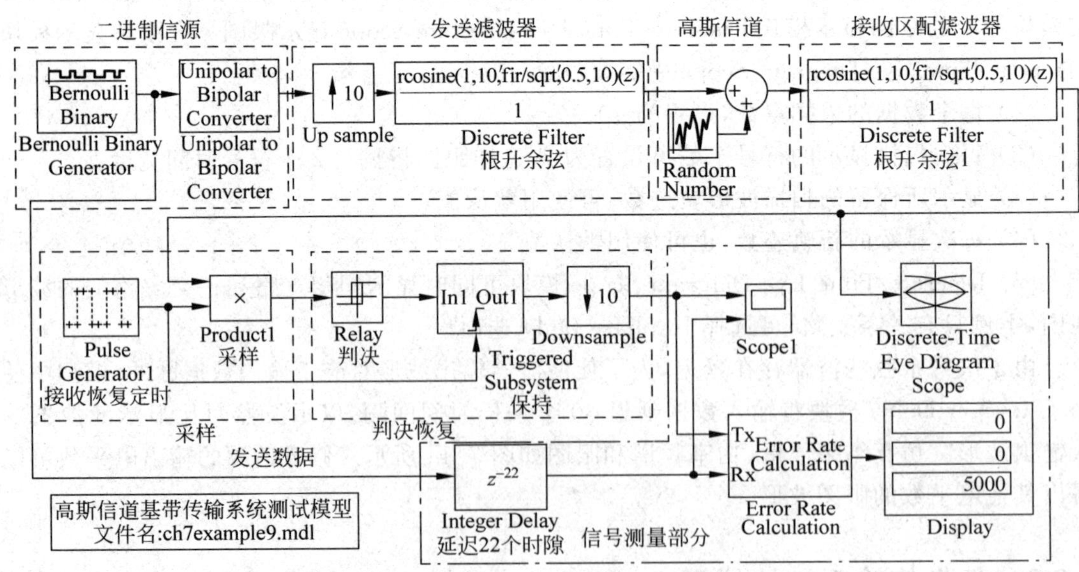

图 7.15　高斯信道下的基带传输系统测试模型

由于发送滤波器和接收滤波器的滤波延迟均设计为10个传输码元时隙,所以在传输中共延迟20个时隙,加上接收机采样和判决恢复部分的2个时隙的延时,接收恢复数据比发送信源数据共延迟了 22 个码元。因此，在对比收发数据时需要将发送数据延迟 22 个采样单位(时隙)。信号测量部分对接收滤波器输出波形的眼图、收发数据波形以及误码率进行了测量，仿真结果如图 7.16 所示，其中信道中噪声方差为 0.05，测试误码率结果为 0.0068。

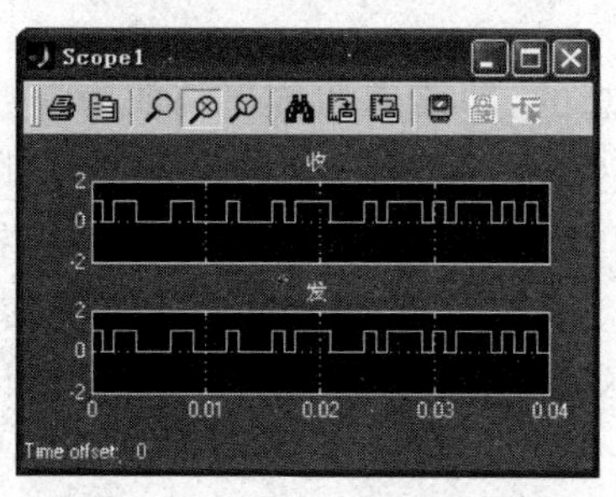

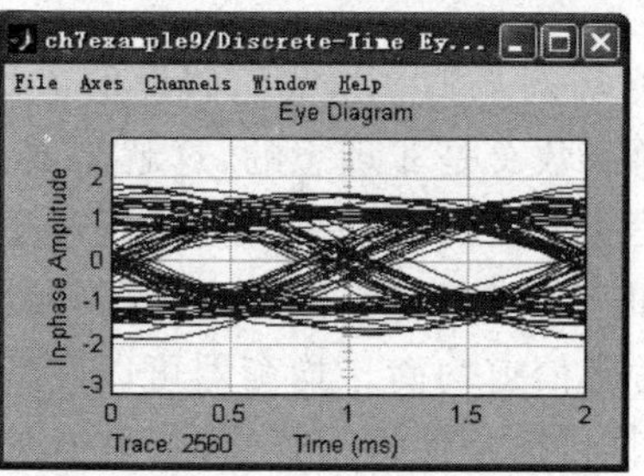

图 7.16　高斯信道下的基带传输系统测试仿真结果

7.3.3　定时提取系统的仿真

【实例 7.10】 在实例 7.9 的模型基础上，设计其接收机定时恢复系统并进行仿真。

双极性二进制信号本身不含有定时信息，故需要对其进行非线性处理(如平方或取绝对值)，提取时钟的二倍频分量，最后通过二分频来恢复接收定时脉冲。

系统仿真模型如图 7.17 所示，其中信源子系统同实例 7.9 的二进制信源虚线框部分。定时恢复子系统的内部结构如图 7.18 所示，其中采用了锁相环来锁定定时脉冲的二次谐波后，以二分频得出定时脉冲。示波器用来观察恢复定时与理想定时之间的相位差，然后通过调整 Integer Delay 模块的延迟量使恢复定时脉冲的上升沿对准眼图最佳采样时刻。

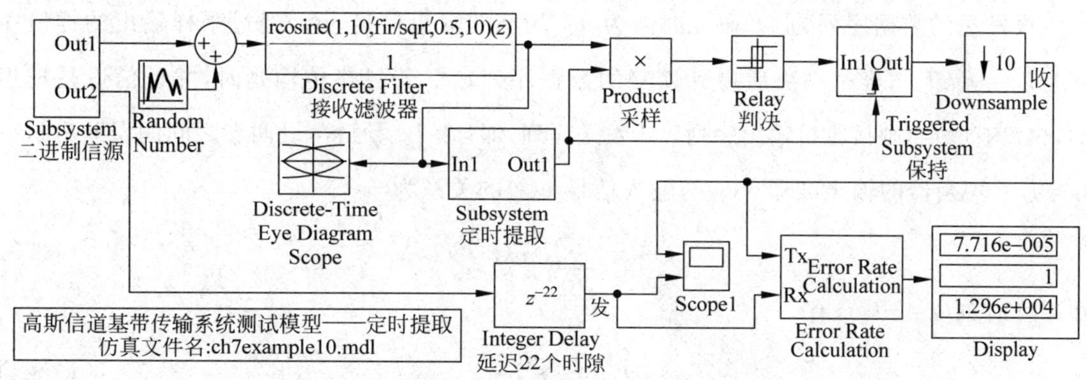

图 7.17　高斯信道下的基带传输系统——定时提取部分的仿真模型

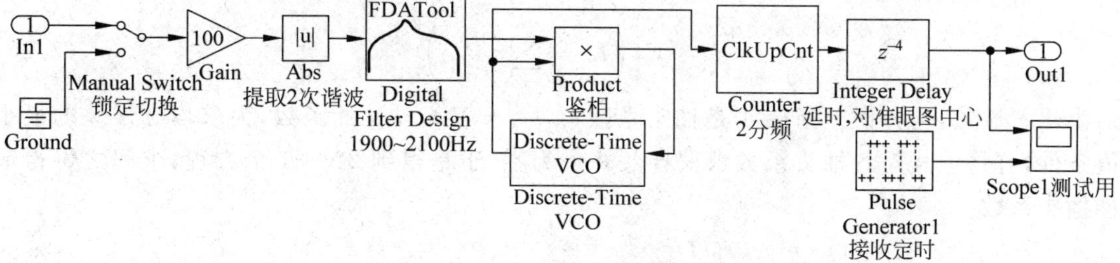

图 7.18　定时提取子系统的内部结构

仿真结果类似实例 7.9,此处从略。

7.3.4 信道的时域均衡

实例 7.9、实例 7.10 中,我们假设信道是理想的,即信道的传递函数为常数 1。然而,实际信道的传递函数总是非理想的,这就需要在接收机中设计一个补偿信道特性的滤波器,使信道和该补偿滤波器的级联总特性接近理想的(幅频特性为常数)。补偿滤波器也称为信道均衡器,对于时变无线信道,信道均衡器特性也应该随信道变化而自适应地变化,这种均衡技术称为自适应信道均衡。均衡器可以在频域设计,也可以等价地在时域设计。时域设计称为时域均衡,目标是使得采样点时刻的码间串扰最小化,常见的时域均衡器是横向滤波器(FIR 滤波器)形式。采用横向滤波器作为时域均衡器的传输模型方框图如图 7.19 所示,由于信道是非理想的,接收滤波器输出波形 $v(t)$ 中存在码间串扰,可调整 $2N$ 阶时域均衡器的滤波系数,使均衡输出信号 $y(t)$ 中码间串扰最小化。

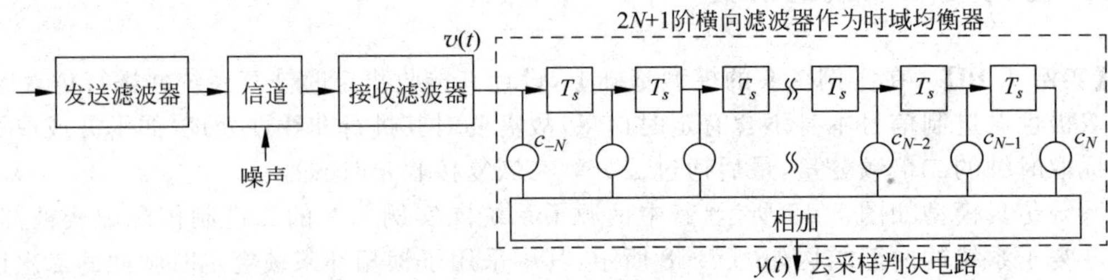

图 7.19 横向滤波器作为时域均衡器的传输模型方框图

设发送的数据序列为 I_k,码元时隙为 T_s,均衡器输出信号 $y(t)$ 经过采样输出的样值序列为 $\hat{I}_k=y(kT_s)$,经过判决后得到恢复的数据序列 $\widetilde{I}_k$。若忽略传输延时,并设信道是理想的,也没有噪声,则接收机输出序列等于发送序列,即 $\hat{I}_k=I_k$。通常,设两者之间的误差为 $\varepsilon_k=I_k-\hat{I}_k$。均衡器的输出波形 $y(t)$ 与输入信号 $v(t)$ 的关系为

$$y(t)=\sum_{i=-N}^{N}c_i v(t-iT_s) \tag{7.23}$$

在采样时刻($t=kT_s$),有

$$\hat{I}_k=\sum_{i=-N}^{N}c_i v_{k-i} \tag{7.24}$$

最小均方误差(MSE)意义下,最佳横向滤波器应使 $\mathrm{E}\{\varepsilon_k^2\}$ 最小化,即使

$$J=\mathrm{E}\left\{\left(I_k-\sum_{i=-N}^{N}c_i v_{k-i}\right)^2\right\} \tag{7.25}$$

最小化。显然,均方误差指标 J 是抽头系数 c_i,$i=-N,\cdots,N$ 的函数,为求均方误差的最小值条件,可将上式对各抽头系数求偏导数并令为零,于是得到 $2N+1$ 个方程,求解之可得最佳抽头系数

$$\frac{\partial J}{\partial c_i}=0,\quad i=-N,\cdots,N \tag{7.26}$$

代入均方误差 J 的表达式并化简得

$$\mathrm{E}\left\{\left(I_k-\sum_{j=-N}^{N}c_j v_{k-j}\right)v_{k-i}\right\}=0,\quad i=-N,\cdots,N \tag{7.27}$$

然而在接收端，并不能够确知发送的数据序列 I_k，为使方程可算，只能采用接收判决输出的数据序列$\widetilde{I}_k$ 来代替，当信道无误码时，两者相等。此外，方程中的期望也用 m 个样本的算术平均近似，方程式(7.27)可近似表达为

$$\frac{1}{m}\sum_{k=1}^{m}\left[\left(\widetilde{I}_k-\sum_{j=-N}^{N}c_j v_{k-j}\right)v_{k-i}\right]=0,\quad i=-N,\cdots,N \tag{7.28}$$

算术平均的样本数 m 越大，则计算精度就越高，但是计算延时也就越长。在工程上，可根据负反馈调节原理来实现对方程的求解，即给定抽头系数的初始值，计算方程左端结果，以此作为控制量更新抽头系数，这样通过反复迭代使方程左端的计算结果趋近于零。设迭代求解中的系数调整步长为常数 Δ，则方程组可等价为

$$\frac{1}{m}\sum_{k=1}^{m}[(\Delta\varepsilon_k)v_{k-i}]=0,\quad i=-N,\cdots,N \tag{7.29}$$

根据上式建立的求解方框图如图 7.20 所示，方程组中每一个方程对应调整一个抽头系数。判决输出与输入之差乘以调整步长后得到 $\Delta\varepsilon_k$，然后与输入信号及其延迟版本的采样值 v_{k-i} 相乘后求和作为系数调整控制变量。

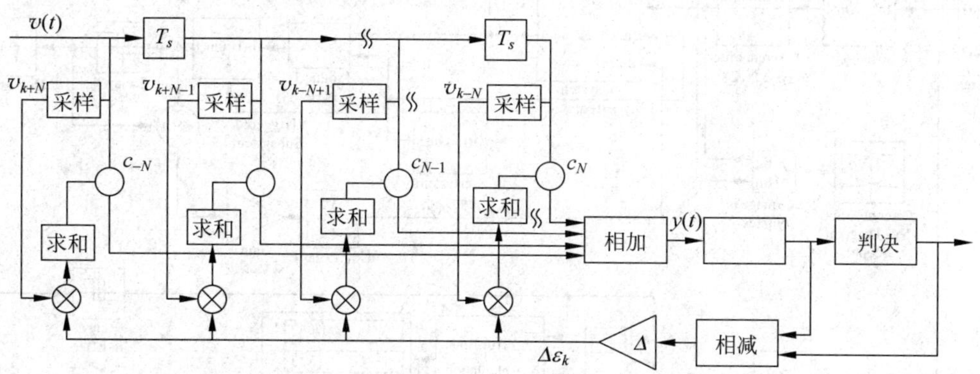

图 7.20　自适应时域均衡器模型方框图

【实例 7.11】　根据图 7.20 的自适应时域均衡器结构建立仿真模型并进行测试。传输码元时隙为 1ms，滤波器采样时间间隔为 0.1ms，系统仿真步进为 0.1ms，均衡器是 11 阶的，即由 11 个延迟量为 1ms 的延时器级联而成。系统参数同实例 7.9。

首先以子系统方式构造图 7.20 中的一个基本延迟单元及其附属部分，如图 7.21 所示，然后将它作为基本模块构造。由于滤波器采样时间间隔为 0.1ms，所以每个延迟器(1ms 延迟量)以 Integer Delay 实现，设置其延迟量为 10 个采样间隔。模型中求和器以求和模块和单位延迟器反馈结合而成，其输出为滤波器系数值，输入为误差调整量。单位延迟器的初始状态决定了系数的初始值。

以此作为基本模块可以构建自适应横向均衡器。注意，对 11 个基本延迟系统中的累加器初始状态(即滤波器初始系数)从左至右应设置为[0,0,0,0,0,1,0,0,0,0,0]。测试系统

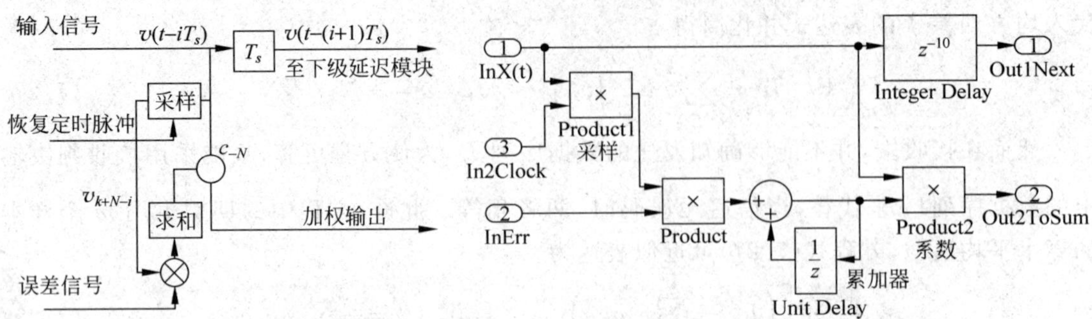

图 7.21　自适应时域均衡器模型的一个基本单元和相应的 Simulink 模型

模型在实例 7.10 的基础上修改而成，如图 7.22 所示，其中设计了 3 种测试信道：延迟直通信道、截止频率为 500Hz 的低通信道以及多径传输信道，如图 7.23 所示。接收机中定时恢复采用锁相环和分频器完成，并利用边沿检测模块 Edge Detector（在定时提取子系统内部）将采样脉冲变为 1 个系统采样时间宽度的窄脉冲。自适应均衡子系统中封装了 11 个均衡器基本单元。将判决器输入输出信号相减得出误差控制量，并进行单位延迟，以避免仿真系统中触发子系统执行顺序错误。将均衡器输入输出信号合成复信号送入眼图仪，以对比观察均衡前后的串扰情况。

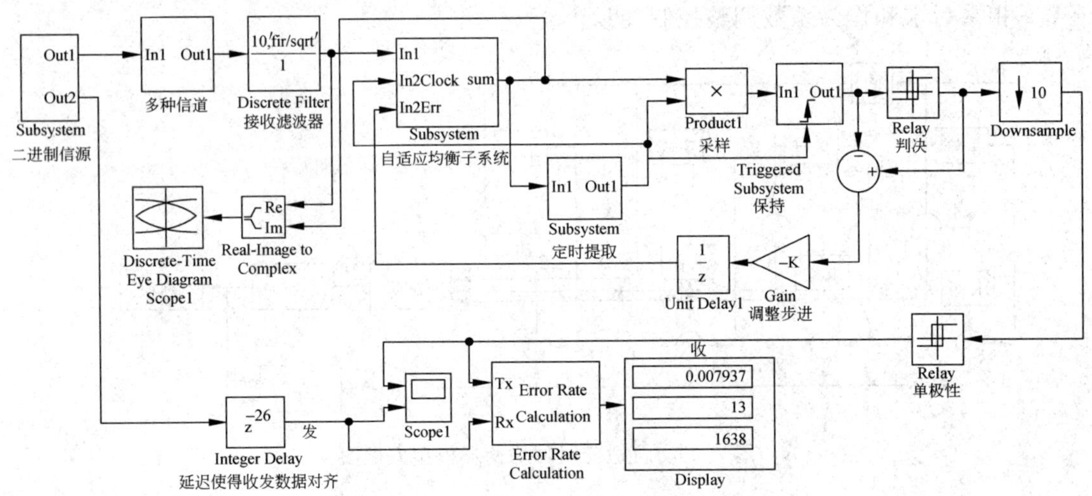

图 7.22　自适应时域均衡器测试系统

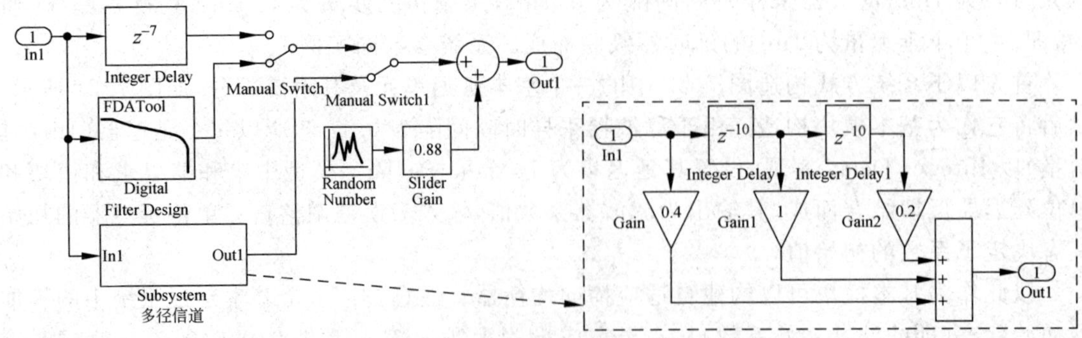

图 7.23　测试系统多种信道子系统的内部结构

仿真执行过程中可实时切换信道以观察自适应均衡器的调节过程。当信道切换为多径信道后,均衡器自适应条件使均衡输出眼图逐渐张开,执行仿真中的眼图结果如图 7.24 所示。显然,无噪情况下,自适应均衡后眼图在最佳采样时刻会聚于两个电平之一,达到了码间串扰最小。

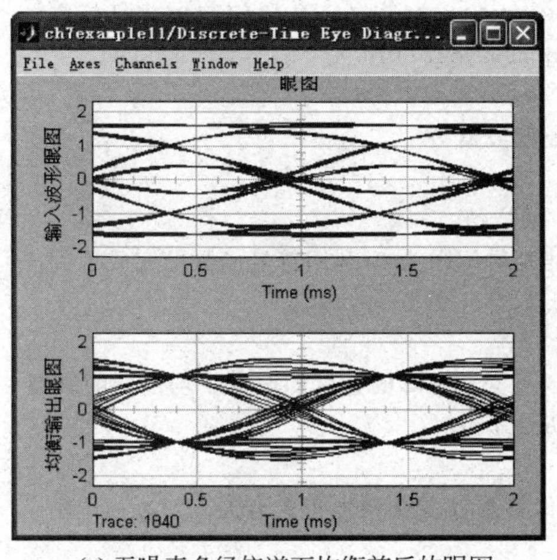

(a) 无噪声多径信道下均衡前后的眼图

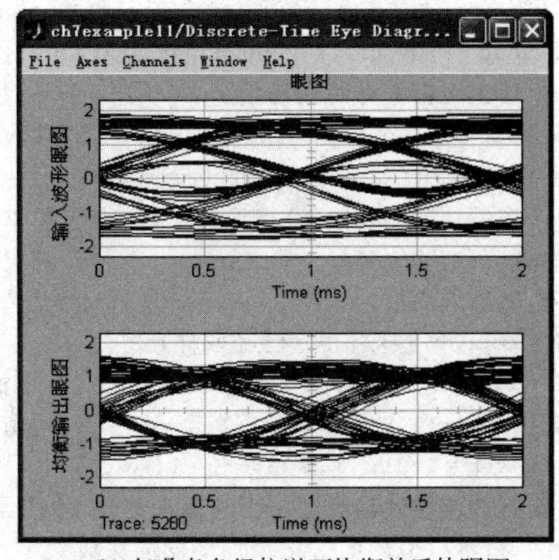

(b) 有噪声多径信道下均衡前后的眼图

图 7.24 测试系统在仿真中的眼图显示结果

【实例 7.12】 试以编程方式实现信道自适应均衡器的仿真模型并参照实例 7.11 的参数进行设置和测试。要求观察自适应滤波器系数和误差值的变化过程,并观察均衡器抽头数为 3、5、11 时的均衡眼图结果。传输信道设为两种:①截止频率为 500Hz 的低通信道;②实例 7.11 中的多径信道。信道中可加入指定方差的零均值高斯噪声,在第 2 秒时刻传输信道发生变更。

仿真程序如下,本例采用了基于数据流的仿真方法,仿真程序执行完成后,才能看到数值结果。程序中自适应滤波器采用循环结构来实现对方程式(7.29)的迭代求解,可以方便地修改均衡器的抽头数,而对于实例 7.11 的 Simulink 模型,要修改均衡器的抽头数就必须修改模型本身。程序中使用了通信工具箱中的 eyediagram 命令来显示眼图。

【程序代码】 ch7example12prog1.m

```
% ch7example12prog1.m
close all; clear;
Ts = 1e - 3;                          % 码元时隙 Ts = 1ms ,相应地码速率为 1000bps
r = 0.5;                              % 滚降系数
t = ( - 10e - 3):1e - 4:10e - 3;      % 时间从 - 10ms 到 + 10ms 共 20 个时隙
[num,den] = rcosine(1e3,1e4,'fir/sqrt',r,10);    % 平方根滚降滤波器设计
data = sign(rand(1,5000) - 0.5);                 % 输入 5000 个随机数据,双极性
datain = [data; zeros(9,length(data))];          % 将每个数据取样 10 个点
datain = reshape(datain,1,10 * length(data));    % 用 1 点表数据,其余 9 点为 0,表冲激

wavout = filter(num,den,datain);     % 发送滤波
n = 10; fs = 10000; fc = 500;        % 低通信道
[B,A] = butter(n,fc/(fs/2));         % 截止频率为 fc = 500Hz 的 10 阶巴特沃思低通滤波器
```

```
noise = 0.00 * randn(size(wavout));
wavout = wavout + noise;                 % 加入噪声
wavout1 = filter(B,A,wavout);            % 传输信道 1(500Hz 低通)
wavout2 = 0.2 * [zeros(1,24),wavout(1:length(wavout) - 24)] + ...
        1 * [zeros(1,34),wavout(1:length(wavout) - 34)] + ...
        0.4 * [zeros(1,44),wavout(1:length(wavout) - 44)]; % 传输信道 2(多径信道)
wavout = [wavout1(1:20000),wavout2(20001:length(wavout))];
 % 信道在第 2 秒时刻切换
wavout = filter(num,den,wavout);    % 接收匹配滤波器
rec = wavout(225:10:length(wavout));
 % 在最佳时刻每隔 10 点取样一次,约延迟 201 + 24 样值
recpj = sign(rec);                       % 判决最佳判决门限为 0,利用符号函数即完成了判决
 % 自适应滤波
X = rec; % 接收信号(已经取样)
L = 1;    % 均衡器为 2 * L 级,共 2 * L + 1 个抽头,改变 B 矩阵的长度即改变了均衡器的级数
B = [zeros(1,L),1 ,zeros(1,L)];     % 均衡器初始系数
adjstep = 0.01; % 调整步长
 % 自适应滤波器收敛与否与输入信号,均衡器的初始系数以及调整步长有关
M = length(B);    % 记录均衡器抽头数
N = length(X);    % 记录输入信号的长度
bb(N - M + 1,1:length(B)) = 0; %用于记录均衡器系数变化的存储变量
for k = 1:N - M + 1;                        % 递推计算自适应滤波器系数
  y(k) = sum(X(k:k + M - 1). * fliplr(B)); % 滤波输出
  XK = X(k:k + M - 1);                      % 保存滤波器各延时器的状态
  ek = sign(y(k)) - y(k);                   % 判决并形成误差
  e(k) = ek;                                % 误差存入矩阵以便作图
  dlt = fliplr(XK). * ek. * adjstep;        % 形成反馈调整量
  B = B + dlt;                              % 递推得到新的滤波器系数
  bb(k,:) = B;                              % 记录每次递推所得的均衡器抽头系数
end
BB1 = [bb(1900,:); zeros(9,2 * L + 1)];     % 系数转换(第 2 秒以前: 低通信道)
BB1 = reshape(BB1,1,10 * (2 * L + 1));      % 采样率为 10kHz 的均衡滤波器系数
BBout1 = filter(BB1,1,wavout) ;             % 均衡滤波器输出(用自适应滤波器收敛结果系数)
BB2 = [B; zeros(9,2 * L + 1)];              % 系数转换(第 2 秒以后: 多径信道)
BB2 = reshape(BB2,1,10 * (2 * L + 1));      % 采样率为 10kHz 的均衡滤波器系数
BBout2 = filter(BB2,1,wavout) ;             % 均衡滤波器输出(用自适应滤波器收敛结果系数)
 % -- 打印数据曲线 --
figure(1); plot(e); title('误差曲线 \epsilon_k');          % 误差曲线
figure(2); plot(bb); title('自适应均衡器抽头系数 c_j'); % 滤波器系数变化曲线
eyediagram(BBout1(15000:20000),20);         % 均衡输出眼图(第 2 秒以前: 低通信道)
eyediagram(BBout2(46001:50000),20);         % 均衡输出眼图(第 2 秒以后: 多径信道)
eyediagram(wavout(10001:19000),20);         % 均衡前的眼图(第 2 秒以前)
eyediagram(wavout(46001:50000),20);         % 均衡前的眼图(第 2 秒以后)
```

程序中设置的仿真采样率为 10kHz,传输数据率为 1Kbps,并假设接收机定时恢复是理想的,定时脉冲边沿对准了眼图张开最大的时刻。修改程序中参数 L 可以改变均衡器抽头数量(为 2L+1),例如 L=1 和 L=5 分别对应抽头数为 3 和 11。调整步长为 0.01 时,3 抽

头和 11 抽头均衡器的程序执行输出结果分别如图 7.25 和图 7.26 所示。仿真结果表明，随着均衡器抽头数增加，均衡输出眼图的会聚程度就越高；抽头系数调整步长设置大，则均衡器系数收敛速度变快，但系数波动也较大，反之，抽头系数迭代结果精度提高，但收敛速度变慢。抽头系数调整步长过大或者均衡器阶数过高、抽头初始系数设置不当等因素都有可能导致抽头系数迭代发散。从仿真结果图中看到，信道切换瞬间均衡器抽头系数也随之自适应调节并逐渐收敛。

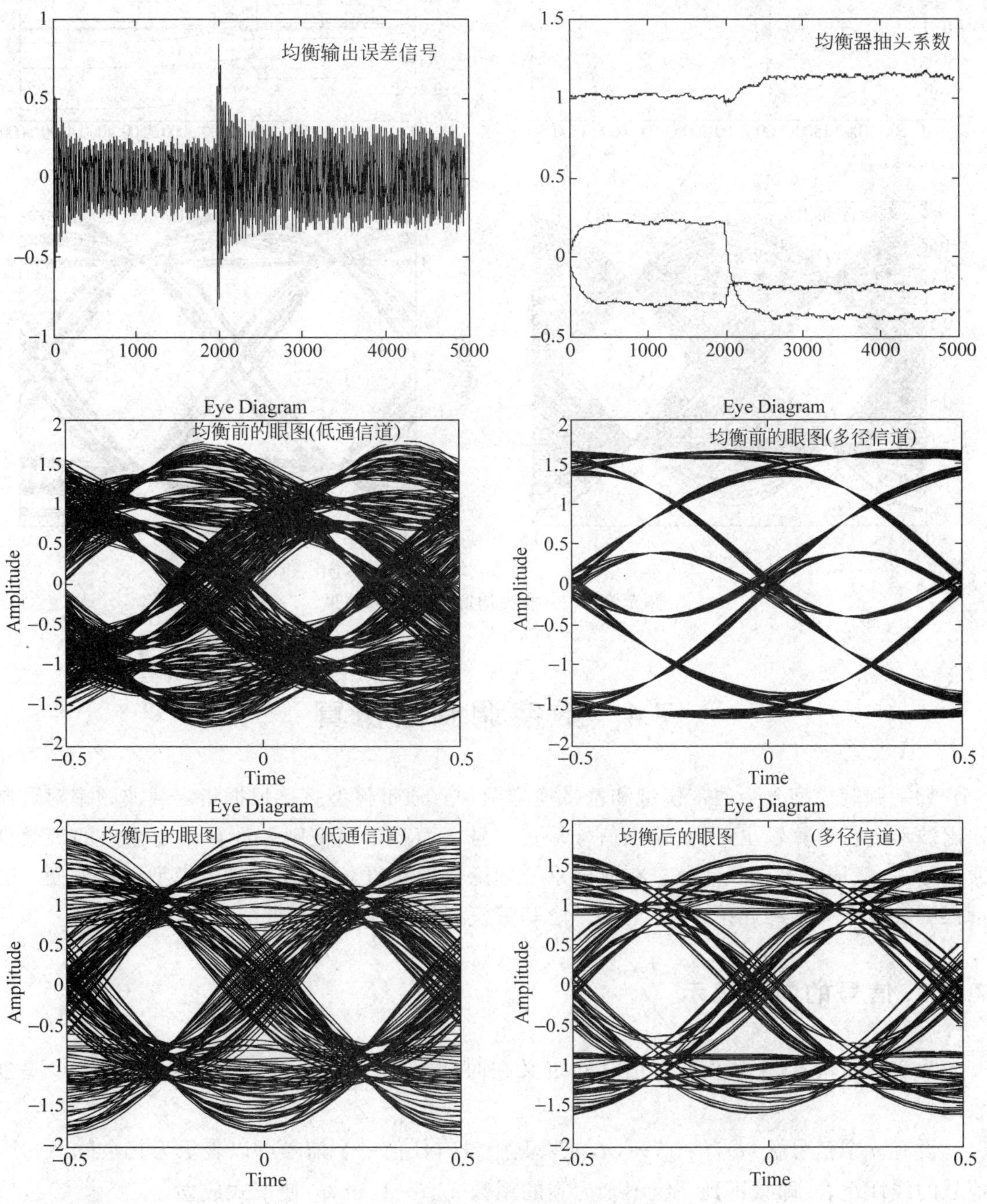

图 7.25　3 抽头均衡器的仿真结果

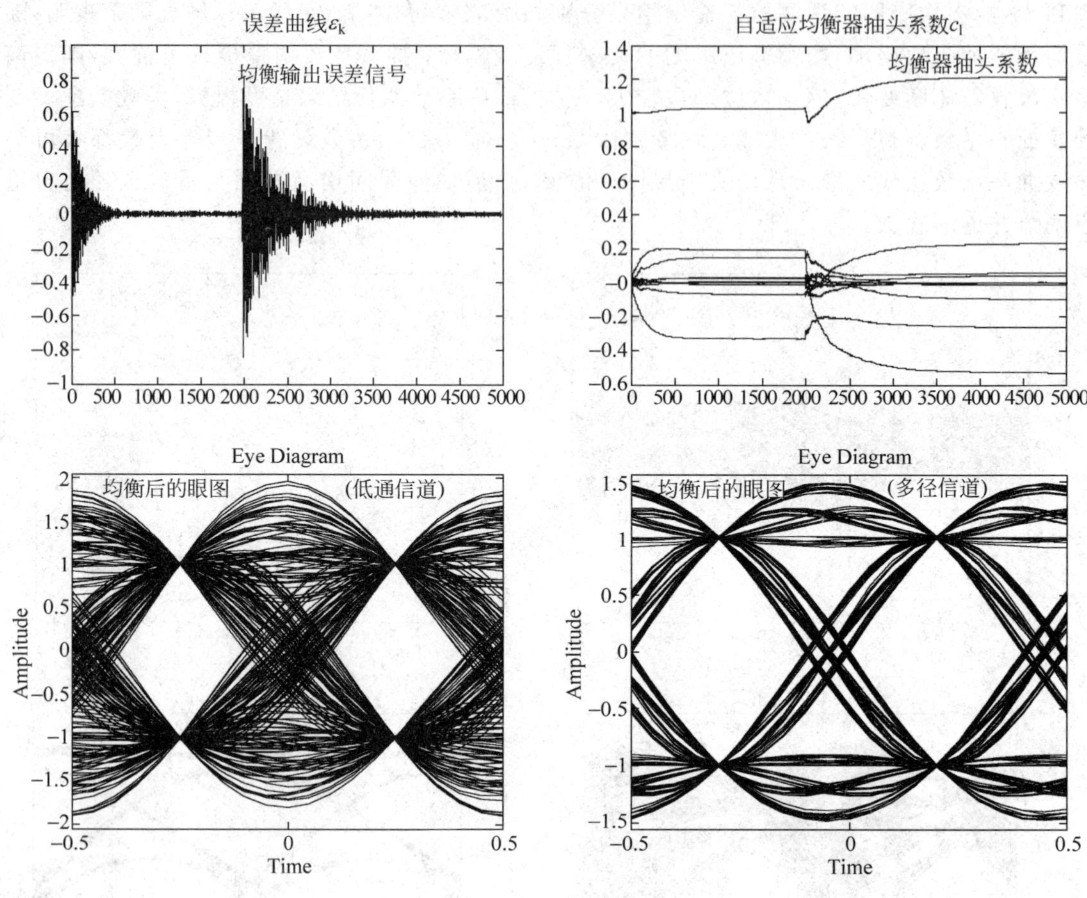

图 7.26　11 抽头均衡器的仿真结果

7.4　数字调制的仿真

数字调制模型分为通带模型和基带模型两种。通带模型直接根据指定载波频率对调制输出波形进行计算输出,调制输出信号是实信号。而基带模型则是计算调制输出的等效低通信号,一般输出的是复信号。在通信系统理论分析和仿真中,应用基带模型更为方便。通带模型参见第 3 章的介绍,以下重点讨论基带模型的建模原理和方法。

7.4.1　信号的向量表示

为表达简单,以下假设所有信号均定义在时间 $t\in[-\infty,\infty]$上,且信号取值可以是复数的。

设有 n 个信号 $f_i(t)$,$i=1,\cdots,n$,如果其中没有任何一个信号可以表示为其余$(n-1)$个信号的线性组合,即找不到一组不全为零的系数 a_i,$i=1,\cdots,n$,使下式成立

$$a_1 f_1(t)+a_2 f_2(t)+\cdots+a_n f_n(t)=0 \tag{7.30}$$

那么这 n 个信号 $f_i(t), i=1,\cdots,n$，是独立的。

如果某信号 $x(t)$ 可以表达为 n 个独立信号 $\{f_i(t)\}$ 的线性组合，即

$$x(t) = \sum_{i=1}^{n} x_i f_i(t) \tag{7.31}$$

则称这 n 个独立信号构成一个 n 维信号空间，集合 $\{f_i(t)\}$ 称为信号空间的基。一旦给定信号空间的基 $\{f_i(t)\}$，那么信号 $x(t)$ 就可以用 n 维系数向量 $x=(x_1,x_2,\cdots,x_n)$ 惟一地表示出来，称 x 为信号 $x(t)$ 在基 $\{f_i(t)\}$ 下的向量表示。

如果基信号 $\{f_i(t)\}$ 中任意两信号满足

$$\int_{-\infty}^{\infty} f_i(t) f_j^*(t)\,\mathrm{d}t = \begin{cases} 0, & i \neq j \\ 1, & i = j \end{cases} \tag{7.32}$$

其中，$f_j^*(t)$ 表示信号 $f_j(t)$ 的共轭运算，则称 $\{f_i(t)\}$ 是标准正交基。在标准正交基下，显然有

$$x_k = \int_{-\infty}^{\infty} x(t) f_k^*(t)\,\mathrm{d}t, \quad k = 1,\cdots,n \tag{7.33}$$

给定标准正交基后，信号 $x(t)$ 在基下各个维方向的系数（即信号在各维上的投影值）x_k 可通过上式计算出来。

在标准正交基 $\{f_i(t)\}$ 下，设信号 $x(t), y(t)$ 的向量表示为 $\boldsymbol{x}, \boldsymbol{y}$，则有

$$x(t) = \sum_{i=1}^{n} x_i f_i(t) \tag{7.34}$$

$$y(t) = \sum_{i=1}^{n} y_i f_i(t) \tag{7.35}$$

两个信号的内积记为 $\langle x(t), y(t)\rangle$，且定义为

$$\langle x(t), y(t)\rangle = \int_{-\infty}^{\infty} x(t) y^*(t)\,\mathrm{d}t \tag{7.36}$$

代入公式(7.34)和公式(7.35)，并利用向量的内积（数量积）的定义 $\boldsymbol{x}\cdot\boldsymbol{y}=\sum_{i=1}^{n} x_i y_i$，即可证明信号内积与对于信号向量的内积相等，即

$$\langle x(t), y(t)\rangle = \boldsymbol{x}\cdot\boldsymbol{y} \tag{7.37}$$

若 $\boldsymbol{x}\cdot\boldsymbol{y}=0$，则称为两信号正交。

根据信号能量的定义，可得到标准正交基下以信号向量表示的能量计算公式

$$E_x = \int_{-\infty}^{\infty} |x(t)|^2\,\mathrm{d}t \tag{7.38}$$

$$= \langle x(t), x(t)\rangle \tag{7.39}$$

$$= \boldsymbol{x}\cdot\boldsymbol{x} \tag{7.40}$$

$$= \sum_{i=1}^{n} x_i^2 \tag{7.41}$$

利用信号的空间几何表示方法，可以将信号表示为 n 维空间中的一个点，这样，就能用几何方法来研究通信信号。将空间几何、线性代数中的数学成果应用于信号分析中，为信号分析提供了一种新的思路。

7.4.2 数字调制信号的向量表示和仿真

1. M元数字脉冲幅度调制(PAM)信号

在一个码元传输时隙 T 内,M 元 PAM 调制波形表示为

$$s_m(t)=A_m g(t)\cos 2\pi f_c t \tag{7.42}$$

$$=\mathrm{Re}[A_m g(t)\mathrm{e}^{\mathrm{j}2\pi f_c t}],\quad m=0,\cdots,M-1,\quad 0\leqslant t\leqslant T \tag{7.43}$$

其中,基本波形 $g(t)$ 是传输时隙上的实信号脉冲,当基本波形为矩形脉冲时,$g(t)=1$。A_m 表示 M 个幅度,对应于 $M=2^k$ 个数据符号或长度为 k 的比特组。信号 $A_m g(t)$ 是调制输出信号的等效低通信号,f_c 为载波频率。当无载波时($f_c=0$),M 元 PAM 调制波形退化为基带传输信号。

设相邻信号幅度差值为 $2d$,则信号幅度电平是

$$A_m=(2m+1-M)d,\quad m=0,\cdots,M-1 \tag{7.44}$$

M 元 PAM 调制输出波形是以 $g(t)\cos 2\pi f_c t$ 作为基的一维信号,它对应于一维信号空间中的 M 个点。在信号空间坐标系中将调制输出的可能信号点画出来,就得到了调制信号的信号空间图,也称为调制信号的星座图或散点图。

k 比特组到 $M=2^k$ 个幅度电平之间的映射关系可以采用普通二进制方式,例如 4-PAM 中,00 映射为 A_0,11 映射为 A_3,但更好的映射关系是采用格雷(Gray)编码,使相差一个比特的比特组映射为相邻的幅度电平,这样,解调时差错为相邻电平时对应的比特组中也仅仅出现 1 比特差错。例如,8-PAM 中用格雷码映射,电平值从小到大 $A_0,A_1,\cdots,A_7$ 分别对应于比特组 000,001,011,010,110,111,101,100。

Simulink 的通信模块库中以 M-PAM Modulator Baseband 模块来实现 M 元 PAM 调制,其输入为 k 比特组或 $M=2^k$ 个整数($m=0,1,\cdots,M-1$),其输出为相邻信号幅度差值是 $2d$ 的信号幅度电平。当输入为比特组时,可选择映射方式是普通二进制方式或格雷码方式。

【实例 7.13】 试建立基本波形是矩形波的 8-PAM 的基带仿真模型并观察通过高斯信道传输前后的信号星座图。传输码元时隙为 1ms。要求调制输出电平最小距离为 2,高斯信道加入噪声方差为 0.05。

仿真模型如图 7.27 所示。其中使用了通信模块库中的 Discrete-Time Scatter Plot Scope 模块来显示调制信号和传输结果信号的星座图。Discrete-Time Scatter Plot Scope 模块以点形式将输入复数序列绘制在复平面上,并不断绘制新的输入信号点,逐渐隐去过去绘制的信号点。

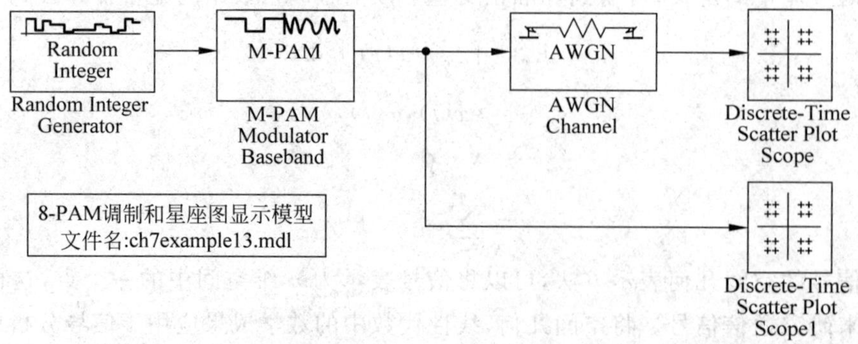

图 7.27 8-PAM 的基带仿真模型

在模型中将输入数据设置为0～7的随机整数，M-PAM Modulator Baseband模块设置为8元的，输入数据类型为整型，归一化方式选择为符号间最小距离方式，并设最小距离为2。每个码元的采样点数为1，这样每个传输时隙上调制器输出为等效低通信号的1个采样点。仿真结果如图7.28所示，可见调制输出信号点位于复平面实轴方向上，是一维的，共8个点，点间最小距离为2。经过高斯信道后，接收信号点受到干扰而以高斯分布概率密度函数规律、以各点发送信号为期望值散布于发送信号点附近。方差越大，接收信号点的分散程度就越高。

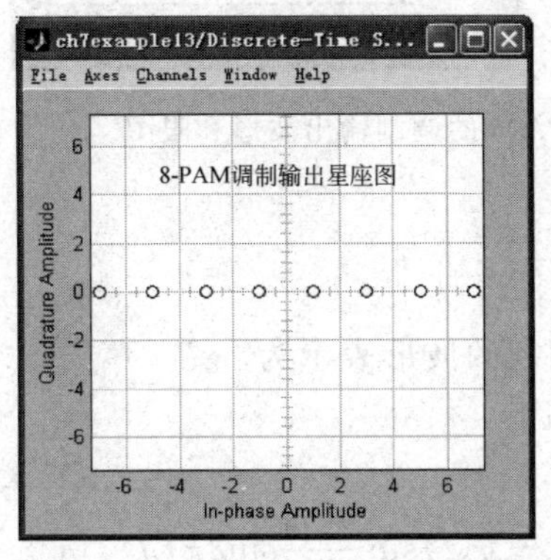

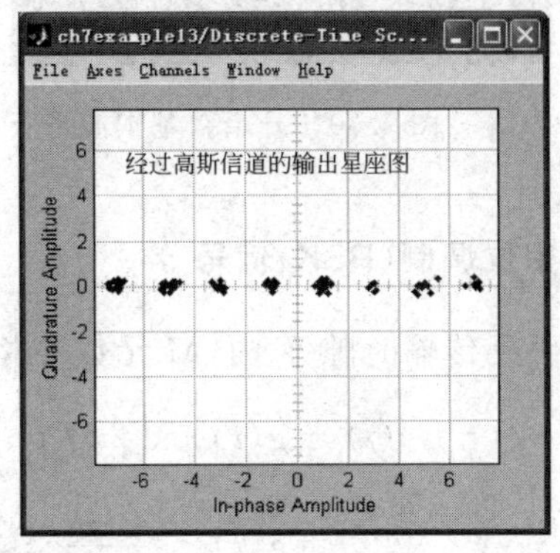

图7.28　8-PAM的调制输出信号以及经过高斯信道后的信号星座图

【实例7.14】　将上例的调制基本波形修改为升余弦波的，即

$$g(t)=1-\cos\frac{2\pi t}{T} \tag{7.45}$$

其余参数不变，要求观察8-PAM调制输出的等效基带信号的波形、眼图和星座图。

设系统仿真采样步进为0.05ms，则在一个码元时隙内采样20点，基本波形$g(t)$可采用Sine Wave模块产生。M-PAM Modulator Baseband模块中每个符号的采样数设置为20，其输出乘以Sine Wave模块产生的升余弦波形后得出8-PAM等效基带信号。该信号是复数类型的，故以Complex to Real-Image模块取其实部后送入示波器观察。经过信道后的信号使用Discrete-Time Scatter Plot Scope和Discrete-Time Eye Diagram Scope分别观察星座图和眼图。系统模型如图7.29所示，仿真得出的星座图类似图7.28，波形和眼图结果如图7.30所示，这是一个8电平眼图，由于调制输出信号虚部为零，故眼图中正交支路（即虚部数据序列）部分仅仅存在噪声波形。

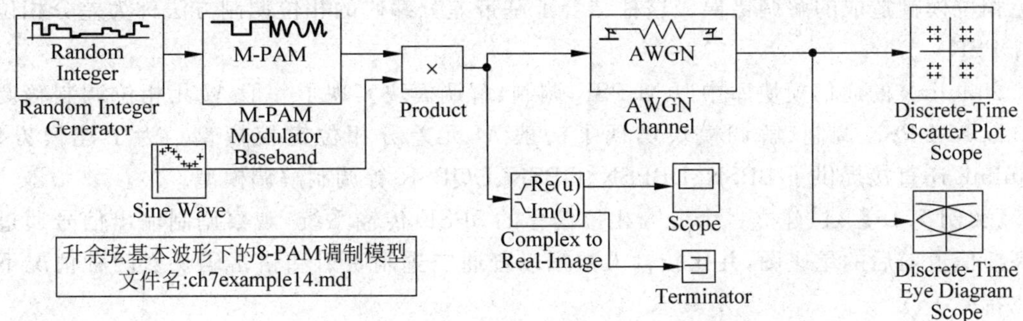

图7.29　升余弦基本波形下的8-PAM的调制模型

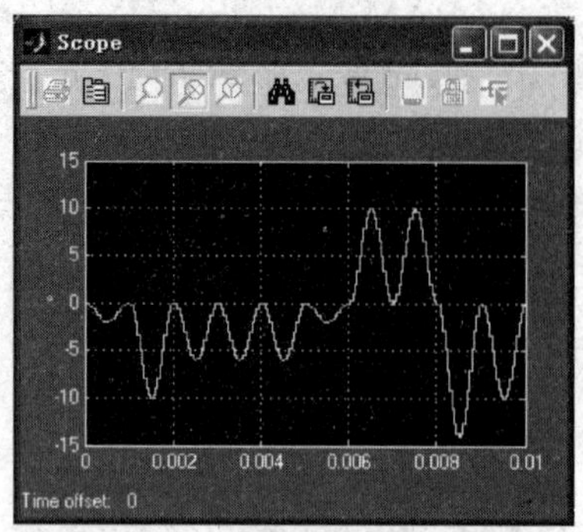
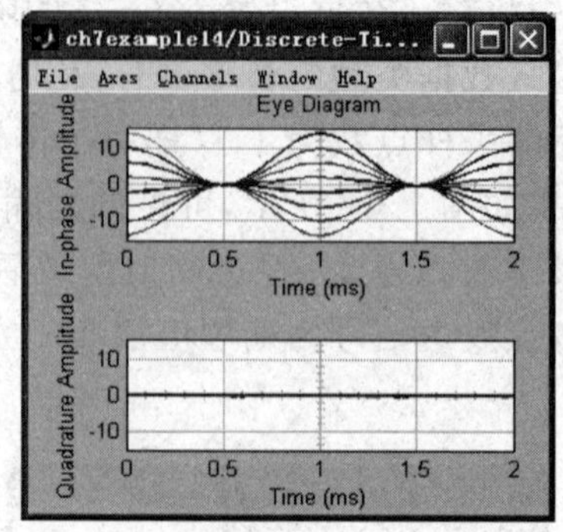

图 7.30　升余弦基本波形下的 8-PAM 的调制输出波形和眼图

2. 数字相位调制(PSK)信号

在一个码元传输时隙 T 内,M 元数字相位调制的波形表示为

$$s_m(t) = g(t)\cos\left[2\pi f_c t + \frac{2\pi m}{M}\right] \tag{7.46}$$

$$= g(t)\cos\frac{2\pi m}{M}\cos 2\pi f_c t - g(t)\sin\frac{2\pi m}{M}\sin 2\pi f_c t \tag{7.47}$$

$$= \mathrm{Re}[g(t)\mathrm{e}^{\mathrm{j}2\pi m/M}\mathrm{e}^{\mathrm{j}2\pi f_c t}] \tag{7.48}$$

式中,$g(t)$为基本脉冲波形,对于常见的矩形脉冲,$g(t)=1$;M 元数据符号映射到 M 个可能的相位 $\theta_m=2\pi m/M$,$(m=0,\cdots,M-1)$上;M-PSK 的等效基带信号是复信号 $g(t)\mathrm{e}^{\mathrm{j}2\pi m/M}$。

把信号集$\{g(t)\cos 2\pi f_c t, g(t)\sin 2\pi f_c t\}$作为正交信号基,则 M-PSK 调制信号可表示为二维信号空间中的 M 个可能的点:$s_m=\left(\cos\frac{2\pi m}{M},\sin\frac{2\pi m}{M}\right)$。显然,这些信号点 s_m 等间隔地位于单位圆周上。数据比特组到这些信号点的映射关系可以是任意的,最优的映射方法也是格雷编码,这样,在解调时如果发生相邻信号点错误,将仅仅导致比特组中的一个比特错误。

$M=2$ 时的 PSK 调制也称为二进制相移键控(BPSK),等同于 2PAM 信号。当 $M=4$ 时,也称为 QPSK。

由于 PSK 信号解调时载波提取会出现相位模糊,故工程上一般不能直接使用 PSK 调制,而通常采用将数据信息携带在波形跳变沿上的差分编码方法对基带数据进行编码后再进行相位调制,这样数据信息对应于载波相位的相对变化,而不是载波的绝对相位值,就能避免相位模糊造成的解调错误。这种结合了基带差分编码的相位调制方法称为差分相位键控(DPSK)。

Simulink 的通信模块库中以 M-PSK 调制、解调模块实现了一般 M 元相位调制解调模型。以 M-DPSK 调制、解调模块实现了一般 M 元差分相位键控模型。为了建模方便,Simulink 还直接提供了 BPSK、DBPSK、QPSK、DQPSK 等调制解调模型。

【实例 7.15】 试建立一个 $\pi/8$ 相位偏移的 8PSK 传输系统,观察调制输出信号通过加性高斯信道前后的星座图,并比较输入数据以普通二进制映射和格雷码映射两种情况下的误比特率。

测试模型如图 7.31 所示。信源输出的随机整数 0～7 转换为 3 比特二进制组后送入

8PSK 基带调制器(用 M-PSK Modulator Baseband 模块实现),调制输出经过高斯信道后送入接收端相应的 8PSK 解调器(用 M-PSK Demodulator Baseband 模块实现)中。调制器和解调器的参数设置必须一致:调制器的输入数据类型为比特,解调器的输出数据类型也为比特,相位偏移量都设置为 π/8,数据映射方式设置为普通二进制方式或格雷码方式。解调的二进制组经过并串转换后与发送端数据进行比较得出误比特率统计。当信道中加入的高斯噪声方差为 0.02 时,发送和接收信号的星座图仿真结果如图 7.32 所示,发送信号向量点位于单位圆上,相对横轴的角度偏移量为 π/8,接收信号向量点分散在发送信号向量点附近。

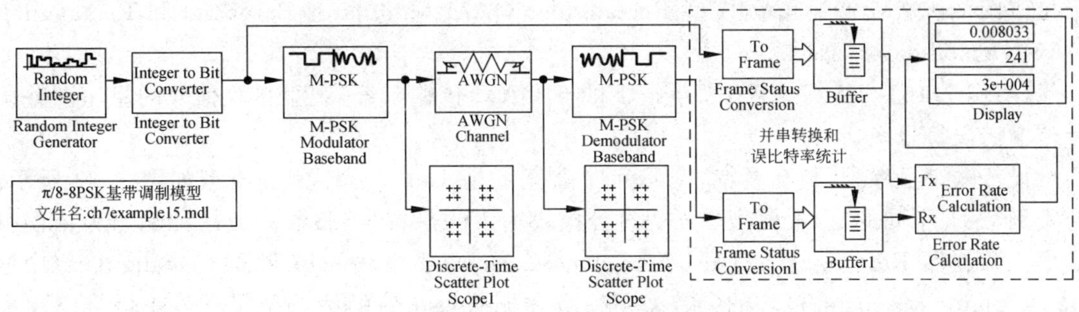

图 7.31 π/8 相位偏移的 8PSK 传输系统测试模型

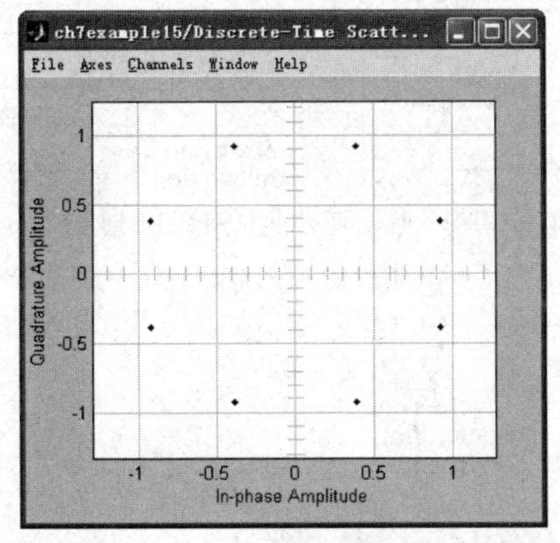

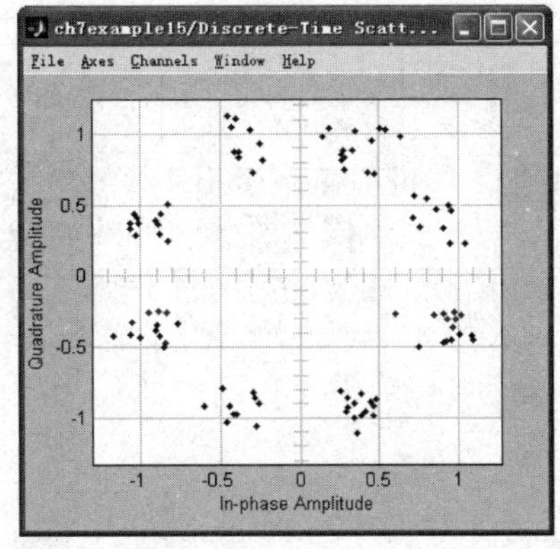

图 7.32 π/8 相位偏移的 8PSK 传输系统测试模型仿真得出的星座图

数据映射方式设置为普通二进制方式,信道噪声方差为 0.05 时,仿真发送 10s 数据,得出错误比特数为 241 个,相应的误比特率为 0.008033;将数据映射方式修改为格雷码方式,其他参数不变,再次执行仿真得出 10s 内错误比特数为 141 个,相应的误比特率为 0.0047。显然,格雷码映射优于普通二进制映射。

3. 正交幅度调制(QAM)

正交幅度调制(QAM)将信息符号序列通过串并转换分离为 2 路并行的信息符号序列,然后同时调制到两个正交载波 $\cos 2\pi f_c t$ 和 $\sin 2\pi f_c t$ 上,QAM 信号波形表示为

$$s_m(t) = A_{mc}g(t)\cos 2\pi f_c t + A_{ms}g(t)\sin 2\pi f_c t \tag{7.49}$$

$$= \mathrm{Re}[(A_{mc} + \mathrm{j}A_{ms})g(t)\mathrm{e}^{\mathrm{j}2\pi f_c t}] \tag{7.50}$$

其中,A_{mc} 和 A_{ms} 分别是承载同相支路和正交支路信息符号序列的信号幅度;$g(t)$是基本信

号脉冲，一般为矩形脉冲。QAM 信号的等效低通信号是复信号$(A_{mc}+jA_{ms})g(t)$。

QAM 信号是二维信号，以$\{g(t)\cos 2\pi f_c t, g(t)\sin 2\pi f_c t\}$作为正交基，信号向量表示为$M$个信号点$s_m=(A_{mc}, A_{ms})$。信号点与信息符号之间的映射关系也可以任意规定。

常见的 QAM 有 16QAM 和 64QAM 等。如果将M^2个星座点的 QAM 分解为两个独立的M元 PAM 调制，这样形成的 QAM 星座图将是矩形的。

Simulink 的通信模块库中以 General QAM Modulator Baseband 和 General QAM Demodulator Baseband 实现指定星座图的一般 QAM 调制解调模型，另外也直接提供了矩形星座图的 QAM 调制解调模型 Rectangular QAM Modulator Baseband 和 Rectangular QAM Demodulator Baseband。

【实例 7.16】 仿真 AWGN 信道下的 64QAM 传输系统，观察接收信号的星座图并统计传输错误符号率。

设传输符号率为 1000 波特，则码元时隙宽度是 1ms。传输测试模型如图 7.33 所示。与实例 7.15 不同的是，本模型中误码统计模块输入的是符号（整数），故统计输出为错误符号率。调制器 Rectangular QAM Modulator Baseband 模块和解调器 Rectangular QAM Demodulator Baseband 模块的参数必须一致才能获得正确的解调结果。最小信号点距离为 1、信道方差为 0.001 时的接收信号星座图仿真结果如图 7.34 所示。

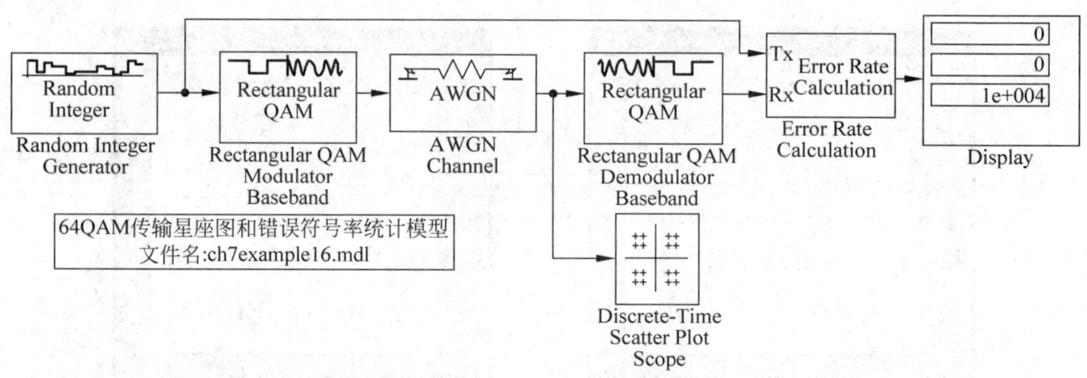

图 7.33　64QAM 传输星座图和错误符号率统计模型

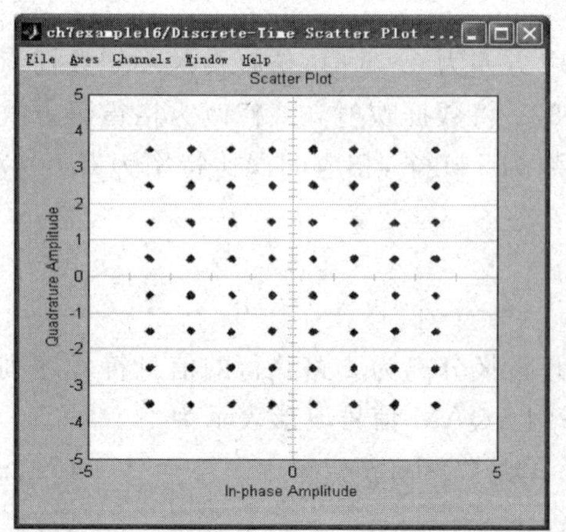

图 7.34　64QAM 传输星座图仿真结果

【实例 7.17】 16QAM 通过带限信道，设码元速率为 1000 波特，传输信道特性为滚降系数是 0.75 的滚升余弦频谱的滤波器，试建立测试模型并观察接收信号（等效基带信号）的眼图、星座图和相位转移轨迹图。

数字调制输出的信号是星座图上离散的点，相邻时隙传输数据的变化导致星座图上信号点之间的跃变，即输出信号在幅度和相位上的跃变。然而，由于通信信道总是带宽受限的，经过带限信道传输后信号在时隙切换时刻由跃变变为缓变，使得输出信号在幅度和相位上总是连续变化的。这样，信号幅度和相位变化在信号空间图上产生的轨迹将成为一条连续光滑曲线。

模型中，QAM 调制模块的输出将送入一个用 FIR 滤波器实现的带通信道。为了模拟一个时隙内的传输波形，在一个传输时隙内滤波器的采样点数必须大于 1，因此必须对 QAM 的输出数据进行升速率采样，然后在较高速率下进行滤波器仿真计算，可用实例 7.9 模型中的 Upsample 模块结合离散滤波器 Discrete Filter 模块将复信号分为实部虚部两路来实现并最后合成。然而，采用 Simulink 中直接提供的升速率插值 FIR 滤波器模块来实现更为方便。本例演示了升速率插值 FIR 滤波器模块以及复信号相位轨迹显示模块的应用，测试模型如图 7.35 所示。插值系数为 10，这样在每个码元时隙上调制波形被采样 10 次，相应的星座图模块、相位轨迹图模块和眼图模块中也应作对应的设置，即将参数 Samples per symbol 设为 10。信道无噪条件下的仿真结果如图 7.36 所示。

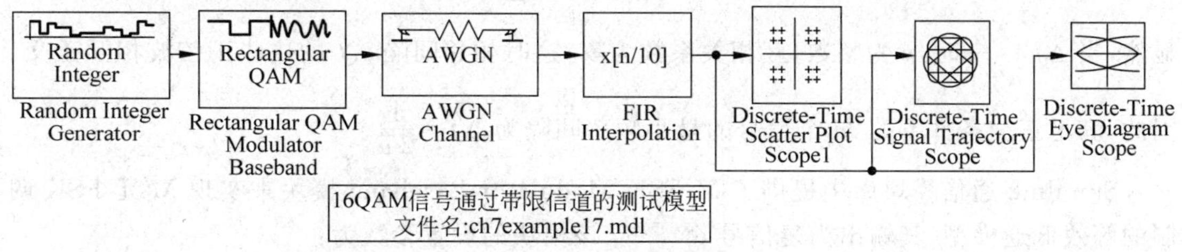

图 7.35　16QAM 信号通过带限信道的测试模型

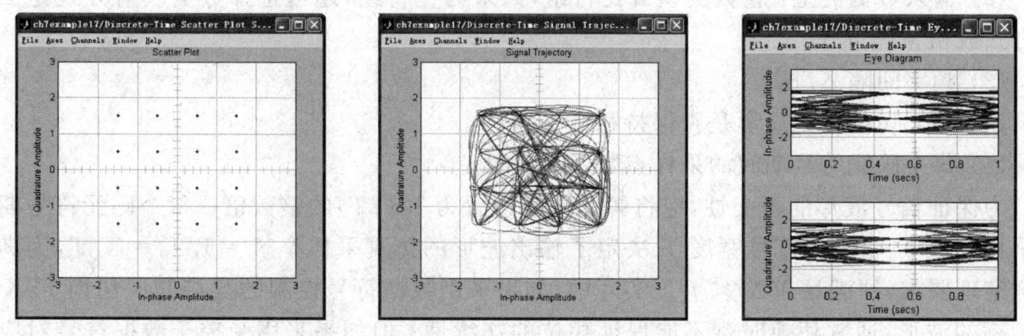

图 7.36　信道无噪条件下 16QAM 信号通过带限信道的仿真结果

4. 数字频率调制（FSK）

数字频率调制也称频移键控（FSK），以不同频率的正弦波形代表不同的数据符号。M 元 FSK 信号可表示为

$$s_m(t) = \cos(2\pi f_c t + 2\pi m \Delta f t) \tag{7.51}$$

$$= \mathrm{Re}(e^{j2\pi m\Delta f t} e^{j2\pi f_c t}) \tag{7.52}$$

其中，Δf 是相邻频率间隔；m 的可能取值为 M 个连续的整数，分别对应于 M 元数据符号；$e^{j2\pi m\Delta f t}$ 为 $s_m(t)$ 的等效低通信号，是复信号。

为了使得这些时间受限的不同频率的正弦波相互正交（即互相关系数为零），需要根据传输码元时隙宽度 T 来选择相邻频率间隔 Δf。不同频率正弦波的互相关系数 ρ 计算为

$$\rho = \int_0^T s_m(t)s_k(t)\mathrm{d}t \tag{7.53}$$

$$= \int_0^T \cos(2\pi f_c t + 2\pi m\Delta f t)\cos(2\pi f_c t + 2\pi k\Delta f t)\mathrm{d}t \tag{7.54}$$

$$= \int_0^T \cos(2\pi(m-k)\Delta f t) + \cos(4\pi f_c t + 2\pi(k+m)\Delta f t)\mathrm{d}t \tag{7.55}$$

$$= \frac{\sin(2\pi(m-k)\Delta f T)}{2\pi(m-k)\Delta f T} + \frac{\sin(4\pi f_c T + 2\pi(k+m)\Delta f T)}{4\pi f_c T + 2\pi(k+m)\Delta f T} \tag{7.56}$$

由于载波频率很高，有 $4\pi f_c T \gg 1$，则上式中第二项趋近于零(当然也可以选择适当的载波频率 f_c 使第二项等于零)，得到互相关系数的简化公式

$$\rho = \frac{\sin(2\pi(m-k)\Delta f T)}{2\pi(m-k)\Delta f T} \tag{7.57}$$

显然，当 $\Delta f = \frac{n}{2T}$时，n 为整数，互相关系数为零，这时相邻间隔 Δf 的这些正弦波相互正交。因此，满足正交条件下的 M 个信号的最小频率间隔为 $\Delta f = \frac{1}{2T}$。

Simulink 通信模块库中提供了 M-FSK Modulator Baseband 模块来实现 M 元 FSK 调制的等效低通模型，其输出为复信号 $\mathrm{e}^{\mathrm{j}2\pi m\Delta ft}$。该模块的设置参数为：

(1) 调制元数 M。

(2) 输入数据类型：整数类型或比特组，如果为比特组，还可选择数据映射方式是二进制方式或格雷码方式。

(3) 频率间隔 ΔfHz。

(4) 码元切换时刻波形是否保持相位连续性。

(5) 每个码元符号期间的采样点数。

为保证信号波形的正交性，应将频率间隔设置为 $1/(2T)$的整数倍。每个码元符号期间的采样点数 N 和码元符号宽度 T 决定了输出波形的仿真采样率 $f_s = 1/T_s = N/T$，为满足采样定理要求，须满足 $M\Delta f < f_s$。实际中，如果采用数据符号控制的键控开关切换 FSK 不同频率的波形，通常切换时刻不能保证相位的连续性；但如果采用受控于数据符号对应电平的压控振荡器(VCO)作为 FSK 调制器，则输出波形相位总是连续的。相位连续性可以降低输出信号的带外功率。

【实例 7.18】 设基带码元传输间隔为 0.1s，FSK 调制参数的频率间隔分别设置为 5Hz 和 20Hz，相位分别设置为不连续的和连续的两种。试对比观察 4 元 FSK 调制输出等效低通信号的功率频谱。

测试系统如图 7.37 所示。Random Integer Generator 模块产生 4 个随机整数，采样时间间隔为 $T = 0.1$s，其输出送入 M-FSK Modulator Baseband 进行调制，调制参数设置为：整数输入模式，频率间隔为 5Hz 或 20Hz，相位为连续或离散的，每符号采样点数为 10。这样，调制输出的波形采样率为 $f_s = 100$Hz，对于复信号，仿真频谱估计范围为$[-f_s/2, f_s/2]$即$-50 \sim 50$Hz。满足正交条件的最小频隙为 $1/(2T) = 5$Hz，所以题设频率间隔满足正交条件，且满足采样不失真条件 $M\Delta f < f_s$。为了提高频谱估计精度，模型中频谱仪的 FFT 长度和平均帧数可设置为较大的整数。频隙为 5Hz 时的 FSK 输出频谱如图 7.38 所示。相位连续条件下，频谱旁瓣部分衰减较快，且离散谱峰不明显。而对于不连续相位的 FSK，其频

谱相当于4个不同载频的独立幅移键控信号的叠加，因此出现4个谱峰。

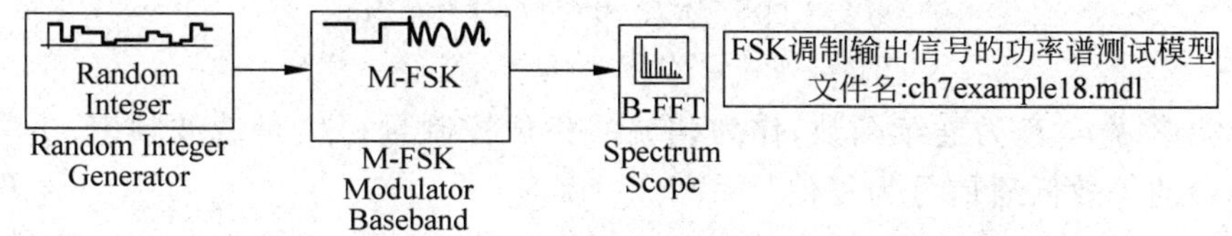

图7.37　FSK调制输出信号的功率谱测试模型

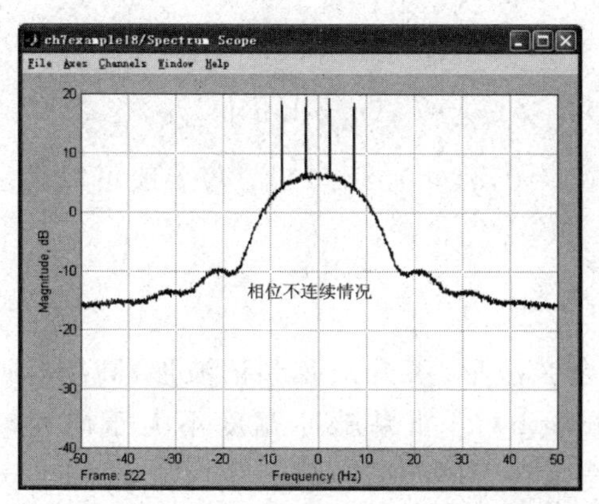

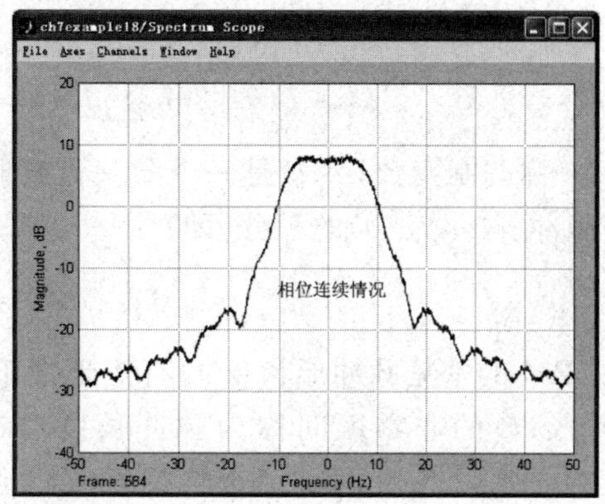

图7.38　最小频隙条件下FSK的输出功率谱仿真结果

图7.39是频隙为20Hz时的FSK输出功率谱仿真结果。可见相位连续与否对频谱影响不明显，这是因为在频隙较大情况下，频谱旁瓣衰减主要取决于最大频偏波形的频谱衰减。

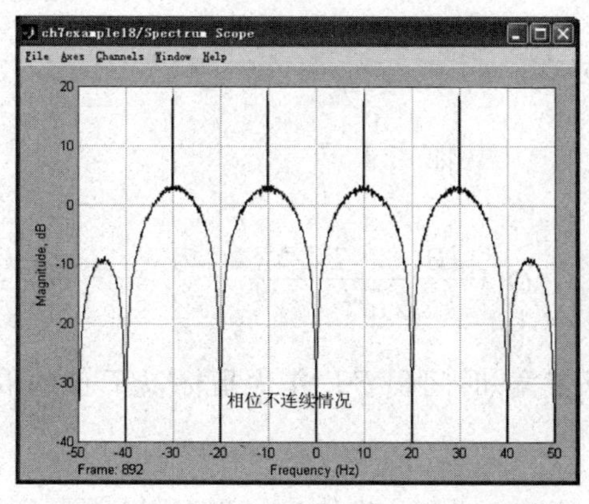

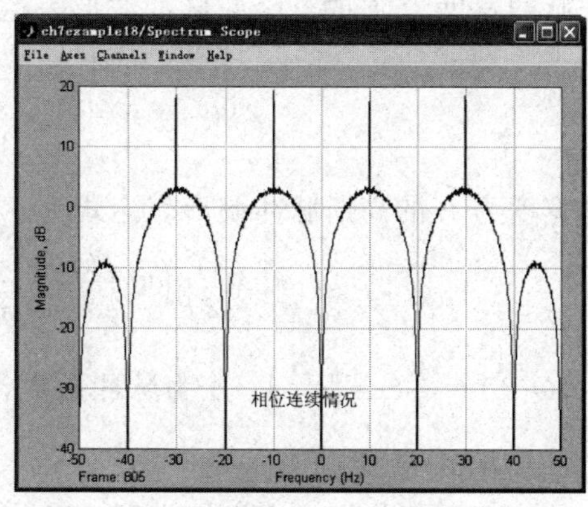

图7.39　频隙为20Hz时FSK的输出功率谱仿真结果

将FSK每符号采样点数改为20，则可观察的功率谱范围为−100～100Hz。

5. 连续相位调制(CPM)

设输入的数据符号序列为$\boldsymbol{I}=\{I_k, k=0,\cdots,n\}$，其中在第$k$个时隙传输的符号为$I_k$。数据序列对应的基带波形是时间的函数，记为$\phi(t;\ \boldsymbol{I})$。以基带波形去控制载波的相位，形成角度调制信号，如果基带波形$\phi(t;\ \boldsymbol{I})$是连续函数，则这样的角度调制称为连续相位调制

(CPM)。CPM 调制输出信号可以表达为

$$s(t) = \cos[2\pi f_c t + \phi(t;\ \boldsymbol{I}) + \phi_0] \tag{7.58}$$

$$= \mathrm{Re}[\mathrm{e}^{\mathrm{j}(\phi(t;\ \boldsymbol{I})+\phi_0)}\mathrm{e}^{\mathrm{j}2\pi f_c t}] \tag{7.59}$$

其中,基带波形 $\phi(t;\ \boldsymbol{I})$为连续函数,作为载波的相位控制量;f_c 是载波频率;ϕ_0 为载波初始相位;$s(t)$的等效低通信号为复信号 $\mathrm{e}^{\mathrm{j}(\phi(t;\ \boldsymbol{I})+\phi_0)}$。

为了保证基带波形的连续性,当前时隙的输出波形不仅取决于当前的数据符号值,而且还需要考虑过去输入数据符号所导致的波形在当前时隙开始时刻的取值。在第 n 时隙($t \in [nT,(n+1)T]$)CPM 的相位可表达为

$$\phi(t;\ \boldsymbol{I}) = 2\pi h \sum_{k=0}^{n} I_k q(t-kT), \quad t \in [nT,(n+1)T] \tag{7.60}$$

其中,h 称调制指数;$q(t)$是一个归一化波形($q(0)=0, q(\infty)=0.5$),$q(t)$一般可以表示为某个脉冲 $g(t)(t \geqslant 0)$的积分,即

$$q(t) = \int_0^t g(t)\mathrm{d}t \tag{7.61}$$

CPM 的常见脉冲形状 $g(t)$有矩形波形、升余弦波形、滚升余弦频谱波形、高斯脉冲波形等。$g(t)$的非零区间称为脉冲长度(pulse length)L,如果脉冲宽度不大于码元时隙($L \leqslant T$),则 CPM 信号称为全响应的,如果脉冲宽度大于码元时隙($L > T$),则 CPM 信号称为部分响应的。

脉冲宽度为 L 的矩形脉冲表达式为

$$g(t) = \begin{cases} \dfrac{1}{2L}, & 0 \leqslant t \leqslant L \\ 0, & \text{其他} \end{cases} \tag{7.62}$$

脉冲宽度为 T 的升余弦脉冲波形表达为

$$g(t) = \begin{cases} \dfrac{1}{2L}\left(1 - \cos\dfrac{2\pi t}{L}\right), & 0 \leqslant t \leqslant L \\ 0, & \text{其他} \end{cases} \tag{7.63}$$

脉冲宽度为 L 的高斯脉冲波形表达式为

$$g(t) = \frac{1}{2T}\left(Q\,\frac{2\pi B(t-T/2)}{\sqrt{\ln 2}}\right) - Q\left(\frac{2\pi B(t+T/2)}{\sqrt{\ln 2}}\right) \tag{7.64}$$

其中,$Q(x) = \dfrac{1}{2}\mathrm{erfc}\left(\dfrac{x}{\sqrt{2}}\right)$;$B$ 为脉冲参数,通常以带宽-时间积 BT 作为指标,BT 值的取值范围一般在 0~1 之间。

Simulink 通信模块库中提供了 CPM Modulator Baseband 模块来实现 CPM 调制,其设置参数如下。

- 调制元数 M。
- 输入数据类型:整数型或比特型,若为比特型,还可选择数据映射方式为二进制方式或格雷编码方式。
- 调制指数 h。
- 脉冲形状:指定 $g(t)$的形状,可选矩形、升余弦波形、滚升余弦频谱波形、高斯脉冲波形以及平滑调频波形。不同的脉冲形状的设置参数有所不同。

- 脉冲宽度：指定 $g(t)$的非零区间长度 L,单位是码元时隙数。
- 史前符号：指仿真开始时刻之前的数据符号序列,默认为 1。
- 相位偏移：指 CPM 调制输出信号的初始相位 ϕ_0。
- 每个码元时隙的采样数,默认值为 8。

选择不同的脉冲形状和调制指数可以得到不同的 CPM 特例。当 $g(t)$为长度等于时隙的矩形脉冲时,CPM 调制称为连续相位 FSK(CPFSK)。作为 CPFSK 的特例,若调制元数 $M=2$,调制指数 $h=0.5$,则称为最小频移键控(MSK)调制。

如果选择高斯脉冲形状并设置调制元数 $M=2$,调制指数 $h=0.5$,则称为高斯最小频移键控(GMSK)调制。GSM 蜂窝移动系统中采用了 BT 值为 0.3 的 GMSK 调制方式。

Simulink 通信模块库中通过 CPM Modulator Baseband 模块封装提供 CPFSK、MSK、GMSK 的调制模块和相应的解调模块。

【实例 7.19】 建立仿真模型,观察 MSK 和 BT 值为 0.3 的 GMSK 的调制信号功率频谱。设码元时隙 $T=1$s,每个时隙中调制波形被采样 10 次。

测试模型如图 7.40 所示,其中 GMSK 调制的高斯脉冲持续时间设置为 10 个时隙宽度(该数值设置越大,波形越接近理想值),频谱仪的 FFT 长度设置为 1024 点,并以 1000 帧的平均值作为估计结果。由于调制输出波形的采样率为 10 次/s,所以频谱估计范围是 −5～5Hz 之间。码元时隙 $T=1$s 的频谱结果等价于归一化频率 $f_n=(f-f_c)T$ 下的曲线。仿真执行结果如图 7.41 所示。

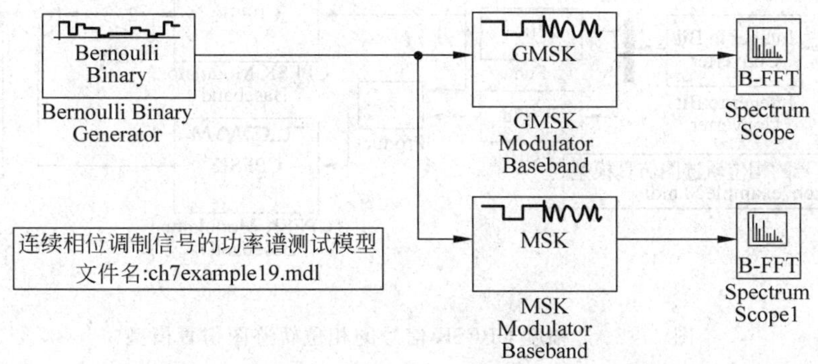

图 7.40　连续相位调制信号的功率谱测试模型

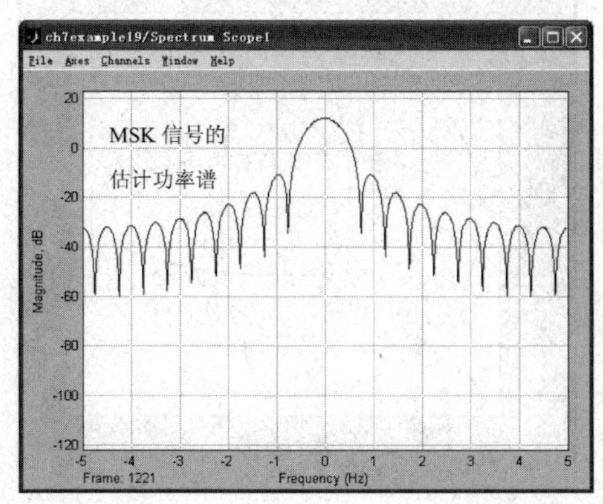

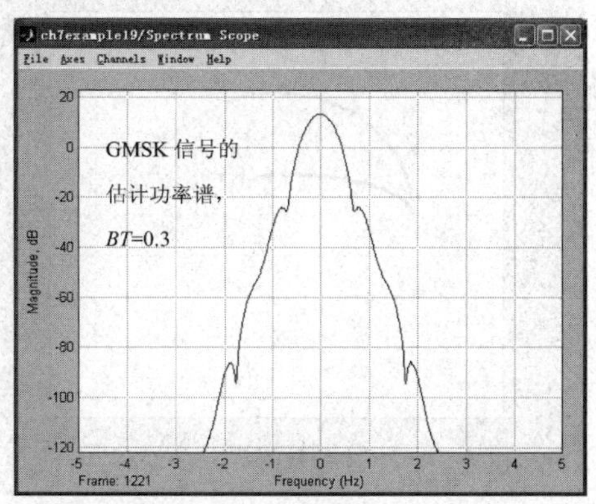

图 7.41　MSK 和 $BT=0.3$ 的 GMSK 功率谱估计仿真结果

连续相位调制的更一般形式是具有多幅度的情况。例如，具有 2 个幅度的 CPFSK 信号的表达式是

$$s(t) = 2A\cos[2\pi f_c t + \phi_2(t, \boldsymbol{I})] + A\cos[2\pi f_c t + \phi_1(t, \boldsymbol{J})] \tag{7.65}$$

该信号是两个不同幅度的 CPFSK 信号的叠加，为了保证叠加后信号的相位仍然具有连续性，两路输入数据序列需要预先进行相关编码。设输入数据是取值为 0 或 1 的单极性二进制数据 a_n, b_n，当调制指数 $h=0.5$ 时，相关编码规则是

$$I_n = 2a_n - 1 \tag{7.66}$$

$$J_n = I_n(1 - 2b_n) \tag{7.67}$$

【实例 7.20】 试建立调制指数为 0.5 的 2 幅度 CPFSK 信号的相位轨迹图仿真模型。

根据以上分析建立的模型如图 7.42 所示，其中调制数据流 $\boldsymbol{I}, \boldsymbol{J}$ 由 4 元随机整数发生模块产生后转换为 2 路比特组并经过相关编码得出。两个 CPFSK 调制器设置相同，调制指数为 0.5，每符号采样 80 点，以观察相位轨迹变化的精细过程。CPFSK 输出信号合成后送入相位轨迹显示模块和星座图模块。为了显示相位轨迹的动态变化过程，可将星座图模块参数 Smaples per symbol 设置为 1，New points per display 设置为 1，这样星座图模块每接收到一个采样值就显示其相位位置。points displayed 参数设置为 300，该参数设定显示在星座图上的总点数，总点数越多，则显示过去时间的轨迹就越长。仿真执行中，星座图上将实时显示输出信号的相位轨迹变化，而相位轨迹显示模块将显示信号历经的全部轨迹，如图 7.43 所示。

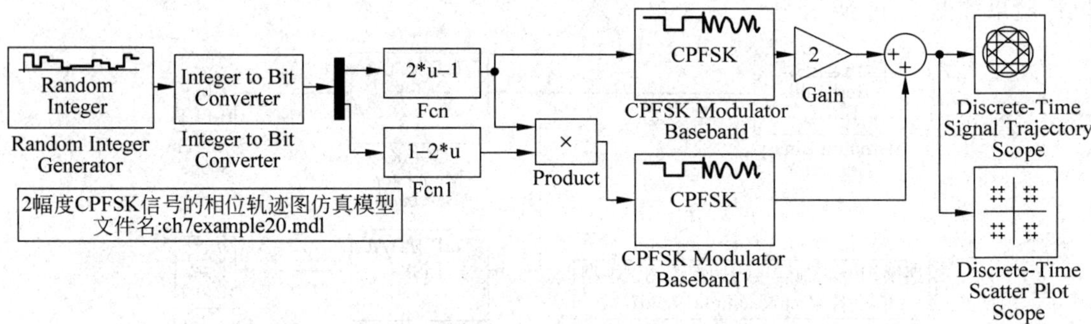

图 7.42　2 幅度 CPFSK 信号的相位轨迹图仿真模型

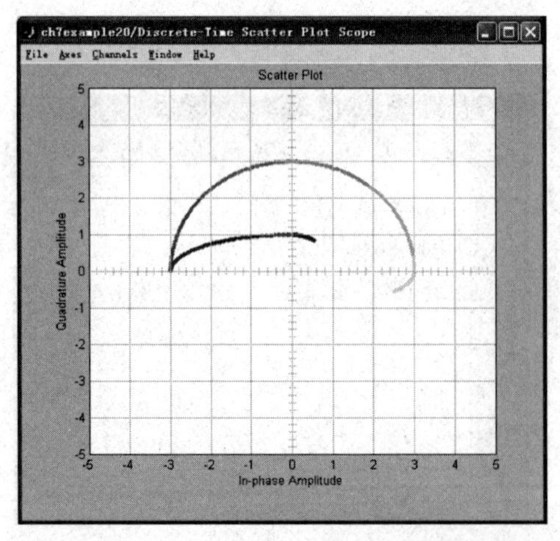

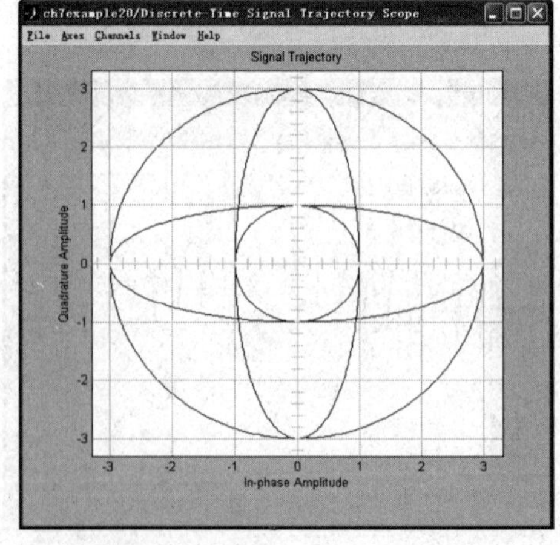

图 7.43　2 幅度 CPFSK 信号的相位轨迹图仿真结果

7.5　扩频系统的仿真

7.5.1　伪随机码的产生

Simulink 通信模块库中提供了多种伪随机码信源模块，这些模块的简单介绍参见第 3 章的叙述。下面重点讨论扩频系统中最常见的两种伪随机序列：m 序列和 Gold 码序列。

1. 线性反馈移位寄存器的结构和多项式表示

线性反馈移位寄存器由若干级联的寄存器(单位延迟环节)以及给定连接的线性(模二加)反馈构成，其结构如图 7.44 所示。图中，用 $a_{n-i}(i=1,2,\cdots,r)$ 表示第 i 个寄存器的状态，各寄存器的状态取值为二进制数 0 或 1；用 $c_i(i=1,2,\cdots r)$ 表示第 i 个寄存器的反馈系数，反馈系数取值为 0 或 1，当 $c_i=0$ 时表示无反馈，即反馈线断开，当 $c_i=1$ 时表示有反馈。最后一位寄存器以及反馈输入端必须是连接的，故必有 $c_0=c_r=1$。

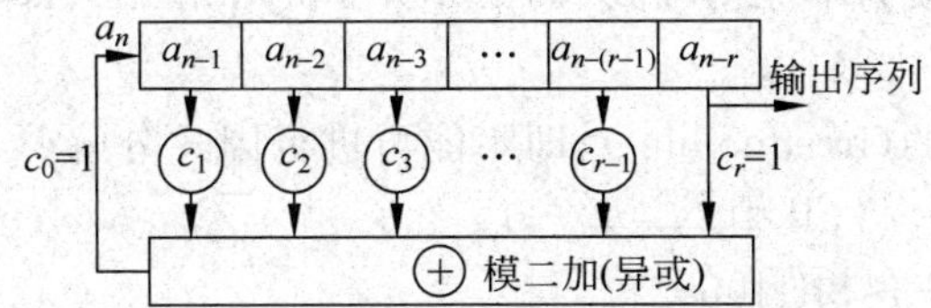

图 7.44　线性反馈移位寄存器结构

移位寄存器在时钟的驱动下进行移位递推，在下一时刻，移位寄存器的状态依次右移一次，最后一位的状态将移出，第一位的状态将更新为上一时刻的反馈结果 a_n。移位寄存器的反馈递推方程组为

$$a_n = \sum_{i=1}^{r} c_i a_{n-i} \tag{7.68}$$

$$a_{n-r} = a_{n-(r-1)} \tag{7.69}$$

$$\cdots \tag{7.70}$$

$$a_{n-1} = a_n \tag{7.71}$$

显然，线性反馈移位寄存器由寄存器级数 r 以及反馈系数 $c_i(i=1,2,\cdots r)$ 惟一确定。除了以方框图形式描述线性反馈移位寄存器外，还可以用以反馈系数组成的多项式来表达，或直接以系数向量来描述。例如，一个 3 级线性移位寄存器，系数为 $\{c_3,c_2,c_1,c_0\}=\{1,0,1,1\}$，可将系数组成多项式来描述

$$F(x) = c_3x^3 + c_2x^2 + c_1x + c_0 = x^3 + x + 1 \tag{7.72}$$

一般地，r 级线性反馈移位寄存器惟一地表达为 r 次幂的多项式 $F(x)$

$$F(x) = \sum_{i=0}^{r} c_i x^i, \quad c_0 = c_r = 1 \tag{7.73}$$

注意，其中加法是定义在 2 元有限域上的，即模二加法。$F(x)$ 称为该线性反馈移位寄

存器的生成器多项式(Generator Polynomial)或特征多项式。多项式也可以用其系数向量直接表达出来,例如多项式

$$F(x) = x^8 + x^6 + x^5 + x^4 + 1 \tag{7.74}$$

可表示为系数向量[1,0,1,1,1,0,0,0,1]或非零系数所在幂次向量[8,6,5,4,0]。为了便于书写,有些书上将系数向量以最右边一个为最低位,每3位写做一个八进制数,如以八进制数561表示该多项式系数。也有将系数向量视为一个二进制数而直接转换为十进制整数来表达,例如该多项式也可以用十进制整数369惟一表示。总之,只要表示结果与多项式系数是惟一对应关系即可。

2. 最大周期线性移位寄存器序列——m序列

一个r级二进制移位寄存器最多可以取2^r个不同的状态。对于线性反馈(模二加运算),其中全零状态将导致反馈始终为零,成为一个全零状态死循环。如果剩余的2^r-1个状态构成一个循环,即该循环以$N=2^r-1$为周期,则称该循环输出序列为最大周期线性移位寄存器序列(简称m序列)。

不是任意的特征多项式对应的反馈连线都能够生成m序列。能够产生m序列的充要条件是其特征多项式必须为本原多项式(Primitive Polynomial),即r次特征多项式$F(x)$同时满足以下3个条件:

(1) $F(x)$是不可约的(irreducible),即不能再进行因式分解。

(2) $F(x)$可整除$1+x^N$,其中$N=2^r-1$。

(3) $F(x)$除不尽$1+x^q$,其中$q<N$。

寻找本原多项式的计算较复杂,一般扩频通信的书籍中会给出本原多项式系数表(通常以八进制数来表示系数),Matlab通信工具箱中也提供了计算和判别本原多项式的函数,可计算的多项式次数r在2~16之间。

根据多项式次数r求出本原多项式的函数primpoly的用法如下。

```
pr = primpoly(r,'all') % 得出所有 r 次本原多项式
pr = primpoly(r,'min') % 得出反馈抽头数最少(多项式非零系数最少)的 r 次本原多项式
pr = primpoly(r,'max') % 得出反馈抽头数最多的 r 次本原多项式
```

例如:

```
>> pr = primpoly(4,'all') % 得出所有 4 次本原多项式 Primitive polynomial(s) =
D^4 + D^1 + 1
D^4 + D^3 + 1
pr =
    19
    25
```

得到4次本原多项式有两个系数,分别是19和25(十进制表示)。如果需要用八进制或二进制表示,可用函数str=dec2base(d,base)转换,其中base参数为指定进制数,例如将十进制数19转换为二进制和八进制字符串:

```
>> str = dec2base(19,2)
str = 10011  % 二进制
```

```
>> str = dec2base(19,8)
str = 23    % 八进制
```

如果给定多项式整数表示，判别对应的是否是本原多项式，可通过函数 isprimitive 进行，其用法如下。

```
B = isprimitive(a)  % a为指定的多项式十进制系数表示
 % 如果返回1,表明是本原多项式,返回0,表示不是本原的。
```

【实例 7.21】 判断特征多项式

$$F(x)=x^9+x^6+x^4+x^3+1 \tag{7.75}$$

是否可生成 m 序列，并建模验证。

$F(x)$对应的系数二进制表示为 1001011001，相应的十进制数是 601。

```
B = isprimitive(601)
B =
    1   % 是本原多项式
```

Simulink 通信模块库中提供的 PN Sequence Generator 模块用来产生线性移位寄存器序列，其设置参数为特征多项式（Generator Polynomial）、寄存器初始状态、输出偏移量、采样时间间隔以及输出数据格式和是否具有复位端等，其中特征多项式可用两种形式之一表达，例如本例的特征多项式表达为[1,0,0,1,0,1,1,0,0,1]或[9,6,4,3,0]。

测试模型如图 7.45 所示，其中使用了 PN Sequence Generator 模块产生线性移位寄存器序列，其生成器多项式设置为[9,6,4,3,0]，初始状态设置为全 1：[ones(1,9)]，采样时间设置为 1s，偏移量设为 0。当寄存器状态再次回到全 1 时，输出序列开始下一个周期。因此可用检测输出序列连 1 个数来测量序列的周期。图中 Buffer 模块设置缓存区为 9，重叠区为 8，这样每隔 1s 进入一个数据，且缓存最近的 8 个数据。当出现 9 个连 1 时，缓存器中将为全 1，以点积 Dot Product 模块完成缓存区数据求和输出，若求和结果为 9，判断序列中已经出现 9 个连 1 时，则以门限为 8.5 的 Relay 模块完成判断。最后在示波器上输出序列以及判断结果脉冲，脉冲周期即为序列周期。其仿真结果如图 7.46 所示，可见序列周期为 511s，等于 2^9-1，所以是 m 序列。

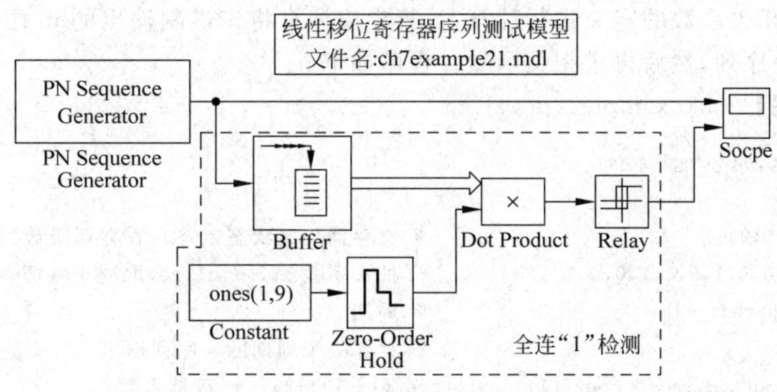

图 7.45　线性移位寄存器序列的测试模型

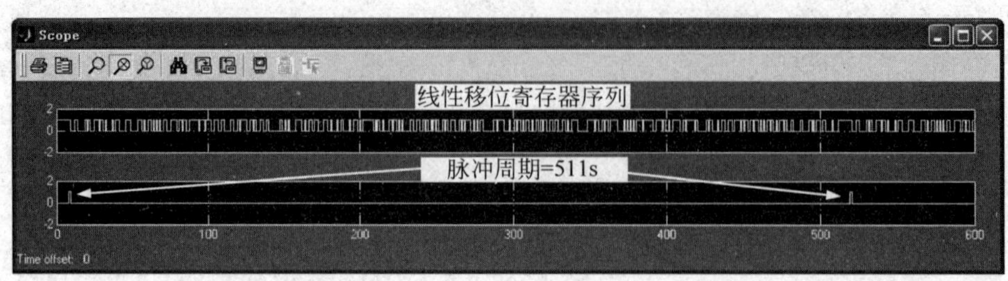

图 7.46 线性移位寄存器序列测试仿真结果

3. 伪随机序列的相关函数

周期 N，取值$\{\pm1\}$的两电平序列$\{a|a_1,a_2,\cdots a_N,a_{N+1},\cdots\}$和$\{b|b_1,b_2,\cdots b_N,b_{N+1},\cdots\}$的互相关函数定义为

$$R_{ab}(j)=\sum_{i=1}^{N}a_ib_{i+j} \tag{7.76}$$

以序列周期进行归一化后得到互相关系数的定义

$$\rho_{ab}(j)=\frac{1}{N}\sum_{i=1}^{N}a_ib_{i+j} \tag{7.77}$$

如果$\{a\}$，$\{b\}$为同一序列，则记$R_{ab}(j)$为$R_a(j)$，$\rho_{ab}(j)$为$\rho_a(j)$，称为自相关函数和自相关系数。计算序列的相关函数时，应注意其周期性质，即对于周期为 N 的序列，有 $a_{N+k}=a_k$。

【实例 7.22】 计算特征多项式为

$$F(x)=x^9+x^6+x^4+x^3+1 \tag{7.78}$$

的 m 序列的自相关系数。

对于周期 N 的序列，其自相关系数是偶函数，即 $\rho(-j)=\rho(j)$，而且也是以 N 为周期的周期函数。周期为 N 的 m 序列自相关系数理论值为

$$\rho(j)=\begin{cases}1, & j=kN,\\ -\dfrac{1}{N}, & j\neq kN\end{cases}\quad k=0,1,2,\cdots \tag{7.79}$$

其中 k 为整数，本例中 m 序列的周期为 $N=2^9-1=511$。首先计算出一个周期的 m 序列，然后再根据自相关系数的定义进行计算，计算中应注意将二进制输出的 m 序列转换为取值$\{\pm1\}$的双极性序列，然后再求相关函数。程序如下。

【程序代码】 ch7example22prog1.m

```
% ch7example22prog1.m
clear;
reg = ones(1,9);                          % 寄存器初始状态：全 1,寄存器级数为 9
coeff = [1,0,0,1,0,1,1,0,0,1];            % 抽头系数 cr,…,c1,c0,取决于特征多项式
N = 2^length(reg) - 1;                    % 周期
for k = 1:N                               % 计算一个周期的 m 序列输出
    a_n = mod(sum(reg. * coeff(1:length(coeff) - 1)),2); % 反馈系数
    reg = [reg(2:length(reg)),a_n];       % 寄存器移位,反馈
    out(k) = reg(1);                      % 寄存器最低位输出
```

```
end
out = 2 * out - 1;                          % 转换为双极性序列
for j = 0:N - 1
    rho(j + 1) = sum(out. * [out(1 + j : N),out(1:j)])/N;
end
j = - N + 1:N - 1;
rho = [fliplr(rho(2:N)),rho];
plot(j,rho); axis([ - 10 10  - 0.1 1.2]);
```

计算结果与理论值相同。

【实例 7.23】 计算 $r=6$ 时本原多项式 103 和 147(八进制表示)对应的两个 m 序列的互相关函数序列。

八进制数 103 和 147 转换为二进制分别是：1000011 和 1100111，对应 m 序列的特征多项式以向量形式表示为

$$[1,0,0,0,0,1,1]$$

和

$$[1,1,0,0,1,1,1]$$

参照实例 7.22 编写计算程序如下。

【程序代码】 ch7example23prog1. m

```
% ch7example23prog1.m
clear;
reg = ones(1,6);                            % 寄存器初始状态：全 1,寄存器级数为 6
coeff = [1,0,0,0,0,1,1];                    % 抽头系数 cr,…,c1,c0,取决于特征多项式
N = 2^length(reg) - 1;                      % 周期
for k = 1:N                                 % 计算一个周期的 m 序列输出
    a_n = mod(sum(reg. * coeff(1:length(coeff) - 1)),2); % 反馈
    reg = [reg(2:length(reg)),a_n];         % 寄存器移位,反馈
    out1(k) = 2 * reg(1) - 1;               % 寄存器最低位输出,转换为双极性序列
end
reg = ones(1,6);
coeff = [1,1,0,0,1,1,1];                    % 抽头系数
for k = 1:N                                 % 计算一个周期的 m 序列输出
    a_n = mod(sum(reg. * coeff(1:length(coeff) - 1)),2); % 反馈
    reg = [reg(2:length(reg)),a_n];         % 寄存器移位,反馈
    out2(k) = 2 * reg(1) - 1;               % 寄存器最低位输出,转换为双极性序列
end
% 得出两个双极性电平的 m 序列
for j = 0:N - 1
    R(j + 1) = sum(out1. * [out2(1 + j : N),out2(1:j)]); % 计算相关函数
end
j = - N + 1:N - 1;                          % 相关函数自变量
R = [fliplr(R(2:N)),R];                     % 利用相关函数的偶函数特性计算 j 为负值的情况
plot(j,R); axis([ - N N  - 20 20]); xlabel('j'); ylabel('R(j)'); % 作图
max(abs(R))                                 % 计算相关函数绝对值的最大值
```

程序运行后得出互相关函数序列，如图 7.47 所示，其绝对值的最大值为 17。

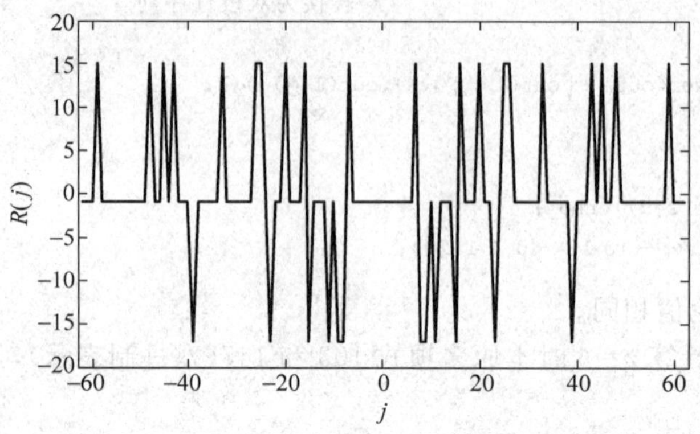

图 7.47　两个 m 序列的互相关函数计算结果

相同周期的不同 m 序列之间的互相关函数绝对值的最大值$|R_{ab}|_{\max}$是不同的，互相关值越小越好，如果一对同周期的 m 序列的互相关值满足如下不等式，则称这对 m 序列构成一优选对

$$|R_{ab}(j)|_{\max} \leqslant \begin{cases} 2^{\frac{r+1}{2}}+1 & r\text{为奇数} \\ 2^{\frac{r+2}{2}}+1 & r\text{为偶数，但不被 4 整除} \end{cases} \tag{7.80}$$

显然，对于实例 7.23 中的两个 m 序列的互相关函数满足上式，故构成一个优选对。m 序列优选对一般是通过计算机进行数值计算来寻找的。

4. Gold 序列

Gold 序列是由一对 m 序列优选对作模二加得到的。设有一对周期为 $N=2^r-1$ 的 m 序列优选对$\{a\}$，$\{b\}$，以其中任意一个序列为基准序列，如$\{a\}$，对另一序列$\{b\}$进行移位 i 次，得到$\{b\}$的移位序列$\{b_i\}$，然后与序列$\{a\}$进行模二加得到一个新的周期为 N 的序列$\{c_i\}$，则称新序列$\{c_i\}$为 Gold 序列，即

$$\{c_i\}=\{a\}+\{b_i\} \quad i=0,1,\cdots,N \tag{7.81}$$

不同的移位值 i 将得出不同的 Gold 序列，这样一对 m 序列优选对可得出 $N=2^r-1$ 个不同的 Gold 序列，将这些 Gold 序列连同优选对 m 序列$\{a\}$，$\{b\}$一共 2^r+1 个序列组成的集合称为一个 Gold 码族。由于 Gold 码族中的序列均由 m 序列优选对进行移位模二加构成，可以证明在同一 Gold 码族中任意不同的 Gold 序列之间的互相关函数也满足式(7.80)，也就是同一 Gold 码族中不同序列的互相关性很小，而 Gold 序列的数量又比较多(远远多于相同级数的 m 序列的个数)，故 Gold 序列很适合用作码分多址技术中的地址码。

伪随机序列转换为双极性波形后将作为扩频码被载波调制，双极性伪随机波形中的直流分量调制后将成为载波频率分量，称为载波泄漏，严重的载波泄漏会降低扩频系统的保密性和抗干扰能力。为了抑制伪随机波形中的直流分量，序列一个周期中的 1 和 0 的个数尽可能接近。由于伪随机序列的周期 $N=2^r-1$ 总是奇数，故一个周期中的 1 和 0 的个数最接近的情况是相差为 1，这样的 Gold 码称为平衡码。扩频系统中应选择平衡码使用。

【实例 7.24】　以 $r=11$ 的 m 序列优选对特征多项式 4005 和 7335(八进制表示)产生 Gold 码,并验证当第一个 m 序列(4005)初始状态 $\{a_{n-1},\cdots,a_{n-r}\}$ 为[0,0,0,0,0,0,0,0,0,0,1],第二个 m 序列(7335)初始状态为任意但不全为零。变化第二个 m 序列的初始状态,试计算出一个周期内 1 和 0 的个数差分布以及平衡码的个数。两个 m 序列的特征多项式分别为

$$4005:\quad F_a(x)=x^{11}+x^2+1$$

$$7335:\quad F_b(x)=x^{11}+x^{10}+x^9+x^7+x^6+x^4+x^3+x^2+1$$

设计的计算程序如下,其中使用了函数编程形式,以子函数形式产生 m 序列、Gold 码以及寄存器状态的十进制数表示与二进制数组表示之间的转换。改变寄存器状态后分别计算出 Gold 码的一个周期,然后统计其中 1 和 0 的个数差并显示。

【程序代码】　ch7example24func.m

```
% ch7example24func.m
function diff_of_1_0 = ch7example24func()
reg1 = [1 0 0 0 0 0 0 0 0 0 0];                % 寄存器初态从低到高位 a_(n-r),…,a_(n-1)
coeff1 = [1 0 0 0 0 0 0 0 0 1 0 1];            % 抽头系数 cr,…,c0,取决于特征多项式:4005
coeff2 = [1 1 1 0 1 1 0 1 1 1 0 1];            % 抽头系数 cr,cr-1,…,c0 :7335
diff_of_1_0(2^11) = 0;                          % 1 和 0 个数差值存储数组初始化
for L = 1:(2^11-1)
    reg2 = decinttobin(L,11);                   % 寄存器组 2 的状态
    gold = gld_seq_gen(reg1,coeff1,reg2,coeff2);
    num_of_1 = sum(gold);                       % 统计其中 1 的个数
    num_of_0 = sum(1-gold);                     % 统计其中 0 的个数
    diff_of_1_0(L) = num_of_1-num_of_0;% 返回 1 和 0 个数差值
end
banlanceGoldNum = sum(diff_of_1_0 == 1)  % 计算并显示 1 和 0 个数差值
Num65 = sum(diff_of_1_0 == 65)
NumNeg63 = sum(diff_of_1_0 == -63)
% 以下是本函数内部使用的子函数:m 序列、Gold 序列和进制转换
% m 序列计算函数
function m = m_seq_gen(reg,coeff)
for k = 1:(2^length(reg)-1)                     % 计算一个周期的 m 序列输出
    a_n = mod(sum(reg.*coeff(1:length(coeff)-1)),2); % 反馈
    m(k) = reg(1);                              % 寄存器最低位输出
    reg = [reg(2:length(reg)),a_n];             % 寄存器移位,反馈
end
% Gold 序列计算函数
function g = gld_seq_gen(reg1,coeff1,reg2,coeff2)
m1 = m_seq_gen(reg1,coeff1);                    % 第一个 m 序列
m2 = m_seq_gen(reg2,coeff2);                    % 第二个 m 序列
g = mod(m1 + m2,2);                             % 模二加得到 Gold 序列
% 进制转换函数
function binvec = decinttobin(x,d)              % 将十进制整数转换为二进制数存放在矩阵中
% d 为指定的转换二进制位数
```

```
for k = 0:d - 1
    binvec(d - k) = rem(x,2);
    x = floor(x/2);
end
```

程序调用执行后结果是：

```
diff_of_1_0 = ch7example24func;
banlanceGoldNum  =  1023  % 平衡码数
Num65  =            496   % "1"比"0"多65个的序列数
NumNeg63  =          528   % "1"比"0"少63个的序列数
```

显然，其中平衡Gold码有1023个，约占总码数的1/2，其余两种非平衡码各约占总数的1/4。

7.5.2 直接序列扩频系统

直接序列扩频的发射机系统结构如图7.48所示。其中设数据序列$\{a_n\}$对应的双极性波形为$a(t)$，其电平取值为±1，码元速率为R_a bps，码元宽度为$T_a=1/R_a$ s。扩频所使用的伪随机序列$c(t)$也是电平取值为±1的双极性波形，伪随机序列的码元也称为码片(chip)，码片速率设为R_c chip/s，对应的码片宽度就是$T_c=1/R_c$ s。码片速率通常是数据速率的整数倍，且$R_c/R_a \gg 1$。对于双极性波形而言，扩频过程等价于数据流$a(t)$与伪随机序列$c(t)$相乘的过程，扩频输出序列设为$d(t)$，也是取值为±1的双极性波形，其速率等于码片速率。

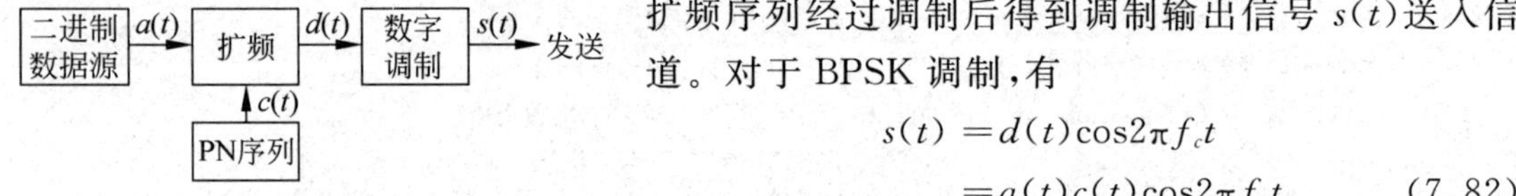

图7.48 直接序列扩频的发射机系统结构

扩频序列经过调制后得到调制输出信号$s(t)$送入信道。对于BPSK调制，有

$$s(t) = d(t)\cos 2\pi f_c t = a(t)c(t)\cos 2\pi f_c t \tag{7.82}$$

由于PN码速率远远高于数据传输速率，所以调制输出信号$s(t)$的频带宽度将远远大于数据波形的带宽。

【实例7.25】 设数据传输率为$R_a=100$bps，扩频码片速率为$R_c=2000$chip/s，$R_c/R_a=20$，采用m序列作为扩频序列，以BPSK为调制方式。试建立扩频系统仿真模型并仿真观察其数据波形、扩频输出波形以及扩频调制输出的频谱。

仿真模型如图7.49所示，Bernoulli Binary Generator用于产生数据流，其采样时间设置为0.01s，这样输出的数据速率为100bps。PN Sequence Generator用于产生伪随机扩频序列，其采样时间设置为0.0005s，这样输出的码片速率为2000chip/s。为了使扩频模块(乘法器)上的数据采样速率相同，需要对数据流进行升速率处理。Unipolar to Bipolar Converter用于完成数据和扩频序列的双极性变换。乘法器输出就是扩频输出，其码速率等于采样速率，即每个采样点代表一个码片。扩频输出信号以BPSK方式进行调制。模型中采用了调制的等效低通模型来实现，调制输出信号是复信号，采样率为2000次/s。调制也可采用通带模型实现。为了使频谱观察范围达到4kHz，需要被观察信号的采样率达到8000次/s，为此，以升速率模块配合采样保持模块将调制输出信号采样率提高到8000次/s。

仿真执行后，两个频谱仪将分别显示扩频前后的信号频谱，采用BPSK调制的等效低通模型时，调制前后的功率频谱相同，为了便于对比，可将两个频谱仪显示图形重叠在一起绘

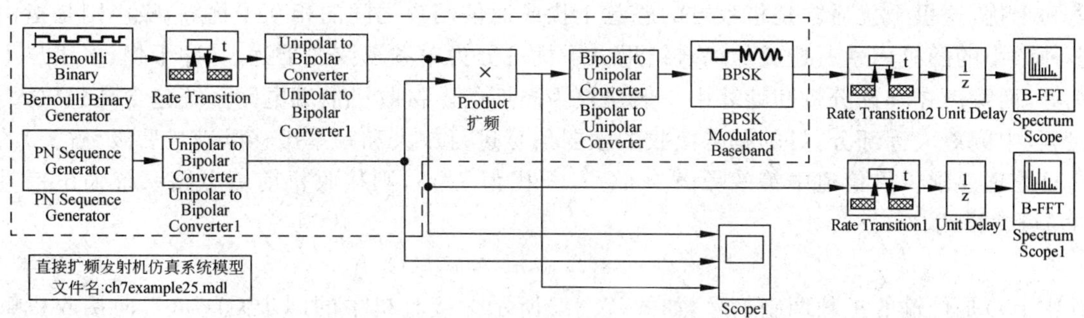

图 7.49　直接扩频发射机仿真系统模型

出，如图 7.50 所示，可见，数据信号的带宽约 100Hz，其功率峰值约为 20dB，而扩频输出信号带宽展宽了 20 倍，为 2kHz，而其功率峰值下降到约 7dB 处。仿真输出的时域波形结果如图 7.51 所示，图中显示了数据流、PN 序列以及扩频输出信号的波形，当数据为＋1 时，扩频输出就是对应的 PN 序列，当数据为－1 时，扩频输出是 PN 序列的反相结果。

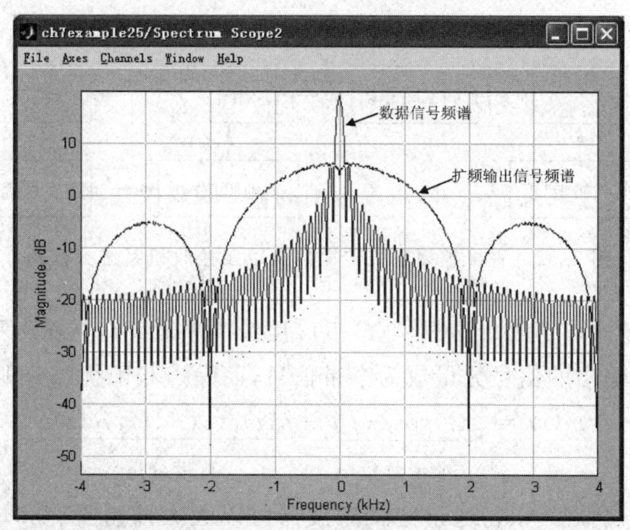

图 7.50　直接扩频发射机扩频前后的信号频谱仿真结果

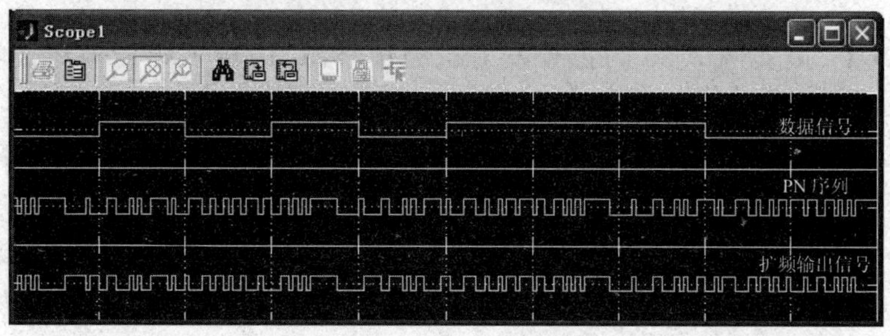

图 7.51　直接扩频发射机扩频前后的信号波形仿真结果

最后，可将模型中虚线部分封装起来作为一个扩频发射子系统备用。

直接序列扩频系统的信道以及接收机结构如图 7.52 所示。在信道中，信号被叠加了噪声和干扰，这里干扰通常是指敌方的恶意干扰或通信用户之间的相互干扰等，噪声则是指由多种微小的随机因素所造成的综合结果。干扰可分为单频正弦波干扰、脉冲干扰、多用户干扰等，而噪声在理论分析和计算中一般建模为高斯的。接收机前端电路系统包含高频放大、混频、中频放大等部分，目的是将接收的微弱信号进行放大和频率搬移以满足后级(解扩)的信号处理要求。设信道中等效噪声为$n(t)$，干扰为$J(t)$，则接收机前端电路系统输出信号$r(t)$可建模为

$$r(t)=s(t)+n(t)+J(t) \tag{7.83}$$

其中$s(t)$是传输的扩频调制信号，如式(7.82)所示。接收机中的同步系统负责向接收机解扩、解调和解码等部分提供所需的时钟和同步信号，保证接收端的本地扩频序列同步、载波同步、定时时钟同步以及数据帧同步等。同步系统通常由一些非线性网络和各种锁相环路构成。当接收机达到同步要求时，其本地扩频序列与发射机扩频序列相同。解扩也是以乘法器完成的，因此解扩输出信号$m(t)$为

$$m(t)=r(t)c(t) \tag{7.84}$$

$$=(s(t)+n(t)+J(t))c(t) \tag{7.85}$$

$$=a(t)c^2(t)\cos 2\pi f_c t+n(t)c(t)+J(t)c(t) \tag{7.86}$$

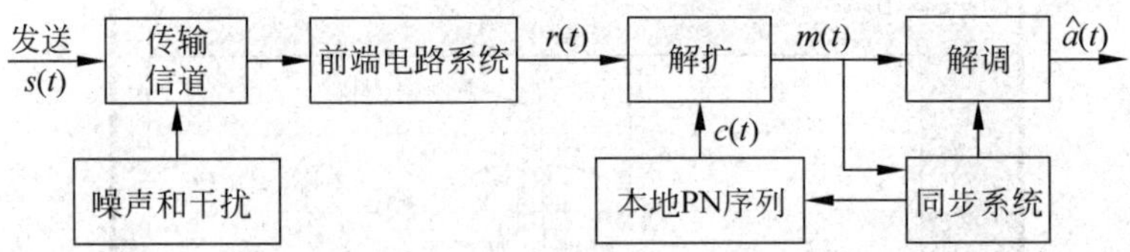

图 7.52 直接扩频系统传输信道以及接收机系统方框图

由于扩频序列$c(t)$取值为± 1，故$c^2(t)=1$，且扩频序列$c(t)$与噪声和干扰$n(t)$、$J(t)$是不相关的，因此解扩输出的信号分量成为窄带信号，而噪声和干扰部分则是宽带的，即

$$m(t)=\underbrace{a(t)\cos 2\pi f_c t}_{\text{窄带分量}}+\underbrace{n(t)c(t)+J(t)c(t)}_{\text{宽带分量}} \tag{7.87}$$

这样，将解扩输出信号$m(t)$通过窄带滤波器可以大大抑制噪声和干扰部分，当无噪声和干扰时，解扩信号再经过 PSK 解调，得到解调输出信号$\hat{a}(t)=a(t)$，即完全恢复发送数据波形。

【实例 7.26】 以实例 7.25 的扩频发射机为信号源，构建扩频传输和接收系统。设传输信道为 AWGN 信道，在信道中加入 300Hz 的单频正弦干扰信号，并设扩频接收机的同步系统是理想的。要求观察信道传输后的信号频谱、解扩后和解调后的信号频谱和波形，并测试传输误码率。

仿真模型如图 7.53 所示。其中发射机子系统 CDMA Trans. 是实例 7.25 系统的封装，内部结构如图 7.49 所示，信道由 AWGN Channel 模块、采样率为 2000 次/s 的 300Hz 离散正弦波源以及加法器模块组成。接收机的本地 PN 序列由和发射机中完全相同参数的 PN Sequence Generator 模块和单双极性转换模块构成，其同步的双极性伪随机码送入解扩器(乘法器)中与接收信号相乘进行解扩，然后送入 BPSK 解调器等效基带模型进行解调和解码。由于解扩信号的采样率为 2000 次/s，而 BPSK 基带数据信号速率为 100bps，其采样率

亦为100次/s，故BPSK解调器中应设置Samples per symbol参数为20。BPSK解调输出的是单极性的二进制数据，经过单双极性变换并进行升速率采样后送入频谱仪观察功率谱。接收机中以Bernoulli Binary Generator产生与发送数据相同的数据流，并延迟2个数据码元宽度以补偿接收延时，然后对比接收解调数据流，显示数据波形并统计误码率。

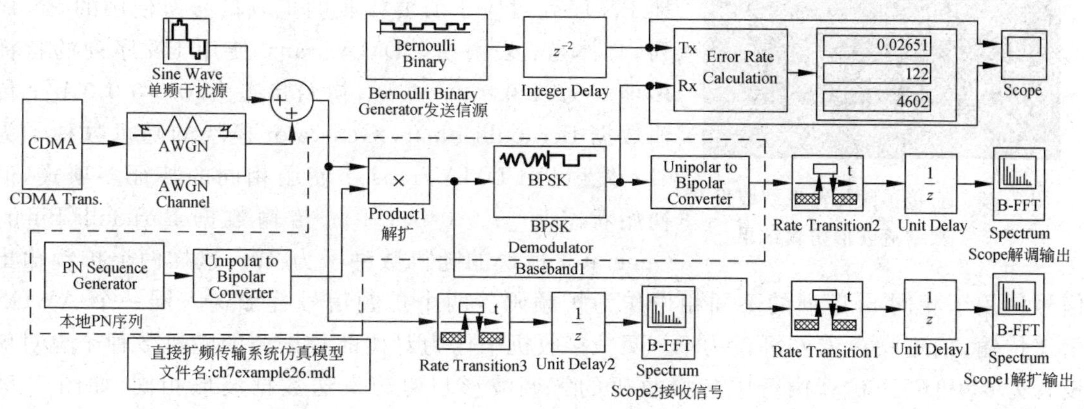

图7.53　直接扩频传输系统仿真模型

执行仿真后得到的信道传输信号频谱、解扩输出信号频谱如图7.54所示。为了便于对比，在信道传输信号频谱图上，也画出了发射机扩频输出信号的频谱，AWGN信道中噪声方差设置为10。可见，经过信道传输并添加单频干扰后，扩频信号被淹没在噪声和干扰之中。由于信道中的信号采样率为2000次/s，所以300Hz的单频正弦波干扰在频率$2000\times n\pm 300$Hz处也存在谱线。解扩后，原来被展宽的信号频谱将被收缩成带宽为100Hz的BPSK调制信号，而单频正弦干扰以及噪声信号将被解扩器进行频谱扩展。接收机BPSK解调输出信号的频谱与发送数据信号的频谱相同，可参见图7.50，此略。在方差为10的零均值加性高斯白噪声，以及幅度为1的100Hz单频干扰下，该扩频系统的传输错误比特率仿真结果约为0.027。仿真收发数据波形对比如图7.55所示，图中标出了误码出现的位置。注意，误码出现的位置是随机的。

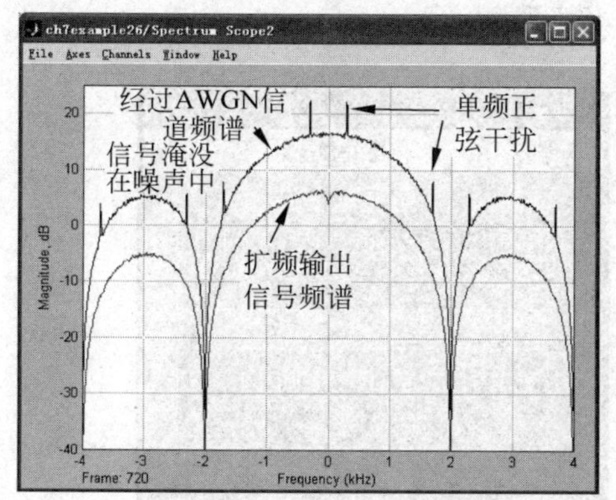

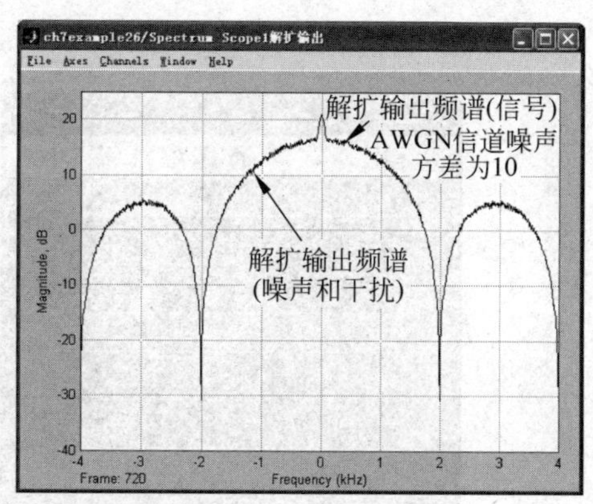

图7.54　直接扩频传输系统频谱仿真结果：信道传输前、后以及解扩后

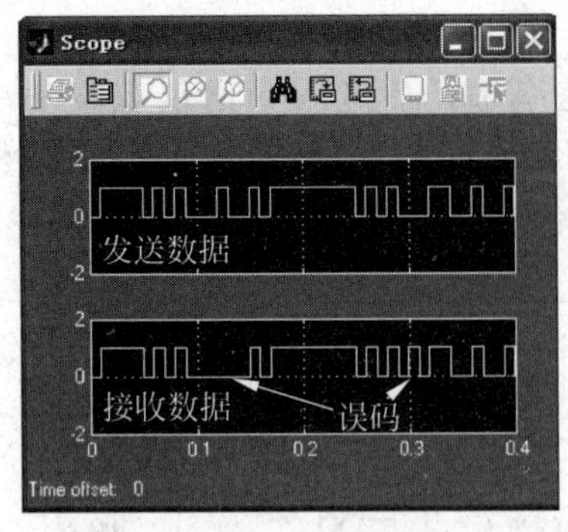

图 7.55　直接扩频传输系统收发数据流波形仿真结果

【实例 7.27】　仿真码分多址(CDMA)系统的原理。

测试模型是在实例 7.26 的基础上修改而成,如图 7.56 所示。图中,两个扩频发射机子系统结构相同,但传输数据和所使用的 PN 序列不同,两个接收机所使用的本地 PN 序列对应于所要接收的扩频信号所使用的 PN 序列,具体是:发射机 CDMATrans. 使用 PN 序列的特征多项式为[1 0 0 0 0 1 1],初始状态为[0 0 0 0 0 1];传输数据 Bernoulli Binary Generator 模块的随机数种子为 61;发射机 CDMATrans. 1 使用相同的特征多项式,但初始状态为[0 0 0 0 1 1];传输数据 Bernoulli Binary Generator 模块的随机数种子为 77。这样两个扩频输出信号使用了相同 m 序列的不同相位作为扩频码。两个扩频信号叠加送入同一个 AWGN 信道传输,信道噪声方差可设为 5。两个接收机中作为对比的数据源的随机数种子也对应设置为 61 和 77。仿真执行中各接收机的解调波形与对应发送数据波形相同,如图 7.57 所示。

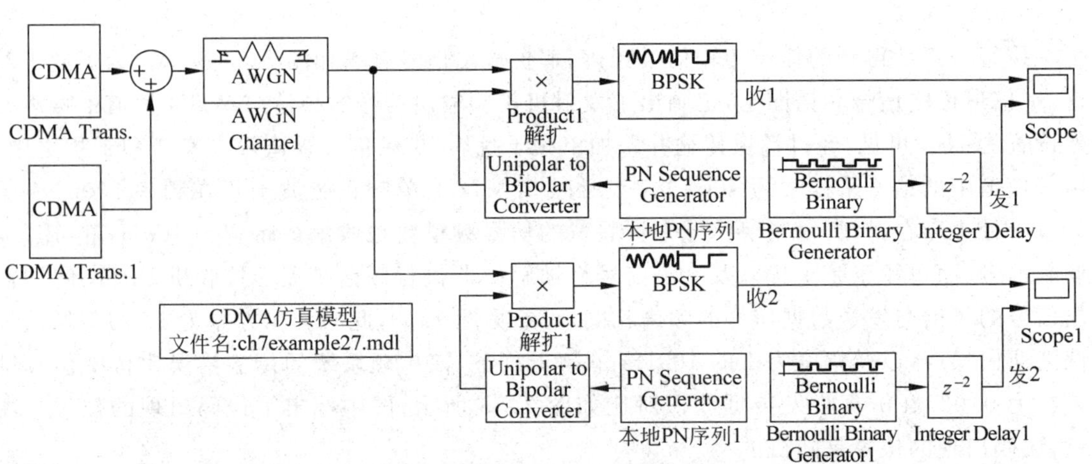

图 7.56　CDMA 仿真模型

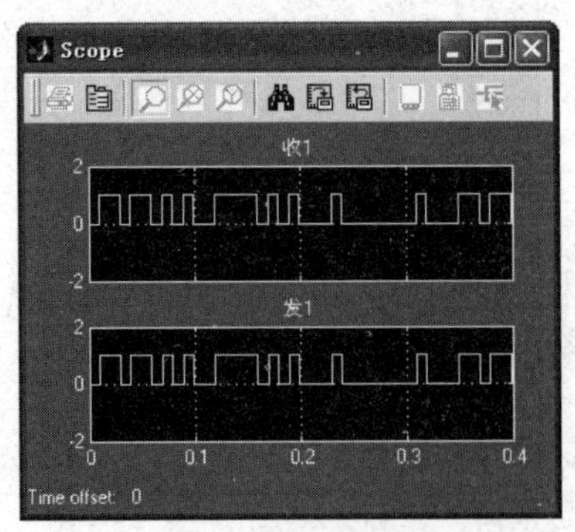

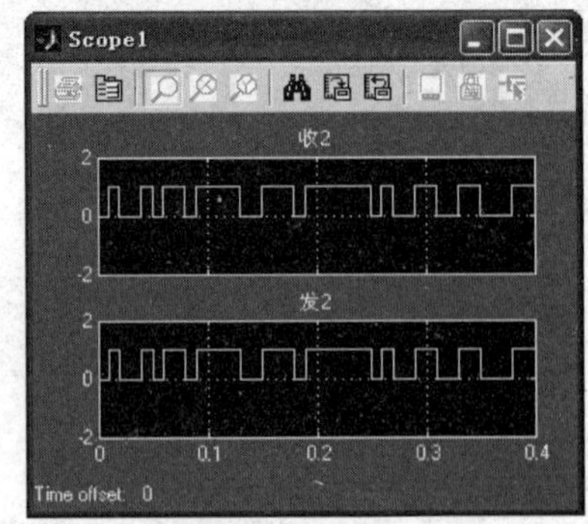

图 7.57　CDMA 两个接收机的接收波形

7.5.3　跳频扩频系统

跳频是扩频的另外一种方式。在跳频系统中，调制载波频率受伪随机码的控制，不断地以伪随机规律跳变，以躲避点频干扰和窄带干扰。跳频系统可以看成是载波频率按照指定的伪随机规则跳变的多元频率键控（M-FSK）系统。根据跳频速率（R_h 跳/s）与传输信息速率（R_a bps）之间的关系，可以将跳频系统分为慢跳频系统和快跳频系统：若 $R_h > R_a$，则为快跳频，反之为慢跳频。

跳频系统是一种瞬时窄带系统。在接收机端，本地恢复载波也受伪随机码的控制，并保持与发送的跳频变化规律一致，这样，以频率跳变的本地恢复载波对接收信号进行变频（相乘）后，就能得到解扩（解跳频）信号，然后对解扩信号再进行相应的解调即可恢复数据。由于跳频系统中载频不断改变，在接收机中跟踪载波相位较为困难，所以跳频系统中一般不采用需要相干方式解调的调制方式，如 PSK 等，而是采用一些可非相干解调的调制方式，最常见的是 FSK 调制。

设数据流波形为 $a(t)$，数据速率为 R_a，其取值为双极性的（±1），进行 FSK 调制（频偏设为 Δf）后输出信号的等效低通信号为 $b(t)$，有

$$b(t) = \exp(\mathrm{j}2\pi a(t)\Delta f) \tag{7.88}$$

设伪随机序列控制下的瞬时频率取值为 $f(t)$，随着时间改变，$f(t)$ 取值在频率点 f_i，$i=1,\cdots,N$ 上改变。跳频载波信号的等效低通信号 $c(t)$ 设为

$$c(t) = \exp(\mathrm{j}2\pi f(t)) \tag{7.89}$$

跳频就是以跳频载波对数据调制信号的频率搬移过程，跳频输出的等效低通信号 $d(t)$ 是

$$d(t) = b(t)c(t) \tag{7.90}$$

$$= \exp(\mathrm{j}2\pi(a(t)\Delta f + f(t))) \tag{7.91}$$

在接收端，以同步 PN 码控制的频率伪随机变化的载波（其等效低通信号为发送载波 $c(t)$ 的共轭信号 $c^*(t)$）和接收信号混频（相乘）进行解跳频，得到解扩输出信号 $\hat{b}(t)$ 为

$$\begin{aligned}\hat{b}(t) &= (d(t) + n(t) + J(t))c^*(t)\\ &= b(t)c(t)c^*(t) + (n(t) + J(t))c^*(t)\\ &= \underbrace{\exp(\mathrm{j}2\pi a(t)\Delta f)}_{\text{解跳的窄带信号}} + \underbrace{(n(t) + J(t))\exp(-\mathrm{j}2\pi f(t))}_{\text{宽带噪声和干扰}}\end{aligned}$$

其中，$n(t)$ 和 $J(t)$ 分别表示噪声和干扰信号，并且 $c(t)c^*(t)=1$，以同步跳变的本地恢复载波对接收信号混频后，就得到了解跳后的窄带信号 $b(t)$ 和宽带的噪声以及干扰信号。同样，以窄带滤波器即可滤除大部分噪声和干扰，达到抗干扰的目的。

【实例 7.28】 设数据速率为 100bps，数据调制采用 2FSK 方式，频率间隔为 100Hz。跳频频点为 32 个，跳频频率间隔为 50Hz，跳频速率为 50 跳/s。设以伪随机整数控制跳频的载频，接收机中解跳所用的本地恢复载波理想地跟踪了发送载波频率变化。试建立跳频传输的等效低通仿真模型，信道设为 AWGN 信道。

该系统属于一个慢跳频扩频系统。跳频输出信号带宽约为 50×32=1600Hz，其等效低

通信号频率变化范围为－800～800Hz。为了使仿真观测频谱范围达到－2000～2000Hz，信号采样率应设置为4000次/s，所以每一个传输数据码元的仿真采样点数为40点。跳频速率为50跳/s，故每跳持续时间为0.02s，对应的采样点数为80点。伪随机码采用m序列，也可采用Gold序列。将伪随机码中每5bit转换为一个0～31的随机整数，以控制跳频载波的输出频率。由于假设接收机伪随机码是理想同步的，且信道没有时延，因此在模型中可直接用发送方的伪随机码作为接收机恢复的伪随机序列。

根据以上分析建立的传输测试模型如图7.58所示。二进制信源数据采用Bernoulli Binary Generator产生，模块中采样时间设为0.01s。然后用M-FSK Modulator Baseband模块完成2FSK调制，其参数设置为：调制元数为2，频率间隔为100Hz，每个符号的采样点数为40，这样调制输出的将是采样率为4000次/s的复信号。由PN序列转换得到的0～31随机整数由子系统Subsystem PN Sequence产生，子系统中，PN序列模块的采样时间间隔设置为1/250s，并设置按帧输出，每帧5个样值(即5个码片)，将帧格式转换为基于取样的信号后，用Bit to Integer Converter将每5码片转换为一个随机整数输出，作为跳频载波频率点的控制信号。输出随机整数的速率是250/5＝50个/s，等于跳频速率。跳频器采用M-FSK Modulator Baseband1完成，其设置参数是：调制元数32，输入数据类型为整型，频率间隔为50，每符号的采样点数为80，这样该模块将输出在32个频点上跳频速率为50次/s的伪随机跳频载波信号。它是复信号，采样率与2FSK信息调制的输出信号相同，为4000次/s。信息调制输出和跳频载波进行相乘以实现跳频扩频。

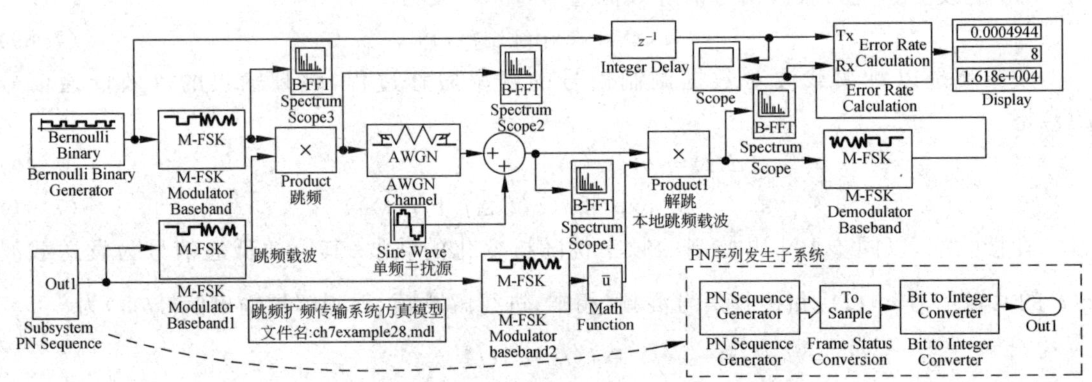

图7.58 跳频扩频传输系统仿真模型

扩频输出经过AWGN信道并加入了一个150Hz的单频正弦波作为干扰源。

在接收端，本地跳频载波是发送跳频载波信号的共轭信号，以相乘完成解跳后，用M-FSK Demodulator Baseband完成2FSK信息解调，其设置与信息调制器对应。与发送数据相比，解调输出数据将会延迟一个码元间隔时间(0.01s)。系统中可对比观察收发数据波形、测试误码率，并用频谱仪观测跳频、信道传输以及解跳、解调前后的信号频谱。设置AWGN信道的噪声方差为1，单频正弦波幅度为1，执行仿真后则可得到各关键传输点的信号频谱。信息调制输出信号以及跳频输出信号的频谱仿真结果如图7.59所示。经过信道后接收端输入信号频谱如图7.60所示，解扩后的信号频谱如图7.61所示。

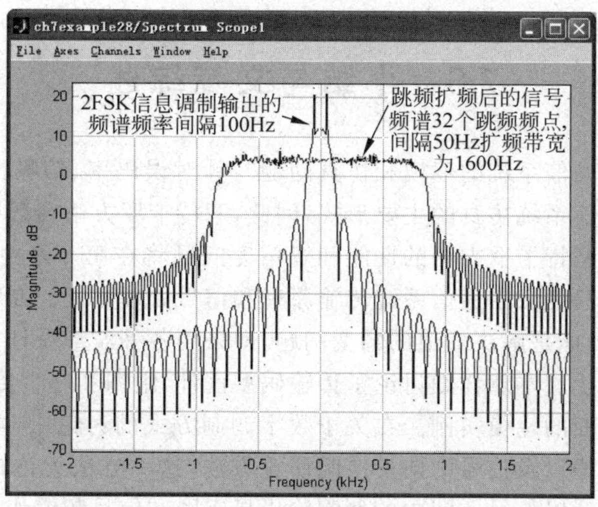

图 7.59 跳频扩频前后信号的频谱

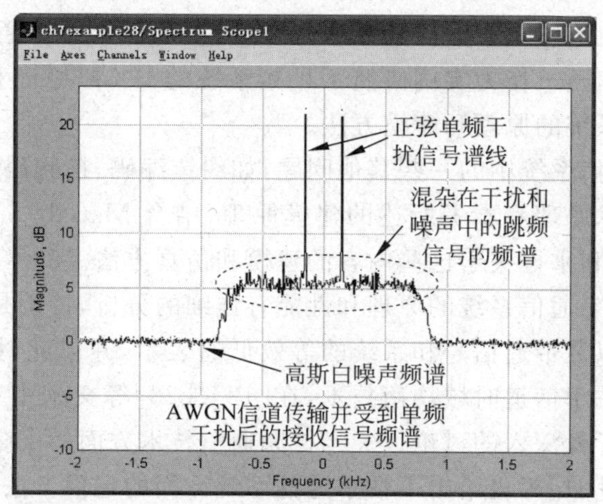

图 7.60 经过 AWGN 信道传输并受到单频正弦干扰的跳频接收信号的频谱

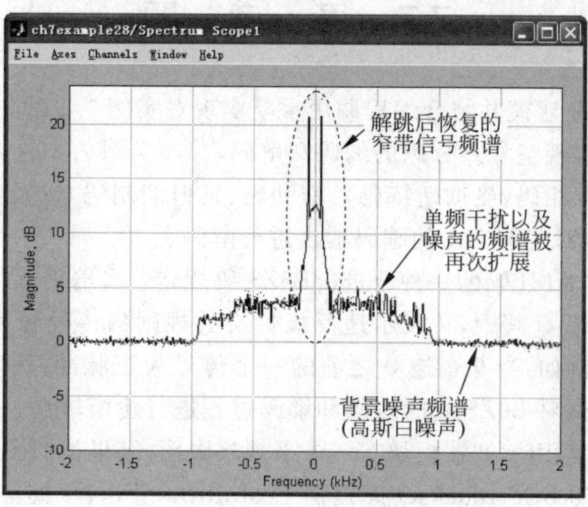

图 7.61 跳频解跳输出信号的频谱

7.6 小结与文献综述

本章讨论了数字通信系统的建模和仿真问题。针对误码率、信噪比和传输信道容量等指标的仿真是数字通信系统仿真的主要形式,因此,蒙特卡罗方法在数字通信系统仿真中的使用特别广泛。关于蒙特卡罗方法的性能和置信度问题将在第8章中讨论。另一方面,对传输波形的仿真用于验证数字通信系统传输原理和信号处理方式。在针对基带波形传输的仿真中,我们的主要目标是解决信道的畸变问题,即采用各种波形设计方法和自适应信道均衡方法来减小码间串扰。本章详细讨论了传输码型设计、眼图和基带传输模型、定时恢复以及信道自适应均衡方面的建模实例。在关于数字调制方式的讨论中,重点介绍了带通信号和系统的等效基带模型以及信号的向量空间研究方法,这一方法无论在理论研究或仿真中都有广泛的应用。本章以信号空间中的调制输出星座图和信号频谱作为仿真结果讨论了常用数字调制方式的原理,并介绍了一种频谱效率很高的一般数字调制方式——连续相位调制的基本原理和相位轨迹以及频谱仿真方法。最后,本章还以无线通信和抗干扰通信中的主要技术——扩频通信——作为实例研究了扩频系统的PN码原理和产生方法,并讨论了直接扩频系统和跳频系统的原理和建模方法。

限于篇幅,数字通信系统中的一些其他问题,如纠错编码、扩频码捕获等本书没有涉及。但读者参照相关的技术原理和本书所述的建模原理,结合Matlab/Simulink中提供的基本模型和模块,不难理解和掌握关于这些内容的建模和仿真方法。

文献[4]、[5]对数字通信系统的原理和性能有详细的分析,特别是文献[4]、[23]中详细介绍了信号空间方法以及带通信号和系统的等效低通表示,并以此对各种数字调制方式的性能作了详细讨论。关于信道时域均衡技术,在[12]、[23]等文献中有较通俗的介绍,而文献[4]、[31]中则给出了较深入的讨论。关于扩频通信技术方面的文献有[6]、[29]等可作为参考。此外,文献[3]、[21]等也给出了数字通信系统方面的建模方法和实例研究。

7.7 思 考 题

(1) 使用Simulink建模并结合编程调用重新实现对实例7.1的仿真。

(2) 用编程方式实现空号差分码的编码和解码,并与实例7.3的仿真结果进行对比。

(3) 设计对数字双相码(曼彻斯特码)、密勒码(延迟调制码)以及传号反转码(CMI码)进行解码的仿真系统,对实例7.4的编码输出进行解码。

(4) B6ZS码是对AMI码的一种改进。B6ZS码规定:当出现6个连0时,这6个连0将以编码0VB0VB取代。其中,V表示违反极性交替规则的传号脉冲,B表示符合极性交替规则的传号脉冲。例如,当6个连0之前的一个传号为正脉冲,则0VB0VB串中第一个V脉冲也是正脉冲。试对B6ZS码的编码和解码过程进行建模仿真。

(5) 建立仿真模型,用示波器模块Scope来观察眼图,结果类似图7.11。

(6) Simulink中的DSP Blockset库提供了Multirate Filters模块集合来进行采样速率转换和滤波,试用其中的FIR Interpolation模块来代替实例7.8(图7.13)中的Upsample

模块和 Discrete Filter 模块，以实现相同功能。

(7) 将实例 7.13 的 8-PAM 修改为 4-PAM 调制模型，要求输入为二进制比特流，以格雷码方式映射。

(8) 以数字调制的通带模型建立 2PAM、BPSK 以及 FSK 的调制模型并观察调制输出波形。仿真系统参数自行假定。

(9) 编写程序计算 GMSK 调制所使用的高斯脉冲波形，设 BT 值分别为∞，1，0.5，0.3，0.25 和 0.16。

(10) 建立 Simulink 模型，并通过编写程序调用，得出 BT 值分别为∞，1，0.5，0.3 和 0.16 的 GMSK 调制输出信号的功率谱估计曲线对比图(注：$BT=\infty$ 的 GMSK 等价于 MSK)。

(11) 用程序计算判断特征多项式(八进制表示的)2415 和 3177 表示的序列是否构成一个 m 序列优选对。

(12) 编写程序寻找与特征多项式(八进制表示的)1021 表示的 m 序列构成优选对的所有 m 序列的特征多项式。

(13) 将实例 7.25 中的扩频序列改为 Gold 序列，再次进行仿真并对比结果。对比平衡 Gold 序列和非平衡 Gold 序列下调制输出信号的频谱。

(14) 以 Gold 序列验证实例 7.26 所示的 CDMA 传输系统。

(15) 建立并测试一个跳频扩频体制的码分多址传输系统，对比以 Gold 序列、m 序列以及随机整数发生器 Random Integer Generator 作为跳频 PN 码源的传输性能(相互干扰、误码率等指标)。

第 8 章

通信系统建模仿真的评估

8.1 概　　述

仿真模型的有效性评估贯穿于建模和仿真研究工作的始终，是仿真研究工作的一个重要内容，它包括模型的确认和模型的验证两大部分。

模型的确认工作考察系统概念模型（数学模型）与被仿真实际系统之间的关系，即通过比较在相同外界条件（如相同激励和运行条件）下概念模型与实际系统输出之间的一致性来评价模型的可信度或可用性。系统的概念模型是对实际系统的一种抽象描述，为了数学分析和模型实现的方便，概念模型往往是在一定条件下根据建模目的而对实际系统的简化，所以概念模型只能在一定程度上近似地、局部地反映所研究的实际系统。绝对精确的建模是不必要的，也是不可能的。

模型的验证工作即仿真软件验证，是考察系统概念模型及其计算机实现（称为计算机模型）的关系，即判断概念模型与计算机程序之间的一致性。计算机模型是概念模型在计算机上的程序实现，对同一概念模型，其计算机模型可以采用不同的计算机语言、不同的编程设计方法来实现，但这些模型运行的结果在相同计算精度下必须是一致的，否则，这些计算机模型中一定会存在错误。仿真软件验证可分为软件模型追踪分析、软件度量分析、代码分析和正确性证明 4 部分。软件模型追踪分析是根据概念模型结构框架跟踪计算机模型的模块单元、输入输出以及实现算法的合理性，以验证概念模型是否被准确地转换为计算机模型，计算机模型是否满足仿真目标应用。软件度量分析负责对模型开发和应用中有关的可以量化的特性进行评价，如软件的可靠性、可维护性、可验证性、互操作性等诸多方面。代码分析是对软件代码的详细评估，包括对软件逻辑、数据结构、模块接口、用户界面等的评估。正确性证明是采用断定检验的方法来证明程序的正确性。

系统仿真结果的有效性直接关系到仿真结果的应用价值。有效性也可以理解为仿真结果与被仿真的实际物理系统行为之间的差别程度，即所谓的“精度”。随着实际中的不同应用，精度的概念存在细微的差别。来源于模型本身的误差称为建模误差。一般而言，根据不同类型的建模，仿真精度会受到不同类型的建模误差的限制，例如链路层次的系统建模误差、电路层次的器件建模误差以及随机过程建模中产生的误差等。另外一些仿真误差则来源于数值计算的精度限制以及仿真本身所具有的一些特性等，例如，连续信号与对其进行取样得出的离散时间信号表示之间的误差；为了在有限的存储空间中记录信号，必须对信号进行量化处理，量化处理也将引入误差；计算机存储空间受限的本质就不可能精确地表达无穷范围的信号，因此所记录的信号必须在时间域或者频率域进行截断，从而也会引入截断误差；系统方程数值求解算法、求解步长以及迭代次数等也将引入计算误差，因为仿真次数不能够达到无限多次，所以仿真得出的统计结果的置信度就达不到百分之百。诸如此类的因素导致的仿真误差称为处理误差。在一定的计算能力条件下，处理误差是可加以控制的。理论上，只要付出一定的计算代价，例如充分的存储空间，足够的计算时间，就可以将这些处理误差降低到任意小的程度。另一方面，建模误差则来源于建模过程中对物理模型本身的简化和近似程度，所以并不能通过提升计算机的数值处理能力来降低建模误差。当然，在计算能力允许的情况下，可以增加仿真系统模型的复杂程度以求更加接近真实物理系统，以系统编程复杂度和相应计算量增加来换取建模误差的减小。

如果仿真方框图与被仿真的物理系统之间不是一一对应的，即建模过程中，为了减小模型的复杂度，对物理系统进行了某种程度的近似，例如，忽略了物理系统中固有的微弱参数时变特性、微小非线性以及损耗等，那么仿真结果就无法精确反映实际系统的行为。需要指出，在模型的简化过程中，如果简化前后模型保持数学上的等价性，例如将一组级联的线性滤波器等价为单独一个高阶滤波器，那么理论上讲，这样的系统简化不会导致模型精度损失。但是，两个数学上等价的模型在数值计算的复杂性和计算精度上是存在差别的，结构简单的等价模型并非在数值计算上就一定简单，精度就一定提高，因为计算复杂性和精度依赖于仿真所选取的数值算法，这是在系统建模中需要特别注意的。

对模型的评估方法很多，大体上可以分为主观评估方法和统计检验方法两大类。主观评估方法一般是对模型进行定性分析，而统计检验方法则依靠统计学工具对模型进行定量分析和比较。

对通信系统模型的评估主要包括如下方法。

- 主观有效性评估：请熟悉实际系统的专家对仿真模型的合理性及其输出结果进行评价。如果存在实际系统的测试数据，还可询问熟悉实际系统的人，看他们是否能够分辨出哪些数据是仿真结果，哪些数据是实际系统测试结果，从而评价仿真结果和实际结果之间的一致性。
- 事件有效性检验：将仿真结果中出现的事件与实际系统中发生的事件作对比，看是否相同或接近。
- 预测有效性检验：把仿真的预测结果与实际系统输出结果进行比较，看它们是否相同或接近。
- 动画法：将仿真结果以动画形式表现出来，凭评估者的实际经验和直觉来判断模型的正确性。Simulink 仿真中的主要结果往往就是以动画形式表达出来的。
- 理论比较法：如果概念模型存在理论分析结果，可将仿真结果与理论计算结果进行比较，以判断模型的正确性。
- 模型比较法：将模型的仿真结果与已普遍认可有效性的经典模型的结果进行比较，根据其偏差来评价模型的有效性。例如，当新建模型是某经典模型的推广时，可设置特殊条件使新建模型退化为经典模型，从而应用模型比较法。
- 曲线法：对比模型仿真结果曲线以及实际系统测试曲线或理论分析曲线，从它们的吻合程度上判断模型的正确性。

- 参数有效性检验：改变模型中的内部参数或输入信号，观察对仿真结果的影响，并判断这种影响关系是否与实际系统测试结果保持一致，或是否与基本物理概念相互矛盾，从而判断模型的正确性。
- 极端条件测试法：在极端条件或对系统不同参数、输入等进行特殊组合的条件下，看仿真结果是否合理。例如，对于通信系统模型，在信道噪声趋于无穷大时，传输错误比特率应趋于0.5，而在无信道噪声条件下，传输错误比特率应为零，可以用这样的特殊传输条件来检验模型的正确性。
- 局部模型和子模型测试法：移去系统中某些部分，或将系统分解为若干子系统模型，通过对局部系统或子系统的检验来得出对总模型的有效性认识。
- 历史数据法：利用从实际系统测试中得出的历史数据中的一部分来进行建模（例如得出拟合经验公式），然后用另外一部分历史数据来检验模型的正确性。
- 统计检验方法：使用数理统计学方法来对模型进行检验和评估，如置信区间估计、假设检验、方差分析、统计回归分析和频域谱分析等。

8.2 概率模型和蒙特卡罗方法

仿真模型是对实际问题的简化描述。如果实际问题具有确知性质，那么通常仿真模型就是一个确定性模型，例如，对已知输入信号通过已知系统的响应问题的仿真模型就是一个确知性模型。另一方面，如果实际问题本身具有某些随机性质，例如系统结构和参数的随机性、激励信号的随机性等，那么通常对应的仿真模型就是一个概率模型。概率模型用来描述和仿真一个概率过程，其仿真结果通常是对某些观察结果的概率统计。

值得注意的是，经典的处理随机性问题的方法是将随机性问题转换为某个确定性问题，然后进行求解，因此对于随机性问题也可以建立确定性模型求解。但是，对于实际系统中的随机性问题，要建立确定性模型往往并非易事，对所建立的数学模型的分析更为艰难，而且往往在构造确定性模型的过程中会对随机因素进行简化和近似而造成模型和实际系统之间的误差。

然而，对于本身不具有随机性质的确定性问题，也可以构造出概率模型来，然后通过对概率模型的仿真试验得出统计结果，例如第1章实例1.3中建立的求解圆周率的概率模型。蒙特卡罗是一个赌城的名字，“二战”期间J. V. Neumann在他们的研究项目中使用了概率模型来研究确定性问题，他将项目取名为Monte-Carlo，之后人们就把这项项目中使用的方法称为蒙特卡罗方法。现在，蒙特卡罗方法不再限于对确定性问题的概率求解，而将蒙特卡罗仿真和一般随机性问题的仿真等同起来。现在一般将对概率模型的计算机随机模拟方法称为蒙特卡罗仿真方法。利用蒙特卡罗方法建模和仿真的主要过程是：

- 根据实际问题构造概率模型。
- 为概率模型的仿真产生所需要的各种概率分布的随机变量。
- 为仿真结果建立各种统计量的估计。

蒙特卡罗仿真法的主要优点在于，它常常能够相对容易地、更加精确地对很复杂的随机系统进行建模，而不需要对模型进行复杂的理论和数学分析，在建模时能够排除许多繁复的工作，特别是在高水平的仿真和数值计算软件的支持下，使得建模和仿真更加方便。例如，在无线通信环境中，通信系统的传输错误率的理论计算往往十分艰难，甚至不可能，而通过蒙特卡罗仿真法却能够相当容易地统计出传输错误率，而且可以使仿真信道条件十分接近真实物理信道。因此蒙特卡罗仿真可以在更加广泛的条件下评估候选系统方案的性能。此外，蒙特卡罗仿真模型中特定的子模型可以相当容易地加以修改，从而可以容易地对系统参数敏感性问题进行仿真分析。

蒙特卡罗方法的另外一个显著优点是，它所得出的结果可以和数学分析所得出的理论结果相互印证，从而验证模型和算法的正确性和有效性，因此，现代科学研究论文中通常都以数值计算和蒙特卡罗方法来对其提出或改进的算法和理论分析进行对照验证。

一方面，为概率模型的仿真产生所需要的各种概率分布的随机数是蒙特卡罗仿真过程中必不可少的工作，随机数分布特征的优劣是影响蒙特卡罗仿真性能的主要因素；另一方面，蒙特卡罗仿真输出的结果往往也是随机数据，需要用统计学的手段对这些数据样本进行分析和辨识。因此，对于各种分布随机数的产生方法、分布的物理意义和相互关系的理解就显得十分重要。随机数的概率分布参数估计和分布律的辨识、仿真结果的可信度等也需要有定量的指标加以衡量。以下将重点讨论这些问题。

8.3 随机数的产生和常用随机分布

8.3.1 均匀分布随机数的产生

均匀分布的随机数是产生其他分布随机数的基础，任意分布的随机数都可以通过均匀分布的随机数经过变换运算得出。利用递推算法可产生具有均匀分布随机特征的伪随机数，其中最常用的是线性同余法，其递推公式是

$$x_{n+1} = (\lambda x_n + c)(\mathrm{mod}\, M) \quad n = 0,1,2,\cdots \tag{8.1}$$

其中，x_0 为初值(初始种子)；λ 为乘子；c 为增量；M 是模，它们都是非负整数，且 λ, c, x_n 均小于模 M；x_{n+1} 是 $\lambda x_n + c$ 被 M 整除后的余数，因此上式也可写成

$$x_{n+1} = (\lambda x_n + c) - \left\lfloor \frac{\lambda x_n + c}{M} \right\rfloor M \tag{8.2}$$

其中，$\lfloor \cdot \rfloor$表示下取整。当增量 $c=0$ 时，称为乘同余法。由于 x_n 是小于 M 的非负整数，故 $u_n = x_n/M$ 将得到[0,1]区间上的均匀分布。受计算机中数的表示位数限制，模 M 的取值不能大于计算机中最大能够表示的整数值。常用的三种同余法的参数取值是

$$\lambda = 7^5, \quad M = 2^{31} - 1, \quad c = 0, \quad x_0 \text{ 取奇数} \tag{8.3}$$

$$\lambda = 5^{15}, \quad M = 2^{35}, \quad c = 1 \tag{8.4}$$

$$\lambda = 314159269, \quad M = 2^{31}, \quad c = 453806245 \tag{8.5}$$

Matlab 中给出了[0,1]区间均匀分布伪随机数的产生函数 rand。对于没有伪随机数产生函数的计算机语言，可用以上算法来产生均匀分布伪随机数。

对于在区间[0,M]上均匀分布的随机数 x，其期望和方差为

$$\mu_x = E[x] = \frac{M}{2} \tag{8.6}$$

$$\sigma_x^2 = E[(x - \mu_x)^2] = \frac{M^2}{12} \tag{8.7}$$

例如，在区间[0,1]上均匀分布的随机数的期望是0.5，方差为1/12。

8.3.2 产生其他常用随机分布的方法

1. 反函数法

采用反函数法可以通过均匀分布随机数来获得指定分布的随机数，具体方法如下：

给定欲产生的随机数的概率分布函数为 $F(x)$，其反函数记为 $F^{-1}(x)$，以及在区间[0,1]上均匀分布的随机数 ξ，则 $\eta=F^{-1}(\xi)$ 是服从分布函数为 $F(x)$ 的随机数。

当随机分布的概率分布函数已知，且其反函数容易求出时，可用反函数法由均匀分布随机数得出指定分布的随机数。

2. 函数变换法

设连续随机变量 ξ 的概率密度函数为 $p_\xi(x)$，对 ξ 进行严格单调函数运算得到随机变量 $\eta=f(\xi)$，那么随机变量 η 的概率密度函数是

$$p_\eta(x)=p_\xi(g(x))\times|g'(x)| \tag{8.8}$$

其中，$g(x)=f^{-1}(x)$ 是函数 $f(x)$ 的反函数；$g'(x)$ 是函数 $g(x)$ 的导函数。

当连续随机变量 ξ 是在[0,1]区间均匀分布时，有概率密度函数 $p_\xi(x)=1$，于是上式简化为

$$\begin{aligned}p_\eta(x)&=p_\xi(g(x))\times|g'(x)|\\&=|g'(x)|\\&=\left|\frac{\mathrm{d}}{\mathrm{d}x}(f^{-1}(x))\right|\end{aligned}$$

此时，函数变换法退化为反函数法。

3. 剔除法

剔除法的思想是：产生均匀分布的随机数，然后以指定的概率密度函数作为判断条件，剔除不符合这一条件的随机数，则剩下的随机数就是满足指定概率分布的。对于分布在有限区间$[a,b]$上，已知概率密度函数 $p(x)$ 的概率分布，可采用剔除法产生该分布的随机数。

设指定的概率密度函数 $p(x)$ 的非零区间为$[a,b]$，其值域范围为 $0<p(x)\leqslant c$，a,b,c 均为常数。产生两个独立的、分别在区间$[a,b]$和区间$[0,c]$上均匀分布的随机数 ξ,η，则以随机数 ξ,η 作为 x,y 坐标的点 $Q=(\xi,\eta)$ 将均匀分布于以 $b-a$ 为宽、c 为高的矩形区域，如图8.1所示。如果随机产生的点 Q 位于概率密度函数曲线 $y=p(x)$ 的上方（如图中的 Q_2，Q_i 点，即 $\eta_i>p(\xi_i)$），则被剔除；而若随机点 Q 位于曲线下方（即 $\eta\leqslant p(\xi)$，如图中的 Q_1 点），则将 Q 点的横坐标 ξ 作为满足指定概率分布的随机数输出。显然，这样得出的随机数 ξ 满足概率密度函数要求。

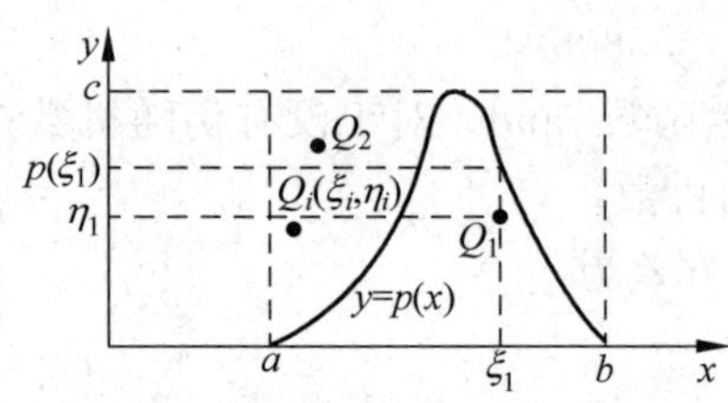

图8.1 剔除法产生指定概率密度函数的随机数示意图

由于剔除法只要求概率密度函数的计算，而不涉及概率分布函数及其反函数，故比较简单。但是，采用剔除法对于每个试验点需要产生两个均匀分布的随机数，并且许多点还将要被剔除掉，所以产生随机数的效率较低，尤其是当概率密度函数上方的矩形区域部分相对面积较大时，被剔除的概率较大，效率将更低。

对于密度函数非零区间在$[-\infty,\infty]$的情况，如果使用剔除法，可将密度函数取值很小的区间截断，也就是选择有限区间$[a,b]$，使密度函数在该区间的下围面积接近1，即

$$1-\int_a^b p(x)\mathrm{d}x \leqslant \varepsilon$$

其中，ε是任意小的正数，表示截断误差。例如，要用剔除法产生方差为σ^2的正态分布，可选择区间为$b-a=6\sigma$，则$\varepsilon\approx 0.003$，此时约58%的随机点将被剔除。也可选择更宽的区间如$b-a=12\sigma$，但计算效率将下降很多，此时约80%的随机点将被剔除。

4. 利用分布间关系产生常用分布

除了反函数法、函数变换法和剔除法，还可以利用随机变量之间的关系以及随机分布之间的关系来产生其他常用分布的随机数。

此外，随机变量和分布之间的关系在通信系统性能(如信噪比、错误符号率、信道容量等与随机噪声分布和统计特征有关的指标)的分析上也经常用到。

一般地，将多个随机变量组成一个随机向量来研究。设n维随机向量为$(\xi_1,\xi_2,\cdots,\xi_n)$，其联合概率密度函数为$p(\boldsymbol{x})=p(x_1,x_2,\cdots,x_n)$，又设$\eta$是该随机向量的$n$元函数，$\eta=f(\xi_1,\xi_2,\cdots,\xi_n)$，那么$\eta$也是随机变量，其概率分布函数可表达为

$$F_\eta(y)=\iint\limits_{f(x_1,x_2,\cdots,x_n)<y}\cdots\int p(x_1,x_2,\cdots,x_n)\mathrm{d}x_1\mathrm{d}x_2\cdots\mathrm{d}x_n \tag{8.9}$$

$$=\iint\limits_{f(\boldsymbol{x})<y}\cdots\int p(\boldsymbol{x})\mathrm{d}\boldsymbol{x} \tag{8.10}$$

设$p_{\xi_i}(x_i)$为随机变量ξ_i的概率密度函数，那么，当随机向量中各个分量相互独立时，有$p(\boldsymbol{x})=\prod\limits_{i=1}^{n}p_{\xi_i}(x_i)$，以上积分可进一步简化。

8.3.3 产生任意指定区间上的均匀分布

产生任意指定区间$[a,b]$上的均匀分布随机数的变换函数为

$$\eta=F^{-1}(\xi)=(b-a)\xi+a \tag{8.11}$$

其中，ξ是在区间$[0,1]$上均匀分布的随机数。

区间$[a,b]$上均匀分布随机变量的期望为$(a+b)/2$，方差为$(b-a)^2/12$。

Matlab统计工具箱中给出了产生指定区间均匀分布连续随机数的函数unifrnd。

8.3.4 三角分布

设随机向量(ξ_1,ξ_2)的联合概率密度函数为$p(x_1,x_2)$，$\eta=\xi_1+\xi_2$为和随机变量，由式(8.10)可得η的分布函数为

$$F_\eta(y) = \iint\limits_{x_1+x_2<y} p(x_1,x_2)\mathrm{d}x_1\mathrm{d}x_2 = \int_{-\infty}^{\infty}\left(\int_{-\infty}^{y-x_1} p(x_1,x_2)\mathrm{d}x_2\right)\mathrm{d}x_1 \tag{8.12}$$

因此，η 的概率密度函数为

$$p_\eta(y) = \frac{\mathrm{d}}{\mathrm{d}y}F_\eta(y) = \int_{-\infty}^{\infty} p(x_1, y-x_1)\mathrm{d}x_1 \tag{8.13}$$

当两个随机变量相互独立时，有

$$p_\eta(y) = \int_{-\infty}^{\infty} p_{\xi_1}(x_1)p_{\xi_2}(y-x_1)\mathrm{d}x_1 = p_{\xi_1}(x_1) * p_{\xi_2}(y-x_1) \tag{8.14}$$

上式表明：独立随机变量之和的概率密度函数是各随机变量密度函数的卷积。因此，在区间$[-a,a]$上的两个独立均匀分布随机变量之和服从区间$[-2a,2a]$上的三角分布，其概率密度函数为

$$p_\eta(y) = \begin{cases} \dfrac{2a+y}{4a^2}, & -2a \leqslant y \leqslant 0 \\ \dfrac{2a-y}{4a^2}, & 0 < y \leqslant 2a \\ 0, & |y| > 2a \end{cases} \tag{8.15}$$

三角分布也称为辛普生分布。

8.3.5 指数分布

参数为 λ 的指数分布的概率密度函数为

$$p(x) = \lambda \mathrm{e}^{-\lambda x}, \quad x \geqslant 0 \tag{8.16}$$

其概率分布函数是

$$F(x) = 1 - \mathrm{e}^{-\lambda x}, \quad x \geqslant 0 \tag{8.17}$$

概率分布函数的反函数为

$$F^{-1}(x) = -\frac{1}{\lambda}\ln(1-x) \tag{8.18}$$

由于 x 和 $1-x$ 都是在$[0,1]$区间的均匀分布随机数，为计算简单，可用 x 来代替 $1-x$，于是得到指数分布的随机数 η 的产生公式

$$\eta = -\frac{1}{\lambda}\ln\xi \tag{8.19}$$

其中，ξ 是在区间$[0,1]$上均匀分布的随机数。

指数分布随机变量的期望为 $1/\lambda$，方差为 $1/\lambda^2$。Matlab 统计工具箱中给出的指数分布随机数产生函数为 exprnd。另外，该工具箱还提供了指数分布的计算指令，如 exppdf，expcdf，expfit，expinv，expstat 等。

指数分布常用于排队论中顾客等待时间、服务时间、独立的多个顾客到达时间间隔等随机变量的建模问题。例如，只要顾客等待额外时间间隔的概率独立于已经等待的时间长度，那么顾客的等待时间就服从指数分布，其平均等待时间为 $1/\lambda$。

8.3.6 标准正态分布

正态分布也称高斯分布，可采用函数变换法产生标准正态分布随机数。设 r_1 和 r_2 是两个独立的在区间[0,1]上均匀分布的随机数，则

$$x_1 = \sqrt{-2\ln r_1}\cos 2\pi r_2 \tag{8.20}$$

$$x_2 = \sqrt{-2\ln r_1}\sin 2\pi r_2 \tag{8.21}$$

是两个独立同分布的标准高斯随机数，即其均值为零，方差为1，记为 $x_1 \sim \mathcal{N}(0,1)$ 和 $x_2 \sim \mathcal{N}(0,1)$。Matlab 中用函数 randn 产生标准正态分布的随机数。

中心极限定理指出，无穷多个任意分布的独立随机变量之和的分布趋近于正态分布。基于此，另外一种产生近似高斯随机数的方法是：用12个独立同分布于[0,1]区间的均匀分布随机数之和来构成正态分布，其均值为6，方差为1。因此得到标准正态分布随机数的方法是

$$y = \sum_{i=1}^{12} x_i - 6 \tag{8.22}$$

其中，x_i 是在[0,1]区间的独立均匀分布随机数。与函数变换法相比，该方法计算简单，避免了函数运算，但是产生一个正态随机数需要12个独立均匀分布的随机数，计算效率较低，而且，这样产生的正态分布随机数的区间是[−6,6]。

8.3.7 指定均值和方差的正态分布

指定均值 μ 和方差 σ^2 的正态分布随机数的产生方法如下。如果随机数 x 是标准正态分布的，则随机数

$$y = \mu + \sqrt{\sigma^2}\, x \tag{8.23}$$

服从均值为 μ、方差为 σ^2 的正态分布，记为 $y \sim \mathcal{N}(\mu,\sigma^2)$。

多个独立正态分布随机变量之和也服从正态分布，其均值为各个分布均值之和，方差也为各分布的方差之和。

Matlab 统计工具箱中给出的产生指定均值和方差正态分布随机数的函数是 normrnd。统计工具箱中还给出了正态分布的其他计算指令，例如：normpdf，normfit，norminv，normplot，normspec，normstat 等。

通信信道中的噪声往往是多种干扰因素叠加的结果。根据中心极限定理，只要其中每种干扰因素对总噪声结果的贡献都很小，而干扰因素又非常多，那么信道噪声就可以建模为高斯分布的。

在通信传输系统的等效低通模型中，零均值高斯噪声的等效低通噪声是复高斯的，其实部和虚部为服从相同方差的零均值独立正态分布随机变量。零均值复高斯随机变量 Z 定义为

$$Z = X + \mathrm{j}Y \tag{8.24}$$

其中，$X \sim \mathcal{N}(0,\sigma^2)$，$Y \sim \mathcal{N}(0,\sigma^2)$。$Z$ 的均值和方差分别为

$$\mathrm{E}(Z) = 0 \tag{8.25}$$

$$\mathrm{Var}(Z) = 2\sigma^2 \tag{8.26}$$

8.3.8 对数正态分布

设随机变量 X 服从均值为 μ、方差为 σ^2 的正态分布，即 $X \sim \mathcal{N}(\mu,\sigma^2)$，定义一个新的随机变量 $R=\exp(X)$，则 R 服从对数正态分布。对数正态分布的概率密度函数为

$$p(r) = \frac{1}{\sigma r\sqrt{2\pi}}\exp\left(-\frac{(\ln r-\mu)^2}{2\sigma^2}\right),\quad r \geqslant 0 \tag{8.27}$$

对数正态分布随机数可由正态分布的随机数 x 进行函数运算 $r=\exp(x)$ 得到。Matlab 统计工具箱中计算对数正态分布的指令是 lognpdf，logncdf，logninv，lognrnd 以及 lognstat。

对数正态分布常用于对无线信道中高大障碍物引起的阴影效应进行建模。对于通信发射机和接收机之间的高地、树木以及高大建筑物引起的信号阴影损耗，以分贝(dB)为单位的实际测量值 X_{dB} 服从正态分布 $X_{\mathrm{dB}} \sim \mathcal{N}(\mu_{\mathrm{dB}},\sigma_{\mathrm{dB}}^2)$，其中 μ_{dB} 为以 dB 为单位的平均路径损耗，σ_{dB}^2 为以 dB 为单位的路径损耗方差。因此，以倍数表达的信号阴影损耗 $R=10^{X_{\mathrm{dB}}/10}$ 服从对数正态分布。

8.3.9 柯西分布

参数为 (μ,λ) 的柯西分布随机变量的概率密度函数为

$$p(x) = \frac{1}{\pi}\frac{\lambda}{\lambda^2+(x-\mu)^2},\quad -\infty < x < \infty \tag{8.28}$$

其中，参数 $\lambda>0$，$-\infty<\mu<\infty$。柯西分布是一种特殊的随机分布，其均值和方差均不存在。

用反函数法可以由均匀分布产生柯西分布的随机数。利用式(8.8)能轻易证明，如果 θ 是服从区间 $(-\pi/2,\pi/2)$ 上的均匀分布随机变量，那么随机变量 $\psi=\mu+\lambda\tan\theta$ 服从参数为 (μ,λ) 的柯西分布。

此外，两个独立标准正态随机变量的商也服从柯西分布：设有两个独立的标准正态随机数 x_1，x_2，则随机数 $y=x_1/x_2$ 服从参数为 $(\mu=0,\lambda=1)$ 的柯西分布，随机数 $z=\lambda y+\mu=\lambda x_1/x_2+\mu$ 服从参数为 (μ,λ) 的柯西分布。

如果将两个独立的标准正态随机变量视为复平面上的实部和虚部变量，从而构成一个复高斯变量，那么结合以上两种产生柯西分布的方法不难得出，该零均值复高斯变量的辐角是在 $[0,2\pi]$ 上均匀分布的随机变量。

8.3.10 χ^2 分布

χ^2 分布分为中心 χ^2 分布和非中心 χ^2 分布两种。

1. 中心 χ^2 分布

中心 χ^2 分布的随机变量由若干独立同分布的零均值高斯变量的平方和得出。设有 n 个

独立同分布的零均值高斯随机数 $x_i \sim \mathcal{N}(0,\sigma^2)$，$i=1,2,\cdots,n$，则随机数

$$y = \sum_{i=1}^{n} {x_i}^2 \tag{8.29}$$

服从自由度为 n 的中心χ^2分布，其概率密度函数为

$$p(y) = \frac{1}{\sigma^n 2^{\frac{n}{2}} \Gamma\left(\frac{n}{2}\right)} y^{\frac{n}{2}-1} \exp\left(-\frac{y}{2\sigma^2}\right), \quad y \geqslant 0 \tag{8.30}$$

其中，$\Gamma(x)$是伽玛函数，在 Matlab 中可通过命令 gamma(x)求出，其定义是

$$\Gamma(x) = \int_0^{\infty} \mathrm{e}^{-t} t^{x-1} \mathrm{d}t, \quad x > 0 \tag{8.31}$$

特别指出，当 x 为正整数时，有 $\Gamma(x)=(x-1)!$，当 x 为正整数加上$\frac{1}{2}$时，有

$$\Gamma\left(\frac{1}{2}\right) = \sqrt{\pi}, \quad \Gamma\left(\frac{3}{2}\right) = \frac{\sqrt{\pi}}{2} \tag{8.32}$$

$$\Gamma\left(m + \frac{1}{2}\right) = \frac{(2m-1)!!}{2^m}\sqrt{\pi} \tag{8.33}$$

其中，$(2m-1)!! =1\times3\times5\times(2m-1)$，$m=1,2,\cdots$。

自由度为 n 的中心χ^2分布随机变量 Y 的期望和方差分别为

$$\mathrm{E}(Y) = n\sigma^2 \tag{8.34}$$

$$\mathrm{Var}(Y) = 2n\sigma^4 \tag{8.35}$$

Matlab 中给出了 $\sigma^2=1$ 的自由度为 n 的中心χ^2分布的计算函数：χ^2分布的分布函数 chi2cdf，分布函数的反函数 chi2inv，概率密度函数 chi2pdf，随机数发生函数 chi2rnd 和期望及方差计算函数 chi2stat 等。

2. 非中心χ^2分布

非中心χ^2 分布的随机变量由若干独立同方差的均值不全为零的高斯变量的平方和得出。设有 n 个独立的高斯随机数 $x_i \sim \mathcal{N}(m_i,\sigma^2)$，$i=1,2,\cdots,n$，其均值为 m_i，方差同为 σ^2，并设 $s^2 = \sum_{i=1}^{n} {m_i}^2$，则随机数

$$y = \sum_{i=1}^{n} {x_i}^2 \tag{8.36}$$

服从自由度为 n 的非中心χ^2分布，其概率密度函数为

$$p(y) = \frac{1}{2\sigma^2}\left(\frac{y}{s^2}\right)^{\frac{n-2}{4}} \exp\left(-\frac{s^2+y}{2\sigma^2}\right) I_{\frac{n}{2}-1}\left(\sqrt{y}\,\frac{s}{\sigma^2}\right), \quad y \geqslant 0 \tag{8.37}$$

其中，$I_a(x)$为第一类 a 阶修正贝塞尔函数，Matlab 提供的计算指令是 besseli(a,x)。自由度为 n 的非中心χ^2分布随机变量 Y 的期望和方差分别为

$$\mathrm{E}(Y) = n\sigma^2 + s^2 \tag{8.38}$$

$$\mathrm{Var}(Y) = 2n\sigma^4 + 4\sigma^2 s^2 \tag{8.39}$$

Matlab 统计工具箱中给出了指令 ncx2pdf，ncx2cdf，ncx2inv、ncx2rnd，以及 ncx2stat 来计算 $\sigma^2=1$ 的非中心χ^2分布问题。

3. 指数分布与χ^2分布、正态分布的关系

当$n=2$时，中心χ^2分布的概率密度函数式(8.30)可简化为

$$p(y) = \frac{1}{2\sigma^2}\exp\left(-\frac{y}{2\sigma^2}\right) \tag{8.40}$$

对比指数分布的密度函数表达式(8.16)可知，自由度为2的中心χ^2分布就是参数为$\lambda=\frac{1}{2\sigma^2}$的指数分布。因此，可以将指数分布视为$\chi^2$分布的特例，两个独立同分布零均值高斯变量的平方和的分布就是指数分布。基于此，指数分布的随机变量也可以通过高斯分布的随机变量变换得出。

多个独立的χ^2分布随机变量之和仍然服从χ^2分布，其自由度为各个χ^2分布的自由度之和。

8.3.11 瑞利分布

自由度为2的中心χ^2分布$\left(\text{即参数为}\lambda=\frac{1}{2\sigma^2}\text{的指数分布}\right)$随机变量的平方根所得出的新的随机变量服从瑞利分布，即，如果随机变量Y的概率密度函数满足式(8.40)，则随机变量$R=\sqrt{Y}$服从瑞利分布，其概率密度函数为

$$p(r) = \frac{r}{\sigma^2}\exp\left(-\frac{r^2}{2\sigma^2}\right), \quad r \geqslant 0 \tag{8.41}$$

瑞利分布的均值和方差分别为

$$\mathrm{E}(R) = \sqrt{\pi\sigma^2/2} \tag{8.42}$$

$$\mathrm{Var}(R) = \left(2-\frac{\pi}{2}\right)\sigma^2 \tag{8.43}$$

因此，产生瑞利分布随机数的方法是首先产生参数为$\lambda=\frac{1}{2\sigma^2}$的指数分布随机变量(可由0～1之间的均匀随机数$x$通过变换函数$y=-2\sigma^2\ln x$得到，也可由两个独立的零均值$\sigma^2$方差的同分布正态随机数求平方和得出)，然后对其求平方根即可。

Matlab统计工具箱给出了瑞利分布相关计算指令，如raylpdf，raylcdf，raylinv，raylrnd，raylstat等。

零均值复高斯随机变量表示为极坐标形式为

$$Z = X + \mathrm{j}Y = R\exp(\mathrm{j}\theta) \tag{8.44}$$

其中，$X,Y\sim\mathcal{N}(0,\sigma^2)$，$R=\sqrt{X^2+Y^2}$称为幅度，$\theta=\arctan Y/X$称为相角。由于$X,Y$是独立同分布的零均值高斯随机变量，所以复高斯随机变量的幅度R服从瑞利分布，相角θ服从$[0,2\pi]$上的均匀分布。

在无线散射信道传输中，发射机到接收机之间的信号传输都是通过散射来实现的(即无直射波分量)，而且散射分量的数目很多，根据中心极限定理，等效低通信道的冲激响应可建模为一个零均值复高斯随机过程，其幅度服从瑞利分布，故无线散射信道也称瑞利衰落信道。

8.3.12　广义瑞利分布(χ分布)

自由度为 n 的中心χ^2分布随机变量的平方根所得出的新的随机变量 R 服从广义瑞利分布，即随机数

$$r=\sqrt{\sum_{i=1}^{n}x_i^2} \tag{8.45}$$

服从自由度为 n 的广义瑞利分布，其中 $x_i\sim\mathcal{N}(0,\sigma^2)$，$i=1,2,\cdots n$。广义瑞利分布也称为$\chi$分布，其概率密度函数是

$$p(r)=\frac{r^{n-1}}{2^{\frac{n-2}{2}}\sigma^n\Gamma\left(\frac{n}{2}\right)}\exp\left(-\frac{r^2}{2\sigma^2}\right),\quad r\geqslant 0 \tag{8.46}$$

当 $n=1$ 时，有 $r=\sqrt{x^2}=|x|$，其概率密度函数为

$$p(r)=\frac{\sqrt{2}}{\sqrt{\pi}\sigma}\exp\left(-\frac{r^2}{2\sigma^2}\right),\quad r\geqslant 0 \tag{8.47}$$

称随机变量 r 服从反射正态分布。显然，一个零均值高斯噪声通过绝对值电路的输出噪声服从反射正态分布。与此对照，一个零均值高斯噪声通过平方电路的输出噪声服从自由度为 1 的χ^2分布。

8.3.13　赖斯分布和广义赖斯分布

自由度为 2 的非中心χ^2分布(参数为 σ^2)随机变量的平方根所得出的新的随机变量服从赖斯分布。赖斯分布的概率密度函数为

$$p(r)=\frac{r}{\sigma^2}\exp\left(-\frac{r^2+s^2}{2\sigma^2}\right)I_0\left(\frac{rs}{\sigma^2}\right),\quad r\geqslant 0 \tag{8.48}$$

其中，$I_0(x)$ 为第一类 0 阶修正贝塞尔函数；$s^2=\sum\limits_{i=1}^{2}m_i^2$ 是 2 个独立的高斯变量 $x_i\sim\mathcal{N}(m_i,\sigma^2)$，$i=1,2$ 的均值平方和。

具有一条直射路径和多条散射路径的无线信道可以视为一个具有常数衰落的直射路径信道与一个瑞利衰落信道的叠加，其等效低通信道的冲激响应是非零均值复高斯的，即

$$Z=(a+\mathrm{j}b)+X+\mathrm{j}Y \tag{8.49}$$

其中，$a+\mathrm{j}b$ 为直射路径的常数衰落；$X+\mathrm{j}Y$ 为瑞利衰落信道的响应。Z 的模(幅度)

$$R=\sqrt{(a+X)^2+(b+Y)^2} \tag{8.50}$$

是两个非零均值同方差高斯变量的平方和，故 R 服从赖斯分布。具有这样特征的无线信道称为赖斯衰落信道。

自由度为 n 的非中心χ^2分布(参数为 σ^2)随机变量的平方根得出的新随机变量服从广义赖斯分布。广义赖斯分布的概率密度函数为

$$p(r)=\frac{r^{n/2}}{\sigma^2 s^{(n-2)/2}}\exp\left(-\frac{r^2+s^2}{2\sigma^2}\right)I_{\frac{n}{2}-1}\left(\frac{rs}{\sigma^2}\right),\quad r\geqslant 0 \tag{8.51}$$

其中，$I_a(x)$为第一类 a 阶修正贝塞尔函数。

8.3.14 Γ 分布

Γ 分布是一类一般的概率分布，其概率密度函数为

$$p(x) = \frac{\lambda^r}{\Gamma(r)} x^{r-1} \exp(-\lambda x), \quad x \geqslant 0 \tag{8.52}$$

其中 $\lambda>0$，$r>0$ 为常数，是 Γ 分布的参数。Matlab 统计工具箱中给出的 Γ 分布的计算指令是：gampdf，gamcdf，gamfit，gaminv，gamlike，gamrnd，gamstat 等，用法详见联机帮助文档。

对比指数分布的概率密度函数公式(8.16)可知，当参数 $r=1$ 时，Γ 分布退化为指数分布。对比中心χ^2分布的概率密度函数公式(8.30)可知，当 $r=\frac{n}{2}$，$\lambda=\frac{1}{2\sigma^2}$时，$\Gamma$ 分布退化为中心χ^2分布。所以中心χ^2分布和指数分布可以视为 Γ 分布的特殊情形。

8.3.15 Beta 分布

Beta 分布也称为 B 分布，是一类在区间[0,1]上的一般概率分布，其概率密度函数为

$$p(x) = \frac{\Gamma(\alpha+\beta)}{\Gamma(\alpha)\Gamma(\beta)} (1-x)^{\beta-1} x^{\alpha-1}, \quad x \in [0,1] \tag{8.53}$$

其中，$\alpha>0$ 和 $\beta>0$ 为参数。Beta 分布随机变量 X 的期望和方差分别为

$$\mathrm{E}(X) = \frac{\alpha}{\alpha+\beta} \tag{8.54}$$

$$\mathrm{Var}(X) = \frac{\alpha\beta}{(\alpha+\beta)^2(1+\alpha+\beta)} \tag{8.55}$$

当 $\alpha=1$，$\beta=1$ 时，Beta 分布退化为在区间[0,1]上的均匀分布。

Matlab 统计工具箱中给出的 Beta 分布计算指令有：betacdf，betacdf，betafit，betainv，betalike，betarnd，betastat 等，它们的含义和用法详见联机帮助文档。

8.3.16 Erlang 分布

Erlang 分布是通信话务理论（排队论）中的常用分布。设服从相同参数 $\lambda=k\mu$ 的 k 个独立指数分布的随机变量为 $X_1, X_2, \cdots, X_k$，则这些随机变量之和为

$$Y = \sum_{i=1}^{k} X_i \tag{8.56}$$

服从参数为 μ 的 k 阶 Erlang 分布，其概率密度函数为

$$p(y) = \frac{\mu k (\mu k y)^{k-1}}{(k-1)!} \exp(-\mu k y), \quad y > 0 \tag{8.57}$$

k 阶 Erlang 分布随机变量的均值和方差分别为

$$\mathrm{E}(Y) = \frac{1}{\mu} \quad （与 k 无关） \tag{8.58}$$

$$\mathrm{Var}(Y) = \frac{1}{k\mu^2} \tag{8.59}$$

显然，一阶 Erlang 分布退化为了指数分布。在排队论中，顾客的到达时间间隔、顾客在服务台接受服务的时间等均建模为指数分布。如果假定顾客通过 k 个串联的服务台，而在每个服务台的停留时间(接受服务时间)是相互独立的，且服从相同的指数分布$\left(\text{参数为 } \lambda = k\mu\text{，即平均服务时间同为 } \frac{1}{k\mu}\right)$，那么一个顾客走完这 k 个服务台所需要的总时间就服从参数为 μ 的 k 阶 Erlang 分布，因此总停留时间的均值为 $1/\mu$。

8.3.17　两点分布

在一次随机试验中，事件 A 要么发生，要么不发生，设事件 A 发生的概率为 $p=P(A)$，当事件发生时，随机变量 X 的取值要么为 1，要么为 0，则随机变量 X 服从两点分布。这种只有两个可能结果的随机试验是伯努利首先研究的，因此也称为伯努利试验。两点分布又称为伯努利分布。

通信系统中的二进制信源 X 的一次输出符号是在 1，0 中以一定概率随机取值的，可建模为两点分布

$$X:\begin{bmatrix} 1 & 0 \\ p & 1-p \end{bmatrix}$$

两点分布随机变量 X 的期望和方差分别为

$$\mathrm{E}(X) = p \tag{8.60}$$

$$\mathrm{Var}(X) = p(1-p) \tag{8.61}$$

两点分布随机变量是离散随机变量，可由在[0，1]上均匀分布的连续随机变量 Y 进行门限判决得出，即

$$x = \begin{cases} 1, & \text{当 } y \leqslant p \\ 0, & \text{当 } y > p \end{cases} \tag{8.62}$$

当每次随机试验的结果与其他各次试验的结果无关，且在一系列试验中事件发生概率 $P(A)$保持不变时，则称这一系列试验是 n 次重复的独立试验序列，也称为 n 重伯努利试验。

对于二进制信源，输出符号的独立性也称为无记忆性。无记忆二进制离散信源输出的 n 个比特组成的序列可以看成 n 重伯努利试验的结果。

蒙特卡罗仿真方法也是重复进行若干次独立随机试验，对其结果进行统计的过程，故蒙特卡罗仿真方法中的 n 次试验序列可以看成 n 重伯努利试验。

8.3.18　二项分布

设独立随机试验序列中事件 A 的概率为 $p(0<p<1)$，则在 n 次重复的独立试验序列(n 重伯努利试验)中事件 A 出现的次数是一个可能取值为 $0,1,\cdots,n$ 的离散随机变量，设以 ξ 表示，事件 A 出现的次数恰好为 k 次的概率，记为 $P(\xi=k)=P_k(n,p)$，则

$$P_k(n,p) = \binom{n}{k} p^k (1-p)^{n-k} = \frac{n!}{k!(n-k)!} p^k (1-p)^{n-k} \tag{8.63}$$

称 ξ 服从参数为 n 和 p 的二项分布。二项分布的期望和方差分别是

$$\mathrm{E}(\xi) = np \tag{8.64}$$

$$\mathrm{Var}(\xi) = np(1-p) \tag{8.65}$$

两个服从参数为 n 和 p 的二项分布的独立随机变量之和服从参数为 $2n$ 和 p 的二项分布。

Matlab 统计工具箱提供了二项分布的计算指令，包括 binopdf，binocdf，binofit，binoinv，binornd，binostat 等。

8.3.19 负二项分布

下面考虑二项分布的反问题：设独立随机试验序列中事件 A 的概率为 $p(0<p<1)$，在重复的独立试验序列中观察到的事件 A 的出现次数为给定值 r，则所需的额外的重复独立试验次数是一个离散随机变量，设以 X 表示，那么 X 服从参数为 r 和 p 的负二项分布，负二项分布也称为帕斯卡分布(注意：有些文献中将事件 A 的出现次数为给定值 r 条件下总的独立试验次数定义成服从帕斯卡分布的离散随机变量)。

显然，总的试验次数为 $x+r$ 次，其中 r 次试验观察到事件 A 发生，另外 x 次试验中事件 $\overline{A}$ 出现，其概率记为 $P(X=x)=P_x(r,p)$，这等于进行了 $x+r-1$ 次试验，有 $r-1$ 次试验中事件 A 发生，另外 x 次试验中事件 $\overline{A}$ 发生，然后在第 $x+r$ 次试验中事件 A 发生的概率为

$$P_x(r,p) = p\binom{r+x-1}{r-1}p^{r-1}(1-p)^x = \binom{r+x-1}{x}p^r(1-p)^x \tag{8.66}$$

Matlab 统计工具箱中提供了负二项分布的计算指令，包括 nbincdf，nbincdf，nbinfit，nbininv，nbinrnd，nbinstat 等。

8.3.20 几何分布

负二项分布问题中，当 $r=1$，即事件 A 首次出现时，额外需要的重复独立试验次数 X 服从参数为 p 和 $r=1$ 的负二项分布，这时总的独立试验次数为 $Y=X+1$，这也是一个离散随机变量，则 Y 服从几何分布。设在事件 A 首次出现的条件下，总的独立试验次数为 y 的概率，记为 $P(Y=y)=P_y(p)$，则

$$P_y(p) = (1-p)^{y-1}p \tag{8.67}$$

几何分布可以视为负二项分布(帕斯卡分布)的特殊情形。Matlab 统计工具箱中提供了几何分布的计算指令，包括：geopdf，geocdf，geoinv，geornd，geostat 等。

8.3.21 超几何分布

设一批产品共 M 个，其中有 K 个次品，则任意抽出 $N(N\leqslant M)$ 个样品中含有的次品数是一个在取值区间[0，n]上的离散随机变量，如果用 X 表示，那么 X 服从参数为 M,K,N 的超几何分布。次品数为 x 的概率用 $P(X=x)=P_x(M,K,N)$ 表示，则

$$P_x(M,K,N) = \frac{\binom{K}{x}\binom{M-K}{N-x}}{\binom{M}{N}}, \quad x = 0,1,\cdots,N \tag{8.68}$$

Matlab 统计工具箱中提供了超几何分布的计算指令，包括 hygepdf，hygecdf，hygeinv，hygernd，hygestat 等。

8.3.22 泊松分布

如果离散随机变量 ξ 的取值为非负整数值 $k=0,1,2,\cdots$，且取值等于 k 的概率为

$$p_k = P(\xi = k) = \frac{\lambda^k}{k!}\exp(-\lambda) \tag{8.69}$$

则称离散随机变量 ξ 服从泊松分布。泊松分布随机变量的期望和均值是

$$\mathrm{E}(\xi) = \lambda \tag{8.70}$$

$$\mathrm{Var}(\xi) = \lambda \tag{8.71}$$

两个分别服从参数为 λ_1 和 λ_2 的独立泊松分布随机变量之和也是泊松分布的，其参数为 $\lambda_1+\lambda_2$。

在对二项分布的概率计算中，需要计算组合数，这在独立试验次数很多的情况下是不方便的。泊松定理指出，当一次试验的事件概率很小 $p\to 0$，独立试验次数很大 $n\to\infty$，而两者之乘积 $np=\lambda$ 为有限值时，二项分布 $P_k(n,p)$ 趋近于参数为 λ 的泊松分布，即有 $\lim\limits_{n\to\infty}P_k(n,p)=\frac{\lambda^k}{k!}\mathrm{e}^{-\lambda}$。利用泊松分布可以对单次事件概率很小而独立试验次数很大的二项分布概率进行有效的建模和近似计算。

例如，在排队论中，假设总的顾客数 n 趋于无穷多，而每个顾客到达(请求服务)的概率 p 趋于无穷小，所有顾客的到达与否服从相同的概率模型，且相互独立。如果将观察一个顾客的到达与否视为一次随机试验，那么在单位时间内观察全部顾客(无穷多)的到达情况就是无穷多次的独立随机试验，这样，单位时间上顾客到达数目 k 将服从参数为 λ 的泊松分布，参数 λ 的意义是单位时间上的平均到达顾客数，即顾客到达率。

又如，假设某通信系统由许多子系统组成，如果每个子系统发生故障的概率相同并且很小，且这些子系统发生故障与否是相互独立的随机事件，当任意一个子系统发生故障时整个系统也就产生故障，那么系统在任何时间长度 t 上发生故障的次数将服从参数为 λt 的泊松分布，λ 为单位时间上的平均故障数——故障率，参数 λt 就是时间段 t 上发生故障的平均次数。

在以上两个例子中，相继两个顾客到达的时间间隔、相继两次系统故障之间的时间间隔 T 是一个连续随机变量。设在时间段 t 上顾客到达数(或出现故障数) ξ 服从参数为 λt 泊松分布，即

$$p_k = P(\xi = k) = \frac{(\lambda t)^k}{k!}\exp(-\lambda t) \tag{8.72}$$

显然，在时间 $t<T$ 上，顾客到达数(或出现故障数)为零，相继两个顾客到达的时间间隔为 t 的事件等价于在该时间上顾客到达数为零这一事件 $\{\xi=k=0\}$，根据概率分布函数的定义，

时间间隔随机变量 T 的分布函数是

$$\begin{aligned}F(t) &\triangleq P(T \leqslant t)\\ &=1-P(T>t)\\ &=1-P(\xi=0)\\ &=1-\mathrm{e}^{-\lambda t}\end{aligned}$$

因此，相继两个顾客到达(故障发生)的时间间隔服从参数为 λ 的指数分布，平均(到达或故障)时间间隔为 $1/\lambda$。于是可得出指数分布和泊松分布之间的关系：如果相继出现的两事件之间的时间间隔 T 服从参数为 λ 的指数分布，那么在 t 时间内事件发生的次数 k 服从参数为 λt 的泊松分布。注意，在单位时间 $t=1$ 上事件发生的次数 k 服从参数为 λ 的泊松分布。

利用指数分布和泊松分布之间的关系可以由指数分布产生泊松分布的随机数。

若产生的一系列参数同为 λ 的指数分布的随机数 $t_i, i=1,2,\cdots$，可认为在时间段 $\sum_{i=1}^{k} t_i$ 上发生了 k 个事件，因此在单位时间段 $t=1$ 上发生的事件数 k 满足方程

$$\sum_{i=1}^{k} t_i \leqslant 1 < \sum_{i=1}^{k+1} t_i \tag{8.73}$$

利用这一关系即可产生参数为 λ 的泊松分布随机数，即不断产生参数为 λ 的指数分布的随机数 $t_i, i=1,2,\cdots$，并将它们累加起来，如果累加到 $k+1$ 个的结果大于 1，则将计数值 k 作为泊松分布的随机数输出。

设随机数 x_i 是均匀分布于区间[0,1]上的随机数，则根据前述反函数法，$t_i=-\frac{1}{\lambda}\ln x_i$ 将是参数为 λ 的指数分布随机数。将之代入式(8.73)得到

$$\sum_{i=1}^{k} -\frac{1}{\lambda}\ln x_i \leqslant 1 < \sum_{i=1}^{k+1} -\frac{1}{\lambda}\ln x_i \tag{8.74}$$

利用上式计算时需要计算对数和求和，效率较低。事实上，上式可化简为

$$\prod_{i=1}^{k} x_i \geqslant \exp(-\lambda) > \prod_{i=1}^{k+1} x_i \tag{8.75}$$

这样，泊松随机数的产生就简化为连乘运算和条件判断，具体算法如下。

(1) 初始化：置计数器 $i:=0$，以及乘积变量 $v:=1$。

(2) 计算连乘：产生一个区间[0,1]上均匀分布的随机数 x_i，并赋值 $v:=v\times x_i$。

(3) 判断：如果 $v\geqslant\exp(\lambda)$，则令 $i:=i+1$，返回第二步；否则，将当前计数值作为泊松随机数输出，然后转第一步。

Matlab 统计工具箱提供的泊松分布计算指令包括 poisspdf，poisscdf，poissfit，poissinv，poissrnd，poisstat 等。

8.3.23 *t* 分布

设随机变量 X 和 Y 独立，并且 X 服从标准正态分布 $N(0,1)$，Y 服从自由度为 n 的 χ^2 分布(密度函数为式(8.30)，其中 $\sigma=1$)，则随机变量

$$t = \frac{X}{\sqrt{Y/n}} \tag{8.76}$$

服从自由度为 n 的 t 分布，其概率密度函数为

$$p_t(x) = \frac{\Gamma\left(\frac{n+1}{2}\right)}{\sqrt{n\pi}\Gamma\left(\frac{n}{2}\right)}\left(1+\frac{x^2}{n}\right)^{-\frac{n+1}{2}} \tag{8.77}$$

Matlab 统计工具箱中提供了 t 分布的计算指令，包括 tpdf，tcdf，tinv，trnd，tstat 等。

当自由度 $n\to\infty$ 时，t 分布将趋近于标准正态分布。工程上，当 $n>30$ 时，即可将 t 分布视为标准正态分布。

t 分布还可以推广为非中心的 t 分布。Matlab 统计工具箱中也提供了非中心 t 分布的计算指令，包括 nctpdf，nctcdf，nctinv，nctrnd，nctstat 等。

8.3.24 *F* 分布

设随机变量 X 和 Y 相互独立，分别服从自由度为 m 和 n 的 χ^2 分布（密度函数为式(8.30)，其中 $\sigma=1$），即 $X\sim\chi^2(m)$，$Y\sim\chi^2(n)$，那么随机变量

$$F = \frac{X/m}{Y/n} \tag{8.78}$$

服从自由度为 (m,n) 的 F 分布，其概率密度函数为

$$p_F(x) = \frac{\Gamma\left(\frac{m+n}{2}\right)}{\Gamma\left(\frac{m}{2}\right)\Gamma\left(\frac{n}{2}\right)}\left(\frac{m}{n}\right)^{\frac{m}{2}} x^{\frac{m-2}{2}}\left(1+\frac{m}{n}x\right)^{-\frac{m+n}{2}}, \quad x\geqslant 0 \tag{8.79}$$

F 分布常用于两个独立 χ^2 分布随机变量相除运算的问题，显然，一个自由度为 (m,n) 的 F 分布随机变量的倒数也服从 F 分布，但其自由度变为 (n,m)。

在瑞利衰落的无线信道中，信号幅度服从瑞利分布，故信号功率服从自由度为 2 的 χ^2 分布。另外一方面，复高斯噪声的功率分布也服从自由度为 2 的 χ^2 分布，因此在瑞利衰落的无线信道的信噪比是一个服从自由度为(2,2)的 F 分布随机变量。

Matlab 统计工具箱中提供了 F 分布的计算指令，包括 fpdf，fcdf，finv，frnd，fstat 等。

F 分布还可以推广为非中心的 F 分布，Matlab 统计工具箱中也提供了非中心 F 分布的计算指令，包括 ncfpdf，ncfcdf，ncfinv，ncfrnd，ncfstat 等。

从以上分析可知，各种随机分布之间的联系多种多样，图 8.2 总结了这些随机分布之间的主要关系。利用这些关系可以产生需要分布的随机数，这些关系对通信系统理论指标的计算也十分重要。根据中心极限定理，所有随机分布都与高斯分布联系在一起。

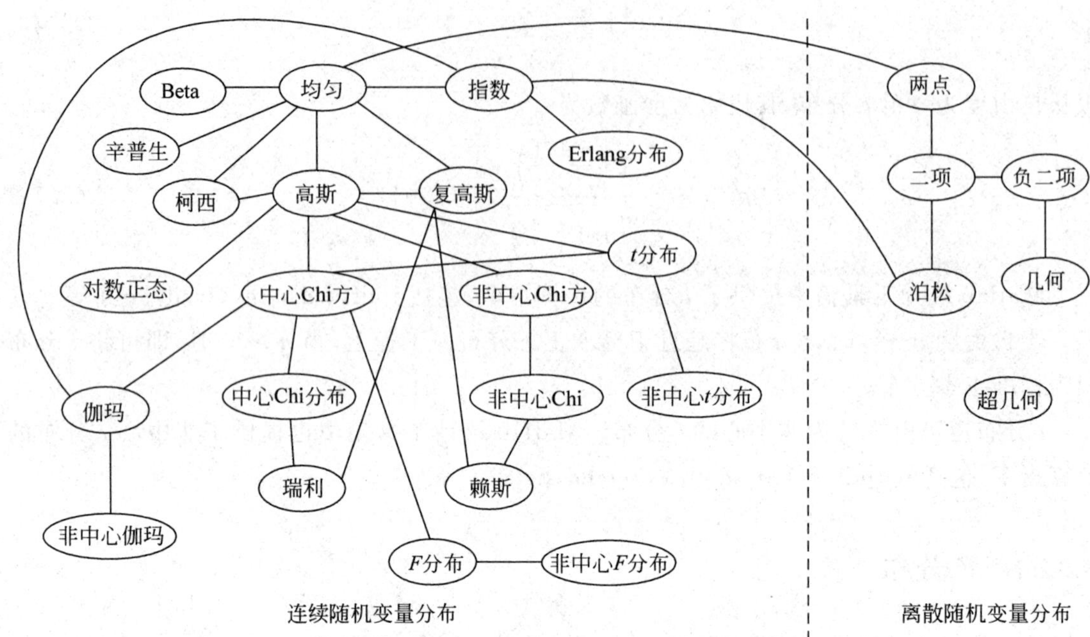

图 8.2 各种随机分布之间的主要关系示意图

8.4 随机分布的辨识和参数估计

随机分布辨识的目的是，对仿真输出的数据样本的分布特征进行分析，识别数据样本的分布属于什么样的概率分布。参数估计的目的是通过数据样本估计出概率分布的统计参数，如均值、方差和矩等，并给出指定置信概率下估计结果所在的范围。

8.4.1 概率密度函数对比——直方图估计法

数据样本的频率直方图是一种近似求解样本概率密度函数的图解方法，也常用于随机数分布的验证中。

设仿真得出的 n 个样本数据为 $\{x_1, x_2, \cdots, x_n\}$，其样本取值范围为

$$[a,b] = [\min_i x_i, \max_i x_i] \tag{8.80}$$

为了得到样本分布的频率直方图，首先将区间 $[a,b]$ 划分为 m 个等间隔的分组区间，分割点 t_i 为

$$a = t_0 < t_1 < \cdots < t_m = b \tag{8.81}$$

分割宽度为

$$\Delta = t_{i+1} - t_i = \frac{b-a}{m}, \quad i = 0,1,\cdots,m-1 \tag{8.82}$$

然后统计样本数据落入区间 $[t_i, t_{i+1})$ 中的个数 r_i（称为频数），再计算出对应的频率 $f_i = r_i/n$，则当样本总数 n 充分大时，频率 f_i 趋近于随机变量 ξ 在该区间的概率，即

$$f_i \approx P(t_i \leqslant \xi < t_{i+1}) \tag{8.83}$$

设随机变量 ξ 的概率密度函数为 $f_\xi(x)$，则有

$$P(t_i \leqslant \xi < t_{i+1}) = \int_{t_i}^{t_{i+1}} f_\xi(x)\mathrm{d}x \approx f_\xi(x)\Delta \tag{8.84}$$

所以就可以用样本频率来估计其概率密度函数

$$f_\xi(x) \approx \frac{f_i}{\Delta} = \frac{r_i}{n\Delta}, \quad x \in [t_i, t_{i+1}), \quad i = 0,1,\cdots,m-1 \tag{8.85}$$

根据上式作出直方图，与已知分布的概率密度函数对比即可直观地辨别样本所服从的分布类型。当样本数 $n\to\infty$，$\Delta\to 0$ 时，样本频率直方图将趋近于概率密度函数。

然而，仿真得出的样本数总是有限的，这样在直方图法中如何选择分割区间的宽度就显得格外重要。如果区间选得太宽，直方图将显得粗糙；反之，分割区间过细，则直方图的平滑性不够好。实际应用中可以多选择几种分割宽度，从多种直方图的结果中直观地判断并选取比较平滑而且又比较精细的直方图作为结果。样本数越多，可选择越小的分割区间，在实践中发现，有些情况下，选择直方图分割区间数近似等于样本数据个数的平方根值时得出的直方图较好。即选择

$$m = \lfloor \sqrt{n} \rfloor \tag{8.86}$$

$$\Delta = \frac{b-a}{m} \tag{8.87}$$

Matlab 中提供了直方图的计算和作图指令 hist。在 Simulink 中也提供了相似功能的直方图计算模块 Histogram。指令 hist 的用法是：

```
[r,xout] = hist(Y,t) % 或
[r,xout] = hist(Y,mbins)
% 其中,Y 为样本向量,t 是分割区间向量
% mbins 是分割的区间数
% r 是统计输出的频数
% xout 是分割区间向量,等于向量 t
```

【实例 8.1】 试产生自由度为($n_1=5$，$n_2=4$)的 F 分布随机数，并用直方图法进行检验。设随机数样本数量为 10000。

程序代码如下，其中使用了 frnd 来产生 F 分布的随机数，以 hist 指令进行直方图的频数统计，然后转换为频率数据，作出直方图，并修改直方图的样式，最后以 fpdf 指令计算理论概率密度函数并作图比较。程序运行结果如图 8.3 所示，图中分别给出了分割区间数为 500 和 200 的直方图结果。

【程序代码】 ch8example1prog1.m

```
% ch8example1prog1.m
n1 = 5; n2 = 4;                % F 分布的参数
n = 10000;                     % 随机数样本数量
x = frnd(n1,n2,n,1);           % 随机数样本产生
a = min(x); b = max(x);        % 样本值域区间计算
m = 200;                       % 分组区间数 or m = 500 等
Delta = (b - a)/m;             % 分组间隔
```

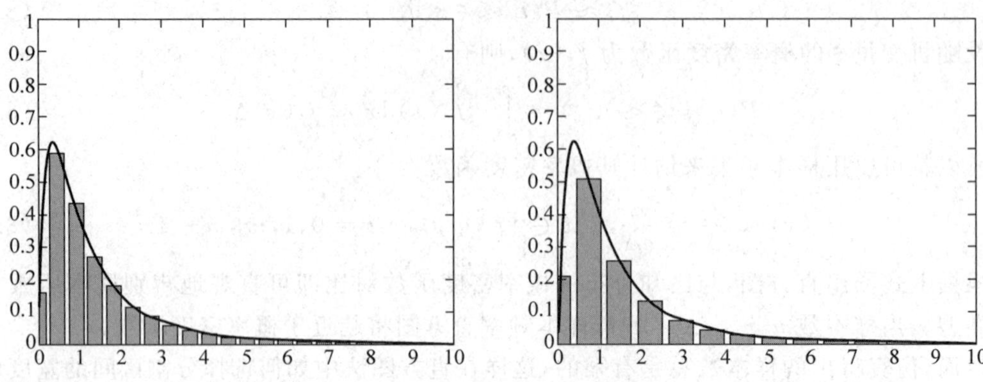

图 8.3　随机分布的直方图检验

```
[r,xout] = hist(x,[a:Delta:b]);              % 计算直方图数据
pdf = r./(n * Delta);                        % 计算统计频率密度
bar(xout,pdf); hold on;                      % 作出频率密度直方图
h = findobj(gca,'Type','patch');             % 修改直方图样式
set(h,'FaceColor',[0.7,0.7,0.7],'EdgeColor','k');
X = 0:0.01:10; % 计算并画出 F 分布的理论概率密度函数曲线
Y = fpdf(X,n1,n2);
plot(X,Y,'k-'); axis([0 10 0 1]);
```

【实例 8.2】 用 Simulink 建模方式以线性同余法产生[0,1]区间均匀分布的随机数序列(即离散随机信号),并利用前述随机分布之间的关系获得标准正态分布的随机序列,然后再构成复正态随机数,用 Histogram 模块结合向量示波器显示出统计分布的密度曲线,验证复正态随机数的模型服从瑞利分布,而其相角服从[−π,π]上的均匀分布。序列速率为每秒 1000 个样值。

用式(8.4)迭代产生均匀分布随机数,采用延迟模块以获得两个独立的随机序列,然后利用函数变换法,用式(8.20)和式(8.21)产生两个正交的标准正态分布序列。

测试模型如图 8.4 所示。其中,设置仿真采样率为 0.001s,函数模块 Fcn 和 Memory 构成线性同余法迭代,其输出除以 2^{35} 后得到区间[0,1]上的均匀分布,延迟若干采样时间后得出另外一个独立的随机数,然后用函数变换法生成两路独立的标准正态随机数。Fcn 模块的设置表达式根据式(8.4)写出为:

```
5^15 * u + 1 - floor((5^15 * u + 1)/2^35) * 2^35
```

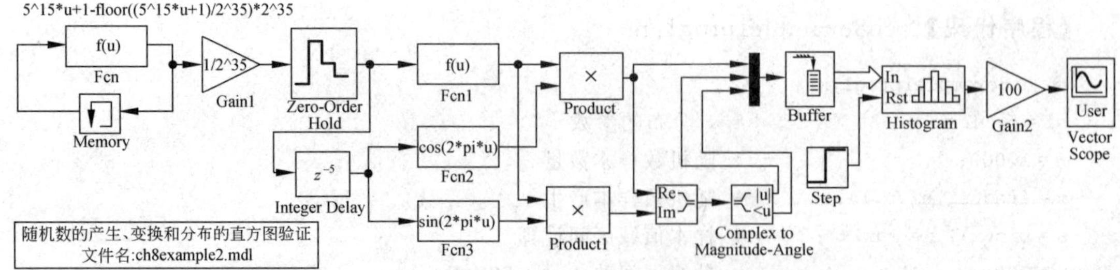

图 8.4　随机数的产生、变换和分布的直方图验证模型

Memory模块的初值就是该随机数产生器的种子。Fcn1、Fcn2、Fcn3模块的设置表达式根据式(8.20)，(8.21)编写，分别为

```
Fcn1：sqrt( - 2 * log(u))
Fcn2：cos(2 * pi * u)
Fcn3：sin(2 * pi * u)
```

通过两个乘法器运算后得出两路独立的标准高斯随机数，用Real-Imag to Complex合成复高斯随机量，然后再以Complex to Magnitude-Angle模块取其模和相角分量。Mux模块将输出的这3个随机序列合路后输入Buffer模块以便形成统计量。Buffer的大小是10000，即各路每10000个样值进行一次直方图统计。Histogram模块的直方图统计区间设置为−5～5，分组区间数设置为100，这样将把[−5，5]区间划分为100份，小区间宽度为0.1。此外，Histogram模块设置为Running histogram使能和Reset port使能，这样将随着仿真数据的增加不断平滑数据，Reset port使能结合Step阶跃模块使仿真起始区段的数据(这时缓冲区中为初始状态，不是随机数)不计入统计，Step的触发时间设置为10s以上，其采样时间设置为10s。Histogram模块选择归一化输出，则其各统计区间的输出结果为各区间的频率，它们的总和等于1。不难得出，Histogram模块归一化输出值乘以"统计区间数/统计区间宽度"就得到了所估计的密度函数值。因此模型中在Histogram输出后乘以了1000/10，最后通过Vector Scope画出密度函数曲线。为了验证模型输出的正确性，可通过以下脚本程序得出标准正态分布、瑞利分布和[−π，π]上的均匀分布的理论概率密度函数曲线，以资对比。仿真执行过程中，向量示波器上将实时显示统计的直方图曲线并逐渐平滑(如果Histogram模块不选择Running histogram使能，则每次buffer输出进行一次统计，各次统计结果之间相互独立)。仿真模型和脚本程序执行后的结果曲线如图8.5所示。

【脚本程序】

```
x = - 5:0.01:5;
y1 = normpdf(x,0,1);         % 正态分布
y2 = unifpdf(x, - pi,pi);  % 均匀分布
y3 = raylpdf(x,1);           % 瑞利分布
plot(x,y1,'k',x,y2,'k',x,y3,'k');
grid on; axis([ - 5 5  - 0.1 0.7]);
```

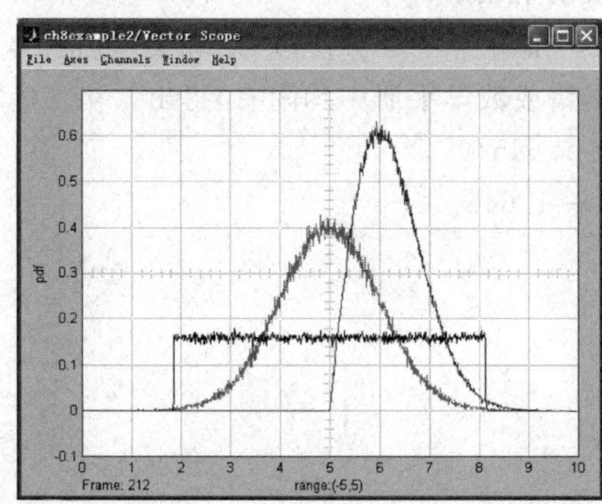

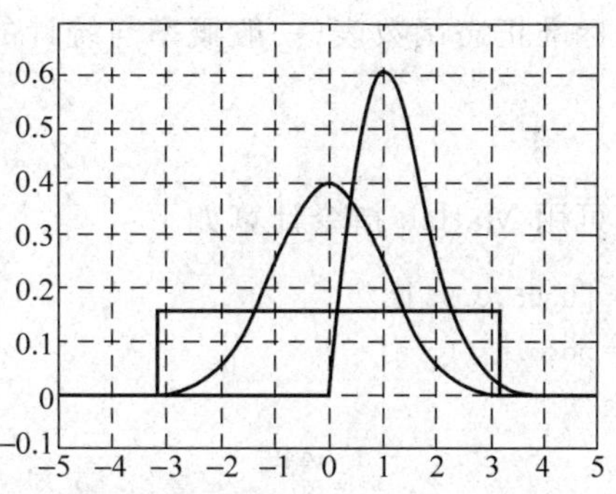

图8.5　随机数的产生、变换和分布的直方图验证模型仿真结果以及脚本程序计算输出的理论结果

用Simulink中的Uniform Random Number代替模型中的线性同余法迭代法产生[0,1]区间的均匀随机数后，再次进行仿真可得到更加光滑的直方图曲线，这一定程度上表明Matlab中均匀随机数发生器的性能优于简单的线性同余法迭代算法。

8.4.2 概率分布的假设检验和参数估计

辨识随机分布的直方图方法的优点是直观，但需要较多的样本才能够有较好的精度，而且直方图法不能给出判断结果的置信度或显著性水平等定量指标，直方图法也不易对概率分布的参数进行定量的估计和分析。

根据数理统计理论，可以采用假设检验的方法在给定显著性水平条件下判断某组样本数据是否服从某种概率分布，并在给定置信度条件下对分布的参数作出估计，给出估计的置信区间。

1. 几个基本参数的含义和计算问题

(1) 分位点：概率密度函数 $p(x)$的 α 分位点 x_α 定义为满足

$$P\{x > x_\alpha\} = \int_{x_\alpha}^{\infty} f(x)\mathrm{d}x = \alpha \tag{8.88}$$

的 x_α 的值。

由于

$$\int_{x_\alpha}^{\infty} f(x)\mathrm{d}x = \alpha = 1 - \int_{-\infty}^{x_\alpha} f(x) = 1 - F(x_\alpha) \tag{8.89}$$

可解出分位点为

$$x_\alpha = F^{-1}(1-\alpha) \tag{8.90}$$

其中，$F^{-1}(x)$为给定概率分布函数 $F(x)$的反函数，也称逆分布函数。因此，分位点的含义是，服从相应分布的随机变量大于该分位点 x_α 的概率为 α。

分位点一般可以通过查阅相应的概率分布表得出。Matlab统计工具箱给出了常用分布的概率分布函数及其逆分布函数的通用计算指令cdf和icdf，同时也给出指定分布的分布函数和逆分布函数的计算指令，例如：正态分布的normcdf和norminv；χ^2分布的chi2cdf和chi2inv；t分布的tcdf和tinv；F分布的fcdf和finv等。

【实例8.3】 求标准正态分布的 $\alpha_1=0.05$ 和 $\alpha_2=0.95$ 分位点 Z_{α_1} 和 Z_{α_2} 的值。

查标准正态函数表(一般概率与统计的书籍或数学手册中均附有)得出

$$Z_{0.05} = 1.645$$

$$Z_{0.95} = -1.645$$

也可用Matlab指令计算如下：

```
a = [0.05,0.95];
Z = norminv(1 - a)
Z =
    1.6449      - 1.6449
```

【实例8.4】 求自由度为 $k=9$ 的 t 分布的分位点 $t_{0.025}$ 和 $t_{1-0.025}$。

用 Matlab 计算如下：

```
a=[0.025,0.975];
k=9;
t=tinv(1-a,k)
t=
    2.2622   -2.2622
```

得到

$$t_{0.025}=2.2622,\quad t_{0.975}=-2.2622$$

（2）参数估计的置信概率（置信度）、显著性水平和置信区间

设总体随机变量 X 的参数为 θ（如均值 μ，方差 σ^2 等），根据 X 的样本值 $\{x_1,x_2,\cdots,x_n\}$ 对参数 θ 作出估计。如果对于预先给定的很小的概率 α，能够找到一个区间 (θ_1,θ_2)，使估计值 $\hat{\theta}$ 在该区间的概率为 $1-\alpha$，即满足

$$P(\theta_1<\hat{\theta}<\theta_2)=1-\alpha \tag{8.91}$$

则称区间 (θ_1,θ_2) 为参数 θ 的置信区间，称概率 $1-\alpha$ 为参数 θ 的置信概率或置信度，称概率 α 为显著性水平，而 $\hat{\theta}\leqslant\theta_1$ 和 $\hat{\theta}\geqslant\theta_2$ 分别称为左否定域和右否定域。

如果估计值 $\hat{\theta}$ 的概率分布函数 $F_\theta(x)$ 能够找到，则可根据给定的置信概率 $1-\alpha$ 确定相应的置信区间 (θ_1,θ_2)，也就是求方程

$$\int_{\theta_1}^{\theta_2} f_\theta(x)\,\mathrm{d}x=F_\theta(\theta_2)-F_\theta(\theta_1)=1-\alpha \tag{8.92}$$

的解。该方程可以有多组解，也就是说对应于给定置信概率的置信区间可以有多种。实际中一般这样选择置信区间是合理的：使随机变量落入左右否定域中的概率相等，都等于 $\alpha/2$，即把满足方程

$$F_\theta(\theta_1)=\frac{\alpha}{2} \tag{8.93}$$

$$F_\theta(\theta_2)=1-\frac{\alpha}{2} \tag{8.94}$$

的区间 (θ_1,θ_2) 作为置信区间，解出

$$\theta_1=F_\theta^{-1}\left(\frac{\alpha}{2}\right)=\theta_{1-\frac{\alpha}{2}} \tag{8.95}$$

$$\theta_2=F_\theta^{-1}\left(1-\frac{\alpha}{2}\right)=\theta_{\frac{\alpha}{2}} \tag{8.96}$$

也就是说，置信区间 (θ_1,θ_2) 由相应分布的分位点确定。

（3）正态总体统计量的几个分布定理

定理一　设总体随机变量 ξ 服从正态分布 $\mathcal{N}(\mu,\sigma^2)$，则 n 个样本的平均值 $\bar{x}=\frac{1}{n}\sum_{i=1}^{n}x_i$ 服从正态分布 $\mathcal{N}\left(\mu,\frac{\sigma^2}{n}\right)$，归一化统计量 $\frac{\bar{x}-\mu}{\sigma/\sqrt{n}}$ 服从标准正态分布 $\mathcal{N}(0,1)$。

定理二　设总体随机变量 ξ 服从正态分布 $\mathcal{N}(\mu,\sigma^2)$，则 n 个样本的平均值 $\bar{x}=\frac{1}{n}\sum_{i=1}^{n}x_i$ 与样本方差 $s^2=\frac{1}{n}\sum_{i=1}^{n}(x_i-\bar{x})^2$ 相互独立，且统计量 $\frac{ns^2}{\sigma^2}$ 服从自由度为 $n-1$ 的 χ^2 分布。

定理三 设总体随机变量ξ服从正态分布$N(\mu,\sigma^2)$，则n个样本的统计量$\frac{\bar{x}-\mu}{s/\sqrt{n-1}}$服从自由度为$n-1$的$t$分布。

2. 正态分布的参数区间估计

(1) 期望μ的区间估计问题

根据定理三，正态总体的n个样本的统计量

$$t=\frac{\bar{x}-\mu}{s/\sqrt{n-1}} \tag{8.97}$$

服从自由度为$n-1$的t分布。给定置信概率$1-\alpha$时，可根据式(8.95)、式(8.96)求出统计量t的置信区间为

$$t_{1-\frac{\alpha}{2}}<\frac{\bar{x}-\mu}{s/\sqrt{n-1}}<t_{\frac{\alpha}{2}} \tag{8.98}$$

应注意t分布的分位点的对称性质$t_{1-\frac{\alpha}{2}}=-t_{\frac{\alpha}{2}}$，整理上式得到期望$\mu$的置信区间为

$$\bar{x}-\frac{s}{\sqrt{n-1}}t_{\frac{\alpha}{2}}<\mu<\bar{x}+\frac{s}{\sqrt{n-1}}t_{\frac{\alpha}{2}} \tag{8.99}$$

(2) 方差σ^2的区间估计问题

根据定理二，正态总体的n个样本的统计量

$$\chi^2=\frac{ns^2}{\sigma^2} \tag{8.100}$$

服从自由度为$n-1$的χ^2分布，在给定置信概率$1-\alpha$时，可根据式(8.95)、式(8.96)求出统计量χ^2的置信区间为

$$\chi^2_{1-\frac{\alpha}{2}}<\frac{ns^2}{\sigma^2}<\chi^2_{\frac{\alpha}{2}} \tag{8.101}$$

即

$$\frac{ns^2}{\chi^2_{1-\frac{\alpha}{2}}}<\sigma^2<\frac{ns^2}{\chi^2_{\frac{\alpha}{2}}} \tag{8.102}$$

【实例 8.5】 设对某系统进行蒙特卡罗仿真得出的某性能参数ξ是一正态随机变量，通过仿真得出了ξ的10个样本为

$$x=\{2,1,-2,3,2,4,-2,5,3,4\}$$

试求其期望和方差的估计值以及置信概率分别为0.95和0.99的置信区间。

根据式(8.99)编写的求解脚本程序如下：

【脚本程序】

```
clear;
alfha = [0.05; 0.01]; % 置信概率为 0.95 和 0.99
x = [2,1, - 2,3,2,4, - 2,5,3,4]; % 样本
n = length(x);       % 样本数
xbar = mean(x)       % 样本平均值
s = std(x,1);        % 样本标准差
t = tinv(1 - alfha/2,n - 1);             % t 分布的 alfha/2 分位点
chi2_1 = chi2inv(1 - alfha/2,n - 1);  % chi2 分布的 alfha/2 分位点
```

```
chi2_2 = chi2inv(alfha/2,n-1);     % chi2 分布的 1-alfha/2 分位点
meanrange = [xbar - s/sqrt(n-1). * t,xbar + s/sqrt(n-1). * t]
xvar = s^2                           % 样本方差
varrange = [n * s^2./chi2_1,n * s^2./chi2_2]
% 均值估计结果:
xbar      = 2                 % 估计的样本平均值
meanrange =
    0.2805    3.7195          % 置信度 0.95 条件下
   -0.4703    4.4703          % 置信度 0.99 条件下
% 方差估计结果:
xvar =
    5.2000                    % 估计的样本平均值
varrange =
    2.7336  19.2565           % 置信度 0.95 条件下
    2.2044  29.9723           % 置信度 0.99 条件下
```

得出估计的样本平均值等于 2,置信概率为 0.95 时的均值置信区间为[0.2805,3.7195],提高置信概率为 0.99,则相应的置信区间变宽(估计精度下降)为[-0.4703,4.4703]。样本方差的估计值为 5.2,置信概率为 0.95 时的方差置信区间为[2.7336,19.2565],置信概率为 0.99 时的方差置信区间为[2.2044,29.9723]。

Matlab 统计工具箱中提供了正态分布的参数区间估计指令 normfit,其语法是:

```
[muhat,sigmahat,muci,sigmaci] = normfit(X,alpha)
% X 为样本向量
% alpha 为显著性水平,1-alpha 为置信概率
% muhat 为估计的样本均值
% muci 为样本均值的置信区间
% sigmahat 为估计的样本标准差
% sigmaci 为样本标准差的置信区间
```

本例利用 normfit 直接求解的脚本程序是:

【脚本程序】

```
clear;
alfha = 0.05;                          % 置信概率为 0.95
x = [2,1,-2,3,2,4,-2,5,3,4];           % 样本
[muhat,sigmahat,muci,sigmaci] = normfit(x,alfha);
muhat,muci
xvar = sigmahat.^2
varrange = sigmaci.^2
% 结果:
muhat =
    2
muci =
    0.2805   3.7195
xvar =
    5.7778
```

```
varrange =
    2.7336   19.2565
```

对照前面的结果可知，用 normfit 估计的置信度范围相同，但估计的方差值有所区别。normfit 对方差计算采用了无偏估计算法，得出的方差称为修正样本方差，记为 s^{*2}，即

$$s^{*2}=\frac{1}{n-1}\sum_{i=1}^{n}(x_i-\bar{x})^2 \tag{8.103}$$

3. 其他分布的参数区间估计问题求解

非正态分布的参数区间估计问题比较复杂，Matlab 统计工具箱中给出了常用分布的参数区间估计数值计算指令，它们的使用语法类似于 normfit 指令。这些指令包括 betafit，binofit，expfit，gamfit，poissfit，unifit，weibfit 等。

4. 概率分布参数的假设检验

假设检验方法是：首先假设总体随机变量具有某种统计特征（例如服从某种概率分布或具有某种参数），然后根据试验得出的该总体的多个样本值来检验这个假设是否正确，从而作出接受或拒绝的判断。

由于样本的随机性，假设检验总是可能出现错误判断，为此，引入一个产生错误判断的概率 α 来定量描述假设检验出错的可能性。概率 α 称为显著性水平，例如取 $\alpha=5\%$ 表示假设检验所作出的判断有 5%的可能性是错误的，即有 95%的把握接受或拒绝该假设。

(1) 正态分布总体的均值假设检验问题

将式(8.98)改写为

$$\mu-\frac{s}{\sqrt{n-1}}t_{\frac{\alpha}{2}}<\bar{x}<\mu+\frac{s}{\sqrt{n-1}}t_{\frac{\alpha}{2}} \tag{8.104}$$

该式的含义是样本统计平均值 $\bar{x}$ 落入区间 $\left(\mu-\frac{s}{\sqrt{n-1}}t_{\frac{\alpha}{2}},\mu+\frac{s}{\sqrt{n-1}}t_{\frac{\alpha}{2}}\right)$ 的概率为 $1-\alpha$，落入否定域 $\left(-\infty,\mu-\frac{s}{\sqrt{n-1}}t_{\frac{\alpha}{2}}\right)$ 及 $\left(\mu+\frac{s}{\sqrt{n-1}}t_{\frac{\alpha}{2}},\infty\right)$ 的概率为 α。那么，如果某次试验得出的样本均值满足式(8.104)，就可以有 $1-\alpha$ 的把握确认总体随机变量的期望为 μ；反之，如果某次试验得出的样本均值落入否定域，就可以拒绝“总体随机变量的期望为 μ”这一假设，而发生错误判断的概率为 α。这样，就可以得到正态分布总体 $\xi\sim\mathcal{N}(\mu,\sigma^2)$ 的均值 μ 的假设检验步骤：

- 根据试验得出总体的样本 $\{x_1,x_2,\cdots,x_n\}$，计算出样本平均值 $\bar{x}$。
- 提出假设 $H:\mu=\mu_0$，即假设未知参数 μ 等于某一给定值 μ_0。
- 构造出统计量

$$t=\frac{\bar{x}-\mu_0}{s/\sqrt{n-1}} \tag{8.105}$$

  并确定其分布。显然，由定理三可知，统计量 t 服从自由度为 $n-1$ 的 t 分布。

- 根据问题要求，给出或选取显著性水平 α（一般取 0.05，0.02 或 0.01），然后由统计量的逆分布函数计算出临界值（即分位点 $t_{\frac{\alpha}{2}}$），从而确定统计量的否定域 $(-\infty,-t_{\frac{\alpha}{2}})$ 及 $(t_{\frac{\alpha}{2}},\infty)$。

• 将样本平均值$\bar{x}$代入统计量计算式(8.105)计算出 t 的数值,并与置信限进行比较。如果 t 落入否定域,则拒绝假设,否则,接受假设。

(2) 正态分布总体的方差假设检验问题

与均值假设检验类似,方差假设检验的过程是:

• 根据试验得出总体的样本$\{x_1,x_2,\cdots,x_n\}$,计算出样本方差 s^2。
• 提出假设 $H:\sigma^2=\sigma_0^2$,即假设未知参数 σ^2 等于某一给定值 σ_0^2。
• 构造出统计量

$$\chi^2=\frac{ns^2}{\sigma_0^2} \tag{8.106}$$

根据定理二,统计量χ^2服从自由度为 $n-1$ 的χ^2分布。

• 选取显著性水平 α(一般取 0.05,0.02 或 0.01),然后由统计量的逆分布函数计算出临界值,从而确定统计量的否定域$(0,\chi^2_{1-\frac{\alpha}{2}})$及$(\chi^2_{\frac{\alpha}{2}},\infty)$。
• 将样本方差 s^2 代入统计量计算式(8.106)计算出χ^2的数值,并与置信限进行比较。如果χ^2落入否定域,则拒绝假设,否则,接受假设。

【实例 8.6】 设某随机变量服从正态分布,试验得出其10个样本为

$$\{1490,1440,1680,1610,1500,1750,1550,1420,1800,1580\}$$

能否否认其期望值 $\mu_0=1600$,其方差 $\sigma_0^2=14400$?(取显著性水平 $\alpha=0.05$)

计算程序如下。

【程序代码】 ch8example6prog1.m

```
% ch8example6prog1.m
clear;
x = [1490,1440,1680,1610,1500,1750,1550,1420,1800,1580]; % 样本
mu0 = 1600;       % 给定的期望值
n = length(x);  % 样本数
xbar = mean(x); % 样本平均
s = std(x,1);   % 样本标准差(有偏)
alpha = 0.05;   % 显著性水平
%-----------期望的假设检验
t1 = tinv(1 - alpha/2,n - 1)             % 自由度 n - 1 的 t 分布 alpha/2 分位点
t = (xbar - mu0)./(s./sqrt(n - 1))       % 计算统计量
H_mean = (t>abs(t1))                     % 判断:若拒绝,则 H_mean 等于 1
%-----------方差的假设检验
sigma2_0 = 14400;                        % 给定的方差值
chi2_1 = chi2inv(alpha/2,n - 1)          % 1 - alpha/2 分位点
chi2_2 = chi2inv(1 - alpha/2,n - 1)      % alpha/2 分位点
chi2 = n * s^2/(sigma2_0)                % 计算统计量
H_var = (chi2<chi2_1)|(chi2>chi2_2)% 判断:若拒绝,则 H_var 等于 1
```

程序执行结果以及解释:

```
t1 =
    2.2622    % 故均值统计量接受区间为( - 2.2622,2.2622)
t =
```

```
  -0.4427       % 计算统计量 t 在接受区间内
H_mean =
     0          % 接受假设,即有 95% 的把握说总体期望为 1600
chi2_1 =
     2.7004
chi2_2 =
    19.0228     % 故方差统计量接受区间为(2.7004,19.0228)
chi2 =
    10.3306     % 计算统计量 chi2 在接受区间内
H_var =
     0          % 接受假设,即有 95% 的把握说总体方差为 14400
```

5. 概率分布律的假设检验

概率分布律的假设检验目的是：根据试验得出的总体随机变量的若干数据样本，在给定显著性水平或置信概率下，判断总体随机变量所服从的概率分布。概率分布律的假设检验与直方图方法都是检验随机数的分布规律的，但直方图方法虽然简单直观，却不能给出所得出的概率分布结论的置信概率。

概率分布律的假设检验方法有多种，它们的基本思想是通过数据样本计算出近似的分布曲线(或密度函数曲线)，然后与假设的理论分布曲线(或密度函数曲线)进行比较，将两者之间的差别作为一个随机变量。如果该随机变量的分布是已知的，那么给定显著性水平，就可以通过该分布上相应的分位点确定否定域，从而对假设作出接受或拒绝的判断。

(1) 皮尔逊χ^2检验法——概率密度函数对比法

传统的分布律检验方法是皮尔逊χ^2检验法。皮尔逊χ^2检验法将样本的经验频率与假设的理论概率密度函数进行对比，以两者的加权平方差之和作为统计量，在给定显著性水平的条件下进行假设检验。

设 N 次独立试验观测到的数据样本是$\{x_1,x_2,\cdots,x_N\}$，为了得出样本的经验分布，类似于直方图法，可根据样本的分布将其划分为 n 个区间，如$(-\infty,a_1]$，$(a_1,a_2]$，$(a_2,a_3]$，…，(a_{n-1},∞)(这些区间可以是不等间隔的)，然后计算出样本在这些区间的频数 m_i，$i=1,2,\cdots,n$，并根据假设的理论概率分布函数 $F_0(x)$计算出这些区间的概率值 p_i

$$p_i = P(a_{i-1} < x < a_i) = F_0(a_i) - F_0(a_{i-1}) \tag{8.107}$$

其中，$a_0=-\infty$，$a_n=\infty$，$i=1,2,\cdots,n$。皮尔逊证明了，统计量

$$\chi^2 = \sum_{i=1}^{n} \frac{(m_i - Np_i)^2}{Np_i} \tag{8.108}$$

当样本数 $N\to\infty$时，渐进服从自由度为 $n-r-1$ 的χ^2分布。其中，如果假设的理论概率分布函数 $F_0(x)$曲线是确知的，则 $r=0$；如果 $F_0(x)$的形式已知，但是其中有一些或全部参数未知，则 r 是假设的理论概率分布函数 $F_0(x)$中未知参数的个数。对于 $F_0(x)$中的未知参数，需要通过最大似然法从样本中定出这些参数的估值，然后作为 $F_0(x)$中的参数，再计算出理论概率 p_i。

给定显著性水平 α，可由χ^2分布的逆概率分布函数计算出相应的分位点

$$\chi_\alpha^2 = F_{\chi^2}^{-1}(1-\alpha) \tag{8.109}$$

由试验数据样本$\{x_1,x_2,\cdots,x_N\}$根据式(8.108)计算出统计量χ^2的值,如果$\chi^2>\chi^2_\alpha$,则拒绝假设,否则,就可以认为总体随机变量服从假设的分布律$F_0(x)$。实践中,要求样本数充分大(大于50),而且在任意分割区间的频数$m_i>5$。若某些区间的频数太小,可将相邻区间适当合并。

【实例 8.7】 试通过式(8.75)产生1000个泊松分布的随机数,并用直方图法和皮尔逊χ^2法进行检验(设显著性水平为0.05,样本数为1000,泊松分布参数$\lambda=4$)。

根据题设要求,统计样本频率的分隔区间可设为(0,0.5,1.5,2.5,…,9.5,∞)共11个子区间,当样本数达到1000时,可满足每个区间的样本数大于5。程序如下:

【程序代码】 ch8example7prog1.m

```
%ch8example7prog1.m
%泊松分布随机数的产生和皮尔逊检验
clear;
lambda = 4;             % 参数
N = 1000;               % 产生非随机数样本个数
for n = 1:N
    i = 0; v = 1;       % 初始化
    while(1)
        x = rand;       % [0,1]均匀随机数发生
        v = v * x;      % 连乘
        if v<exp( - lambda)
            break;      % 输出一个泊松随机数
        else
            i = i + 1;  % 泊松计数器
        end
    end
    rndnum(n) = i;      % 随机数样本存放
end
%----------
% rndnum = poissrnd(lambda,N,1);    % 此句可检验 Matlab 内部泊松随机数分布
%----------
% 假设分布为泊松分布,参数 lambda 的估计值为 lambdahat
lambdahat = mean(rndnum)
%----------直方图检验法
[ni,xout] = hist(rndnum,[0:1:10]);
mi = ni./N;                             % 计算经验频率值
bar(xout,mi); hold on;
x = 0:1:10;
pi = poisspdf(x,lambdahat);             % 计算统计分段区间的理论分布的概率值
pi(11) = 1 - sum(pi(1:10));             % 最后一个统计分段区间为[9.5, + inf]
plot(x,pi,' - - ok');
% -----------皮尔逊检验
chi2 = sum((ni - N * pi).^2./(N * pi)); % 皮尔逊 chi2 统计量计算
alpha = 0.05;                           % 显著性水平
r = 1;                                  % 分布中的未知参数个数
```

```
chi2_alpha = chi2inv(1 - alpha,length(ni) - r - 1)    % 分位点
H = (chi2>chi2_alpha)                          % H为1表示拒绝假设
```

程序执行结果如下，皮尔逊统计量值为 4.1240，在 0.05 显著性水平下的临界值为 16.9190，因此接受检验。随机数的频率直方图和理论概率曲线如图 8.6 所示，注意泊松随机数是离散的非负整数，故直方条高度表示对应的整数点处的概率值。程序中还给出了调用内部指令产生泊松随机数的语句，读者可去除该语句之前的注释标记加以验证。

【程序执行结果】

```
>> lambdahat   =   4.1240     % chi2统计量值
chi2_alpha     =   16.9190    % 判决门限
H              =   0          % 肯定假设
```

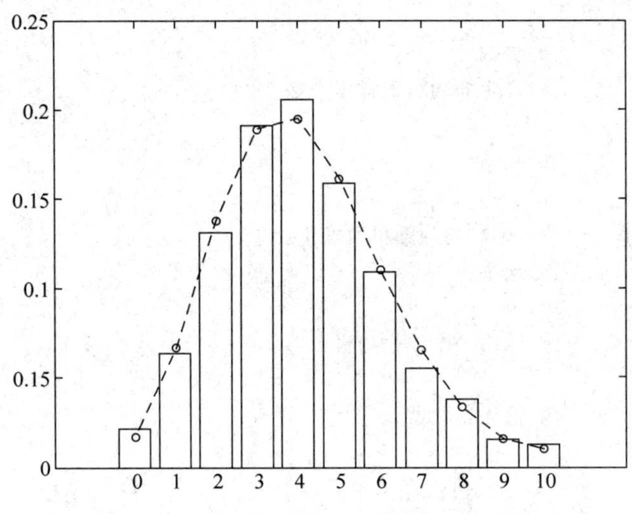

图 8.6 泊松分布随机数的直方图验证

(2) K-S 检验——概率分布函数对比法

K-S 检验也称为 Kolmogorov-Smirnov 检验，是一种累积频率检验方法，即把样本的经验分布与假设的理论分布曲线对比，以两者之间的最大差别作为统计量，在给定显著性水平条件下的假设检验方法。

设总体随机变量 X 的概率分布函数为 $F(x)$，$x_1, x_2, \cdots, x_n$ 是 X 的 n 个样本值。根据这些样本值可以得出经验分布函数，设为 $F_n^*(x)$。当 $n \to \infty$ 时，$F_n^*(x)$将以概率 1 趋近于 $F(x)$。Kolmogorov 证明了，如果把经验分布函数和假设的理论分布函数之间的最大差别作为统计量，即

$$\sqrt{n}D_n = \sqrt{n} \max_{-\infty<x<\infty} \mid F_n^*(x) - F(x) \mid \tag{8.110}$$

则该统计量的分布函数 $K_n(u) = P(\sqrt{n}D_n < u)$渐近于

$$\lim_{n\to\infty} K_n(u) = K(u) = 1 - 2\sum_{k=1}^{\infty}(-1)^{k-1}\exp(-2k^2u^2), \quad u > 0 \tag{8.111}$$

给定显著性水平 α，可求出对应的分位点 u_α，使 $K(u_\alpha) = 1 - \alpha$。计算统计量$\sqrt{n}D_n$，若$\sqrt{n}D_n > u_\alpha$，则拒绝假设，否则就接受假设。

【实例 8.8】 给出显著性水平 α,试计算 $K(u)$上的分位点 u_α。

分位点 u_α 可以查表得出,也可编程求解方程 $K(u_\alpha)=1-\alpha$,编写的函数程序如下:

```
function u_alpha = findualpha(alpha)
u_alpha = fzero(@kucdf,1,[],alpha); % 求解分布函数方程
% 方程 F(u_a) = 1 - a
function ku = kucdf(u,alpha)
k = 1:20; ku = 1 - 2 * sum((-1).^(k-1). * exp(-2 * k.^2. * u^2)) - (1 - alpha);
```

如下脚本求解了显著性水平为 0.01,0.05 和 0.1 时的分位点结果 $u_{0.01}=1.6276$,$u_{0.05}=1.3581$ 和 $u_{0.1}=1.2238$。

```
alpha = [0.01,0.05,0.1];
for i = 1:length(alpha)
  u_alpha(i) = findualpha(alpha(i));
end
u_alpha
% 结果
u_alpha =
    1.6276  1.3581  1.2238
```

显然,$\sqrt{n}D_n$的分布与样本数 n 无关,给定显著性水平,则 $K(u)$上的分位点是确定值。

K-S 检验也常以 D_n作为统计量。如果以 D_n作为统计量,则等价的分位点为

$$d_\alpha=\frac{u_\alpha}{\sqrt{n}} \tag{8.112}$$

当 $n>40$ 时,可以使用上式来计算统计量 D_n 分布的分位点。如果样值数较少,那么 $K_n(u)$和它的极限函数 $K(u)$差别较大,这时 D_n 分布的分位点可查 Kolmogorov-Smirnov 临界值表得出。事实上,通过 Matlab 统计工具箱中的 kstest 指令就可以简单地求出。例如:求 $n=7$ 时的 $d_{0.05}$的指令如下

```
n = 7; alpha = 0.05;
[H,P,KSSTAT,d_alpha] = kstest(rand(n,1),[],alpha);
%结果:
d_alpha =
    0.4834
```

【实例 8.9】 试用 K-S 检验法检验由式(8.3)产生的随机数是否满足均匀性要求。显著性水平取 0.05,样本数取 100。

统计量取$\sqrt{n}D_n$,显著性水平为 0.05 下的分位点 $u_{0.05}=1.3581$。编写程序如下,其中使用了 ecdf 指令来计算样本的经验分布,并使用 unifcdf 来计算均匀分布的理论分布值。然后求出经验分布和理论分布之间的差别最大值,与分位点进行比较从而作出判断。

【程序代码】 ch8example9prog1.m

```
%ch8example9prog1.m
clear;
r(1) = 13;          %随机种子(为奇数)
N = 100;            % 样本数
```

```
for n = 2:N
    r(n) = mod(7^5 * r(n - 1),2^31); % 乘同余法产生随机数
end
r = r./2^31;                        % 随机数归一化
[f,x] = ecdf(r);                    % 计算随机数样本 r 的经验分布
P = unifcdf(x,0,1);                 % 均匀分布的理论概率分布函数
Kn = sqrt(N) * max(abs(f - P))      % 计算统计量
u_alpha = 1.3581                    % 显著性水平为 0.05 时的分位点
H = (Kn>u_alpha)
stairs(x,f); hold on; plot(x,P);    % 经验分布和理论分布曲线对比
[H,P,KSSTAT,CV] = kstest(r,[x,P],0.05)
```

程序执行结果如图 8.7 所示,其中画出了均匀分布的理论分布函数曲线以及样本的经验分布曲线,计算得到两者最大差值统计量$\sqrt{n}D_n=0.8962$,小于分位点值 $u_{0.05}=1.3581$,因此可接受随机数是均匀分布的这一假设。

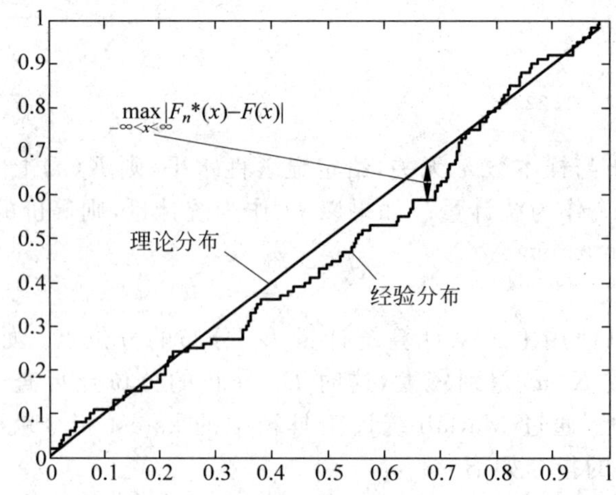

图 8.7 均匀分布的理论分布函数曲线和样本的经验分布曲线

Matlab 统计工具箱中提供了 K-S 检验的指令 kstest 以供直接使用,其一般用法是:

```
[H,P,KSSTAT,CV] = kstest(X,cdf,alpha)
% X 是被检验的随机数向量
% cdf 是 N 行 2 列的理论概率分布函数矩阵[x,p],x 为 cdf
%函数的自变量列向量,p 为对应的累积概率向量
% 一般 x 最好与被检验的随机数向量 X 相同
% 否则函数将使用插值方法求出对应于 X 的理论累积概率值
% alpha 是给定的显著性水平
% H 是检验结果:H = 1 表示否定假设
% P 是 K-S 检验的 p 值:即随机试验结果大于样本统计量的概率
% KSSTAT 是 K-S 检验的统计量计算结果
% CV 是对应 alpha 的分位点(Kolmogorov-Smirnov 临界值)
```

例如,本例程序的最后一句采用 kstest 指令来判断随机数是否服从均匀分布,其输出结果是:

```
H =     0          % 接受假设
P = 0.2602         % P-value：即随机试验计算结果大于 KSSTAT 的概率
KSSTAT =          0.0996 % 统计量
CV     =          0.1340 % 临界值
```

(3) 正态分布的假设检验问题

K-S 检验也可以用于对样本是否服从正态分布的检验问题，但 K-S 检验需要确知假设的理论分布及其参数。对于未知参数（均值和方差）的正态分布，虽然可以通过估计方法得出假设的理论分布曲线，再用 K-S 检验法，但这不是最有效的方法。

对于正态分布的假设检验问题，特别是分布的参数未知情况下，Jarque-Bera 和 Lilliefors 分别给出了两种更有效的检验方法，Matlab 统计工具箱中相应的实现指令是 lillietest 和 jbtest，用法是：

```
[H,P,LSTAT,CV] = lillietest(X,alpha)
[H,P,JBSTAT,CV] = jbtest(X,alpha)
% X 是被检验的样本向量
% alpha 是给定的显著性水平
% H 是检验结果：H = 1 表示否定假设
% P 是检验的 p 值：即随机试验结果大于样本统计量的概率
% LSTAT,JBSTAT 分别是两检验的统计量计算结果
% CV 是对应 alpha 的分位点（临界值）
```

【实例 8.10】 用 normrnd 指令产生 100 个随机数，并画出样本经验分布和假设理论分布之间的曲线对比图，然后分别用 K-S 方法，kstest，lillietest 和 jbtest 检验之。取显著性水平为 0.05。

【程序代码】 ch8example10prog1.m

```
% ch8example10prog1.m
clear; clc;
N = 100;               % 样本数
mu = 2; sigma = 1;     % 参数：均值和标准差
r = normrnd(mu,sigma,N,1);          % 随机数产生
[f,x] = ecdf(r);                    % 计算随机数样本 r 的经验分布
muhat = mean(r);                    % 为 K-S 检验估计分布参数
sigmahat = std(r);
P = normcdf(x,muhat,sigmahat);      % 正态分布的理论概率分布函数
Kn = sqrt(N) * max(abs(f-P))        % 计算统计量
u_alpha = 1.3581                    % 显著性水平为 0.05 时的分位点
H = (Kn>u_alpha)                    % 判决
stairs(x,f); hold on; plot(x,P);    % 经验分布和理论分布曲线对比
[Hks,Pks,KSSTAT,CVks] = kstest(r,[x,P],0.05)      % K-S 法
[Hli,Pli,LSTAT,CVli] = lillietest(r,0.05)         % Lilliefors 法
[Hjb,Pjb,JBSTAT,CVjb] = jbtest(r,0.05)            % Jarque-Bera 法
```

程序执行结果如下：

```
Kn =          0.4221
```

```
u_alpha =      1.3581
H =            0          % 自编 K-S 判决结果
Hks =          0          % kstest 判决结果
Pks =          0.9424
KSSTAT =       0.0522
CVks =         0.1340
Hli =          0          % Lilliefors 法判决结果
Pli =          NaN
LSTAT =        0.0522
CVli =         0.0886
Hjb =          0          % Jarque - Bera 法判决结果
Pjb =          0.7094
JBSTAT =       0.6865
CVjb =         5.9915
```

可见,3 种检验方法均认为产生的随机数样本服从正态分布。分布曲线对比如图 8.8 所示。

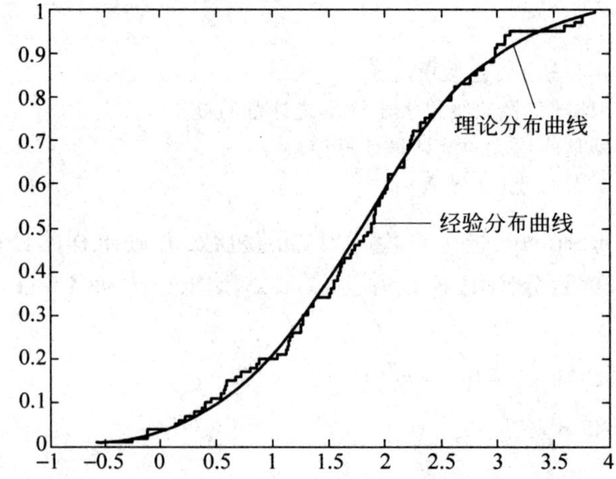

图 8.8　正态分布的理论分布函数曲线和样本的经验分布曲线

(4) 两个分布是否相同的假设检验问题

K-S 检验可以用于对两组随机样本分布是否相同的假设检验问题中。设样本数分别为 n_1, n_2 的两组随机样本的经验分布函数分别为 $F_{n_1}^*(x)$和 $G_{n_2}^*(x)$,将两者之差的最大值作为统计量,即

$$D_{n_1,n_2} = \max_{-\infty<x<\infty} \mid F_{n_1}^*(x) - G_{n_2}^*(x) \mid \tag{8.113}$$

Smirnov 证明了:设 $n=\dfrac{n_1 n_2}{n_1+n_2}$,则$\sqrt{n}D_{n_1,n_2}$ 的分布函数 $K_n(u)=P(\sqrt{n}D_{n_1,n_2}<u)$仍然服从于式(8.111)。因此,只要给定显著性水平 α,可求出对应式(8.111)的分位点 u_α,然后计算统计量$\sqrt{n}D_{n_1,n_2}$,若$\sqrt{n}D_{n_1,n_2}<u_\alpha$,则认为两组数据服从相同(参数的)分布,否则认为两组数据具有不同的分布。

Matlab 统计工具箱中给出的 K-S 检验两个分布是否相同的指令是 kstest2,它以 D_{n_1,n_2} 作为统计量,用法是:

```
[H,P,KSSTAT] = kstest2(X1,X2,alpha)
```

```
% X1,X2 分别是两组数据样本,不要求样本数相同
% alpha 为指定的显著性水平
% H 是检验判决结果：H = 1 表示两个样本的分布不同
% P 是 p 值
% KSSTAT 为计算出来的统计量值
```

【实例 8.11】 生成[−2,2]区间均匀分布的随机数样本,以及标准正态分布的数据样本,试用 kstest2 指令检验这两组数据的分布是否相同。设显著性水平为 0.05,样本数分别取 50,80 以及 500,600。

试验程序如下。

【程序代码】 ch8example11prog1.m

```
% ch8example11prog1.m
clear; clc;
n1 = 50; n2 = 80;                          % 样本数
X1 = 4 * rand(n1,1) - 2;                   % [ - 2,2]区间的均匀分布
X2 = randn(n2,1);                          % 标准正态分布
cdfplot(X1); hold on; cdfplot(X2);         % 经验分布曲线对比
[H,P,KSSTAT] = kstest2(X1,X2,0.05)         % k-s 检验
```

取样本数分别为 50,80 时,程序执行大多数时候判决为两样本服从相同的分布(H=0),少数时候判决为服从不同分布。这说明样本数过少的情况下,比较两样本判定分布是不够准确的。将样本数增加到 500,600 后,程序执行将判定两组样本的分布不同(H=1)。从程序输出的经验概率分布曲线上看,样本数过少时分布曲线波动很严重,如图 8.9 所示。

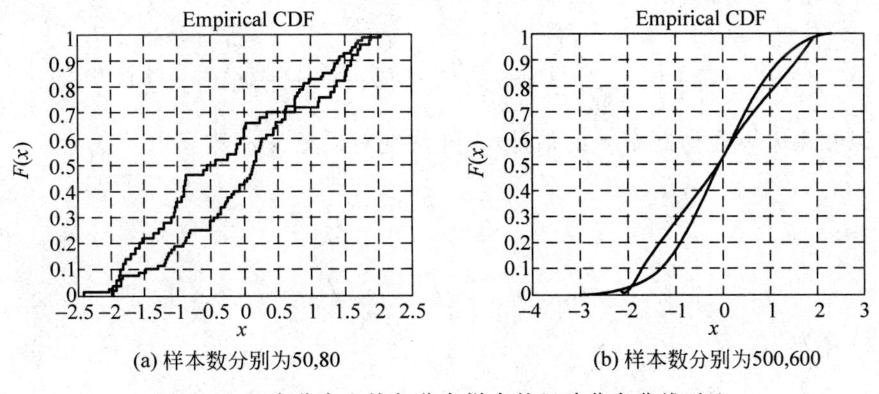

(a) 样本数分别为50,80　　(b) 样本数分别为500,600

图 8.9　正态分布和均匀分布样本的经验分布曲线对比

8.5 蒙特卡罗仿真的精度分析

8.5.1 蒙特卡罗仿真次数和精度的关系

蒙特卡罗仿真方法本质上是在计算机上进行的随机试验和结果统计分析的过程。试验次数越多,得到的数据样本就越多,那么根据这些样本所得出的统计结果精度和可信程度就

越高。

设系统中某事件 A 在一次随机试验中可能发生，也可能不发生，并将其发生概率 $P(A)$ 作为需要通过仿真来估计的参数，那么，可以通过多次独立随机试验，统计这些试验中事件 A 的发生频率，当试验次数足够多时，就可以用频率来近似估计事件发生的概率。

对数据的准确度衡量可以用绝对精度和相对精度两种指标。设数据的准确值(真值)为 x_0，通过仿真得出的估计值为 $\hat{x}$，估计值 $\hat{x}$ 一般是一个服从某种分布的随机变量。如果我们有 $1-\alpha$ 的概率确认估计值 $\hat{x}$ 在某一区间 $[x_0-\Delta, x_0+\Delta]$，那么就将概率 $1-\alpha$ 称为置信概率或置信度，即对结果的可信程度，而将区间 $[x_0-\Delta, x_0+\Delta]$ 称为置信区间，将置信区间长度的一半，即 Δ 称为绝对精度，而将绝对精度与真值之比 Δ/x_0 称为相对精度。

在进行仿真时，往往需要根据对仿真结果的精度和置信度要求来确定仿真试验的次数，因为不合理的仿真试验次数会导致结果精度过低，或导致过高的计算资源消耗。在使用蒙特卡罗方法进行仿真中的一个重要问题是：给定对仿真结果的置信度以及绝对精度或相对精度指标要求，如何确定所需要的仿真次数。

1. 由置信度和绝对精度确定仿真次数

每次蒙特卡罗试验可以看成一次独立的伯努利试验。例如，通信中传输一个数据符号，可能传输是正确的，也可能是错误的；每次电话拨号，可能被接通，也可能占线；通过随机试验法求圆周率或圆面积时，每次投下的点可能在圆周以内，也可能在圆外；等等。设一次独立的伯努利试验中事件 A 的概率为 p，那么 n 次独立的伯努利试验的事件发生次数 k 服从二项分布，其可能取值为 $0,1,\cdots,n$，n 次独立试验中事件 A 出现的次数恰为 k 次的概率是

$$P_k(n,p)=\binom{n}{k}p^k(1-p)^{n-k}=\frac{n!}{k!(n-k)!}p^k(1-p)^{n-k} \tag{8.114}$$

如果以频率 k/n 作为概率 p 的估计，设允许绝对误差为 δ，则要求

$$\left|\frac{k}{n}-p\right|<\delta \tag{8.115}$$

或

$$np-n\delta<k<np+n\delta \tag{8.116}$$

其概率可计算为

$$p_\delta=P(np-n\delta<k<np+n\delta)=\sum_{k=\lceil np-n\delta\rceil}^{\lfloor np+n\delta\rfloor}P_k(n,p) \tag{8.117}$$

因此，给定置信度 p_δ 以及绝对精度 δ，可根据上式计算出所需要进行仿真的最少次数 n。

然而，这样计算比较复杂，尤其是当需要试验的次数 n 较大时，算式中的组合数计算就难以进行。这种情况下，可通过近似方法进行计算。

根据大数定理，当试验次数 $n\to\infty$，试验中事件发生次数 k 服从均值为 np，方差为 $np(1-p)$ 的正态分布，即

$$P\left(\left|\frac{k}{n}-p\right|<\delta\right)\approx\frac{1}{\sqrt{2\pi}}\int_a^b\exp\left(-\frac{x^2}{2}\right)\mathrm{d}x=\Phi(b)-\Phi(a)=2\Phi(b) \tag{8.118}$$

其中，

$$a = \frac{-n\delta}{\sqrt{np(1-p)}}, \quad b = \frac{n\delta}{\sqrt{np(1-p)}} \tag{8.119}$$

$\Phi(x) = \frac{1}{\sqrt{2\pi}}\int_0^x \exp\left(-\frac{t^2}{2}\right)\mathrm{d}t = \frac{1}{2}\mathrm{erf}(x/\sqrt{2})$ 是拉普拉斯函数。这样，给定置信度 $1-\alpha$ 和绝对精度 δ，以及事件的概率值 p，就可求解方程

$$\mathrm{erf}\left(\frac{n\delta}{\sqrt{2np(1-p)}}\right) = 1-\alpha \tag{8.120}$$

得出最少仿真次数 n。如果事件的概率值 p 未知，可用估计频率代替。

【实例 8.12】 已知某通信系统的设计传输错误概率为 10^{-3}，为了至少有 95% 的把握使仿真计算的传输错误率与错误概率真值之间的落差在 2×10^{-4} 范围之内，问至少需要进行多少次仿真(即传输多少个独立符号)?

求解式(8.120)得最少仿真次数为

$$n = \frac{2p(1-p)}{\delta^2}(\mathrm{erfinv}(1-\alpha))^2 \tag{8.121}$$

其中 erfinv 是误差函数 erf 的反函数。代入题设参数得出最少仿真次数为 95940 次，发现错码数约为 95 个，此时的置信区间为 $10^{-3}\pm2\times10^{-4}$。计算的程序脚本和结果如下：

```
delta = 2e-4;                  % 绝对误差
p = 1e-3;                      % 设计误码率
alpha = 0.05;                  % 显著性水平
n = floor(2 * p * (1-p)/delta^2 * (erfinv(1-alpha))^2)
errnum = floor(n * p)
 % 结果:
n =         95940              % 需要仿真的次数
errnum =    95                 % 出现错码数
```

除了利用正态分布来近似分析之外，还可以采用更精确的方法：泊松定理指出，在随机试验中事件的发生概率很小，而试验次数很多的情况下，试验中事件的发生次数 k 近似服从参数为 $\lambda=np$ 的泊松分布，即

$$P_k(n,p) \approx \frac{(np)^k}{k!}\exp(-np) \tag{8.122}$$

因此，

$$P\left(\left|\frac{k}{n}-p\right|<\delta\right) \approx \sum_{k=\lceil np-n\delta\rceil}^{\lfloor np+n\delta\rfloor}\frac{(np)^k}{k!}\exp(-np) = F(np+n\delta)-F(np-n\delta) \tag{8.123}$$

其中 $F(x)$ 是参数为 λ 的泊松概率分布函数，定义为

$$F(x) = P(k<x) = \sum_{i=0}^{\lfloor x\rfloor}\frac{\lambda^i}{i!}\exp(-\lambda) \tag{8.124}$$

【实例 8.13】 在实例 8.12 的仿真系统中，设计传输错误率为 10^{-3}，置信区间为 $10^{-3}\pm2\times10^{-4}$，总独立传输符号数为 95940 次，问对仿真结果的置信度可达到多少(分别用泊松分布和正态分布对之进行近似)?

根据上述原理编写的计算脚本程序和结果如下：

```
delta = 2e - 4;            % 绝对误差
p = 1e - 3;                % 设计误码率
n = 95940;                 % 仿真次数
P_delta_poss = poisscdf(n * p + n * delta,n * p) - poisscdf(n * p - n * delta,n * p)
P_delta_norm = normcdf(n * p + n * delta,n * p,sqrt(n * p * (1 - p))) - ...
               normcdf(n * p - n * delta,n * p,sqrt(n * p * (1 - p)))
% 结果:
P_delta_poss =   0.9538
P_delta_norm =   0.9498
```

显然,以泊松分布进行计算得出的置信度较高,但用正态分布进行计算得出的结果精度也能满足要求。

2. 由置信度和相对精度确定仿真次数

问题同前,但这里是给定仿真的相对精度要求 $r=\delta/p$,则 $\delta=pr$,将之代入(8.121)得到相对精度下的最小仿真次数为

$$n=\frac{2(1-p)}{pr^2}(\mathrm{erfinv}(1-\alpha))^2 \tag{8.125}$$

如果给定仿真次数和置信度,则仿真结果的相对精度也可计算出来,为

$$r=\sqrt{\frac{2(1-p)}{pn}}\mathrm{erfinv}(1-\alpha) \tag{8.126}$$

注意,当概率 p 很小(例如,对通信传输误码率的仿真情况)时,上式近似为

$$r\approx\sqrt{\frac{2}{pn}}\mathrm{erfinv}(1-\alpha) \tag{8.127}$$

其中 pn 的物理意义是 n 次试验中事件出现的平均次数(例如,传输 n 的独立符号后观察到的平均误码出现次数)。在统计误码率时,出现的误码数越多,则统计结果的相对精度就越高。对应于相对精度的置信区间为$[p(1-r),p(1+r)]$。

【实例 8.14】 试根据式(8.127)画出置信度为 90%,95% 和 99%条件下试验中事件发生次数 np 与相对精度 r 之间的关系曲线。

【程序代码】 ch8example14prog.m

```
% ch8example14prog.m
clear;
alpha = [0.1,0.05,0.01]
pn = [1 10 100 1000 10000 100000]';
for i = 1:3
    r(:,i) = sqrt(2./pn). * erfinv(1 - alpha(i));
end
loglog(pn,r);
legend('\alpha = 0.1 ','\alpha = 0.05 ','\alpha = 0.01 ');
xlabel('多次试验中事件发生的次数 np ');
ylabel('相对精度 r');
```

程序执行结果如图 8.10 所示。由图可知,如果要求试验结果的相对精度提高,那么就

要使试验中观察到事件发生的次数呈平方数量级增加。在事件发生概率较小的情况下(如对传输错误率的仿真中),将导致总试验次数过分增多,这种情况下蒙特卡罗法的效率将严重下降。

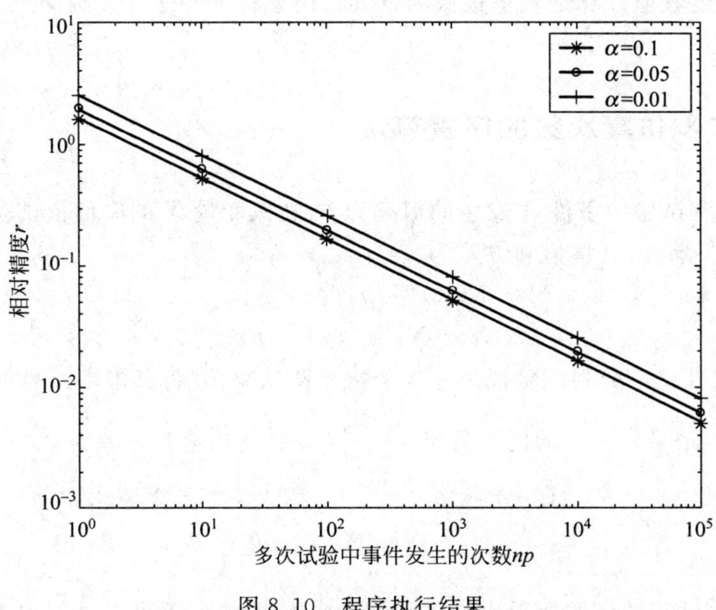

图 8.10 程序执行结果

【实例 8.15】 一个通信系统,设传输错误率很小,如果在仿真中每观察到 10 个、100 个和 1000 个误码就进行一次误码率的统计计算,问得到结果在 95% 的置信度条件下的相对精度是多少?

根据式(8.127)编写计算脚本,得到结果如下。在观察到 10 个误码就进行误码率统计时,得到的相对精度约 62%。对于误码率仿真试验,特别是误码率很低的传输系统仿真,为了兼顾仿真效率,一般认为这样的仿真次数是基本足够的。例如,要对传输误码率为 10^{-3} 的系统进行仿真误码率统计,则仿真次数(独立传输的符号数)至少要达到 10^4 次以上。

【脚本程序】

```
alpha = 0.05;
errtimes = [10,100,1000];
r = sqrt(2./errtimes) * erfinv(1-alpha)
 % 结果:
r =      0.6198     0.1960     0.0620
```

因此,在误码率仿真试验中,可以根据仿真的相对精度要求设置仿真中事件出现的次数,当事件出现的次数达到一定值时,就可以结束重复试验并进行结果统计了。

【实例 8.16】 考虑第 1 章实例 1.3 的圆周率蒙特卡罗计算问题,如果要求置信度为 95%的圆周率计算精度到小数点后 m 位,问至少要进行多少次随机投点试验?

将题设的精度要求转换为相对精度 $r=10^{-m}/\pi$,点投入圆内的概率为 $p=\frac{\pi}{4}$,代入式(8.125)计算得出

$$n = \frac{2\pi(4-\pi)}{10^{-2m}}(\text{erfinv}(0.95))^2 \approx 10.36 \times 10^{2m} \tag{8.128}$$

可见,仿真精度每向小数点后推进 1 位,需要的仿真次数就增加 100 倍。显然,用蒙特卡罗法进行高精度数值计算是效率很低的,然而,用蒙特卡罗法计算圆周率却有算法十分简单的优点。

8.5.2 蒙特卡罗仿真次数的序贯算法

设一次伯努利试验中事件 A 发生的概率为 p,随机变量 X 的取值依试验中事件 A 发生与否而取 1 或 0。那么,其均值和方差为

$$\text{E}(X) = p \tag{8.129}$$

$$\text{Var}(X) = p(1-p) \tag{8.130}$$

如果将 n 次独立伯努利试验视为一次蒙特卡罗试验,并将其中事件 A 的发生频率作为试验结果,则试验结果是一个随机变量 $Y = \sum_{i=1}^{n} X_i/n$,其均值和方差为

$$\text{E}(Y) = p \tag{8.131}$$

$$\text{Var}(Y) = \frac{\text{Var}(X)}{n} = \frac{p(1-p)}{n} \tag{8.132}$$

通常,一次蒙特卡罗试验所得出的试验结果样本 Y 的方差可以计算出来或由试验样本估计出来。那么,如何在给定仿真精度要求和置信度要求的情况下确定仿真所需的最小次数呢?当一次蒙特卡罗试验中含有的独立伯努利试验次数 n 足够大时,根据大数定理,其输出的试验结果样本 Y 可认为服从正态分布。

设 N 次蒙特卡罗试验所得出的试验结果样本是 $\{y_1, y_2, \cdots, y_N\}$,则根据这 N 个样本对随机变量 Y 的均值估计问题是一个关于正态分布的期望区间估计问题,由式(8.99)可知,给定置信度 $1-\alpha$ 的置信区间为

$$\bar{y} \pm \frac{s}{\sqrt{N-1}} t_{\frac{\alpha}{2}} \tag{8.133}$$

其中,$\bar{y} = \frac{1}{N}\sum_{i=1}^{N} y_i$ 是样本平均;$s = \sqrt{\frac{1}{n}\sum_{i=1}^{n}(y_i - \bar{y})^2}$ 是样本标准差;$t_{\frac{\alpha}{2}}$ 为自由度是 $N-1$ 的 t 分布上的 $\alpha/2$ 分位点。由绝对精度和相对精度的定义,样本平均的绝对精度是仿真次数和置信度的函数,为

$$\delta(N, \alpha) = \frac{s}{\sqrt{N-1}} t_{\frac{\alpha}{2}} \tag{8.134}$$

相对精度就是

$$r(N, \alpha) = \frac{\delta(N, \alpha)}{|\bar{y}|} \tag{8.135}$$

为了得到要求的仿真精度,需要在仿真之前确定所需的最少仿真次数 N。然而,绝对精度和相对精度的计算需要知道样本 Y 的样本平均和样本标准差,一般情况下这在仿真进行之前是无法确定的(对于一些简单情况则是可以估算的,如利用式(8.132)等),因此最少的仿真次数并不能在仿真之前确定。所以,一种现实的办法是:首先设定一个基本的仿真

运行次数 N_0，执行完毕后检验所得样本分布并计算仿真结果的精度，看是否达到要求，如果不满足要求，则继续执行下一次仿真并再次检验和计算仿真结果的精度，直到精度达到要求时停止仿真。这就是蒙特卡罗仿真次数的序贯算法，具体过程如下。

- 第一步：确定基本运行次数 N_0，最大运行次数 $N_{\max}$，要求的绝对精度 δ，相对精度 r 以及置信度 $1-\alpha$。
- 第二步：置仿真次数计数器 $n:=N_0$。执行蒙特卡罗仿真 N_0次，得到试验样本 $\{y_1,y_2,\cdots,y_{N_0}\}$。
- 第三步：判断所得试验样本是否接近正态分布(可用前述的概率分布检验方法)。如果样本不是正态的，转第四步；如果判断样本是接近正态分布的，那么计算

$$A_n=\sum_{i=1}^{n}y_i,\quad B_n=\sum_{i=1}^{n}y_i^2 \tag{8.136}$$

然后转第五步。

- 第四步：再执行仿真一次，得到新的一个试验样本 y_{n+1}，并使仿真次数计数器加 1，$n:=n+1$，判断若 $n>N_{\max}$则认为算法失效并终止仿真，否则转第三步。
- 第五步：计算当前的样本均值、样本方差、绝对精度、相对精度，并与给定的精度要求进行比较。

$$\bar{y}(n)=\frac{A_n}{n} \tag{8.137}$$

$$s(n)=\sqrt{\frac{B_n-n[\bar{y}(n)]^2}{n}} \tag{8.138}$$

$$\delta(n,\alpha)=\frac{s}{\sqrt{N-1}}t_{\frac{\alpha}{2}} \tag{8.139}$$

$$r(n,\alpha)=\frac{\delta(n,\alpha)}{|\bar{y}(n)|} \tag{8.140}$$

如果精度满足要求，即 $0<\delta(n,\alpha)\leqslant\delta$ 且 $0<r(n,\alpha)\leqslant r$，或当前仿真次数 $n>N_{\max}$，则终止仿真，并输出计算结果的置信区间$\bar{y}(n)\pm\delta(n,\alpha)$。否则，执行下一步。

- 第六步：执行仿真一次，得到新的一个试验样本 y_{n+1}，然后计算

$$A_{n+1}=A_n+y_{n+1},\quad B_{n+1}=B_n+y_{n+1}^2 \tag{8.141}$$

并增加仿真计数器的值

$$n:=n+1 \tag{8.142}$$

然后转第五步。

8.6 仿真结果的数据处理

实际中，往往需要对仿真试验或实际系统测试得出的数据样本进行进一步研究和分析，以便从这些样本数据中找出某些规律，得出这些规律的经验公式，或者通过样本数据对系统的某些理论参数进行估计等。

在仿真或实际系统试验中，往往先改变系统的条件参数(例如激励信号、改变信道信噪比等)，然后测试得出一系列结果(例如解调波形失真度、信噪比改善度、传输错误率等)，从

而研究系统条件参数与结果之间的关系。这样就可以将测试结果看作是条件参数的函数。由于不可能对所有的条件参数都进行试验,所以得到的测试样本数据结果也就是以输入条件参数为自变量的函数上的一些离散样值点。为了在这些样本数据的基础上估计出不在样本点位置上的其他条件参数处的函数值,就需要进行数据的插值处理,以得出通过这些样本点的一条连续的函数曲线。

在试验中得出的数据样本往往既具有确定的规律性,又含有随机性扰动。这些随机扰动可能是由多种因素引起的,如测量误差、噪声以及系统中的其他未知因素等。如果条件许可,可以通过大量的重复试验来得到多个样本,再进行平均以减少随机性扰动,但实际测试和仿真中往往限于费用和计算机的处理能力而只能得出有限的数据样本。因此,有必要通过这些有限的数据样本尽可能好地排除随机扰动,找出具有确定规律的数学模型、经验公式或公式参数,这一过程称为拟合。

拟合和插值都是根据离散的样本数据点得出连续函数曲线的过程。它们的不同之处在于:插值得出的曲线是经过样本点的,而拟合所得到的曲线并不保证每个样本点都在曲线上,而是以保证曲线与样本点之间的整体拟合误差最小化为优化目标的。

8.6.1 插值

设函数 $y=f(x)$未知,但已知该函数在若干离散点 $x_1,x_2,\cdots,x_n$ 处的取值 $y_1,y_2,\cdots,y_n$,则由这些样本点(x_i,y_i),$i=1,\cdots,n$ 获得该函数在其他点上的取值的方法称为插值方法。如果插值点在给定离散点取值范围内,称为内插,否则称为外插。

插值算法有多种,例如线性插值(linear)、最近点插值(nearest)、三次样条插值(spline)、三次 Hermite 插值(pchip)、FFT 滤波插值等。线性插值方式以相邻样本之间的连线作为近似曲线,最近点插值则直接用最邻近的样值作为插值结果,三次样条插值以样条曲线作为近似,三次 Hermite 插值以三次曲线作为近似,FFT 滤波插值通过对样值进行 FFT 变换和反变换来得出均匀间隔的离散点样值。一般而言,对于函数是光滑的连续曲线的情况,以三次样条插值得到的结果比较理想,对于通信信号波形,也可以通过 FFT 滤波插值来获得指定采样率的等间隔采样结果。

Matlab 给出的一维函数插值指令是 interp1 和 interpft。interp1 的基本用法如下。

```
yi = interp1(x,Y,xi,method)
yi = interp1(x,Y,xi,method,'extrap')
yi = interp1(x,Y,xi,method,extrapval)
% x是样本点的自变量向量
% Y是对应于x的样本点取值向量
% xi是需要进行插值计算的自变量位置向量
% yi是对应于xi处的插值结果
% method是所选择的插值算法,可以是:
% 'nearest','linear','spline','pchip'等
% 'extrap'用于外插情况
% extrapval 指定外插时所得到的结果,一般指定 0 或 NaN
```

interpft 指令专门用于 FFT 滤波插值算法,其用法如下。

```
y = interpft(x,n)
% x是一个信号周期上的采样值序列,n是指定在周期上的新的采样点数
% y是n点输出序列
```

【实例 8.17】 已知数据样本来自于函数 $f(x)=\frac{1}{1+9x^2}, x\in[-1,1]$，知道其中一些点

$$x \in \{-1,-0.4,-0.1,0,0.3,0.7\}$$

上的值。试用各种插值法得出 $x\in[-1,1]$间距为 0.07 的点上的函数取值，并画出曲线。

程序代码如下，插值结果如图 8.11 所示。显然，本例中立方插值（三次 Hermite 插值）的结果最好。样条插值在外插部分误差很大，这说明插值结果不能盲目相信，需要根据物理概念和进一步的试验来检验，特别是对于外插所得到的数据，更是要谨慎处理。

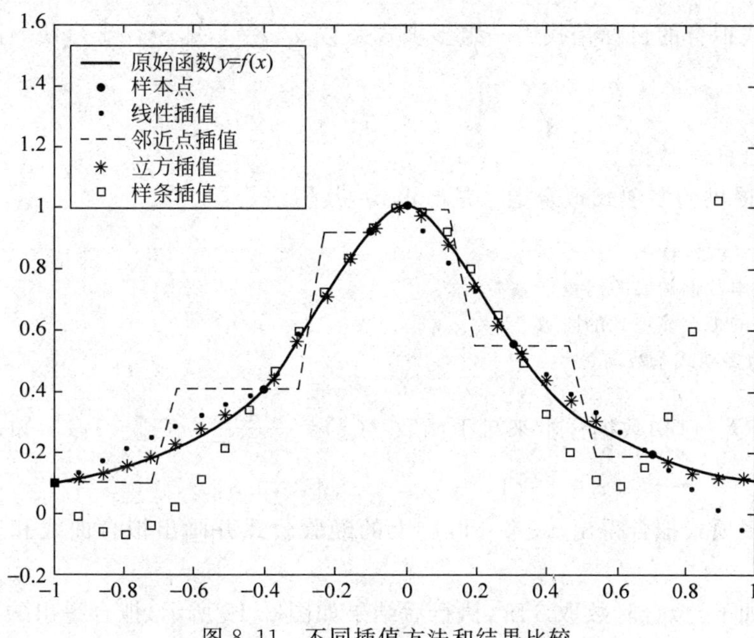

图 8.11　不同插值方法和结果比较

【程序代码】 ch8example17.m

```
% ch8example17.m
x = -1:0.01:1;
y = 1./(1 + 9 * x.^2);
plot(x,y,'k'); hold on;                    % 原始函数曲线
xs = [-1,-0.4,-0.1,0,0.3,0.7];             % 样本位置
ys = 1./(1 + 9 * xs.^2);
plot(xs,ys,'o'); hold on;                  % 样本点
xi = -1:0.07:1;                            % 插值位置
yi = interp1(xs,ys,xi,'linear','extrap');  % 线性插值,并外插
plot(xi,yi,'.');
yi = interp1(xs,ys,xi,'nearest');          % 邻近点插值
plot(xi,yi,'-.');
yi = interp1(xs,ys,xi,'pchip');            % 立方插值
```

```
plot(xi,yi,'*');
yi = interp1(xs,ys,xi,'spine');                % 立方插值
plot(xi,yi,'s');
legend('原始函数 y = f(x)','样本点','线性插值','邻近点插值','立方插值','样条插值');
```

Matlab 还提供了二维插值和高维插值指令，如 interp2，interp3，interpn 等，并提供了一个专门的样条插值工具箱 Spline Toolbox，读者可参考联机文档使用。

8.6.2 拟合

1. 多项式拟合

一般多项式拟合的目标是找出一组多项式系数 a_i，$i=1,2,\cdots,n+1$，使 n 阶多项式

$$g(x) = \sum_{i=1}^{n+1} a_i x^{n+1-i} \tag{8.143}$$

能够较好地拟合样本数据。

Matlab 中提供的多项式拟合指令是 polyfit，其用法是：

```
p = polyfit(x,y,n)
% x,y 是样本数据构成的向量
% n 是指定的拟合多项式的阶数
% 返回 p 为多项式系数向量
```

【实例 8.18】 已知数据样本来自于函数 $f(x)=\dfrac{1}{1+9x^2}$，$x\in[-1,1]$，知道其中一些点

$$x \in \{-1, -0.4, -0.1, 0, 0.3, 0.7\}$$

上的值。试用多项式拟合得出 $x\in[-1,1]$上的经验公式并画出拟合曲线和原始函数曲线对比。

程序代码如下，拟合阶数取 5 阶，执行后结果如图 8.12 所示，拟合得出的多项式为

$$g(x) = 7.96x^5 + 8.24x^4 - 4.73x^3 - 5.58x^2 + 0.322x + 1$$

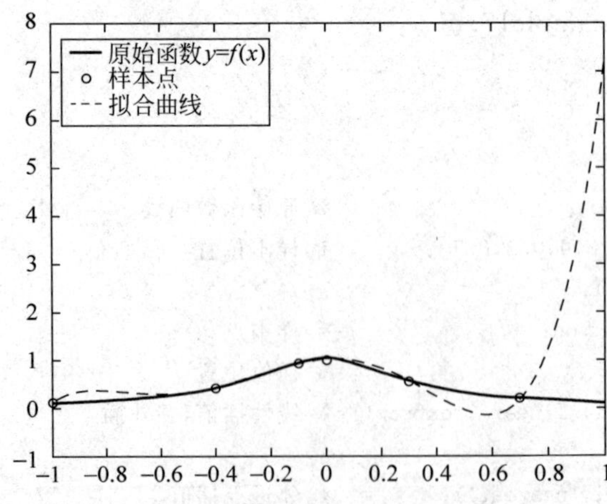

图 8.12 多项式拟合结果与原始函数曲线比较

从图中可知,在样本数据区间中部拟合较好,而对于区间边缘部分拟合误差则比较大。因此对于拟合结果也是需要谨慎检验的。此外,随着多项式次数的增加,拟合效果不一定就变得更好,这也是需要注意的。

【程序代码】 ch8example18. m

```
% ch8example18.m
x = -1:0.01:1;
y = 1./(1 + 9 * x.^2);
plot(x,y,'k'); hold on;                    % 原始函数曲线
xs = [-1, -0.4, -0.1,0,0.3,0.7];           % 样本位置
ys = 1./(1 + 9 * xs.^2);
plot(xs,ys,'o'); hold on;                  % 样本点
p = polyfit(xs,ys,5);
yfit = polyval(p,x);
plot(x,yfit,'--');
legend('原始函数 y = f(x)','样本点','拟合曲线');
```

2. 最小二乘法曲线拟合

如果已知拟合函数的形式,但对函数中的一个或多个参数未知,则可以采用最小二乘法求出这些未知参数,从而实现拟合。设试验得出的一组样本数据为$\{x_i, y_i, i=1,2,\cdots,n\}$,且已知这些数据满足某函数原型$\hat{y}=f(\boldsymbol{a},x)$,其中$\boldsymbol{a}=(a_1,a_2,\cdots,a_k)$是函数中待定的$k$个参数组成的向量,最小二乘法拟合的目标是求出函数中的一组待定系数的值,使目标函数J最小,即

$$\min_{\boldsymbol{a}} J(a_1,a_2,\cdots,a_k)=\min_{\boldsymbol{a}}\sum_{i=1}^{n}(y_i-\hat{y}_i)^2=\min_{\boldsymbol{a}}\sum_{i=1}^{n}(y_i-f(\boldsymbol{a},x_i))^2 \tag{8.144}$$

这是一个求多元函数$J(a_1,a_2,\cdots,a_k)$的极小值点$(a_1^*,a_2^*,\cdots,a_k^*)$问题。为此,对各个系数求偏导数并令为零,得到一组方程

$$\frac{\partial J}{\partial a_i}=2(y_i-f(\boldsymbol{a},x_i))\frac{\partial f(\boldsymbol{a},x_i)}{\partial a_i}=0,\quad i=1,2,\cdots,k \tag{8.145}$$

对其进行数值求解可得出极小值点$(a_1^*,a_2^*,\cdots,a_k^*)$以及相应的极小值$J_{\min}$。

Matlab 在最优化工具箱中提供了 lsqcurvefit 指令来解决最小二乘法曲线拟合问题,其常用方式是:

```
[a,Jmin] = lsqcurvefit(fun,a0,xdata,ydata)
% fun 是函数名,可用'funname'或@funname 形式
% a0 是给出的系数向量的初始猜测值
% (xdata,ydata)组成试验得出的 n 个样本点
% a 是优化输出结果:函数的参数向量
% Jmin 是对应于 a 的最小目标值
```

其中,需要对函数原型$f(\boldsymbol{a},x)$编写 Matlab 函数,要求编写的函数能够实现对x的向量输入形式的运算,其形式为:

```
function yhat = funname(a,x)
% x 须为 n 行 1 列向量
```

```
% a为函数的参数向量
…
yhat = …; % 返回J也须为n行1列向量
```

【实例8.19】 已知数据样本来自于函数 $f(x)=\frac{1}{1+9x^2}$，$x\in[-1,1]$，知道其中一些点

$$x_i = \{-1:0.35:1\}$$

上的值。试用最小二乘法拟合得出 $x\in[-1,1]$上的经验公式并画出拟合曲线和原始函数曲线对比。假设已知的函数原型是

$$\hat{y} = f_1(\boldsymbol{a},x) = a_1x^5 + a_2x^4 + a_3x^3 + a_4x^2 + a_5x + a_6 \tag{8.146}$$

或

$$\hat{y} = f_2(\boldsymbol{a},x) = \frac{a_1}{a_2 + a_3x^2} \tag{8.147}$$

显然，如果假设函数原型是如式(8.146)的多项式形式，与样本的真正来源函数原型不相符合，但仍然可以进行最小二乘法拟合，可将拟合结果和5阶多项式拟合进行对比，程序如下。程序采用了函数形式，并将函数原型作为Matlab局部函数来实现。

【程序代码】 ch8example19prog1.m

```
% ch8example19prog1.m
function ch8example19prog1()
x = -1:0.01:1;
y = 1./(1 + 9 * x.^2);
plot(x,y,'k'); hold on;                        % 原始函数曲线
xs = -1:0.35:1;                                % 样本位置
ys = 1./(1 + 9 * xs.^2);
plot(xs,ys,'o'); hold on;                      % 样本点
a_poly = polyfit(xs,ys,5)
yfit = polyval(a_poly,x);                      % 多项式拟合曲线
plot(x,yfit,'-.');
[a_lsq,Jmin] = lsqcurvefit(@fun1,[1,1,1,1,1,1],xs,ys)  % 最小二乘法拟合
yfit = fun1(a_lsq,x);
plot(x,yfit,'.');
legend('原始函数 y = f(x)','样本点','多项式拟合曲线','最小二乘法拟合');
function yhat = fun1(a,x)
yhat = a(1) * x.^5 + a(2) * x.^4 + a(3) * x.^3 + a(4) * x.^2 + a(5) * x + a(6);
```

以式(8.147)作为函数原型的拟合程序如下。从该程序执行结果中可以看出，函数中系数的初始值不同可能导致不同的优化结果，这是由于多元函数可能存在多个极小值点而导致的。当系数初始值设为 $\boldsymbol{a}=(2,3,7)$时优化结果为 $\boldsymbol{a}^*=(1.6180,1.6180,14.5617)$，与产生数据的原始函数中的系数不同，而当系数初始值设为 $\boldsymbol{a}=(1.1,0.9,8)$时，优化结果为 $\boldsymbol{a}^*=(1.0133,1.0133,9.1194)$，接近原始函数的系数。不论哪种情况，所得出的函数曲线与原始函数的拟合程度都相当好。

【程序代码】 ch8example19prog2.m

```
% ch8example19prog2.m
```

```
function ch8example19prog12()
x = -1:0.01:1;
y = 1./(1 + 9 * x.^2);
plot(x,y,'k'); hold on;                  % 原始函数曲线
xs = -1:0.35:1;                          % 样本位置
ys = 1./(1 + 9 * xs.^2);
plot(xs,ys,'o'); hold on;                % 样本点
[a_lsq,Jmin] = lsqcurvefit(@fun2,[1.1,0.9,8],xs,ys)   % 最小二乘法拟合
yfit = fun2(a_lsq,x);
plot(x,yfit,'.');
legend('原始函数 y = f(x)','样本点','最小二乘法拟合');
function yhat = fun2(a,x)
yhat = a(1)./(a(2) + a(3).* x.^2);
```

以上两个程序执行的作图结果如图 8.13(a)和(b)所示。由图可知,采用多项式作为拟合原型函数时,拟合结果类似于多项式拟合的结果,而一旦采用与样本产生函数相同的原型函数,则可以得出极为准确的拟合结果。不过,对于多元函数,拟合所得出的函数系数值随初始系数猜测值不同而可能不同,拟合结果不是惟一的。

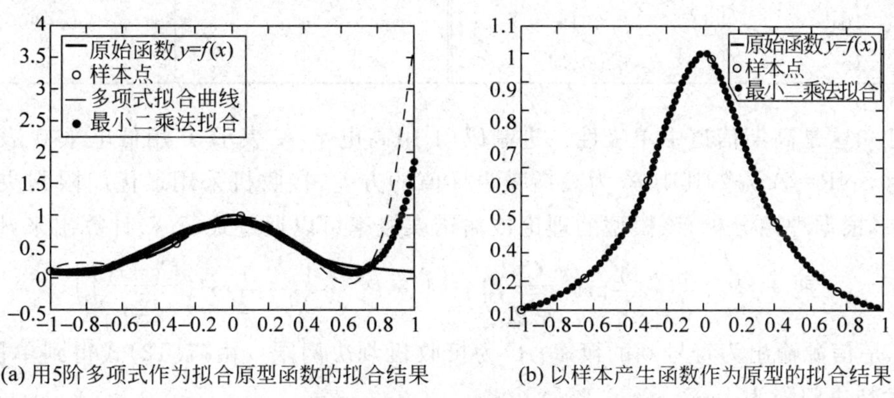

(a) 用5阶多项式作为拟合原型函数的拟合结果　　(b) 以样本产生函数作为原型的拟合结果

图 8.13　最小二乘法拟合的结果

Matlab 统计工具箱中也提供了一个最小二乘法曲线拟合函数 nlinfit,其功能与最优化工具箱中提供的 lsqcurvefit 指令基本相同,但能够给出所解出系数在指定置信度(95%)下的置信区间。nlinfit 的基本用法是:

```
[a,r,J] = nlinfit(xdata,ydata,FUN,a0)
% FUN 是函数名,可用'funname'或@funname 形式
% a0 是给出的系数向量的初始猜测值
% (xdata,ydata)组成试验得出的 n 个样本点
% a 是优化输出结果:函数的参数向量
% r 是残差向量
% J 是各个 Jacobi 行向量构成的矩阵
```

利用 nlinfit 计算的结果,可以继续以 nlparci 指令来进行置信区间的估计,具体方法是:

```
ci = nlparci(a,r,J)
% a,r,J 为 nlinfit 指令计算的结果
% ci 返回置信度为 95 % 下的置信区间
```

例如：利用 nlinfit 代替程序 ch8example19prog2. m 中的 lsqcurvefit 指令，只需将 lsqcurvefit 一行语句修改为

```
[a_lsq,r,J] = nlinfit(xs,ys,@fun2,[1.1,0.9,8])
```

即可，输出估计的系数向量为 $\boldsymbol{a}^*=(0.8922,0.8922,8.0294)$。这显然与 nlinfit 得出的结果有所不同，但两者均能得出良好的拟合结果。

最后来举一个利用最小二乘法拟合，由单极性二进制传输的测试误码率曲线来估计信源符号概率分布参数的例子，以展示最小二乘法拟合在误码率曲线拟合中的应用。

【实例 8.20】 参考第 7 章实例 7.1 的仿真模型。某次仿真中获得的误码率数据如下表。

SNR(dB)	P_e	SNR(dB)	P_e
−5	0.29486	16	0.00036
0	0.25006	17	0.00008
5	0.16105	18	0.00009
10	0.05192	19	0.00002
15	0.00131		

设已知这是高斯信道中单极性二进制码（1 用高电平 A 表示，0 用低电平 0 表示，信噪比定义为 $\mathrm{SNR}=A^2/\sigma^2$，其中 σ^2 为高斯噪声样值的方差，接收机采用最优门限判决）传输的测试结果，根据理论分析，该模型的理论传输错误概率可以通过式(7.7)计算出来，即

$$P_e = P_0\left(\frac{1}{2}-\frac{1}{2}\mathrm{erf}\left(\frac{C}{\sqrt{2}\sigma}\right)\right)+(1-P_0)\left(\frac{1}{2}+\frac{1}{2}\mathrm{erf}\left(\frac{C-A}{\sqrt{2}\sigma}\right)\right) \tag{8.148}$$

其中，P_0 是信源输出为符号 0 的概率；C 为接收机判决门限。由(7.12)式得到单极性码传输的最优判决门限为

$$C_{\mathrm{opt}} = \frac{A}{2}+\frac{\sigma^2}{A}\ln\frac{P_0}{1-P_0} \tag{8.149}$$

试通过测试数据的误码率数据来估计信源输出符号的概率 P_0。

由式(8.148)和式(8.149)以及信噪比定义 $\mathrm{SNR}=A^2/\sigma^2$ 建立拟合的函数原型 $P_e=g(P_0,\mathrm{SNR})$，其中，将 P_0 作为未知参数。编写该函数的实现程序如下：

【程序代码】 ch8example20func. m

```
function Pe = ch8example20func(P0,SNR)
s1 = 5; s0 = 0; % 发送电平(单极性)
A = s1;
if P0>1 | P0<0
    P0 = rand; % 输入超限的处理
end
sigma2 = A^2./SNR;              % 由信噪比求出方差
```

```
P1 = 1 - P0;                      % 发'1'概率
C_opt = (s0 + s1)./2 + sigma2./(s1 - s0). * log(P0./P1);    % 计算最佳判决门限
Pe0 = 0.5 - 0.5 * erf((C_opt - s0)./(sqrt(2 * sigma2)));    % 发 0 出错率
Pe1 = 0.5 + 0.5 * erf((C_opt - s1)./(sqrt(2 * sigma2)));    % 发 1 出错率
Pe = P0 * Pe0 + P1 * Pe1;                                   % 平均错误率
```

然后由测试数据来拟合误码率曲线并估计出信源的符号概率，主程序如下。

【程序代码】 ch8example20main.m

```
% ch8example20main.m
clear; clc;
data = [-5      0.29486
    0       0.25006
    5       0.16105
    10      0.05192
    15      0.00131
    16      0.00036
    17      0.00008
    18      0.00009
    19      0.00002];                      % 测试数据
SNR_dB = data(:,1); Pe_simu = data(:,2);
SNR = 10.^(SNR_dB./10);                    % 测试信噪比范围
semilogy(SNR_dB,Pe_simu,'o'); hold on;     % 测试误码率作图
Pe_0 = 0.99;                               % 信源符号概率猜测
[pp1,Jmin] = lsqcurvefit('ch8example20func',0.54,SNR,Pe_simu)   % 拟合指令 1
[pp2,r,J] = nlinfit(SNR,Pe_simu,'ch8example20func',Pe_0)        % 拟合指令 2
ci = nlparci(pp2,r,J)                      % 拟合结果的置信区间
SNRThdB = -5:0.1:20;                       % 拟合曲线计算和作图
SNRTh = 10.^(SNRThdB./10);
PeTh = ch8example20func(pp2,SNRTh);
semilogy(SNRThdB,PeTh,'k');
xlabel('A^2/\sigma^2 (dB)');
ylabel('错误率 P_e');
legend('仿真结果','拟合曲线');
```

程序执行得到的数值结果如下：

```
pp1  =    0.7000569557     % lsqcurvefit 指令得出的 Pe 估计值
Jmin =    1.63463e-005     % 目标函数值
pp2  =    0.7000569122     % nlinfit 指令得出的 Pe 估计值
ci   =    0.6969    0.7032 % pp2 的置信区间(置信度 95%)
```

程序执行后得到的拟合曲线和样本点的对比图如图 8.14 所示。显然，由于仿真测试结果存在误差，得到的样本点并不与理论曲线重合，而信噪比较高的情况下仿真数据的误差还比较大，然而，这对信源概率参数的拟合估计结果影响很小。

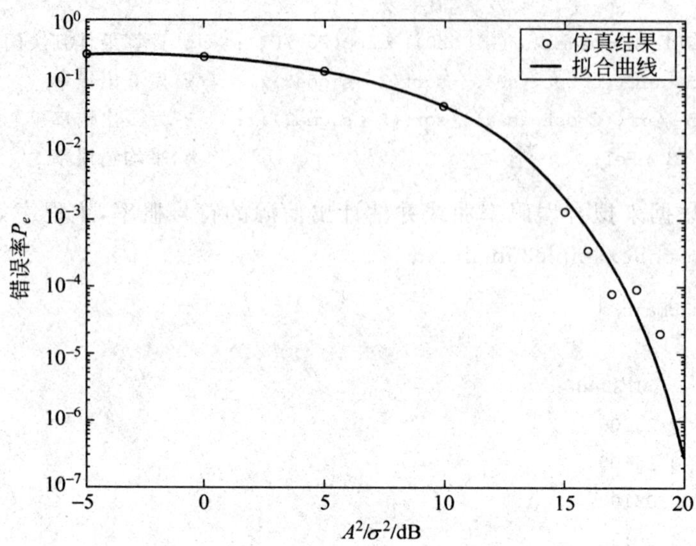

图 8.14 误码率的最小二乘法拟合的结果和误码率样本点的对比

8.7 小结与文献综述

本章讨论了通信系统模型评估和仿真结果的正确性验证等问题,模型评估包含模型的确认和模型的验证两大部分,对模型的评估方法可以分为主观评估方法和统计检验方法两大类。然后介绍了蒙特卡罗仿真方法的实现要点,随机数的产生,各种随机分布以及它们之间的关系,并讨论了以数理统计方法为主的模型和仿真数据评估方法,对蒙特卡罗仿真方法的试验精度等方面进行了性能分析。最后,介绍了 Matlab 中插值和拟合等实验数据处理方法在通信仿真中的应用。

文献[18]、[19]讨论了电子系统仿真模型的评估原理和方法。文献[15]是一本关于蒙特卡罗方法的应用论文集。关于各种概率分布和统计检验的原理和方法可参考的文献有[16]、[28]等。本章使用了 Matlab 统计工具箱和优化工具箱的指令,这方面可进一步参考文献[24]、[25]、[27]等。

8.8 思 考 题

(1) 用 8.3.1 节介绍的 3 种均匀随机数产生方法产生均匀分布的随机数。

(2) 用函数变换法、大数定理叠加法(8.3.6 节)、剔除法(8.3.2 节)产生标准正态分布的随机数,并比较这 3 种方法在 Matlab 中的计算效率(以计算速度作为效率指标)。

(3) 用两种不同方法产生瑞利分布的随机数,求其均值和方差,验证 8.3.11 节中的结果,即

$$\mathrm{E}(R)=\sqrt{\pi\sigma^2/2} \tag{8.150}$$

$$\mathrm{Var}(R)=\left(2-\frac{\pi}{2}\right)\sigma^2 \tag{8.151}$$

(4) 生成[－1,1]区间均匀分布的随机数样本以及标准正态分布的数据样本，试用kstest2指令和自编的K-S检验算法来检验这两组数据的分布是否相同。设显著性水平为0.05，样本数分别取500，1000。

(5) 用蒙特卡罗仿真次数的序贯算法设计一个传输系统的错误率仿真模型。

参考文献

[1] Mokhtari Mohand, Marie Michel. MATLAB 与 SIMULINK 工程应用. 赵彦玲,吴淑红译. 北京：电子工业出版社,2002

[2] Zwillinger Daniel. CRC Standard Mathematical Tables and Formulae (31st Edition). New York: Chapman & Hall/CRC,2002

[3] Proakis John G, Salehi Masoud. 现代通信系统——使用 MATLAB. 刘树棠译. 西安：西安交通大学出版社,2003

[4] Proakis John G. 数字通信(第 4 版). 张力军译. 北京：电子工业出版社,2004

[5] Taub Herbert, Schilling Donald L. Principles of Communication Systems. New York: McGraw-Hill Book Company,1986

[6] Simon Marvin K,Omura Jim K, Scholtz Robert A, Levitt Barry K. Spread Spectrum Communications Handbook. 北京：人民邮电出版社,2002

[7] Jeruchim Michel C,Balaban Philip,Shanmugan K Sam. Simulation of Communication Systems(Second Edition)—Modeling,Methodology,and Techniques. New York: Kluwer Academic Publishers,2000

[8] Orfanidis Sophocles J. 信号处理导论(英文版). 北京：清华大学出版社,1999

[9] Cover Thomas M, Thomas Joy A. Elements of Information Theory (2nd ed). New York: John Wiley & Sons,Inc. ,2006

[10] Tranter William H,Shanmugan K Sam, Rappaport Theodore S, Kosbar Kurt L. Principles of Communication Systems Simulation with Wireless Applications. New Jersey: Prentice Hall Professional Technical Reference,2004

[11] 陈理荣. 数学建模导论. 北京：北京邮电大学出版社,1999

[12] 樊昌信,张甫翊,徐炳祥,吴成柯. 通信原理(第 5 版). 北京：国防工业出版社,2001

[13] 顾启泰. 离散事件系统建模与仿真. 北京：清华大学出版社,1999

[14] 李庆杨,关治,白峰杉. 数值计算原理. 北京：清华大学出版社,2000

[15] 裴鹿成,王仲奇. 蒙特卡罗方法及其应用. 北京：海洋出版社,1998

[16] 沈恒范. 概率论讲义(第 2 版). 北京：高等教育出版社,1982

[17] 施阳,李俊,王惠刚,严卫生. MATLAB 语言工具箱——Toolbox 实用指南. 西安：西北工业大学出版社,1998

[18] 王国玉,肖顺平,汪连栋. 电子系统建模仿真与评估. 长沙：国防科技大学出版社,1999

[19] 王维平,朱一凡,华雪倩,蔡放. 仿真模型有效性确认与验证. 长沙：国防科技大学出版社,1998

[20] 吴湘淇. 信号、系统与信号处理. 北京：电子工业出版社,1999

[21] 徐明远,邵玉斌. MATLAB 仿真在通信与电子工程中的应用. 西安：西安电子科技大学出版社,2005

[22] 徐士良. C 常用算法程序集(第 2 版). 北京：清华大学出版社,1996

[23] 徐台松,李在铭. 数字通信原理. 北京：电子工业出版社,1989

[24] 许波,刘征. Matlab 工程数学应用. 北京：清华大学出版社,2000

[25] 薛定宇,陈阳泉. 高等应用数学问题的 Matlab 求解. 北京：清华大学出版社,2004

[26] 薛定宇,陈阳泉. 基于 Matlab/Simulink 的系统仿真技术与应用. 北京：清华大学出版社,2002

[27] 姚东,王爱民,冯峰,王朝阳. MATLAB 命令大全. 北京：人民邮电出版社,2000

[28] 叶其孝,沈永欢. 实用数学手册(第 2 版). 北京：科学出版社,2006

[29] 曾兴雯,刘乃安,孙献璞. 扩展频谱通信及其多址技术. 西安：西安电子科技大学出版社,2004

[30] 张厥盛,郑继禹,万心平. 锁相技术. 西安：西安电子科技大学出版社,1998

[31] 张贤达,保铮. 通信信号处理. 北京：国防工业出版社,2000

[32] 张有正,陈尚勤,周正中. 频率合成技术. 北京：人民邮电出版社,1984

读者意见反馈

亲爱的读者：

感谢您一直以来对清华版计算机教材的支持和爱护。为了今后为您提供更优秀的教材，请您抽出宝贵的时间来填写下面的意见反馈表，以便我们更好地对本教材做进一步改进。同时如果您在使用本教材的过程中遇到了什么问题，或者有什么好的建议，也请您来信告诉我们。

地址：北京市海淀区双清路学研大厦A座602室　　计算机与信息分社营销室　收
邮编：100084　　电子邮件：jsjjc@tup.tsinghua.edu.cn
电话：010-62770175-4608/4409　　邮购电话：010-62786544

教材名称：Matlab/Simulink通信系统建模与仿真实例分析
ISBN：978-7-302-17132-4
个人资料
姓名：＿＿＿＿＿＿ 年龄：＿＿＿＿ 所在院校/专业：＿＿＿＿＿＿＿＿
文化程度：＿＿＿＿ 通信地址：＿＿＿＿＿＿＿＿＿＿＿＿＿＿＿＿＿
联系电话：＿＿＿＿ 电子信箱：＿＿＿＿＿＿＿＿＿＿＿＿＿＿＿＿＿
您使用本书是作为：□指定教材 □选用教材 □辅导教材 □自学教材
您对本书封面设计的满意度：
□很满意 □满意 □一般 □不满意　改进建议＿＿＿＿＿＿＿＿＿＿
您对本书印刷质量的满意度：
□很满意 □满意 □一般 □不满意　改进建议＿＿＿＿＿＿＿＿＿＿
您对本书的总体满意度：
从语言质量角度看　□很满意 □满意 □一般 □不满意
从科技含量角度看　□很满意 □满意 □一般 □不满意
本书最令您满意的是：
□指导明确 □内容充实 □讲解详尽 □实例丰富
您认为本书在哪些地方应进行修改？（可附页）
＿＿＿＿＿＿＿＿＿＿＿＿＿＿＿＿＿＿＿＿＿＿＿＿＿＿＿＿＿＿＿
＿＿＿＿＿＿＿＿＿＿＿＿＿＿＿＿＿＿＿＿＿＿＿＿＿＿＿＿＿＿＿
您希望本书在哪些方面进行改进？（可附页）
＿＿＿＿＿＿＿＿＿＿＿＿＿＿＿＿＿＿＿＿＿＿＿＿＿＿＿＿＿＿＿
＿＿＿＿＿＿＿＿＿＿＿＿＿＿＿＿＿＿＿＿＿＿＿＿＿＿＿＿＿＿＿

电子教案支持

敬爱的教师：

为了配合本课程的教学需要，本教材配有配套的电子教案（素材），有需求的教师可以与我们联系，我们将向使用本教材进行教学的教师免费赠送电子教案（素材），希望有助于教学活动的开展。相关信息请拨打电话010-62776969或发送电子邮件至jsjjc@tup.tsinghua.edu.cn咨询，也可以到清华大学出版社主页（http://www.tup.com.cn或http://www.tup.tsinghua.edu.cn）上查询。

高等学校教材·电子信息
系列书目

ISBN	书　名	作　者	定　价
9787302082859	电子电路测试与实验	朱定华等著	23.00
9787302090724	数字电路与逻辑设计	林红等著	24.00
9787302087908	光纤通信原理	袁国良著	23.00
9787302092933	信息与通信工程专业科技英语	王朔中等	26.00
9787302146902	信号与系统(第二版)	余成波等著	24.00
9787302154334	数字信号处理及 MATLAB 实现(第二版)	余成波等著	19.00
9787302104407	数字设计基础与应用	邓元庆等著	29.00
9787302144120	数字设计基础与应用学习与实验指导	邓元庆等著	25.00
9787302104391	模拟电路基础实验教程	刘志军等著	19.00
9787302117698	电子设计自动化技术及应用	李方明等著	46.00
9787302110156	电路分析基础教程	刘景夏等著	25.00
9787302111900	电力系统保护与控制	张艳霞等著	23.00
9787302116127	自动控制原理	余成波等著	35.00
9787302124610	电子技术基础	霍亮生等著	26.00
9787302125419	控制电器及应用	李中年著	26.00
9787302120643	数字电子技术基础	林涛等著	25.00
9787302132042	数字信号处理——原理与算法实现	刘明等著	23.50
9787302129004	EDA 技术及应用实践	高有堂等著	33.00
9787302132905	MATLAB应用技术——在电气工程与自动化专业中的应用	王忠礼等著	26.00
9787302140566	智能仪器仪表	孙宏军等著	35.00
9787302144151	模拟电路基础	林红等著	24.00
9787302160731	现代控制理论	张莲等著	35.00
9787302161066	电磁场与电磁波	袁国良等著	25.00
9787302118503	电气工程专业英语实用教程	祝晓东等著	23.00
9787302156758	电子技术工艺基础	朱定华等著	25.00
9787302144137	Protel 99SE 原理图和印制板设计	朱定华等著	17.00
9787302160670	电子技术	林红等著	34.00
9787302163688	模拟电子技术教程与实验	赵桂钦著	24.00